T0225232

Mit Mathe richtig anfangen

Peter Knabner · Balthasar Reuter · Raphael Schulz

Mit Mathe richtig anfangen

Eine Einführung mit integrierter Anwendung
der Programmiersprache Python

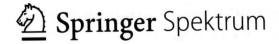

Springer Spektrum

Peter Knabner
Department Mathematik,
Lehrstuhl Angewandte Mathematik 1
Universität Erlangen-Nürnberg
Erlangen, Deutschland

Balthasar Reuter
Department Mathematik,
Lehrstuhl Angewandte Mathematik 1
Universität Erlangen-Nürnberg
Erlangen, Deutschland

Raphael Schulz
Department Mathematik,
Lehrstuhl Angewandte Mathematik 1
Universität Erlangen-Nürnberg
Erlangen, Deutschland

Ergänzendes Material zu diesem Buch finden Sie auf http://extras.springer.com und auf
https://math.fau.de/knabner/MMra.

ISBN 978-3-662-59229-8   ISBN 978-3-662-59230-4   (eBook)
https://doi.org/10.1007/978-3-662-59230-4

Die Deutsche Nationalbibliothek verzeichnet diese Publikation in der Deutschen Nationalbibliografie;
detaillierte bibliografische Daten sind im Internet über http://dnb.d-nb.de abrufbar.

Springer Spektrum
© Springer-Verlag GmbH Deutschland, ein Teil von Springer Nature 2019

Planung/Lektorat: Annika Denkert

Springer Spektrum ist ein Imprint der eingetragenen Gesellschaft Springer-Verlag GmbH, DE und ist ein
Teil von Springer Nature
Die Anschrift der Gesellschaft ist: Heidelberger Platz 3, 14197 Berlin, Germany

Vorwort für Schüler*innen und Studienanfänger*innen

Sie möchten eventuell Mathematik studieren, wissen aber noch nicht, was wirklich auf Sie zukommt? Sie möchten vielleicht Mathematik studieren, aber haben Angst, dass Sie den Übergang von der Schule zur Universität nicht schaffen? Sie möchten Mathematik studieren, sich aber schon vor dem Studium so vorbereiten, dass der Studieneinstieg besser klappt? Sie möchten Mathematik studieren und sind sich sicher, dass alles gut geht, da Sie ja in der Schule sehr gut waren? Sie möchten eher nicht Mathematik studieren, „Knobeln" und Nachdenken im Mathematikunterricht hat Ihnen aber doch Spaß gemacht?

Wenn eine dieser oder eine ähnliche Frage auf Sie zutrifft, sollten Sie erwägen die Hilfestellung, die dieses Buch leisten möchte, wahrzunehmen. Ziel ist es, dass der/die Leser*in die wissenschaftlich-mathematische Denkweise, die an der Universität vorherrscht, kennenlernt. Bei einem Mathematikstudium spielt aber auch eine große Rolle, dass die Schulmathematik zwar inhaltlich noch deutliche Überlappungen mit der Mathematik des ersten Studienjahrs hat, aber schon von Anfang an das Maß an Rigorosität und Abstraktion eine große, manchmal unüberwindliche Hürde darstellt. Dies ist verbunden mit einer Schwerpunktverschiebung weg vom „Rechnen" hin zum Verstehen und Entwickeln von Mathematik.

Das Buch ist zum Selbststudium gedacht, mit vielen Übungsaufgaben und zugehörigen Lösungen, entweder in der „langen Freizeit" zwischen Schulabschluss und Studium oder auch schon zur Schulzeit oder begleitend zu den ersten Studiensemestern. Mathematik spielt auch in den ersten Studiensemestern der Physik, der Informatik und in allen Ingenieurstudiengängen eine große Rolle. Daher sollte auch für zukünftige Studierende dieser Fächer ein Studium dieses Buches eine Hilfestellung sein. Dabei ist aber zu beachten:

Was will dieses Buch nicht leisten:

Es handelt sich hier im Gegensatz zu vielen Büchern mit ähnlichem Titel (Brückenkurs,...) nicht um eine Wiederholung der Schulmathematik. Studiengänge der Natur- und Ingenieurwissenschaften, für die die Mathematik Werkzeugcharakter hat und für die schon von Anfang an eine gute Beherrschung des Schulstoffs notwendig ist, brauchen diese Auffrischung und Vertiefung. In einem Mathematikstudium fängt alles „von vorne" an (wobei eine gute Beherrschung der Schulmathematik natürlich sehr hilfreich ist).

Was will dieses Buch leisten:

Das Mathematikstudium erfordert von Beginn an Denk- und Arbeitsweisen, die sich wesentlich von denen der Schule unterscheiden. Dies stellt viele Studierende, welche dies nicht erwartet haben, vor große Probleme. Die Leser*innen werden deswegen an das Beweisen von Aussagen mit Hilfe von logischen Argumentationen herangeführt und lernen, Aussagen allgemeingültig zu beweisen. Das dafür gebrauchte mathematische Vorwissen ist (zumindest für die Kapitel 1-4) sehr gering und spätestens ab der 10. Jahrgangsstufe vorhanden.

Das Buch gliedert sich in zwei Teile. Im ersten Teil wird in die Grundlagen des mathematischen oder allgemein des logischen Arbeitens eingeführt:

Mathematik hat mit Logik zu tun, aber wie genau und was ist Logik? Was ist die Basis für mathematisches Denken, wann sind mathematische Gedankengänge „präzise", und wie drückt man sie aus und schreibt sie auf? Die Grundlagen dafür sind Logik und Mengenlehre, die im Teil I entwickelt werden. Dies entspricht dem, was i. Allg. in einem Vorkurs vor Studienbeginn gelehrt wird, und stellt die unverzichtbare Grundlage für ein Mathematikstudium dar. Wenn Sie diesen Teil durchgearbeitet und sich mit der dort betriebenen Abstraktion angefreundet haben, werden Sie uns hoffentlich zustimmen, dass der Stoff gar nicht zu schwer ist,[1], aber doch etwas „trocken". Es fehlen die in der Schule allgegenwärtigen Zahlen.

Mathematik, wie jede mit „können" verbundene Tätigkeit, lernt man nur durch eigenständiges Üben und Tun. Dies soll im Teil II anhand der Zahlen erfolgen. Es geht um die Frage, was Zahlen eigentlich „sind" und „wo sie herkommen". Der Weg führt dabei von den natürlichen zu den ganzen und rationalen und schließlich zu den reellen Zahlen und ihrem „Innenleben". Angefangen von $\sqrt{2}$ werden dann die Zahlen nicht mehr exakt „hinschreibbar", sondern nur noch „beliebig genau berechenbar" (approximierbar). Solche Rechenverfahren (Algorithmen) lässt man besser Computer machen. Daher wird integriert auch in die Programmiersprache PYTHON eingeführt und alle entwickelten Algorithmen, von der Definition einer Addition durch Hochzählen bis zur hoch genauen Approximation der Kreiszahl π, damit realisiert. Es geht hier den Autoren darum, schon von Anfang an zu vermitteln, was Mathematik für unsere Gesellschaft bedeutend macht (und damit auch Mathematiker für Wirtschaftsunternehmen). Es geht nicht nur um *Abstraktion* und das Erkennen *struktureller Zusammenhänge*, sondern auch darum, auf dieser Basis Abstraktes greifbar, d. h. durch (effiziente) *Algorithmen berechenbar*, d. h. beliebig gut approximierbar zu machen. Wenn Sie das Buch ab Kapitel 5 durchblättern, werden Sie sehen, dass die konkreten Zahlen wieder in Fülle da sind.

Die unverzichtbare *Abstraktion und Rigorosität* ist gewiss ein Stolperstein auf dem Weg in ein erfolgreiches Mathematikstudium, sollte aber doch von einer Generation, die zum Beispiel durch Videospiele auf ein regelbasiertes Verhalten trainiert ist, bewältigbar sein. Ein vielleicht größerer Stolperstein ist die enorme *Vernetzungsdichte* der Mathematik, die trotz der scheinbar wohldefinierten Teildisziplinen, die sich auch in den Anfängervorlesungen *Analysis* und *Lineare Algebra* widerspiegeln, oft Mathematik erst fruchtbar werden lässt, wenn sie viele ihrer vielfältigen Zweige verknüpft. Dies bedeutet für diesen Text, dass er eine sich aus seinen Zielen zwangsläufig ergebene Mischung aus Logik, Mengenlehre, Algebra, Analysis, Numerischer Mathematik und Aspekten der Informatik ist. Den Anfänger*innen müssen diese Begriffe nichts sagen, sie merken die Vernetzung an den vielen Querverweisen, die aus einer Abfolge von Sätzen erst einen Text im Wortsinn machen. Die Leser*innen werden nicht jedem dieser Verweise folgen und ihn verstehen müssen, es zeigt aber, dass eine jede Wissenschaft, aber vielleicht besonders die Mathe-

---

[1] wenn man nicht der Versuchung verfällt, was wir für Anfänger*innen für unangemessen halten, den Grundlagenfragen „exakt" nachzuspüren

matik sich erst durch die Verknüpfung ihrer Begriffe und Ergebnisse entfaltet. Das mag Schwierigkeiten bedeuten vor dem Hintergrund eingeübter Lernmethoden, die Inhalte in „Schachteln" und „Häppchen" einteilt. Betrachten Sie die Vernetzungs-dichte dieses Texts als Chance einzuüben, sich von solchem „Häppchen"-Denken zu lösen.

Dieses Buch ist modular aufgebaut, sodass Sie entscheiden können, wie viel Sie sich „zumuten" wollen, 152 Seiten Basistext zur Einführung in das mathematische Den-ken (= Teil I), 264 Seiten einübende Mathematik zur Welt der Zahlen (= Teil II), was wiederum in 114 Seiten elementaren (Kapitel 4, 7) und 150 Seiten anspruchsvolle-ren Teil (Kapitel 5, 6) zerfällt. Wer die Sache bis auf den Grund verstehen möchte, kann und sollte auch die Anhänge im Buch (Anhang A und B, 26 Seiten) sowie online (Anhang C bis N, ca. 90 Seiten) durcharbeiten. Dies zeigt, dass nach den un-abdingbaren Grundlagen aus den Kapiteln 1, 2, (3) und 4, je nachdem wie viel Zeit investiert werden soll oder ob mehr strukturelle oder algorithmische Aspekte be-tont werden sollen, verschiedene Wege durch den restlichen Text gegangen werden können.

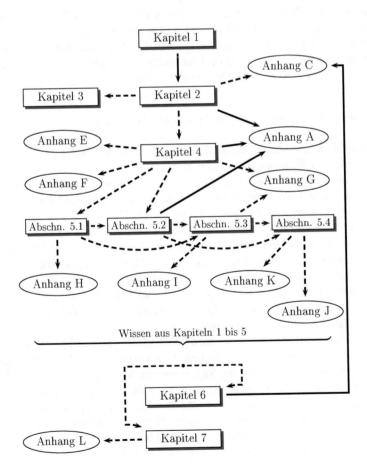

Wesentlich für das Verstehen und Aneignen von Mathematik ist es, sich aktiv mit dieser auseinanderzusetzen. Daher wird jeder Abschnitt (bis auf Abschnitt 3.1) mit Übungsaufgaben abgeschlossen. Für mindestens ein Drittel der Theorieaufgaben jedes Abschnitts (diese sind mit (L) gekennzeichnet) finden sich im Anhang B Lösungsvorschläge.

Zum Literaturverzeichnis: Dieses wurde auf wenige Lehrbücher begrenzt. Benutzte Literatur wird in Fußnoten zitiert. Darüber hinaus ist für viele historische Bemerkungen auf die entsprechenden insbesondere englischen WIKIPEDIA-Einträge zurückgegriffen worden, ohne diese weiter zu überprüfen. Für etwaige Ungenauigkeiten liegt die Verantwortung natürlich bei den Autoren.

Vorwort für Student*innen in frühen Semestern, insbesondere Lehramtstudierende

Vieles, was im Vorwort für Anfänger*innen steht, ist vielleicht auch für Sie relevant: Schauen Sie einmal hinein, des Weiteren:

Ein typisches Stoffgebiet ist der *Aufbau des Zahlensystems*. Dies finden Sie vollständig dargestellt, angereichert mit vielen Querverweisen in die Geschichte, insbesondere auch des Rechnens. Sie können iterative Approximationsverfahren (über einen programmierbaren Taschenrechner hinaus) mit eigenen PYTHON-Programmen in Aktion setzen und ihr Verhalten verstehen lernen.

Vorwort für (künftige) Informatikstudent*innen

Auch für Sie ist das Vorwort für Anfänger*innen relevant, allerdings sind zwei weitere Aspekte für Sie besonders von Interesse:

Informatik ist eng mit Mathematik verwandt, nicht zuletzt dadurch, dass sie sich (in großen Teilen) aus dieser entwickelt hat. In vielen Informatik- wie auch Ingenieurstudiengängen wird Mathematik aber nur als Hilfsmittel verstanden und gelehrt, eine fundierte Einführung in mathematische Denk- und Arbeitsweisen kann nur in begrenztem Umfang stattfinden. Gerade diese Kompetenzen können jedoch das Nachvollziehen der Strukturen und Konzepte der Informatik erheblich erleichtern und so die Basis für ein vollumfängliches Verständnis Ihres Hauptfaches liefern. Darüber hinaus ist für Sie, als potenzielle Softwareentwickler, ein detailliertes Verständnis der Zahldarstellung in Computern und den damit verbundenen Effekten nützlich: Kapitel 7 liefert Ihnen beides.

Vielleicht finden Sie aber auch eine algorithmische Herangehensweise intuitiver als die sonst üblichen rein axiomatischen Vorgehensweisen in der Mathematik, sodass die integrierte Darstellung der Algorithmen in der Programmiersprache PYTHON die Hürde für das Nachvollziehen der entsprechenden mathematischen Konstruktionen senkt. Insbesondere beim *Aufbau des Zahlensystems* sind Axiome und Algorithmen eng miteinander verwoben. Nutzen Sie diese Verknüpfung beider Denkweisen, um die großen Ähnlichkeiten zwischen beiden zu identifizieren und so den möglicherweise bisher fehlenden Zugang zur jeweils anderen zu finden.

Benötigte Vorkenntnisse

Wie gesagt, brauchen die Kapitel 1-3 und auch 4 (fast) gar keine mathematischen Vorkenntnisse. Das notwendige Abstraktionsvermögen sollte ab Jahrgangsstufe 10 vorhanden sein. Abschnitt 5.1 ist recht anspruchsvoll und kann auch nur kursorisch durchgegangen werden, als Belohnung liefert er eine exakte Definition des für die *Analysis* zentralen Begriffs des Grenzwertes. Einige weiterführende und Hilfsüberlegungen sind in Anhänge ausgelagert, die durchgearbeitet oder nicht durchgearbeitet werden können. Bei einigen Teilen ab Abschnitt 5.4 werden Differentiations- und Integrationskenntnisse der 11. und 12. Jahrgangsstufe benutzt. In den Abschnitten „Am Rande bemerkt" werden Ausblicke auf (für Anfänger*innen) zu schwierige Fragen gegeben, insbesondere dienen sie auch der Unterhaltung.

Online-Teil

Um die Länge des (gedruckten) Buches zu begrenzen, wurden die Anhänge, mit Ausnahme der Anhänge A–B, ausgelagert und sind unter der Adresse

`https://math.fau.de/knabner/MMra`

abrufbar. Nach Eingabe des Benutzernamens *MMra* sowie des Passworts *Peano*, finden sich die Anhänge C–M zum Download sowie sämtliche Lösungen zu den im Buch enthaltenen Aufgaben. Dort sind ebenfalls die PYTHON-Quelltexte aller im Buch enthaltenen Algorithmen und Aufgaben verfügbar. Allerdings kann das Abtippen kurzer Algorithmen, durch das damit verbundene Auseinandersetzen mit den einzelnen Befehlen, durchaus das Verständnis erhöhen und sei daher an dieser Stelle explizit empfohlen. Zum Überprüfen der eigenen Lösungen, dem Experimentieren mit den vorgestellten Programmen oder auch dem Erweitern der bestehenden Algorithmen sollen Ihnen diese Quelltexte aber als Ausgangspunkt dienen.

Unser Dank

gilt allen, die uns inhaltlich und technisch unterstützt haben: Frau Cornelia Weber und Herrn Sebastian Czop, die die LaTeX-Version mit großer Sorgfalt erstellt und koordiniert haben, Herrn Prof. Dr. Wilhelm Merz für die stilistische Durchsicht einer früheren Version, Frau Dr. Annika Denkert und Frau Agnes Herrmann vom Springer Verlag für die fortwährende Beratung und schließlich unseren studentischen Hilfskräften Daria Gutina, Mathis Kelm, Robert Ternes und Nico Wittrock, die auch inhaltlich durch engagiertes Nachfragen und Nachrechnen zur Verbesserung des Textes beigetragen haben.

Erlangen, im März 2019

Peter Knabner
Balthasar Reuter
Raphael Schulz

Inhaltsverzeichnis

Teil I Einführung in das mathematische und logische Denken

1   Logisches Schließen und Mengen 3
   1.1   Aussagenlogik 3
   1.2   Mengenlehre 16
   1.3   Prädikatenlogik 25
   1.4   Produkte von Mengen, Relationen und Abbildungen 32
   1.5   Äquivalenz- und Ordnungsrelationen 44

2   Der Anfang von allem: Die natürlichen Zahlen 57
   2.1   Axiomatischer Aufbau der natürlichen Zahlen 57
   2.2   Rechnen mit natürlichen Zahlen 84
   2.3   Mächtigkeit von Mengen 108

3   Mathematik formulieren, begründen und aufschreiben 119
   3.1   Definitionen, Sätze und Beweise 119
   3.2   Vollständige Induktion: Mehr über natürliche Zahlen 137

Teil II Mathematik = Abstraktion + Approximation: Eine Reise durch die Welt der Zahlen

4   Von den natürlichen zu den rationalen Zahlen 155
   4.1   Der Ring der ganzen Zahlen 155
   4.2   Der Körper der rationalen Zahlen 185
   4.3   Grenzprozesse mit rationalen Zahlen 198

5   Der vollständige Körper der reellen Zahlen 225
   5.1   Die Konstruktion der reellen Zahlen 225
   5.2   Abstraktes durch Approximation konkret machen: Iterative
         Verfahren und ihre Güte 251
   5.3   Die Feinstruktur der reellen Zahlen 281
   5.4   Drei Zahlen: ϕ, π und e 301

6 Komplexe Zahlen 339

6.1 Warum komplexe Zahlen und wie? 339

6.2 Mit komplexen Zahlen einfacher rechnen 359

7 Maschinenzahlen 375

7.1 Darstellung von Maschinenzahlen 375

7.2 Rundungsfehler, Fehlerfortpflanzung und ihre Fußangeln 387

7.3 Langzahlarithmetik 409

Anhänge

A Einführung in die Python-Programmiersprache 419

B Ausgewählte Lösungen 445

Literaturverzeichnis 467

Bildnachweis 469

Sachverzeichnis 471

Online-Anhänge

C Konstruktiver Aufbau der natürlichen Zahlen C-1

D Vollständige Datentypen zu Kapitel 2 .... D-1

E Eine kurze Geschichte des Rechnens E-1

F Restzahlen: Endliche Körper und modulo-Arithmetik F-1

G Der Ring der Polynome G-1

H Alternative Konstruktion der reellen Zahlen: Die Methode der Dedekind'schen Schnitte H-1

I Konstruierbare Zahlen I-1

J Kettenbrüche J-1

K AGM-Verfahren K-1

L Die Cordic-Algorithmen oder Wie rechnen Taschenrechner? L-1

M Programm zur Berechnung der Mandelbrotmenge M-1

N Alle Lösungen N-1

Teil I
Einführung in das mathematische und logische Denken

Kapitel 1
Logisches Schließen und Mengen

1.1 Aussagenlogik

Exaktes, logisches Schließen ist wesentlich für jede Wissenschaft, um ihre Aussagen hinreichend zu begründen. Experimentelle Wissenschaften haben dabei immer noch den Vorteil, dass sie ein Korrektiv in ihrem Fundus von experimentell gefundenen Fakten besitzen, d. h., dass Abweichungen zwischen diesen experimentellen Befunden und einer hergeleiteten Aussage immer ein Indiz dafür sind, dass „etwas nicht stimmt". Dies mag an einer unkorrekten Herleitung der behaupteten Aussagen oder an angenommenen falschen Voraussetzungen liegen. Mathematik hat dieses Korrektiv von experimentell gefundenen „Tatsachen"[1] nicht, sie ist also daher umso mehr darauf angewiesen, dass jeder Herleitungsschritt aus einmal angenommenen Voraussetzungen in ihrem Theoriegebäude exakt ist. Gerade diese Exaktheit einer mathematischen Theorie macht sie nützlich in der Beschreibung realer Phänomene, weil dann durch Vergleich der Aussagen dieser Theorie und der realen Phänomene festgestellt werden kann, ob die Annahmen der Theorie mit der Realität verträglich sind oder nicht. Da die Mathematik keine experimentell gefundenen „Tatsachen" zur Verfügung hat, muss sie sich für ihre Theorien Systeme von Ausgangsaussagen (von *Axiomen*) geben und die dann gültigen Folgerungen aus diesen Axiomen ermitteln. Ein Beispiel für ein solches Axiomensystem sind die PEANO-Axiome (siehe Kapitel 2). Es geht also darum festzustellen, welche Aussagen richtig bzw. „wahr" sind, wenn ein gewisses Axiomensystem als wahr angenommen wird. Was unter einer *Aussage* exakt zu verstehen ist, können und wollen wir hier nicht präzise definieren.

Für das Folgende reicht es, unter einer Aussage einen nach den Regeln der deutschen Grammatik sinnvollen Satz zu verstehen, dem in eindeutiger Weise einer der Wahrheitswerte *wahr* bzw. *falsch* zugeordnet werden kann.

---

[1] Auch in der Mathematik kann man „experimentieren", indem man Beispiele für Vermutungen „ausrechnet". Dies ist für die Theoriebildung hilfreich, es wird dem aber keine eigene „Beweiskraft" zugebilligt.

© Springer-Verlag GmbH Deutschland, ein Teil von Springer Nature 2019
P. Knabner et al., *Mit Mathe richtig anfangen*,
https://doi.org/10.1007/978-3-662-59230-4_1

Dabei sind *wahr* bzw. *falsch* nur als voneinander verschiedene Attribute zu verstehen, d. h. also, eine Aussage kann nicht gleichzeitig wahr oder falsch sein, dergestalt, dass es auch keine anderen solchen Attribute gibt (*tertium non datur*), es gibt also keine halbwahren oder halbfalschen Aussagen, ganz anders als im täglichen Leben. Die Wahrheitswerte einer Aussage werden im Folgenden mit *W* für *wahr* bzw. *F* für *falsch* abgekürzt. Mögliche Aussagen sind also z. B. bei Annahme der PEANO-Axiome (siehe Abschnitt 2.1) „5 ist eine natürliche Zahl." mit dem Wahrheitswert *W* oder „5 ist eine gerade natürliche Zahl." [2] mit dem Wahrheitswert *F*. Andererseits kann dem Satz „Es regnet." nur dann ein Wahrheitswert zugeordnet werden, wenn aus anderen Aussagen mit dem Wahrheitswert *W* Ort und Zeit eindeutig bekannt sind. Der Satz „Es regnet in Erlangen am Dienstag, dem 19. Juli 2049 um 10:30 Uhr." kann also ein eindeutiger Wahrheitswert zugeordnet werden, der aber zum Zeitpunkt des Schreibens dieser Aufzeichnungen noch nicht bekannt war. Gleiche Überlegungen gelten für einen Satz etwa der Art „Es stehen Wolken am Himmel." Der folgende Satz „Wenn es regnet, stehen Wolken am Himmel." ist aber eine Aussage mit dem Wahrheitswert *W*, wenn wir die allgemeinen Erfahrungen des Wetters bzw. elementare Erkenntnisse der Physik als gültig voraussetzen, auch wenn die Wahrheitswerte der beiden Teilsätze nicht bekannt sind.

Satz	Aussage?	Wahrheitswert
„Es regnet in Erlangen am 18.07.2016."	Ja	W
„Es regnet in Erlangen am 19.07.2049."	Ja	?
„Dieser Satz hat acht Wörter."	Ja	F
„Dieser Satz ist falsch."	Nein	
„Es regnet."	Ja	?
„Wenn es regnet, wird die Straße nass."	Ja	W

Dennoch ist bei dem Aufbau einer mathematischen Schlusslehre bzw. einer mathematischen Logik Vorsicht geboten, da am Ende des 19. Jahrhunderts klar wurde, zum Entsetzen vieler der beteiligten Mathematiker, dass es durchaus Sätze gibt, die keine Aussagen sind, indem ihnen kein Wahrheitswert zugeordnet werden kann. So hat der Satz „Dieser Satz ist falsch.", keinen Wahrheitswert, denn wäre er wahr, so würde er eben bedeuten, dass er falsch ist, wäre er falsch, so würde es bedeuten, dass er wahr ist.

Zwei Aussagen sind *äquivalent*, wenn sie den gleichen Wahrheitswert haben. Dies erzeugt die neue Aussage

$$A \Leftrightarrow B,$$

gesprochen: „*A ist äquivalent mit B*" oder „*A gilt genau dann, wenn B gilt*" oder „*A ist hinreichend und notwendig für B*". $A \Leftrightarrow B$ ist wahr, wenn A und B denselben Wahrheitswert haben, sonst falsch. Diese *Definition* kann schematisch durch eine

---

[2] Wir setzen hier für einige Beispiele ein naives Verständnis der natürlichen Zahlen $\mathbb{N}_0$, der ganzen Zahlen $\mathbb{Z}$ oder auch der reellen Zahlen $\mathbb{R}$ (der Dezimalbrüche) voraus. Ein rigoroser Aufbau dieser Zahlenmengen beginnt ab Kapitel 2.

Wahrheitstafel, d. h. eine Auflistung der Möglichkeiten an Wahrheitswerten, dargestellt werden: Aus vorhandenen Aussagen können also neue Aussagen gewonnen

$$
\begin{array}{cc|c}
A & B & A \Leftrightarrow B \\
W & W & W \\
W & F & F \\
F & W & F \\
F & F & W
\end{array}
\tag{1.1}
$$

Tabelle 1.1 Äquivalenz von Aussagen

werden, im Wesentlichen durch zwei Operationen. Das eine ist die *Negation* einer
Aussage, d. h., einer Aussage A wird eine Aussage $\neg A$ (in Worten: „nicht A") zugeordnet. Diese Aussage $\neg A$ ist wahr, wenn A falsch ist, und falsch, wenn A wahr
ist. (1.2) enthält die zugehörige Wahrheitstafel: Im Sinne der Äquivalenz gilt das

$$
\begin{array}{c|c}
A & \neg A \\
W & F \\
F & W
\end{array}
\tag{1.2}
$$

Tabelle 1.2 Negation einer Aussage

Prinzip der *doppelten Verneinung*, da sich mit der Wahrheitstafel sofort folgende
Äquivalenz verifizieren lässt:

$$
A \Leftrightarrow \neg\neg A := \neg(\neg A) .
\tag{1.3}
$$

Mit := wird also eine *Definition* bezeichnet, d. h., es wird eine neue Schreibweise,
hier $\neg\neg A$, eingeführt durch gerade den wohldefinierten rechts stehenden Ausdruck.

Beweis (von Gleichung 1.3): Ergibt sich aus der Wahrheitstafel:

$$
\begin{array}{c|c|c}
A & \neg A & \neg(\neg A) \\
\hline
W & F & W \\
F & W & F
\end{array}
$$

$\square$[3]

Weitere Verknüpfungen von jeweils zwei Aussagen, die wiederum eine Aussage ergeben, sind die *Konjunktion (das logische Und)*, kurz geschrieben durch $\wedge$, und
die *Disjunktion (das logische Oder)* kurz geschrieben durch $\vee$. Die neuen Aussagen $A \wedge B$ werden als „A und B" bzw. $A \vee B$ als „A oder B" bezeichnet. Dabei
ist $A \wedge B$ nur dann wahr, wenn sowohl A als auch B wahr ist, und in allen anderen Fällen falsch. Die Aussage $A \vee B$ ist nur dann falsch, wenn sowohl A als auch

---

[3] Mit diesem Zeichen wird ab jetzt immer der Abschluss einer Beweisüberlegung gekennzeichnet.

B falsch sind, und in allen anderen Fällen wahr. Es handelt sich hier also um ein *„nicht ausschließendes Oder"* im Gegensatz zu dem *„ausschließenden Oder"*, was meistens umgangssprachlich mit dem Begriff „oder" verknüpft wird. Die Definition der neuen Aussagen ist durch folgende Wahrheitstafel zusammengefasst. Die For-

$$
\begin{array}{cccc}
A & B & A \wedge B & A \vee B \\
W & W & W & W \\
W & F & F & W \\
F & W & F & W \\
F & F & F & F
\end{array}
\tag{1.4}
$$

Tabelle 1.3 Konjunktion und Disjunktion von Aussagen

mulierung der neuen Aussagen ist natürlich an die deutsche Grammatik anzupassen, d. h. also die Verneinung der Aussage „5 ist eine gerade natürliche Zahl." wird als „5 ist keine gerade natürliche Zahl." formuliert und hat dann den Wahrheitswert W. Generell ist es eine Frage des persönlichen mathematischen Geschmacks, ob man in der Niederschrift von Mathematik tatsächlich explizit die Symbole $\wedge$ und $\vee$ bzw. die in Abschnitt 1.3 noch einzuführenden Quantoren benutzt, oder aber ob man sie nicht durch entsprechende deutsche Ausdrücke ersetzt. Die Autoren ziehen diesen Weg vor. An der Bedeutung und Rigorosität ändert dies allerdings überhaupt nichts. Die betreffenden Symbole werden also nur hier in diesen einführenden Abschnitten explizit benutzt, in weiteren Abschnitten i. Allg. hingegen ihre Ersetzung mit deutschen Wörtern, hier also „und" bzw. „oder" für $\wedge$ bzw. $\vee$.

Anhand von Wahrheitstafeln lassen sich sofort folgende einfachen Beziehungen verifizieren. Die Verknüpfungen $\wedge$ und $\vee$ sind *kommutativ*, d. h., es gilt

$$
\begin{aligned}
A \wedge B &\Leftrightarrow B \wedge A \,, \\
A \vee B &\Leftrightarrow B \vee A \,,
\end{aligned}
\tag{1.5}
$$

was nicht immer dem umgangssprachlichen Umgang mit „und" entspricht („Der Esel nennt sich immer zuerst."). Außerdem sind diese Verknüpfungen *assoziativ*, d. h., für drei Aussagen A, B, C gilt

$$
\begin{aligned}
(A \wedge B) \wedge C &\Leftrightarrow A \wedge (B \wedge C) \,, \\
(A \vee B) \vee C &\Leftrightarrow A \vee (B \vee C) \,.
\end{aligned}
\tag{1.6}
$$

Bei gleichartigen Verknüpfungen ist also die Reihenfolge der Ausführung unerheblich, insofern kann man auch für die beiden äquivalenten Aussagen die Kurzschreibweisen

$$A \wedge B \wedge C := (A \wedge B) \wedge C \, ,$$
$$A \vee B \vee C := (A \vee B) \vee C \tag{1.7}$$

verwenden und ändert bis auf Äquivalenz dadurch nichts an der Aussage. Auf diese Weise ist es auch möglich, beliebig endlich viele Aussagen zu verknüpfen und z. B. von

$$A_1 \wedge A_2 \wedge A_3 \wedge \ldots \wedge A_n \tag{1.8}$$

zu reden (siehe auch Abschnitt 3.2).

Für den Zusammenhang zwischen Negation und Konjunktion bzw. Disjunktion verifiziert man analog folgende Äquivalenzen

$$\neg(A \wedge B) \Leftrightarrow (\neg A) \vee (\neg B) \, ,$$
$$\neg(A \vee B) \Leftrightarrow (\neg A) \wedge (\neg B) \, . \tag{1.9}$$

Beweis: Zur Begründung von (1.9) beachte man: Die erste Äquivalenz kann mit einer Wahrheitstafel verifiziert werden. Weiter gilt allgemein: Werden in zusammengesetzten Ausdrücken Aussagen durch äquivalente ersetzt, führt dies zu einer äquivalenten Gesamtaussage.

Die 2. Äquivalenz folgt aus der 1. Äquivalenz, denn nach Überprüfung der Vorüberlegung

$$(A \Leftrightarrow B) \Leftrightarrow (\neg A \Leftrightarrow \neg B)$$

ergibt die 1. Äquivalenz

$$(\neg(\tilde{A} \wedge \tilde{B}) \Leftrightarrow (\neg\tilde{A}) \vee (\neg\tilde{B}))$$
$$\Leftrightarrow$$
$$(\neg\neg(\tilde{A} \wedge \tilde{B}) \Leftrightarrow \neg((\neg\tilde{A}) \vee (\neg\tilde{B})))$$
$$\Leftrightarrow$$
$$(\tilde{A} \wedge \tilde{B} \Leftrightarrow \neg((\neg\tilde{A}) \vee (\neg\tilde{B}))) \, ,$$

d. h., mit Anwendung auf $\tilde{A} := \neg A$, $\tilde{B} := \neg B$, sodass also $\neg\tilde{A} \Leftrightarrow A$ und $\neg\tilde{B} \Leftrightarrow B$, lässt sich die Äquivalenzkette fortsetzen mit

$$\Leftrightarrow$$
$$(\neg A) \wedge (\neg B) \Leftrightarrow \neg(A \vee B) \, . \qquad\qquad \square$$

Die Beachtung dieser letzten Regeln kann für manchen im alltäglichen Leben schon zu einem Stolperstein werden.[4]

Schließlich gelten als Zusammenhang zwischen $\wedge$ und $\vee$ die *Distributivgesetze*

$$A \wedge (B \vee C) \Leftrightarrow (A \wedge B) \vee (A \wedge C),$$
$$A \vee (B \wedge C) \Leftrightarrow (A \vee B) \wedge (A \vee C). \tag{1.10}$$

Beweis (von Gleichung 1.10): 1. Aussage, 1. Versuch: Die folgende Wahrheitstafel zeigt die Äquivalenz der Aussagen.

A	B	C	$B \vee C$	$A \wedge (B \vee C)$	$A \wedge B$	$A \wedge C$	$(A \wedge B) \vee (A \wedge C)$
W	W	W	W	**W**	W	W	**W**
W	W	F	W	**W**	W	F	**W**
W	F	W	W	**W**	F	W	**W**
W	F	F	F	**F**	F	F	**F**
F	W	W	W	**F**	F	F	**F**
F	W	F	W	**F**	F	F	**F**
F	F	W	W	**F**	F	F	**F**
F	F	F	F	**F**	F	F	**F**

Der Beweis wird später vervollständigt.

□

Außerdem ergeben sich noch die *Identitätsgesetze* und die *Idempotenzgesetze*. Dabei seien Y eine Aussage, die immer den Wahrheitswert F hat, wie etwa eine Aussage vom Typ $x \neq x$ (z. B. $1 = 2$), und Z eine Aussage, die immer den Wahrheitswert W hat, wie eine Aussage vom Typ $x = x$ (z. B. $1 = 1$).

Allgemeiner nennt man eine Aussage Y, die immer ohne jede Voraussetzung falsch ist, einen *Widerspruch*. Ist A eine beliebige Aussage, so ist

$$Y := A \wedge (\neg A)$$

ein Widerspruch. Entsprechend heißt eine Aussage Z, die immer ohne jede Voraussetzung richtig ist, eine *Tautologie*.[5] Ist A eine beliebige Aussage, so ist

$$Z := A \vee (\neg A)$$

eine Tautologie. Das ist die Basis für eine in Überlegungen oft angewandte *Fallunterscheidung*.

Für Konjunktion und Disjunktion gelten die *Identitätsgesetze*

---

[4] Die Wahl angemessener symbolischer Bezeichnungen ist sehr hilfreich für das Verständnis von Mathematik. Anscheinend wurde begonnen, Aussagen mit großen Buchstaben A, B am Anfang des Alphabets zu bezeichnen. Treten weitere, i. Allg. verschiedene, auf, müssen also weitere Buchstaben, z. B. C, D, benutzt werden, oder „Abwandlungen" wie $\tilde{A}$ (sprich A Schlange), $\tilde{B}$, ... In Abschnitt 3.1 wird dies vertieft. Allerdings soll man, wie leider manchmal in der Schule, nie so weit gehen, dass eine Bezeichnung immer fest einem Objekt zugeordnet ist (x, y, z sind *immer* die kartesischen Koordinaten), vielmehr sollte der Zusammenhang klar benannt werden oder aus dem Kontext hervorgehen.

[5] „Es ändert sich das Wetter, oder es bleibt wie es ist."

$$A \lor Y \Leftrightarrow A, \quad A \land Z \Leftrightarrow A,$$
$$A \lor Z \Leftrightarrow Z, \quad A \land Y \Leftrightarrow Y$$

und die *Idempotenzgesetze*

$$A \lor A \Leftrightarrow A, \quad A \land A \Leftrightarrow A. \tag{1.11}$$

Eine mathematische Aussage ist meist in der Form einer Schlussfolgerung aufgebaut, d. h., es wird gezeigt, dass aus einer gewissen Voraussetzung eine gewisse Behauptung folgt. Eine solche Schlussfolgerung ist also nur dann falsch, wenn auf der einen Seite die Voraussetzung wahr ist, die geschlossene Aussage aber falsch. Wir definieren dementsprechend eine weitere Verknüpfung von zwei Aussagen A und B zu einer neuen Aussage $A \Rightarrow B$, gesprochen als „*aus A folgt B*" oder „*A impliziert B*". Dazu gehört die nachfolgende Wahrheitstafel: Eine Implikation $A \Rightarrow B$ kann

A	B	$A \Rightarrow B$
W	W	W
W	F	F
F	W	W
F	F	W

(1.12)

Tabelle 1.4 Implikation „Aus A folgt B"

man also dadurch beweisen, dass man von der Annahme „A ist wahr" ausgeht und daraus nach endlich vielen Zwischenschritten „B ist wahr" schließt. Der Fall „A ist falsch" muss nicht untersucht werden, da unabhängig vom Wahrheitswert von B die Implikation dann wahr ist. Auf Lateinisch heißt das: *Ex falso (sequitur) quodlibet*. Da ein Widerspruch immer falsch ist, gilt also auch: *Ex contradictione (sequitur) quodlibet*.

Genau genommen handelt es sich bei der Implikation um keine zusätzliche unabhängige Operation, da man sofort folgende Identität verifizieren kann:

$$(A \Rightarrow B) \Leftrightarrow (\neg A \lor B). \tag{1.13}$$

Ist die Aussage $A \Rightarrow B$ richtig, so sagt man auch, dass A *hinreichend* für B ist bzw. dass B *notwendig* für A ist. Die neue Aussage $A \Rightarrow B$ heißt auch *Implikation*. Wir vergegenwärtigen uns, dass i. Allg. aus $A \Rightarrow B$ nicht folgt, dass $B \Rightarrow A$. Das heißt, die oft in der Alltagsdiskussion angewandte Überlegung „im Umkehrschluss gilt..." ist i. Allg. nicht richtig bzw. bedarf einer gesonderten Untersuchung und Verifikation oder Falsifikation.

Die eben eingeführte Verknüpfung von zwei Aussagen hat folgende leicht nachprüfbare Eigenschaften. Sie ist *reflexiv*, d. h., es gilt

$$A \Rightarrow A, \tag{1.14}$$

und sie ist nicht *symmetrisch*, d.h., aus $A \Rightarrow B$ folgt nicht $B \Rightarrow A$. Aber sie ist *transitiv*, d.h., für drei Aussagen A, B, C gilt

$$(A \Rightarrow B) \wedge (B \Rightarrow C) \Rightarrow (A \Rightarrow C). \tag{1.15}$$

Das ist die Basis der sogenannten *direkten Beweistechnik*, siehe auch Kapitel 3. Aufgrund von (1.15) ist es statthaft, über i. Allg. mehrere Zwischenschritte aus einem gültigen Resultat sukzessive auf weitere gültige Resultate zu schließen, um schließlich zu der gewünschten Behauptung zu gelangen.

Die Implikation ist aber nicht assoziativ, da für Aussagen A, B, C

$$(A \Rightarrow B) \Rightarrow C \quad \text{und} \quad A \Rightarrow (B \Rightarrow C)$$

nicht äquivalent sind.

Dies kann man mit der Wahrheitstafel folgendermaßen überprüfen:

A	B	C	$A \Rightarrow B$	$B \Rightarrow C$	$(A \Rightarrow B) \Rightarrow C$	$A \Rightarrow (B \Rightarrow C))$
W	W	W	W	W	W	W
W	W	F	W	F	F	F
W	F	W	F	W	W	W
W	F	F	F	W	W	W
F	W	W	W	W	W	W
F	W	F	W	F	**F**	**W**
F	F	W	W	W	W	W
F	F	F	W	W	**F**	**W**

Trotzdem wird manchmal für Aussagen $A_1, \ldots, A_n$ die Notation

$$A_1 \Rightarrow A_2 \Rightarrow \ldots \Rightarrow A_n \tag{1.16}$$

benutzt. Im Gegensatz zu (1.8) wird darunter aber

$$A_1 \Rightarrow A_2 \wedge A_2 \Rightarrow A_3 \wedge \ldots \wedge A_{n-1} \Rightarrow A_n \tag{1.17}$$

(und damit nach (1.15) als Folgerung $A_1 \Rightarrow A_n$) verstanden. Analoges gilt für die Äquivalenz. Diese ist zwar assoziativ in dem Sinn, dass gilt

$$((A \Leftrightarrow B) \Leftrightarrow C) \Leftrightarrow (A \Leftrightarrow (B \Leftrightarrow C)).$$

Für Aussagen $A_1, \ldots, A_n$ mit

$$A_1 \Leftrightarrow A_2 \Leftrightarrow \ldots \Leftrightarrow A_n \tag{1.18}$$

ist aber nicht eine (beliebige) Klammerung in dieser Aussage gemeint, sondern analog zu (1.17)

$$A_1 \Leftrightarrow A_2 \wedge A_2 \Leftrightarrow A_3 \wedge \ldots \wedge A_{n-1} \Leftrightarrow A_n \, . \tag{1.19}$$

Wegen ihrer fundamentalen Bedeutung sei noch einmal darauf hingewiesen, dass die Gültigkeit einer Implikation $A \Rightarrow B$ nicht bedeutet, dass A und/oder B richtig sind, sondern nur, dass der Fall A ist richtig und B ist falsch, ausgeschlossen werden kann. Der folgende etwas seltsam anmutende Satz ist also in diesem Sinne richtig. „Da am 11. Oktober 2009 der Mond auf die Erde stürzte, blühen alle Rosen blau."

Zwar lässt sich bei einer gültigen Implikation die Pfeilrichtung i. Allg. nicht umkehren, aber es gilt folgende Äquivalenz, die als *Kontraposition* bezeichnet wird:

$$(A \Rightarrow B) \Leftrightarrow (\neg B \Rightarrow \neg A) \, . \tag{1.20}$$

Das ist die Basis für die *Beweistechnik durch Kontraposition*, bei der also davon ausgegangen wird, dass die gewünschte Behauptung falsch ist, mit dem Ziel daraus zu schließen, dass dann auch die Voraussetzung insgesamt falsch ist.

Mit der Wahrheitstafel lässt sich das wie folgt einsehen:

A	B	$\neg A$	$\neg B$	$A \Rightarrow B$	$\neg B \Rightarrow \neg A$
W	W	F	F	**W**	**W**
W	F	F	W	**F**	**F**
F	W	W	F	**W**	**W**
F	F	W	W	**W**	**W**

Eine Variante davon ist *der Beweis durch Widerspruch*, bei dem zusätzlich zur Voraussetzung A die Falschheit der Behauptung B, d. h. die Richtigkeit von $\neg B$, angenommen wird. Aus der dann gültigen Aussage $A \wedge \neg B$ muss dann eine immer falsche Aussage, d. h. eine Aussage vom Typ Y, geschlossen werden. Wenn ein solcher Schluss richtig ist, kann das nur bedeuten, dass $A \wedge \neg B$ falsch, damit also bei Annahme der Richtigkeit von A die Aussage $\neg B$ falsch und damit B richtig ist, d. h. insgesamt der Schluss $A \Rightarrow B$ richtig ist. Diese Argumentation ist im nachfolgenden Schema noch einmal zusammengestellt:

$$(A \wedge \neg B \Rightarrow Y) \Rightarrow (A \Rightarrow B) \, . \tag{1.21}$$

Schließlich bedeutet die Äquivalenz zweier Aussagen A und B gerade die Gültigkeit beider Implikationen, d. h. von

$$A \Rightarrow B \text{ und } B \Rightarrow A \, ,$$

und es gilt also

$$(A \Leftrightarrow B) \Leftrightarrow (A \Rightarrow B \wedge B \Rightarrow A) \, . \tag{1.22}$$

Dies zeigt die folgende Wahrheitstafel:

A	B	$A \Leftrightarrow B$	$A \Rightarrow B$	$B \Rightarrow A$	$A \Rightarrow B \wedge B \Rightarrow A$
W	W	**W**	W	W	**W**
W	F	**F**	F	W	**F**
F	W	**F**	W	F	**F**
F	F	**W**	W	W	**W**

Dies erklärt auch die Sprechweise „A ist hinreichend und notwendig für B." Will man also eine solche Äquivalenz beweisen, so kann man zum einen eine von A beginnende Schlussfolgerungskette aufbauen und sich bei jedem Schluss vergegenwärtigen, dass er tatsächlich auch umkehrbar ist, oder aber man zeigt tatsächlich in zwei Teilschritten zum einen die Aussage $A \Rightarrow B$ und zum anderen $B \Rightarrow A$. Dabei können dann durchaus verschiedene Argumente, d. h. verschiedene Zwischenschritte, in der Schlussfolgerungskette erzeugt werden.

Mit den erarbeiteten Hilfsmitteln lassen sich Äquivalenzen auch anders als durch Aufbau der vollen Wahrheitstafel verifizieren. Das soll am Beispiel (1.10) verdeutlicht werden.

Beweis (von Gleichung 1.10): 1. Aussage, 2. Versuch: $\Leftrightarrow$ durch „$\Rightarrow$" und „$\Leftarrow$":

„$\Rightarrow$":

$$A \wedge (B \vee C) \text{ wahr} \Rightarrow A \text{ wahr und } B \text{ oder } C \text{ wahr}$$
$$\Rightarrow A \wedge B \text{ wahr oder } A \wedge C \text{ wahr}$$
$$\Rightarrow (A \wedge B) \vee (A \wedge C) \text{ wahr} .$$

„$\Leftarrow$":

$$(A \wedge B) \vee (A \wedge C) \text{ wahr} \Rightarrow A \wedge B \text{ wahr oder } A \wedge C \text{ wahr}$$
$$\Rightarrow A \text{ wahr und } B \text{ oder } C \text{ wahr}$$
$$\Rightarrow A \wedge (B \vee C) \text{ wahr} .$$

1. Aussage, 3. Versuch: Beweis der 1. Aussage „$\Leftrightarrow$" durch Kontraposition d. h. (mit (1.9)):

$$\neg(A \wedge (B \vee C)) \Leftrightarrow \neg((A \wedge B) \vee (A \wedge C))$$
$$\Updownarrow \qquad\qquad \Updownarrow$$
$$\neg A \vee \neg(B \vee C) \Leftrightarrow \neg(A \wedge B) \wedge \neg(A \wedge C)$$
$$\Updownarrow \qquad\qquad \Updownarrow$$
$$\neg A \vee (\neg B \wedge \neg C) \Leftrightarrow (\neg A \vee \neg B) \wedge (\neg A \vee \neg C) .$$

Dies ist also die *2. Aussage* von (1.10) für $\neg A, \neg B, \neg C$ statt A, B, C, sodass von (1.10) nur die 2. Aussage gezeigt werden muss (bzw. beim Beweis der 1. Aussage die 2. auf diese Weise darauf zurückgeführt werden kann).

2. Aussage: „$\Rightarrow$":

$$A \vee (B \wedge C) \text{ wahr} \Rightarrow A \text{ wahr oder } B \text{ und } C \text{ wahr}$$
$$\Rightarrow A \text{ oder } B \text{ wahr und } A \text{ oder } C \text{ wahr}$$
$$\Rightarrow A \vee B \text{ wahr und } A \vee C \text{ wahr}$$
$$\Rightarrow (A \vee B) \wedge (A \wedge C) \text{ wahr} .$$

„$\Leftarrow$":

$$(A \vee B) \wedge (A \vee C) \text{ wahr} \Rightarrow A \text{ oder } B \text{ wahr und } A \text{ oder } C \text{ wahr}$$
$$\Rightarrow A \text{ wahr oder } B \text{ und } C \text{ wahr}$$
$$\Rightarrow A \vee (B \wedge C) \text{ wahr} . \qquad\qquad \square$$

Abschließend sei noch einmal bemerkt, dass für einen rigorosen Aufbau einer mathematischen Logik noch etwas formaler vorgegangen werden muss (siehe auch das nachfolgende Am Rande bemerkt). Einen Eindruck davon gibt der Anhang „Einführung in die Schlusslehre" des Buches von AMANN und ESCHER (1998). Dieses Buch und insbesondere sein Kapitel 1 „Grundlagen" ist insgesamt zur begleitenden Lektüre empfohlen, da es eine sehr ausführliche Einführung in die hier angesprochenen Grundlagen aus Logik, Mengenlehre und Entwicklung der Zahlsysteme gibt.

Wir sehen auch, dass zum Aufbau des obigen Systems tatsächlich nur die zwei Operationen $\neg$ und z. B. die Disjunktion nötig sind, da sich die Implikation aus (1.13) und die Konjunktion aus (1.3) und (1.9) ergibt als

$$A \wedge B \Leftrightarrow \neg((\neg A) \vee (\neg B)) \,. \tag{1.23}$$

Allgemein hätte auch die Negation mit einer der drei weiteren Verknüpfungen zugrunde gelegt werden können. Tatsächlich reicht nur eine Verknüpfung zum Aufbau des gesamten Systems, die sogenannte NAND-Operation. Diese entspricht der Wahrheitstafel in (1.24), d. h., es gilt die Äquivalenz

$$
\begin{array}{ccc}
A & B & A \otimes B \\
W & W & F \\
W & F & W \\
F & W & W \\
F & F & W
\end{array}
\tag{1.24}
$$

Tabelle 1.5 Operation NAND

$$A \otimes B \Leftrightarrow \neg(A \wedge B) \,. \tag{1.25}$$

Mit der Operation $\otimes$ kann z. B. definiert werden

$$
\begin{aligned}
\neg A &:= A \otimes A \,, \\
A \wedge B &:= \neg(A \otimes B) \,, \\
A \vee B &:= (\neg A) \otimes (\neg B) \,, \\
A \Rightarrow B &:= A \otimes (\neg B) \,.
\end{aligned}
\tag{1.26}
$$

Wir kommen damit in den Bereich der BOOLE'schen[6]Algebren, wobei auf einer zweielementigen Menge wie $\{W, F\}$ oder $\{0, 1\}$ Verknüpfungen wie oben definiert und untersucht werden. Damit in Verbindung steht auch das Gebiet der Logischen Schaltungen (siehe „Am Rande bemerkt" in Abschnitt 1.4).

---

[6] George BOOLE ∗2. November 1815 in Lincoln, England, †8. Dezember 1864 Ballintemple in der Grafschaft Cork, Irland

Am Rande bemerkt: Wenn die Schildkröte recht hat: Logische Aussagen und Schlussregeln

In seiner Kurzgeschichte „What the Tortoise said to Achilles"[7] greift der englische Autor und Mathematiker Lewis CARROLL[8] ein Grundsatzproblem der Logik auf: Nach ihrem Rennen, das Achilles trotz der scheinbaren Unmöglichkeit locker gewonnen hat (siehe „Am Rande bemerkt" in Abschnitt 4.3), fordert die verärgerte Schildkröte Achilles erneut zu einem Wettkampf heraus: Ausgegangen werde von dem folgenden Axiom:

A: Sind zwei Dinge zu einem dritten gleich, so sind sie einander gleich.

Die folgende Aussage sei wahr:

B: In einem betrachteten Dreieck sind zwei Seiten der dritten gleich.

Dann ist die zu begründende Schlussfolgerung

Z: Die drei Seiten des betrachteten Dreiecks sind gleich.

(Die Schildkröte bezieht sich also auf das Geometriebuch *Elemente* von EUKLID[9], das dieser – vorausgesetzt Achilles und die Schildkröte existierten überhaupt – erst ein paar Jahrhunderte später schreiben wird.)

Für Achilles ist die Schlussfolgerung klar, für die Schildkröte nicht, und sie fordert, dass noch die Gültigkeit der Aussage

C: Wenn A und B wahr sind, so ist auch Z wahr.

angenommen wird. Achilles sieht die Notwendigkeit nicht ein, gesteht es aber zu. Auch das befriedigt die Schildkröte nicht: Jetzt hält sie die Gültigkeit der Aussage

D: Wenn A und B und C wahr ist, so ist Z wahr.

für notwendig, und man sieht, wie dies unendlich fortgehen kann.

Wo ist das Problem?

Etwas formalisiert lautet die wahre Aussage

A: $\forall a, b, c :\ a = c\ \wedge\ b = c\ \Rightarrow\ a = b$.[10]

Für die Seiten a, b, c eines festen Dreiecks $\triangle$:

B: $a = c\ \wedge\ b = c$
Z: $a = b$

---

[7] veröffentlicht in der philosophischen Zeitschrift Mind: Band 4, Nr. 14, 1895, S. 278 - 280

[8] Lewis CARROLL ∗27. Januar 1832 in Daresbury, England, †14. Januar 1898 in Guildford, England

[9] EUKLID VON ALEXANDRIA ∗um 360 v. Chr. vermutlich in Athen, †ca. 280 v. Chr.

[10] Wenn die Quantoren unbekannt sind, sollte erst Abschnitt 1.3 gelesen werden.

Für Achilles ist Z wahr, da A eine Implikation $A' \Rightarrow A''$ ist und in der Spezifizierung der allgemeinen Situation („aller Dinge") auf die betrachtete konkrete („Dreieck $\triangle$") die Aussage A' zu B und A'' zu Z wird. Ist aber $A' \Rightarrow A''$ wahr und A' wahr, so muss A'' wahr sein.

So haben auch wir argumentiert und waren insofern nachlässig, als wir ignoriert haben, dass wir auf der Ebene „über" den logischen Aussagen (einer *Metaebene*) noch *Schlussregeln* brauchen, hier nämlich den *Modus ponendo ponens* („das zu Setzende setzend"), formal

$$\frac{(A \Rightarrow B) \wedge A}{B} \, ,$$

der den Schluss „wirklich" vollzieht. Die Schildkröte sieht diese Lücke, verlagert das Problem aber auf die Ebene der logischen Aussagen in Form der Aussage

$$((A \Rightarrow B) \wedge A) \Rightarrow B \, ,$$

die zwar eine Tautologie ist, aber das Problem der fehlenden Schlussregel nur verlagert und eine weitere Tautologie erfordert usw. Die Geschichte endet mit der genervten Aufgabe von Achilles mit den Worten „Provided that you, for your part, will adopt a pun the Mock-Turtle never made, and allow yourself to be re-named *A Kill-Ease*". Dieses wie „Achilles" auf Englisch auszusprechende Wort würde, wenn es existieren würde, etwa „Bequemlichkeitstöter" heißen.

Aufgaben

Aufgabe 1.1 Zeigen Sie einen Teil der Behauptungen (1.3), (1.5) bis (1.11), (1.13) bis (1.15), (1.21), (1.25) durch Aufstellung der Wahrheitstafeln oder bei geeigneter Übung durch teilweise Aufstellung der Wahrheitstafeln. Eine verkürzte Argumentation ist im 2. Versuch für die erste Äquivalenz (1.10) vorgeführt worden.

Aufgabe 1.2 (aus AMANN und ESCHER (1998), L) Wird hier logisch richtig geschlossen oder nicht?
„Wenn die politische Stimmung im Dörfchen Seldwyla nicht umschlägt, ändert sich die Konsensfähigkeit des Gemeindepräsidenten nicht. Wird der Gemeindepräsident aber konsensfähiger, so wird Seldwyla der Ennettaler Union beitreten. In diesem Fall wird es einen wirtschaftlichen Aufschwung geben, und im Dörfchen Seldwyla werden Milch und Honig fließen. Droht Seldwyla hingegen eine Rezession, so wird die politische Stimmung umschlagen. Somit droht dem Dörfchen Seldwyla eine Rezession, oder es werden Milch und Honig fließen."

Aufgabe 1.3 Zeigen Sie die folgenden Aussagen unter Verwendung von logischen Umformungen (d. h. ohne Wahrheitstafeln):

a) $A \wedge (A \Rightarrow B) \Leftrightarrow A \wedge B$
b) $(A \wedge B) \vee (\neg A \wedge \neg B) \Leftrightarrow (A \vee \neg B) \wedge (B \vee \neg A)$

c) $((\neg B \wedge (A \Rightarrow B)) \Rightarrow A) \Leftrightarrow A \vee B$

d) $((B \wedge (A \Rightarrow B)) \Rightarrow A) \Leftrightarrow B \Rightarrow A$

1.2 Mengenlehre

Genau wie die Begriffe der (Aussagen-)Logik kann man die Bildungen der Mengenlehre, die, wie wir sehen werden, stark verwandt dazu sind, als die Sprache der Mathematik ansehen. Jeder hat wohl eine gewisse Vorstellung von dem, was unter einer Menge zu verstehen ist, die dem entspricht was Georg CANTOR[11], einer der Begründer der Mathematischen Mengenlehre, folgendermaßen formuliert hat:

> *Eine Menge ist eine Zusammenfassung bestimmter wohlunterschiedener Objekte unserer Anschauung oder unseres Denkens – welche die Elemente der Menge genannt werden – zu einem Ganzen.*

Tatsächlich handelt es sich dabei aber nicht um eine exakte Definition, da analog zu Aussagen wieder selbstbezügliche Konstruktionen zulässig sind, die auf Widersprüche führen. Hier ist also Vorsicht geboten, was man durch einen entsprechenden axiomatischen Aufbau der Mengenlehre (in dem man z. B. zwischen Mengen und allgemeineren Objekten, den *Klassen*, unterscheidet) bewerkstelligen kann. Für den mathematischen Alltag spielen diese Aspekte kaum eine Rolle, sodass wir im Folgenden durchaus von unserer naiven Mengenvorstellung ausgehen können, aber uns dessen bewusst sein sollten, dass wir im Folgenden den Begriff der Menge tatsächlich undefiniert lassen, sondern nur den Umgang mit Mengen genau festlegen.

Dazu gehört, für ein beliebiges Objekt x und eine beliebige Menge A entscheiden zu können, ob x zu dieser Menge gehört oder ob x nicht zu dieser Menge gehört. Die zugehörige Bezeichnung bzw. Sprechweise ist:

$x \in A :$ „x ist Element der Menge A" bzw. kurz „x ist in A"

oder aber

$x \notin A :$ „x ist nicht Element der Menge A" bzw. kurz „x ist nicht in A".

Mengen können durch das Aufschreiben ihrer Elemente festgelegt werden, zumindest wenn sie endlich oder abzählbar endlich sind (diese Begriffe werden später präzisiert). Seien also etwa $a, b, C, *, \#$ irgendwelche Objekte mathematischer oder nichtmathematischer Natur, dann ist

$$\{a, b, C, *, \#\}$$

---

[11] Georg Ferdinand Ludwig Philipp CANTOR *3. März 1845 in Sankt Petersburg, †6. Januar 1918 in Halle an der Saale

genau die Menge, die aus den Elementen $a, b, C, *, \#$ besteht.

Eine gegebene Menge A definiert eine sogenannte *Aussageform* $\mathcal{A}(x)$. Dabei verstehen wir unter einer *Aussageform in einer freien Variablen* x etwas, was durch Einsetzen eines konkreten Objektes für x zu einer Aussage wird. Dabei sollte immer klar sein, was eine sinnvolle Grundmenge X ist. Zum Beispiel ist

$$(x > 0)$$

eine Aussageform auf der Menge der reellen Zahlen, $X = \mathbb{R}$. Die sich ergebende Aussage ist wahr für $x = 2$, sie ist falsch für $x = -3.1415$. Genau die Objekte, für die eine gegebene Aussageform wahr ist, fassen wir zu einer neuen Menge zusammen (dass dies so geht, ist wesentlich für einen axiomatischen Aufbau der Mengenlehre).

D. h. also, die Aussageform $\mathcal{A}(x)$ erzeugt genau eine Menge A, die definiert ist als

$$A := \{x \in X : \mathcal{A}(x)\}.$$

In Worten: A besteht genau aus den $x \in X$, für die die Aussage $\mathcal{A}(x)$ gilt, d. h. wahr ist.

Andererseits erzeugt eine gegebene Menge A genau eine Aussageform $\mathcal{A}(x)$ dadurch, dass die Aussageform genau dann wahr ist, wenn $x \in A$, also

$$\mathcal{A}(x) \quad \Leftrightarrow \quad x \in A.$$

In Worten: Die Aussage $\mathcal{A}(x)$ ist wahr genau dann, wenn $x \in A$.

Für die obige fünfelementige Menge ist also $\mathcal{A}(x)$ genau dann wahr, wenn $x = a$ oder $x = b$ oder $x = C$ oder $x = *$ oder $x = \#$ und in allen anderen Fällen falsch. Insbesondere können wir also auch für eine Grundmenge X die folgende Menge definieren:

$$\emptyset_X := \{x \in X : x \neq x\}. \tag{1.27}$$

Diese Menge hat also überhaupt keine Elemente. Man spricht auch von der *leeren Teilmenge von* X.

Mittels der Elementbeziehung können nun auch Beziehungen zwischen Mengen bzw. neue Mengen definiert werden.

Definition 1.1

Seien X und Y Mengen.

1) Die Aussage

$$X \subset Y$$

bedeutet (ist also wahr genau dann, wenn): Jedes Element von X ist auch Element von Y, d. h.

$$x \in X \Rightarrow x \in Y .$$

X wird als *Teilmenge* von Y bzw. Y als *Obermenge* von X bezeichnet und dann auch die gleichwertige Notation

$$Y \supset X$$

verwendet. Man sagt auch, dass X *in* Y *enthalten ist*.

2) Zwei Mengen X und Y heißen *gleich*,

$$X = Y ,$$

wenn

$$(X \subset Y) \wedge (Y \subset X) ,$$

d. h., wenn sie genau die gleichen Elemente enthalten. Gilt $X \subset Y$ und $X \neq Y$ (d. h., $X = Y$ ist falsch und damit gilt nicht $Y \subset X$), so heißt X auch eine *echte Teilmenge* von Y, und es wird die folgende Schreibweise benutzt:

$$X \subsetneq Y .$$

Es gibt also eine Entsprechung zwischen

„$\subset$" für Mengen   und   „$\Rightarrow$" für Aussagen

sowie

„$=$" für Mengen   und   „$\Leftrightarrow$" für Aussagen.

Die Aussagen (1.14) und (1.15) bzw. analoge Aussagen für „$\Leftrightarrow$" gehen sofort in entsprechende Aussagen für Mengen über. So ist also die Teilmengenbeziehung reflexiv und transitiv, d. h., es gilt

$$X \subset X \quad \text{und} \quad (X \subset Y) \wedge (Y \subset Z) \Rightarrow (X \subset Z) . \tag{1.28}$$

Der Tatsache, dass aus einer falschen Aussage jede beliebige Aussage folgt, entspricht, dass die leere Menge jede Eigenschaft besitzt, d. h. dass gilt:

Bemerkung 1.2 Sei X eine Menge. Sei $\mathcal{A}(x)$ eine Aussageform auf X, dann gilt

$$x \in \emptyset_X \Rightarrow \mathcal{A}(x) .$$

Beweis: Es ist

$$\neg(x \in \emptyset_X) \vee \mathcal{A}(x)$$

nachzuweisen. Dies gilt immer, da die linke Aussage wahr ist. □

△

Damit ergibt sich auch, dass es genau eine leere Menge unabhängig von der Grundmenge gibt:

Bemerkung 1.3 Seien X, Y Mengen, dann gilt

$$\emptyset_X = \emptyset_Y .$$

Beweis: Sei $\mathcal{A}(x) = „x \in X \wedge x \in \emptyset_Y"$, dann gilt nach Bemerkung 1.2

$$x \in \emptyset_X \Rightarrow x \in \{x \in X : \mathcal{A}(x)\} \subset \emptyset_Y ,$$

also

$$\emptyset_X \subset \emptyset_Y .$$

Vertauschung der Bezeichnungen X und Y liefert:

$$\emptyset_Y \subset \emptyset_X$$

und damit

$$\emptyset_X = \emptyset_Y .$$ □

△

Ab sofort wird also nur noch die Bezeichnung $\emptyset$ für die leere Menge verwendet.

In Analogie zu Konjunktion und Disjunktion gilt folgende Definition:

Definition 1.4

Seien A, B Teilmengen einer Menge X. Dann heißt

$$A \cap B := \{x \in X : (x \in A) \wedge (x \in B)\} ,$$

gesprochen: „A geschnitten B", der *Durchschnitt* von A und B. Ist $A \cap B = \emptyset$, d. h., A und B haben keine gemeinsamen Elemente, so heißen A und B *disjunkt*. Die Menge

$$A \cup B := \{x \in X : (x \in A) \vee (x \in B)\} ,$$

gesprochen: „A vereinigt B", heißt die *Vereinigung* von A und B.

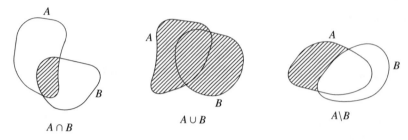

Abb. 1.1 Mengenoperationen durch VENN[12]-Diagramme veranschaulicht (in der Ebene)

Aus den entsprechenden Aussagen (1.5), (1.6), (1.10) und (1.11) für Konjunktion und Disjunktion ergeben sich folgende Mengenbeziehungen:

Satz 1.5

Seien A, B, C Teilmengen von X, dann gelten folgende Aussagen:

1) $A \cup B = B \cup A$, $A \cap B = B \cap A$.   (Kommutativität)

2) $A \cup (B \cup C) = (A \cup B) \cup C$, $A \cap (B \cap C) = (A \cap B) \cap C$.   (Assoziativität)

3) $A \cap (B \cup C) = (A \cap B) \cup (A \cap C)$,   (Distributivität)
   $A \cup (B \cap C) = (A \cup B) \cap (A \cup C)$.

4) $A \cup A = A$, $A \cap A = A$.   (Idempotenz)

5) $A \cup \emptyset = A$, $A \cap X = A$,
   $A \cup X = X$, $A \cap \emptyset = \emptyset$.

6) $A \subset B \Leftrightarrow A \cup B = B \Leftrightarrow A \cap B = A$.

Beweis: Übung.   □

Wegen der Assoziativität kann also auch eindeutig vom Schnitt bzw. der Vereinigung von mehr als zwei Mengen gesprochen werden, d. h. z. B.

$$A \cap B \cap C := (A \cap B) \cap C,$$

bzw. für $A_i, i = 1, \ldots, n$ (d. h. $A_1, A_2, \ldots, A_n$) sei z. B.

$$\bigcup_{i=1}^{n} A_i := A_1 \cup A_2 \cup \ldots \cup A_n := (\ldots((A_1 \cup A_2) \cup A_3 \ldots) \cup A_{n-1}) \cup A_n. \quad (1.29)$$

---

[12] John VENN ∗4. August 1834 in Yorkshire (England), †4. April 1923 in Cambridge

Wem die Pünktchen in der obigen Schreibweise nicht klar genug vorkommen, der sei auf Abschnitt 3.2 verwiesen.

Das Distributivgesetz 3) lässt sich auch durch sukzessive Anwendung (unter Beachtung von 1) und 2)) ausdehnen auf

$$
\begin{aligned}
(A_1 \cup A_2) \cap (B_1 \cup B_2) &= ((A_1 \cup A_2) \cap B_1) \cup ((A_1 \cup A_2) \cap B_2) \\
&= (A_1 \cap B_1) \cup (A_2 \cap B_1) \cup (A_1 \cap B_2) \cup (A_2 \cap B_2) \\
&= \bigcup_{\substack{i=1 \\ j=1}}^{2} A_i \cap B_j
\end{aligned}
$$

und durch Fortführung dieser Überlegung allgemein auf

$$
\left(\bigcup_{i=1}^{n} A_i \right) \cap \left(\bigcup_{j=1}^{m} B_j \right) = \bigcup_{\substack{i=1,\dots,n \\ j=1,\dots,m}} A_i \cap B_j .
$$

Dabei meint

$$
\bigcup_{\substack{i=1,\dots,n \\ j=1,\dots,m}} A_i \cap B_j
$$

die Vereinigung von $A_i \cap B_j$ für $i \in \{1,\dots,n\}$, $j \in \{1,\dots,m\}$ in einer beliebigen Anordnung. Schließlich definieren wir

Definition 1.6

Seien A, B Teilmengen einer Menge X. Dann heißt

$$
A \backslash B := \{x \in X : (x \in A) \wedge (x \notin B)\}
$$

das (relative) *Komplement von B in A*. Ist die Grundmenge X aus dem Zusammenhang klar, so heißt

$$
A^c := X \backslash A
$$

das *Komplement* von A (in X).

Aus (1.9), (1.20) bzw. (1.21) folgen:

Satz 1.7

Seien A, B Teilmengen einer Menge X. Dann gilt

1) *Regeln von* DE MORGAN[13]:

$$(A \cap B)^c = A^c \cup B^c \,,$$
$$(A \cup B)^c = A^c \cap B^c \,.$$

2) $A \subset B \Leftrightarrow B^c \subset A^c$

3) $(A \cap B^c = \emptyset) \Rightarrow (A \subset B)$

Beweis: Übung.

$\square$

Sei X eine Menge, dann können alle ihre Teilmengen wiederum zu einer Menge zusammengefasst werden, der sogenannten *Potenzmenge* $\mathcal{P}(X)$ oder auch 2^X. Diese letztere Schreibweise wird sich erst später erschließen. Die Potenzmenge einer Menge ist immer nicht leer, da immer die leere Menge ein Element von ihr ist. Generell sind folgende Aussagen offensichtlich:

$$\emptyset \in \mathcal{P}(X) \,, \quad X \in \mathcal{P}(X) \,, \quad x \in X \Leftrightarrow \{x\} \in \mathcal{P}(X) \,, \quad Y \subset X \Leftrightarrow Y \in \mathcal{P}(X) \,.$$

Die Potenzmenge ist also immer „größer" als die Ausgangsmenge X, da wir eine eindeutige Zuordnung zwischen dem Element $x \in X$ und der einelementigen Menge $\{x\} \in \mathcal{P}(X)$ machen können, andererseits die Potenzmenge aber immer auch weitere Mengen, wie etwa die leere Menge, enthält. Für unendliche Mengen muss diese Überlegung noch etwas rigoroser gemacht werden und insbesondere geklärt werden, wann zwei Mengen als „gleich groß" bzw. „nicht gleich groß" angesehen werden sollen. Dies geschieht in Abschnitt 2.3.

Am Rande bemerkt: Der Barbier von Sevilla und die axiomatische Mengenlehre

Bei der obigen Skizze des Umgangs mit Mengen war das *Aussonderungsaxiom* zentral, das zu jeder Aussageform $\mathcal{A}(x)$ über einer beliebigen Grundmenge X genau eine Menge mit $M = \{x \in X : \mathcal{A}(x)\}$ zuordnet. Denken wir uns die Grundmenge sehr groß, wie etwa die „Menge aller Mengen", auch *Allmenge* genannt, dann kann man insbesondere die Aussageform

$$\mathcal{A}(x) = (x \notin x)$$

betrachten. Für fast alle denkbaren Mengen ist $\mathcal{A}(x)$ wahr, für die Allmenge aber falsch. Dies ist der Grund, warum die folgende Mengenbildung

$$M := \{x : \mathcal{A}(x)\} = \{x : x \text{ ist Menge und } x \notin x\}$$

---

[13] Augustus DE MORGAN *27. Juni 1806 in Madurai, †18. März 1871 in London

ein großes Problem erzeugt. Es ergibt sich nämlich der Widerspruch

$$M \in M \Leftrightarrow M \notin M \, .$$

Das ist die RUSSELL'sche Antinomie, benannt nach B. RUSSELL[14], die dieser 1902 G. FREGE[15] brieflich mitteilte, als dieser gerade (scheinbar) die Arithmetik auf ein mengentheoretisches Axiomensystem aufgebaut hatte. Die dadurch ausgelöste Grundlagenkrise versuchte RUSSELL selbst zu beheben, die heute akzeptierte Axiomatisierung der Mengenlehre geht auf E. ZERMELO[16] und A.A. FRAENKEL[17] zurück.[18] Das mit ZF abgekürzte Axiomensystem enthält neben einem Aussonderungsaxiom die folgenden Axiome:

- Extensionalitätsaxiom (entspricht Definition 1.1, 2)),
- Leeremengenaxiom (Existenz der leeren Menge),
- Paarmengenaxiom (zu a, b ist $\{a, b\}$ Menge),
- Vereinigungsaxiom (zu einer Menge M ist $\bigcup M := \{x : x \in X$ für ein $X \in M\}$ eine Menge),
- Unendlichkeitsaxiom (es gibt eine *induktive Menge*),
- Potenzmengenaxiom (für jede Menge X gibt es die Potenzmenge $\mathcal{P}(X)$),
- Fundierungsaxiom (eine Menge $M \neq \emptyset$ enthält ein $A \in M$, sodass für kein x gilt: $x \in M$ und $x \in A$),
- Ersetzungsaxiom (ersetzt man alle Elemente einer Menge M durch beliebige Elemente, entsteht eine Menge M').

Hier sorgt insbesondere das Fundierungsaxiom dafür, dass eine Menge nicht direkt Element von sich selbst sein kann oder auch auf indirektem Weg: Paradoxa wie die RUSSELL'sche Antinomie sind dadurch ausgeschlossen. Das Unendlichkeitsaxiom sichert gerade, dass das in Anhang A angegebene Modell für die natürlichen Zahlenmengen theoretisch konstruierbar ist. Aus dem Paarmengen- und dem Vereinigungsaxiom ergibt sich z. B. die Definition:

$$A \cup B := \bigcup \{A, B\}$$

Oben wurde benutzt

---

[14] Bertrand RUSSELL ∗18. Mai 1872 bei Trellech, †2. Februar 1970 in Penrhyndeudraeth

[15] Friedrich Ludwig Gottlob FREGE ∗8. November 1848 in Wismar, †16. Juli 1925 in Bad Kleinen

[16] Ernst Friedrich Ferdinand ZERMELO ∗27. Juli 1871 in Berlin, †21. Mai 1953 in Freiburg im Breisgau

[17] Adolf Abraham Halevi FRAENKEL ∗17. Februar 1891 in München, †15. Oktober 1965 in Jerusalem

[18] Hier kann nur, wie bei allen Am Rande bemerkt-Texten, ein oberflächlicher Eindruck vermittelt werden. Zur Vertiefung der Fragen der mathematischen Logik wird empfohlen: D. HOFFMANN (2011). *Grenzen der Mathematik - Eine Reise durch die Kerngebiete der mathematischen Logik*. Berlin - Heidelberg: Springer Verlag.

Definition 1.8

Eine Menge M heißt *induktive Menge*, wenn gilt

   a) $\emptyset \in M$,

   b) Für alle $x \in M$ ist auch $x \cup \{x\} \in M$.

Eine umgangssprachliche Umsetzung von seiner Antinomie fand RUSSELL im *Barbier von Sevilla*, der genau die Männer rasiert, die sich nicht selbst rasieren. Auch hier ergibt sich der Widerspruch

    Der Barbier rasiert sich selbst $\Leftrightarrow$ Der Barbier rasiert sich nicht selbst.

Abb. 1.2 Fehler zahlen sich aus[19] [20] *(Cartoon von Randall Munroe, `https://www.xkcd.com/816/`)*

Aufgaben

Aufgabe 1.4 (L) Beweisen Sie (1.28).

Aufgabe 1.5 Beweisen Sie Satz 1.5.

Aufgabe 1.6 (L) Beweisen Sie Satz 1.7.

Aufgabe 1.7 Sei A Teilmenge einer Menge X. Bestimmen Sie:

   a) $(A^c)^c$,

---

[19] Donald KNUTH *10. Januar 1938 in Milwaukee, Wisconsin,

[20] Donald Knuth ist ein amerikanischer Informatik-Pionier, u. a. Entwickler des Schreibsystems (La)TeX, mit dem auch dieses Buch geschrieben wurde, und Autor von *The Art of Computer Programming*. Informieren Sie sich eigenständig, was es mit dem Cartoon auf sich hat.

b) $A \cap A^c$,

c) $A \cup A^c$.

Aufgabe 1.8 Zeigen Sie, dass für eine Menge X gilt:

$$\bigcup_{A \in \mathcal{P}(X)} A = X \quad \text{und} \quad \bigcap_{A \in \mathcal{P}(X)} A = \emptyset .$$

1.3 Prädikatenlogik

Mathematische Aussagen haben oft die Gestalt von Gleichungen. Definieren wir dazu eine Aussageform in zwei Variablen a und b:

$$\mathcal{A}(a,b) := \left((a + b)^2 = a^2 + 2ab + b^2\right) .$$

Dann besagt die jedem bekannte binomische Formel, dass die Aussage $\mathcal{A}(a,b)$ richtig ist für alle $a, b \in \mathbb{R}$. Dies ist also eine immer gültige Aussage, zu deren Formulierung wir ein neues logisches Element, den sogenannten

All-Quantor $\forall$, gesprochen *„für alle"*,

brauchen. Die Aussage lautet also formal

$$\forall a \in \mathbb{R} \land b \in \mathbb{R} : \mathcal{A}(a,b)$$

bzw.

$$\forall a \in \mathbb{R} \ \forall b \in \mathbb{R} : \mathcal{A}(a,b)$$

bzw. abkürzend

$$\forall a \in \mathbb{R}, b \in \mathbb{R} : \mathcal{A}(a,b)$$

oder auch

$$\forall a, b \in \mathbb{R} : \mathcal{A}(a,b)$$

oder ausgeschrieben

$$\forall a, b \in \mathbb{R} : (a + b)^2 = a^2 + 2ab + b^2 .$$

Auch hier gilt das für die logischen Verknüpfungen $\neg, \land, \lor, \Rightarrow$ Gesagte wieder, dass normalerweise in einem mathematischen Text hier auf die Benutzung des Quantors als Formel verzichtet und stattdessen ein deutscher Satz formuliert wird, wie etwa in diesem Fall:

Für alle a, b aus $\mathbb{R}$ gilt: $(a + b)^2 = a^2 + 2ab + b^2$.   (1.30)

Die Teilmengenbeziehung

$$A \subset B$$

ist also äquivalent zu

$$\forall x \in A : x \in B,$$

und damit ist dies aber nicht äquivalent zu

$$A = B,$$

da es ja ein $x \in B$ geben kann, für das

$$x \notin A$$

gilt. Um dies auszudrücken, ist ein weiterer Quantor nötig, der sogenannte

Existenz-Quantor $\exists$, gesprochen „*es gibt*".

Im obigen Fall kann also gelten

$$\forall x \in B : x \in A,$$ (1.31)

d. h., $B \subset A$ und damit $A = B$, oder (1.31) ist falsch, d. h.

$$\exists x \in B : x \notin A.$$

Allgemein ist also für eine Menge A und eine Aussageform $\mathcal{A}(x)$ die Aussage

$$\forall x \in A : \mathcal{A}(x)$$

richtig genau dann, wenn

$$\exists x \in A : \neg \mathcal{A}(x)$$

falsch ist, also

$$\forall x \in A : \mathcal{A}(x) \Leftrightarrow \neg(\exists x \in A : \neg \mathcal{A}(x))$$ (1.32)

und analog

$$\exists x \in A : \mathcal{A}(x) \Leftrightarrow \neg(\forall x \in A : \neg \mathcal{A}(x)).$$ (1.33)

Bei der Verneinung einer Aussage wird also „$\neg$" in den Ausdruck mit dem Quantor hineingezogen, aber der Quantor verändert sich von „$\forall$" zu „$\exists$" bzw. umgekehrt. Weitere Beispiele sind etwa folgende Aussagen über einfache Gleichungen:

$$\exists\, x \in \mathbb{Z} : x^2 - x - 2 = 0\,, \tag{1.34}$$

$$\exists\, x \in \mathbb{N} : x^2 - x - 2 = 0\,, \tag{1.35}$$

$$\exists\, x \in \mathbb{R} : x^2 - x - 2 = 0\,, \tag{1.36}$$

$$\exists\, x \in \mathbb{R},\ \exists\, y \in \mathbb{R} : x + y = 0\,, \tag{1.37}$$

$$\exists\, x \in \mathbb{R} : x^2 + 1 = 0\,. \tag{1.38}$$

Die in den ersten drei Bespielen zugrunde liegende quadratische Gleichung hat die Nullstellen $x = 2$ und $x = -1$. Also sind alle drei Aussagen (1.34) bis (1.36) richtig. Aber nur im Fall (1.35) ist die Lösung auch eindeutig, d. h., es gibt eine Lösung, es gibt aber keine weitere Lösung. Die Aussage „es gibt" macht also keine Aussage über die Anzahl der Objekte. Es kann sich um eines handeln oder eine endliche Anzahl oder aber auch um unendlich viele. So ist die Aussage (1.37) zwar auch richtig, aber es gibt unendlich viele Lösungen. Jedes beliebige $x \in \mathbb{R}$ darf gewählt werden, und dazu $y := -x$ ergibt eine Lösung der Gleichung. Andererseits ist die Lösung (1.38) in den reellen Zahlen nicht lösbar, d. h., die betreffende Aussage ist falsch. Es muss also deutlich zwischen der *Existenz einer Lösung eines Problems*, d. h. eines Objektes mit einer gewissen Eigenschaft, und der *Eindeutigkeit einer Lösung eines Problems*, d. h. eines Objektes dieser Eigenschaft, unterschieden werden. *Eindeutigkeit* für ein Element in einer Grundmenge X mit der Eigenschaft $\mathcal{A}(x)$ bedeutet dabei

$$\forall x, y \in X : \mathcal{A}(x) \wedge \mathcal{A}(y) \Rightarrow x = y\,.$$

Eindeutigkeit bedeutet also, dass, wenn zwei Objekte vorliegen, die die betreffende Eigenschaft haben, sie notwendigerweise gleich sein müssen. Es bedeutet nicht, dass bei Eindeutigkeit überhaupt ein solches Objekt vorliegt, denn die obige Implikation ist auch dann richtig, wenn die Aussage $\mathcal{A}(x) \wedge \mathcal{A}(y)$ immer falsch ist. Die Sprechweise ist auch: Es *gibt höchstens ein* $x \in X$ mit $\mathcal{A}(x)$. Wenn Existenz *und* Eindeutigkeit vorliegt, wird dies manchmal auch mit dem

Quantor $\exists!$, gesprochen: „*Es gibt genau ein*",

geschrieben. In allen obigen Beispielen darf also nur bei (1.35) „$\exists$" durch „$\exists!$" ausgetauscht werden. Andererseits ist die Aussage „Es gibt höchstens ein X aus $\mathbb{R} : x^2 + 1 = 0$" richtig.

Mit der binomischen Formel ist schon ein Beispiel von Aussageformen in mehreren Variablen aufgetreten, die dann Anlass geben zu Aussagen mit mehreren Quantoren, wie in diesem Beispiel. Solange diese Quantoren gleich sind, es sich also jeweils um All-Quantoren oder um Existenz-Quantoren handelt, ist der Umgang damit insofern unproblematisch, als die Reihenfolge dann vertauscht werden kann. Wie die Beispiele zeigen, kann dies dahingehend aufgefasst werden, dass die einzelnen Aussagen mit einem kommutativen „Und" verknüpft sind. Völlig anders ist die Situation, wenn All- und Existenz-Quantoren kombiniert werden. Man betrachte dazu folgende Beispiele:

$$\exists \bar{z} \in \mathbb{Z} \quad (\forall z \in \mathbb{Z} : z + \bar{z} = z) \, . \tag{1.39}$$

Diese Aussage ist richtig, denn das $\bar{z}$, dessen Existenz behauptet wird, ist das neutrale $\bar{z} = 0$. Es ist in der Aussage übrigens nicht davon die Rede, dass 0 eindeutig existiert, was tatsächlich der Fall ist, d. h., diese zusätzliche Eindeutigkeit muss aus der Existenz eines neutralen Elementes gefolgert werden, was auch möglich ist. Die Aussage, die aus (1.39) durch Vertauschen der Quantoren entsteht,

$$\forall z \in \mathbb{Z} \quad (\exists \bar{z} \in \mathbb{Z} : z + \bar{z} = z) \, , \tag{1.40}$$

ist auch gültig, und sie folgt auch aus (1.39). Tatsächlich handelt es sich aber erst einmal um eine wesentlich schwächere Aussage, da nur ausgesagt wird, dass zu jeder ganzen Zahl z ein individuelles, gegebenenfalls von z abhängiges $\bar{z}$ existiert, was die besagte Gleichung: $z + \bar{z} = z$ erfüllt. Im Allgemeinen wird man also aus einer Aussage mit der Struktur „$\forall \, \exists$" nicht auf die analoge Aussage „$\exists \, \forall$" schließen können. Ob das hier in dieser speziellen Situation der ganzen Zahlen vielleicht doch möglich ist, sei dem/der Leser*in überlassen. Betrachten wir dazu als analoges Beispiel

$$\forall z \in \mathbb{Z} \quad (\exists \bar{z} \in \mathbb{Z} : z + \bar{z} = 0) \, , \tag{1.41}$$

so ist auch diese Aussage richtig, denn $\bar{z}$ kann als das inverse Element der Addition, d. h. $\bar{z} := -z$, gewählt werden. $\bar{z}$ ist also sogar eindeutig, was hier nicht behauptet ist und gesondert zu beweisen wäre. Es ist aber ein individuell zu der ganzen Zahl z existierendes Element. Die Aussage

$$\exists \bar{z} \in \mathbb{Z} \quad (\forall z \in \mathbb{Z} : z + \bar{z} = 0) \, , \tag{1.42}$$

d. h., die Forderung eines „universellen inversen Elementes" ist offensichtlich falsch.

Die oben festgestellte Verneinungsregel für Aussagen mit Quantoren lässt sich auch auf Aussageformen mit mehreren Variablen übertragen, sodass etwa in zwei Variablen gilt:
Für eine Aussageform $\mathcal{A}(x, y)$ über der Grundmenge $x \in X$, $y \in Y$ gilt:

$$\neg \, (\forall x \in X \; \exists y \in Y : \mathcal{A}(x, y)) \; \Leftrightarrow \; \exists x \in X \; \forall y \in Y : \neg \mathcal{A}(x, y) \, , \tag{1.43}$$
$$\neg \, (\exists x \in X \; \forall y \in Y : \mathcal{A}(x, y)) \; \Leftrightarrow \; \forall x \in X \; \exists y \in Y : \neg \mathcal{A}(x, y) \, . \tag{1.44}$$

Dies lässt sich auch für Aussageformen in mehr als zwei Variablen „schematisch" übertragen, indem jeweils die Quantoren auszutauschen sind und die letztendliche Aussage zu verneinen ist, um die Verneinung der Gesamtaussage zu erhalten. So ist eben die Aussage (1.42) falsch, weil ihre Verneinung

$$\forall \bar{z} \in \mathbb{Z} \quad (\exists z \in \mathbb{Z} : z + \bar{z} \neq 0) \tag{1.45}$$

offensichtlich richtig ist. Für $\bar{z} = 0$ wähle man z. B. $z = 1$ und für $\bar{z} \neq 0$ z. B. $z = \bar{z}$.

Mit Hilfe der Quantoren können nun auch Schnitte und Vereinigungen für beliebige Mengensysteme definiert werden.

Sei X eine Menge und I eine nicht leere Menge, die zum „Indizieren", d. h. zum Bezeichnen von Teilmengen von X verwendet werden soll. Liegen z. B. n Teilmengen ($n \in \mathbb{N}_0$, $n \neq 0$) von X vor, können diese mit

$$A_1, A_2, \ldots, A_n \tag{1.46}$$

bezeichnet werden, d. h. $I = \{1, 2, \ldots, n\}$. Um aber etwa die einelementigen Teilmengen $\{n\}$ von $\mathbb{N}$ für alle $n \in \mathbb{N}$ zu indizieren, ist schon $I = \mathbb{N}$ notwendig. Im Folgenden soll zugelassen werden, dass I noch „größer" ist (siehe Abschnitt 2.3), und man spricht allgemein von einer *Familie von Mengen* oder einem *Mengensystem*

$$\{A_\alpha : \alpha \in I\} .$$

Hierbei wird nur $A_\alpha \subset X$ gefordert, d. h., Mengen dürfen auch mehrfach auftreten oder leer sein. Eine exakte Einführung ist dann möglich, wenn der Abbildungsbegriff zur Verfügung steht (nach Definition 1.10).

Definition 1.9

Sei $\{A_\alpha : \alpha \in I\}$ ein Mengensystem in X. Dann heißt

$$\bigcap_{\alpha \in I} A_\alpha := \{x \in X : \forall \alpha \in I : x \in A_\alpha\}$$

der *Durchschnitt* bzw.

$$\bigcup_{\alpha \in I} A_\alpha := \{x \in X : \exists \alpha \in I : x \in A_\alpha\}$$

die *Vereinigung* des Mengensystems.

Für $I = \{1, \ldots, n\}$ stimmen diese Begriffe z. B. für die Vereinigung mit (1.29) überein (Übung, siehe auch Abschnitt 3.2). Analog zu Satz 1.5, 1.7 gelten Assoziativ- und Distributivgesetze und Regeln von DE MORGAN (Übung).

Am Rande bemerkt: Alan TURING[21] *und die Berechenbarkeit*

Logik und Mengenlehre sollen die Grundlage aller Mathematik sein. Folgerichtig hat David HILBERT[22] die Frage aufgeworfen, ob es möglich ist, mittels elementarer Operationen in endlich vielen Schritten zu entscheiden, ob eine beliebige prädikatenlogische Aussage richtig oder falsch ist. Analog stellt sich die Frage nach der *Berechenbarkeit* einer beliebigen Abbildung (siehe Abschnitt 1.4). Was sind aber *elementare Operationen*? Ausgehend von einem Taschenrechner könnte man alles, was dessen Tasten realisieren, für elementar halten. Wir wissen aber (bzw. werden in Abschnitt 4.3 sehen), dass z. B. $\sqrt{2}$ nicht in endlich vielen Schritten exakt angegeben werden kann, sondern nur eine Näherung. Es geht also darum, den *Kalkül*[23], das System der Regeln, festzulegen. Innerhalb des Kalküls wird dann die Bestimmungs- bzw. Berechnungsvorschrift festgelegt, der *Algorithmus*[24]. Heute wären wir geneigt, als Kalkül das festzulegen, was ein Computer „kann", in den 1930ern stand der Computer noch kurz vor seiner Erfindung (1937: Konrad ZUSE[25], Z1: siehe „Am Rande bemerkt" zu Abschnitt 7.1). Unmittelbar davor entwickelte Alan TURING[26] ein Rechenmodell, dann TURING-*Maschine* genannt (in der Veröffentlichung *On Computable Numbers, with an Application to the Entscheidungsproblem*). Damit waren die Begriffe *Algorithmus, Berechenbarkeit* und *Entscheidbarkeit* exakt gefasst. Eine TURING-Maschine besteht aus einem unendlich langen, in Felder eingeteilten Band, von denen endlich viele mit einem endlichen Zeichensatz inklusive dem Leerzeichen beschrieben sind, mit einem *Wort*. Zu Beginn ist ein Eingabewort vorgegeben und ein Schreib- und Lesekopf am weitesten links stehenden, vom Leerzeichen verschiedenen Zeichen positioniert. Der Lesekopf hat einen Anfangszustand, der zusammen mit dem gelesenen Zeichen über die weitere Aktion entscheidet: Das Zeichen kann, muss aber nicht, überschrieben werden, auch mit dem Leerzeichen, und der Kopf wird nach links oder nach rechts oder gar nicht bewegt. Der Zustand des Kopfes wird durch ein „Programm" (eine *Überführungsfunktion*) abhängig von Zustand und Zeichen in einen neuen Zustand überführt, es sei denn, einer der *Endzustände* ist erreicht: Dann „hält" die Maschine. Es handelt sich also um einen einfachen Computer mit festem „Programm" und endlich

---

[21] Alan TURING *23. Juni 1912 in London, †7. Juni 1954 in Wilmslow, Cheshire

[22] David HILBERT *23. Januar 1862 in Königsberg (Preußen), †14. Februar 1943 in Göttingen

[23] Als der oder das Kalkül (französisch *calcul* „Rechnung"; von lateinisch *calculus* „Rechenstein", „Spielstein") versteht man in den formalen Wissenschaften wie Logik und Mathematik ein System von Regeln, mit denen sich aus gegebenen Aussagen (Axiomen) weitere Aussagen ableiten lassen.

[24] Das für Mathematik und Informatik zentrale Wort *Algorithmus* stammt aus einer Verballhornung des Namens von Abu Dscha'far Muhammad ibn Musa AL-CHWĀRIZMĪ (* um 780; †zwischen 835 und 850), einem arabischen Mathematiker, dessen Lehrbuch über die neuen indischen und dann in Europa arabisch genannten Ziffern zu deren Verbreitung beitrug und dessen „Anrufung" zur Begründung dieser Rechnung benutzt wurde (AL-CHWĀRIZMĪ dixit=Algorithmus).

[25] Konrad Ernst Otto ZUSE *22. Juni 1910 in Deutsch-Wilmersdorf, heute zu Berlin, †18. Dezember 1995 in Hünfeld

[26] TURING ist einer der bedeutendsten Mathematiker des 20. Jahrhunderts und hat wesentlich zur Entzifferung der Verschlüsselungsmaschine ENIGMA beigetragen.

großem Speicher. In die Nähe eines modernen Computers (siehe „Am Rande bemerkt" zu Abschnitt 7.1) kommt die *universelle* TURING-*Maschine*, die das „Programm" einer speziellen TURING-Maschine als Eingabe hat und damit diese zu einer spezifischen Eingabe simuliert. Aus deren Existenz schloss TURING auf die Unentscheidbarkeit des *Halteproblems*, d. h. die Existenz einer TURING-Maschine, die für jede TURING-Maschine T und jede Eingabe entscheiden kann, ob T anhält. Dies hat negative Konsequenzen für HILBERTS Entscheidungsproblem (siehe auch „Am Rande bemerkt" zu Abschnitt 3.2) und auf die Frage von Berechenbarkeit. Eine reelle Zahl $r \in \mathbb{R}$ heißt *berechenbar*, wenn es eine berechenbare Funktion f gibt, die zu jedem $n \in \mathbb{N}$ ein $f(n) \in \mathbb{Q}$ liefert, sodass $|r - f(n)| \leq \frac{1}{n}$. In den Abschnitten 5.2 und 5.3 werden wir uns mit der Konstruktion von f, d. h. von Approximationsverfahren für irrationale Zahlen, beschäftigen. Für alle irrationalen Zahlen, die uns als wichtig erscheinen, werden wir erfolgreich sein, dennoch: Da es nur abzählbar viele „Programme" von TURING-Maschinen und abzählbar viele Eingabewörter gibt, (siehe „Am Rande bemerkt" zu Abschnitt 2.3 muss die Menge der berechenbaren Zahlen abzählbar unendlich sein, es gibt also nichtberechenbare Zahlen (Abschnitt 5.1).

Aufgaben

Aufgabe 1.9 (aus BLATTER (1991), L) Aus einem Zoologiebuch: „Jede ungebrochselte Kalupe ist dorig und jede foberante Kalupe ist dorig. In Quasiland gibt es sowohl dorige wie undorige Kalupen." – Welche der nachstehenden Schlüsse über die Fauna von Quasiland sind zulässig?

a) Es gibt sowohl gebrochselte wie ungebrochselte Kalupen.
b) Es gibt gebrochselte Kalupen.
c) Alle undorigen Kalupen sind gebrochselt.
d) Einige gebrochselte Kalupen sind unfoberant.
e) Alle gebrochselten Kalupen sind unfoberant.

Aufgabe 1.10 (aus BLATTER (1991)) Von den folgenden Aussagen ist genau eine richtig:

a) Fritz hat mehr als tausend Bücher.
b) Fritz hat weniger als tausend Bücher.
c) Fritz hat mindestens ein Buch.

Wie viele Bücher hat Fritz?

Aufgabe 1.11 Zeigen Sie die Assoziativität von Vereinigung und Durchschnitt gemäß Satz 1.5, 2) von beliebig, aber endlich vielen Mengen. Formulieren Sie außerdem analog zu Satz 1.5, 3) Distributivgesetze bzw. zu Satz 1.7 DE MORGAN'sche Regeln für allgemeine Mengensysteme und beweisen Sie diese.

1.4 Produkte von Mengen, Relationen und Abbildungen

Um Beziehungen zwischen Elementen auch von verschiedenen Mengen ausdrücken zu können, definieren wir für zwei Mengen X und Y und zwei Elemente $x \in X$ bzw. $y \in Y$ das *geordnete Paar* (x, y) bzw. *2-Tupel*. Dies ist ein neues Objekt, für das folgender Gleichheitsbegriff gelten soll:

$$(x, y) = (x', y') :\Leftrightarrow (x = x') \wedge (y = y') . \tag{1.47}$$

Dabei sind $x, x' \in X$, $y, y' \in Y$ beliebige Elemente. Das geordnete Paar (x, y) darf also nicht verwechselt werden mit der zweielementigen Menge $\{x, y\}$, für die ja $\{x, y\} = \{y, x\}$ gilt.

Diejenigen, für die (x, y) noch zu wenig „existiert", können sich folgende „Konstruktion" denken:

$$(x, y) := \{\{x\}, \{x, y\}\} \tag{1.48}$$

(siehe Übung).

Die Menge aller geordneten Paare bildet die Menge des *(kartesischen) Produkts* $X \times Y$, d. h.

$$X \times Y := \{(x, y) : x \in X \wedge y \in Y\} .$$

Für $(x, y) \in X \times Y$ heißt x die *erste* bzw. y die *zweite Komponente* von (x, y). Gilt $X = Y$, wird auch die Bezeichnung

$$X^2 := X \times X \tag{1.49}$$

benutzt. Das bekannteste Beispiel ist die kartesische Ebene der analytischen Geometrie

$$\mathbb{R}^2 = \mathbb{R} \times \mathbb{R} .$$

Für drei Mengen X, Y, Z kann definiert werden

$$X \times Y \times Z := (X \times Y) \times Z , \tag{1.50}$$

und man erhält einen Raum von *Tripeln* bzw. *3-Tupeln*. Zur Wohldefinition muss also die Identifizierbarkeit von

$$X \times (Y \times Z) \quad \text{und} \quad (X \times Y) \times Z \tag{1.51}$$

gezeigt werden (Übung). Dies kann für n Mengen $X_1, X_2, \ldots, X_n$ zu

$$X_1 \times \ldots \times X_n := (X_1 \times \ldots \times X_{n-1}) \times X_n \tag{1.52}$$

fortgesetzt werden, dem Raum der *n-Tupeln* $(x_1, \ldots, x_n)$.

Eine alternative Schreibweise ist (siehe Abschnitt 3.2)

$$\prod_{i=1}^{n} X_i := X_1 \times \ldots \times X_n \,,$$ (1.53)

bzw. wenn alle Räume $X_i = X$ sind, dann

$$X^n := \underbrace{X \times \ldots \times X}_{n\text{-mal}} \,.$$ (1.54)

Hinter den Pünktchen von (1.52) steckt eine *Definition*, d.h., zuerst wird $X_1 \times X_2$ definiert, darauf aufbauend dann $X_1 \times X_2 \times X_3$, darauf aufbauend dann $X_1 \times X_2 \times X_3 \times X_4$. Dass dies statthaft ist und dass auch eine andere Klammersetzung nicht zu einem anderen Ergebnis führen würde, wird genauer in Abschnitt 3.2 untersucht werden.

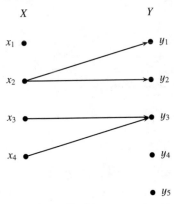

Abb. 1.3 Binäre Relation als gerichteter Graph

Seien X, Y nicht leere Mengen, dann wird jede nicht leere Teilmenge R von $X \times Y$ als *(binäre oder zweistellige) Relation* auf X und Y bezeichnet. Statt $(x, y) \in R$ werden auch die Schreibweisen

$$xRy \quad \text{oder} \quad x \underset{R}{\sim} y$$

benutzt.

Sind X und Y endliche Mengen, dann kann eine Relation dadurch veranschaulicht werden, dass diese Mengen durch Punkte in der Zeichenebene dargestellt werden und die Tatsache einer Relation zwischen x und y durch einen Pfeil, der von x nach y zeigt. Es handelt sich dabei um den Spezialfall eines sogenannten *gerichteten Graphen*. Bei einer beliebigen Relation muss also nicht jedes $x \in X$ in Relation zu einem y stehen, d.h., es muss nicht zwingend ein y geben, sodass $(x, y) \in R$ gilt. Anderer-

seits kann ein x auch in Relation zu mehr als einem y stehen (siehe Abbildung 1.3).
Wenn diese beiden Situationen nicht auftreten dürfen, wenn also jedes $x \in X$ in
Relation zu einem $y \in Y$ steht und dieses y dadurch eindeutig bestimmt ist, können
wir davon sprechen, dass die Relation einem beliebigen Element $x \in X$ ein $y \in Y$
zuordnet. Wir kommen damit zu dem Begriff der *Abbildung*.

Definition 1.10

Sei R eine Relation auf X und Y, d. h. $\emptyset \neq R \subset X \times Y$. Wenn gilt

1) $\forall x \in X \, \exists y \in Y : (x, y) \in R$,   (Existenz des Bildes)

2) $\forall x \in X \, \forall y_1, y_2 \in Y : (x, y_1) \in R \wedge (x, y_2) \in R \Rightarrow y_1 = y_2$,

(Eindeutigkeit des Bildes)

dann heißt R eine *Abbildung von X nach Y*[27]. Das zu $x \in X$ eindeutig existierende $y \in Y$, sodass $(x, y) \in R$, wird (etwa) als $f(x)$ bezeichnet. Man spricht
dann von der Abbildung

$$f : X \to Y \quad \text{oder auch} \quad x \in X \mapsto f(x) \in Y .$$

Dabei heißt $f(x)$ der *Funktionswert* von f an der Stelle x oder das *Bild* von x
unter f, x heißt das *Argument* von f. X heißt der *Definitionsbereich* von f, Y
der *Wertebereich* von f.
  Die Teilmenge von Y

$$\text{Bild}(f) := \{y \in Y : \exists x \in X : y = f(x)\}$$

der „getroffenen" Werte heißt das *Bild* von f.
  Zwei Abbildungen f, g heißen *gleich*, wenn die zugehörigen Relationen die
gleichen Mengen in den gleichen Grundmengen sind, geschrieben

$$f = g .$$

Wichtig ist die Unterscheidung zwischen einem festen Funktionswert $f(x) \in Y$ (oft
eine Zahl) und der Abbildung f selbst (nach Definition eine Teilmenge von $X \times Y$).
Will man also das Argument bei der Abbildung andeuten, so geschieht dies durch

$$f = f(.) .$$

So handelt es sich bei dem Beispiel aus Abbildung 1.3 um keine Abbildung, da zu x_1
kein Bild gehört und das Bild zu x_2 nicht eindeutig ist, da x_2 sowohl zu y_1 als auch
zu y_2 in Relation steht. Die folgende Modifikation in Abbildung 1.4 ist also eine
Abbildung. Ein Beispiel für eine Abbildung, die es immer gibt, ist die Abbildung
Identität (auf X), d. h.

---

[27] Man spricht auch von einer *Funktion*, falls X und Y Teilmengen von Zahlenmengen sind.

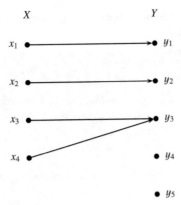

Abb. 1.4 Abbildung als gerichteter Graph

$$id_X : X \to X, \quad x \mapsto x . \tag{1.55}$$

Sei $Z \subset X$ nicht leer. Dann kann die *Einbettung* von Z nach X definiert werden als

$$i : Z \to X, \quad x \mapsto x . \tag{1.56}$$

Zu einer beliebigen Abbildung $f : X \to Y$ und $Z \subset X$ nicht leer kann die *Einschränkung* von f auf Z definiert werden durch

$$f|_Z : Z \to Y, \quad x \mapsto f(x) . \tag{1.57}$$

Es gilt:

Satz 1.11

Seien $f : X \to Y$, $g : U \to V$ Abbildungen. Dann gilt:

$$f = g \iff X = U \wedge Y = V \wedge (\forall x \in X : f(x) = g(x)) .$$

Beweis: Klar. □

Abbildungen werden also auch dadurch verändert, dass „nur" der Definitionsbereich oder der Wertebereich verändert werden, bei gleichbleibender „Abbildungsvorschrift". Es gilt also $i \neq id_X$, da die Definitionsbereiche verschieden sind. Analog gilt $id_X|_Z = i$, aber es gilt nicht, dass $i = id_Z$, da die Wertebereiche verschieden sind.

Jetzt kann auch präziser der Begriff des Mengensystems gefasst werden, nämlich als

Abbildung von I nach $\mathcal{P}(X)$, $\alpha \mapsto A_\alpha$.

Sind $f : X \to Y, g : Y \to Z$ Abbildungen, dann können sie „hintereinander" ausgeführt werden (erst f, dann g):

Definition 1.12

Seien $f : X \to Y, g : Y \to Z$ Abbildungen zwischen nicht leeren Mengen X, Y, Z. Die Abbildung $g \circ f : X \to Z$ wird definiert durch

$$(g \circ f)(x) := g(f(x)) \quad \forall x \in X.$$

$g \circ f$ (gesprochen: „g Kringel f") heißt die *Komposition* von f und g, genauer: von f gefolgt von g.

Man beachte also, dass gemäß der Definitionsgleichung die *zuerst* ausgeführte Abbildung *rechts* in der Bezeichnung steht.

Satz 1.13

Seien $f : W \to X$, $g : X \to Y$, $h : Y \to Z$ Abbildungen zwischen nicht leeren Mengen W, X, Y, Z. Dann sind die Kompositionen

$$(h \circ g) \circ f : W \to Z$$

und

$$h \circ (g \circ f) : W \to Z$$

wohldefiniert, und es gilt

$$(h \circ g) \circ f = h \circ (g \circ f).$$

Beweis: Übung.   □

Dies überträgt sich auch auf Kompositionen aus mehr als drei Abbildungen. Wegen Satz 1.13 kann also kurz

$$h \circ g \circ f$$

bzw.

$$f_n \circ f_{n-1} \circ \ldots \circ f_1 \tag{1.58}$$

geschrieben werden, ohne Missverständnisse befürchten zu müssen.

Jede Relation $R \subset X \times Y$ erzeugt eine *Umkehrrelation* $R^{-1} \subset Y \times X$ durch

$$(y, x) \in R^{-1} :\Leftrightarrow (x, y) \in R.$$

Wie Abbildung 1.4 zeigt, muss die Umkehrrelation einer Abbildung keine Abbildung sein. Hier ist Bedingung 1) aus Definition 1.10 für R^{-1} verletzt, da y_4, y_5 nicht zum Bild von f gehören, d. h. nicht in Relation stehen zu einem $x \in X$. Ebenso ist für R^{-1} Bedingung 2) verletzt, da y_3 sowohl mit x_3 als auch x_4 in Relation steht.

Abbildungen, die Bedingung 1) für R^{-1} erfüllen, heißen surjektiv, solche, die Bedingung 2) für R^{-1} erfüllen, heißen injektiv:

Definition 1.14

Seien X, Y nicht leere Mengen, $f : X \to Y$ eine Abbildung.

1) f heißt *surjektiv*, wenn Bild$(f) = Y$ gilt, d. h. $\forall y \in Y \, \exists \, x \in X : y = f(x)$.

2) f heißt *injektiv*, wenn gilt:

$$\forall x_1, x_2 \in X : f(x_1) = f(x_2) \Rightarrow x_1 = x_2 \,, \quad \text{d. h.}$$
$$\forall x_1, x_2 \in X : x_1 \neq x_2 \Rightarrow f(x_1) \neq f(x_2) \,.$$

3) f heißt *bijektiv*, wenn f injektiv und surjektiv ist. f ist also bijektiv, genau dann, wenn die Umkehrrelation R^{-1} eine Abbildung ist. Diese wird mit

$$f^{-1} : Y \to X$$

bezeichnet und heißt *Umkehrabbildung* von f.

Die Umkehrabbildung erfüllt also (im Fall ihrer Existenz)

$$f^{-1} \circ f = id_X \,,$$
$$f \circ f^{-1} = id_Y \,. \tag{1.59}$$

Genauer gilt

Satz 1.15

Sei $f : X \to Y$ eine Abbildung von X nach Y, X, Y nicht leere Mengen. f ist bijektiv genau dann, wenn es eine Abbildung $g : Y \to X$ gibt mit:

$$g \circ f = id_X \quad \text{und} \quad f \circ g = id_Y \,.$$

In diesem Fall ist g eindeutig und $g = f^{-1}$.

Beweis: Übung. □

Die Umkehrabbildung $f^{-1} : Y \to X$ einer bijektiven Abbildung $f : X \to Y$ ist also die durch

$$f^{-1} \circ f = id_X, \quad f \circ f^{-1} = id_Y$$

eindeutig festgelegte Abbildung.
Aus der Bijektivität von f folgt also auch die Bijektivität von f^{-1} und

$$(f^{-1})^{-1} = f \, . \tag{1.60}$$

Weiter gilt

Satz 1.16

Seien $f : X \to Y$, $g : Y \to Z$ bijektive Abbildungen, X, Y, Z nicht leer. Dann ist auch $g \circ f : X \to Z$ bijektiv und

$$(g \circ f)^{-1} = f^{-1} \circ g^{-1} \, .$$

Beweis: Übung.

$\square$

Man beachte die Umkehrung der Reihenfolge in der Komposition, die i. Allg. nicht kommutativ ist. In Verallgemeinerung von Bild(f) definieren wir

Definition 1.17

Sei $f : X \to Y$ eine Abbildung und $A \subset X, B \subset Y$. Dann heißt

1)

$$f(A) := \{y \in Y : \exists x \in A : y = f(x)\} = \{f(x) : x \in A\}$$

das *Bild von A unter f*,

2)

$$f^{-1}(B) := \{x \in X : f(x) \in B\}$$

das *Urbild von B unter f*.

Es ist also

$$\mathrm{Bild}(f) = f(X) \quad \text{und} \quad f^{-1}(Y) = X \, .$$

Man beachte, dass $A = \emptyset$ oder $B = \emptyset$ zulässig sind, und dann gilt

$$f(\emptyset) = \emptyset \, ,$$
$$f^{-1}(\emptyset) = \emptyset \, .$$

Hierbei *verträgt* sich f^{-1} mit $\subset, \cup, \cap$ im folgenden Sinn:

$$B_1 \subset B_2 \subset Y \quad \Rightarrow \quad f^{-1}(B_1) \subset f^{-1}(B_2)\,, \tag{1.61}$$

$$\forall \, \alpha \in I : B_\alpha \subset Y \quad \Rightarrow \quad f^{-1}\left(\bigcup_{\alpha \in I} B_\alpha\right) = \bigcup_{\alpha \in I} f^{-1}(B_\alpha)\,, \tag{1.62}$$

$$f^{-1}\left(\bigcap_{\alpha \in I} B_\alpha\right) = \bigcap_{\alpha \in I} f^{-1}(B_\alpha) \tag{1.63}$$

(Übung). Für f statt f^{-1} gelten auch die Aussagen (1.61) und (1.62), nicht aber (1.63), stattdessen nur

$$\forall \, \alpha \in I : A_\alpha \subset X \quad \Rightarrow \quad f\left(\bigcap_{\alpha \in I} A_\alpha\right) \subset \bigcap_{\alpha \in I} f(A_\alpha)\,. \tag{1.64}$$

Um zu sehen, dass in (1.64) auch $\subsetneq$ möglich ist, konstruiere man eine Abbildung f und nicht leere $A_1, A_2 \subset X$, sodass

$$A_1 \cap A_2 = \emptyset\,, \qquad\qquad f(A_1) = f(A_2)\,.$$

Ist $f : X \to Y$ auch bijektiv, d. h. hat die Umkehrabbildung $f^{-1} : Y \to X$, so ist $f^{-1}(B)$ für $B \subset Y$ (anscheinend) zweideutig. Es kann als Urbild von B unter f oder auch als Bild von B unter f^{-1} interpretiert werden. Tatsächlich ist beides gleich: als Urbild

$$f^{-1}(B) = \{x \in X : f(x) \in B\} \tag{1.65}$$

und als Bild

$$f^{-1}(B) = \{f^{-1}(y) : y \in B\} \overset{x=f^{-1}(y)}{=} \{x \in X : f(x) = \left(f \circ f^{-1}\right)(y) = y \in B\}\,. \tag{1.66}$$

Am Rande bemerkt: Von der Logik zum Rechnen: BOOLE'sche Algebra

Die Aussagenlogik aus Abschnitt 1.1 gibt uns die Möglichkeit, mit Wahrheitswerten „wie mit Zahlen" zu rechnen, d. h. auch für kompliziertere logische Ausdrücke den Wahrheitswert in einem Kalkül zu bestimmen. Andererseits erfüllt eine Potenzmenge mit Schnitt, Vereinigung und Komplementbildung völlig analoge Beziehungen (Abschnitt 1.2). Der Erste, der das „logische Rechnen" erkannte, war George BOOLE. Was er einführte, wird heute (nach präzisierenden Modifikationen) BOOLE'sche Algebra genannt. Darunter versteht man eine Menge M mit Nullelement 0 und Einselement 1, $0 \neq 1$, und *zweistellige Verknüpfungen* $\wedge$ und $\vee$, d. h. Abbildungen

$$\wedge: M \times M \to M, \qquad \vee: M \times M \to M$$

und einer *einstelligen* Verknüpfung $\neg$, d. h. $\neg: M \to M$, sodass für $a, b, c \in M$ gilt:

a) $\qquad a \wedge b = b \wedge a$, $\qquad\qquad\qquad a \vee b = b \vee a$

b) $\quad a \wedge (b \vee c) = (a \wedge b) \vee (a \wedge c), \quad a \vee (b \wedge c) = (a \vee b) \wedge (a \vee c)$

c) $\qquad a \wedge 1 = a$, $\qquad\qquad\qquad a \vee 0 = a$ $\hfill (1.67)$

d) $\qquad a \wedge \neg a = 0$, $\qquad\qquad\quad a \vee \neg a = 1$.

Geht man die Ergebnisse aus Abschnitt 1.1 und Abschnitt 1.2 durch, sieht man, dass sowohl $M = \mathcal{P}(\tilde{M})$ für eine Menge $\tilde{M}$ mit $\wedge = \cap$, $\vee = \cup$, $\neg = \tilde{M} \setminus .$, $0 = \emptyset$, $1 = \tilde{M}$, als auch $M = \{W, F\}$ mit den Wahrheitswerten W, F und $\wedge$, $\vee$, $\neg$ nach den Definitionen von Abschnitt 1.1 und $1 = W$, $0 = F$ jeweils eine BOOLE'sche Algebra darstellen.

Die weiteren in Abschnitt 1.1 und Abschnitt 1.2 hergeleiteten Beziehungen lassen sich auch allgemein beweisen, d. h., es gelten Assoziativ- und Idempotenzgesetz sowie $a \wedge 0 = 0$, $a \vee 1 = 1$, die Beziehung der doppelten Verneinung, die DE MORGAN'schen Regeln (Satz 1.7, 1) und weitere Beziehungen. Die DE MORGAN'schen Regeln zeigen das *Dualitätsprinzip*, wonach zu jeder gültigen Gleichung eine *duale* formuliert werden kann durch Austausch von $\wedge$ mit $\vee$ und von 0 mit 1. Wir beschränken uns im Folgenden auf die minimale BOOLE'sche Algebra mit zwei Elementen und schreiben diese direkt als 0 und 1. Die Verknüpfungstafeln entsprechen dann den Wahrheitstafeln (1.2) und (1.4), d. h.

$$
\begin{array}{c|cc}
\neg & 0 & 1 \\
\hline
 & 1 & 0
\end{array}
\qquad
\begin{array}{c|cc}
\wedge & 0 & 1 \\
\hline
0 & 0 & 0 \\
1 & 0 & 1
\end{array}
\qquad
\begin{array}{c|cc}
\vee & 0 & 1 \\
\hline
0 & 0 & 1 \\
1 & 1 & 1
\end{array}.
\qquad (1.68)
$$

Vergleicht man $\vee$ mit der Addition und $\wedge$ mit der Multiplikation auf den natürlichen Zahlen $\mathbb{N}_0$ (alles weitere ab Abschnitt 2.1) – manchmal wird auch $\cdot$ für $\wedge$ und $+$ für $\vee$ geschrieben –, so „passt" die Multiplikationstafel, nicht aber die Additionstafel (die sagt $1 + 1 = 1$). Auch d) „passt" nicht, da jeweils das andere neutrale Element auftritt. Es erforderte damals im 19. Jahrhundert viel geistige „Überwindung", mit solchen neuen Verknüpfungen zu rechnen, wie die Jahrhunderte davor mit den aufkommenden „neuen" Zahlen (siehe Kapitel 4). Wie nützlich dies ist, soll im Folgenden beleuchtet werden. Wir schlagen damit bewusst einen weiten Bogen bis an das Ende des Buches (Abschnitt 7.1), bis zum modernen Computer und seinen Rechenfähigkeiten.

Aus $\wedge$, $\vee$, $\neg$ können nun beliebig lange logische Ausdrücke gebildet werden, es reicht dazu aber auch schon die NAND-Operation $\otimes$ nach (1.25). Gleiches gilt für die NOR-Operation

$$A \oplus B := \neg(A \vee B) \qquad (1.69)$$

für Aussagen A, B.

Stellen wir uns vor, diese Grundbausteine können technisch realisiert werden, wobei „technisch" je nach Zeit mechanisch, elektromechanisch, elektrisch oder elektronisch bedeutet, so können logische Maschinen zur Berechnung von Wahrheitswerten komplexer logischer Ausdrücke benutzt werden. Von den vielen Schreibsystemen für die Bausteine, d. h. der *Schaltelemente*, benutzen wir

$$
\begin{array}{ccc}
\overset{A}{\underset{B}{\boxed{\quad \& \quad}}} \!\!-\!Y & \overset{A}{\underset{B}{\boxed{\ \geq 1\ }}} \!\!-\!Y & A\!-\!\!\circ\!\boxed{\qquad}\!-\!Y \\
\text{und: } \wedge & \text{oder: } \vee & \text{nicht: } \neg
\end{array}
\qquad (1.70)
$$

wobei die linken zwei „Drähte" A, B die eingehenden Argumente und der rechte „Draht" das Ergebnis, d. h. den Wert des Ausdrucks bezeichnen. Die Negation wird also mit einem offenen Kreis symbolisiert. Damit sind

$$
\overset{A}{\underset{B}{\boxed{\ \& \ }}}\!\!\circ\!\!-\!Y \qquad \text{und} \qquad \overset{A}{\underset{B}{\boxed{\ \geq 1\ }}}\!\!\circ\!\!-\!Y \ .
$$
$$
\text{NAND} \qquad\qquad\qquad\qquad \text{NOR}
$$

Zusätzlich benutzen wir noch als neues zusammengesetztes Schaltelement die XOR-Operation für das *ausschließende Oder* (XOR-Operation)

$$
A \mathbin{\dot\vee} B := (A \wedge \neg B) \vee (\neg A \wedge B) \qquad (1.71)
$$

mit dem Schaltsymbol

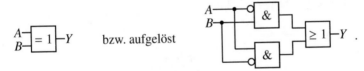

Dabei zweigen die schwarzen Punkte den „Datenstrom" ab als Eingang für weitere Schaltelemente. Eine Darstellung wie (1.71), bei der Ausdrücke durch $\vee$ verknüpft werden, welche ausschließlich mit $\wedge$ und $\neg$ aufgebaut sind, nennt man *disjunktive Normalform*.

Ein Ausdruck mit zwei Eingängen und einem Ausgang ist eine Abbildung von $\{0,1\}^2$ nach $\{0,1\}$ und wird durch seine Wertetafel angegeben (siehe (1.68)), Analoges gilt für einen Ausdruck in n Eingängen und k Ausgängen, d. h. einer Abbildung von $\{0,1\}^n$ nach $\{0,1\}^k$. Es handelt sich also um k logische Ausdrücke in jeweils n Variablen. Ein Beispiel für $n = 3$ und $k = 2$ ist (mit (x, y, c_{in}) als Eingang und (c_{out}, s) als Ausgang).

Es gibt Verfahren, die die zugehörigen logischen Ausdrücke aufstellen, in disjunktive Normalform bringen und eventuell vereinfachen, sodass daraus wie oben bei XOR ihre Realisation mit Schaltelementen abgelesen werden kann.

Kann die „denkende Maschine" auch rechnen? Dazu muss das Zahlensystem mit den Ziffern 0 und 1 auskommen (*Binärzahlen*), was wie mit jeder anderen Basis $p \geq 2$ möglich ist und nicht nur mit $p = 10$, wie gewohnt (siehe Abschnitt 2.1 ab

x	y	c_{in}	c_{out}	s
0	0	0	0	0
0	0	1	0	1
0	1	0	0	1
0	1	1	1	0
1	0	0	0	1
1	0	1	1	0
1	1	0	1	0
1	1	1	1	1

Tabelle 1.6 Wahrheitstafel eines Volladdierers

(2.18)). Ein $n \in \mathbb{N}_0$ wird also dargestellt als

$$n = \sum_{i=0}^{k} n_i 2^i \qquad \text{mit } n_i \in \{0, 1\} . \tag{1.72}$$

Ist $k = 0$, ist die Wahrheitstafel der Addition von einstelligen x und y also gegeben durch s als einstellige Summe und c als eventuell notwendiger Übertrag (*carry bit*). Die zugehörigen logischen Ausdrücke sind

$$c = x \wedge y , \qquad s = x \,\dot\vee\, y ,$$

mit den oben angegebenen Schaltungen.

x	y	c	s
0	0	0	0
0	1	0	1
1	0	0	1
1	1	1	0

Tabelle 1.7 Wahrheitstafel eines Halbaddierers

Für zweistellige Zahlen ($k = 1$) reicht ein solcher *Halbaddierer* nur für die niedrigste Stelle ($i = 0$) aus, bei der nächsten Stelle muss eventuell das Übertragsbit berücksichtigt werden, d. h. drei Eingänge. Die zugehörige Wahrheitstafel ist die eines *Volladdierers* mit c_{in} als eingehendes und c_{out} als ausgehendes Übergangsbit. Dem Volladdierer entsprechen die logischen Ausdrücke

$$c_{out} = (\neg x \wedge y \wedge c_{in}) \vee (x \wedge \neg y \wedge c_{in}) \vee (x \wedge y \wedge \neg c_{in}) \vee (x \wedge y \wedge c_{in}) ,$$

$$s = x \,\dot\vee\, y \,\dot\vee\, c_{in} , \tag{1.73}$$

und dementsprechend ergibt sich als Schaltbild [28]

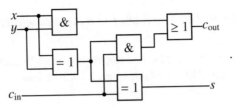

Um schließlich zu einem „Addierwerk" für k-stellige natürliche Binärzahlen zu gelangen, könnte man also einen Halbaddierer und $k - 1$ Volladdierer kombinieren, aber es gibt auch effizientere Varianten.

So sind wir von einer „denkenden" zu einer rechnenden Maschine gekommen. Konzeptionell hätte dies im 19. Jahrhundert z. B. ein System aus Wasserleitungen sein können, mit 1 = geöffnet und 0 = geschlossen, und von Konrad ZUSE wurde dies ab 1937 erst mit mechanischen, dann mit elektrischen Schaltelementen realisiert: Der Computer war geboren.

Aufgaben

Aufgabe 1.12 Zeigen Sie, dass (1.48) das geordnete Paar definiert, indem für alle $x, x' \in X, y, y' \in Y$ gilt:

$$(x, y) = (x', y') \Leftrightarrow x = x' \wedge y = y' . \tag{1.74}$$

Aufgabe 1.13 Zeigen Sie, dass für Mengen X_1, X_2, X_3

$$(X_1 \times X_2) \times X_3 \quad \text{und} \quad X_1 \times (X_2 \times X_3)$$

identifizierbar sind, da beides mal Gleichheit aller (3) Komponenten besteht.

Aufgabe 1.14 (L) Beweisen Sie Satz 1.13.

Aufgabe 1.15 (L) Beweisen Sie Satz 1.15 und Satz 1.16.

Aufgabe 1.16 Beweisen Sie (1.61)–(1.64).

Aufgabe 1.17 Finden Sie ein Gegenbeispiel zur Gleichheit in (1.64).

Aufgabe 1.18 (L) Es seien $f : X \to Y, g : Y \to Z$ Abbildungen. Zeigen Sie:

    a) Sind f und g injektiv (bzw. surjektiv), so ist auch $g \circ f$ injektiv (bzw. surjektiv).

---

[28] Man beachte, dass manchmal $\oplus$ nicht für NOR wie in (1.69), sondern für die XOR-Operation, d. h. anstelle von $\dot{\vee}$, verwendet wird.

b) f ist injektiv $\Leftrightarrow \exists\, h : Y \to X$ mit $h \circ f = id_X$, eine sogenannte *Linksinverse* zu f.

c) f ist surjektiv $\Leftrightarrow \exists\, h : Y \to X$ mit $f \circ h = id_Y$, eine sogenannte *Rechtsinverse* zu f.

Geben Sie Beispiele an, dass Links- und Rechtsinverse nicht eindeutig zu sein brauchen, im Gegensatz zur Umkehrabbildung im bijektiven Fall.

1.5 Äquivalenz- und Ordnungsrelationen

Im Folgenden werden Relationen auf einer nicht leeren Menge X, d. h. $R \subset X \times X$, betrachtet. Neben den als Relationen recht speziellen Abbildungen haben Relationen auch die Aufgabe, Elemente einer Menge gemäß gewisser Kriterien zueinander in Beziehung zu setzen. Dazu sind gewisse Eigenschaften der Relation notwendig.

Definition 1.18

Sei R eine Relation auf einer Menge X, d. h. $R \subset X \times X, R \neq \emptyset$.

1) R heißt *reflexiv*, wenn für alle $x \in X$ gilt: xRx.

2) R heißt *transitiv*, wenn für alle $x, y, z \in X$ gilt: $xRy \wedge yRz \Rightarrow xRz$.

3) R heißt *symmetrisch*, wenn für alle $x, y \in X$ gilt: $xRy \Rightarrow yRx$.

4) R heißt *antisymmetrisch*, wenn für alle $x, y \in X$ gilt: $xRy \wedge yRx \Rightarrow x = y$.

Ist R reflexiv, transitiv und symmetrisch, dann heißt R *Äquivalenzrelation*. Ist R reflexiv, transitiv und antisymmetrisch, dann heißt R *Ordnungsrelation*.

Auf jeder Menge X wird eine triviale Äquivalenz- (oder Ordnungs-)relation definiert durch

$$xRy :\Leftrightarrow x = y . \tag{1.75}$$

Auf $\mathbb{R}$ werde eine Relation definiert durch

$$xRy :\Leftrightarrow x - y \in \mathbb{Z} . \tag{1.76}$$

Auch dies ist eine Äquivalenzrelation,

denn wegen

$$0 = x - x \in \mathbb{Z}$$

ist sie reflexiv, wegen

$$x - y \in \mathbb{Z}, \; y - z \in \mathbb{Z} \Rightarrow x - z = (x - y) + (y - z) \in \mathbb{Z}$$

ist sie transitiv, und wegen

$$x - y \in \mathbb{Z} \Rightarrow y - x = -(x - y) \in \mathbb{Z}$$

ist sie symmetrisch.

Ein weiteres Beispiel für eine Äquivalenzrelation, diesmal auf $\mathbb{Z}$, ist

$$xRy :\Leftrightarrow n \mid (x - y) , \tag{1.77}$$

dabei ist $n \in \mathbb{N}$ fest, und $a \mid b$, gesprochen „a teilt b", ist definiert durch $\exists\, c \in \mathbb{Z}$: $b = c \cdot a$ (Übung).

Die Äquivalenz von Aussagen nach (1.1) definiert also eine Äquivalenzrelation, wenn man darüber hinwegsieht, dass man die „Menge aller Aussagen" nicht bilden sollte.

Sei R eine allgemeine Äquivalenzrelation auf einer Menge X, die im Folgenden als „$\sim$" geschrieben wird, d. h.

$$x \sim y := xRy .$$

Eine Äquivalenzrelation zerlegt X in die Mengen von Elementen, die miteinander in Relation stehen.

Dazu sei zu $x \in X$ die *Äquivalenzklasse*

$$[x] := \{ y \in X : y \sim x \} \tag{1.78}$$

definiert. Es gilt also immer:

$$x \in [x] . \tag{1.79}$$

Äquivalenzklassen zu verschiedenen Elementen haben folgende Beziehung:

Lemma 1.19

Sei $\sim$ eine Äquivalenzrelation auf X. Dann gilt für $x_1, x_2 \in X$:

1) $[x_1] = [x_2] \Leftrightarrow x_1 \sim x_2$,

2) $x_2 \in [x_1] \Leftrightarrow [x_1] = [x_2]$.

Beweis: Zu 1): „$\Rightarrow$": $x_1 \in [x_1] = [x_2] \Rightarrow x_1 \sim x_2$.
„$\Leftarrow$": $y \in [x_1] \Rightarrow y \sim x_1 \sim x_2 \Rightarrow y \sim x_2 \Rightarrow y \in [x_2]$, also $[x_1] \subset [x_2]$. Wegen $x_1 \sim x_2 \Rightarrow x_2 \sim x_1$ können x_1 und x_2 getauscht werden, und das gleiche Argument ergibt $[x_2] \subset [x_1]$.
Zu 2): Folgt aus 1) wegen $x_2 \in [x_1] \Leftrightarrow x_2 \sim x_1$.   □

Eine Äquivalenzklasse enthält also genau die miteinander in Relation stehenden Elemente.

Jedes $y \in [x]$ heißt *Repräsentant* von $[x]$. Alle Repräsentanten haben also die gleiche Äquivalenzklasse $[x]$. Sei

$$X_{/\sim} := \{[x] : x \in X\} \tag{1.80}$$

die Menge aller Äquivalenzklassen von X bezüglich $\sim$, auch *Faktorraum von X nach* $\sim$ genannt, d. h.

$$X_{/\sim} \subset \mathcal{P}(X).$$

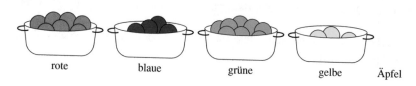

rote   blaue   grüne   gelbe   Äpfel

Abb. 1.5 Äquivalenzrelation: Zusammenfassung nach Eigenschaften

Es gilt wie angekündigt:

Satz 1.20

Sei $\sim$ eine Äquivalenzrelation auf X. Dann ist $X_{/\sim}$ eine *Zerlegung* von X, d. h., jedes $x \in X$ liegt genau in einem $A \in X_{/\sim}$, nämlich $A = [x]$.

Beweis: Wegen $x \in [x]$ für alle $x \in X$ ist $X \subset \bigcup_{x \in X}[x]$, d. h.

$$X = \bigcup_{x \in X}[x].$$

Seien $x_1, x_2 \in X$, dann gibt es die Möglichkeiten:

1) $[x_1] \cap [x_2] = \emptyset$,

2) $[x_1] \cap [x_2] \neq \emptyset \Rightarrow [x_1] = [x_2]$,

denn aus $y \in [x_1] \cap [x_2]$ folgt: $y \sim x_1, y \sim x_2$, d. h. $x_1 \sim x_2$ und damit die Behauptung nach Lemma 1.19, 1). $\qquad\square$

Andererseits erzeugt jede Zerlegung von X, d. h. jedes Mengensystem $M_i \subset X$, $M_i \neq \emptyset$, $i \in I$, sodass $\bigcup_{i \in I} M_i = X$, $M_i \cap M_j = \emptyset$ für $i, j \in I$, $i \neq j$ eine Äquivalenzrelation durch

$$x \sim y :\Leftrightarrow \exists i \in I : x, y \in M_i$$

(Übung).

Die Äquivalenzklassen für (1.75) sind gerade alle einelementigen Teilmengen, hier hat also die Relation nichts zusammengefasst. Für (1.76) sind die Äquivalenzklassen gerade die Mengen

$$[x] = x + \mathbb{Z} := \{x + z : z \in \mathbb{Z}\},$$

also die „Nachkommazahl" in einer Dezimaldarstellung (siehe Theorem 5.14), insbesondere also

$$[z] = \mathbb{Z} \quad \text{für alle } z \in \mathbb{Z}.$$

Die Äquivalenzklassen zu (1.77) sind gerade

$$[0], [1], \ldots, [n-1].$$

Bei der Äquivalenz von Aussagen ergeben sich als Äquivalenzklassen offensichtlich die Mengen der jeweils zueinander äquivalenten Aussagen (man beachte die doppelte, aber konsistente Nutzung des Wortes „äquivalent").

Durch

$$p = p_X : X \to X_{/\sim}, \quad x \mapsto [x]$$

wird allgemein eine surjektive Abbildung definiert, die *Projektion* von X auf $X_{/\sim}$, die nur im *Trivialfall* [29] von (1.75) auch injektiv ist.

Sei $f : X \to Y$ eine Abbildung, die i. Allg. nicht injektiv ist. Um sie injektiv zu machen, müssen alle Urbilder eines $y \in \text{Bild}(f)$ „zusammengefasst" werden. Dies geschieht durch folgende Äquivalenzrelation

$$x_1 \sim x_2 :\Leftrightarrow f(x_1) = f(x_2) \quad \text{für } x_1, x_2 \in X \tag{1.81}$$

und die zugehörige Äquivalenzklassenzerlegung. Für die Äquivalenzklassen gilt

$$[x] = f^{-1}(\{f(x)\}) \quad \text{für alle } x \in X.$$

Die Abbildung f erzeugt eine injektive Abbildung $\tilde{f}$ von $X_{/\sim}$ nach Y,

$$\tilde{f}([x]) := f(x). \tag{1.82}$$

Da $[x]$ viele Repräsentanten haben kann, muss die *Wohldefinition* von $\tilde{f}$ geprüft werden, d. h.

---

[29] bedeutet ein (sehr) einfacher Fall, siehe genauer in Abschnitt 3.1.5

$$[x_1] = [x_2] \Rightarrow f(x_1) = f(x_2)$$

gezeigt werden. Nach Lemma 1.19, 1). folgt aber aus $[x_1] = [x_2]$:

$$x_1 \sim x_2 \Leftrightarrow f(x_1) = f(x_2) \, .$$

Die Abbildung $\tilde{f}$ ist injektiv, da

$$f(x_1) = \tilde{f}([x_1]) = \tilde{f}([x_2]) = f(x_2) \Rightarrow x_1 \sim x_2 \Rightarrow [x_1] = [x_2] \, .$$

Es gilt:

$$\mathrm{Bild}(\tilde{f}) = \mathrm{Bild}(f) \tag{1.83}$$

und

$$\tilde{f} \circ p_X = f \, . \tag{1.84}$$

Damit wurde gezeigt

Theorem 1.21: Homomorphiesatz

Seien X, Y nicht leere Mengen, $f : X \to Y$ eine Abbildung. Für die durch (1.81) definierte Äquivalenzrelation ist die durch (1.82) definierte Abbildung $\tilde{f}$ wohldefiniert und injektiv, und das Diagramm

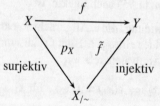

ist kommutativ. Insbesondere ist also

$$\tilde{f} : X_{/\sim} \to f(X) \tag{1.85}$$

eine bijektive Abbildung.

Die Sprechweise, dass ein *Diagramm kommutativ ist*, will sagen, dass alle möglichen Wege in Form von Kompositionen von Abbildungen mit gleichem Definitions- und Wertebereich gleich sind, d. h., hier gilt (1.84).

Beispiele für *Ordnungsrelationen* sind

$$\text{„}\leq\text{“ auf } X = \mathbb{R}\,, \tag{1.86}$$

$$\text{„}\subset\text{“ auf } \mathcal{P}(X) \text{ für eine Menge } X\,, \tag{1.87}$$

$$\text{„}\mid\text{“ auf } X \subset \mathbb{N}\,. \tag{1.88}$$

Von den obigen Beispielen hat nur (1.86) die Eigenschaft, dass für alle $x, y, \in X$ gilt:

$$xRy \lor yRx\,. \tag{1.89}$$

In diesem Fall spricht man von einer *totalen Ordnung*. Im Allgemeinen müssen also beliebige $x, y \in X$ nicht im Sinn der Ordnung vergleichbar sein. Um das zu betonen, spricht man auch von *Halbordnung*.

Ist die Grundmenge endlich, kann eine Ordnungsrelation durch ein HASSE-*Diagramm*[30] veranschaulicht werden, was folgendes Beispiel illustriert:

Sei $X = \{1, 2, 5, 10, 20, 30\}$ und die Teilerrelation nach (1.88) definiert. Das zugehörige HASSE-Diagramm ist in Abbildung 1.6 dargestellt. Man sieht also, dass z. B.

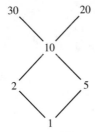

Abb. 1.6 HASSE-Diagramm zur Menge $X = \{1, 2, 5, 10, 20, 30\}$ und Ordnungsrelation (1.88)

2 und 5 nicht vergleichbar sind. Ordnungsrelationen werden auch im allgemeinen Fall mit dem bekannten Zeichen geschrieben, d. h.

$$x \leq y :\Leftrightarrow xRy$$

für $x, y \in X$, wobei R eine Ordnungsrelation auf X darstellt. Weitere Bezeichnungen sind

$$\begin{aligned} x \geq y \quad &:\Leftrightarrow \quad y \leq x\,, \\ x < y \quad &:\Leftrightarrow \quad x \leq y \ \text{ und } \ x \neq y\,. \end{aligned} \tag{1.90}$$

Ist $\leq$ eine Ordnungsrelation auf X, so ist auch $\geq$, definiert durch (1.90), eine Ordnungsrelation auf X, nicht aber $<$.

---

[30] Helmut HASSE ∗25. August 1898 in Kassel, †26. Dezember 1979 in Ahrensburg bei Hamburg

Definition 1.22

Sei X eine nicht leere Menge, $\leq$ eine Ordnungsrelation auf X. Sei $M \subset X$, $a \in X$.

1) a heißt *obere Schranke* von M, wenn $x \leq a$ für alle $x \in M$ gilt.

2) a heißt *Supremum* oder *kleinste obere Schranke* von M, wenn gilt:

    a) a ist obere Schranke von M.

    b) Ist a' eine obere Schranke von M, dann $a \leq a'$.

3) a heißt *maximales Element* von M, wenn gilt:

    a) $a \in M$.

    b) Für alle $x \in M$: $a \leq x \Rightarrow a = x$.

4) a heißt *Maximum* von M, wenn gilt:

    a) $a \in M$.

    b) Für alle $x \in M$: $x \leq a$, d. h., a ist obere Schranke von M.

Analog definiert man durch Übergang zu $\geq$ als Ordnungsrelation die Begriffe *untere Schranke*, *Infimum* oder *größte untere Schranke*, *minimales Element* und *Minimum*.

Um $a = \sup(M)$ zu zeigen, kann in einer total geordneten Menge X so vorgegangen werden:

a) a ist obere Schranke von M, d. h., zu zeigen ist $x \leq a$ für alle $x \in M$.
b) a ist kleinste obere Schranke, d. h., sei $b < a$, dann kann b keine obere Schranke von M sein, d. h., es muss ein $y \in M$ geben mit $y > b$.

Satz 1.23

Sei $\leq$ eine Ordnungsrelation auf einer Menge X, $M \subset X$, dann gilt:

1) Supremum und Maximum von M sind bei Existenz eindeutig und werden mit

$$\sup(M) \quad \text{bzw.} \quad \max(M)$$

bezeichnet.

2) Das Maximum von M ist ein maximales Element, aber i. Allg. nicht umgekehrt.

3) Existiert $\sup(M)$ und $\sup(M) \in M$, dann $\sup(M) = \max(M)$.

4) Ist $\leq$ total, so ist ein maximales Element das Maximum.

Beweis: Übung □

Für das Infimum usw. gilt eine zu Satz 1.23 analoge Aussage, und die eindeutigen Infima bzw. Minima vom M werden mit

$$\inf(M) \quad \text{bzw.} \quad \min(M)$$

bezeichnet.

Das Beispiel aus Abbildung 1.6 mit $M = X$ hat also 30 und 20 als maximales und 1 als minimales Element, aber nur 1 ist auch ein Minimum, weder 30 noch 20 ist ein Maximum, da sie nicht zueinander in Relation stehen. Wird X zu $M \cup \{120\}$ vereinigt, dann ist 120 obere Schranke von M und auch Supremum, da es keine weitere obere Schranke gibt. Bei der Erweiterung zu $M \cup \{120, 180\}$ sind dagegen 120 und 180 obere Schranken von M, aber keine Suprema, da sie nicht vergleichbar sind.

Sogar bei einer total geordneten Menge kann es auch passieren, dass eine nach unten beschränkte Menge kein Infimum besitzt. Sei $X = \mathbb{Q}$, die Menge der rationalen Zahlen, dann hat die nach unten beschränkte nicht leere Menge

$$M := \{y \in \mathbb{Q} : y \geq 0, y^2 > 2\}$$

kein Infimum in $\mathbb{Q}$.

Es ist $2 \in M$ und 1 ist eine untere Schranke (denn wäre $y < 1$ für ein $y \in M$, dann $2 < y^2 < 1$, ein Widerspruch). Ist andererseits $a \in \mathbb{Q}$ eine untere Schranke, dann ist $a \leq 0$ oder $a > 0$ und $a^2 \leq 2$. (Wäre nämlich $a^2 > 2$, dann auch $(a - \frac{1}{n})^2 = a^2 - 2\frac{a}{n} + \frac{1}{n^2} > 2$, falls $n \in \mathbb{N}$ groß genug ist – die genaue Rechtfertigung dieser Argumentation folgt in den Abschnitten 4.2 und 5.2 – und damit a keine untere Schranke für $a - \frac{1}{n} \in M$.)

Die Gleichung $a^2 = 2$ ist nicht möglich (siehe Theorem 4.40), also $a^2 < 2$. Damit gilt $\left(a + \frac{1}{n}\right)^2 = a^2 + 2\frac{a}{n} + \frac{1}{n^2} < 2$, falls n klein genug ist. Damit ist auch $a + \frac{1}{n}$ eine untere Schranke von M (da sonst für ein $y \in M$ die Ungleichung $y < a + \frac{1}{n}$ gilt und damit $2 > (a + \frac{1}{n})^2 > y^2 > 2$, ein Widerspruch), also kann a nicht die größte untere Schranke sein.

In $\mathbb{Q}$ gibt es also ein „Loch", das gerade der Nichtlösbarkeit von $y^2 = 2$ entspricht. Tritt dies nicht auf, heißen total geordnete Mengen ordnungsvollständig.

Definition 1.24

Sei X ein mit $\leq$ totalgeordneter Raum. X heißt *ordnungsvollständig*, wenn jede nicht leere, nach oben beschränkte Menge in X ein Supremum besitzt.

Dies ist äquivalent zu der Forderung, dass jede nicht leere, nach unten beschränkte Menge ein Infimum hat (Übung). In Anhang H werden wir sehen, dass die reellen Zahlen im Gegensatz zu $\mathbb{Q}$ gerade so konstruiert sind, dass sie ordnungsvollständig sind. Ein weiterer Begriff ist der der Wohlordnung.

Definition 1.25

Sei $\leq$ eine totale Ordnungsrelation auf einer Menge M. $\leq$ heißt *wohlgeordnet*, wenn jede Teilmenge $N \subset M$, $N \neq \emptyset$ ein Minimum besitzt.

Von den bekannten Zahlenmengen ist nur $(\mathbb{N}, \leq)$ wohlgeordnet (siehe Theorem 3.1). Es lassen sich aber z. B. auf den positiven rationalen Zahlen $\mathbb{Q}^+$ „exotische" Ordnungen einführen, sodass dann $(\mathbb{Q}^+, \lesssim)$ wohlgeordnet ist. Dazu denken wir uns $\mathbb{Q}^+$ als gekürzte Brüche m/n, $m, n \in \mathbb{N}$, geschrieben (siehe Abschnitt 4.2), dann kann als Ordnung gewählt werden

$$\frac{m_1}{n_1} \lesssim \frac{m_2}{n_2} :\Leftrightarrow \begin{cases} n_1 \leq n_2 & \text{, wenn } n_1 \neq n_2 \,, \\ m_1 \leq m_2 & \text{, wenn } n_1 = n_2 \,. \end{cases}$$

Dass dies möglich ist, ist kein Zufall:

Am Rande bemerkt: Aus 1 mach 2 – Das Auswahlaxiom und seine Folgen

Das *Auswahlaxiom* (axiom of choice, Abkürzung AC) lautet folgendermaßen: Sei M ein Mengensystem bestehend aus nicht leeren und paarweise disjunkten Mengen, d. h. $A \neq \emptyset$ für $A \in M$ und $A \cap B = \emptyset$ für $A, B \in M$, $A \neq B$. Dann gibt es eine Menge C, sodass gilt

Für alle $A \in M$ gibt es genau ein $x \in A \cap C$.

Es wird also postuliert, dass aus jeder nicht leeren Menge genau ein Element (nicht-konstruktiv) „herausgenommen" und zu einer neuen Menge „zusammengefügt" werden kann. Dies erscheint intuitiv klar. Man beachte aber, dass nichts über die „Anzahl" der Elemente in M gesagt ist, diese also sehr „groß" (überabzählbar) sein kann (siehe Abschnitt 2.3). Tatsächlich lässt sich AC nicht aus den Axiomen ZF der axiomatischen Mengenlehre folgern – und auch nicht widerlegen. K. Gödel[31] zeigte 1938, dass bei Annahme der Widerspruchsfreiheit von ZF auch ZFC, d. h. ZF erweitert mit AC, widerspruchsfrei ist. P. Cohen[32] zeigte 1963, dass auch ZF-¬AC, d. h. die ZF-Axiome und die Verneinung von AC zusammen widerspruchsfrei sind. Je nach „Notwendigkeit" kann man also AC annehmen oder nicht. AC ist bei Annahme von ZF äquivalent zu einer Reihe von anderen Aussagen, darunter dem *Wohlordnungssatz*

Jede Menge kann wohlgeordnet werden

---

[31] Kurt Friedrich Gödel *28. April 1906 in Brünn, †14. Januar 1978 in Princeton
[32] Paul Joseph Cohen *2. April 1934 in Long Branch, †23. März 2007 in Stanford

und dem Zorn[33]'schen Lemma

> Sei $\leq$ eine Ordnungsrelation auf $M \neq \emptyset$, sodass jede bezüglich $\leq$ total
> geordnete Teilmenge $N \subset M$ eine obere Schranke hat. Dann hat M
> mindestens ein maximales Element.

An einigen wichtigen Stellen in der Mathematik ist AC (in einer seiner äquivalenten Formen) kaum zu vermeiden. Es hat aber auch negativ überraschende Folgen, wie das Banach[34]-Tarski[35]-Paradoxon: Informell beschrieben bedeutet dies, dass eine Kugel im Raum (d. h. $\mathbb{R}^3$) so in Teilmengen zerlegt werden kann, dass durch (kongruente) Bewegung diese zu zwei Kugeln mit dann doppeltem Volumen zusammengesetzt werden kann. Dies scheint unmöglich zu sein, da eine Bewegung gerade das Volumen einer Menge erhält. Dazu muss die Menge aber so „unpathologisch" sein, dass der elementare Volumenbegriff so erweitert werden kann, dass diese Menge *messbar* ist. AC erlaubt gerade die Konstruktionen geeigneter nicht messbarer Mengen. Ein Vorläufer dieser Konstruktionen ist die Konstruktion einer nicht messbaren Teilmenge des Intervalls [0,1], die Vitali[36]-Menge.

Um die Existenz einer solchen nicht messbaren Menge anzudeuten, halten wir erst fest, welche Eigenschaften wir von solch einem *Maß*, d. h. einer Abbildung μ, erwarten, die gewissen Teilmengen von $\mathbb{R}$ (die dann gerade *messbar* heißen) eine nichtnegative reelle Zahl zuordnet. Zur Vereinfachung beschränken wir uns auf das Intervall $I = [-1, 2]$, in dem sich alles abspielen wird (in „Am Rande bemerkt" zu Abschnitt 5.3 wird genauer darauf eingegangen):

- $\mu([a, b]) = b - a$ für $a, b \in I, a \leq b$, da dies die elementare Längenvorstellung ist.
- Seien $A_i \subset I, i \in \mathbb{N}$, messbar und paarweise disjunkt, dann ist

$$\mu\left(\bigcup_{i \in \mathbb{N}} A_i\right) = \lim_{n \to \infty} \sum_{i=1}^{n} \mu(A_i) \, .$$

- Seien $A \subset B \subset I$ und messbar, dann

$$\mu(A) \leq \mu(B) \, .$$

- Sei $A \subset I$ messbar, $v \in \mathbb{R}$, sodass $A + v := \{a + v : a \in A\} \subset I$, dann

$$\mu(A + v) = \mu(A) \, .$$

Zur „Konstruktion" einer nicht messbaren Menge nach Vitali sei durch

$$x \sim y \; : \text{genau dann, wenn } x - y \in \mathbb{Q}$$

---

[33] Max August Zorn *6. Juni 1906 in Krefeld, †9. März 1993 in Bloomington

[34] Stefan Banach *30. März 1892 in Krakau, †31. August 1945 in Lemberg

[35] Alfred Tarski *14. Januar 1901 in Warschau, †26. Oktober 1983 in Berkeley

[36] Giuseppe Vitali *26. August 1875 in Ravenna, †29. Februar 1932 in Bologna

eine Äquivalenzrelation auf $\mathbb{R}$ definiert. Jede der Äquivalenzklassen enthält also mindestens ein Element in [0, 1], etwa den Nachkommaanteil in der Dezimalbruch-darstellung (siehe Abschnitt 4.3 für eine genaue Entwicklung). Aus der Menge der Äquivalenzklassen

$$\{[x] : x \in \mathbb{R}\}$$

wird (mit Hilfe des Auswahlaxioms) genau ein solches Element ausgewählt und so die Menge

$$V \subset [0, 1] \,, \quad \text{die VITALI-Menge,}$$

gebildet. Dieser Menge kann keine Maßzahl zugeordnet werden, was wie folgt ein-gesehen werden kann.

Die rationalen Zahlen $\mathbb{Q}$ und damit insbesondere $\mathbb{Q} \cap [-1, 1]$ sind abzählbar (siehe Bemerkung 4.32), sei also

$$\mathbb{Q} \cap [-1, 1] = \{q_k : k \in \mathbb{N}\}$$

und

$$V_k := \{v + q_k : v \in V\} \,, \quad k \in \mathbb{N} \,.$$

Die V_k sind paarweise disjunkt,

denn gäbe es etwa ein $y \in V_k \cap V_l$ für $k, l \in \mathbb{N}, k \neq l$, d.h. also $v_k + q_k = y = v_l + q_l$ und damit $v_k - v_l \in \mathbb{Q}$, also $[v_k] = [v_l]$ entgegen der Konstruktion.

Dann gilt

$$[0, 1] \subset \bigcup_{k \in \mathbb{N}} V_k \subset [-1, 2] \,.$$

Die zweite Inklusion folgt aus $0 \leq v \leq 1$ für alle $v \in V$ und $-1 \leq q_k \leq 1$, für die erste sei $x \in [0, 1]$ und $v \in V$ der eindeutige Repräsentant von $[x]$ in V, also $x \sim v$ bzw. $x - v = q$ für ein $q \in \mathbb{Q}$, und wegen $x, v \in [0, 1]$ ist auch $q \in [-1, 1]$, d.h. $q = q_l$ für ein $l \in \mathbb{N}$ und somit $x \in V_l$.

Angenommen, der Menge V könnte ein Maß $\mu(V) =: \alpha \geq 0$ zugeordnet werden, dann ist auch $\mu(V_k) = \alpha$.

Wäre $\alpha > 0$, so gäbe es ein $N \in \mathbb{N}$, sodass $N\alpha > 3$ (für die genaue Begründung siehe Abschnitt 5.1) und damit

$$\mu\left(\bigcup_{k=1}^{N} V_k\right) = N\alpha > 3$$

im Widerspruch zu

$$\mu\left(\bigcup_{k=1}^{N} V_k\right) \le \mu\left(\bigcup_{k\in\mathbb{N}} V_k\right) \le \mu\left([-1,2]\right) = 3\,.$$

Auch $\alpha = 0$ ist nicht möglich, da

$$1 = \mu([0,1]) \le \mu\left(\bigcup_{k\in\mathbb{N}} V_k\right),$$

aber auch $\mu\left(\bigcup_{k=1}^{N} V_k\right) = 0$ für alle $N \in \mathbb{N}$ und damit $\mu\left(\bigcup_{k\in\mathbb{N}} V_k\right) = 0$.

Aufgaben

Aufgabe 1.19 (L) Zeigen Sie, dass (1.77) eine Äquivalenzrelation ist.

Aufgabe 1.20 Finden Sie den Fehler in folgender Behauptung und Argumentation und konstruieren Sie ein einfaches Gegenbeispiel: Jede Relation, die transitiv und symmetrisch ist, ist auch schon eine Äquivalenzrelation.
Hinweis zum Beweis: Zum Nachweis der Reflexivität wird folgendermaßen argumentiert: Aus $x \sim y$ folgt $y \sim x$ (Symmetrie) und damit $x \sim y \sim x$, d. h. $x \sim x$ (Transitivität).

Aufgabe 1.21 (aus BLATTER (1991)) Auf der Menge $\mathbb{R}^2 \backslash \{(0,0)\}$ wird folgende Relation definiert:

$$(x_1, y_1) \sim (x_2, y_2) :\Leftrightarrow \exists \lambda > 0 : (x_2, y_2) = (\lambda x_1, \lambda y_1)\,.$$

a) Zeigen Sie, dass $\sim$ eine Äquivalenzrelation ist.
b) Deuten Sie die Äquivalenzklassen $[(x, y)]$ geometrisch.
c) Zeigen Sie, dass die folgende Operation wohldefiniert ist:

$$[(x_1, y_1)] * [(x_2, y_2)] := [(x_1 x_2 - y_1 y_2, x_1 y_2 + x_2 y_1)]\,.$$

d) Deuten Sie die Operation $*$ geometrisch.

Aufgabe 1.22 Formulieren Sie die Begriffe untere Schranke, Infimum oder größte untere Schranke, minimales Element und Minimum explizit.

Aufgabe 1.23 (L) Beweisen Sie Satz 1.23.

Kapitel 2
Der Anfang von allem: Die natürlichen Zahlen

2.1 Axiomatischer Aufbau der natürlichen Zahlen

Die natürlichen Zahlen als Zählzahlen 1, 2, 3, ... sind historisch uralt. Die Zahl 0 ist erst vor vergleichsweise kurzer Zeit hinzugekommen. Es ist klar, dass diese Zahlen die Basis der Zahlsysteme der Mathematik und damit die Basis der gesamten Mathematik darstellen. Bis ins 19. Jahrhundert hinein war die Basis nicht weiter hinterfragt, bis sich zwei verschiedene Denkschulen ausgebildet haben. Die historisch ältere lässt sich am besten mit der Aussage von Leopold KRONECKER[1] charakterisieren, die lautet:

„Die ganzen Zahlen hat der liebe Gott gemacht, alles andere ist Menschenwerk."

Es stellt sich heraus, dass sich die natürlichen Zahlen mit allen gewünschten und gewohnten Eigenschaften auf folgendes Axiomensystem von Giuseppe PEANO[2] zurückführen lassen:

Definition 2.1: PEANO**-Axiome**

Unter den natürlichen Zahlen $\mathbb{N}_0$ verstehen wir eine Menge $\mathbb{N}_0$ mit einem ausgezeichneten Element, genannt 0, und einer Abbildung $^+ : \mathbb{N}_0 \to \mathbb{N} := \mathbb{N}_0 \backslash \{0\}$, der *Nachfolgerfunktion*, mit den Eigenschaften

(P1) $^+$ ist injektiv.

(P2)   Enthält eine Teilmenge N von $\mathbb{N}_0$ das Element 0 und gilt:

$$n \in N \implies n^+ \in N,$$

dann ist $N = \mathbb{N}_0$.

---

[1] Leopold KRONECKER ∗7. Dezember 1823 in Liegnitz, †29. Dezember 1891 in Berlin
[2] Giuseppe PEANO ∗27. August 1858 in Spinetta, †20. April 1932 in Turin

Mengentheoretische Begriffe wie Teilmenge, Abbildung etc. wurden in den Abschnitten 1.2 und 1.4 präzisiert.

Die Definition bildet also gerade das Konzept der *ordinalen* Zählzahlen ab. Wir werden in Abschnitt 2.3 sehen, dass genauso das Konzept der *kardinalen* Mengenzahlen erfasst wird.

Bemerkungen 2.2 1) In manchen Texten wird auch $\mathbb{N}_0$ als $\mathbb{N}$ und $\mathbb{N}$ als $\mathbb{N}^*$ oder $\mathbb{N}^\times$ bezeichnet.

2) Die natürlichen Zahlen entstehen also durch sukzessive Anwendung der Nachfolgerfunktion

$$1 := 0^+, \ 2 := 1^+, \ 3 := 2^+, \ \ldots,$$

und mittels der Nachfolgerfunktion kann eine Addition $+$ und eine Multiplikation $\cdot$ auf $\mathbb{N}_0$ eingeführt werden.

3) Zur Vereinfachung kann man noch die Sprechweise einführen: Ist $m = n^+$, so ist n der *Vorgänger* von m („der" wegen der Injektivität von $.^+$).

4) Eine äquivalente längere Schreibweise der definierenden Eigenschaften ist:

    a) Jedes $n \in \mathbb{N}_0$ hat genau einen Nachfolger $n^+ \in \mathbb{N}_0$.

    b) $n = 0$ ist kein Nachfolger bzw. $n = 0$ hat keinen Vorgänger.

    c) Ein $n \in \mathbb{N}_0$ hat höchstens einen Vorgänger, d.h. $n^+ = m^+ \Rightarrow n = m$ für $n, m \in \mathbb{N}_0$.

5) Der Begriff der Abbildung impliziert, dass $\mathbb{N} \neq \emptyset$.   △

Im Vorgriff auf die zu erwartenden Eigenschaften von $\mathbb{N}$ nach Einführung einer Addition $+ : \mathbb{N}_0 \times \mathbb{N}_0 \to \mathbb{N}_0$ wird schon die Schreibweise

$$n + 1 := n^+$$

verwendet.

Das (P2) entsprechende *Induktionsprinzip* hat folgende Gestalt: Eine Aussage der Form „Für alle $n \in \mathbb{N}_0 : \mathcal{A}(n)$" ist richtig, wenn

    a) Induktionsanfang,
    b) Induktionsschluss

nachgewiesen werden können. Dabei sind

Induktionsanfang: Die Aussage gilt für $n = 0 : \mathcal{A}(0)$.
Induktionsschluss: Es gilt:

    Unter der

    Induktionsvoraussetzung: Für $n \in \mathbb{N}$ sei die Aussage $\mathcal{A}(n)$ richtig
    folgt der

    Induktionsschritt: (kurz: $n \to n + 1$): Die Aussage gilt für $n + 1 : \mathcal{A}(n + 1)$.

Satz 2.3: Induktionsprinzip

Für jedes $n \in \mathbb{N}_0$ sei $\mathcal{A}(n)$ eine Aussage. Es gelten:

1) $\mathcal{A}(0)$ ist wahr.

2) Für jedes $n \in \mathbb{N}_0$ gilt: Wenn $\mathcal{A}(n)$ wahr ist, ist auch $\mathcal{A}(n + 1)$ wahr.

Dann ist $\mathcal{A}(n)$ wahr für jedes $n \in \mathbb{N}_0$.

Beweis: Sei $N := \{n \in \mathbb{N}_0 : \mathcal{A}(n) \text{ ist wahr}\}$, dann besagt 1), dass $0 \in N$ und 2), dass gilt: $n \in N \Rightarrow n + 1 \in N$, also nach (P2): $N = \mathbb{N}_0$. $\qquad\square$

Im Moment ist nicht klar, ob es überhaupt eine solche Menge $\mathbb{N}_0$ gibt und wenn ja, ob es nicht auch zwei „prinzipiell verschiedene Exemplare" davon gibt. Prinzipiell verschieden bedeutet dabei, dass es sich nicht um zwei Exemplare handelt, die durch eine bijektive Abbildung, die mit der Nachfolgerabbildung verträglich ist, ineinander *abgebildet* werden können, d. h. also, wir unterscheiden nicht zwei Exemplare $(\mathbb{N}_0, {}^+, 0)$ und $(\widetilde{\mathbb{N}}_0, \widetilde{{}^+}, \widetilde{0})$, die die PEANO-Axiome (Definition 2.1) erfüllen und für die ein bijektives

$$\varphi : \mathbb{N}_0 \to \widetilde{\mathbb{N}}_0 \qquad (2.1)$$

existiert, sodass

$$\varphi(0) = \widetilde{0} , \qquad (2.2)$$

$$\varphi(n^+) = \varphi(n)^{\widetilde{+}} \quad \text{für } n \in \mathbb{N}_0 . \qquad (2.3)$$

Eine solche reine Umbenennung liegt vor, wenn wir $\mathbb{N}_0$ ersetzen durch

- $\{k, k + 1, \ldots\}$ für $k \in \mathbb{N}$ mit k statt 0,
- $\{-k, \ldots, 0, 1, \ldots\}$ für $k \in \mathbb{N}$ mit $-k$ statt 0,

    – die nachfolgende Konstruktion der ganzen Zahlen $\mathbb{Z}$ schon
       voraussetzend –

- $\{n^2 : n \in \mathbb{N}_0\}$

    – hier ist $(n^2)^{\widetilde{+}} = (n^+)^2$, d. h. $\varphi(n) = n^2$. –

Insofern kann die Indexmenge bei der vollständigen Induktion bei einem beliebigen $k \in \mathbb{Z}$ beginnen bzw. auch eine andere „durchnummerierte" Menge sein.

Nach diesem leichten Vorgriff kehren wir zur Definition 2.1 als alleiniger Basis für die folgenden Überlegungen zurück. Ziel ist es zu zeigen, dass allein aus den in Definition 2.1 geforderten Eigenschaften einer Menge $\mathbb{N}_0$ heraus in eindeutiger Weise eine Addition und eine Multiplikation mit den uns wohlbekannten und gewünschten Eigenschaften definiert werden kann. Wir werden nicht die Beweise in aller Vollständigkeit ausarbeiten, sondern verweisen hierfür auf ausführlichere Darstellungen in AMANN und ESCHER (1998) bzw. auch SCHICHL und STEINBAUER (2009). Ein grundlegender klassischer Text dazu ist auch LANDAU (2004). Die Beweise sind in sich genommen nicht schwierig, erfordern aber die geistige Disziplin, von den nur allzu wohlbekannten natürlichen Zahlen in seinen Überlegungen nur die Eigenschaften zu benutzen, die bis zu diesem Überlegungsstand auch nachgewiesen sind. Kern für alle Überlegungen ist die Induktionseigenschaft (P2). Im Vorfeld soll dies noch einmal verdeutlicht werden durch die folgende Bemerkung:

Bemerkung 2.4 Die Abbildung $.^+ : \mathbb{N}_0 \to \mathbb{N}$ ist surjektiv, d. h. bijektiv. Dazu betrachte man

$$N := \{n \in \mathbb{N} : \text{Es gibt ein } m \in \mathbb{N}_0 \text{ mit } m^+ = n\} \cup \{0\} \, .$$

Zu zeigen ist $N = \mathbb{N}_0$. Dies gilt aber nach (P2), da $0 \in N$, und weiter sei $n \in N$, dann ist $n^+ \in N$ zu zeigen, d. h., es reicht, dass n^+ einen Vorgänger hat, was aber mit n offensichtlich gilt.

$\triangle$

Theorem 2.5

Auf $\mathbb{N}_0$ können in eindeutiger Weise zwei Verknüpfungen, die *Addition* $+$ und die *Multiplikation* $\cdot$, eingeführt werden, sodass gilt:

1) $m + n = n + m$ für alle $m, n \in \mathbb{N}_0$, d. h., $+$ ist *kommutativ*,
$l + (m + n) = (l + m) + n$ für alle $l, m, n \in \mathbb{N}_0$, d. h., $+$ ist *assoziativ*,
$n + 0 = n$ für alle $n \in \mathbb{N}_0$, d. h., 0 ist *neutrales Element* der Addition.

2) Die Multiplikation $\cdot$ ist kommutativ, assoziativ und hat 1 als neutrales Element.

3) Es gilt das *Distributivgesetz*

$$(l + m) \cdot n = l \cdot n + m \cdot n \quad \text{für alle } l, m, n \in \mathbb{N}_0 \, .$$

– Hier wird schon die Konvention benutzt, dass $\cdot$ stärker bindet als $+$, d. h., die Langform ist $(l + m) \cdot n = (l \cdot n) + (m \cdot n)$. –

4) Es gilt:

    a) $n^+ = n + 1$ für alle $n \in \mathbb{N}_0$,
    b) $0 \cdot n = 0$,
    c) $n + m = 0 \Rightarrow n = m = 0$ für alle $m, n \in \mathbb{N}_0$,
    d) $n + l = m + l \Leftrightarrow n = m$ für alle $l, m, n \in \mathbb{N}_0$,
    e) $n \cdot l = m \cdot l \Leftrightarrow n = m$ für alle $m, n \in \mathbb{N}_0, l \in \mathbb{N}$.

5) Seien $m, n \in \mathbb{N}_0$, dann gilt

$$m \cdot n = 0 \quad \Rightarrow \quad m = 0 \text{ oder } n = 0 \, .$$

Beweis: Wir definieren die Addition $+ : \mathbb{N}_0 \times \mathbb{N}_0 \rightarrow \mathbb{N}_0$ rekursiv durch folgende Forderungen

$$m + 0 := m \quad \text{für } m \in \mathbb{N}_0 \tag{2.4}$$

$$m + n^+ := (m + n)^+ \quad \text{für } m, n \in \mathbb{N}_0 . \tag{2.5}$$

Dabei stellt (2.4) eine Minimalanforderung dar (wobei $0 + m = m$ noch nicht klar ist), und (2.5) entspricht in Erwartung von $n^+ = n + 1$ nur

$$m + (n + 1) = (m + n) + 1 ,$$

was ein Spezialfall des erwünschten Assoziativgesetzes ist (siehe unten). Damit ist die Definition zwingend, d. h., die Verknüpfungen sind – bei Existenz – eindeutig.

Schritt 1: $+$ ist wohldefiniert (d. h., durch (2.4), (2.5) wird für beliebiges, festes $m \in \mathbb{N}_0$ eine Abbildung $+_m : \mathbb{N}_0 \rightarrow \mathbb{N}_0$, $n \mapsto m + n$ definiert) und eindeutig durch (2.4), (2.5) festgelegt. (2.4), (2.5) ist eine *rekursive* Definition. Für $n = 0$ und beliebiges $m \in \mathbb{N}_0$ wird $m + n$ in (2.4) als Definitionsanfang gesetzt, dann ergibt sich $m + 1$ aus (2.5) mittels $m + 0$, dann $m + 2$ mittels $m + 1$ usw. Die Verwandtheit zur vollständigen Induktion ist offensichtlich, und deren Gültigkeit sorgt auch allgemein dafür, dass eine eindeutige Definition entsteht. Dies ergibt sich allgemein aus dem nachfolgenden Satz 3.6 bzw. aus SCHICHL und STEINBAUER (2009, S. 285). Für die Eindeutigkeit betrachte man also zwei Abbildungen

$$+ : \mathbb{N}_0 \times \mathbb{N}_0 \rightarrow \mathbb{N}_0 \quad \text{und} \quad \widetilde{+} : \mathbb{N}_0 \times \mathbb{N}_0 \rightarrow \mathbb{N}_0 ,$$

die beide (2.4), (2.5) erfüllen. Gleichheit bedeutet

$$m + n = m \,\widetilde{+}\, n \quad \text{für alle } m, n \in \mathbb{N}_0 \quad \text{bzw.}$$
$$M := \{ n \in \mathbb{N}_0 : m + n = m \,\widetilde{+}\, n \quad \text{für alle } m \in \mathbb{N}_0 \} = \mathbb{N}_0 .$$

Dies zeigen wir wieder über (P2): Es gilt $0 \in M$ wegen (2.4) und für $n \in M$ folgt für ein beliebiges $m \in \mathbb{N}_0$:

$$m + n^+ = (m + n)^+ = (m \,\widetilde{+}\, n)^+ = m \,\widetilde{+}\, n^+ ,$$

also $n^+ \in M$. Hier wurde (2.5) jeweils für $+$ und für $\widetilde{+}$, und auch $n \in M$ benutzt. Es gilt das erwartete 4a), d. h.:

Schritt 2: Sei $1 := 0^+$, dann gilt

$$n^+ = n + 0^+ = n + 1 \quad \text{für alle } n \in \mathbb{N}_0 , \tag{2.6}$$

denn $n + 1 = n + 0^+ = (n + 0)^+ = n^+$. Zum Nachweis der Kommutativität wird als Vorbereitung gezeigt:

Schritt 3:

$$0 + n = n \quad \text{für alle } n \in \mathbb{N}_0 . \tag{2.7}$$

(Dies ist die Kommutativität im Spezialfall: $n + 0 = 0 + n$.) Sei $M := \{n \in \mathbb{N}_0 : 0 + n = n\}$, dann ist nach (2.4) $0 \in M$, und für $n \in M$ folgt nach (2.5):

$$0 + n^+ = (0 + n)^+ = n^+$$

wegen $n \in M$, also $n^+ \in M$, sodass mit (P2) die Behauptung folgt.
Schritt 4:

$$m^+ + n = m + n^+ \quad \text{für alle } m, n \in \mathbb{N}_0 . \tag{2.8}$$

(Dies ist das Assoziativgesetz mit Kommutativgesetz im Spezialfall: $(m + 1) + n = m + (n + 1)$).
Für $m \in \mathbb{N}_0$ sei $M := \{n \in \mathbb{N}_0 : m^+ + n = m + n^+\}$. Wegen (2.7), (2.5), (2.7), (2.6) gilt: $m^+ + 0 = 0 + m^+ = (0 + m)^+ = m^+ = m + 0^+$, also $0 \in M$. Sei wieder $n \in M$, dann ergibt sich für n^+

$$m^+ + n^+ \underset{(2.5)}{=} (m^+ + n)^+ \underset{n \in M}{=} (m + n^+)^+ \underset{(2.5)}{=} m + (n^+)^+$$

und damit $n^+ \in M$, nach (P2), also $M = \mathbb{N}_0$.
Schritt 5:

$$n + m = m + n \quad \text{für alle } m, n \in \mathbb{N}_0 , \tag{2.9}$$

d. h., + ist *kommutativ*. In der inzwischen geläufigen Art argumentieren wir: Sei $M := \{n \in \mathbb{N}_0 : n + m = m + n \text{ für alle } m \in \mathbb{N}_0\}$[3]. Nach (2.7) und (2.4) ist $0 \in M$, und für $n \in M$ folgt:

$$n^+ + m \underset{(2.8)}{=} n + m^+ \underset{(2.5)}{=} (n + m)^+ \underset{n \in M}{=} (m + n)^+ \underset{(2.5)}{=} m + n^+ ,$$

also $n^+ \in M$ und somit $M = \mathbb{N}_0$.

Schritt 6:

$$(k + n) + m = k + (n + m) \quad \text{für alle } k, n, m \in \mathbb{N}_0 , \tag{2.10}$$

d. h., + ist *assoziativ*. Die analoge Überlegung wird als Übung gelassen. Die Aussage 4c) ergibt sich wie folgt:
Schritt 7:

$$m + n = 0 \implies m = n = 0 \quad \text{für alle } m, n \in \mathbb{N}_0 . \tag{2.11}$$

Ist $n = 0$, dann folgt sofort $m = 0$. Ist $n \neq 0$, d. h. nach Bemerkung 2.4 $n = (n')^+$ und so $0 = m + (n')^+ = (m + n')^+$, was einen Widerspruch darstellt.

---

[3] Man sieht, dass es beim Nachweis der Eigenschaft $\mathscr{A}(m, n) = \mathscr{B}(m, n)$ für alle $m, n \in \mathbb{N}$ egal ist, ob man wie bei den vorherigen Schritten für beliebiges $m \in \mathbb{N}_0$ eine Menge M, d. h. $M = M_m$ definiert durch

$$M := \{n \in \mathbb{N}_0 : \mathscr{A}(m, n) = \mathscr{B}(m, n)\}$$

und mit (P2) $M = \mathbb{N}_0$ zeigt, oder wie hier gleich

$$M = \{n \in \mathbb{N}_0 : \mathscr{A}(m, n) = \mathscr{B}(m, n) \quad \text{für alle } m \in \mathbb{N}_0\}$$

setzt.

Die *Multiplikation* wird für $m, n \in \mathbb{N}_0$ analog rekursiv eingeführt durch:

$$m \cdot 0 := 0 \quad \text{für alle } m \in \mathbb{N}_0$$
$$m \cdot n^+ := (m \cdot n) + m \quad \text{für alle } m, n \in \mathbb{N}_0 \, . \tag{2.12}$$

Ab sofort wird zur Notationsvereinfachung vorausgesetzt, dass $\cdot$ stärker bindet als $+$, d. h., für (2.12) kann auch

$$m \cdot n^+ := m \cdot n + m$$

geschrieben werden. Die als Übung überlassenen weiteren Überlegungen (Schritte 8–14) können in gewohnter Art in der folgenden Reihenfolge geschehen.

Schritt 8: Die Abbildung $\cdot : \mathbb{N}_0 \times \mathbb{N}_0 \to \mathbb{N}_0 : (m, n) \mapsto m \cdot n$ ist wohldefiniert und durch (2.12) eindeutig festgelegt.

Schritt 9: $0 \cdot n = 0$ für alle $n \in \mathbb{N}_0$.

Schritt 10: $1 \cdot n = n \cdot 1 = n$ für alle $n \in \mathbb{N}_0$, d. h. $1(:= 0^+)$ ist ein neutrales Element bezüglich $\cdot$.

Schritt 11: $n^+ \cdot m = n \cdot m + m$ für $n, m \in \mathbb{N}_0$.

Schritt 12: $\cdot$ ist kommutativ.

Schritt 13: $(l + m) \cdot n = l \cdot n + m \cdot n$ für $l, m, n \in \mathbb{N}_0$, d. h., ein *Distributivgesetz* gilt.

Schritt 14: $\cdot$ ist assoziativ.

Schritt 15:

$$m \cdot n = 0 \;\Rightarrow\; m = 0 \text{ oder } n = 0 \quad \text{für } m, n \in \mathbb{N}_0 \, , \tag{2.13}$$

bzw. äquivalent:

$$m \neq 0 \text{ und } n \neq 0 \;\Rightarrow\; m \cdot n \neq 0 \, .$$

Es sei also $n \neq 0$, dann gilt $n = p^+$ für ein $p \in \mathbb{N}_0$ nach Bemerkung 2.4, also bei Annahme

$$0 = m \cdot p^+ = m \cdot p + m$$

und nach (2.11) damit $m = 0$, ein Widerspruch.

Schritt 16:

$$m + l = n + l \;\Rightarrow\; m = n \quad \text{für } l, m, n \in \mathbb{N}_0 \, . \tag{2.14}$$

Sei dazu $M := \{l \in \mathbb{N}_0 : m + l = n + l \Rightarrow m = n \text{ für alle } m, n \in \mathbb{N}_0\}$ damit folgt $0 \in M$, und für $l \in M$ gilt:

$$m + l^+ = n + l^+ \;\Rightarrow\; (m + l)^+ = (n + l)^+ \;\Rightarrow\; m + l = n + l \;\Rightarrow\; m = n$$

und somit $l^+ \in M$, also $M = \mathbb{N}_0$.

Schritt 17: Schließlich folgt analog zu Schritt 16 (Übung)

$$m \cdot l = n \cdot l \;\Rightarrow\; m = n \quad \text{für } m, n \in \mathbb{N}_0, \, l \in \mathbb{N} \, . \qquad \square$$

Bemerkung 2.6 Ist eine Verknüpfung $*$ auf einer Menge M assoziativ (wie hier $+$ bzw. $\cdot$ auf $\mathbb{N}_0$), so sind auch Ausdrücke wie

$$a * b * c \quad \text{für } a, b, c \in M$$

wohldefiniert, da beide Interpretationsmöglichkeiten zum gleichen Ergebnis führen:

$$a * b * c := (a * b) * c = a * (b * c).$$

Dies lässt sich auch rekursiv auf endlich viele Operanden $a_1, \ldots, a_n$ ausdehnen (siehe dazu (1.29)). Dafür werden dann Schreibweisen wie

$$\sum_{i=1}^{n} a_i = a_1 + \ldots + a_n$$

benutzt, wenn die Verknüpfung als + geschrieben wird. Hier kann also eine beliebige Klammerung gedacht werden. Vertauschen darf man aber nur bei Kommutativität.

Wird die Verknüpfung $*$ als $\cdot$ geschrieben, ist die Schreibweise

$$\prod_{i=1}^{n} a_i = a_1 \cdot \ldots \cdot a_n$$

üblich.

$\triangle$

Mit Theorem 2.5, 4a) und den *Definitionen* $1 := 0^+$ und $2 := 1^+$ haben wir also wenigstens eine Begründung für

$$\boxed{1 + 1 = 2.}$$

Die rekursiven Definitionen können auch von einem Computer ausgeführt werden, sofern eine Programmiersprache benutzt wird, die rekursive Definitionen realisieren kann. Dies ist mit der Programmiersprache PYTHON der Fall, in die im Anhang A eingeführt wird und die ab jetzt benutzt werden soll (Programmieranfänger*innen sei an dieser Stelle die Lektüre dieser Einführung empfohlen). Insofern kann eine „Maschine" zur Addition und Multiplikation gebaut werden, die nur auf die Fähigkeit, Nachfolger (und Vorgänger) zu bestimmen, beruht.[4]

Aufbauend auf den theoretischen Überlegungen entwickeln wir in diesem Kapitel sukzessive einen Datentyp in der Programmiersprache PYTHON, der eine natürliche Zahl sowie alle darauf definierten Verknüpfungen repräsentiert. Dabei machen wir von einigen Aspekten der objektorientierten Programmierung Gebrauch, die in Anhang A.7 kurz vorgestellt wird. Im Interesse einer kompakten Präsentation und um die Hürde für den Einstieg in die Programmierung niedrig zu halten, klammern wir hier einige Aspekte guter Implementierung aus (beispielsweise die Behandlung von Fehlern, die zur Laufzeit auftreten) und beschränken uns auf die zur Umsetzung nötigsten Komponenten. Eine Auflistung der vollständigen Datentypen, inkl. eini-

---

[4] Dies ist natürlich etwas künstlich, da alle Computer über Rechenwerke zur Addition und Multiplikation verfügen.

ger die Verwendung und Funktionalität verbessernder Ergänzungen, findet sich in Anhang D.

Wir beginnen mit dem Rumpf des Datentyps, der es uns erlaubt, eine beliebige natürliche Zahl darstellen zu können, und ergänzen nach und nach weitere Methoden für die einzelnen Verknüpfungen. Um die Klassenzugehörigkeit zu symbolisieren, wird der Klassenkopf **class** NatuerlicheZahl: dabei jeweils wiederholt. Auf Besonderheiten der Implementierung gehen wir an der jeweiligen Stelle ein und illustrieren Verwendung und Verhalten jeweils anhand von Beispielen. Als Bezeichnung für unseren Datentyp wählen wir NatuerlicheZahl, und als erste Methode implementieren wir an dieser Stelle den Konstruktor (der immer mit __init__ bezeichnet wird), d. h. die Funktion, die beim Erstellen einer neuen Instanz dieses Datentyps aufgerufen wird. Ergänzend dazu benötigen wir die Nachfolgerfunktion n^+, die wir in der Methode next nachbauen. Hierbei greifen wir aus praktischen Gründen auf die eingebaute Addition (die wir ja eigentlich erst darauf aufbauend implementieren wollen) zurück, um ein neues NatuerlicheZahl-Objekt mit dem im Attribut n gespeicherten Zahlenwert um eins erhöht zu liefern.

Algorithmus 1: Klassenrumpf und Nachfolgerfunktion

```
class NatuerlicheZahl:
    """Datentyp zum Repraesentieren einer natuerlichen
    Zahl n mit eigenen Definitionen fuer Addition,
    Subtraktion, Multiplikation, Division und Vergleich.

    Der tatsaechliche Wert der natuerlichen Zahl wird als
    int-Objekt abgespeichert.
    """

    def __init__(self, n):
        """Erzeugt eine neue Instanz einer natuerlichen
        Zahl mit Wert n."""
        self.n = n

    def next(self):
        """Nachfolgerfunktion n^+

        :return: NatuerlicheZahl mit Wert des Nachfolgers.
        """
        return NatuerlicheZahl(self.n + 1)
```

Erläuterungen zu Algorithmus 1: Im *Konstruktor* der Klasse legen wir fest, dass beim Anlegen eines neuen NatuerlicheZahl-Objekts der Wert der Zahl als Argument angegeben werden muss, welcher anschließend im Attribut n gespeichert wird. Zur Syntax der Klassendefinition siehe die Details in Anhang A.7.

Zum besseren Verständnis dokumentieren wir alle Python-Funktionen mit einem sogenannten *Block-Kommentar*, beginnend in der Zeile nach dem Funktionskopf. Dieses Vorgehen ist üblich, um die Verwendung von Klassen und Funktionen zu erläutern. Der Kommentar enthält eine kurze

Beispiel zu Algorithmus 1:

```
>>> from kap2 import NatuerlicheZahl
>>> m = NatuerlicheZahl(3)
>>> m.n
3
>>> m.n = 5
>>> n = m.next()
>>> m.n
5
>>> n.n
6
```

Die nachfolgenden Prozeduren plusrek und multrek realisieren die Definitionen (2.4), (2.5) bzw. (2.12) direkt. Da wir dabei „rückwärts" bis zum Basisfall $n = 0$ gehen müssen, definieren wir uns hilfsweise eine Vorgängerfunktion prev, die zur Zahl n den jeweiligen Vorgänger m liefert, sodass $m^+ = n$.

Algorithmus 2: Vorgängerfunktion, Addition, Multiplikation (rekursiv)

```
class NatuerlicheZahl:

    def prev(self):
        """Vorgaengerfunktion n^-

        :return: NatuerlicheZahl mit Wert des Vorgaengers.
        """
        return NatuerlicheZahl(self.n - 1)

    def plusrek(self, m):
        """Addiert rekursiv eine Ganzzahl m durch wieder-
        holtes Anwenden der Nachfolgerfunktion und
        Herunterzaehlen des zweiten Summanden.

        :param m: NatuerlicheZahl (pos. Ganzzahl oder 0).
        :return: Summe m + n.
        """
        if self == 0:
            return m
        else:
            return m.plusrek(self.prev()).next()

    def multrek(self, m):
        """Multipliziert die Zahl rekursiv mit einer
        Ganzzahl m durch wiederholtes Addieren des
        Multiplikators und Herunterzaehlen des
        Multiplikanden mittels Vorgaengerfunktion.
```

Beschreibung der Funktionalität sowie, wenn sinnvoll, der Eingabeparameter (identifiziert durch das Schlüsselwort :param) und Rückgabewerte (Schlüsselwort :return) und weist gegebenenfalls auf Fallstricke und Besonderheiten hin, die vom Nutzer zu beachten sind.

```
    :param m: NatuerlicheZahl (pos. Ganzzahl oder 0).
    :return: Produkt m * n.
    """

    if self == 0:
        return self
    else:
        return m.plusrek(m.multrek(self.prev()))
```

Beispiel zu Algorithmus 2:

```
>>> from kap2 import NatuerlicheZahl
>>> n = NatuerlicheZahl(4)
>>> m = n.prev()
>>> m.n
3
>>> m = NatuerlicheZahl(9)
>>> k = m.plusrek(n)
>>> k.n
13
>>> l = m.multrek(n)
>>> l.n
36
```

Bei aller Eleganz rekursiver Definitionen ist es oft effizienter, direkte, i. Allg. iterative Realisierungen zu suchen. Man betrachte dazu das einfache Beispiel der *Fakultät*.

So kann für $n \in \mathbb{N}_0$ die Zahl $n! \in \mathbb{N}$ (gesprochen n Fakultät, siehe auch Aufgabe 3.2) rekursiv definiert werden durch

$$0! := 1 , \quad (n+1)! := n! \cdot (n+1) \quad \text{für } n \in \mathbb{N}_0$$

oder nichtrekursiv durch

$$0! := 1 , \quad n! := 1 \cdot 2 \cdot 3 \cdots \cdot n \quad \text{für } n \in \mathbb{N}_0 .$$

Die Zweite benötigt also zur Realisation *Schleifen* (siehe Anhang A.4.2). Analog lässt sich eine nichtrekursive Definition von Addition und Multiplikation angeben,

---

Erläuterungen zu Algorithmus 2: Die rekursiven Implementierungen von Addition und Multiplikation definieren jeweils den Basisfall $n = 0$, für den das Ergebnis gemäß (2.4) bzw. (2.12) bekannt ist. Alle weiteren Fälle werden auf den jeweils vorhergehenden Fall zurückgeführt, man geht also gewissermaßen rückwärts durch die Schritte, die man bei vollständiger Induktion vollzieht, bis man den Basisfall erreicht hat.

Trotz der Eleganz dieser Implementierung ist eine iterative Variante, wie in Algorithmus (3), in den meisten (nicht-funktionalen) Programmiersprachen vorzuziehen, da das Betreten jedes Rekursionslevels das Merken des vorherigen Levels erfordert. Dies ist zum einen aufwendiger als eine Iteration des Schleifenkörpers, zum anderen werden dabei Daten auf dem sogenannten *Stack* abgelegt. Um den dadurch entstehenden Speicherbedarf zu begrenzen (und einen *Stack overflow* zu verhindern), definiert Python eine maximale Rekursionstiefe, die mit der Anweisung `sys.getrecursionlimit()` abgefragt werden kann und bei der Standardimplementierung CPython bei 1000 liegt. Damit ist z. B. die Addition mittels `plusrek` limitiert auf $n < 1000$.

die direkt der Vorstellung von mehrfachem „Hochzählen" bzw. der mehrfachen Addition eines Faktors entspricht. Diese sind in den Prozeduren __add__ und __mul__ realisiert.

Algorithmus 3: Addition und Multiplikation

```python
class NatuerlicheZahl:

    def __add__(self, m):
        """Addiert eine Ganzzahl m durch wiederholtes
        Anwenden der Nachfolgerfunktion.

        :param m: NatuerlicheZahl (pos. Ganzzahl oder 0).
        :return: Summe m + n.
        """
        ret = m
        for _ in Zaehlen(1, self.n):
            ret = ret.next()
        return ret

    def __mul__(self, m):
        """Multipliziert die Zahl mit einer Ganzzahl m
        durch wiederholtes Addieren.

        :param m: NatuerlicheZahl (pos. Ganzzahl oder 0).
        :return: Produkt m*n.
        """
        ret = NatuerlicheZahl(0)
        for _ in Zaehlen(1, self.n):
            ret += m
        return ret
```

Beispiel zu Algorithmus 3:

```python
>>> from kap2 import NatuerlicheZahl
>>> m = NatuerlicheZahl(4)
>>> n = NatuerlicheZahl(9)
>>> k = m + n
>>> k.n
```

Erläuterungen zu Algorithmus 3: Die ungewöhnlichen Funktionsnamen mit doppelten Unterstrichen markieren in Python sogenannte *magische Methoden* (siehe Anhang A.7). Solche Methoden werden vom Python-Interpreter immer dann aufgerufen, wenn Objekte beispielsweise mit einem Operator (z. B. +, *, usw.) verknüpft werden sollen, lassen sich aber ggf. auch wie ganz gewöhnliche Methoden verwenden. Addition und Multiplikation erfordern die wiederholte Ausführung der Nachfolgerfunktion bzw. Addition. Dazu verwenden wir *Schleifen* (siehe Anhang A.4.2) sowie ein eigenes Zählobjekt Zaehlen(a, b), das nur auf unserem Datentyp NatuerlicheZahl aufbaut und von a ausgehend in jedem Schleifendurchlauf um eins hoch zählt (d. h. den Nachfolger bestimmt), bis das Ergebnis dieses Hochzählens der Zahl b entspricht. Siehe Anhang D für eine Implementierung dieses Hilfsdatentyps. Alternativ wäre für denselben Zweck auch die Verwendung der eingebauten und im Anhang beschriebenen Funktion range möglich.

```
13
>>> l = m * n
>>> l.n
36
```

Die Basis für Algorithmus 3 ist also:

Satz 2.7

Seien $m \in \mathbb{N}_0$, $n \in \mathbb{N}$, dann gilt

1) $m + n = (m) \underbrace{^{+\cdots+}}_{n\text{-mal}}$,

2) $m \cdot n = \sum_{k=1}^{n} m = \underbrace{m + \cdots + m}_{n\text{-mal}}$.

Beweis: Jeweils durch vollständige Induktion über $n \in \mathbb{N}$ (siehe auch Theorem 3.3)

Zu 1): $n = 1$: $m + 1 = m^+$

$n \mapsto n + 1$: $m + (n + 1) = m + n^+ = (m + n)^+ = (m \underbrace{^{+\cdots+}}_{n\text{-mal}})^+ = m \underbrace{^{+\cdots+}}_{(n+1)\text{-mal}}$

Zu 2): $n = 1$: $m \cdot 1 = m$

$n \mapsto n + 1$: $m \cdot (n + 1) = m \cdot n^+ = m \cdot n + m = \sum_{k=1}^{n} m + m = \sum_{k=1}^{n+1} m$ □

Die Algorithmen 2 bzw. 3 sollen erst einmal zeigen, dass ausgehend von der Bestimmbarkeit von Nachfolger bzw. Vorgänger tatsächlich Addition und Multiplikation durchführbar sind. Liegen wie hier verschiedene Möglichkeiten vor, stellt sich die Frage nach der jeweiligen *Effizienz*. Diese kann in verschiedenen Kriterien gemessen werden, z. B. in der *Laufzeit*, d. h. der Anzahl der durchzuführenden Elementaroperationen, oder auch dem *Speicherplatz* für alle Zwischenergebnisse. Beim Vergleich zwischen rekursiven (Algorithmus 2) und iterativen (Algorithmus 3) Formulierungen sind die ersteren (nicht nur) wegen des Speicherplatzbedarfs i. Allg. im Nachteil (siehe Fußnote zu Algorithmus 2 auf S. 67), sodass oft iterative Formulierungen vorgezogen werden, trotz des höheren Verständnisses durch eine rekursive Formulierung. Es gibt aber auch sehr effiziente rekursive Ansätze (siehe Abschnitt 7.3, Anhang E). Wir konzentrieren uns bei der Betrachtung der Algorithmen auf Laufzeiteffizienz.[5] Aufwand wird also in einer Grundeinheit von *Elementaroperationen* gemessen, hier also die Nachfolgerbestimmung. Insofern braucht __add__(m,n) m Operationen und __mul__(m,n) $n \cdot m$ Operationen. Die Beschränkung auf die Nachfolgerbestimmung erinnert etwas an die TURING-MASCHINE (siehe „Am Rande bemerkt" zu Abschnitt 1.3). Jeder reale Computer (siehe „Am Rande bemerkt" zu 1.4, „Am Rande bemerkt" zu 7.1) kann Addition und Multiplikation als Grundoperationen (mit verschiedener Geschwindigkeit) durchführen. Betrachtet man eine Addition als Grundoperation, so braucht __mul__(m,n) n Operationen. In Abschnitt 7.3 und Anhang E werden effizientere Verfahren besprochen.

---

[5] Auch die Art der Programmiersprache (Übersetzung oder Interpretation) hat Einfluss.

Wir kehren zur Weiterentwicklung der Eigenschaften von $\mathbb{N}_0$ zurück: Auf $\mathbb{N}_0$ kann, wie bekannt, eine verträgliche Ordnung eingeführt werden.

Theorem 2.8

Auf $\mathbb{N}_0$ kann eine Ordnungsrelation $\leq$ eingeführt werden, sodass gilt:

1) $\mathbb{N}_0$ ist durch $\leq$ *total geordnet*, d. h., es gilt

    a) $n \leq n$ für alle $n \in \mathbb{N}_0$: *Reflexivität*,
       $l \leq m$ und $m \leq n \Rightarrow l \leq n$ für alle $l, m, n \in \mathbb{N}_0$: *Transitivität*,
       $n \leq m$ und $m \leq n \Rightarrow n = m$ für alle $m, n \in \mathbb{N}_0$: *Antisymmetrie*,
       der Relation $\leq$,

    b) für $n, m \in \mathbb{N}_0$ gilt: $n \leq m$ oder $m \leq n$,

und zusätzlich

    c) $0 \leq n$ für alle $n \in \mathbb{N}$, d. h. $0 = \min(\mathbb{N}_0)$.

2) Zu $n \in \mathbb{N}_0$ gibt es kein $k \in \mathbb{N}_0$ mit $n < k < n + 1$, dabei bedeutet $n < m$: $n \leq m$ und $n \neq m$.

3) Für $m, n \in \mathbb{N}_0$ gelten:

$$m \leq n \Leftrightarrow \text{Es gibt ein } d \in \mathbb{N}_0 : m + d = n \,,$$
$$m < n \Leftrightarrow \text{Es gibt ein } d \in \mathbb{N} : m + d = n \,.$$

Die Zahl d ist eindeutig bestimmt und heißt die *Differenz* von n und m, $n - m := d$.

4) Für $m, n \in \mathbb{N}_0$ gelten:

$$m \leq n \Leftrightarrow m + l \leq n + l \quad \text{für } l \in \mathbb{N}_0 \,,$$
$$m < n \Leftrightarrow m + l < n + l \quad \text{für } l \in \mathbb{N}_0 \,.$$

5) Für $m, n \in \mathbb{N}_0$ gelten

$$m \leq n \Leftrightarrow m \cdot l \leq n \cdot l \quad \text{für } l \in \mathbb{N} \,,$$
$$m < n \Leftrightarrow m \cdot l < n \cdot l \quad \text{für } l \in \mathbb{N} \,.$$

Beweis: Als Definition der Relation $\leq$ wird der erste Teil von 3) benutzt, d. h. für $m, n \in \mathbb{N}_0$:

$$m \leq n \; :\Leftrightarrow \; \text{Es gibt ein } d \in \mathbb{N}_0 : m + d = n \,. \tag{2.15}$$

Ist also die Addition eine Formalisierung des (mehrfachen) „Weiterzählens", ist damit $n \in \mathbb{N}_0$ größer als $m \in \mathbb{N}_0$, wenn es im Prozess dieses Weiterzählens auftritt.

Damit folgt sofort der zweite Teil, wobei jeweils die Differenz d nach Theorem 2.5, 4d) eindeutig ist: Erfüllen nämlich $d_1, d_2 \in \mathbb{N}_0$ die Beziehung $m + d = n$, d. h. $m + d_1 = n = m + d_2$, dann $d_1 = d_2$.

Die *Ordnungseigenschaften* 1a) ergeben sich direkt wie folgt für $l, m, n \in \mathbb{N}_0$:

Es gilt $n \leq n$, da $n + 0 = n$.

$n \leq m$ und $m \leq n$ implizieren die Existenz von $d_1, d_2 \in \mathbb{N}_0$, sodass

$$m = n + d_1 \text{ und } n = m + d_2, \text{ also}$$
$$m = m + d_1 + d_2 .$$

Nach Theorem 2.5, 4d) ist also $d_1 + d_2 = 0$ und nach 4c) $d_1 = d_2 = 0$

– Assoziativität, Kommutativität und Neutralität von 0 bzw. 1 aus
Theorem 2.5 1), 2) wird hier und im Folgenden ohne Erwähnung ausgenutzt. –

und damit $n = m$, wie für die Antisymmetrie gefordert.

Sind schließlich $l \leq m$ und $m \leq n$, d. h., es gibt $d_1, d_2 \in \mathbb{N}_0$ mit $m = l + d_1$ und $n = m + d_2$, dann auch $n = l + d_1 + d_2$ und damit $l \leq n$. Ebenso folgt 1c) wegen $n = 0 + n$ sofort.

Für den Nachweis der *Totalordnungseigenschaft* 1b) sei

$$M := \{n \in \mathbb{N}_0 : \text{ Für alle } m \in \mathbb{N}_0 : n \leq m \text{ oder } n \geq m\} .$$

Wegen 1c) ist dann $0 \in M$.

Sei weiter $n \in M$ und $m \in \mathbb{N}_0$ beliebig, dann gilt einer der Fälle $n \leq m$ oder $n \geq m$, die im Folgenden unterschieden werden:

Fall 1: $n \leq m$: Ist $n < m$, so gibt es ein $p \in \mathbb{N}$, sodass

$$n + p = m .$$

p lässt sich als $p' + 1$ für ein $p' \in \mathbb{N}_0$ schreiben und damit

$$(n + 1) + p' = m$$

und so $n^+ \leq m$. Ist $n = m$, so zeigt $n + 1 = m + 1$, dass

$$m < n^+ .$$

Fall 2: $m \leq n$: Es ist nur noch die Situation $m < n$ zu bedenken: Es gibt also ein $p \in \mathbb{N}$, sodass

$$m + p = n$$

und damit $m + (p + 1) = n^+$, also

$$m < n^+ .$$

Insgesamt gilt also für alle $m \in \mathbb{N}_0$:

$$n^+ \leq m \quad \text{oder} \quad n^+ \geq m$$

und damit $n^+ \in M$, also $M = \mathbb{N}_0$.

Die Aussage 2) gilt, denn gäbe es für ein $n \in \mathbb{N}_0$ ein $k \in \mathbb{N}_0$ mit

$$n < k < n + 1 ,$$

so bedeutete dies:

$$k = n + d_1 , \ n + 1 = k + d_2 \quad \text{für gewisse } d_1, d_2 \in \mathbb{N} ,$$

also

$$n + 1 = n + d_1 + d_2 \quad \text{und} \quad d_1 = \widetilde{d_1}^{\,+} \text{ für ein } \widetilde{d_1} \in \mathbb{N}_0 ,$$

damit

$$n + 1 = n + 1 + \widetilde{d_1} + d_2 ,$$

somit $\widetilde{d_1} + d_2 = 0$, d. h. $\widetilde{d_1} = d_2 = 0$ im Widerspruch zu $d_2 \in \mathbb{N}$.

Die *Verträglichkeits-* und *Kürzungsaussage* 4) lässt sich wie folgt begründen:

$$m \left(\leq\atop<\right) n \quad \Leftrightarrow \quad \text{Es gibt ein } d \in \mathbb{N}_0 \,(\mathbb{N}) : n = m + d \qquad (2.16)$$

und wegen Theorem 2.5, 4d)

$$n = m + d \quad \Leftrightarrow \quad n + l = m + l + d .$$

Damit ist $m \left(\leq\atop<\right) n$ äquivalent mit

$$m + l \left(\leq\atop<\right) n + l .$$

– Mit den hier benutzten Kurzschreibweisen ist die gleichzeitige Behandlung der Fälle $\leq$ und $d \in \mathbb{N}_0$ bzw. $<$ und $d \in \mathbb{N}$ gemeint. –

Analoges gilt für Ordnung und Multiplikation in Form der Aussage 5). Auf (2.16) aufbauend und wegen

$$n = m + d \quad \Rightarrow \quad n \cdot l = (m + d) \cdot l = m \cdot l + d \cdot l$$

folgt aus (2.16):

$$m \cdot l \left(\leq\atop<\right) n \cdot l .$$

Für den Nachweis der Rückrichtungen der Äquivalenzen kann in Kontraposition gezeigt werden

$$m \left(\overset{<}{=} \right) n \text{ gilt nicht } \Rightarrow m \cdot l \left(\overset{<}{=} \right) n \cdot l \text{ gilt nicht.}$$

Wegen der Totalordnung 1c) ist dies aber äquivalent mit

$$n < m \Rightarrow n \cdot l < m \cdot l \quad \text{bzw.}$$
$$n \leq m \Rightarrow n \cdot l \leq m \cdot l,$$

was nach Vertauschen der Bezeichnungen m und n der schon bewiesenen Teilaussage entspricht. □

Die Definition der Ordnungsrelation in (2.15) ist nicht konstruktiv, da sie keinen Algorithmus angibt, wie die Existenz des gesuchten $d \in \mathbb{N}_0$ gefunden werden kann. Im Prinzip müssen alle $d \in \mathbb{N}_0$ nachgeprüft werden, was nicht möglich ist. Man beachte aber, dass für $d = n + l, l \in \mathbb{N}$, gilt $n = m + d = m + (n + l) = n + (m + l)$, also $m + l = 0$ und damit auch $m = l = 0$ (siehe Theorem 2.5) im Widerspruch zur Annahme.

Es kommen für d also nur die Zahlen in Frage, die beim Zählen „bis zu" n kommen, und diese können in einem Algorithmus überprüft werden. [6][7] Dazu muss man Folgendes verifizieren:

Wenn nicht $d = n + l$ für $l \in \mathbb{N}$ gilt, dann ist $d \in \{0, \ldots, n\}$

bzw. in Kontraposition

Ist $d \notin \{0, \ldots, n\}$, dann ist $d = n + l$ für ein $l \in \mathbb{N}$.

$d \notin \{0, \ldots, n\}$ aber bedeutet $d = n \underbrace{\overset{+ \cdots +}{}}_{l\text{-mal}}$ für ein $l \in \mathbb{N}$, also nach Satz 2.7 $d = n + l$.

Algorithmus 4: Ordnungsrelation und Differenz

```
class NatuerlicheZahl:

    def differenz(self, m):
        """Berechnet die Differenz mit einer Ganzzahl m.

        :param m: NatuerlicheZahl (pos. Ganzzahl oder 0).
```

---

[6] Man sieht, wie schwer es fällt, nicht schon die als völlig natürlich wahrgenommene Ordnung zu benutzen, da sie so eng mit dem Aufwärtszählen verknüpft ist.

[7] Wir haben also eine „virtuelle" Rechenmaschine geschaffen, die nur aus der Fähigkeit des Zählens heraus die Grundrechenarten auf $\mathbb{N}_0$ beherrscht. Die Realisierung ist etwas artifiziell, da Python natürlich dies (viel effizienter) beherrscht.

```python
        :return: Differenz d = n-m oder None, falls m > n.
        """
        for d in Zaehlen(0, self):
            if m + d == self:
                return d
        return None

    def __le__(self, m):
        """Prueft, ob der Wert kleiner oder gleich m
        ist, indem auf Existenz der Differenz geprueft wird.

        :param m: NatuerlicheZahl (pos. Ganzzahl oder 0).
        :return: True, falls der Wert <= m ist, sonst False.
        """
        return m.differenz(self) is not None

    def __sub__(self, m):
        """Berechnet die Differenz einer Ganzzahl m,
        falls m <= n, oder loest eine Ausnahme aus.

        :param m: NatuerlicheZahl (pos. Ganzzahl oder 0).
        :return: Differenz n - m.
        """
        if m <= self:
            return self.differenz(m)
        else:
            raise ValueError("{0} < {1} in __sub__({0}, {1})"
                .format(self, m))
```

Beispiel zu Algorithmus 4:

```python
>>> from kap2 import NatuerlicheZahl
>>> NatuerlicheZahl(3) <= NatuerlicheZahl(4)
True
>>> NatuerlicheZahl(5) <= NatuerlicheZahl(2)
False
>>> NatuerlicheZahl(1) <= NatuerlicheZahl(1)
True
>>> m = NatuerlicheZahl(4)
>>> n = NatuerlicheZahl(2)
>>> d = m - n
>>> d.n
2
```

Erläuterungen zu Algorithmus 4: Wie bei Addition und Multiplikation implementieren wir auch Subtraktion - sowie die Ordnungsrelation <=, indem wir die zugehörigen Methoden (__sub__ bzw. __le__) definieren. Beide erfordern die Suche nach der Differenz d der angegebenen Zahlen, deren Existenz $m \leq n$ impliziert. Die Suche nach der Differenz ist deshalb in eine Hilfsfunktion ausgelagert, in der, beginnend bei $d = 0$, das d schrittweise erhöht und ausprobiert wird, ob damit die Differenz gefunden wurde. Abgebrochen wird bei $d = n$, der maximal möglichen Differenz für $n, m \in \mathbb{N}_0$. Wird die Funktion __sub__ mit $m > n$ aufgerufen, wird eine sogenannte *Exception*, also Ausnahme, erzeugt, wodurch die Ausführung des Programms unterbrochen und das Auftreten einer unzulässigen Situation angezeigt wird.

```
>>> d = n - m
ValueError: 2 < 4 in __sub__(2, 4)
```

Für eine rekursive Umsetzung ist lediglich die iterative Implementierung der Differenz zu ersetzen:

Algorithmus 5: Ordnungsrelation und Differenz (rekursiv)

```
class NatuerlicheZahl:

    def differenzrek(self, m, d=0):
        """Berechnet rekursiv die Differenz mit einer
        Ganzzahl m, indem, ausgehend von d=0 und dieses
        schrittweise erhoehend, geprueft wird, ob d der
        Differenz mit einer Ganzzahl m entspricht.

        :param m: NatuerlicheZahl (pos. Ganzzahl oder 0).
        :param d: Zu pruefender Wert fuer die Differenz.
        :return: Differenz d = n-m oder None, falls m > n.
        """
        if m.plusrek(d) == self:
            return d
        elif d == self:
            return None
        else:
            return self.differenzrek(m, d.next())

    def kleinergleichrek(self, m):
        """Prueft, ob der Wert kleiner als der Wert von m
        ist, indem auf Existenz der Differenz mittels der
        rekursiven Implementierunggeprueft wird.

        :param m: NatuerlicheZahl (pos. Ganzzahl oder 0).
        :return: True, falls der Wert <= m ist, sonst False.
        """
        return m.differenzrek(self) is not None

    def subrek(self, m):
        """Berechnet rekursiv die Differenz einer Ganzzahl
        m, falls m <= n, oder loest eine Ausnahme aus.

        :param m: NatuerlicheZahl (pos. Ganzzahl oder 0).
        :return: Differenz n - m.
        """
        if m.kleinergleichrek(self):
            return self.differenzrek(m)
        else:
            raise ValueError("{0} < {1} in subrek({0}, {1})".
                format(self, m))
```

Beispiel zu Algorithmus 5:

```
>>> from kap2 import NatuerlicheZahl
>>> m = NatuerlicheZahl(3)
>>> n = NatuerlicheZahl(4)
>>> m.kleinergleichrek(n)
True
>>> n.kleinergleichrek(m)
False
>>> NatuerlicheZahl(1).kleinergleichrek(NatuerlicheZahl(1))
True
>>> m = NatuerlicheZahl(4)
>>> n = NatuerlicheZahl(2)
>>> d = m.subrek(n)
>>> d.n
2
>>> d = n.subrek(m)
ValueError: 2 < 4 in subrek(2, 4)
```

In Algorithmus 4 (und in allen folgenden) folgen wir wie auch beim Aufbau des Zahlensystems oder jeder mathematischen Theorie dem allgemeinen Prinzip, den einmal entwickelten Baustein, hier + (in PYTHON durch die Methode __add__) beim Aufbau weiterer Bausteine zu benutzen, hier $\leq$ bzw. <= (in der Methode __le__). Das muss nicht immer effizient sein: Der direkte Rückgriff auf $.^+$ bzw. next statt + in der Methode differenz ergibt eine effizientere Lösung[8] (Übung).

Bemerkungen 2.9 1) Mehrfache Anwendung der Transitivität in einer Ordnungsrelation $(M, \leqslant)$ zeigt auch die Gültigkeit von Schlussketten der Art

$$a \leqslant b_1 \leqslant b_2 \leqslant \ldots \leqslant b_n \implies a \leqslant b_n \, .$$

Bezeichnet $a < b$ wie bei $(\mathbb{N}_0, \leq)$ den Fall

$$a \leqslant b \quad \text{und} \quad a \neq b \, ,$$

so gilt auch

$$a < b \leqslant c \implies a < c \, ,$$

denn die Annahme $a = c$ führt auf $a < b$ und $b \leqslant a$, wegen der Antisymmetrie ergibt sich also $a = b$ und damit ein Widerspruch zu $a < b$. Analog folgt aus einer Ungleichungskette der Art

$$a \leqslant b_1 \leqslant b_2 \leqslant \ldots \leqslant b_n \leqslant a$$

die Identität

$$a = b_1 = b_2 = \ldots = b_n \, .$$

Erläuterungen zu Algorithmus 5: Anders als bei der iterativen Implementierung kann bei der rekursiven Implementierung die Rekursionstiefe bzw. der für den Abbruch relevante Fall $d = n$ nicht direkt erkannt werden. Daher wird das zu prüfende d beim Aufruf der Funktion differenzrek direkt mit angegeben.

[8] „Effizienter" meint weniger Elementaroperationen next.

2) Die Aussage Theorem 2.5, 4d) folgt sofort aus Theorem 2.8, 3), denn

$$n = m \Leftrightarrow n \leq m \text{ und } m \leq n \Leftrightarrow n + l \leq m + l \text{ und } m + l \leq n + l \Leftrightarrow n + l = m + l$$

nach 1).

Die Aussage ist nur aus beweistechnischen Gründen vorgezogen worden. Entsprechend beinhaltet auch Theorem 2.8, 5) die Spezialfälle

$$n = m \Leftrightarrow n \cdot l = m \cdot l .$$

3) Die Aussage 5) von Theorem 2.5 heißt auch die *Nullteilerfreiheit* von $\mathbb{N}_0$ und lässt sich äquivalent schreiben als

$$0 < m \text{ und } 0 < n \Rightarrow 0 < m \cdot n .$$

4) Aus Theorem 2.8, 4) folgt durch zweifache Anwendung:

$$\text{Seien } n, m \in \mathbb{N}_0, k, l \in \mathbb{N}, \text{ dann}$$
$$n \leq m, k \leq l \Rightarrow n \cdot k \leq m \cdot l$$
$$\text{bzw.}$$
$$n < m, k \leq l \Rightarrow n \cdot k < m \cdot l . \qquad \triangle$$

Nach 1a) ist $\leq$ eine Ordnungsrelation (siehe Definition 1.18), die total ist nach 1b) und nach 4), 5) mit $+$ und $\cdot$ verträglich ist.

Ein Teil der Eigenschaften aus Theorem 2.5 lässt sich zusammenfassen als:

$(\mathbb{N}_0, +, 0)$ und $(\mathbb{N}_0, \cdot, 1)$ sind jeweils

kommutative Halbgruppen mit *neutralem Element*,

wobei folgende Definition gilt:

Definition 2.10

Sei M eine nicht leere Menge, $*$ eine Verknüpfung auf M, d. h. eine Abbildung $* : M \times M \to M$.

$(M, *)$ heißt *Halbgruppe*, wenn $*$ assoziativ ist.

e aus M heißt *neutrales Element* bezüglich $*$, wenn

$$e * m = m * e = m \quad \text{für alle } m \in M$$

gilt.

Bemerkung 2.11 Ein neutrales Element in einer Halbgruppe ist eindeutig, denn: Seien e, e' neutrale Elemente, dann folgt:

$$e = e * e' = e',$$

wobei erst die Neutralität von e', dann die von e benutzt wird.   △

In beiden Fällen $(\mathbb{N}_0, +, 0)$ und $(\mathbb{N}_0, \cdot, 1)$ fehlen *inverse Elemente*, d. h. für $m \in M$ ein $m' \in M$, sodass

$$m + m' = m' + m = e,$$

bzw.

$$m \cdot m' = m' \cdot m = e.$$

Äquivalent damit ist, dass Gleichungen der Art

$$m + x = n \quad \text{bzw.} \quad m \cdot x = n$$

in $\mathbb{N}_0$ nicht (immer) lösbar sind.

Durch Einführung inverser Elemente bezüglich + wird $\mathbb{N}_0$ zu $\mathbb{Z}$ erweitert werden in Abschnitt 4.1.

$$
\begin{array}{c|ccc}
 & a_1 & \cdots & a_n \\
\hline
a_1 & a_{1,1} & \cdots & a_{1,n} \\
\vdots & \vdots & & \vdots \\
a_n & a_{n,1} & \cdots & a_{n,n}
\end{array}
$$

Abb. 2.1 Verknüpfungstafel

Der abstrakte, da allgemeine Begriff einer Halbgruppe (mit neutralem Element) kann zumindest für eine endliche Menge $M = \{a_1, \ldots, a_n\}$ mit einer *Verknüpfungstafel* und deren Eigenschaften veranschaulicht werden: Wegen der Verknüpfungseigenschaft lassen sich alle „Produkte" in einem quadratischen Schema

$$a_{i,j} \in M, \quad i, j = 1, \ldots, n$$

darstellen, wobei

$$a_{i,j} := a_i \cdot a_j,$$

siehe Abbildung 2.1. Die Elemente $a_{i,1}, \ldots, a_{i,n}$ werden dabei die „i-te Zeile", und analog $a_{1,j}, \ldots, a_{n,j}$ die „j-te Spalte" genannt. Die Existenz eines neutralen Elements $a_k =: e$ bedeutet also für die k-te Zeile

$$a_{k,j} = a_j \text{ für } j = 1, \ldots, n$$

und analog für die k-te Spalte.

Die Assoziativität lässt sich mit dem Begriff des *Kaleidoskops* veranschaulichen: Dazu wird zu (i, j, k), $i, j, k = 1, \ldots, n$ eine vertikale Doppelspiegelung $S_v(i, j, k) \in M$ definiert, mit i als beginnender Zeile, Spalte j als innerem vertikalem Spiegel, der den erhaltenen Wert auf sich „zurückwirft", und Spalte k als Haltepunkt durch die nachfolgende Zeichnung (Abbildung 2.2).

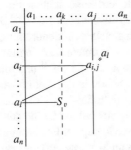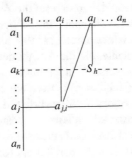

Abb. 2.2 Vertikale Spiegelung $S_v(i, j, k)$, horizontale Spiegelung $S_h(i, j, k)$

Analog wird die horizontale Spiegelung $S_h(i, j, k)$ definiert, die in der i-ten Spalte beginnt, an der j-ten Zeile spiegelt und dann an der k-ten Zeile hält. Dann gilt folgender Satz:

Satz 2.12

Sei $M = \{a_1, \ldots, a_n\}$ eine endliche Menge. Eine Verknüpfung $*$ auf M ist assoziativ auf M genau dann, wenn für alle $i, j, k \in \{1, \ldots, n\}$ gilt:

$$S_v(i, j, k) = S_h(k, j, i).$$

Beweis: Die Kaleidoskopregeln mittels $*$ geschrieben lauten gerade

$$S_v(i, j, k) = a_{i,j} * a_k = (a_i * a_j) * a_k,$$
$$S_h(k, j, i) = a_i * a_{j,k} = a_i * (a_j * a_k). \qquad \square$$

Am Rande bemerkt: Große natürliche Zahlen und darüber hinaus: Ordinalzahlen

Es gibt offensichtlich beliebig große natürliche Zahlen, da zu jedem noch so große, $n \in \mathbb{N}$ ein Nachfolger $n^+ \in \mathbb{N}$ existiert mit $n^+ > n$ (*Potentielle Unendlichkeit von* $\mathbb{N}$). Ist das sinnvoll? Die Erfahrung „großer" Zahlen ist elementar: *Weißt du, wie viel Sternlein stehen an dem blauen Himmelszelt?* Die Antwort ist erst mal enttäuschend, beschränkt man sich auf die, die mit bloßem Auge sichtbar sind, nämlich ca. 3000 (auf jeder Halbkugel). Tatsächlich hat die Milchstraße ca. $2 \cdot 10^{11}$ Sterne und es gibt ca. 10^{11} Galaxien, total ca. 10^{25} Sterne. In gleicher Größenordnung ist die Avo-GADRO[10]-Konstante, die die Anzahl der Teilchen in einem Mol angibt. Der Durchmesser des Universums in Kilometer gemessen ist ca. $4.5 \cdot 10^{25}$ und die Anzahl der Protonen im (sichtbaren) Universum ca. 10^{80}. Schon in der Antike wurde die Frage nach der *Sandzahl* aufgeworfen, d. h., wie viele Sandkörner in das Universum passen. ARCHIMEDES[11] musste zur Beantwortung sowohl die Größe des Universums spekulativ abschätzen (auf eine extreme Unterschätzung der Entfernung Sonne-Erde aufbauend) als auch die Sandkörner (orientiert an Mohnsamen) und kam auf

$$\text{Sandzahl}_{\text{antik}} \sim 10^{63}.\text{[12]}$$

Das sind alles sehr große Zahlen, weit jenseits unserer Vorstellungskraft. Mathematisch können wir noch viel größere Zahlen „hinschreiben", z. B.

$$\text{Fantastillion} := 10^{80},$$

wobei 30 Fantastillionen das Gesamtvermögen von Dagobert Duck angeben[13] (in Entenhausen-Taler) oder

$$\text{Googol} := 10^{100},$$

wonach die Suchmaschine Google benannt wurde. Diese Zahl ist „unvorstellbar" groß, andererseits gilt

$$\text{Googol} < 70! \, \text{[14]},$$

wobei 70! die Anzahl der Möglichkeiten angibt, 70 Gegenstände anzuordnen. Fragt man nach einer modernen Sandzahl und nimmt als Ersatz für den Durchmesser eines

---

[9] Johann Wilhelm HEY *26. März 1789 in Leina, †19. Mai 1854 in Ichtershausen

[10] Lorenzo Romano Amedeo Carlo AVOGADRO *9. August 1776 in Turin, †9. Juli 1856 in Turin

[11] Archimedes von Syrakus *um 287 v. Chr. vermutlich in Syrakus, †212 v. Chr. in Syrakus

[12] Warum ARCHIMEDES mit so großen Zahlen rechnen konnte, siehe Anhang E.

[13] *Lustiges Taschenbuch 53: Dagobert, der Milliardenakrobat.* Egmont Ehapa Verlag. Es gibt aber auch Geschichten mit widersprüchlichen Angaben.

[14] Für $n \in \mathbb{N}$ ist $n! = \prod_{k=1}^{n} k$ (siehe Aufgabe 3.2).

Sandkorns die PLANCK[15]-Länge

$$L_p = \sqrt{(\zeta c)/G} \sim 1.616 \cdot 10^{-35} m \, , \,^{16}$$

so erhält man

$$\text{Sandzahl}_{\text{modern}} \sim 10^{186} \, .$$

Mit Zahlen in der Größenordnung von Googol oder der Sandzahl kann (mit Tricks) auf heutigen Computern gerechnet werden (siehe Kapitel 7). Völlig unmöglich ist dies mit

$$\text{Googolplex} := 10^{\text{Googol}} \, . \,^{17}$$

Brauchen wir also „beliebig" große Zahlen? Zur Beschreibung der Welt wohl (?) nicht, es würde reichen $\mathbb{N}_0$ als endliche Menge $\{0, \ldots, N\}$ mit einem „astronomisch" großen N aufzufassen, etwa der Sandzahl, (mit den entsprechenden Folgen für die daraus aufbauenden Zahlensysteme). Dies würde aber die mathematische Eigenschaften extrem verkomplizieren, angefangen davon, dass $+$ und $\cdot$ keine Verknüpfungen mehr auf $\mathbb{N}$ sind ($n + m$, $n \cdot m \in \mathbb{N}$ gilt nicht für alle $m, n \in \mathbb{N}$). In Kapitel 7 werden wir (gerade wegen der Endlichkeit der Welt und damit der Computer) mit einem solchen Zahlensystem konfrontiert werden. Zahlensysteme und die daraus aufbauende Mathematik sind also nur Annäherungen an die „Wirklichkeit", mit dem Ziel, diese zu beschreiben und „berechnen" zu können, aber auch mit Abweichungen, die der Handhabbarkeit und „Schönheit" der mathematischen Strukturen geschuldet sind.

Weit über die natürlichen Zahlen „hinaus" kommt man mit den *Ordinalzahlen*, deren Aufgabe es ist, die Ordnungsrelationen z. B. auf $\mathbb{N}$ zu abstrahieren, und zwar auf der Ebene von Mengen, d. h., eine Ordinalzahl ist eine Menge. Ausgangspunkt ist das mengentheoretische Modell für $\mathbb{N}$ nach Anhang A, nach dem wir folgende Entsprechung aufstellen können:

---

[15] Max PLANCK *23. April 1858 in Kiel, †4. Oktober 1947 in Göttingen

[16] Dabei ist ζ das reduzierte PLANCKsche Wirkungsquantum, c die Lichtgeschwindigkeit und G die Gravitationskonstante

[17] Auf diese Zahlen wird öfters in Literatur und Populärliteratur Bezug genommen. Insbesondere benutzt der Protagonist Oskar Schell in J. S. FOER (2013). *Extrem laut und unglaublich nah.* 2. Aufl. Fischer Verlag, Googolplex regelmäßig, allerdings definiert als

$$\text{Googolplex} := \text{Googol}^{\text{Googol}},$$

was in der deutschen Übersetzung zur Unverständlichkeit entstellt ist (S. 59).

$$0 = \emptyset$$
$$1 = \{0\} = \{\emptyset\}$$
$$2 = \{0, 1\} = \{\emptyset, \{\emptyset\}\}$$
$$3 = \{0, 1, 2\} = \{\emptyset, \{\emptyset\}, \{\emptyset, \{\emptyset\}\}\}$$
$$\vdots$$
$$\mathbb{N} = \bigcup_k k = \{\emptyset, \{\emptyset\}, \{\emptyset, \{\emptyset\}\}, \{\dots\}, \dots\} .$$

Alle diese Mengen haben eine seltsame Eigenschaft, sie sind *transitiv*, d. h., es gilt

$$x \in M \;\Rightarrow\; x \subset M .$$

(2.17)

Man kann sich recht einfach überlegen, dass sich die Eigenschaft der Transitivität von M auf $M \cup \{M\}$, auf den Schnitt und die Vereinigung solcher Mengen überträgt und auch auf die Potenzmengen. Eine transitive Menge heißt *Ordinalzahl*, wenn jedes ihrer Elemente ebenfalls transitiv ist. Damit überträgt sich die Ordinalzahleigenschaft von x auf $x \cup \{x\}$ und auf die Vereinigung bzw. den Schnitt von Ordinalzahlen und auf jedes Element von x. Für Ordinalzahlen kann eine totale Ordnungsrelation durch

$$x \leq y \; :\Leftrightarrow \; x \in y \text{ oder } x = y$$
$$(\;\Leftrightarrow\; x \subset y \text{ oder } x = y)$$

eingeführt werden. Insbesondere kann durch

$$x^+ := x \cup \{x\}$$

ein *Nachfolger* definiert werden. Nennen wir die $\mathbb{N}$ entsprechende Ordinalzahl ω, hat man eine erste Hierarchie

$$0 < 1 < \dots < k < \dots < \omega .$$

ω heißt *Grenzzahl*, weil sie im Gegensatz zu den anderen nicht Nachfolger einer anderen Ordinalzahl ist. Die Hierarchie kann aber fortgesetzt werden durch ($k \in \mathbb{N}$)

$$\omega < \omega + 1 < \dots < \omega + k ,$$

wobei analog zu (2.4), (2.5) sei für Ordinalzahlen x, y

$$x + 0 := x$$
$$x + y^+ := (x + y)^+ ,$$

und für eine Grenzzahl z

$$x + z := \bigcup_{y < z} x + y$$

d. h.

$$\omega + 1 = \{0, 1, \dots, \omega\}$$
$$\omega + 2 = \{0, 1, \dots, \omega, \omega + 1\}$$
$$\omega + \omega = \{0, 1, \dots, \omega, \omega + 1, \dots\}.$$

Man beachte, dass z. B. andererseits

$$1 + \omega = \bigcup_{y<\omega} 1 + y = \{1, 2, \dots\}.$$

Analog zu (2.12) kann es noch „höher " hinaus gehen mit

$$x \cdot 0 := 0$$
$$x \cdot y^+ = x \cdot y + x$$

und für eine Grenzzahl z

$$x \cdot z = \bigcup_{y<z} x \cdot y.$$

So erhalten wir als Grenzzahlen $\omega^2, \dots, \omega^k, \dots$ und damit schließlich ω^ω, und der Zahlenturm kann immer weiter nach oben gehen, bis schließlich

$$\varepsilon_0 := \bigcup_{n\in\mathbb{N}} \left. \omega^{\omega^{\cdot^{\cdot^{\omega}}}} \right\}n-mal$$

entsteht, gegenüber der das Vermögen von Dagobert Duck wie Taschengeld erscheint. Diese Zahl hat jetzt die Eigenschaft

$$\omega^{\varepsilon_0} = \varepsilon_0.$$

Auch wenn diese Zahlen längst jenseits jeder Vorstellungskraft sind (und es immer noch weitergeht...), sind die zugrunde liegenden Mengen doch alle abzählbar (siehe Definition 2.23).

Im Umgang mit Ordinalzahlen ist Vorsicht geboten, da fast keine der Eigenschaften aus Theorem 2.5 gelten. Versucht man die „Menge aller Ordinalzahlen" O zu bilden, stößt man auf das *Paradoxon von* BURALI-FORTI[18]: Diese Menge wäre selbst transitiv und damit Ordinalzahl, und damit würde $O \in O$ gelten, was nach dem Fundierungsaxiom nicht erlaubt ist. In einer axiomatischen Mengenlehre mit den ZF-Axiomen gibt es diese Menge nicht, in einer mit Hierarchien arbeitenden handelt es sich um eine Klasse.

---

[18] Cesare BURALI-FORTI *13. August 1861 in Arezzo, Italien, †21. Januar 1931 in Turin, Italien

Aufgaben

Aufgabe 2.1 (L) Seien $p, q \in \mathbb{N}$, $m, n \in \mathbb{N}_0$. Zeigen Sie

a) $p^m \cdot p^n = p^{m+n}$, $(p^m)^n = p^{m \cdot n}$,

b) $p^n \cdot q^n = (p \cdot q)^n$.

Aufgabe 2.2 (L) Vervollständigen Sie den Beweis von Theorem 2.5, d. h. Schritte 8–14.

Aufgabe 2.3 Zeigen Sie die Korrektheit des Verfahrens in Algorithmus 3.

Aufgabe 2.4 Seien $s, n \in \mathbb{N}_0$ und $s < n$. Zeigen Sie, dass dann $s + 1 \leq n$ gilt.

Aufgabe 2.5 Schreiben Sie effizientere Varianten der Methoden `differenz` bzw. `differenzrek` in Algorithmus 4 bzw. 5, indem Sie statt der Addition direkt die Elementaroperation `.+` (d. h. `next`) verwenden. Verifizieren Sie den Effizienzgewinn, indem Sie die Laufzeit mit der ursprünglichen Variante vergleichen.

Zur Laufzeitmessung in PYTHON können Sie das Modul `timeit` verwenden, z. B. so:

```
>>> from kap2 import NatuerlicheZahl
>>> import timeit
>>> m, n = NatuerlicheZahl(42), NatuerlicheZahl(987)
>>> timeit.timeit('n.differenz(m)', globals=globals(), number=10)
1.4466214759886498
```

Aufgabe 2.6 Informieren Sie sich über *magische Methoden* (engl. *magic methods*) in PYTHON und implementieren Sie so weitere Operationen für den eingeführten Datentyp `NatuerlicheZahl`, z. B. Potenz (Operator `**`), echt kleiner (Operator `<`), Gleichheit (Operator `==`) usw.

Aufgabe 2.7 Schreiben Sie eine PYTHON-Prozedur, die das n-te Folgenglied der FIBONACCI-Folge

$$a_0 = 0, \; a_1 = 1, \; a_{n+1} = a_{n-1} + a_n \; \text{für } n \in \mathbb{N}$$

ermittelt (siehe auch Abschnitt 5.4). Entwickeln Sie eine rekursive und eine iterative Implementierung, und testen Sie diese sowohl mit dem eingebauten Datentyp `int` als auch dem Datentyp `NatuerlicheZahl`.

2.2 Rechnen mit natürlichen Zahlen

Auf $\mathbb{N}_0$ kann i. Allg. nicht geteilt werden, d. h., für $m, n \in \mathbb{N}_0$ hat die Gleichung

$$m = k \cdot n$$

i. Allg. keine Lösung $k \in \mathbb{N}_0$.

Es kann aber *mit Rest geteilt* werden:

Theorem 2.13: Division mit Rest in $\mathbb{N}_0$

Seien $m \in \mathbb{N}$ und $n \in \mathbb{N}_0$ gegeben. Dann gibt es genau ein $k \in \mathbb{N}_0$ (den Quotienten) und ein $l \in \mathbb{N}_0$ (den *Rest*), sodass

$$n = k \cdot m + l \quad \text{und} \quad l < m \,,$$

in Kurzschreibweise:

$$(k, l) := \operatorname{div}(n, m) \,.$$

Gilt $l = 0$, schreibt man auch $k = n/m$.

Beweis: Sei $m \in \mathbb{N}$ und setze

$$M := \{ n \in \mathbb{N}_0 : \text{Es gibt } k, l \in \mathbb{N}_0, \text{ sodass } n = k \cdot m + l \text{ und } l < m \} \,.$$

Es ist $M = \mathbb{N}_0$ zu zeigen, wozu $0 \in M$ und $n \in M \Rightarrow n^+ \in M$ nötig sind.

Die erste Aussage gilt wegen $0 = 0 \cdot m + 0$ (siehe Theorem 2.5). Für die zweite sei $n \in M$, dann gilt

$$n + 1 = k \cdot m + (l + 1) \quad \text{für } k, l \in \mathbb{N} \text{ und } l < m \,.$$

Ist auch $l + 1 < m$, folgt $n^+ \in M$. Ist $l + 1 = m$, so gilt dies ebenso wegen

$$n + 1 = k \cdot m + 1 \cdot m = (k + 1) \cdot m + 0 \,.$$

Zum Nachweis der Eindeutigkeit gehen wir von zwei Darstellungen aus:

$$k \cdot m + l = k' \cdot m + l' \quad \text{mit } l < m \text{ und } l' < m \,.$$

Da $k \leq k'$ oder $k' \leq k$ gilt und der erste Fall durch Umbenennung in den zweiten übergeht, können wir uns auch auf $k' \leq k$ beschränken. Also (Theorem 2.8, 4), 5)):

$$k \cdot m + l = k' \cdot m + l' \leq k \cdot m + l' \,,$$

d. h.

$$l \leq l' \quad \text{(siehe Theorem 2.8, 5))}$$

und

$$k \cdot m \leq k \cdot m + l = k' \cdot m + l' < k' \cdot m + m = (k' + 1) \cdot m \,,$$

und nach Theorem 2.8, 5)

$$k < k' + 1 \,,$$

zusammen also

$$k' \leq k < k' + 1 \,,$$

was nach Theorem 2.8, 2) für $k' \neq k$ unmöglich ist. Also gilt $k = k'$ und damit auch $l = l'$.

□

Anstelle des obigen nichtkonstruktiven Beweises kann die Existenz von k und l konstruktiv wie folgt eingesehen werden: Der Anteil $k \cdot m$ ist das größte Vielfache von m mit $k \cdot m \leq n$ und dann $l := n - k \cdot m$, d. h., k und l können über den *Divisionsalgorithmus* berechnet werden.

Algorithmus 6: Divisionsalgorithmus

```
class NatuerlicheZahl:

    def __divmod__(self, m):
        """Berechnet Quotienten k und Rest l der Division
        mit einer Ganzzahl m.

        :param m: NatuerlicheZahl (pos. Ganzzahl oder 0).
        :return: Quotient k und Rest l, sodass n = k*m + l.
        """
        k, l = NatuerlicheZahl(0), self
        while m <= l:
            l -= m
            k = k.next()
        return k, l
```

Beispiel zu Algorithmus 6:

```
>>> from kap2 import NatuerlicheZahl
>>> m = NatuerlicheZahl(7)
>>> n = NatuerlicheZahl(2)
>>> k, l = divmod(m, n)
>>> k.n
3
>> l.n
1
>>> k, l = divmod(n, m)
>>> k.n
0
>>> l.n
2
>>> k, l = m.__divmod__(n)
>>> k.n
3
>>> l.n
1
```

Erläuterungen zu Algorithmus 6: Die Division mit Rest zweier Zahlobjekte n, m wird in PYTHON durch die Funktion divmod(n,m) realisiert, die das *Tupel* (k,l) liefert. Dazu ruft die eingebaute Funktion divmod(n,m) wiederum die zugehörige magische Methode __divmod__ des übergebenen Parameters n auf, die wir hier implementiert haben. Das verwendete l -= m ist eine Kurznotation für l = l - m (siehe Anhang A.2).

Analog zu den bisher implementierten Verknüpfungen lässt sich auch der Divisionsalgorithmus in rekursiver Form umsetzen.

Algorithmus 7: Divisionsalgorithmus (rekursiv)

```
class NatuerlicheZahl:

    def divmodrek(self, m, k=0, l=None):
        """Berechnet Quotienten k und Rest l der Division
        mit einer Ganzzahl m mittels rekursiven Abziehens
        des Nenners vom Zaehler.

        :param m: NatuerlicheZahl (pos. Ganzzahl oder 0).
        :return: Quotient k und Rest l, sodass n = k*m+l.
        """
        if l is None:
            l = self
        if m.kleinergleichrek(l):
            return self.divmodrek(m, k.next(), l.subrek(m))
        else:
            return k, l
```

Die Korrektheit dieses Verfahrens prüft man durch Betrachten der Größe

$$N := k \cdot m + l \, .$$

(Dabei sind k, m, l als die Inhalte der jeweiligen Speicherplätze zu interpretieren.)

Zu Beginn des Verfahrens gilt

$$N = 0 \cdot m + n = n \, ,$$

und dieser Wert wird nicht verändert, da in der Schleife

$$N_{neu} = (k + 1)m + l - m = k \cdot m + l = N_{alt}$$

und schließlich nach der Schleife $l < m$ gilt.

Spätestens im Mittelalter hat es sich herausgestellt, dass es zum Rechnen mit Zahlen sehr hilfreich ist, auf ein *Stellenwertsystem* zurückzugreifen. Seitdem hat sich bei uns das 10er-System (*Dezimalsystem*), d. h. ein *Darstellungssystem zur Basis* $p = 10$ eingebürgert, für das zehn verschiedene *Ziffern* benötigt werden, die normalerweise mit $0, 1, 2, \ldots, 9$ bezeichnet werden. Die Wahl eines Zehnersystems ist aber nicht zwingend. Allgemein versteht man für ein fest gewähltes $p \geq 2$ unter ei-

---

Erläuterungen zu Algorithmus 7: Wie bei der Berechnung der Differenz in Algorithmus 5 wird auch hier ein Basisfall betrachtet ($l > m$), der zum Abbruch der Rekursion führt, und andernfalls ein weiterer rekursiver Aufruf mit um eins erhöhtem k vorgenommen. Auch hier muss die nächste zu „probierende" Kombination (k, l) beim Funktionsaufruf mit angegeben werden.

ner *Darstellung im Stellenwertsystem zur Basis p* die Darstellung einer natürlichen
Zahl n in der Form

$$n = \sum_{i=0}^{k} n_i p^i \qquad (2.18)$$

für ein $k \in \mathbb{N}_0$ und $n_i \in \{0, \ldots, p-1\}$ für $i = 0, \ldots, k$ und $n_k \neq 0$. Man spricht auch
von einer *p-adischen Darstellung*. Für $n = 0$ muss $n_k = n_0 = 0$ zugelassen werden.
Die Anzahl der Ziffern, d. h. $k + 1$, wird auch als *Länge der Zahl* bezeichnet. Dabei
ist die *Basis* $p \in \mathbb{N}$ fest vorgegeben, und die *Potenzen* von $p \in \mathbb{N}$ sind rekursiv
definiert durch

$$\begin{aligned} p^0 &:= 1 \\ p^{k+1} &:= p^k \cdot p \quad \text{für } k \in \mathbb{N}_0. \end{aligned} \qquad (2.19)$$

Der Fall $p = 1$ kann modifiziert zugelassen werden, wenn die Ziffer dann nicht 0,
sondern 1 ist, d. h. also, das Darstellungssystem entspricht dem primitiven Darstellen von Zahlen durch Folgen von Strichen. Die Zahl $n = 0$ kann dann nicht dargestellt werden. Neben dem wohl vertrauten 10er-System ($p = 10$) ist auch noch die
Wahl von $p = 2$ (*Binärsystem*) oder $p = 16$ (*Hexadezimalsystem*) gebräuchlich. In
der babylonischen Mathematik war $p = 60$ zugrunde gelegt. Dieses Zahlensystem
findet sich bei uns noch bei der Graddarstellung von Winkeln bzw. der Uhrzeit.

Auch die mittelamerikanischen Maya benutzten ein Stellensystem, und zwar $p = 20$ (*vigesimal*), allerdings mit der Abweichung in der dritten Stelle von $20^2 = 400$
zu 360 und für $k \geq 4$ mit einem Stellenwert von $360 \cdot 20^{k-3}$, sodass etwa 2_5_13 der
Zahl 833 entspricht. Für die Darstellung der 20 Ziffern wurden ein Punkte-(Wert
1) und Strich-(Wert 5)-System benutzt, das an das mittelalterliche Rechnen auf der
Linie (siehe Anhang E) erinnert. Die ersten zehn Maya-Ziffern sind also

Die Ziffern werden statt von rechts nach links von unten nach oben übereinander
geschrieben, d. h.

Aufbauend auf unserem Datentyp für natürliche Zahlen können wir auch einen
Datentyp zur Repräsentation von Zahlen in einem Stellenwertsystem entwickeln,
den wir mit dem Namen Stellenwertsystem versehen. Zu diesem Zweck muss
der Datentyp sowohl die zur Darstellung verwendete Basis p als auch die einzelnen Stellen n_i abspeichern, wobei jede Stelle durch ein Objekt des Datentyps
NatuerlicheZahl repräsentiert wird. Um bei den folgenden Algorithmen leichter
mit Objekten dieses Datentyps arbeiten zu können, ergänzen wir diesen um Methoden, die den direkten Zugriff auf die i-te Stelle n_i der Zahl erlauben (__getitem__
zum Auslesen und __setitem__ zum Verändern), sowie um eine Funktionalität zum
Iterieren über alle Stellen in einer Schleife, analog zu dem in Algorithmus 3 verwen-

deten Zaehlen-Datentyp (Methoden __iter__ sowie __next__). In Anhang D findet sich der vollständige Datentyp ergänzt um weitere Funktionen.

Algorithmus 8: Stellenwertsystem

```python
class Stellenwertsystem:
    """Datentyp zum Darstellen einer Ganzzahl zu einer
    beliebigen Basis p.
    Der Datentyp kann mit beliebigen Ganzzahl-Datentypen
    verwendet werden, z.B. NatuerlicheZahl oder dem
    eingebauten int. Die einzelnen Stellen/Koeffizienten
    werden in einer Liste aufsteigend abgelegt.
    """

    def __init__(self, p, coef=[]):
        """Erzeugt eine neue Instanz einer Zahl zur Basis p.

        Der Datentyp des Parameters p legt den Datentyp
        fest, der fuer die Koeffizienten verwendet wird.
        Diese werden dazu ggf. in diesen Datentyp gewandelt.

        :param p: Basis des Stellenwertsystems.
        :param coef: (optionale) Stellen der Zahl.
        """
        self._type = type(p)
        self._p = p
        self.coef = coef

    @property
    def type(self):
        """Liefert den zum Darstellen von Basis und
        Koeffizienten verwendeten Datentyp.
        """
        return self._type

    @property
    def p(self):
        """Liefert die Basis des Stellenwertsystems."""
        return self._p

    def __eq__(self, oth):
        """Prueft Gleichheit mit einem gegebenen Objekt.

        :return: True, falls Basis und Zahlenwert ueberein
                 stimmen. Gleichheit der verwendeten
                 Datentypen wird nicht geprueft!
        """
        return (isinstance(oth, Stellenwertsystem) and
                self.p == oth.p and self.coef == oth.coef)

    def __len__(self):
```

```
        """Liefert die Anzahl Stellen/Koeffizienten."""
        return len(self.coef)

    def __getitem__(self, k):
        """Hilfsfunktion, die Zugriff auf die k-te Stelle
        mittels eckiger Klammern erlaubt.
        """
        if len(self) <= int(k):
            return self.type(0)
        else:
            return self.coef[k]

    def __setitem__(self, k, nk):
        """Hilfsfunktion, die Veraendern der k-ten Stelle
        mittels eckiger Klammern erlaubt.
        """
        if len(self) > int(k):
            self.coef[k] = nk
        else:
            self.coef += (int(k) - len(self)) * [0] + [nk]

    def __iter__(self):
        """Initialisiert den Iterator mit der Anfangs-
        position. Erlaubt das Iterieren ueber alle Stellen
        mittels Schleifen.
        """
        self.k = 0
        return self

    def __next__(self):
        """Liefert den Nachfolger der aktuellen Position,
        bis die letzte Stelle erreicht ist.
        """
        if self.k >= len(self.coef):
            raise StopIteration
        nk = self.coef[self.k]
        self.k += 1
        return nk
```

Beispiel zu Algorithmus 8:
```
>>> from kap2 import *
>>> p = Stellenwertsystem(NatuerlicheZahl(5), [1, 2, 3])
```

Erläuterungen zu Algorithmus 8: Um ein nachträgliches Ändern der Basis p zu erschweren, speichern wir diesen Wert intern im Attribut _p und stellen mit der Methode p in Verbindung mit dem *Decorator* @property eine Funktion zur Verfügung, die das Lesen (aber nicht Verändern) des Wertes so erlaubt, als ob das Attribut selbst p genannt wurde. Zum Verändern des gespeicherten Wertes wäre zusätzlich noch eine setter-Methode nötig (siehe auch Anhang A.7). Gleiches gilt für den zur Darstellung von Basis und Stellen verwendeten Datentyp (z. B. NatuerlicheZahl oder int), der intern im Attribut _type gespeichert ist. Zusätzlich bietet der Datentyp eine Methode __len__, die beim Aufruf der Funktion len mit einem Objekt dieses Datentyps verwendet wird, um die Anzahl der gespeicherten Stellen zu liefern.

```
>>> p.p
NatuerlicheZahl(5)
>>> p.coef
[NatuerlicheZahl(1), NatuerlicheZahl(2), NatuerlicheZahl(3)])
>>> p[1]
NatuerlicheZahl(2)
>>> q = Stellenwertsystem(5, [1, 2, 3])
>>> q[2]
3
>>> p == q
True
>>> q[2] = 5
>>> p == q
False
```

Eine Zahl in einer Darstellung zur Basis p kann leicht in eine Darstellung zur Basis 10 umgewandelt werden und umgekehrt, und über diesen Umweg kann auch eine Darstellung zur Basis p in eine Darstellung zur Basis q umgewandelt werden.

Von Basis p zur Basis 10: Nach (2.18) ist einfach nur das *Polynom vom Grad k*

$$f(x) := \sum_{i=0}^{k} n_i x^i \tag{2.20}$$

für $x = p$ auszuwerten. Dies kann der Definition entsprechend geschehen, effizienter ist aber, das HORNER[19]-Schema anzuwenden: Dabei wird $f(x)$ umgeschrieben zu

$$f_k(x) := f(x) = n_0 + x\left(\sum_{i=1}^{k} n_i x^{i-1}\right)$$

$$= n_0 + x\left(\sum_{i=0}^{k-1} n_{i+1} x^i\right) =: n_0 + x f_{k-1}(x)$$

und mit dem Polynom f_{k-1} vom Grad höchstens $k - 1$ entsprechend verfahren, bis ein Polynom f_0 vom Grad 0, d. h. eine Konstante, entsteht. Es ist aber nicht nötig (und effizient), diese rekursive Definition umzusetzen, vielmehr kann direkt „von hinten" ausgewertet werden (für jeden Zahlenbereich, für den (2.20) sinnvoll ist).

Algorithmus 9: HORNER-Schema

```
def horner(polynom, x=None):
    """Wertet ein Polynom an der Stelle x aus.

    :param polynom: Polynom, dessen Koeffizienten als
```

---

[19] William George HORNER *1786 in Bristol, †22. September 1837 in Bath

```
                    Stellen einer Instanz von
                    'Stellenwertsystem' gegeben sind.
    :param x: Auswertungsstelle, positive Ganzzahl.
    :return: Wert des Polynoms an der Stelle x.
    """

    f = polynom.type(0)
    for nk in reversed(polynom):
        f = f * x + nk
    return f
```

Beispiel zu Algorithmus 9:

```
>>> from kap2 import *
>>> a = Stellenwertsystem(2, [0, 0, 1, 1])
>>> horner(a, 2)
12
>>> b=Stellenwertsystem(NatuerlicheZahl(2), [NatuerlicheZahl(0),
    NatuerlicheZahl(0), NatuerlicheZahl(1), NatuerlicheZahl(1)])
>>> horner(b, 2)
NatuerlicheZahl(12)
```

Für die Handrechnung empfiehlt sich folgendes Schema:

$$n_k \quad n_{k-1} \quad \dots \quad n_1 \quad n_0$$

$$+: \quad 0 \quad x f_0(x) \dots \quad \dots \quad x f_{k-1}(x)$$

$$f_0(x) \quad f_1(x) \quad \quad f_{k-1}(x) \quad f_k(x)$$

Das HORNER-Schema benötigt also bei einem Polynom vom Grad k für eine Auswertung jeweils k Additionen und Multiplikationen, während die direkte Berechnung nach Definition bei immer wieder neuer Berechnung des x^i, für $i = 0, \dots, k$, $\frac{1}{2}k(k+1)$ Multiplikationen benötigt.

Von Basis 10 zur Basis p: Betrachten wir dazu den Beginn der Umschreibung von $f_k(p)$, d. h. das Ende des HORNER-Schemas:

$$n = f_k(p) = f_{k-1}(p)p + n_0 \ .$$

Da $n_i \in \{0, \dots, p-1\}$, entsteht n_0 aus $f_k(p)$ durch Division durch p mit Rest aus eben dem Rest mit $f_{k-1}(p)$ als Teiler. Mit diesem ist entsprechend weiter zu verfahren. Bezeichnet man das Teilen von n durch m mit Teiler k und Rest l (siehe

---

Erläuterungen zu Algorithmus 9: Dank der beiden magischen Methoden __iter__ und __next__ in Algorithmus 8 können wir hier mit einer for-Schleife über die Stellen der Zahl iterieren und erhalten dabei in jedem Schleifendurchlauf die nächste Stelle in der Variablen nk. In unserem Datentyp Stellenwertsystem werden die Stellen in aufsteigender Reihenfolge abgespeichert, im HORNER-Schema werden jedoch die Stellen in absteigender Reihenfolge benötigt. Dazu verwenden wir die PYTHON-Prozedur reversed, welche für beliebige iterierbare Objekte das Durchlaufen in umgekehrter Reihenfolge erlaubt.

Theorem 2.13) symbolisch als

$$(k, l) = \text{div}(n, m) \,,$$

dann ist also das Umrechnungsverfahren:

Algorithmus 10: Umwandlung in Basis p

```
def umwandlung(n, p):
    """Wandelt eine in Dezimaldarstellung gegebene Ganzzahl
    n in eine Darstellung zur Basis p um.

    :param n: Umzuwandelnde Ganzzahl.
    :param p: Zielbasis.
    :return: Eine Instanz von 'Stellenwertsystem' mit der
    Zahl in Darstellung zur Basis p.
    """
    f, n = divmod(n, p)
    n = Stellenwertsystem(p, [n])
    k = 1
    while p <= f:
        f, n[k] = divmod(f, p)
        k += 1
    n[k] = f
    return n


def umwandlung_pq(polynom, q):
    """Wandelt eine als Instanz von 'Stellenwertsystem'
    gegebene Zahl in eine Darstellung zur Basis q um.
    """
    return umwandlung(horner(polynom), q)
```

Beispiel zu Algorithmus 10:

```
>>> from kap2 import *
>>> a = umwandlung(NatuerlicheZahl(12), NatuerlicheZahl(2))
>>> a
Stellenwertsystem(NatuerlicheZahl(2), [NatuerlicheZahl(0),
    NatuerlicheZahl(0), NatuerlicheZahl(1), NatuerlicheZahl(1)])
>>> b = umwandlung(7540, 3)
>>> b
Stellenwertsystem(3, [1, 2, 0, 0, 0, 1, 1, 0, 1])
>>> umwandlung_pq(b, 12)
Stellenwertsystem(12, [4, 4, 4, 4])
```

Erläuterungen zu Algorithmus 10: Kombiniert man HORNER-Schema und das Verfahren zur Umwandlung in Basis p kann man also die Darstellung zu einer beliebigen Basis p in die Darstellung zu einer anderen Basis q umrechnen, mit Umweg über die Dezimaldarstellung. Dies ist in der Funktion umwandlung_pq umgesetzt.

Man beachte, dass am Ende des Verfahrens der Fall $f_{k+1} = 0$ nicht auftreten kann, da sonst für den vorigen Wert f_k gelten würde: $f_k = 0 \cdot p + n_k < p$, d. h., das Verfahren wäre einen Schritt früher abgebrochen.

Die theoretische Absicherung der obigen Überlegungen ergibt den folgenden Satz:

Satz 2.14

Sei $p \in \mathbb{N}$, $p \geq 2$. Dann besitzt jedes $n \in \mathbb{N}_0$ eine eindeutige Darstellung zur Basis p.

Beweis: Zum Nachweis der Existenz sei

$$M := \{n \in \mathbb{N}_0 : n \text{ hat eine Darstellung zur Basis } p\} .^{20}$$

Wegen $0 = 0 \cdot p^0$ ist $0 \in M$.

Als Kurzschreibweise benutzt man statt (2.18) auch die Stellenschreibweise

$$n = n_k n_{k-1} \ldots n_0, \text{ wenn die Basis } p \text{ klar ist, sonst auch } n = n_k n_{k-1} \ldots n_0 \,_p . \quad (2.21)$$

Ist $n \in M$, d. h., es gibt $k \in \mathbb{N}_0$ und $n_i \in \{0, \ldots, p-1\}$ für $i = 0, \ldots, k$, sodass

$$n = \sum_{i=0}^{k} n_i p^i .$$

Dann folgt für $n + 1 = \sum_{i=0}^{k} n_i p^i + 1$:

Ist $n_0 < p - 1$, setze $n_0' := n_0 + 1 < p, n_i' = n_i$ für $i = 1, \ldots, k$, $n_{k+1}' = 0$.

Sind $n_0 = \ldots = n_l = p - 1$ für ein l mit $0 \leq l < k$, und $n_{l+1} < p - 1$, setze $n_0' = \ldots = n_l' = 0$, $n_{l+1}' = n_{l+1} + 1$, $n_j' = n_j$ für $l + 2 \leq j \leq k$, $n_{k+1}' = 0$.

Sind $n_0 = \ldots = n_k = p - 1$, setze $n_0' = \ldots = n_k' = 0$, $n_{k+1}' = 1$.

In allen Fällen ergibt sich

$$n + 1 = \sum_{i=0}^{k+1} n_i' p^i ,$$

also $n^+ \in M$ und somit $M = \mathbb{N}_0$.

Für die Eindeutigkeit betrachte man zwei Darstellungen, d. h.

---

[20] Hier wird nicht $n_k \neq 0$ gefordert, d. h. „Auffüllen" führender Nullen ist erlaubt. Diese Bedingung ist erst für die Eindeutigkeit wichtig.

[21] Informieren Sie sich über den Begriff der FOURIER[22]-Transformation.

[22] Jean-Baptiste-Joseph FOURIER *21. März 1768 in Auxerre, †16. Mai 1830 in Paris

Abb. 2.3 Die Freuden des Basiswechsels[21] *(Cartoon von Zach Weinersmith).*

$$\sum_{i=0}^{k} n_i p^i = \sum_{i=0}^{k} n'_i p^i$$

mit $n_i, n'_i \in \{0, \dots, p-1\}, i = 0, \dots, k$.

– Die Stellenzahl kann gleich gewählt werden, da nicht $n_k \neq 0$ gefordert ist, d. h. eine Darstellung mit Nullen „aufgefüllt" werden kann. –

Also

$$n_k p^k + l = n'_k p^k + l'$$

mit $l := \sum_{i=0}^{k-1} n_i p^i$ und analoger Definition von l'.

Mit dem nachfolgenden Lemma 2.15 schließt man für $p \geq 2$

$$l \leq \sum_{i=0}^{k-1} (p-1)p^i = p^k - 1 \,, \quad l' \leq p^k - 1 \,,$$

sodass die Situation der Division mit Rest durch p^k vorliegt. Die Eindeutigkeitsaussage in Theorem 2.13 impliziert

$$n_k = n'_k \quad \text{und} \quad l = l' \,,$$

also

$$\sum_{i=0}^{k-1} n_i p^i = \sum_{i=0}^{k-1} n'_i p^i \,,$$

sodass mit $k - 1$ statt k die Argumentation wiederholt werden kann, um

$$n_{k-1} = n'_{k-1}, \ldots, n_0 = n'_0$$

zu erhalten. Sind die Darstellungen insbesondere normiert, d. h.

$$\sum_{i=0}^{k} n_i p^i = \sum_{i=0}^{k'} n'_i p^i$$

und $n_k \neq 0, n'_k \neq 0$, so folgt $k = k', n_i = n'_i, i = 0, \ldots, k$.   □

Lemma 2.15

In $\mathbb{N}_0$ gilt folgende Identität für $n \in \mathbb{N}_0, p \in \mathbb{N}$:

$$p^{n+1} - 1 = (p-1) \sum_{i=0}^{n} p^i .$$

Beweis:

$$(p-1) \sum_{i=0}^{n} p^i = \sum_{i=0}^{n} p^{i+1} - \sum_{i=0}^{n} p^i = p^{n+1} + \sum_{i=1}^{n} p^i - 1 - \sum_{i=1}^{n} p^i = p^{n+1} - 1 .\quad □$$

Das Binärsystem entspricht der internen Signalverarbeitung in einem Computer, im Binärsystem gilt also die schöne Rechnung

$$\boxed{1 + 1 = 10} \tag{2.22}$$

die man auch manchmal auf T-Shirts von Computerfreaks sehen kann. Das Hexadezimalsystem braucht mehr Ziffern, als unser normales Dezimalsystem zur Verfügung stellt. Üblich ist, die zehn Ziffern noch mit entsprechenden Buchstaben aufzufüllen. Wegen $16 = 2^4$ sind 4 *bit* (Darstellungselemente, die nur zwei Zustände unterscheiden können) notwendig, um eine Hexadezimalzahl darzustellen. Dieses Darstellungssystem fand in früheren Rechnergenerationen Anwendung. Die Umrechnung zwischen $p = 2$ und $p = 16$ kann einfach und ohne Umweg über $p = 10$ erfolgen (Übung).

In allen Darstellungssystemen zur Basis p kann, wie in der Grundschule gelernt, die Addition und auch die Multiplikation stellenbezogen durchgeführt werden (*schriftliches Addieren bzw. Multiplizieren*). Die *schriftliche Addition mit Übertrag* ergibt sich aus dem Distributivgesetz und dem Kommutativgesetz für die Addition. Zu bilden ist $\sum_{j=1}^{m} n_j$, wobei

$$n_j = \sum_{i=0}^{n} a_i^{(j)} p^i , \quad j = 1, \ldots, m , \tag{2.23}$$

und die Darstellungen mit „führenden Nullen" auf das maximal auftretende n aufgefüllt gedacht werden. Dann gilt

$$\sum_{j=1}^{m} n_j = \sum_{j=1}^{m} \left(\sum_{i=0}^{n} a_i^{(j)} p^i \right) = \sum_{i=0}^{n} \left(\sum_{j=1}^{m} a_i^{(j)} \right) p^i =: \sum_{i=0}^{n'} b_i p^i \qquad (2.24)$$

mit $b_i \in \{0, \dots, p-1\}$, wobei $n' \geq n$.

Die b_i ergeben sich rekursiv durch Rechnen mit Übertrag:

Sei $c_0 := \sum_{j=1}^{m} a_0^{(j)}$

und für $i = 0, \dots$

$$c_i = b_i + \sum_{k=1}^{n} d_k^{(i)} p^k$$

als eindeutige Darstellung, die die Ziffer b_i und den Übertrag liefert, d. h.

$$c_{i+1} := \sum_{k=1}^{m} a_{i+1}^{(k)} + c_i - b_i,$$

so lange bis $c_{i+1} = 0$.

Die schriftliche Addition reduziert sich somit auf das Addieren von Ziffern, also auf das *kleine Einspluseins*, das dem (menschlichen oder maschinellen) Prozessor zur Verfügung stehen muss, entweder weil er es (auswendig) gelernt hat oder ihm eine entsprechende *lookup table* zur Verfügung steht. Besonders einfach ist dies für $p = 2$, nämlich

+	0	1
0	0	1
1	1	10

muss aber mit längeren Zahlen (größeres n) erkauft werden. Es kann ein *Übertrag* entstehen, wenn für die Stellensumme s gilt

$$s \geq p,$$

und s ist entsprechend in die Summe aufzunehmen („gemerkt"). Bei zwei Summanden ($m = 2$) ist maximal

$$s = p - 1 + p - 1 = 1 \cdot p + p - 2,$$

d. h., der Übertrag ist höchstens 1.

Die *schriftliche Multiplikation* von z. B. $\left(\sum_{i=0}^{n} a_i p^i \right) \cdot \left(\sum_{j=0}^{m} b_j p^j \right)$ beruht analog auf folgender Beziehung (als Folge von Distributiv- und Kommutativgesetz für die Addition):

$$\left(\sum_{i=0}^{n} a_i p^i \right) \cdot \left(\sum_{j=0}^{m} b_j p^j \right) = \sum_{j=0}^{m} \left(\sum_{i=0}^{n} a_i b_j p^i \right) p^j = \sum_{j=0}^{m} \left(\sum_{i=0}^{n+1} a_i' p^i \right) p^j \qquad (2.25)$$

mit $a_i' \in \{0, \dots, p-1\}$. Dabei meint die letzte Umformung die *stellenweise Multiplikation einer Zahl mit einer Ziffer mit Übertrag*, die immer möglich ist, da für $p \geq 2$

$$a_i b_j \leq (p-1)^2 = p^2 - 2p + 1 = (p-2)p + 1$$

gilt, d. h., der Übertrag ist maximal $p - 2$ für $j = 0$, aber auch allgemein, da $a_i b_j + p - 2 \leq p^2 - p - 1 = (p-2)p + p - 1$. Also ist

$$\left(\sum_{i=0}^{n} a_i p^i \right) \cdot \left(\sum_{j=0}^{m} b_j p^j \right) = \sum_{j=0}^{m} \sum_{i=0}^{n+1} a_i' p^{i+j} , \qquad (2.26)$$

wobei die äußere Summe auf der rechten Seite wieder durch *stellenweise Addition von Zahlen mit höchstens n + 2 Ziffern* mit Übertrag realisiert wird.

Der Prozessor muss also die Multiplikation von Ziffern beherrschen, d. h. das *kleine Einmaleins*. Wieder ist die *lookup table* für $p = 2$ besonders einfach

$$
\begin{array}{c|cc}
\cdot & 0 & 1 \\
\hline
0 & 0 & 0 \\
1 & 0 & 1
\end{array}
$$

und man sieht wie schon oben den zusätzlichen Vorteil, dass kein Übertrag auftritt.

Dies ist aber nicht die einzige Art, schriftlich zu multiplizieren. Einem Lehrbuch für das 5. Schuljahr[23] kann man folgendes, einem IBN AL-BANNA[24] zugeschriebene Verfahren entnehmen. Das Verfahren, auch (chinesische) *Gittermultiplikation* genannt, wurde in vielen Kulturräumen entwickelt und war auch lange in Europa seit dem Mittelalter beliebt. Eine vereinfachte Modifikation wurde in englischen Grundschulen zur Einübung der Multiplikation verwendet.

Hier sei $m = n$, was durch Zulassen von „führenden" Nullen ermöglicht werden kann,

$$\left(\sum_{i=0}^{n} a_i p^i \right) \cdot \left(\sum_{j=0}^{n} b_j p^j \right) = \sum_{k=0}^{2n} \left(\sum_{i=\max(0,k-n)}^{\min(k,n)} a_i b_{k-i} \right) p^k ,$$

wenn man nach den Potenzen von p ordnet und $0 \leq i \leq n$, $0 \leq k - i \leq n$ berücksichtigt. Setze

$$m_1(k) := \max(0, k - n) ,$$
$$m_2(k) := \min(k, n) .$$

Wegen

$$a_i b_{k-i} \leq (p-1)^2 = (p-2)p + 1$$

lässt sich $a_i b_{k-i}$ schreiben als

$$a_i b_{k-i} = c_{i,1}^k p + c_{i,2}^k \quad \text{mit } c_{i,l}^k \in \{0, \ldots, p-1\}, \; l = 1, 2$$

für $k = 0, \ldots, 2n$, $i = m_1(k), \ldots, m_2(k)$ und damit

---

[23] A. SCHMIDT und I. WEIDIG (2009). *Mathematik für Gymnasium 5*. Lambacher Schweizer.
[24] IBN AL-BANNA *30. Dezember 1256 in Marrakesch, Marokko, †31. Juli 1321 ebenda

$$\left(\sum_{i=0}^{n} a_i p^i\right) \cdot \left(\sum_{j=0}^{n} b_j p^j\right) = \sum_{k=0}^{2n} \left(\sum_{i=m_1(k)}^{m_2(k)} c_{i,1}^k\right) p^{k+1} + \left(\sum_{i=m_1(k)}^{m_2(k)} c_{i,2}^k\right) p^k$$

$$= c_{i,2}^0 p^0 + \sum_{k=1}^{2n+1} \left(\sum_{i=m_1(k-1)}^{m_2(k-1)} c_{i,1}^{k-1} + \sum_{i=m_1(k)}^{m_2(k)} c_{i,2}^k\right) p^k, \qquad (2.27)$$

$$\text{mit } c_{i,2}^{2n+1} := 0.$$

Dabei beachte man für $k = 0$

$$m_1(0) = 0 = m_2(0)$$

bzw. genau

k	0	1	$\cdots$	n	$n+1$	$\cdots$	$2n-1$	$2n$	$2n+1$
$m_1(k)$	0	0	$\cdots$	0	1	$\cdots$	$n-1$	n	$n+1$
$m_2(k)$	0	1	$\cdots$	n	n	$\cdots$	n	n	n
$A_1(k)$	1	2	$\cdots$	$n+1$	n	$\cdots$	2	1	0 [25]
$A_2(k)$	0 [25]	1	$\cdots$	n	$n+1$	$\cdots$	3	2	1

Dabei ist $A_1(k)$ die Anzahl der Summanden von $c_{i,2}^k$, $A_2(k)$ die von $c_{i,1}^{k-1}$. In (2.27) muss noch der Übertrag berücksichtigt werden, da i. Allg. der Klammerausdruck größer gleich p ist. Im Gegensatz zu (2.26) werden also nur einstellige Zahlen miteinander multipliziert und dann entsprechend stellenweise (mit Übertrag) addiert. Um daraus ein (Hand-)Rechenschema zu machen, kann man ein Quadrat in n^2 kleine Quadrate zerlegen und auf eine Spitze stellen (Abbildung 2.4). Jedem der n Teilintervalle der oberen Kante wird eine Ziffer der Faktoren zugeordnet, links von unten mit a_n beginnend, rechts von oben absteigend bei b_n beginnend. Dadurch ist jedem kleinen Quadrat eine Kombination a_i, b_j zugeordnet. In die durch senkrechte Linien in zwei Dreiecke zerlegten kleinen Quadrate wird das Produkt $a_i b_j$ als $c_{i,2}^k$ (schwarzes Dreieck rechts) und als $c_{i,1}^{k-1}$ (weißes Dreieck links) eingetragen. Die so entstehenden senkrechten Spalten entsprechen dann gerade den $c_{i,2}^k$ und $c_{i,1}^{k-1}$ zum gleichen k, mit $k = 0$ rechts beginnend bis $k = 2n$ ganz links. Addition dieser Spalten gibt also mit der letzten Ziffer die Ziffer für die k-te Position des Produkts und einen in der Spalte nach rechts zu berücksichtigenden Übertrag. Sind die Faktoren ungleich lang, wird man natürlich nicht mit führenden Nullen als Ziffern rechnen, sondern auf einem Rechteck aus kleinen Quadraten arbeiten. Dreht man die Darstellung im Uhrzeigersinn um $45°$, d. h. zu einem Quadrat, dann haben die kleinen Quadrate eine Diagonalteilung, und die Addition erfolgt entlang diagonaler Linien von rechts oben nach links unten.

Auf den zweiten Blick stimmen also schriftliche und Gittermultiplikation fast überein: Den Ziffernsummen der Gittermultiplikation aus Ziffern zu den Basispotenzen i und $k - i$, und den Überträgen für die Gesamtpotenz $k - 1$ entspricht bei der

---

[25] Die Summe ist per definitionem leer.

schriftlichen Multiplikation die Summe der $(k+1)$-ten Spalte von rechts, nur ist hier jeweils schon der Übertrag addiert, wie nochmal das einfache Beispiel zeigt:

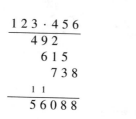

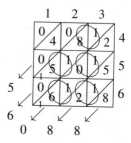

Daher hat Gittermultiplikation zwar einen verdoppelten Speicherplatzbedarf, ist aber in den Rechenoperationen bis auf die Reihenfolge identisch.

Ein Hilfsmittel der frühen Rechenmaschinen waren die von John NAPIER[26] entwickelten NAPIER'schen *Rechenstäbchen*, die das kleine Einmaleins jeweils für einen Faktor auf einem Stäbchen enthielten, mit der Diagonaleinteilung in Zehner (oben) und Einer. Durch „Auslegen" des ersten Faktors mit k Stellen konnten damit die Multiplikationen mit einer Ziffer durch höchstens k Additionen von drei Ziffern bestimmt und daraus für allgemeine zweite Faktoren des Produkts wie mit der Schulmethode fortgefahren werden. Die Rechenmaschine erspart also die Kenntnis des kleinen Einmaleins.

Algorithmus 11: Multiplikation nach IBN AL-BANNA

```
def ibn_al_banna(a, b):
    """Multipliziert zwei Zahlen direkt in der Darstellung
    zur Basis p unter Verwendung des Multiplikationsschemas
    von Ibn Al-Banna.

    :param a, b: Instanzen von 'Stellenwertsystem' mit
                 identischer Basis p.
    :return: Instanz von Stellenwertsystem mit Darstellung
             des Produkts a * b zur Basis p.
    """
    # Index der hoechsten Stelle/Potenz
    n = NatuerlicheZahl(max(len(a), len(b))).prev()
    # Iterative Berechnung der Stellen k = 0,...,2n von c
    c = Stellenwertsystem(a.p)
    for k in Zaehlen(0, n * 2):
        # Multiplikation von i-ter Stelle in a mit (k-i)-ter
        # Stelle in b
        m1 = k - n if n <= k else 0
        m2 = k if k <= n else n
        for i in Zaehlen(m1, m2):
            ck = a[i] * b[k - i] + c[k]
```

---

[26] John NAPIER *1550 in Merchiston Castle bei Edinburgh, †4. April 1617 ebenda

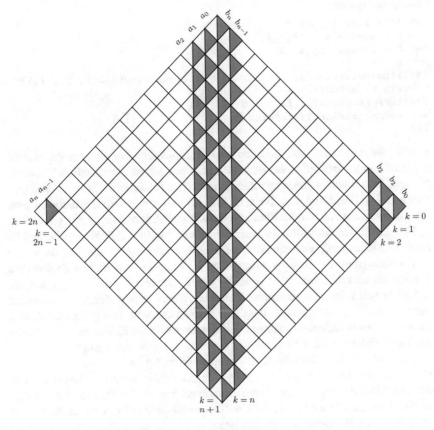

$$\text{Spaltensumme} = \sum_{m_1(k)}^{m_2(k)} c_{i,2}^k + \sum_{m_1(k-1)}^{m_2(k-1)} c_{i,1}^{k-1} \text{ (vor Übertrag)} \qquad \blacktriangleright = c_{i,2}^k \qquad \blacktriangleleft = c_{i,1}^{k-1}$$

Abb. 2.4 Multiplikation nach IBN AL-BANNA

```
        uebertrag, c[k] = divmod(ck, a.p)
        j = k.next()
        while uebertrag != 0:
            cj = c[j] + uebertrag
            uebertrag, c[j] = divmod(cj, a.p)
            j = j.next()
return c
```

Erläuterungen zu Algorithmus 11: Für die Zählvariablen i, j, k und die Stellenanzahl n verwenden wir hier unseren Datentyp `NatuerlicheZahl`. Die Schleife setzen wir mit unserem eigenen Zaehlen-Typ um (siehe Anhang D). Die zu multiplizierenden Zahlen a und b sind Instanzen von `Stellenwertsystem` und können intern sowohl `NatuerlicheZahl` als auch `int` verwenden.

Beispiel zu Algorithmus 11:

```
>>> from kap2 import *
>>> a = umwandlung(17, 3)
>>> b = umwandlung(8, 3)
>>> a, b
(Stellenwertsystem(3, [2, 2, 1]), Stellenwertsystem(3, [2, 2]))
>>> ibn_al_banna(a, b)
Stellenwertsystem(3, [1, 0, 0, 2, 1])
>>> horner(Stellenwertsystem(3, [1, 0, 0, 2, 1]))
136
```

Die auf der Definition von Addition und Multiplikation beruhenden Prozeduren __add__, __mul__ bzw. plusrek, multrek erscheinen gewiss „umständlich", d. h. ineffizient, insbesondere gegenüber dem schriftlichen Addieren (2.24) bzw. Multiplizieren (2.25). Dies hängt aber davon ab, was man als *elementare* Operation ansieht. Dies ist im ersten Fall nur das Finden von Nachfolgern bzw. Vorgängern einer Zahl.

Betrachten wir die Addition zweier Zahlen mit jeweils k Ziffern (gegebenenfalls kann die kleinere mit weiteren Nullen als Ziffern links ergänzt werden). In einem Stellenwertsystem zur Basis p entsprechen k Ziffern bei natürlichen Zahlen dem Bereich bis ausschließlich p^{k+1}, d. h., für $n \in \mathbb{N}$ ist dann $k \in [\log_p n - 1, \log_p n]$, sodass in den folgenden Komplexitätsabschätzungen auch k durch $\log_p n$ ersetzt werden kann. Der „Prozessor" muss also in der Lage sein, drei natürliche Zahlen aus $\{0, \ldots, p-1\}$ addieren zu können, jeweils von rechts die Ziffern der betrachteten Stellenwertigkeit und den Übertrag von der niedrigeren Stellenwertigkeit.

Dies soll als Grundoperation mit Aufwandsmaß A angesehen werden (und könnte wieder auf Vorgänger/Nachfolger zurückgeführt werden). Dies entspricht der von Kindesbeinen an eingeübten Additionsfähigkeit. Im Prinzip könnten diese Werte zur Benutzung in eine Tabelle (*lookup table*) abgelegt werden. Besonders einfach ist dies für kleine p, insbesondere $p = 2$ (siehe oben und auch „Am Rande bemerkt" zu Abschnitt 1.4), es wird aber auch die Anzahl der Ziffern größer. Vernachlässigt man Zwischenspeicherungen („Aufschreiben" des Übertrags), braucht also solch eine Addition $k\,A$ Operationen. Also:

Addition zweier k-stelliger Zahlen:

$$kA \text{ Operationen} . \tag{2.28}$$

Da jede der $2k$ Ziffern überhaupt einmal „angefasst" werden muss, ist ein solches Ergebnis *asymptotisch optimal*, d. h., der in A enthaltene Aufwand kann eventuell verkleinert werden, nicht aber der Faktor k.

Bei der *schriftlichen Multiplikation* von $a, b \in \mathbb{N}$ mit jeweils k Ziffern, und b habe die Darstellung $b = n_{k-1} \ldots n_0$, $n_i \in \{0, \ldots, p-1\}$, sind die Einzelschritte, die dem Schulschema entsprechen:

- Multiplikation von a mit n_i.
- Multiplikation mit p^i. Dies entspricht einer Verschiebung durch rechts angehängte Nullen und geschieht im Rechenschema durch die „schräge" Positionierung der Produkte.

- Addition von maximal k Zahlen.

Zum ersten Schritt: Fasst man die Schulmethode als eine Kurzschreibweise der schriftlichen Multiplikation im Fall eines einstelligen n_i auf, so benötigt man für jede der k Ziffern in a eine Multiplikation von Ziffern, mit Aufwandsmaß M, eben das „kleine Einmaleins", und die Addition von zwei Ziffern zur Berücksichtigung des Übertrags, d. h. $\frac{1}{2}A$ (das Aufwandsmaß A entspricht der Addition von drei Ziffern, d. h. eine zweimal hintereinander ausgeführte Addition zweier Ziffern). Im Fall $p = 2$ reduziert sich M auf die Kopie von a ($n_i = 1$) oder Speicherung von 0 ($n_i = 0$), Additionen fallen keine an. Die Definition von M kann also angepasst werden. Also:

Multiplikation einer k-stelligen Zahl mit einer Ziffer:

$$k\left(\frac{1}{2}A + M\right) - \frac{1}{2}A \text{ Operationen} \tag{2.29}$$

(bei $p = 2$: kM Operationen)

Die verbleibenden Schritte können so aufgefasst werden, dass – wie auch in der Schulpraxis – die führenden und „angehängten" Nullen ignoriert werden, d. h., das Ergebnis hat zwar (höchstens) $2k$ Ziffern, entsteht aber durch (von unten) Addition jeweils ($k + 1$)-stelliger Zahlen miteinander und dies ($k - 1$)-mal[27], also nach (2.28), (2.29): $k^2\left(\frac{1}{2}A + M\right) - \frac{1}{2}Ak$ und zusätzlich $(k + 1)(k - 1) = k^2 - 1$ Additionen.[28] Vernachlässigt man den Verschiebungsaufwand, dann erhält man also:

Multiplikation zweier k-stelliger Zahlen:

$$k^2\left(\frac{1}{2}A + M\right) + k^2 A - \frac{1}{2}kA - A \text{ Operationen}$$

$$\text{bzw. bei } A = M: \left(\frac{5}{2}k^2 - \frac{1}{2}k - 1\right)A \text{ Operationen} \tag{2.30}$$

Für große k ist die höchste auftretende k-Potenz für die Anzahl von Bedeutung. Das wird durch die *Groß-O-Notation* ausgedrückt.

---

[27] also einer k-stelligen mit einer ($k + 1$)-stelligen Zah, usw. bis schließlich eine ($2k - 1$)-stellige mit einer $2k$-stelligen addiert wird

[28] Berücksichtigt man nicht, dass Nullen angehängt sind, so sind eine ($k + 1$)-stellige mit einer ($k + 2$)-stelligen, eine ($k + 2$)-stellige mit einer ($k + 3$)-stelligen bis eine ($2k - 1$)-stellige mit einer ($2k$)-stelligen Zahl zu addieren. Nach (2.28) ist also der Aufwand der Addition, gemessen in A:

$$\sum_{l=k+2}^{2k} l = \sum_{l=0}^{2k} l - \sum_{l=0}^{k+1} l = \frac{1}{2}\left((2k + 1)\,2k - (k + 2)\,(k + 1)\right)$$

$$= \frac{1}{2}\left(3k^2 - k - 2\right). \qquad \text{(siehe (3.4))}$$

Die Komplexität des Aufwands ändert sich also nicht.

Eine Abbildung $f : \mathbb{N} \to \mathbb{R}$ heißt $O(n^k)$ für $n \to \infty$,

wenn $\left| \dfrac{f(n)}{n^k} \right|$ beschränkt ist auf $\mathbb{N}$ d. h. $|f(n)| \le Cn^k$ $\qquad$ (2.31)

für eine Konstante $C > 0$.

Also ist bei k Ziffern die *Komplexität*

$\qquad$ bei der Addition: $O(k)$ Operationen,

$\qquad$ bei der Multiplikation: $O(k^2)$ Operationen (jeweils Schulmethode),

und für $n, m \in \mathbb{N}$ ist die Komplexität

$\qquad$ bei der Addition: $O(\max(\log_p n, \log_p m))$, $\qquad$ (2.32)

$\qquad$ bei der Multiplikation: $O(\log_p n \cdot \log_p m)$. $\qquad$ (2.33)

Für große k (d. h. bei *Langzahlarithmetik*, siehe Abschnitt 7.3) kann die Multiplikation ein Problem darstellen. Schnellere Verfahren (mit einer Komplexität zwischen $O(k)$ und $O(k^2)$) sind also wünschenswert und auch möglich: siehe Abschnitt 7.3.

Würde man andererseits immer in der auf die PEANO-Axiome aufbauenden Definition von $n \cdot m$ (bei o. B. d. A. (ohne Beschränkung der Allgemeinheit) $n \le m$) dies durch n-fache Addition von m, d. h. einer Zahl der Länge $k = \log_p m$ realisieren, so hätte man eine Komplexität von $O(n \log_p m)$.

Am Rande bemerkt: 42 – das Leben, das Universum und der ganze Rest

Im Jahr 2015 stellten zwei 18 und 19 Jahre alte Brüder in einer Fernsehsendung die Geschäftsidee vor, Schüler bei Mathematikaufgaben durch eine von ihnen und ihrem Vater 2013 entwickelte App zu unterstützen. Obwohl in der Sendung nicht erfolgreich, verkauften sie ihre Rechte im Jahr 2017 an ein amerikanisches Unternehmen für einen Preis im zweistelligen Millionenbereich – danach brachen sie ihr mittlerweile aufgenommenes Mathematikstudium ab, um weiter an der App zu arbeiten. Der Name der App ist *Math42*. Wieso 42? Natürlich weil 42 die Antwort auf die Frage nach allem, „nach dem Leben, dem Universum und dem ganzen Rest" ("life, the universe and everything") ist. Die Frage wird nämlich in dem Roman *The Hitchhiker's Guide to the Galaxy* von Douglas ADAMS [29] [30] aus dem Jahr 1979 dem Computer Deep Thought gestellt.

---

[29] D. ADAMS (2012). *The Ultimate Hitchhiker's Guide: five Novels and One Story*. 1. Aufl. Crown

[30] Douglas Noel ADAMS ∗11. März 1952 in Cambridge, England, †11. Mai 2001 in Montecito, Kalifornien

"O Deep Thought computer," he said,"the task we have designed you to perform is this. We want
you to tell us..." he paused, "the Answer!"

"The Answer?" said Deep Thought. "The Answer to what?"

"Life!" urged Fook.

"The Universe!" said Lunkwill.

"Everything!" they said in chorus.

Deep Thought paused for a moment's reflection.

"Tricky," he said finally.

"But can you do it?"

Again, a significant pause.

"Yes," said Deep Thought, "I can do it."

"There is an answer?" said Fook with breathless excitement.

"A simple answer?" added Lunkwill.

"Yes," said Deep Thought. "Life, the Universe, and Everything. There is an answer. But," he added,
"I'll have to think about it."[31]

Nach siebeneinhalb Millionen Jahren Rechenzeit[32] kommt Deep Thought zum Ergebnis:

"All right," said Deep Thought. "The Answer to the Great Question..."

"Yes...!"

"Of Life, the Universe and Everything..." said Deep Thought.

"Yes...!"

"Is..." said Deep Thought, and paused.

"Yes...!"

"Is..."

"Yes...!!!...?"

"Forty-two," said Deep Thought, with infinite majesty and calm.[33]

Da die Antwort nicht wirklich befriedigt, entspinnt sich ein Dialog, in dem sich
zeigt, dass dem Computer die Frage nie wirklich klar war und er sie auch nicht
finden kann. Aber es gibt Hoffnung:

"I speak of none but the computer that is to come after me," intoned Deep Thought, his voice
regaining its accustomed declamatory tones. "A computer whose merest operational parameters I
am not worthy to calculate – and yet I will design it for you. A computer that can calculate the
Question to the Ultimate Answer, a computer of such infinite and subtle complexity that organic
life itself shall form part of its operational matrix. And you yourselves shall take on new forms
and go down into the computer to navigate its ten-million-year program! Yes! I shall design this
computer for you. And I shall name it also unto you. And it shall be called ... the Earth."[34]

Aber leider wird dieser Computer mit all seinen zum Programm gehörenden Le-
bewesen, und damit beginnt der Roman, fünf Minuten vor Ablauf der Rechenzeit

---

[31] Siehe S. 113 aus *The Hitchhiker's Guide to the Galaxy* (Fußnote 29).

[32] Siehe S. 118 aus *The Hitchhiker's Guide to the Galaxy* (Fußnote 29).

[33] Siehe S. 120 aus *The Hitchhiker's Guide to the Galaxy* (Fußnote 29).

[34] Siehe S. 122 aus *The Hitchhiker's Guide to the Galaxy* (Fußnote 29).

von 10 Millionen Jahren von einem *Vogonen*-Bautrupp zerstört, um Platz für eine Hyperraumumgehungsstraße (*hyperspatial express route*)[35] zu schaffen. Aber ein Engländer namens Arthur Dent und sein außerirdischer Freund Ford Prefect können als intergalaktische Anhalter entkommen ...

Warum 42? Tatsächlich lassen sich der Zahl 42 viele interessante Eigenschaften zuordnen, wie allerdings allen kleinen natürlichen Zahlen. Zum Beispiel ist die Binärdarstellung von 42 (siehe (2.18 ff.)) 101010, 42 ist die zweite *pseudovollkommene Zahl* (nach 6, vor 1806), d. h., sie erfüllt

$$n = 1 + \sum_{p \in P} \frac{n}{p} \, .$$

Dabei ist P die Menge der Primzahlen, die n teilt (siehe Definition 3.7), also hier $P = \{2, 3, 7\}$ wegen $n = 2 \cdot 3 \cdot 7$, und damit verwandt mit den *vollkommenen Zahlen*, die definiert sind durch

$$n = 1 + \sum_{q \in T} q \, ,$$

und T ist die Menge der Teiler q mit $1 < q < n$. Dies gilt für $n = 6, 28, 496, \ldots$ Diese werden schon seit der Antike studiert und seitdem ist bekannt, dass

$$n = 2^{k-1}(2^k - 1) \quad \text{für } k \in \mathbb{N}$$

vollkommen ist, wenn $2^k - 1$ eine Primzahl, eine MERSENNE[36]-Primzahl, ist, was tatsächlich eine Charakterisierung der geraden vollkommenen Zahlen darstellt. Die Existenz ungerader vollkommener Zahlen ist offen.

Schon seit frühgeschichtlicher Zeit werden Zahlen Eigenschaften zugesprochen, Zahlen als „gut" oder „böse" empfunden: In der jüdisch-christlichen Kultur haben Zahlen wie 7, 12 oder 40 mehrfache Bedeutungen, aber auch 6, in anderen Kulturen die gleichen oder andere, 13 kann als Glücks- oder Unglückszahl empfunden werden.

Im zweiten Band, der dann auf fünf Bände anwachsenden Trilogie von ADAMS, *The Restaurant at the End of the Universe*, versucht Arthur Dent, der ja Teil der „Rechenmatrix" des Computers Erde gewesen war, die Frage aus seinen Gehirnströmen zu extrahieren. Er zieht zufällig Scrabble-Buchstaben.

"I,F" said Ford, "Y,O,U ...M, U, L, T, I, P, L, Y ...What do you get if you multiply ...S, I, X ...six ...B, Y, by, six by ...what do you get if you multiply six by ...N, I, N, E ...six by nine ..." He paused. "Come on, where's the next one?"

"Er, that's the lot," said Arthur, "that's all there were."

He sat back, nonplussed.

He rooted around again in the knotted up towel but there were no more letters.

"You mean that's it?" said Ford.

---

[35] Siehe S. 25 aus *The Hitchhiker's Guide to the Galaxy* (Fußnote 29).

[36] Marin MERSENNE *8. September 1588 in Oizé, Maine, †1. September 1648 in Paris

"That's it."

"Six by nine. Forty-two."

"That's it. That's all there is."[37]

Diese kleine Abweichung lässt sich unterschiedlich erklären: Mit dem Auftauchen von *Golgafrincham* auf der prähistorischen Erde, was zu Eingabefehlern führte, aber auch mit der Beobachtung, dass im Stellenwertsystem zur Basis 13 (siehe (2.18 ff.)) gilt

$$6_{13} \cdot 9_{13} = 42_{13}.$$

Im dritten Band *Life, the Universe and Everything* wird ausgeführt:

"Forty-two," he said, "yes, that's right."

He paused. Shadows of thought and memory crossed his face like the shadows of clouds crossing the land.

"I am afraid," he said at last, "that the Question and the Answer are mutually exclusive. Knowledge of one logically precludes knowledge of the other. It is impossible that both can ever be known about the same Universe."

He paused again. Disappointment crept into Arthur's face and snuggled down into its accustomed place.

"Except," said Prak, struggling to sort a thought out, "if it happened, it seems that the Question and Answer would just cancel each other out, and take the Universe with them, which would then be replaced by something even more bizarrely inexplicable. It is possible that this has already happened," he added with a week smile, "but there is certain amount of uncertainty about it."[38]

Und was sagt der Autor?

The answer to this is very simple. It was a joke. It had to be a number, an ordinary, smallish number, and I chose that one. Binary representations, base thirteen, Tibetan monks are all complete nonsense. I sat at my desk, stared into the garden and thought '42 will do' I typed it out. End of story. [39]

Don't panic!

Aufgaben

Aufgabe 2.8 (L) In *Alice's Adventures in Wonderland* von Lewis CARROLL[40] finden sich folgende Gedanken von Alice, als sie sich im Haus des Kaninchens befindet:

---

[37] Siehe S. 306 aus *The Hitchhiker's Guide to the Galaxy* (Fußnote 29).

[38] Siehe S. 465 aus *The Hitchhiker's Guide to the Galaxy* (Fußnote 29).

[39] Cool questions and answers with Douglas Adams
https://web.archive.org/web/20070523005850/http://www.douglasadams.se/stuff/qanda.html

[40] Lewis CARROLL war das Pseudonym von Charles Lutwidge DOGSON, der am Christ Church College in Oxford Mathematik lehrte, siehe auch „Am Rande bemerkt" zu Abschnitt 1.1

„Lass sehen: Vier mal fünf ist zwölf, und vier mal sechs ist dreizehn, und vier mal sieben ist – o weh! auf die Art komme ich nie bis zwanzig!" [41]

a) Verifizieren Sie Alice' Rechnung, indem Sie die Basis p der Zahldarstellung geeignet wählen.

b) Erkennen Sie das Entwicklungsgesetz für die Basis und begründen Sie Alice' letzte Bemerkung.

Aufgabe 2.9 Man betrachte die schriftliche Multiplikation/Gittermultiplikation für Zahlen der Ziffernlänge n zur Basis p. Man zeige: Zwar sind zur Darstellung der Faktoren $2n$ (Ziffern-)Speicherplätze nötig, ebenso für das Produkt. Wird dies aber „sofort ausgegeben", sind für die Rechnung selbst nur $2 \log_p n$ Speicherplätze nötig.

Aufgabe 2.10 (L) Wie können Zahldarstellungen zu $p = 2$ und $p = 16$ direkt ineinander umgerechnet werden? Begründung! Welche Verallgemeinerungsmöglichkeit hat diese Überlegung?

Aufgabe 2.11 Finden Sie eine Darstellung für die natürlichen Zahlen $n \in \mathbb{N}$, die nach Abbildung 2.3 *Fouriest* gemacht werden können. Zeigen Sie insbesondere: $24 + 4k$, $k \in \mathbb{N}_0$, kann *Fouriest* gemacht werden.

Aufgabe 2.12 Wohl schon in der babylonischen Mathematik (ca. 2000 v.u.Z.) war eine Multiplikationsmethode bekannt, basierend auf einer Tabelle von Quadraten und für $n, m \in \mathbb{N}$:

$$n \cdot m = \left\lfloor \frac{1}{4}(n + m)^2 \right\rfloor - \left\lfloor \frac{1}{4}(n - m)^2 \right\rfloor .$$

Dabei bezeichnet $\lfloor . \rfloor$ die Abrundung (einer rationalen Zahl), siehe Bemerkung 4.34. Verifizieren Sie die Formel.

Aufgabe 2.13 Analysieren Sie analog zur schriftlichen Multiplikation die Schulmethode der schriftlichen Division hinsichtlich ihres Aufwands.

2.3 Mächtigkeit von Mengen

Die *Endlichkeit* einer Menge ist bisher noch nicht explizit definiert worden, aber es ist naheliegend, eine Menge endlich zu nennen, wenn sie sich als

$$x_1, x_2, \ldots, x_n$$

„aufschreiben" lässt. Dies ist nichts anderes als folgende Definition:

---

[41] aus *Alice's Adventures in Wonderland* von Lewis CARROLL, erstmals erschienen 1865

Definition 2.16

Sei M eine Menge. M heißt *endlich*, wenn entweder $M = \emptyset$ oder $n \in \mathbb{N}$ und eine bijektive Abbildung von $\{1, \dots, n\}$ auf M existieren, andernfalls heißt M *unendlich*.

Lemma 2.17

Seien $m, n \in \mathbb{N}$, dann gilt:
Es gibt ein bijektives $f : \{1, \dots, n\} \to \{1, \dots, m\} \Leftrightarrow m = n$.

Beweis: Es ist nur „$\Rightarrow$" zu zeigen. Es kann dabei o. B. d. A. angenommen werden, dass

$$m \leq n \quad \text{(warum?)}.$$

Der Beweis erfolgt durch vollständige Induktion über m:
Induktionsanfang: Die Aussage gilt für $m = 1$: Sei $f : \{1, \dots, n\} \to \{1\}$ bijektiv. Dann ist wegen $f(k) = 1$ für alle $k \in \{1, \dots, n\}$ die Funktion f genau dann injektiv, wenn $m = n$.
Induktionsschritt: Sei $m \geq 2$, und die Behauptung gelte für alle $m' < m$. Weiter sei nun $f : \{1, \dots, n\} \to \{1, \dots, m\}$ bijektiv mit $m \leq n$. Dann ist die Einschränkung

$$g := f|_{\{1, \dots, m\}} : \{1, \dots, m\} \to \{1, \dots, m\}$$

injektiv. Falls g allerdings nicht surjektiv ist, kann durch Umnummerierung erreicht werden, dass

$$\text{Bild } g = \{1, \dots, m'\} \quad \text{für ein } m' < m.$$

Nach Induktionsvoraussetzung, angewandt auf die bijektive Abbildung

$$\tilde{g} : \{1, \dots, m\} \to \{1, \dots, m'\}, \quad \tilde{g}(x) = g(x),$$

ist $m' = m$, ein Widerspruch. Die Einschränkung g ist demnach auch surjektiv und damit bijektiv. Angenommen, es gelte $m < n$. Dann gibt es einerseits also ein $k \in \{1, \dots, m\}$, sodass

$$f(m + 1) = k,$$

andererseits aber auch ein $l \in \{1, \dots, m\}$, sodass

$$f(l) = g(l) = k = f(m + 1).$$

Widerspruch! $\qquad\qquad\qquad\qquad\qquad\qquad\qquad\qquad\qquad\qquad\qquad\quad\square$

Es ist also möglich, einer endlichen Menge M eindeutig die *Anzahl $\#M$ ihrer Elemente* zuzuordnen.

Definition 2.18

Sei $M \neq \emptyset$ eine endliche Menge und $n \in \mathbb{N}$ die nach Lemma 2.17 eindeutige Zahl, sodass eine bijektive Abbildung von $\{1, \dots, n\}$ auf M existiert. Dann heißt $\#M := n$ die *Anzahl ihrer Elemente*. Für $M = \emptyset$ setze $\#M = 0$. Für eine unendliche Menge setzen wir

$$\#M := \infty \,.$$

Der Anzahlbegriff hat einige (offensichtliche) Eigenschaften, die später verallgemeinert werden auf unendliche Mengen.

Satz 2.19

Seien A, B, M, N nichtleere endliche Mengen, dann gilt:

1) Aus $A \subset B$ folgt $\#(A) \leq \#(B)$.
2) Ist $A \subset B$ und $\#(A) = \#(B)$, dann gilt $A = B$.
3) Ist $f : M \to N$ injektiv, dann $\#(M) \leq \#(N)$.
4) Ist $f : M \to N$ surjektiv, dann $\#(M) \geq \#(N)$.
5) $\#(A) = \#(B)$ genau dann, wenn eine bijektive Abbildung von A nach B existiert.

Beweis:

zu 1): Sei $n := \#(A), k := \#(B \setminus A)$ und o. B. d. A. $B \setminus A \neq \emptyset$. Aus Zusammensetzung der bijektiven Abbildungen

$$h : \{1, \dots, n\} \to A, \quad g : \{n+1, \dots, n+k\} \to B \setminus A$$

ergibt sich die bijektive Abbildung

$$f : \{1, \dots, n+k\} \to B, \quad \text{d. h. } \#(B) = n + k \geq \#(A) \,.$$

zu 2): Angenommen, es gibt ein $x \in B \setminus A$, dann ist $A \subset B \setminus \{x\}$, also nach 1)

$$\#(A) \leq \#(B \setminus \{x\}) = \#(B) - 1 = \#(A) - 1,$$

ein Widerspruch.

zu 3): Sei $n := \#(M)$, dann gibt es ein bijektives $h : \{1, \dots, n\} \to M$, d. h. $\tilde{g} := f \circ h : \{1, \dots, n\} \to N$ ist injektiv, und somit ist $g : \{1, \dots, n\} \to \text{Bild}(\tilde{g})$ mit $g(x) = \tilde{g}(x)$ bijektiv, d. h. nach 1)

$$n = \#(\text{Bild}(\tilde{g})) \leq \#(N) \,.$$

zu 4): Zu f kann folgendermaßen eine Rechtsinverse (vgl. Aufgabe 1.18) definiert werden:

$$\hat{f} : N \to M, \, y \mapsto x,$$

wobei $x \in M$ so gewählt wird, dass $f(x) = y$. Die Abbildung $\hat{f}$ ist injektiv wegen

$$x_2 = x_1 \implies y_1 = f(x_1) = f(x_2) = y_2,$$

und damit folgt aus 3) die Behauptung.

zu 5): Klar aus 3) und 4). □

Damit gilt:

Theorem 2.20

Sei M eine endliche Menge und $f : M \to M$ eine Abbildung. Dann sind äquivalent:

a) $f : M \to M$ ist injektiv,

b) $f : M \to M$ ist surjektiv,

c) $f : M \to M$ ist bijektiv.

Beweis: Es reicht, die Äquivalenz von a) und b) zu zeigen:

$$f : M \to M \text{ ist injektiv } \Leftrightarrow$$
$$f : M \to \text{Bild}(f) \text{ ist bijektiv } \Leftrightarrow$$
$$\#(M) = \#(\text{Bild}(f)) \Leftrightarrow$$
$$M = \text{Bild}(f) \Leftrightarrow$$
$$f : M \to M \text{ ist surjektiv}$$

Bei der 2. Äquivalenz geht Satz 2.19, 5), bei der 3. Äquivalenz Teil 2 ein. □

Auch wenn es offensichtlich erscheint, muss folgender Satz bewiesen werden:

Satz 2.21

Die Menge $\mathbb{N}$ ist unendlich.

Beweis: Die Abbildung $f : \mathbb{N} \to \mathbb{N}$, $f(n) = n + 1$ ist offensichtlich injektiv, aber nicht surjektiv ($1 \notin \text{Bild } f$). Damit kann $\mathbb{N}$ nachTheorem 2.20 keine endliche Menge sein. □

Mit dieser Begrifflichkeit wird also das *Aktual-Unendliche* in die Mathematik eingeführt. Alternativ zum Anzahlbegriff hätte über Satz 2.19, 5) auch der Begriff „gleiche Anzahl" (später in Definition 2.23 *gleichmächtig*) eingeführt werden können, der die endlichen Mengen in die (Äquivalenz)-Klassen der zu $\{1, \ldots, n\}$ gleichmächtigen Mengen zerlegt für alle $n \in \mathbb{N}$.

Für eine endliche Menge M ist ihre Potenzmenge $\mathcal{P}(M)$ in diesem Sinn immer größer. Um $\#\mathcal{P}(M)$ auszurechnen, zeigen wir das folgende Lemma:

Lemma 2.22

Sei M eine Menge mit $M \neq \emptyset$. Dann definiert

$$\Phi : A \mapsto \chi_A \qquad (2.34)$$

eine bijektive Abbildung von $\mathcal{P}(M)$ auf

$$\text{Abb}(M, \{0, 1\}) := \{f : f \text{ ist Abbildung von } M \text{ nach } \{0, 1\}\} .$$

Dabei ist

$$\chi_A(x) := \begin{cases} 1, & \text{falls } x \in A \\ 0, & \text{falls } x \notin A \end{cases} \qquad (2.35)$$

die *charakteristische Funktion* von A.

Beweis: Φ ist wohldefiniert, da $\chi_A \in \text{Abb}(M, \{0, 1\})$. Sei $f \in \text{Abb}(M, \{0, 1\})$ und $A := f^{-1}(\{1\}) \in \mathcal{P}(M)$, dann ist

$$\Phi(A) = \chi_A = f , \qquad (2.36)$$

d. h., Φ ist surjektiv.

Seien $A_1, A_2 \subset M$, dann folgt aus

$$\chi_{A_1} = \Phi(A_1) = \Phi(A_2) = \chi_{A_2} : \quad x \in A_1 \implies 1 = \chi_{A_1}(x) = \chi_{A_2}(x) \implies x \in A_2 ,$$

also $A_1 \subset A_2$ und durch Vertauschen von A_1 und A_2, auch $A_2 \subset A_1$, d. h. $A_1 = A_2$. $\square$

Es gilt für endliches M:

$$\#(\text{Abb}(M, \{0, 1\})) = 2^{\#M} ,$$

denn an jeder Argumentstelle aus M gibt es für die Definition einer Abbildung nach $\{0, 1\}$ zwei Möglichkeiten. Da Φ bijektiv ist, folgt also

$$\#\mathcal{P}(M) = 2^{\#M} \qquad (2.37)$$

für eine endliche Menge M (für $M = \emptyset$ gilt die Gleichung auch). Dies erklärt die Alternativbezeichnung 2^M für $\mathcal{P}(M)$.

Gibt es bei den unendlichen Mengen auch bei der „Anzahl" Unterschiede? Dazu definieren wir:

Definition 2.23

Seien X, Y Mengen. X und Y heißen *gleichmächtig*, in Zeichen $|X| = |Y|$, wenn es eine bijektive Abbildung von X nach Y gibt.
Die *Mächtigkeit von X ist höchstens die von Y*, wenn eine injektive Abbildung $f : X \to Y$ existiert, geschrieben als $|X| \leq |Y|$ und analog $|X| < |Y|$.
X heißt *abzählbar unendlich*, wenn $|\mathbb{N}_0| = |X|$.
X heißt *abzählbar*, wenn X endlich oder abzählbar unendlich ist.
X heißt *überabzählbar*, wenn X nicht abzählbar ist.

Natürlich ist $\mathbb{N}$ abzählbar, aber auch echt größere Mengen wie $\mathbb{Z}$, da diese durch

$$0, 1, -1, 2, -2, \ldots$$

„abgezählt" werden können (wie lautet die Bijektion?), aber auch echte Teilmengen von $\mathbb{N}$ wie

$$3\mathbb{N} := \{3n : n \in \mathbb{N}\}$$

mit der Bijektion $n \mapsto 3n$.

Nach Theorem 2.20 ist gerade charakteristisch für unendliche Mengen, dass Bijektionen zu echten Teilmengen bestehen können. In Abschnitt 4.2 wird noch gezeigt, dass auch $\mathbb{Q}$ abzählbar ist. Gibt es überhaupt überabzählbare Mengen? Ein Kandidat ist $\mathcal{P}(\mathbb{N})$, da die Potenzmenge im endlichen Fall „viel" größer ist. Das ist richtig:

Theorem 2.24: Satz von CANTOR

Sei X eine Menge, dann gibt es keine surjektive Abbildung von X auf $\mathcal{P}(X)$.

Beweis: Durch Widerspruch.
Sei o. B. d. A. $X \neq \emptyset$ und $f : X \to \mathcal{P}(X)$ eine beliebige surjektive Abbildung.
Sei $A := \{x \in X : x \notin f(x)\}$, dann ist $A \in \mathcal{P}(X)$, d. h., es gibt ein $\bar{x} \in X$ mit $f(\bar{x}) = A$.
Dann gibt es die Fälle:

Fall $\bar{x} \in A$: Dann ist per definitionem $\bar{x} \notin f(\bar{x}) = A$: Widerspruch!
Fall $\bar{x} \notin A = f(\bar{x})$: Also gilt $\bar{x} \in A$: Widerspruch!　　　　　□

Korollar 2.25

$$\mathcal{P}(\mathbb{N}) \quad \text{und} \quad \text{Abb}(\mathbb{N}, \{0, 1\})$$

sind überabzählbar.

In Abschnitt 5.1 wird gezeigt, dass auch $\mathbb{R}$ überabzählbar ist.

Bemerkungen 2.26 1) $|M| \leq |N|$ bedeutet also $|M| = |N'|$ für eine Teilmenge $N' \subset N$.

2) X ist abzählbar genau dann, wenn

$$|X| \leq |\mathbb{N}_0| .$$

X ist überabzählbar genau dann, wenn $|\mathbb{N}_0| < |X|$.

3) Suggestiv naheliegend ist für Mengen X, Y die folgende Aussage: Aus $|X| \leq |Y|$ und $|Y| \leq |X|$ folgt $|X| = |Y|$ bzw. nach 1): Ist X gleichmächtig mit einer Teilmenge von Y und Y gleichmächtig mit einer Teilmenge von X, dann sind X und Y gleichmächtig.

Der Beweis dieser Aussage (auch genannt Satz von CANTOR-BERNSTEIN[42]-SCHRÖDER[43]) ist nicht trivial und bedeutet, dass aus der Existenz von jeweils injektivem $f : X \to Y$, $g : Y \to X$ auf ein bijektives $h : X \to Y$ geschlossen werden muss.

4) Auf der Menge der Mengen, wenn es sie gäbe, bzw. auf der Klasse der Mengen, erzeugt „gleichmächtig zu sein" eine Äquivalenzrelation. Den Äquivalenzklassen, die also die jeweils gleichmächtigen Mengen enthalten, wird eine Bezeichnung zugeordnet, die *Kardinalzahl* (in Verallgemeinerung der Anzahl #). Die Kardinalzahl einer endlichen Menge ist also nach Lemma 2.17 ihre Anzahl. Die Kardinalzahl von $\mathbb{N}_0$ wird mit $\aleph_0$ (sprich: Aleph[44] Null) bezeichnet, also bei Identifizierung von $|X|$ und Kardinalzahl von X:

$$|\mathbb{N}_0| = \aleph_0 .$$

Bezeichnet man die Kardinalzahl von $\mathcal{P}(X)$ mit 2^K, wenn K die Kardinalzahl von X bezeichnet, besagt also Korollar 2.25

$$\aleph_0 < 2^{\aleph_0} . \qquad\qquad \triangle$$

Am Rande bemerkt: HILBERTS *Hotel*

Als David HILBERT [45] keine Lust mehr hatte, Mathematikvorlesungen zu halten, ließ er sich ein Hotel bauen. Es war ein sehr großes Hotel mit abzählbar unendlich vielen Zimmern, die mit den natürlichen Zahlen $1, 2, \ldots$ durchnummeriert waren. Alle Zimmer waren Einzelzimmer, konnten also nur von einer Person belegt werden. Herr HILBERT gestaltete die Preise sehr moderat, verlangte dafür aber von seinen

---

[42] Felix BERNSTEIN * 14. Februar 1878 in Halle (Saale) † 3. Dezember 1956 in Zürich

[43] Ernst SCHRÖDER * 25. November 1841 in Mannheim † 16. Juni 1902 in Karlsruhe

[44] Aleph ist der erste Buchstabe im hebräischen Alphabet.

[45] David HILBERT *23. Januar 1862 in Königsberg (Preußen), †14. Februar 1943 in Göttingen

Gästen, dass sie auch gegebenenfalls von einem Zimmer in ein anderes umziehen würden. Als Werbung ließ er eine große Leuchtreklame anbringen mit der Aufschrift „Immer Zimmer frei!". An einem 12. Oktober waren aber dann doch alle Zimmer belegt. Am Abend tritt ein Gast in die Lobby und fragt David HILBERT „Haben Sie denn noch ein Zimmer frei, wie versprochen?" HILBERT antwortet: „Eigentlich sind alle Zimmer belegt", wobei der Gast das Gesicht verzieht und enttäuscht die Lobby verlassen will. Darauf ruft HILBERT: „Warten Sie doch, Sie bekommen sofort Ihr Zimmer!" (Wie?)

Am nächsten Tag ist niemand abgereist, und am Abend hält ein Reisebus mit endlich vielen Insassen vor dem Hotel, es wiederholt sich der gleiche Dialog, und wieder sagt HILBERT „Warten Sie einen Augenblick, gleich sind Ihre Zimmer frei." (Wie?)

Noch einen Tag später ist wieder niemand abgereist, und am Abend hält ein Bus vor dem Hotel mit abzählbar unendlich vielen Fahrgästen. Der gleiche Dialog, der wieder damit endet, dass Herr HILBERT behauptet, „Ich muss schließlich zu meinem Versprechen stehen, einen Augenblick und alle Ihre Fahrgäste bekommen ein Zimmer." (Wie?)

Noch einen Tag später, und wieder ist niemand abgereist, halten schließlich am Abend abzählbar unendlich viele Busse mit jeweils abzählbar unendlich vielen Fahrgästen vor dem Hotel. Wird das Herrn HILBERT in Schwierigkeiten bringen?

Wie löst Herr HILBERT seine Probleme? Der erste Fall ist einfach: Er lässt jeden Gast ein Zimmer weiter rücken, d. h., er wendet die Abbildung $n \mapsto n + 1$ auf $\mathbb{N}$, die Zimmernummerierung, an und hat Zimmer Nr. 1 frei. Genauso verfährt er bei k, $k \in \mathbb{N}$, hinzukommenden Gästen, d. h., die vorhandenen Gäste werden nach $n \mapsto n + k$ umquartiert, und so werden die Zimmer Nr. 1 bis k frei, in anderen Worten

$$\aleph_0 + k = \aleph_0 \,.$$

Bei dem ankommenden Bus mit abzählbar unendlich vielen Gästen quartiert Herr Hilbert nach $n \mapsto 2n$, $n \in \mathbb{N}$, um und hat so die Zimmer mit den ungeraden Nummern frei für die neuen Gäste, d. h.

$$\aleph_0 + \aleph_0 = \aleph_0 \,.$$

Bei seiner letzten Aufgabe kann er folgendermaßen verfahren: Die vorhandenen Gäste werden gemäß $n \mapsto 2n$, $n \in \mathbb{N}$, umquartiert, und so werden die Zimmer mit den ungeraden Zimmernummern frei. Mit diesen verfährt er wie folgt. Den Insassen vom Reisebus Nr. 1 werden gemäß ihrer Nummerierung $m = 1, 2, \dots$ die Zimmer mit den Nummern 3^m zugewiesen, denen im Reisebus Nr. 2 die Zimmer mit Nummern 5^m und allgemein denen aus Reisebus Nr. k die Zimmer mit Nummern p_k^m, wobei p_k die $(k + 1)$-te Primzahl bezeichnet (siehe Definition 3.7). Wegen der Eindeutigkeit der Primfaktorzerlegung (Theorem 3.9) ist diese Zimmerverteilung konfliktfrei. Wenn Busse nur endlich viele Insassen haben, geht das natürlich auch, es bleiben eben Zimmer frei. Tatsächlich bleiben sogar sehr viele Zimmer frei, z. B. Nr. 1, 15, 21, 33, ..., d. h. alle ungeraden Nummern, deren Primfaktorzerlegung verschiedene Faktoren enthält. (Durch welches Vorgehen hätte man alle Zimmer belegen können?)

Also gilt in diesem Sinne auch

$$\aleph_0 \cdot \aleph_0 = \aleph_0 \, .$$

Wir wissen aber schon, dass

$$2^{\aleph_0} > \aleph_0, \dots$$

Also: Wenn eines Abends alle möglichen Busse mit jeweils abzählbar vielen Insassen vorfahren würden (wobei jeder einer Abbildung $\mathbb{N} \to \{0, 1\}$ entspricht), würden wir Herrn Hilbert gewaltig überfordern!

Gäste in diesem Hotel könnten sich über die unter Umständen sehr langen Umquartierungswege beschweren. Dem trägt Hilberts Hotel auf der Kreislinie S^1 (d. h. in kartesischen Koordinaten $x^2 + y^2 = 1$) Rechnung. Die Zimmer sind Punkte, beginnend an einer beliebigen Stelle mit Z_0, und die weiteren Z_n, $n \in \mathbb{N}$, entstehen durch Drehung um einen Winkel $n\alpha$, $0 < \alpha < 2\pi$ [46]. Dabei muss $\alpha/2\pi$ irrational gewählt werden (siehe Definition 5.23), denn bei einem Bruch $\alpha/2\pi = m/n$, $m, n \in \mathbb{N}$, wäre nach n Schritten und m Umläufen wieder der Ausgangspunkt erreicht. Sei $\varphi : S^1 \to S^1$ diese Drehung. Zusätzliche k Gäste werden einfach durch k Drehungen untergebracht. Dadurch entsteht eine *paradoxe* Zerlegung von S^1. Seien

$$H := \{Z_n : n \in \mathbb{N}_0\} \quad \text{die Zimmer und}$$
$$R := S^1 \setminus H \quad \text{der Rest.}$$

Neben der offensichtlichen Zerlegung

$$S^1 = H \cup R$$

gilt auch

$$S^1 \setminus \{Z_0, \dots, Z_k\} = \varphi^{k+1}(H) \cup R \, ,$$

da die ersten $k + 1$ Zimmer durch entsprechend viele Drehungen „freigeworden" sind. Dabei ist $\varphi^{k+1}(H)$ wegen der Injektivität von φ gleichmächtig zu H.[47] Dieses Weg- bzw. Hinzunehmen von Punkten funktioniert auch mit abzählbar vielen: Sei $N \subset S^1$, abzählbar unendlich, die „freizumachenden" Zimmer, dann reicht es, eine Drehung φ zu finden, sodass alle durch Drehung entstandenen Mengen

$$\varphi^n(N), \quad n \in \mathbb{N}_0$$

paarweise disjunkt sind. Ein Winkel α ist also dann geeignet, wenn bei $N = \{N_i : i \in \mathbb{N}\}$ für beliebige $l, k \in \mathbb{N}$ und $n \in \mathbb{N}$ nie gilt:

---

[46] Winkel werden also in Bogenmaß gemessen.

[47] $\varphi^n : S^1 \to S^1$ bezeichnet die n-fache Komposition von φ mit $\varphi^0 := \mathrm{id}$.

$$\varphi^n(N_k) = N_l .$$

Betrachtet man ein Tripel (k, l, n) aus der abzählbaren Menge $\mathbb{N}^3$, so scheiden nur endlich viele Winkel aus, nämlich

$$\alpha = N_l - N_k + \frac{i}{n} 2\pi , \quad i = 0, \ldots, n - 1 ,$$

d. h. insgesamt (siehe oben) nur abzählbar viele, sodass es einen überabzählbaren Vorrat von (vielen) geeigneten Winkeln gibt. Mit dieser speziellen Drehung erhalten wir die paradoxe Zerlegung. Neben

$$S^1 = H \cup R$$

mit $H := \bigcup_{n \in \mathbb{N}_0} \varphi^n(N)$, $R := S^1 \setminus H$ gilt auch

$$S^1 \setminus N = \varphi(H) \cup R .$$

Aufgaben

Aufgabe 2.14 (L) Seien M, N endliche Mengen mit $\#M = m$, $\#N = n$.

a) Bestimmen Sie

$$\#\mathrm{Abb}(M, N) .$$

b) Bestimmen Sie

$$\#\{f \in \mathrm{Abb}(M, N) : f \text{ ist injektiv}\} .$$

Aufgabe 2.15 Zeigen Sie:

a) Seien M, N endliche Mengen, dann ist $M \cup N$ endlich und es gilt

$$\#(M \cup N) \le \#M + \#N .$$

Wann gilt Gleichheit?

b) Verallgemeinern Sie b) auf endlich viele endliche Mengen.

Aufgabe 2.16 Das offene Intervall ist definiert als

$$(a, b) := \{x \in \mathbb{R} : a < x < b\} .$$

Beweisen Sie, dass $(0, 1)$ und (a, b) für beliebige $a, b \in \mathbb{R}, a < b$ gleichmächtig sind.

Aufgabe 2.17 Beweisen Sie, dass $\mathbb{R}$ und $(0, 1)$ gleichmächtig sind.

Aufgabe 2.18 (L) Zeigen Sie:

a) Seien X_1, X_2 abzählbar, dann ist auch $X_1 \times X_2$ abzählbar.

b) Seien $X_1, X_2, \ldots, X_n$ für ein $n \in \mathbb{N}$ abzählbar, dann ist auch

$$X_1 \times X_2 \ldots \times X_n \text{ abzählbar.}$$

Insbesondere ist also für abzählbares X

$$X^n = \text{Abb}(\{1, \ldots, n\}, X)$$

abzählbar (im Gegensatz zu $\text{Abb}(\mathbb{N}, \{0, 1\})$!).

Aufgabe 2.19 Sei $M \subset \mathbb{N}_0$ endlich. Zeigen Sie, dass $\max(M)$ existiert. Verallgemeinern Sie diese Aussage auf eine endliche Teilmenge in einer total geordneten Menge.

Kapitel 3
Mathematik formulieren, begründen und aufschreiben

3.1 Definitionen, Sätze und Beweise

Der bisherige Text hat sukzessiv die Form mathematischer Texte angenommen, mit ihren Besonderheiten gegenüber anderen, auch wissenschaftlichen Texten. Sollten Sie damit keine Schwierigkeiten gehabt haben, können Sie den nachfolgenden Abschnitt nur flüchtig überfliegen oder ganz ignorieren. Im anderen Fall empfehlen wir eine genaue Lektüre, vielleicht auch einen Rückgriff darauf während des ersten Semesters. Die Lehrbücher und Skripten, mit denen Sie als Mathematikstudent*in konfrontiert werden, haben eine ganz ähnliche Gestalt. Daher erscheint es sinnvoll, etwas über den Sinn dieser Form nachzudenken. So unzugänglich sie auf den ersten Blick einem Außenstehenden erscheint, so hilfreich ist sie doch letztendlich, um Mathematik zu vermitteln und zu verstehen. Als Erstes auffällig ist die formalisierte Struktur der Abfolge von Definition, Satz und Beweis.

3.1.1 Definitionen

Eine Definition dient, wie die Beispiele 1.1, 1.4, 1.12 und 1.24 gezeigt haben, einfach nur zur Festlegung neuer Begriffe bzw. Symbole für diese Begriffe auf der Basis der schon vorhandenen Begriffe und der Aussagen, die darüber bekannt sind. Die Inhalte von Abschnitt 1.1 bis 1.3 nehmen hier im Vergleich zu anderen mathematischen Texten und Gebieten, wie erklärt, eine Sonderstellung ein, da hier vermieden wird, sowohl für die Logik als auch für die Mengenlehre eine wirklich exakte Basis zu legen. Insofern ergibt sich die sonst für Mathematik sehr ungewöhnliche Situation, dass Grundbegriffe wie „Aussagen" und „Mengen" nicht definiert sind. Alles was darauf aufbaut, also insbesondere auch die Verknüpfungen von Aussagen zu neuen Aussagen, wie sie durch die Wahrheitstafeln in (1.1), (1.2), (1.4), (1.12) oder (1.24) definiert worden sind, hätten genauso gut als (nummerierte) Definitionen formuliert werden können. Wesentlich für eine Definition ist, dass durch sie ein gewisser Begriff ein für alle Mal exakt im Begriffssystem der mathematischen Theorie festgelegt wird, auch wenn er in der allgemeinen deutschen Sprache eine ganz andere Bedeutung hat. So wird in der Politik neuerdings sehr oft von „gemeinsamen Schnittmengen" geredet, wobei wir hier nicht behaupten wollen, dass dort etwas prinzipiell anderes gemeint ist als in unserer Definition 1.4. Später aber wird z. B. der Begriff des *Körpers* eingeführt als eine Verallgemeinerung einer Zahlenmenge mit Operationen mit gewissen Eigenschaften, und damit ist kein, wie auch immer sonst existierender, physikalischer oder biologischer Körper gemeint. Diese Exaktheit der Definition erleichtert aber sehr die mathematische Kommunikation, weil es unmöglich ist, Begriffe in unterschiedlicher Bedeutung zu benutzen. Gerade deswegen ist es wichtig zu lernen, Begriffe richtig, d. h. genau im Sinne ihrer Definition zu benutzen.

3.1.2 Sätze

Über ein mathematisches Objekt steht also nur das zur Verfügung, was darüber in seiner Definition gesagt wurde, und das, was daraus bzw. aus dem Rest der Theorie, abgeleitet werden kann. Diese mathematischen Aussagen, die der eigentliche Erkenntnisgewinn sind, werden in sogenannten *Sätzen* formuliert. Nicht jeder Satz ist für sich genommen sehr wichtig. Um hier eine gewisse Differenzierung schon in der Bezeichnung zum Ausdruck zu bringen, verwendet man anstelle von Satz auch *Lemma* bzw. *Hilfssatz*, um ein Hilfsergebnis zu bezeichnen, das nur zum Beweis anderer Aussagen hilfreich ist, für sich genommen aber keine größere Bedeutung hat, oder aber auch *Korollar* bzw. *Folgerung*, um auszudrücken, dass eine Aussage unmittelbar aus einem i. Allg. vorher behandelten Satz folgt. Besonders wichtige Sätze in einer Theorie werden dadurch hervorgehoben, dass sie auch *Theorem* bzw. *Hauptsatz* genannt werden. Wichtige Sätze haben meistens einen Namen, entweder nach den Mathematikern, die sie als Erste formuliert haben (wobei hier nicht immer alle Bezeichnungen historisch korrekt sind), oder aber nach einer inhaltlichen Bezeichnung. Erste wichtige Sätze sind uns mit den Eigenschaften von $\mathbb{N}_0$ in Theorem 2.5 und Theorem 2.8 begegnet, und weitere werden uns noch mit dem Wohlordnungsprinzip in Theorem 3.1 und dem Induktionsprinzip in Theorem 3.3 begegnen. Man beachte hierbei aber, dass in der englischsprachigen Literatur durchgängig das Wort *theorem* benutzt wird, dort also wichtige Sätze nur durch Bezeichnungen hervorgehoben werden. Mathematische Aussagen *müssen* nicht durch eine Satzumgebung wie ab Abschnitt 1.2 hervorgehoben werden. Zum Beispiel die Aussagen (1.3), (1.5), (1.6), (1.9), (1.10), (1.11), (1.13) (etc.) sind auch Sätze, deren Beweis (zum Teil) durch die Angabe der Wahrheitstafeln angegeben worden ist, mit *Beweis*: hervorgehoben oder nicht.

Oft werden Anfänger*innen durch die scheinbar unüberschaubare Menge von Sätzen in einer Theorie überwältigt in dem Sinne „Wie soll man sich das alles merken?". Die einfache Antwort darauf lautet „Gar nicht!".

Viele Sätze sind nur Zwischenschritte in der Entwicklung einer Theorie, die nichtsdestotrotz formuliert werden, um diese Zwischenergebnisse klar zur Verfügung zu haben, um darauf weitere Ergebnisse aufzubauen. Das bedeutet auch, dass sich aus allgemeinen Ergebnissen oft speziellere Zwischenschritte, die einmal zum Aufbau der Theorie nötig waren, wieder leicht herleiten lassen. Wichtig ist also, im Laufe der Auseinandersetzung mit einer Theorie so viel Verständnis zu entwickeln, dass ihre Struktur so weit einsichtig ist, dass dann retrospektiv aus *wenigen* gemerkten, grundlegenden Definitionen und Theoremen die Lücken immer wieder gefüllt werden können, ohne dass mechanisch diese Inhalte im Gedächtnis abgelegt sind.

3.1.3 Formulierung von Sätzen

Die Formulierung eines Satzes, wie wir sie in Kapitel 1 und 2 kennengelernt haben, in einer ganzen Reihe von Sätzen und Lemmata, aber auch z. B. in den Bemerkungen 1.2 und 1.3, folgt i. Allg. wieder einem festen Schema. Der Satz besteht einerseits aus der behaupteten Aussage und andererseits aus dem zugehörigen Beweis. Die *Aussage* hat meistens die Struktur

$$A \Rightarrow B \, ,$$

wobei A die Gesamtheit der *Voraussetzungen* und B die Gesamtheit der *Behauptungen* beinhaltet, d. h., es handelt sich dabei um Aussagen, die i. Allg. durch „und" aus Einzelaussagen zusammengesetzt sind. Es wäre möglich, einen mathematischen Satz völlig unter Vermeidung von Wörtern der deutschen Sprache nur mittels eingeführter Symbole unter Zuhilfenahme der aussagen- und prädikatenlogischen Operatoren aufzuschreiben. Das ergibt i. Allg. jedoch einen unansehnlichen Text. Daher wird in unterschiedlichem Maße die Benutzung der Formelzeichen für die logischen Operationen vermieden, was nichts daran ändert, dass die Aussagen und Teilaussagen wiederum aus diesen zusammengesetzt sind, nun aber in entsprechende deutsche Wörter wie „nicht", „und", „oder", „für alle" und „es gibt" umgesetzt. Die Gesamtheit der *Voraussetzungen* wird meist im Konjunktiv formuliert, d. h., es gibt ein oder mehrere Sätze die mit einem „Sei" beginnen. Die Voraussetzung A hat meistens die Struktur

$$A_1 \wedge A_2 \wedge A_3 \wedge \ldots \wedge A_n \, .$$

So lautet z. B. die Voraussetzung von Theorem 2.20:
„Sei M eine endliche Menge und $f : M \to M$ eine Abbildung."
Damit ist offensichtlich die folgende Aussage gemeint:

$$M \text{ ist Menge } \wedge M \text{ ist endlich } \wedge \ f : M \to M \text{ ist eine Abbildung.}$$

Dies ist eine wohldefinierte mathematische Aussage, da wir den Begriff *Menge* undefiniert hingenommen haben und zum Zeitpunkt der Formulierung des Lemmas die Begriffe „endlich" und „Abbildung" definiert sind. Nach der Notation der Voraussetzung schließt sich, meistens beginnend mit einem „dann" und im Nominativ, die Behauptung, d. h., die Folgerung B aus der Implikation $A \Rightarrow B$, die behauptet wird, an. In besagtem Beispiel ist die Behauptung:

Dann sind äquivalent:

 a) $f : M \to M$ ist injektiv,

 b) $f : M \to M$ ist surjektiv,

 c) $f : M \to M$ ist bijektiv.

Stärker formalisiert aufgeschrieben, ist dies also genau die Aussage

$f : M \to M$ ist injektiv $\Leftrightarrow$ $f : M \to M$ ist surjektiv $\Leftrightarrow$ $f : M \to M$ ist bijektiv.

Auch diese Aussage ist wohldefiniert, da mittlerweile auch die Begriffe injektiv, surjektiv und bijektiv definiert sind. Formalisiert lautet also das Theorem 2.20:

$$(M \text{ ist Menge} \wedge M \text{ ist endlich} \wedge f : M \to M \text{ ist eine Abbildung})$$
$$\Rightarrow$$
$$(f : M \to M \text{ ist injektiv} \Leftrightarrow f : M \to M \text{ ist surjektiv} \Leftrightarrow f : M \to M \text{ ist bijektiv}).$$

Um diese Formellastigkeit zu vermeiden, ist es ratsam, in Maßen ihre Ersetzung durch die entsprechenden deutschen Wörter, wie hier am Beispiel gezeigt, vorzunehmen, was aber nichts an Inhalt und Rigorosität ändert. Wie weit man in die eine oder andere Richtung geht, ist Frage des Geschmacks oder des Geschicks. So ist z. B. im zweiten Teil des Theorem 2.20 die Aussage eine Äquivalenzaussage, die mit dem entsprechenden Symbol, d. h. mit $\Leftrightarrow$, geschrieben wird. Genauso gut hätte daraus ein symbolfreier Satz gemacht werden können, indem „$\Leftrightarrow$" ersetzt wird durch die Wörter „genau dann, wenn".

 Beim Auftreten von Quantoren ist etwas Vorsicht geboten, wie in Abschnitt 1.3 besprochen, aber nur in der Hinsicht, dass die Reihenfolge zwischen Existenz- und All-Quantoren nicht vertauscht werden darf, d. h., aus einem „$\forall \exists$" darf kein „$\exists \forall$" gemacht werden. Dies gilt aber genauso, wenn dafür die deutschen Worte benutzt werden. Solange nur z. B. All-Quantoren auftreten, hat man eine Reihe von äquivalenten Ausdrucksmöglichkeiten, die i. Allg. auch nicht zu Missverständnissen führen, wenn die Leser*innen nur mit den Grundprinzipien aus den Abschnitten 1.1 und 1.3 vertraut sind. Dies wurde schon am Beginn von Abschnitt 1.3 angesprochen und soll noch einmal am Beispiel von Satz 1.5, 1) verdeutlicht werden.

Alle nachfolgenden Formulierungen drücken exakt den gleichen Sachverhalt aus.

Es gibt (mindestens) acht Arten, Kommutativität zu beschreiben:

1) Seien A, B Teilmengen von X, dann gilt: $A \cup B = B \cup A$, $A \cap B = B \cap A$.
2) Seien A, B Teilmengen von X, dann gilt: $A \cup B = B \cup A \wedge A \cup B = B \cup A$.
3) Für alle $A, B \in \mathcal{P}(X)$ gilt: $A \cup B = B \cup A \wedge A \cap B = B \cap A$.
4) $\forall A, B \in \mathcal{P}(X) : A \cup B = B \cup A \wedge A \cap B = B \cap A$.
5) $\forall A \in \mathcal{P}(X) \wedge \forall B \in \mathcal{P}(X) : A \cup B = B \cup A \wedge A \cap B = B \cap A$.
6) $A \cup B = B \cup A$, $A \cap B = B \cap A$, $\forall A, B \in \mathcal{P}(X)$.
7) $A \cup B = B \cup A$, $A \cap B = B \cap A$, $A, B \in \mathcal{P}(X)$.
8) $A \cup B = B \cup A$, $A \cap B = B \cap A$, $A, B \subset X$.

Dabei ist die Formalisierung von 1) bis 5) immer weiter getrieben worden, um dann wieder reduziert zu werden.

Bei der Bedeutung und bei der Benutzung der logischen Ausdrucksbildung und Schlussregeln können keine Abstriche gemacht werden, was es wiederum einfach macht, eine vorgelegte Argumentationskette zu überprüfen. Es sollte aber dennoch versucht werden, dies in einem geordneten Deutsch, in grammatikalisch (einigermaßen) korrekten Sätzen zu formulieren.

3.1.4 Formulierung von Beweisen

Analoge Überlegungen hinsichtlich seiner Formulierung und Notation gelten für den *Beweis* eines Satzes, der sich i. Allg. der Formulierung des Satzes anschließt, wobei der Beginn oft durch das Wort „Beweis" markiert wird und das Ende entweder durch das Zeichen □ oder auch durch q.e.d. (quod erat demonstrandum: was zu beweisen war). In wenigen Fällen findet sich der Beweis auch vor einem Satz in dem Sinn, dass eine gewisse Überlegung angestellt wird, die in eine Aussage mündet, die dann abschließend als Satz formuliert wird. Bei diesem Aufbau hat man aber als Leser*in den Nachteil, dass man nicht weiß „worauf die Sache hinauslaufen soll". Bei dem „üblichen" Aufbau, erst Satz, dann Beweis, ist es klar, was der Beweis unter welchen Voraussetzungen leisten muss.

Egal welche der angesprochenen Beweistechniken zum Einsatz kommt, besteht ein Beweis i. Allg. aus einer oder mehreren Schlussketten, d. h. Aussagen vom Typ $A_1 \Rightarrow A_2 \Rightarrow A_3 \ldots \Rightarrow A_n$. Auch hier ist es wieder eine Frage des mathematischen Geschmacks, ob man nun den logischen Operator „$\Rightarrow$" benutzt oder aber dies in deutsche Wörter wie „dann folgt", „nun folgt", „damit folgt" etc. kleidet.

3.1.5 Beweistechniken allgemein

Beweise sind das Herzstück eines mathematischen Textes, weil sie die einzige Begründung für die in einem Satz formulierte Aussage sind. Aber wie versteht man nun einen Beweis, und wie entwickelt man selbst einen Beweis? Das sind zwei sehr verschiedene Aufgaben. Die Erstere könnte im Prinzip ganz einfach sein. Dazu wäre es nur notwendig, den Beweis ausführlich genug aufzuschreiben, d. h. also im Extremfall immer dort, wo ein vorheriger Satz angewendet wird, die dazugehörige Überlegung angepasst in den Beweis einzufügen und diese Prozedur so lange fortzusetzen, bis der Beweis nur eine Abfolge der Anwendungen der meist einfachen Axiome einer Theorie ist. Das ist kein gangbarer Weg für einen Menschen, sondern höchstens für eine Maschine. Je nach Ausführlichkeit, in der ein Beweis aufgeschrieben ist, setzt also der Autor darauf, dass den Leser*innen die vorherigen Ergebnisse, die sie benutzen, bewusst sind und dass sie, im schlimmsten Fall auch ohne Nennung dieser Ergebnisse, deren Benutzung erkennen und verstehen. Wenn es sich aber nicht um eine „Selbstverständlichkeit" handelt, wird meist auf das benutzte Ergebnis hingewiesen. Insofern ist auch eine konsistente Nummerierung (siehe unten) sehr hilfreich.

Wie macht man aber nun einen Beweis? Mögliche Techniken dazu sind schon in Abschnitt 1.1 entwickelt worden, nämlich

- der direkte Beweis,
- die Kontraposition,
- der Widerspruchsbeweis.

Die meisten bisher aufgetretenen Beweise waren direkte Beweise. Das ist auch generell so, und manchmal wird ein direkter Beweis auch anderen Ansätzen vorgezogen, wenn beides möglich ist. Im direkten Beweis versammelt man erst einmal alles was man über die Voraussetzungen gegeben hat, indem man gegebenenfalls Begriffsdefinitionen einsetzt und sieht, wie sich dies zusammen mit anderen bekannten Aussagen kombinieren lässt. Besonders einfache Beweise bestehen aus nicht viel mehr als dem Einsetzen von Definitionen. Ein Beispiel dafür ist der Beweis von Satz 1.5, 1), der folgendermaßen aussehen könnte:

Beweis (von Satz 1.5, 1)): Für alle $x \in X$ gilt:

$$x \in A \cup B \;\Leftrightarrow\; x \in A \vee x \in B \;\Leftrightarrow\; x \in B \vee x \in A \;\Leftrightarrow\; x \in B \cup A \,. \qquad \square$$

In eine Äquivalenzkette wird also erst die Definition eingesetzt, dann die Kommutativität der Disjunktion verwendet und dann wieder die Definition eingesetzt. Der Einsatz der Kontraposition tritt eher selten auf. Ein Beispiel dafür ist Satz 1.7, 2), den man auch als mengenwertiges Analogon der Kontraposition selbst verstehen kann (vgl. mit (1.20)). Der zugehörige Beweis könnte folgendermaßen aufgeschrieben werden:

Beweis (von Satz 1.7, 2) „⇒"): Sei $A \subset B$, d. h., es gilt für alle $x \in X$:

$$x \in A \;\Rightarrow\; x \in B \,.$$

Zu zeigen ist $B^c \subset A^c$, d. h.

$$(\text{für alle } x \in X : x \notin B \Rightarrow x \notin A) \;\Leftrightarrow\; (\text{für alle } x \in X : x \in A \Rightarrow x \in B)$$

durch Kontraposition.

$$\qquad\qquad\qquad\qquad\qquad\qquad\qquad\qquad\qquad\qquad\qquad\qquad\qquad\qquad\qquad\quad \square$$

Beweise, die derart einfach sind, werden bei hinreichendem Übungsstand meistens nicht mehr formuliert oder aufgeschrieben, sondern mit einem Wort wie „klar", „offensichtlich" oder auch „*trivial*"[1] abgetan. Das heißt aber nicht, dass man über solche Aussagen nicht nachdenken sollte, gerade Anfänger*innen sollten sich bei der Verwendung solcher Begriffe nicht genervt fühlen, sondern das als Aufforderung verstehen, den fehlenden Beweis für sich zu ergänzen.

Ein Beweis durch Kontraposition ist auch ein „unechter Widerspruchsbeweis" insofern, als davon ausgegangen wird, dass die Aussage falsch ist, dann aber – ohne Benutzung der Voraussetzung – darauf geschlossen wird, dass die Voraussetzung falsch ist und mit Hinzunahme der Voraussetzung damit natürlich ein Widerspruch vorliegt. Bei einem echten Widerspruchsbeweis verwendet man dagegen das Zusammenspiel aus den Voraussetzungen und der Annahme, dass die Behauptung falsch ist.

Einem Widerspruchsbeweis wird oft (wenn möglich) ein direkter Beweis vorgezogen. Doch sind Widerspruchsbeweise manchmal einfacher, da durch die Verneinung der Behauptung – zusätzlich zu den Voraussetzungen – noch mehr „Material" zur Verfügung steht, mit dem argumentiert werden kann. Dies sei am Eindeutigkeitsteil von Theorem 2.13 illustriert.

Beweis (von Theorem 2.13, Eindeutigkeit): Durch Widerspruch. Es seien zwei Darstellungen

$$k \cdot m + l = k' \cdot m + l' \quad \text{mit } l < m \text{ und } l' < m$$

gegeben, die verschieden seien, d. h. o. B. d. A. (vgl. ursprünglichen Beweis)

$$k < k' \quad \text{und damit} \quad k + 1 \leq k'$$

also

$$k \cdot m + m = (k + 1) \cdot m \leq k' \cdot m \, ,$$

d. h. auch

$$k' \cdot m + l' + m = k \cdot m + l + m \leq k' \cdot m + l$$

und so

$$l' + m \leq l \, ,$$

insbesondere $m \leq l$, also liegt ein Widerspruch vor. $\qquad\qquad\qquad\square$

Weitere Beispiele dafür sind die Beweise von Lemma 2.17 und schließlich Theorem 2.24. In allen Fällen wird durch das Zusammenspiel aus Voraussetzung und

---

[1] Unter dem Trivium verstand man im Mittelalter die ersten drei der sieben freien Künste: Grammatik, Rhetorik und Dialektik, im Gegensatz zum Quadrivium: Arithmetik, Geometrie, Musik und Astronomie.

angenommener falscher Behauptung ein Objekt konstruiert, was dann zu einem Widerspruch führt. Diese Konstruktion ist nicht unbedingt offensichtlich. Im Fall von Theorem 2.24 kann man wegen der dort konstruierten, ganz speziellen Menge, die durch die angenommene Surjektivität zu einem Widerspruch führt, durchaus von einem trickreichen Beweis sprechen.

Dies sind also Beweise, die im Gegensatz zu einem trivialen Beweis eine *Idee* brauchen. Je mehr Verständnis mathematischer Strukturen und mathematische Kenntnisse ein Autor hat, desto leichter wird es ihm im Normalfall auch fallen, solche mathematischen Ideen zu erzeugen, die nicht notwendigerweise erfolgreich sein müssen. Ideen lassen sich also nicht erzwingen, aber das ist es ja gerade, was die Mathematik so reizvoll macht.

3.1.6 Beweis von Gleichheit und Äquivalenz

Unabhängig von der angewandten Beweistechnik ist es nützlich, einige Techniken parat zu haben, die schon in Abschnitt 1.1 angeklungen sind. Eine Gleichheit zwischen Mengen wird entweder dadurch bewiesen, dass für die Elementbeziehung eine Äquivalenzkette aufgebaut wird, wie dies z. B. im obigen Beweis von Satz 1.5 geschehen ist. Oder, falls dies nicht möglich ist, müssen für $A = B$ die beiden Implikationen $A \subset B$ und $B \subset A$ gezeigt werden, d. h., es müssen zwei, eventuell verschiedene, Schlussketten

$$x \in A \; \Rightarrow \; \ldots \; \Rightarrow \; x \in B$$

und

$$x \in B \; \Rightarrow \; \ldots \; \Rightarrow \; x \in A$$

aufgebaut werden. Analoges gilt für den Beweis einer Äquivalenz von Aussagen an einer ganzen Reihe von Stellen. So wird etwa im Lemma 1.19, 1) eine Äquivalenz dadurch bewiesen, dass erst gezeigt wird, dass eine Aussage hinreichend für die andere ist, und dann gezeigt wird, dass sie auch notwendig für die andere ist. Wie schon benutzt, werden diese Beweisteile dann symbolisch mit den entsprechenden Implikationspfeilen gekennzeichnet:

Zu beweisen ist $A \Leftrightarrow B$ für Aussagen A, B. Dies geschieht durch $A \Rightarrow B$, gekennzeichnet durch „$\Rightarrow$" und $B \Rightarrow A$, gekennzeichnet durch „$\Leftarrow$".

Ist die Äquivalenz von mehr als zwei Aussagen zu zeigen, so ist es hier meistens hilfreich, diese eventuell nach Umordnung über einen *Ringschluss* zu zeigen, d. h.: Zu beweisen ist

$$A_1 \Leftrightarrow A_2 \Leftrightarrow \ldots \Leftrightarrow A_n$$

für Aussagen $A_1, \ldots, A_n$. Dies geschieht durch Beweis des Implikationsrings

$$A_1 \Rightarrow A_2 \Rightarrow A_3 \Rightarrow \ldots \Rightarrow A_{n-1} \Rightarrow A_n \Rightarrow A_1 \, .$$

3.1.7 Fallunterscheidung und Rückführung auf Spezialfälle

Oft ist es hilfreich Fallunterscheidungen vorzunehmen, wie dies im Beweis von Satz 1.20 geschehen ist. In engem Zusammenhang damit steht die Rückführung auf Spezialfälle. Es wird eine Aussage erst in einem scheinbar einfacheren speziellen Fall gezeigt und dann überlegt, dass der allgemeine Fall auf diesen speziellen Fall zurückgeführt werden kann. Dies geschieht z. B. in Lemma 2.17, indem dort nur der Fall $m \leq n$ behandelt wird, auf den der Fall $m > n$ zurückgeführt werden kann.

3.1.8 Existenzbeweis

Für einen Existenzbeweis muss ein Objekt mit den behaupteten Eigenschaften „tatsächlich" angegeben werden. Das kann durch Konstruktion aus gegebenen bekannten Objekten entstehen oder aber auch durch Angabe eines *Algorithmus*, d. h. einer Rechenvorschrift, von der gezeigt werden kann, dass sie i. Allg. nach endlich vielen Schritten zu dem gewünschten „Ergebnis", d. h. zu dem mathematischen Objekt mit den gewünschten Eigenschaften, führt. Es kann aber auch sein, dass weitere Aussagen die Existenz eines Objektes erzwingen, da seine Nichtexistenz zu Widersprüchen führen würde. Auf diese Weise wird keines der gewünschten Objekte konkret angegeben. Diese abstrakte Situation wird uns spätestens in Abschnitt 5.1 begegnen. Bei einem Existenzbeweis spielt es auch keine Rolle, wie viele Objekte mit dieser Eigenschaft es schließlich gibt, ob es sich dann tatsächlich nur um eins, endlich viele oder etwa unendlich viele handelt. Der Existenzbeweis ist abgeschlossen, wenn konkret oder abstrakt eines dieser Objekte angegeben ist. Die Verneinung einer $\exists \mathcal{A}(x)$-Aussage ist $\forall \neg \mathcal{A}(x)$. Daraus folgt, dass die Falsifizierung einer $\forall$-Aussage durch Angabe eines Gegenbeispiels erfolgen kann.

3.1.9 Eindeutigkeitsbeweis

Dieser ist i. Allg. deutlich verschieden von einem Existenzbeweis, da hier nur abstrakt „argumentiert" werden kann, d. h. also, es muss unter Annahme, dass zwei Objekte mit den gewünschten Eigenschaften vorliegen, gezeigt werden, dass diese gleich sind.

Bei eindeutiger Existenz eines Objektes wird dann dafür eine Bezeichnung eingeführt wie z. B. f^{-1} für die Umkehrabbildung im Falle einer bijektiven Abbildung f. Um eine Gleichheitsbehauptung für ein solches Objekt zu zeigen, muss man also nur nachweisen, dass das andere Objekt, für das die Gleichheit behauptet wird, genau die definierenden Eigenschaften, in diesem Falle von f^{-1}, erfüllt. Wegen der Eindeutigkeit ist es dann notwendigerweise f^{-1}. Dies soll noch einmal am Beweis von Satz 1.15 als Beispiel eines Existenz- und Eindeutigkeitsbeweises illustriert werden:

Beweis (von Satz 1.15): „$\Rightarrow$": a) *Existenzbeweis:* Sei f bijektiv, dann gibt es die Umkehrabbildung f^{-1}. Wir setzen $g := f^{-1}$, denn f^{-1} erfüllt: Sei $x \in X$ beliebig, dann gilt: $(f(x), x) \in R^{-1}$ und

$$(f(x), x) \in R^{-1} \Leftrightarrow f^{-1}(f(x)) = x \Leftrightarrow \left(f^{-1} \circ f\right)(x) = x,$$

also

$$f^{-1} \circ f = id_X.$$

Sei $y \in Y$ beliebig, dann gilt: $\left(y, f^{-1}(y)\right) \in R^{-1}$ und

$$\left(y, f^{-1}(y)\right) \in R^{-1} \Leftrightarrow \left(f^{-1}(y), y\right) \in R \Leftrightarrow f\left(f^{-1}(y)\right) = y \Leftrightarrow \left(f \circ f^{-1}\right)(y) = y,$$

also

$$f \circ f^{-1} = id_Y.$$

b) *Eindeutigkeitsbeweis:* $g_1, g_2 : Y \to X$ seien Abbildungen, für die jeweils gilt

$$g \circ f = id_X \quad \text{und} \quad f \circ g = id_Y. \tag{$*$}$$

Davon reicht es zu verwenden:

$$g_1 \text{ erfüllt } g_1 \circ f = id_X,$$
$$g_2 \text{ erfüllt } f \circ g_2 = id_Y.$$

Dann gilt

$$g_1 = g_1 \circ id_Y = g_1 \circ (f \circ g_2) = (g_1 \circ f) \circ g_2 = id_X \circ g_2 = g_2.$$

Dabei ergibt sich die erste Gleichheit direkt aus der Definition der Identität, die zweite aus der Voraussetzung für g_2, die dritte aus der Assoziativität der Verknüpfung (Satz 1.13), die vierte wieder aus der Voraussetzung, diesmal aber für g_1, und die letzte schließlich sofort aus der Definition der Identität.

„$\Leftarrow$": Es gebe ein (eindeutiges) $g : Y \to X$, sodass

$$g \circ f = id_X \quad \text{und} \quad f \circ g = id_Y.$$

Zu zeigen: f ist bijektiv.
f ist injektiv, denn für $x_1, x_2 \in X$ gilt:

$$f(x_1) = f(x_2) \Rightarrow x_1 = (g \circ f)(x_1) = g(f(x_1)) = g(f(x_2)) = (g \circ f)(x_2) = x_2.$$

f ist surjektiv, denn sei $y \in Y$ beliebig, dann sei $x := g(y) \in X$, und dann gilt

$$f(x) = f(g(y)) = (f \circ g)(y) = y. \qquad \square$$

Ein Beispiel, wie eine Gleichheitsaussage für ein Objekt, für das Eindeutigkeit bekannt ist, gezeigt wird, sei am Beispiel von (1.60) demonstriert. Der Beweis von Satz 1.16 folgt genau der gleichen Überlegung.

Beweis (von (1.60)): Nach Satz 1.15 ist

$$f^{-1} \circ f = id_X \quad \text{und} \quad f \circ f^{-1} = id_Y.$$

Liest man diese beiden Identitäten „aus der Sicht von f^{-1}", so ist also f eine Abbildung, die für f^{-1} die Bedingungen aus (∗) erfüllt. Damit ist f^{-1} bijektiv und hat eine Umkehrabbildung $\left(f^{-1}\right)^{-1}$. Dieselben Bedingungen aus (∗) werden auch von $\left(f^{-1}\right)^{-1}$ erfüllt. Wegen der Eindeutigkeit eines solchen Objektes ist also

$$\left(f^{-1}\right)^{-1} = f.\qquad\qquad\Box$$

3.1.10 Einige Bezeichnungen

In den Beweisen ist an einigen Stellen von einem „beliebigen" Element, etwa „Sei $x \in X$ beliebig", die Rede gewesen. Dies ist immer so zu verstehen, dass versucht wird, eine „für alle $x \in X \ldots$"-Aussage zu beweisen und dies dadurch geschieht, dass ein solches Element ohne weitere Einschränkungen betrachtet wird. Da im Rahmen nachfolgender Überlegungen meist etwas mit diesem Element getan wird, ist es hilfreich, sich dieses als ein individuelles, allgemein ausgewähltes Element vorzustellen. Das wird mit der Bezeichnung *beliebig, aber fest* zum Ausdruck gebracht.
Auch das Wort *Charakterisierung* hat eine ganz feste Bedeutung in der mathematischen Sprechweise. Es bedeutet nämlich die Gültigkeit einer Äquivalenzaussage. Wenn es also heißt, der Sachverhalt A ist durch den Sachverhalt B charakterisiert, so bedeutet dies

$$A \Leftrightarrow B.$$

Im obigen Beispiel ist die Umkehrabbildung f^{-1} durch den Sachverhalt (∗) charakterisiert. Äquivalente Sprechweisen sind „A ist hinreichend und notwendig für B" oder „A ist *gleichwertig* mit B" im Gegensatz zu den i. Allg. schwächeren Teilaussagen „A ist hinreichend für B" bzw. „A ist notwendig für B".

3.1.11 Ohne Beschränkung der Allgemeinheit

Diese Wendung, meist abgekürzt durch o. B. d. A., ist mit besonderer Vorsicht zu gebrauchen. Sie behauptet also, dass der im Folgenden behandelte Spezialfall ausreichend ist, entweder dadurch, dass die verbleibenden Fälle trivial sind oder aber sich einfach auf den behandelten Fall zurückführen lassen. So kann im Beweis von Theorem 2.24 o. B. d. A. $X \neq \emptyset$ angenommen werden, weil für den verbleibenden Fall $X = \emptyset$ die Aussage offensichtlich ist ($\mathcal{P}(X)$ ist dann einelementig). Andererseits kann im Beweis von Lemma 2.17 o. B. d. A. $m \leq n$ angenommen werden, da der verbleibende Fall, der zum Widerspruch zu führen ist, nämlich $m > n$, auf diesen zurückgeführt werden kann.

Im Fall $m > n$ kann nämlich statt f die bijektive Abbildung

$$f^{-1} : \{1, \ldots, m\} \to \{1, \ldots, n\}$$

betrachtet werden. Ändert man die Bezeichnungen wie folgt um:

$$f^{-1} \text{ zu } f, \ m \text{ zu } n, \ n \text{ zu } m,$$

so ist man wieder in der Situation „$m < n$".

3.1.12 Nummerierungssystem

Da es für die Durchsichtigkeit und Nachvollziehbarkeit einer Argumentation wesentlich ist, dass auf Definitionen und vorherige Ergebnisse zurückgegriffen wird, hat es sich durchgesetzt, dass Mathematik in einem gewissen Nummerierungssystem aufgeschrieben wird, d. h., sowohl Definitionen als auch Sätze als auch Aussagen, die sich als „kleinere" oder Zwischenergebnisse ergeben, werden nummeriert, um durch eine solche Nummerierung in eindeutiger Weise darauf zuzugreifen zu können. Meist handelt es sich, wie hier auch in diesem Text angewendet, um ein mehrstufiges Nummerierungssystem, das innerhalb eines Kapitels durchgängig nummeriert, d. h., im Kapitel n treten die Nummern $n.1$ bis $n.k$ auf. Dies erleichtert das Auffinden einer Nummer beim Zurückblättern. Hinsichtlich der Behandlung von Definitionen im Vergleich, z. B. von Sätzen, gibt es verschiedene Zugänge. Manche Autoren nummerieren die einzelnen Gruppen unabhängig voneinander, d. h. die Definitionen für sich, die Sätze für sich, die Beispiele für sich usw. Das hat den Vorteil, dass niedrigere Referenznummern entstehen, aber den Nachteil, dass das Auffinden beim Zurückblättern etwas erschwert wird. Die Autoren ziehen daher – wie im Buch KNABNER und BARTH (2012) – ein einheitliches Nummerierungssystem vor, bei dem alle Definitionen, Sätze usw. einheitlich in der Folge ihres Auftretens nummeriert werden, was das Auffinden etwas erleichtert. Zusätzlich gibt es Randnummern, die in Klammern geschrieben werden und die die einzelnen Formeln, Zwischenergebnisse etc. bezeichnen. Hier gibt es Autoren, die durchgängig jede als Formel geschriebene, d. h. also zentriert abgesetzt geschriebene Aussage nummerieren, oder aber solche, die, um das Anwachsen der Randnummern zu vermeiden, sich hierbei auf die Formeln beschränken, auf die im Text noch einmal zurückgegriffen wird. Die Autoren versuchen hier im Wesentlichen dem zweiten Prinzip zu folgen. Neben dieser „globalen" Nummerierung kann es auch sinnvoll sein, an einigen Stellen eine „lokale" Nummerierung einzuführen, wenn es notwendig ist, auf eine Aussage oder Formel im Rahmen eines Beweises zurückzugreifen, auf die später dann nicht mehr referenziert werden muss. Ein Beispiel dafür ist die lokale Kennzeichnung (der definierenden Gleichungen für die Umkehrabbildung) im Beweis von Satz 1.15 durch (∗).

3.1.13 Bemerkungen und Beispiele

Dies sind Stilmittel, die benutzt werden, um einen Text etwas aufzulockern und auch die Verständlichkeit zu erhöhen. Dabei kann sich hinter einer *Bemerkung* sehr vieles verbergen. Meist handelt es sich um kleine Aussagen, deren Beweis sich sofort erschließt bzw. dann auch angeführt wird, wie dies z. B. hier in den Bemerkungen 1.2 und 1.3 der Fall ist. Es kann sich aber auch um Ausblicke handeln, d. h. mögliche Weiterentwicklungen, die nicht im Detail ausgeführt werden, oder auch um mögliche Anwendungen. Hierzu gehören i. Allg. die Abschnitte „Am Rande bemerkt".

Beispiele treten durchaus durchgängig in einem mathematischen Text auf, doch meistens haben sie einen anderen Charakter als das, was man aus der Schule gewohnt ist, in dem Sinn, dass es sich meistens nicht um explizite Zahlenbeispiele handelt. Diese haben ihren Platz in den Übungen, wo sie ausführlich behandelt werden. Hier aufgetretene Beispiele für den Abbildungsbegriff sind etwa (1.55) und (1.56), die beide in diesem Sinne keine konkreten Zahlenbeispiele sind (aber leicht zu solchen gemacht werden könnten).

3.1.14 Schreibweisen

Generell können mathematische Objekte mit beliebigen Bezeichnungen belegt werden, was nichts an der Exaktheit einer Darstellung ändert, aber sich durchaus zu einem Stolperstein für die Leser*innen entwickeln kann. Deshalb wird versucht, neben einigen festgelegten Standardbezeichnungen wie den hier eingeführten Symbolen für logische oder Mengenoperationen, z. B. für Grundmengen von Zahlen, feste Bezeichnungen zu benutzen, was hier auch schon aufgegriffen worden ist in Form von $\mathbb{N}$ für die natürlichen, $\mathbb{Z}$ für die ganzen, $\mathbb{Q}$ für die rationalen und $\mathbb{R}$ für die reellen Zahlen. Darüber hinaus gibt es eine Folklore, welche Bezeichnung „angemessen" für welches mathematische Objekt ist. So haben wir Mengen durchgängig mit großen Buchstaben bezeichnet, meistens aus der gleichen „Buchstabengruppe" X, Y, Z oder M, N. Elemente von Mengen werden, zumindest abstrakt, meistens mit kleinen Buchstaben bezeichnet, wobei hier schon ein Zusammenhang bestehen sollte, um das Verständnis zu erleichtern, d. h. also z. B. $x \in X$. Es kann aber durchaus sinnvoll sein, auch die Bezeichnung $y \in X$ zu verwenden, entweder wenn eine Aussage über zwei Elemente gemacht werden soll und man die Indizierung $x_1, x_2 \in X$

vermeiden will oder mit dem Element y ein ganz spezielles Element bezeichnet werden soll. Es ist aber prinzipiell überhaupt nichts falsch an einer Bezeichnung wie:

$$\text{Sei } a \text{ eine Menge, } X \in a .$$

Im Allgemeinen wird dies aber als „unschön" empfunden.

Bezeichnet $z \in \mathbb{Z}$ ein allgemeines Element, so kann ein spezielles Element etwa durch $\bar{z}$ bezeichnet werden, wie in den schon diskutierten Beispielen:

Es gibt genau ein $\bar{z} \in \mathbb{Z}$, sodass für alle $z \in \mathbb{Z}$ die Beziehung

$$z + \bar{z} = z$$

gilt, nämlich $\bar{z} = 0$. Oder die Aussage, dass es für alle $z \in \mathbb{Z}$ genau ein $\bar{z} \in \mathbb{Z}$ gibt mit

$$z + \bar{z} = 0 ,$$

nämlich $\bar{z} = -z$.

Wegen der Eindeutigkeit der jeweils existierenden Elemente kann im ersten Fall, in dem ($\exists \, \forall$ Struktur) ein Element global zu allen anderen Elementen existiert, diesem eine Bezeichnung gegeben werden, die unabhängig von der der anderen Elemente ist, eben nämlich $\bar{z} = 0$. Im zweiten Fall, in dem das Element aber jeweils individuell zu einem z existiert ($\forall \, \exists$ Struktur), kann dann wegen der Eindeutigkeit eine Bezeichnung gewählt werden, die die Abhängigkeit von z zum Ausdruck bringt, eben nämlich gerade $-z$. Diese beiden Zeichen bilden also zusammen die Bezeichnung für das inverse Element und sind nicht als Rechenoperation zu verstehen.

Spezielle Elemente einer Menge mit gewissen Eigenschaften, die sie z. B. charakterisieren, werden oft dadurch bezeichnet, dass man den „allgemeinen Buchstaben für das Mengenelement" benutzt, aber diesen mit einem Zusatz versieht.

Solche Namenszusätze können sehr vielfältig sein, Beispiele sind:

$$\bar{z} \text{ (gesprochen: „} z \text{ quer" oder „} z \text{ oben quer"),}$$

$$\underline{z} \text{ (gesprochen: „} z \text{ unten quer"),}$$

$$\hat{z} \text{ (gesprochen: „} z \text{ Dach"),}$$

$$\tilde{z} \text{ (gesprochen: „} z \text{ Schlange").}$$

Auch Indizierung kann spezielle Elemente kennzeichnen, typischerweise

$$z_0 \text{ (gesprochen: „} z \text{ null").}$$

Auch wenn solche Bezeichnungssysteme aus mnemotechnischer Hinsicht hilfreich sind, sollte man doch nicht zu sehr an ihnen kleben. Bedenklich wird es, wenn man so sehr auf ein Bezeichnungssystem festgelegt ist, dass man Sachverhalte nur in diesem Bezeichnungssystem verstehen oder ausdrücken kann. Insofern ist eine gesunde Variation in den Bezeichnungen in dieser Hinsicht eher nützlich. Als Beispiel sei die Summennotation besprochen.

Typischerweise wird eine allgemeine Summe s geschrieben als

$$s = \sum_{k=1}^{n} a_k \,,$$

d. h., für die obere Grenze (und auch untere Grenze, wenn diese nicht eine konkrete Zahl ist) werden „typische" Bezeichnungen für natürliche Zahlen wie $n, m, p \in \mathbb{N}$ benutzt. Der *Laufindex*, hier k, der Teil der Notation ist, kann dann noch beliebig bezeichnet werden:

$$\sum_{k=1}^{n} a_k = \sum_{l=1}^{n} a_l = \sum_{\nu=1}^{n} a_\nu = \sum_{\mu=1}^{n} a_\mu \,.$$

Typisch sind Buchstaben „um den Buchstaben k" herum, aber es können auch ganz andere, z. B. die griechischen Buchstaben ν, μ usw. gewählt werden. Da griechische Buchstaben zwangsläufig sehr bald in mathematischen Notationen auftauchen, wie hier Laufindizes oder später für Abbildungen, sei der Rat gegeben, sich noch einmal mit dem griechischen Alphabet vertraut zu machen.

Abschließend wünschen die Autoren allen Leser*innen immer eine gelungene, exakte und kreative Beweisführung im Sinne der Abbildung 3.1.

Am Rande bemerkt: In der Mitte, rechts oder links – der lange Weg zur mathematischen Notation

Es brauchte sehr lange, bis sich in Europa ein Stellenwertsystem zur Basis $p = 10$ mit den „neuen" indo-arabischen Ziffern durchgesetzt hatte (siehe Anhang E). Auch dann musste sich die uns so selbstverständliche Art, Rechenoperationen zu schreiben, erst herausbilden. Dabei stand die *Infix*-Methode nie zur Diskussion, da sie der natürlichen Abfolge der Operation entspricht:

Aus

$$3 \text{ et } 5 \quad \text{wurde} \quad 3 \, p \, 5 \, (p \text{ von plus}) \quad \text{wurde} \quad 3 + 5 \,,$$

wobei das Pluszeichen früh von Nicolaus VON ORESME[2] benutzt wurde und, analog für die Differenz $a-b$, das Produkt $a \times b$ und den Quotienten $\frac{a}{b}$ (auch $a \div b$) spätestens bis zum 17. Jahrhundert eingeführt waren. Schreibweisen wie $a \cdot b$ oder kürzer $a\,b$ bzw. a/b sind neueren Datums. Der Unterschied zwischen + und – bzw. · und / wird dadurch verwischt, was einem schon als Grundschüler schmerzhaft klar wird. Die Addition + ist eine zweistellige Operation (d. h. mit zwei Operanden, Zahlen aus $\mathbb{N}$ oder . . .), die vereinfachende Eigenschaften hat, sie ist nämlich

- kommutativ (Theorem 2.5, 1)),
- assoziativ (Theorem 2.5, 1))
- und erfüllt mit · ein Distributivgesetz (Theorem 2.5, 3)).

---

[2] Nicolaus VON ORESME *vor 1330 in der Normandie, †11. Juli 1382 in Lisieux, Frankreich

Abb. 3.1 Exakte mathematische Beweisführung *(Cartoon von Sidney Harris)*.

Dies gilt analog für die Multiplikation.

Wird dagegen die Differenz (und analog der Quotient) als binäre Operation aufgefasst, gehen all diese Eigenschaften verloren. Klarheit gibt es erst nach der Einführung der negativen Zahlen, d. h. nach Übergang von $\mathbb{N}$ zu $\mathbb{Z}$ (siehe Abschnitt 4.1), die erst von Michael STIFEL[3] akzeptiert wurden, aber noch als *numeri absurdi* (absurde Zahlen) bezeichnet wurden – STIFEL war nicht nur Mathematiker, sondern auch ein von Martin LUTHER geförderter Theologe, der sich auch zu Weltuntergangsvorhersagen verstieg. Mit den negativen Zahlen hat man also „–" auch als Teil einer Zahlenbezeichnung, nämlich etwa von -2, aber auch als einstelligen Operator, der das additiv inverse Element zuordnet und die Eigenschaft der *Involution* (vgl. (1.3), Bemerkungen 4.3, 1)) hat, d. h.

$$-(-x) = x \qquad\qquad (3.1)$$

---

[3] Michael STIFEL *um 1487 in Esslingen am Neckar, †19. April 1567 in Jena

und z. B. $-(-2) = 2$, wobei hier also mit dem gleichen Zeichen verschiedene Bedeutungen belegt sind.[4] Genauer kann $-(-2)$ interpretiert werden als doppelte Anwendung des Minusoperators auf $x = 2$ oder auch als einfache Anwendung des Minusoperators auf $x = -2$, ohne dass dadurch Konflikte entstehen. Analoges gilt für die Multiplikation in $\mathbb{Q}$: $x = \frac{3}{2} = 3/2$ ist die Bezeichnung der Zahl $x = 1.5$, definiert als $x = 3 \cdot \frac{1}{2}$, wobei $\frac{1}{2} = 1/2$ das multiplikativ Inverse von 2 ist.

Das Gleichheitszeichen hat eine ähnliche zeitliche Entwicklung zur Abkürzung des lateinischen *aequalis*. Hier, im Zusammenhang von Algorithmen und ihrer Realisierung mittels Programmiersprachen, ist die unterschiedliche Benutzung des Gleichheitszeichens zu berücksichtigen, nämlich bei Letzteren als Zuweisungsoperator.

Als Gleichung ist

$$x = x + 1 \tag{3.2}$$

eine Aussage, die immer falsch ist, als Zuweisung meint es die Addition des Speicherinhalts von x zu 1 und die Speicherung des Ergebnisses im Speicherplatz x (in PYTHON, C, ...). In anderen Programmiersprachen (ALGOL Familie, ...) ist eine Gleichung wie in der Mathematik zu werten, d. h. nimmt einen der Werte True, False an, die Zuweisung wird mit := beschrieben, also im Konflikt zur mathematischen Nutzung als „ist definiert als": $x := x + 1$ ist zumindest grenzwertig und könnte bedeuten, dass „ab jetzt" $x + 1$ mit x bezeichnet wird, sinnvoller wäre eine neue Bezeichnung wie $x' := x + 1$.

Sobald mehr als eine Operation hintereinander ausgeführt werden sollen, stellt sich die Frage nach dem *Vorrang*: $a + b + c$ macht erst keinen Sinn, da es $(a + b) + c$ oder auch $a + (b + c)$ bedeuten kann. Das Assoziativgesetz bedeutet, dass hier keine Konflikte entstehen und die Vorrang definierenden Klammern weggelassen werden können. Deshalb wird das Assoziativgesetz als *die* grundlegende Eigenschaft angesehen (siehe Definition 2.10). Treffen mehrere Operationen zusammen, wie beim Distributivgesetz:

$$a \cdot (b + c) = (a \cdot b) + (a \cdot c) \,,$$

ergibt sich eine Vereinfachung der Notation durch die Vereinbarung einer unterschiedlichen *Bindungsstärke* (*Punkt vor Strich*), was dann zur Vereinfachung

$$a \cdot (b + c) = a \cdot b + a \cdot c$$

führt. Im Zweifelsfall sollte man immer Klammern setzen:

Gilt $-2^2 = 4$ oder $-2^2 = -4$? Wenn ein einstelliger Operator immer stärker bindet, dann das Erste, sonst ist das Negative von 2^2 gemeint, also das Zweite.

---

[4] Beim weiteren Aufbau des Zahlsystems werden wir auch die Addition auf $\mathbb{Q}$ usw. mit + bezeichnen, d. h., die Operation wird auf die umfassenden Mengen fortgesetzt. – Bei Programmiersprachen entspricht dies dem *operator overloading*. Hier wird das Minuszeichen sogar in verschiedenen Bedeutungen benutzt, die aber miteinander verträglich sind.

Die auch schon auf STIFEL zurückgehende Potenz hat seit René DESCARTES[5] die moderne Schreibweise a^b (siehe auch „Am Rande bemerkt" zu Abschnitt 5.2), die zurecht eine „unsymmetrische" ist, um die Nichtkommutativität zu betonen.

Die Infix-Schreibweise suggeriert eine „Gleichwertigkeit" der Operanden, d. h. die Gültigkeit eines Kommutativgesetzes. Das wird hier bei der Addition immer, bei Multiplikation nur mit Ausnahme der Quaternionen gelten (siehe „Am Rande bemerkt" zu Abschnitt 6.1). Daher benutzt man abstrakt in einem Ring (siehe Definition 4.9) die Addition für die kommutative Operation, die Multiplikation für die eventuell nicht kommutative Operation.

Es gelten auch alternative Schreibweisen. Bei der einstelligen Operation erscheint uns die Schreibweise mit dem Operatorzeichen links vom Operanden als selbstverständlich (*Präfix*-Schreibweise): Daher schreiben wir für jede Abbildung f für das Bild im Argument x den Ausdruck $f(x)$. Auch für Verknüpfungen erscheint dies im Licht der modernen Definition als Abbildung z. B. von $\mathbb{N}_0 \times \mathbb{N}_0$ nach $\mathbb{N}_0$ (siehe Theorem 2.5, Definition 2.10) als sinnvoll, d. h. $+(a, b)$ statt $a + b$. Dies allgemein umgesetzt heißt auch *Polnische Notation* (PN). Wenn die Stellenanzahl eines Operators festlegt, reicht auch $+ab$ [6] für $+(a, b)$, allgemein werden, auch bei mehreren Operationen, Vorrangklammern entbehrlich. Das Gleiche gilt auch, wenn man das Operationszeichen immer hinter die Operanden schreibt (*umgekehrte Polnische Notation*, UPN). Leider verlieren allgemeine Gesetze dadurch zum Teil ihre intuitive Kraft (natürlich auch wegen unserer Gewöhnung an die Infix-Schreibweise).

Das Kommutativgesetz hat die Form für eine zweistellige Operation ×:

$$a \times b = b \times a \qquad \text{bzw.}$$

$$\text{PN:} \quad \times a\, b = \times b\, a$$

$$\text{UPN:} \quad a\, b \times = b\, a \times,$$

aber beim Assoziativgesetz erhält man

$$(a \times b) \times c = a \times (b \times c)$$

$$\text{PN:} \quad \times \times a\, b\, c = \times a \times b\, c$$

$$\text{UPN:} \quad a\, b \times c \times = a\, b\, c \times \times,$$

d. h., die Intuition des Umklammerns geht verloren und analog beim Distributivgesetz.

Dennoch haben frühere Taschenrechner wie der HP-35 (siehe „Am Rande bemerkt" zu Abschnitt 5.4) den Vorteil der Klammerfreiheit durch die umgekehrte Polnische Notation genutzt. Ein Beispiel aus der Bedienungsanleitung des HP-35 ist die Auswertung von

---

[5] René DESCARTES ∗31. März 1596 in La Haye en Touraine, †11. Februar 1650 in Stockholm

[6] Eventuell ist konkret bei den Operanden ein Komma nötig, um Ziffernfolgen voneinander abzugrenzen.

$$3 + \cfrac{1}{7 + \cfrac{1}{15 + \cfrac{1}{1 + \cfrac{1}{292}}}}$$

(siehe auch Anhang J) nur mit den Tasten $\boxed{1/x}$ und $\boxed{+}$ (jeweils viermal). Das Ergebnis ist übrigens 3.141592653, eine erstaunlich gute Approximation für π.

3.2 Vollständige Induktion: Mehr über natürliche Zahlen

Aussagen der Gestalt

$$\forall\, n \in \mathbb{N}_0 : \mathcal{A}(n) \tag{3.3}$$

können oft durch das *Prinzip der vollständigen Induktion* (Satz 2.3) bewiesen werden. Wie in Abschnitt 2.1 gesehen, folgt dies direkt aus der axiomatischen Fundierung der natürlichen Zahlen durch das Peano-*Axiom* (P2).

Vollständige Induktion bzw. die Anwendung von (P2) war die Grundlage vieler Beweise in Abschnitt 2.1. Wegen der Bedeutung dieses Prinzips sollen hier weitere Anwendungen ergänzt werden. So ist (P2) äquivalent mit dem folgenden Theorem:

Theorem 3.1: Wohlordnungsprinzip

$\mathbb{N}_0$ ist *wohlgeordnet*, d. h., jede Teilmenge $N \subset \mathbb{N}_0$, $N \neq \emptyset$, besitzt ein *Minimum*.

Dies bedeutet (siehe Definition 1.22), dass N eine *untere Schranke* hat, d. h. ein $\underline{n} \in \mathbb{N}_0$ mit $\underline{n} \leq n$ für alle $n \in N$, und diese gehört zur Menge dazu, also $\underline{n} \in N$.

Beweis: Durch Widerspruch: Sei $N \subset \mathbb{N}_0$, $N \neq \emptyset$ und N habe kein Minimum. Setze

$$S := \{s \in \mathbb{N}_0 : s \text{ ist untere Schranke von } N\}\,.$$

Es ist $0 \in S$, da immer $0 \leq n$ für alle $n \in N$.
Sei $s \in S$. Da N kein Minimum hat, gilt $s \notin N$, also gilt

$$s < n \quad \text{für alle } n \in N$$

und damit (siehe Aufgabe 2.4)

$$s + 1 \leq n \quad \text{für alle } n \in N\,,$$

also ist auch $s + 1$ eine untere Schranke von N, d. h. $s + 1 \in S$. Somit erfüllt S (P2), und daher gilt

$$S = \mathbb{N}_0 \, .$$

Damit ist $N = \emptyset$ im Widerspruch zur Annahme, denn gäbe es ein $n \in N$, so könnte z. B. $n + 1$ keine untere Schranke von N sein, d. h. $n + 1 \notin S = \mathbb{N}_0$, was falsch ist. $\square$

Bemerkung 3.2 Damit ist unter Annahme von (P2) das Wohlordnungsprinzip gezeigt. Andererseits folgt aber auch aus dem Wohlordnungsprinzip die Gültigkeit von (P2).

Sei $N \subset \mathbb{N}_0, 0 \in N$, und es gelte: $n \in N \Rightarrow n + 1 \in N$. Dann ist $N = \mathbb{N}_0$ zu zeigen. Angenommen, dies gilt nicht, d. h. $M := \mathbb{N}_0 \backslash N \neq \emptyset$, und damit existiert nach dem Wohlordnungsprinzip $\underline{m} := \min M$, d. h. insbesondere $\underline{m} \in M$. Da $0 \in N$ angenommen ist, ist $\underline{m} \neq 0$, d. h. $\underline{m} = \hat{m} + 1$ für ein $\hat{m} \in \mathbb{N}_0$ und damit $\hat{m} < \underline{m}$, also $\hat{m} \in N$ und nach Voraussetzung damit auch $\underline{m} = \hat{m} + 1 \in N$, ein Widerspruch.

Das aus (P1), (P2) folgende *Induktionsprinzip* hat folgende Gestalt: Eine Aussage der Form (3.3) ist richtig, wenn

   a) Induktionsanfang,
   b) Induktionsschluss

nachgewiesen werden können. Dabei sind:

Induktionsanfang: Die Aussage gilt für $n = 0$: $\mathcal{A}(0)$.
Induktionsschluss: Unter der
   Induktionsvoraussetzung: Für $n \in \mathbb{N}$ sei die Aussage $\mathcal{A}(n)$ richtig
   folgt der
   Induktionsschritt (kurz: $n \to n + 1$): Die Aussage gilt für $n + 1$: $\mathcal{A}(n + 1)$.

Da statt $\mathbb{N}_0$ auch jedes andere „Modell" (siehe (2.1 ff.) und Anhang C) genommen werden kann, kann die Indexmenge auch andere Formen annehmen. Oft wird auch bei einer anderen festen Zahl $n_0 \in \mathbb{N}$ (oder auch $n_0 \in \mathbb{Z}$) „angefangen".

Theorem 3.3: Induktionsprinzip

Sei $n_0 \in \mathbb{N}_0$, und für jedes $n \in \mathbb{N}_0, n \geq n_0$ sei $\mathcal{A}(n)$ eine Aussage. Es gelten:

1) $\mathcal{A}(n_0)$ ist wahr.

2) Für jedes $n \in \mathbb{N}_0, n \geq n_0$ gilt: Wenn $\mathcal{A}(n)$ wahr ist, ist auch $\mathcal{A}(n + 1)$ wahr.

Dann ist $\mathcal{A}(n)$ wahr für jedes $n \in \mathbb{N}_0, n \geq n_0$.

Beweis: Sei $N := \{n \in \mathbb{N}_0 : \mathcal{A}(n + n_0) \text{ ist wahr}\}$, dann besagt 1), dass $0 \in N$ und 2), dass gilt: $n \in N \Rightarrow n + 1 \in N$, also nach (P2): $N = \mathbb{N}_0$. $\square$

Beispiele 3.4 1) Es gilt für alle $n \in \mathbb{N}_0$:

$$\sum_{k=0}^{n} k = \frac{1}{2}(n+1)n \,.^{7} \tag{3.4}$$

Diesen Sachverhalt kann man durch Induktion einsehen:

Induktionsanfang: $(n = 0)$:

$$\sum_{k=0}^{0} k = 0 = \frac{1}{2} \cdot 1 \cdot 0 \,.$$

Induktionsschluss: Sei $n \in \mathbb{N}_0$ beliebig, und es gelte die *Induktionsvoraussetzung*, dass die Aussage für n stimmt, also

$$\sum_{k=0}^{n} k = \frac{1}{2}(n+1)n \,. \tag{3.5}$$

Zu zeigen ist der *Induktionsschritt*, d. h., dass unter obiger Annahme (3.5) die Aussage auch für $n + 1$ richtig ist, also

$$\sum_{k=0}^{n+1} k = \frac{1}{2}(n+1+1)(n+1) \,. \tag{3.6}$$

Dies geschieht folgendermaßen:

$$\sum_{k=0}^{n+1} k = \left(\sum_{k=0}^{n} k \right) + n + 1 \overset{(3.5)}{=} \frac{1}{2}(n+1)n + n + 1$$

$$= \frac{1}{2}(n+2)(n+1) \,.$$

Das zeigt gerade (3.6).

2) Für alle $n \in \mathbb{N}$ gilt:

$$\sum_{k=1}^{n} (2k-1) = n^2 \,. \tag{3.7}$$

Auch das kann man sich durch Induktion klarmachen:

---

[7] Sollte „stören", dass noch keine rationalen Zahlen eingeführt sind, können diese und nachfolgende Gleichungen auch ganz in $\mathbb{N}$ geschrieben werden, hier durch

$$2\sum_{k=0}^{n} k = (n+1)n \,.$$

$$n = 1 : \sum_{k=1}^{1}(2k - 1) = 1 = 1^2$$

$$n \to n + 1 : \sum_{k=1}^{n+1}(2k - 1) = \sum_{k=1}^{n}(2k - 1) + 2n + 1 = n^2 + 2n + 1 = (n + 1)^2 \qquad \circ$$

mit der binomischen Formel (siehe (1.30)).

Gleichung (3.7) gilt auch für $n = 0$, wenn allgemein für $a_k \in \mathbb{R}$

$$\sum_{k=n}^{m} a_k := 0 \quad \text{für } m < n$$

gesetzt wird.

Es gibt auch einen „induktionsfreien" Beweis von (3.4), den angeblich schon der 5fünfjährige Carl Friedrich GAUSS[8] kannte (siehe Kehlmann (2005)[9]):

$$\sum_{k=0}^{n} k = \sum_{k=0}^{n}(n - k) \; \Rightarrow \; 2\sum_{k=0}^{n} k = \sum_{k=0}^{n} k + (n - k) = \sum_{k=0}^{n} n = (n + 1)n \,,$$

also

$$\sum_{k=0}^{n} k = \frac{1}{2}(n + 1)n \,.$$

Dieses Beispiel zeigt, dass mit Hilfe der vollständigen Induktion Formeln nicht berechnet, sondern lediglich auf ihre Gültigkeit überprüft werden können. Beide Beispiele haben die Gestalt

$$\sum_{k=n_0}^{n} f(k) = g(n) \quad \text{für alle } n \in \mathbb{N}_0, n \geq n_0 \tag{3.8}$$

für gewisse Abbildungen $f, g : \mathbb{N} \to \mathbb{R}$ und $n_0 \in \mathbb{N}_0$.

Beispiel 3.4, 1):

$$f(k) = k \,, \; g(n) = \frac{1}{2}(n + 1)n \,, \; n_0 = 0 \,,$$

Beispiel 3.4, 2):

$$f(k) = 2k - 1 \,, \; g(n) = n^2 \,, \; n_0 = 1 \,.$$

---

[8] Johann Carl Friedrich GAUSS ∗30. April 1777 in Braunschweig, †23. Februar 1855 in Göttingen
[9] D. KEHLMANN (2005). *Die Vermessung der Welt*. 1. Aufl. Reinbek: Rowohlt.

Die Berechnung (3.8) lässt sich äquivalent als „Rekursion" für g bei gegebenem f schreiben:

Satz 3.5

Seien $f, g : \mathbb{N} \to \mathbb{R}$ Abbildungen, dann ist (3.8) äquivalent mit

$$g(n_0) = f(n_0) \quad \text{und}$$
$$g(n + 1) = g(n) + f(n + 1) \quad \text{für } n \in \mathbb{N}, \, n \geq n_0 \, .$$

Beweis: „$\Rightarrow$": Ist klar.
„$\Leftarrow$": Für $n = n_0$ gilt

$$\sum_{k=n_0}^{n_0} f(k) = f(n_0) = g(n_0) \, . \tag{3.9}$$

Sei $n \in \mathbb{N}, \, n > n_0$ beliebig, dann:

$$g(n) = g(n - 1) + f(n)$$
$$= g(n - 2) + f(n - 1) + f(n)$$
$$\vdots$$
$$= g(n_0) + \sum_{k=n_0+1}^{n} f(k)$$
$$= f(n_0) + \sum_{k=n_0+1}^{n} f(k) = \sum_{k=n_0}^{n} f(k) \, .$$

Tatsächlich verbirgt sich hinter den Pünktchen wieder ein Induktionsbeweis:

$$n = n_0 : \text{siehe (3.9)} \, ,$$

$$n \to n + 1 : \sum_{k=n_0}^{n+1} f(k) = \sum_{k=n_0}^{n} f(k) + f(n + 1) =$$

$$\sum_{k=n_0}^{n} f(k) + g(n + 1) - g(n) \overset{(!)}{=} g(n) + g(n + 1) - g(n) = g(n + 1) \, .$$

Bei (!) geht die Induktionsvoraussetzung ein. $\qquad\square$

Mit Satz 3.5 können nun (3.4) und (3.7) alternativ „induktionsfrei" gezeigt werden.

Beispiel 3.4, 1):

$$g(n + 1) - g(n) = \frac{1}{2}(n + 2)(n + 1) - \frac{1}{2}(n + 1)n = \frac{1}{2}(n + 1)2 = f(n + 1) .$$

Beispiel 3.4, 2):

$$g(n + 1) - g(n) = (n + 1)^2 - n^2 = 2n + 1 = f(n + 1) .$$

Denken Sie an den Induktionsanfang, andernfalls können falsche Aussagen wie

$$\sum_{k=0}^{n} k = \frac{1}{2}\left(n + \frac{1}{2}\right)^2 \tag{3.10}$$

„bewiesen" werden. Gleichung (3.10) ist falsch für alle $n \in \mathbb{N}_0$, da immer

$$\frac{1}{2}\left(n + \frac{1}{2}\right)^2 \neq \frac{1}{2}(n + 1)n .$$

Der Induktionsschluss ist aber für (3.10) durchführbar. Es gilt

$$\sum_{k=0}^{n+1} k = \frac{1}{2}\left(n + \frac{1}{2}\right)^2 + n + 1 = \frac{1}{2}\left((n + 1) + \frac{1}{2}\right)^2 .$$

Manchmal ist es nützlich, eine Variante des Induktionsprinzips zur Verfügung zu haben, die mit einer scheinbar schwächeren Induktionsvoraussetzung auskommt gemäß folgendem Satz:

Satz 3.6: Induktionsprinzip II

Sei $n_0 \in \mathbb{N}_0$, und $\mathcal{A}(n)$ sei eine Aussage für jedes $n \in \mathbb{N}_0$, $n \geq n_0$. Es gelte:

1) $\mathcal{A}(n_0)$ ist wahr.

2) Für jedes $n \in \mathbb{N}_0$, $n \geq n_0$ gilt:

$(\mathcal{A}(k)$ ist wahr für alle $k \in \mathbb{N}_0$, $n_0 \leq k \leq n) \Rightarrow \mathcal{A}(n + 1)$ ist wahr.

Dann ist $\mathcal{A}(n)$ wahr für alle $n \in \mathbb{N}_0$, $n \geq n_0$.

Beweis: Durch Widerspruch. Sei

$$N := \{n \in \mathbb{N}_0 : n \geq n_0 \text{ und } \mathcal{A}(n) \text{ ist falsch}\} .$$

Annahme: $N \neq \emptyset$.
Nach Theorem 3.1 existiert das Minimum von N, bezeichnet mit $\underline{n}$. Nach 1) kann nicht $\underline{n} = n_0$ sein, also

$$\underline{n} > n_0 \ .$$

Sei $n \in \mathbb{N}_0$, sodass $n + 1 = \underline{n}$, also gilt für $k \in \mathbb{N}$, $n_0 \leq k \leq n$: $k \notin N$, und damit ist $\mathcal{A}(k)$ wahr.
Wegen 2) folgt:

$$\mathcal{A}(\underline{n}) = \mathcal{A}(n + 1) \text{ ist wahr}, \text{ d. h. } \underline{n} \notin N : \text{ Widerspruch!} \qquad \square$$

Als weiteres Beispiel soll die eindeutige Existenz einer Primzahlzerlegung für $n \in \mathbb{N}$, $n \geq 2$, nachgewiesen werden.

Definition 3.7

1) Sei $n \in \mathbb{N}_0$, $m \in \mathbb{N}$ heißt *Teiler* von n, wenn ein $l \in \mathbb{N}_0$ existiert, sodass

$$n = l \cdot m \ ,$$

in Zeichen: $m \mid n$.

2) Sei $p \in \mathbb{N}$, $p \geq 2$, p heißt *Primzahl* bzw. *prim*, wenn p nur die Teiler 1 und p hat.

3) Seien $p_1, \ldots, p_k \in \mathbb{N}$ endlich viele Primzahlen, die nicht notwendig verschieden sein müssen, und sei $n := \prod_{i=1}^{k} p_i \in \mathbb{N}$, dann heißt

$$n = \prod_{i=1}^{k} p_i$$

eine *Primfaktorzerlegung* von n bzw. p_i, $i = 1, \ldots, k$, heißen *Primfaktoren* von n .

Bemerkungen 3.8 1) Es gilt immer $1 \mid n$, $n \mid n$ für $n \in \mathbb{N}$.

2) Sei $n \in \mathbb{N}$. Gilt $m \mid n$, dann $m \leq n$.

3) Sei $n \in \mathbb{N}$ und $p \in \mathbb{N}$ prim. Die Zahl p ist Primfaktor von n genau dann, wenn $p \mid n$ (man beachte die Existenzaussage von Theorem 3.9).   △

Theorem 3.9: Fundamentalsatz der Zahlentheorie

Sei $n \in \mathbb{N}$, $n \geq 2$. Dann besitzt n eine Primfaktorzerlegung, die bis auf Umordnung der Primfaktoren eindeutig ist.

Beweis: Existenz (durch Widerspruch):

Sei $M := \{n \in \mathbb{N} : n \geq 2$ und n besitzt eine Primfaktorzerlegung$\}$.

Annahme: $M \neq \{n \in \mathbb{N} : n \geq 2\}$, dann ist $H := \{n \in \mathbb{N} : n \geq 2\} \backslash M \neq \emptyset$ und hat daher nach Theorem 3.1 ein Minimum $\underline{n}$. Da $\underline{n}$ keine Primfaktorzerlegung hat, ist $\underline{n}$ nicht prim, hat also einen Teiler $n < \underline{n}, n > 1$:

$$\underline{n} = n \cdot m \quad \text{für gewisse } n, m \in \mathbb{N}, \text{ sodass } n, m < \underline{n}.$$

Somit gilt $m, n \notin H$, und somit haben sie eine Primfaktorzerlegung:

$$n = \prod_{i=1}^{k} p_i \quad \text{und} \quad m = \prod_{j=1}^{l} q_j.$$

Also hat auch $\underline{n}$ im Widerspruch zur Definition eine Primfaktorzerlegung:

$$\underline{n} = \prod_{i=1}^{k} p_i \cdot \prod_{j=1}^{l} q_j.$$

Eindeutigkeit (durch Widerspruch):

Sei $N := \{n \in \mathbb{N} : n$ hat verschiedene Primfaktordarstellungen$\}$.

Annahme: $N \neq \emptyset$, dann existiert wieder $\underline{n} := \min(N)$. Sei also

$$\underline{n} = \prod_{i=1}^{k} p_i = \prod_{j=1}^{l} q_j,$$

wobei die Primfaktoren aufsteigend angeordnet sind:

$$p_1 \leq p_2 \leq \ldots \leq p_k \quad \text{und} \quad q_1 \leq q_2 \leq \ldots \leq q_l.$$

Jedes p_i ist von jedem q_j verschieden, da bei einem gemeinsamen Faktor durch Kürzen ein kleineres Element von N entstehen würde. Insbesondere ist der Fall $l = 1$ (und damit $k = 1$) nicht möglich.

O. B. d. A. kann

$$p_1 < q_1$$

angenommen werden. Sei $m := p_1 \prod_{j=2}^{l} q_j$, dann gilt

$$\underline{n} - m = (q_1 - p_1) \prod_{j=2}^{l} q_j \in \mathbb{N}, \quad \text{d. h. } \underline{n} - m \geq 2 \tag{3.11}$$

und auch

$$\underline{n} - m = p_1 \cdot r_1 \ldots r_s, \tag{3.12}$$

eventuell mit gewissen weiteren Primzahlen $r_1, \ldots, r_s$ wegen der schon bewiesenen Existenz einer Primfaktorzerlegung für eine beliebige natürliche Zahl.

Ist $q_1 - p_1 = 1$, so sind (3.11), (3.12) Primfaktorzerlegungen der gleichen Zahl, die verschieden sind, da p_1 in nur einer auftritt.

Ist $q_1 - p_1 \geq 2$, so gibt es eine Primfaktorzerlegung davon, in der p_1 nicht auftritt, denn aus $p_1 \mid (q_1 - p_1)$ folgte auch $p_1 \mid q_1$, sodass wieder verschiedene Primfaktorzerlegungen von $\underline{n} - m$ vorliegen. Wegen

$$\underline{n} - m < \underline{n}$$

widerspricht dies der Minimalität von $\underline{n}$ in dieser Eigenschaft.   □

Der obige Beweis ist nicht konstruktiv. Dazu müssen folgende Schritte konstruktiv gemacht werden:

- Bestimmung aller Primzahlen ($\leq N$ für ein $N \in \mathbb{N}$),
- Bestimmung der Primfaktorzerlegung für n ($\leq N$).

Bei beiden Problemen sind seit der Antike Verfahren bekannt, die für moderate N anwendbar sind. Beim Auffinden von Primzahlen ist folgender Satz nützlich:

Satz 3.10

1) Sei $n \in \mathbb{N}$ und habe keinen Primfaktor p mit $p^2 \leq n$, dann ist n prim.

2) Seien $n, p \in \mathbb{N}$, p Primfaktor von n. Gibt es keinen Primfaktor $p' < p$ von n und ist $q := n/p < p^2$, dann ist q prim, d. h. $n = p \cdot q$ eine Primfaktorzerlegung.

Beweis: Zu 1): Wäre n nicht prim, dann also zerlegbar in $n = x \cdot y$ mit $x, y \in \mathbb{N}$, $1 < x \leq y < n$, und damit $x^2 \leq n$. Insbesondere hätte x und damit n dann einen Primfaktor p mit $p^2 \leq n$ im Widerspruch zur Annahme.

Zu 2): Anwendung von Teilaufgabe 1) auf q liefert die Behauptung, denn wäre q nicht prim und hätte einen Primfaktor $\tilde{p}$ mit $\tilde{p}^2 \leq q < p^2$ und $q = \tilde{p} \cdot r$ und damit $n = p \cdot \tilde{p} \cdot r$. Also ist $\tilde{p} < p$ ein Primfaktor von n im Widerspruch zur Annahme.   □

Die Primzahlen $p \leq N$ für gegebenes $N \in \mathbb{N}$ können also mit dem *Sieb des* ERATOSTHENES[10] gefunden werden:

Von der aktuellen Primzahl werden alle Vielfachen aus der Liste $2, \ldots, N$ entfernt, die kleinste verbleibende Zahl ist die nächste Primzahl p, mit der ebenso verfahren wird, bis ein p mit $p^2 > N$ erreicht ist.

Für die Faktorisierung kann das auch an der Schule gelehrte Verfahren der *Probedivision* verwendet werden, bei dem die Primzahlen aufsteigend auf Teilereigenschaft geprüft werden (mit dem Divisionsalgorithmus). Es reicht dabei nach

---

[10] Eratosthenes *zwischen 276 und 273 v. Chr. in Kyrene, †um 194 v. Chr. in Alexandria

Satz 3.10, 1), bis zur kleinsten Primzahl p zu gehen, die $p^2 \geq n$ für das betrachtete $n \in \mathbb{N}$ erfüllt.

Algorithmus 12: Primfaktorzerlegung mittels Probedivision

```python
import math


def erat(N):
    """Ermittelt alle Primzahlen kleiner oder gleich N
    mittels des Sieb des Erathostenes.

    :param N: Obere Schranke fuer Primzahlen.
    :return: Sortierte Liste aller Primzahlen <= N.
    """
    is_prime = (N + 1) * [True]
    for i in range(2, math.ceil(math.sqrt(N)) + 1):
        if is_prime[i]:
            for j in range(i * i, N + 1, i):
                is_prime[j] = False
    return [i for i in range(2, N + 1) if is_prime[i]]


def probediv(n):
    """Ermittelt die Primfaktorzerlegung einer Zahl n
    mittels Probedivision.

    :param n: Zahl, deren Primfaktorzerlegung gesucht ist.
    :return: Sortierte Liste (ggf. mit Mehrfacheintraegen)
             aller Primfaktoren.
    """
    primes = erat(math.ceil(math.sqrt(n)))
    factors = []
    for p in primes:
        while n % p == 0:
            factors.append(p)
            n = n // p
    if n > 1:
        factors.append(n)
    return sorted(factors)
```

Auf Pierre de FERMAT[11] gehen Faktorisierungsmethoden zurück, die (das ungerade) n darstellen als die Differenz von Quadraten x^2, y^2, da dann mit $x + y$ bzw. $x - y$ kleinere Faktoren bekannt sind, mit denen dann z. B. mit der Probedivision weiter verfahren werden kann. Dazu sei $m \in \mathbb{N}$ die kleinste Zahl, für die $m^2 \geq n$ gilt und man bildet sukzessiv $m^2 - n$, $(m + 1)^2 - n$, $\cdots$, bis eine Quadratzahl gefunden ist. Dabei kann $(m + 1)^2 = m^2 + 2m + 1$ benutzt werden.

---

[11] Pierre de FERMAT *17. August 1601 in Beaumont-de-Lomagne, Frankreich, †12. Januar 1665 in Castres, Frankreich

In den letzten Jahrzenten wurden viele effiziente Verfahrensvarianten (unter Verwendung „nicht üblicher" Zahlenbereiche, siehe auch Anhang F) gefunden. Es gilt aber weiterhin:

Eine Primfaktorzerlegung ist zumindest für große n nur aufwendig zu bestimmen, während Produkte auch sehr großer Zahlen effizient bestimmt werden können (siehe Abschnitt 7.3). Darauf beruhen *asymmetrische Verschlüsselungsverfahren*, bei denen es einen privaten Schlüssel (zur Entschlüsselung) – bestehend aus zwei sehr großen Primzahlen – und einen öffentlichen Schlüssel (zur Verschlüsselung) – bestehend aus deren Produkt – gibt. Nach RIVEST[12], SHAMIR[13] und ADLEMAN[14] spricht man vom *RSA-Verfahren*.

Schon in der Antike war bekannt, dass folfendes Theorem gilt

Theorem 3.11

Die Menge der Primzahlen ist unendlich.

Beweis: Durch Widerspruch. Die Menge der Primzahlen P sei endlich, also bijektiv auf einen Abschnitt $\{1, \ldots, n\}$ abbildbar. Dadurch wird P zu $p_1, \ldots, p_n$ indiziert. Sei

$$p := \prod_{i=1}^{n} p_i + 1 \,,$$

dann ist $p > p_i$ für alle $i = 1, \ldots, n$, also $p \notin P$. Andererseits muss p prim sein, denn die Definition besagt gerade, dass p durch p_i, $i = 1, \ldots, n$ mit Rest 1 teilbar ist, und da dieser eindeutig ist (Theorem 2.13), also nicht mit Rest 0. Damit ist ein Widerspruch erreicht. □

Am Beispiel 3.4 ff. haben wir gesehen, dass das Induktionsprinzip eng mit dem *Prinzip der rekursiven Definition* zusammenhängt, d. h. ein Ausdruck aus n „Bausteinen" wird dadurch definiert, dass erst der Ausdruck für $n = 0$ oder $n = 1$ oder $n = 2$ definiert wird und dann eine Definitionsvorschrift angegeben wird, wie aus dem Ausdruck für $n \in \mathbb{N}$ als „Baustein" oder den Ausdrücken für $k \leq n$ als „Bausteine", der für $n + 1$ gebildet werden kann.

Ein Beispiel ist die Definition der *Potenz*, zum Beispiel für die Multiplikation in $\mathbb{N}_0$ (oder in $\mathbb{R}$):

Sei $x \in \mathbb{N}_0$ und $n \in \mathbb{N}_0$. Wir setzen

$$x^0 := 1, \ x^{n+1} := x^n \cdot x \,. \tag{3.13}$$

Dass auf diese Weise immer ein eindeutiger Ausdruck definiert wird, zeigt

---

[12] Ronald Linn RIVEST ∗6. Mai 1947 in Schenectady,

[13] Adi SHAMIR ∗6. Juli 1952 in Tel Aviv,

[14] Leonard ADLEMAN ∗31. Dezember 1945 in San Francisco,

Satz 3.12

Sei X eine nicht leere Menge und $a \in X$. Für $n \in \mathbb{N}$ sei eine Abbildung V_n : $X^n \to X$ gegeben. Dann gibt es eine eindeutig bestimmte Abbildung $f : \mathbb{N}_0 \to X$ mit folgenden Eigenschaften:

1) $f(0) = a$,

2) $f(n + 1) = V_{n+1}(f(0), f(1), \ldots, f(n))$ für alle $n \in \mathbb{N}$.

Beweis: Siehe AMANN und ESCHER 1998 (S. 43 f.).   □

Will man z. B. in $\mathbb{N}_0$ (oder in $\mathbb{R}$) das *allgemeine Produkt* für $x_0, \ldots, x_n \in \mathbb{N}_0$ durch

$$\prod_{k=0}^{n} x_k = x_0 \cdot x_1 \cdot \ldots \cdot x_n \tag{3.14}$$

definieren, so ist damit die rekursive Definition durch

$$V_n : \mathbb{N}_0^n \to \mathbb{N}_0, \quad (y_0, \ldots, y_{n-1}) \mapsto y_{n-1} \cdot x_n, \qquad n \in \mathbb{N}$$

gemeint, da Satz 3.12 die eindeutige Existenz einer Abbildung f sichert mit

$$f(0) = x_0 =: \prod_{k=0}^{0} x_k,$$

$$\prod_{k=0}^{n} x_k := f(n) = V_n(f(0), \ldots, f(n-1)) = f(n-1) \cdot x_n = \prod_{k=0}^{n-1} x_k \cdot x_n. \tag{3.15}$$

Diese Überlegung kann auf jede Verknüpfung $*$ auf einer Menge übertragen werden. Beispiele, für die solche Konstruktionen schon gemacht wurden, sind die logischen Operatoren $\wedge$ bzw. $\vee$ auf der „Menge" der Aussagen (siehe (1.8)) sowie die Mengenoperationen $\cap$ bzw. $\cup$ auf $X = \mathcal{P}(M)$ für eine Menge M (siehe (1.29)).

Wichtig war dies auch für die rekursive Definition der Addition und der Multiplikation auf $\mathbb{N}_0$ (siehe Beweis von Theorem 2.5). Um die eindeutige Existenz von

$$+_m : \mathbb{N}_0 \to \mathbb{N}_0, \quad n \mapsto m + n \qquad \text{bei beliebig, festem } m \in \mathbb{N}_0$$

einzusehen, setze man

$$f(0) := m$$
$$f(n + 1) = V_1(f(n)),$$

wobei $V_1 : \mathbb{N}_0 \to \mathbb{N}_0$ durch $V_1(k) = k^+$ definiert ist. Die dann eindeutig existierende Abbildung $f : \mathbb{N}_0 \to \mathbb{N}_0$ erfüllt die Eigenschaften

$$f(0) = m \quad \text{und} \quad f(n+1) = f(n)^+ \,,$$

genau wie das gewünschte $g(n) := m + n$, da nach (2.4), (2.5)

$$g(0) = m + 0 = m \,,$$
$$g(n+1) = m + n^+ = (m+n)^+ = g(n)^+$$

gilt, und entsprechend ergibt sich für beliebig festes $m \in \mathbb{N}_0$

$$f(0) := 0 \,,$$
$$f(n+1) = V_1(f(n)) \,,$$
$$V_1(k) := k + m \,,$$

wegen (2.12), eindeutig eine Abbildung

$$\cdot_m : \mathbb{N}_0 \to \mathbb{N}_0 \,, \quad n \mapsto m \cdot n \,,$$

da

$$f(0) = 0 \quad \text{und} \quad f(n+1) = f(n) + m \,.$$

Auch die allgemeine Produktbildung ordnet sich hier formal ein (siehe (1.54)). In (3.14) wird eine ganz spezielle Klammerung zugrunde gelegt, für $n = 2$ etwa

$$(x_0 \cdot x_1) \cdot x_2$$

und nicht

$$x_0 \cdot (x_1 \cdot x_2) \,.$$

Ist die Verknüpfung assoziativ, was für alle obigen Beispiele gilt (siehe (1.6), Satz 1.5, 2), (1.51)), so führt auch jede andere Klammerung zum gleichen Ergebnis, und das auch allgemein, d. h. bei mehr als zwei Verknüpfungen.

Lemma 3.13

Sei $*$ eine assoziative Verknüpfung auf einer Menge X. Dann kommt es auch bei mehr als drei Faktoren nicht auf die Stellung der Klammern in einem durch Mehrfachanwendung von $*$ gebildeten Ausdruck an.

Beweis: Siehe AMANN und ESCHER (1998, S. 42 f.). $\qquad\qquad\square$

Am Rande bemerkt: Alles nur Schall und Rauch? Hilberts zweites Problem

Eigentlich können wir uns beruhigt zurücklehnen. Die Mengenlehre ist axiomatisch fundiert, und mit der *Arithmetik* sowie den PEANO-Axiomen ist ein Fundament gegeben, aus dem wir das ganze Zahlensystem und die bekannte Mathematik ableiten können. Auch haben wir in Anhang C ein mengentheoretisches Modell für $\mathbb{N}_0$ angegeben (was aber wieder auf dem Unendlichkeitsaxiom beruht). Was aber, wenn die PEANO-Axiome tief verborgen einen Widerspruch beinhalten, sodass irgendwann einmal nicht nur eine Aussage A, sondern auch $\neg A$ ableitbar wäre? Dann wäre jede Aussage ableitbar und die Mathematik würde in sich zusammenfallen. Natürlich ist jeder überzeugt, dass die PEANO-Axiome *widerspruchsfrei* sind. David HILBERT war sogar davon überzeugt, dass diese *Widerspruchsfreiheit* auch beweisbar ist, und hat dies als Forschungsprogramm (*Hilbertprogramm*) vorgeschlagen. Insbesondere erscheint die Frage als zweite in einer Liste von 23 ungelösten Problemen der Mathematik im Rahmen seines Vortrags auf dem internationalen Mathematikkongress in Paris im Jahr 1900. Für ein Axiomensystem ist neben der Widerspruchsfreiheit seine *Vollständigkeit* wichtig: Dies bedeutet, dass jede wahre Aussage auch beweisbar ist (d. h. durch eine endliche Kette von Schlüssen aus den Axiomen gefolgert werden kann – ohne dass diese Kette bekannt sein muss) und auch die *Entscheidbarkeit* von Aussagen, was bedeutet, dass ein noch zu präzisierendes Verfahren existiert, das für jede Aussage entscheiden kann, ob sie wahr ist oder nicht. Die Argumentationssysteme, in denen diese Fragen angegangen werden können, müssen den zu untersuchenden Axiomensystemen übergeordnet sein und nur solche eingeschränkten Regeln enthalten, deren Widerspruchsfreiheit sofort einsichtig ist, denn in einem widersprüchlichen System kann mit seinen Regeln insbesondere seine Widerspruchsfreiheit gezeigt werden. Für Systeme schwächer als die PEANO-Axiome könnten diese Probleme auch positiv angegangen werden. Fast gleichzeitig wurde entdeckt, dass für ein hinreichend „umfangreiches" Axiomensystem, wie etwa die PEANO-Axiome, aber der *erste Unvollständigkeitssatz* von K. GÖDEL[15] gilt, den dieser 1930 formulierte: Ein hinreichend umfangreiches Axiomensystem ist entweder widersprüchlich oder unvollständig. Damit gibt es also immer wahre Aussagen, die nicht beweisbar sind, und das genannte HILBERT'sche Ziel hat sich als unerreichbar herausgestellt, da die Mengenlehre nach ZF oder auch ZFC (d. h. mit dem Auswahlaxiom) „hinreichend umfangreich" ist. Bisher hat noch nichts auf die Widersprüchlichkeit der PEANO-Axiome hingedeutet, aber nach GÖDEL gibt es auch den zweiten Unvollständigkeitssatz: Für ein hinreichend umfangreiches Axiomensystem, das widerspruchsfrei ist, kann die Widerspruchsfreiheit nicht innerhalb des Systems bewiesen werden.

---

[15] Kurt Friedrich GÖDEL *28. April 1906 in Brünn, †14. Januar 1978 in Princeton

Aufgaben

Aufgabe 3.1 Zeigen Sie (mit Hilfe von Satz 3.5) für $n \in \mathbb{N}$:

$$\sum_{k=1}^{n} k^2 = \frac{1}{6}n(n+1)(2n+1) \, .$$

Aufgabe 3.2 Sei $n \in \mathbb{N}$. Das Produkt

$$n! := \prod_{k=1}^{n} k$$

heißt n *Fakultät*. Für $n = 0$ sei $0! := 1$. Damit werden die *Binomialkoeffizienten* definiert durch

$$\binom{n}{0} := 1, \quad \binom{n}{n+1} := 0 \quad \text{für } n \in \mathbb{N}_0$$

und rekursiv für $n \in \mathbb{N}_0$ durch

$$\binom{n+1}{k+1} := \binom{n}{k} + \binom{n}{k+1} \quad \text{für } k \in \mathbb{N}_0, \ 0 \le k \le n \, .$$

Zeigen Sie:

a) Es gilt $\binom{n}{1} = n$.

b) $\displaystyle\prod_{l=n-k+1}^{n} l$ ist durch $k!$ teilbar und in diesem Sinn

$$\binom{n}{k} = \frac{n \cdot \ldots \cdot (n-k+1)}{k!} = \frac{n!}{k!(n-k)!} \, .$$

c) Es gilt $\binom{n}{n-k} = \binom{n}{k}$ für $k \in \mathbb{N}_0, 0 \le k \le n$.

d) Schreiben Sie eine PYTHON-Prozedur zur Berechnung von

1) $\binom{n}{k}$ (zur Effizienzsteigerung soll auch c) benutzt werden),

2) allen $\binom{n}{k}$, $0 \le n \le N, 0 \le k \le n$ (PASCAL[16]'sches Dreieck).

Aufgabe 3.3 (L) Es sei $(R, +, 0)$ eine kommutative Halbgruppe mit neutralem Element 0, $(R, *, e)$ eine Halbgruppe mit neutralem Element e, und das Distributivgesetz

$$(a + b) * c = a * c + b * c \quad \text{für } a, b, c \in R$$

---

[16] Blaise PASCAL $*$19. Juni 1623 in Clermont-Ferrand, †19. August 1662 in Paris

gelte. Es seien $a, b \in R$, und es gelte $a * b = b * a$. Zeigen Sie für $n \in \mathbb{N}$ die *binomische Formel*

$$(a + b)^n = \sum_{k=0}^{n} \binom{n}{k} a^k * b^{n-k} .$$

Dabei ist $a^0 := e$, $a^l := a^{l-1} * a$ für $l \in \mathbb{N}$, und weiter ist ka für $k \in \mathbb{Z}, a \in R$ definiert durch (siehe Definition 4.38, Bemerkungen 4.44, 5))

$$0a = 0$$
$$(k + 1)a := ka + a \quad \text{für } k \in \mathbb{N}_0$$

bzw. falls $(R, +, 0)$ zusätzlich eine Gruppe ist (siehe Definition 4.2)

$$ka := (-k)(-a) \quad \text{für } k \in \mathbb{Z}, k < 0 .$$

Insbesondere gilt also die erste *binomische Formel*

$$(a + b)^2 = a^2 + 2a * b + b^2 .$$

Unter welchen Bedingungen gilt die *zweite* bzw. *dritte binomische Formel*

$$(a + (-b))^2 = a^2 + (-2a * b) + b^2 ,$$
$$(a + b) * (a + (-b)) = a^2 + (-b^2) ?$$

Aufgabe 3.4 (L) Die Zahlen n und $n + 1$ können keinen gemeinsamen Primfaktor haben.

Aufgabe 3.5

a) n und $n + 1$ können nicht gemeinsam Primzahlen sein, mit der Ausnahme $n = 2$.

b) Sind n und $n + 2$ Primzahlen, so heißen sie *Primzahlzwillinge*. Finden Sie einige (möglichst große).

Aufgabe 3.6 Schreiben sie eine PYTHON-Prozedur zur Realisierung der Faktorisierungsmethode nach FERMAT

a) in Kombination mit der Probedivision (Algorithmus 12),

b) iterierend bis zum Erhalt der Primfaktorzerlegung.

Aufgabe 3.7 Sei $n \in \mathbb{N}$ ungerade. Dann gibt es $x, y \in \mathbb{N}$, sodass

$$x^2 - y^2 = n .$$

Teil II
Mathematik =
Abstraktion + Approximation:
Eine Reise durch die Welt der Zahlen

Kapitel 4
Von den natürlichen zu den rationalen Zahlen

4.1 Der Ring der ganzen Zahlen $\mathbb{Z}$

Während die natürlichen Zahlen $1, 2, 3 \ldots$ historisch sehr alt sind, die Zahl 0 erstaunlich spät in der Geistesgeschichte formalisiert worden ist, hat es zumindest in Europa bis in das Mittelalter gedauert, bis das Konzept der negativen Zahlen und damit der ganzen Zahlen $\mathbb{Z}$ entstanden ist. Das ist umso unverständlicher, als diese Zahlen notwendig sind, um eines der verbliebenen Defizite der Zahlenmenge $\mathbb{N}$ aufzuheben.

So ist die Gleichung

$$m + d = n \,, \tag{4.1}$$

für gegebene $m, n \in \mathbb{N}_0$ und gesuchtem $d \in \mathbb{N}_0$, d. h., gesucht ist die Differenz $d := n - m$, in $\mathbb{N}_0$ nicht immer lösbar, sondern per definitionem genau dann, wenn $m \leq n$ ist. Differenzen können also nicht immer gebildet werden, und wie man schon aus der Grundschule weiß, ist Subtrahieren unangenehmer als Addieren. Obwohl das Konzept der negativen Zahlen schon lange in China und später in Indien bekannt war, wurde es von der antiken Mathematik insofern abgelehnt, als die Lösung z. B. in $5x + 20 = 0$ als „absurd" bezeichnet wurde. Erst im 17. Jahrhundert setzten sich negative Zahlen als Bezeichnung für Schulden im kaufmännischen Rechnen durch, wurden aber als Lösungen in Gleichungen nicht anerkannt (siehe „Am Rande bemerkt" zu Abschnitt 4.2). Aus moderner Sicht verfolgt die Erweiterung der natürlichen Zahlen $\mathbb{N}_0$ zur Zahlenmenge $\mathbb{Z}$ gerade das Ziel, dieses beschriebene Defizit aufzuheben, d. h. eine beliebige Differenzenbildung durch die Einführung von *inversen Elementen* möglich zu machen, wonach dann die Differenzenbildung nur die Addition (mit allen angenehmen Verknüpfungseigenschaften) des inversen Elements darstellt. Es geht also darum, beliebigen „Differenzen" natürlicher Zahlen einen Sinn zu geben mit einer Erweiterung der Verknüpfungen $+$ und $\cdot$, sodass die verifizierten Eigenschaften erhalten bleiben, zusätzlich aber die Gleichung (4.1) allgemein lösbar wird. Als „Modell" für die Differenzenmenge wird das kartesische Produkt $\mathbb{N}_0 \times \mathbb{N}_0$ wie folgt genommen:

© Springer-Verlag GmbH Deutschland, ein Teil von Springer Nature 2019
P. Knabner et al., *Mit Mathe richtig anfangen*,
https://doi.org/10.1007/978-3-662-59230-4_4

$$\tilde{\mathbb{Z}} := \mathbb{N}_0 \times \mathbb{N}_0$$

mit der Addition

$$(m, n) + (m', n') := (m + m', n + n') \quad \text{für } m, m', n, n' \in \mathbb{N}_0 , \tag{4.2}$$

da dieses dem Ziel

$$(m - n) + (m' - n') = m + m' - (n + n')$$

(bei Gültigkeitsannahme der gewünschten Rechenregeln) entspricht.

Da $(\mathbb{N}_0, +)$ eine kommutative Halbgruppe mit neutralem Element 0 darstellt, ist auch $\tilde{\mathbb{Z}}$ eine kommutative Halbgruppe mit neutralem Element $(0, 0)$.

Die Konstruktion hat zwei Defizite: Es sind noch keine inversen Elemente hinzugekommen, und Paare aus $\tilde{\mathbb{Z}}$ müssen miteinander identifiziert werden, da z. B. $(3, 5)$ (d. h. „3 − 5") und $(5, 7)$ (d. h. „5 − 7") die gleiche Zahl (nämlich „−2") bedeuten sollen. Auf $\tilde{\mathbb{Z}}$ wird also eine Relation eingeführt:

Seien $(m, n), (\bar{m}, \bar{n}) \in \tilde{\mathbb{Z}}$, dann

$$(m, n) \sim (\bar{m}, \bar{n}) \quad \Leftrightarrow \quad m + \bar{n} = \bar{m} + n . \tag{4.3}$$

Die folgenden Überlegungen benutzen ausschließlich die Tatsache, dass auf der Menge $\mathbb{N}_0$ eine Verknüpfung + später auch eine Verknüpfung · bzw. die Ordnung $\leq$ existiert, mit den in den Sätzen 2.5 bzw. 2.8 formulierten Eigenschaften. Die eventuelle Konstruktion der natürlichen Zahlen spielt hier keine Rolle. Insofern sind die folgenden Aussagen auch allgemeiner und zeigen, wie durch die hier vorgestellten algebraischen Konstruktionen Eigenschaften auf neue Mengen übertragen bzw. dadurch dann auch zusätzliche Eigenschaften generiert werden können. Die einzelnen Referenzen auf die Sätze 2.5 bzw. 2.8 werden nur in Ausnahmefällen explizit formuliert. Es wird der Leserin bzw. dem Leser dringend geraten, sich bei jedem Beweisschritt zu vergewissern, auf welche Eigenschaften zurückgegriffen wird.

Lemma 4.1

Die Relation $\sim$ ist eine Äquivalenzrelation.

Beweis: Reflexivität und Symmetrie sind offensichtlich, die Transitivität ergibt sich aus folgender Überlegung:

$$(m, n) \sim (\bar{m}, \bar{n}) , \quad (\bar{m}, \bar{n}) \sim (\bar{\bar{m}}, \bar{\bar{n}})$$
$$\text{bedeuten} \quad m + \bar{n} = \bar{m} + n , \quad \bar{m} + \bar{\bar{n}} = \bar{\bar{m}} + \bar{n} .$$

Addition von $\bar{\bar{n}}$ in der ersten Gleichung impliziert mit Hilfe der zweiten

$$m + \bar{n} + \bar{\bar{n}} = \bar{m} + n + \bar{\bar{n}} = \bar{\bar{m}} + \bar{n} + n ,$$

woraus nach Kürzen von $\bar{n}$ gerade

$$(m,n) \sim (\bar{\bar{m}},\bar{\bar{n}})$$

folgt.   □

Statt $\tilde{\mathbb{Z}}$ wird die Äquivalenzklassenmenge (siehe Satz 1.20)

$$\mathbb{Z} := \tilde{\mathbb{Z}}_{/\sim}$$
$$= \{[(m,n)] : (m,n) \in \tilde{\mathbb{Z}}\}$$

betrachtet.

Äquivalenzklassen $[(m,n)]$ werden also durch Repräsentanten (m,n) angegeben und (Verknüpfungs-)Definitionen mittels dieser Repräsentanten formuliert. Insofern muss sich also für einen anderen Repräsentanten $(\bar{m},\bar{n})$, d. h. bei

$$m + \bar{n} = \bar{m} + n,$$

die gleiche Definition ergeben (Wohldefinition). Tatsächlich wird $\mathbb{Z}$ durch eine komponentenweise Addition nach (4.2) nicht nur zu einer kommutativen Halbgruppe, sondern sogar zu einer Gruppe, wobei folgende Definition gilt:

Definition 4.2

Sei M eine nicht leere Menge und $*$ eine Verknüpfung auf M. $(M,*)$ heißt *Gruppe*, wenn $*$ assoziativ ist, ein neutrales Element e besitzt und zu jedem $m \in M$ ein *inverses Element* $n \in M$ mit

$$m * n = n * m = e$$

existiert. Das dann eindeutige inverse Element zu m wird als $-m$ bezeichnet. $M' \subset M$, $M' \neq \emptyset$, heißt *Untergruppe*, wenn $*$ eine Verknüpfung auf M' ist (d. h. nach M' abbildet) und $-m \in M'$ für $m \in M'$. In einer Gruppe ist für m,n die *Differenz* allgemein bildbar als

$$m - n := m * (-n).$$

Bemerkungen 4.3 1) Inverse Elemente sind eindeutig, daher ist für das inverse Element zu m eine auf m bezogene Bezeichnung wie $-m$ wohldefiniert. Seien nämlich $m \in M$ und $\bar{m}$, $\hat{m}$ inverse Elemente zu m, dann gilt

$$\bar{m} = \bar{m} * e = \bar{m} * (m * \hat{m}) = (\bar{m} * m) * \hat{m} = e * \hat{m} = \hat{m}.$$

Insbesondere ist also

$$-e = e, \ -(-m) = m \quad \text{für } m \in M \ .$$

2) Auch im nicht kommutativen Fall reicht es, nur eine der Gleichungen (d. h. etwa die Existenz von Linksinversen) zu fordern, da jede Linksinverse auch eine Rechtsinverse ist. Um das einzusehen, sei $(M, *)$ eine Halbgruppe mit neutralem Element e, sodass jedes $m \in M$ eine Linksinverse $\bar{m} \in M$, also

$$\bar{m} * m = e \ ,$$

besitzt. Nun ist zu zeigen, dass auch $m * \bar{m} = e$ gilt. Hierzu sei $\bar{\bar{m}}$ eine Linksinverse zu $\bar{m}$, dann ist

$$m * \bar{m} = e * (m * \bar{m}) = (\bar{\bar{m}} * \bar{m}) * (m * \bar{m})$$
$$= \bar{\bar{m}} * (\bar{m} * m) * \bar{m} = \bar{\bar{m}} * e * \bar{m}$$
$$= \bar{\bar{m}} * \bar{m} = e \ .$$

3) Seien $m, n \in M$. Die Gleichungen

$$m * x = n \quad \text{bzw.} \quad x * m = n$$

sind eindeutig lösbar, nämlich durch

$$x = (-m) * n \quad \text{bzw.} \quad x = n * (-m) =: n - m \ .$$

4) Interpretiert (schreibt) man die Gruppenverknüpfung als +, dann wird das neutrale Element als 0 geschrieben. Interpretiert (schreibt) man die Gruppenverknüpfung als ·, dann wird das neutrale Element als 1 geschrieben, das inverse Element zu m mit m^{-1} bezeichnet und statt von Differenz von *Quotient* gesprochen:

$$m/n := m \cdot n^{-1} \ .$$

5) Für eine Untergruppe M' gilt $0 \in M'$.
Sei $m \in M'$, dann $(-m) \in M'$ und so $0 = m + (-m) \in M'$.

Die Eigenschaft der eindeutigen Lösbarkeit von Gleichungen in Bemerkungen 4.3, 3) ist nicht nur notwendig, sondern auch hinreichend für eine Gruppe, genauer gilt:

Satz 4.4

Sei $(M, *)$ eine Halbgruppe. Wenn für alle $m, n \in M$ die Gleichungen

$$m * x = n \quad \text{bzw.} \quad x * m = n \tag{4.4}$$

in M lösbar sind, so ist $(M, *)$ eine Gruppe.

Beweis: Es ist also die Existenz eines neutralen Elements und von inversen Elementen zu zeigen. Das Erste erweist sich als schwieriger, da (4.4) zu $m \in M$ erst einmal nur Existenz eines „individuellen" linksneutralen $e_m \in M$ mit der Eigenschaft

$$e_m * m = m \qquad (*)$$

sichert (und auch ein individuelles rechtsneutrales $\bar{e}_m$). Sei also $m_0 \in M$ fest gewählt und $e := e_{m_0} \in M$ gemäß (*), sei $m \in M$ beliebig. Dann existiert nach (4.4) zu m_0 und m ein $x \in M$, sodass

$$m_0 * x = m \, .$$

Damit ergibt sich

$$e * m = e * (m_0 * x) = (e * m_0) * x = m_0 * x = m \, ,$$

und damit ist e ein „globales" Linksneutrales. Insbesondere gilt $e * e = e$. Um einzusehen, dass es auch ein globales Rechtsneutrales, d. h. ein gesuchtes neutrales Element ist, kann man folgendermaßen argumentieren (siehe KNABNER und BARTH 2012 Bemerkungen 3.5, 1)): Sei $m \in M$ beliebig. Nach (4.4) besitzt m in Bezug auf e ein Linksinverses $\bar{m}$, d. h.

$$\bar{m} * m = e \, ,$$

und auch dieses ein Linksinverses $m' \in M$, d. h.

$$m' * \bar{m} = e \, .$$

Damit folgt:

$$m = e * m = (m' * \bar{m}) * m = m' * (\bar{m} * m) = m' * e = m' * (e * e)$$
$$= (m' * e) * e = (m' * (\bar{m} * m)) * e = (m' * \bar{m}) * (m * e)$$
$$= e * (m * e) = m * e \, .$$

Der Nachweis der inversen Elemente ist jetzt direkter. Nach (4.4) gibt es zu jedem $m \in M$ ein $m_l \in M$ und ein $m_r \in M$, sodass

$$m_l * m = e \, , \quad m * m_r = e \, .$$

Diese Links- und Rechtsinversen sind tatsächlich gleich (und damit auch eindeutig), denn

$$m_l = m_l * e = m_l * (m * m_r) = (m_l * m) * m_r = e * m_r = m_r \, . \qquad \square$$

Bemerkungen 4.5 1) Nach Bemerkungen 4.3, 1) und Bemerkung 2.11 sind neutrale und inverse Elemente eindeutig, d. h., aus der universalen Lösbarkeit (4.4) folgt auch die eindeutige Lösbarkeit, mit den in Bemerkungen 4.3, 3) angegebenen Lösungen.

2) Betrachten wir eine endliche Gruppe $(M, *)$, dargestellt durch eine Verknüpfungstafel nach Abbildung 2.1, so ist die Assoziativität von $*$ weiter durch die Kaleidoskopeigenschaft (Satz 2.12) charakterisiert. Die eindeutige Lösbarkeit von (4.4) bedeutet gerade zusätzlich, dass in jeder Zeile und jeder Spalte der Verknüpfungstafel jedes Element von m genau einmal auftreten muss. Das folgende erste Beispiel (mit $*$) stellt also eine Gruppe dar, mit 0 als neutralem Element:

$$
\begin{array}{c|ccccc}
* & 0 & 1 & 2 & 3 & 4 \\
\hline
0 & 0 & 1 & 2 & 3 & 4 \\
1 & 1 & 2 & 3 & 4 & 0 \\
2 & 2 & 3 & 4 & 0 & 1 \\
3 & 3 & 4 & 0 & 1 & 2 \\
4 & 4 & 0 & 1 & 2 & 3
\end{array}
\qquad
\begin{array}{c|ccccc}
\circledast & 0 & 1 & 2 & 3 & 4 \\
\hline
0 & 0 & 0 & 0 & 0 & 0 \\
1 & 0 & 1 & 2 & 3 & 4 \\
2 & 0 & 2 & 4 & 1 & 3 \\
3 & 0 & 3 & 1 & 4 & 2 \\
4 & 0 & 4 & 3 & 2 & 1
\end{array}
$$

Dagegen ist das zweite Beispiel (mit $\circledast$) wegen der ersten Zeile bzw. Spalte keine Gruppe, aber nach Streichen von diesen.

3) In beiden Fällen von 2) ist die Verknüpfung auch kommutativ, weil dies äquivalent zur *Symmetrie* der Verknüpfungstafel ist, d. h. zu

$$
a_{i,j} = a_{j,i} \quad \text{für } i, j = 1, \ldots, n \ .
$$

$\triangle$

Satz 4.6

$(\mathbb{Z}, +, [(0, 0)])$ ist eine kommutative Gruppe, wobei die Addition $+$ definiert wird durch

$$
[(m, n)] + [(m', n')] := [(m + m', n + n')] \quad \text{für } m, m', n, n' \in \mathbb{N}_0 , \qquad (4.5)
$$

also komponentenweise, und das inverse Element zu $[(m, n)] \in \mathbb{Z}$ durch $[(n, m)]$ gegeben ist, d. h. durch

$$
-[(m, n)] = [(n, m)] \ . \qquad (4.6)
$$

Beweis: Wohldefinition von $+$: Seien

$$
[(m, n)] = [(\bar{m}, \bar{n})] , \quad \text{d. h.} \quad m + \bar{n} = \bar{m} + n ,
$$
$$
[(m', n')] = [(\bar{m}', \bar{n}')] , \quad \text{d. h.} \quad m' + \bar{n}' = \bar{m}' + n' ,
$$

dann folgt durch Addition

$$
(m + m') + (\bar{n} + \bar{n}') = (\bar{m} + \bar{m}') + (n + n')
$$

und damit

$$[(m + m', n + n')] = [(\bar{m} + \bar{m}', \bar{n} + \bar{n}')] \ .$$

Wegen der komponentenweisen Definition übertragen sich Kommutativität, Assoziativität und die Neutralität (mit $[(0, 0)]$ als neutralem Element) sofort. Auch gilt

$$[(m, n)] + [(n, m)] = [(m + n, m + n)] = [(0, 0)] \ ,$$

und damit ist der Beweis abgeschlossen. □

Bemerkungen 4.7 1) Sei $I : \mathbb{N}_0 \to \mathbb{Z}$ definiert durch $n \mapsto [(n, 0)]$, so ist I injektiv, d. h. eine Einbettung von $\mathbb{N}_0$ nach $\mathbb{Z}$, die mit der jeweiligen Addition verträglich ist in dem Sinn:

$$I(n + n') = I(n) + I(n') \ , \tag{4.7}$$

wobei trotz gleicher Bezeichnung + links die Verknüpfung in $\mathbb{N}_0$, rechts in $\mathbb{Z}$ steht. Also kann $n \in \mathbb{N}_0$ mit $I(n) \in \mathbb{Z}$ identifiziert werden, $\mathbb{N}_0$ wird dadurch zur Teilmenge von $\mathbb{Z}$.

2) Sei

$$-\mathbb{N}_0 := \{[(0, n)] : n \in \mathbb{N}_0\} \ ,$$

d. h. die Menge der inversen Elemente zu n „$=$" $I(n) = [(n, 0)]$, $n \in \mathbb{N}_0$. Ist $[(m, n)] \in \mathbb{Z}$ eine beliebige Zahl, so gibt es drei sich ausschließende Fälle:

1. Fall $m > n$, d. h. $m = n + d$ für ein $d \in \mathbb{N}$, also $[(m, n)] = [(d, 0)]$,

2. Fall $m = n$, also $[(m, n)] = [(0, 0)] = 0$,

3. Fall $m < n$, d. h. $n = m + d$ für ein $d \in \mathbb{N}$, also $[(m, n)] = [(0, d)]$.

Also ergibt sich die jeweils disjunkte Zerlegung

$$\mathbb{Z} = \mathbb{N} \cup \{0\} \cup -\mathbb{N} \ , \tag{4.8}$$

wobei

$$-\mathbb{N} := -\mathbb{N}_0 \backslash \{0\} \ .$$

Für eine beliebige ganze Zahl $[(m, n)] \in \mathbb{Z}$ ergibt sich daher folgende Darstellung:

$$\begin{aligned} [(m, n)] &= [(m, 0)] + [(0, n)] \\ &= m + (-n) \\ &= m - n \ , \quad m, n \in \mathbb{N}_0 \end{aligned} \tag{4.9}$$

– Beachten Sie: Mit m bzw. n sind $I(m)$ bzw. $I(n)$ gemeint, damit die Identitäten sinnvoll sind. –

3) $\mathbb{Z}$ ist abzählbar unendlich, da etwa die Abbildung $\Phi : \mathbb{N}_0 \mapsto \mathbb{Z}$ gegeben durch

$$2n \mapsto n \quad \text{für } n \in \mathbb{N}_0$$
$$2n - 1 \mapsto -n \quad \text{für } n \in \mathbb{N},$$

bijektiv ist.

4) Man sieht, warum in der Grundschule die Subtraktion so viele Probleme bereitet hat, auch wenn $m - n$ existiert. – ist zwar eine Verknüpfung auf $\mathbb{Z}$, definiert durch $z_1 - z_2 := z_1 + (-z_2)$, wegen mangelnder Eigenschaften aber nicht recht brauchbar, da es nicht einmal assoziativ ist: Im Allgemeinen gilt für $z_1, z_2, z_3 \in \mathbb{Z}$ eben nicht

$$(z_1 - z_2) - z_3 = z_1 - (z_2 - z_3) .$$

$\triangle$

Bemerkung 4.8 Für weitere Verwendung halten wir fest, dass tatsächlich allgemein gezeigt wurde:
Sei $(M, *)$ eine (kommutative) Halbgruppe mit neutralem Element e, dann wird analog zu (4.3) durch

$$(m, n) \sim (\bar{m}, \bar{n}) \quad \Leftrightarrow \quad m * \bar{n} = \bar{m} * n \tag{4.10}$$

auf $M \times M$ eine Äquivalenzrelation definiert und auf

$$Z := M \times M / \sim$$

durch $[(m, n)] * [(\bar{m}, \bar{n})] := [(m * \bar{m}, n * \bar{n})]$ eine Verknüpfung definiert, sodass $(Z, *)$ eine (kommutative) Gruppe mit neutralem Element $[(e, e)]$ und inversen Elementen $[(n, m)]$ zu $[(m, n)]$ ist.

$\triangle$

Wegen der gewünschten Beziehung

$$(m - n) \cdot (m' - n') = m \cdot m' + n \cdot n' - (m' \cdot n + m \cdot n')$$

wird die Multiplikation von $\mathbb{N}_0$ auf $\mathbb{Z}$ erweitert durch

$$[(m, n)] \cdot [(m', n')] := [(m \cdot m' + n \cdot n', m \cdot n' + m' \cdot n)] \tag{4.11}$$

für $[(m, n)], [(m'n')] \in \mathbb{Z}$. Auch hier gilt Verträglichkeit mit der Einbettung, d. h.

$$I(m) \cdot I(m') = [(m \cdot m', 0)] = I(m \cdot m') \quad \text{für beliebige } m, m' \in \mathbb{N}_0 . \tag{4.12}$$

Wir werden sehen, dass $(\mathbb{Z}, \cdot)$ die Eigenschaften von $(\mathbb{N}, \cdot)$ mit dem neutralen Element $[(1, 0)]$ erhält, d. h., $(\mathbb{Z}, +, \cdot)$ stellt einen kommutativen Ring mit Eins dar:

Definition 4.9

Eine nicht leere Menge M mit Verknüpfungen +, der *Addition*, und ·, der *Multiplikation*, heißt *Ring*, wenn gilt:

(R1) $(M, +)$ ist eine kommutative Gruppe.
(R2) $(M, \cdot)$ ist assoziativ.
(R3) Es gelten die *Distributivgesetze*

$$\begin{aligned} (m + n) \cdot l &= m \cdot l + n \cdot l \\ l \cdot (m + n) &= l \cdot m + l \cdot n \end{aligned} \tag{4.13}$$

für $l, m, n \in M$.

Ein Ring heißt *kommutativ*, wenn · kommutativ ist (dann ist die zweite Bedingung in (R3) redundant). Hat M ein neutrales Element bzgl. der Multiplikation, so heißt M ein *Ring mit Eins*. $R' \subset M$, $R' \neq \emptyset$, heißt *Unterring* von M, wenn +, · auch auf $R' \times R'$ eingeschränkt Verknüpfungen sind (d. h. nach R' abbilden) und $(-r) \in R'$ für $r \in R'$ gilt, d. h., insbesondere ist $(R', +)$ eine Untergruppe.

Bemerkungen 4.10 1) In (4.13) wird die *Punkt-vor-Strich-Regel* benutzt, in dem Sinn, dass etwa die erste Gleichung zu interpretieren ist als

$$(m + n) \cdot l = (m \cdot l) + (n \cdot l) \,.$$

2) Die eindeutigen neutralen Elemente werden oft mit 0 für die Addition und 1 für die Multiplikation und die Inverse bezüglich der Addition zu $m \in M$ mit $-m$ bezeichnet.

3) Es gelten:

$$0 \cdot m = m \cdot 0 = 0 \quad \text{für } m \in M$$
$$m \cdot (-n) = (-m) \cdot n = -(m \cdot n) \quad \text{für } m, n \in M$$
$$(-1) \cdot m = -m \quad \text{für } m \in M \,,$$

die letzte Gleichung, falls M ein Einselement besitzt. Insbesondere gilt also

$$(-m) \cdot (-n) = m \cdot n \quad \text{für } m, n \in M \,, \tag{4.14}$$

also gilt allgemein in Ringen: „Minus mal Minus gleich Plus".

Die Aussagen kann man wie folgt einsehen:

$$0 \cdot m + 0 \cdot m = (0 + 0) \cdot m = 0 \cdot m$$

und durch Addition von $-(0 \cdot m)$:

$$0 \cdot m = 0$$

und analog die zweite Aussage. Daraus folgert man

Abb. 4.1 Mathematik und Religion *(Cartoon von Bill Watterson).*

$$m \cdot (-n) + m \cdot n = m \cdot ((-n) + n) = m \cdot 0 = 0$$

und damit $m \cdot (-n) = -(m \cdot n)$ *und analog die zweite Aussage. Schließlich*

$$(-1) \cdot m + m = (-1) \cdot m + 1 \cdot m = ((-1) + 1) \cdot m = 0 \cdot m = 0 \,,$$

also $(-1) \cdot m = -m$.

4) In jedem Ring mit 1 kann für $x \in M$, $n \in \mathbb{N}$ die *n-te Potenz* von x, $x^n \in M$ analog zu (3.13) definiert werden.   △

Theorem 4.11

$(\mathbb{Z}, +, \cdot)$ mit der in (4.11) definierten Multiplikation ist ein kommutativer Ring mit $[(1, 0)]$ als Eins.

Beweis: Der Nachweis der Wohldefinition bedarf etwas Schreibarbeit. Seien

$$
\begin{aligned}
(m, n) &\sim (\bar{m}, \bar{n}), \quad \text{d. h.} \ \ m + \bar{n} = \bar{m} + n \,, \\
(m', n') &\sim (\bar{m}', \bar{n}'), \quad \text{d. h.} \ \ m' + \bar{n}' = \bar{m}' + n' \,,
\end{aligned}
\tag{4.15}
$$

zu zeigen ist die Gleichheit der Produktäquivalenzklassen, d. h. von

$$
\begin{aligned}
T_1 &:= m \cdot m' + n \cdot n' + \bar{m} \cdot \bar{n}' + \bar{m}' \cdot \bar{n} = \\
&\quad \bar{m} \cdot \bar{m}' + \bar{n} \cdot \bar{n}' + m \cdot n' + m' \cdot n =: T_2 \,.
\end{aligned}
$$

Dies sieht man wie folgt:

$$
\begin{aligned}
T_1 + \bar{n} \cdot m' &= (m + \bar{n}) \cdot m' + n \cdot n' + \bar{m} \cdot \bar{n}' + \bar{m}' \cdot \bar{n} \\
&= \bar{m} \cdot m' + n \cdot m' + n \cdot n' + \bar{m} \cdot \bar{n}' + \bar{m}' \cdot \bar{n} \\
&= n \cdot m' + \bar{m} \cdot (m' + \bar{n}') + n \cdot n' + \bar{m}' \cdot \bar{n} \\
&= n \cdot m' + \bar{m} \cdot \bar{m}' + (\bar{m} + n) \cdot n' + \bar{m}' \cdot \bar{n}
\end{aligned}
$$

$$= n \cdot m' + \bar{m} \cdot \bar{m}' + m \cdot n' + (n' + \bar{m}') \cdot \bar{n}$$
$$= n \cdot m' + \bar{m} \cdot \bar{m}' + m \cdot n' + m' \cdot \bar{n} + \bar{n}' \cdot \bar{n}$$
$$= T_2 + \bar{n} \cdot m',$$

wobei immer wieder (4.15) eingesetzt wurde. Die Kommutativität von $\cdot$ folgt unmittelbar, ebenso

$$[(m, n)] \cdot [(1, 0)] = [(m, n)] \quad \text{für } (m, n) \in \mathbb{Z} .$$

Für die Assoziativität muss für beide Varianten die Gleichheit der jeweils vier Summanden in den Repräsentanten geprüft werden, was als Übung überlassen wird, das Distributivgesetz folgt wieder direkt.   □

Bemerkungen 4.12 1) $\mathbb{Z}$ ist also eine *Ringerweiterung* von $\mathbb{N}_0$. Die Konstruktion zeigt, dass $\mathbb{Z}$ „im Wesentlichen" die eindeutige minimale Ringerweiterung von $\mathbb{N}_0$ ist, die mit den Operationen $+$ und $\cdot$ auf $\mathbb{N}_0$ kompatibel ist.

2) „Im Wesentlichen", in 1) bedeutet genau: gleich bis auf *Isomorphie*, wobei zwei Ringe $(R, +, \cdot)$, $(R', +', \cdot')$ *isomorph* heißen, wenn es einen *Ring-Isomorphismus* $\Phi :$ $R \to R'$ gibt, d. h.

a) Φ ist ein *Ring-Homomorphismus*, d. h.

$$\Phi(x + y) = \Phi(x) +' \Phi(y)$$

(also ein Gruppen-Homomorphismus für $(R, +)$ und $(R', +')$) und

$$\Phi(x \cdot y) = \Phi(x) \cdot' \Phi(y)$$

für alle $x, y \in R$.

b) Φ ist bijektiv.   △

Auch $(\mathbb{Z}, \cdot)$ ist nullteilerfrei, wobei für den Beweis auf folgendes Lemma zurückgegriffen wird:

Lemma 4.13

Für $m, n, k, l \in \mathbb{N}$ gelte

$$m \cdot k + n \cdot l = m \cdot l + n \cdot k \quad \text{und} \quad m \neq n .$$

Dann folgt $k = l$.

Beweis: Siehe SCHICHL und STEINBAUER 2009, S. 295 f.   □

Satz 4.14

$(\mathbb{Z}, \cdot)$ ist nullteilerfrei.

Beweis: Seien $[(m, n)], [(m', n')] \in \mathbb{Z}$ mit $[(m \cdot m' + n \cdot n', m \cdot n' + m' \cdot n)] = [(0, 0)]$, also $m \cdot m' + n \cdot n' = m \cdot n' + m' \cdot n$. Dann gilt entweder $[(m, n)] = [(0, 0)]$, d. h. $m = n$, oder $m \neq n$ und damit nach Lemma 4.13: $m' = n'$ bzw. $[(m', n')] = [(0, 0)]$. $\square$

Schließlich kann die Ordnung $\leq$ auf $\mathbb{N}_0$ zu einer Ordnung auf $\mathbb{Z}$ fortgesetzt werden. Da

$$m - n \leq m' - n' \quad \Leftrightarrow \quad m + n' \leq m' + n$$

gewünscht wird, wird gesetzt: Seien $[(m, n)], [(m', n')] \in \mathbb{Z}$, dann

$$[(m, n)] \leq [(m', n')] \quad :\Leftrightarrow \quad m + n' \leq m' + n . \tag{4.16}$$

Dabei ist $\leq$ auf der rechten Seite die in Theorem 2.8 eingeführte Ordnung auf $\mathbb{N}_0$, also

$$[(m, n)] \leq [(m', n')] \Leftrightarrow \text{Es gibt ein } d \in \mathbb{N}_0 \text{ mit: } m + n' + d = m' + n$$
$$\Leftrightarrow \text{Es gibt ein } d \in \mathbb{N}_0 \text{ mit: } [(m + d, n)] = [(m', n')]$$
$$\Leftrightarrow \text{Es gibt ein } d \in \mathbb{N}_0 \text{ mit: } [(m, n)] + d = [(m', n')] . \tag{4.17}$$

Damit ist auch die Eigenschaft 3), Theorem 2.8, übertragen und die Wohldefinition von $\leq$ durch die von $+$ sichergestellt.

Theorem 4.15

Auf $\mathbb{Z}$ wird durch (4.16) eine Ordnung definiert, für die zusätzlich gilt

1) $(\mathbb{Z}, \leq)$ ist total geordnet.

2) $\leq$ ist verträglich mit der Addition:

$$z' \leq z'' \quad \Leftrightarrow \quad z + z' \leq z + z''$$

für beliebige $z, z', z'' \in \mathbb{Z}$.

3)
$$z \geq 0 \quad \Leftrightarrow \quad z \in \mathbb{N}_0 ,$$
$$z > 0 \quad \Leftrightarrow \quad z \in \mathbb{N} .$$

4) Für $z, z', z'' \in \mathbb{Z}$ gilt:

   a) Ist $z > 0$, dann gilt: $z' \leq z'' \quad \Leftrightarrow \quad z \cdot z' \leq z \cdot z''$.

   b) Ist $z < 0$, dann gilt: $z' \leq z'' \quad \Leftrightarrow \quad z \cdot z' \geq z \cdot z''$.

Beweis: Die Ordnungseigenschaften und die Verträglichkeit mit + nach 1) folgt wegen (4.17) mit dem gleichen Beweis, wie bei Theorem 2.8 (für $\mathbb{N}_0$). Wegen dieser Verträglichkeit und der Gruppeneigenschaft von $(\mathbb{Z}, +)$ gilt insbesondere für $z', z'' \in \mathbb{Z}$:

$$z' \leq z'' \quad \Leftrightarrow \quad z'' - z' \geq 0 \,. \tag{4.18}$$

Daher ist zum Nachweis der Totalordnung nur nötig zu zeigen: Für $z = [(m,n)] \in \mathbb{Z}$ gilt:

$$z \geq 0 \quad \text{oder} \quad z \leq 0 \,.$$

Der erste Fall liegt oben vor für $m \geq n$, der zweite für $n \geq m$. Die Aussage 3) ergibt sich entsprechend aus

$$z = [(m,n)] \underset{(=)}{>} 0 \quad \Leftrightarrow \quad m \underset{(=)}{>} n \quad \Leftrightarrow \quad z = [(m-n,0)] = m - n \in \mathbb{N} \text{ (bzw. } \mathbb{N}_0) \,.$$

Die Verträglichkeit mit der Multiplikation in 4)(a) folgt mit $z > 0$ und (4.17) durch:

$$
\begin{aligned}
z' \leq z'' \quad &\Leftrightarrow \quad z'' = z' + d \quad \text{für ein } d \in \mathbb{N}_0 \\
&\Leftrightarrow \quad 0 = z'' - z' - d \\
&\Leftrightarrow \quad 0 = z \cdot (z'' - z' - d) \quad \text{mit Satz 4.14} \\
&\Leftrightarrow \quad z \cdot z'' = z \cdot z' + z \cdot d \quad \text{und } z \cdot d \in \mathbb{N}_0 \text{ nach 3)} \\
&\Leftrightarrow \quad z \cdot z' \leq z \cdot z'' \,.
\end{aligned}
$$

Schließlich: Wegen

$$z \leq 0 \quad \Leftrightarrow \quad -z \geq 0 \tag{4.19}$$

folgt für $z < 0$ aus Teil (a):

$$
\begin{aligned}
z' \leq z'' \quad &\Leftrightarrow \quad (-z) \cdot z' \leq (-z) \cdot z'' \\
&\Leftrightarrow \quad (-1) \cdot z \cdot z' \leq (-1) \cdot z \cdot z'' \,.
\end{aligned}
$$

Da

$$(-1) \cdot (-1) = 1$$

(siehe (4.14)), reicht also der Nachweis als Spezialfall:

$$
\begin{aligned}
z' \leq z'' \quad &\Leftrightarrow \quad (-1) \cdot z' \geq (-1) \cdot z'' \\
&\Leftrightarrow \quad -z' \geq -z'' \,,
\end{aligned}
$$

was mit (4.18) aus (4.19) folgt. $\qquad\qquad\square$

Bemerkungen 4.16 1) Insgesamt hat sich $\mathbb{Z}$ als die altbekannte Zahlenmenge ergeben (und damit kann die Konstruktion im Folgenden ignoriert werden): $\mathbb{Z} = \mathbb{N} \cup \{0\} \cup -\mathbb{N}$, wobei $n \in \mathbb{N} \Leftrightarrow n > 0$, d. h. gerade die positiven Zahlen und $z \in -\mathbb{N} \Leftrightarrow z < 0$, d. h. gerade die negativen Zahlen darstellen.

2) Im Folgenden werden wir in $\mathbb{Z}$ (oder allgemein in Ringen) das Multiplikationszeichen $\cdot$ weglassen.

3) Aus einer Darstellung von $\mathbb{N}$ zur Basis p ergibt sich also auch eine entsprechende in $\mathbb{Z}$:

$$z = \pm \sum_{i=0}^{k} a_i p^i \quad \text{mit } a_i \in \{0, \ldots, p-1\}$$

für eine Basis $p \in \mathbb{N}$, $p \geq 2$.

4) $\mathbb{Z}$ hätte auch dadurch konstruiert werden können, dass eine „Zahl", $1^- \notin \mathbb{N}_0$ eingeführt wird (die dann die Rolle von -1 spielt):

$$\mathbb{Z} := \mathbb{N}_0 + (1^-)\mathbb{N}_0 := \{m + 1^- \cdot n : m, n \in \mathbb{N}_0\}.$$

Auf $\mathbb{Z}$ wird eine komponentenweise Addition nach (4.5) und eine Multiplikation eingeführt, die

$$1^- \cdot 1^- = 1 \tag{4.20}$$

erfüllt, verträglich mit der Multiplikation auf $\mathbb{N}$ (analog (4.12)), kommutativ, assoziativ und distributiv ist, woraus notwendig folgt:

$$(m + 1^- \cdot n)(m' + 1^- \cdot n') = mm' + 1^- m'n + 1^- mn' + 1^- \cdot 1^- nn'$$
$$= mm' + nn' + 1^- \cdot (m'n + mn'),$$

also (4.11). Die Bedingung (4.20) ist nach (4.14) zwingend, wenn die Erweiterung ein Ring mit Eins sein soll.
                                                                                        △

Definition 4.17

Auf $\mathbb{Z}$ wird ein *Betrag* $|\cdot| : \mathbb{Z} \to \mathbb{N}_0$ eingeführt durch

$$a \mapsto \begin{cases} a & \text{falls } a \geq 0, \\ -a & \text{falls } a < 0. \end{cases}$$

Satz 4.18

Der Betrag hat folgende Eigenschaften für $a, a_1, a_2 \in \mathbb{Z}$:

1) $|a| = 0 \iff a = 0$.

2) $|a_1 a_2| = |a_1| |a_2|$.

3) $|a_1 + a_2| \leq |a_1| + |a_2|$.   *(Dreiecksungleichung)*

Beweis: Übung.   □

Bemerkungen 4.19 1) Durch einen Betrag mit den Eigenschaften aus Satz 4.18 kann ein *Abstand*

$$d(a_1, a_2) := |a_1 - a_2| \quad \text{für } a_1, a_2 \in \mathbb{Z}$$

eingeführt werden, der die Eigenschaften hat:

$$d(z_1, z_2) \geq 0,$$
$$d(z_1, z_2) = 0 \iff z_1 = z_2,$$
$$d(z_1, z_2) = d(z_2, z_1),$$
$$d(z_1, z_2) \leq d(z_1, z_3) + d(z_3, z_1)$$

für $z_1, z_2, z_3 \in \mathbb{Z}$. Die Beweise folgen unmittelbar aus Satz 4.18.

2) Der Abstand $d(z_1, z_2)$ ist gerade die Differenz zwischen der größeren und der kleineren der Zahlen z_1, z_2.

3) Es gilt für $a \in \mathbb{Z}$: $|a| = \max(a, -a)$, d. h. insbesondere

$$a \leq |a|, \quad -a \leq |a|.$$ △

Theorem 2.13 überträgt sich wie folgt:

Satz 4.20: Division mit Rest in $\mathbb{Z}$

Seien $m \in \mathbb{Z} \setminus \{0\}$ der *Divisor*, $n \in \mathbb{Z}$ der *Dividend*. Dann gibt es genau ein $k \in \mathbb{Z}$ (den *Quotienten*) und ein $l \in \mathbb{N}_0$ (den *Rest*), sodass

$$n = k \cdot m + l \quad \text{und} \quad l < |m|.$$

Beweis: Existenz:

$m > 0, n \geq 0$: Siehe Theorem 2.13.
$m < 0, n \geq 0$: Es gilt

$$n = k \cdot (-m) + l$$

mit $l < -m$ nach Theorem 2.13, also $n = (-k) \cdot m + l, l < |m|$.
$m < 0, n < 0$: Es gilt:

$$-n = k \cdot (-m) + l$$

mit $l < -m$ nach Theorem 2.13, d. h.

$$n = k \cdot m \quad \text{für } l = 0$$

und sonst

$$n = k \cdot m - l = (k + 1) \cdot m + (-m - l) \quad \text{und } 0 < -m - l < |m|.$$

$m > 0, n < 0$: Es gilt

$$-n = k \cdot m + l$$

mit $l < m$, d. h.

$$n = (-k) \cdot m - l$$

und weiter wie im obigen Fall.

Eindeutigkeit: Im Fall $m > 0$ kann der Beweis von Theorem 2.13 wiederholt werden. Im Fall $m < 0$ haben wir

$$k \cdot m + l = k' \cdot m + l'$$
$$\Leftrightarrow \quad k \cdot (-m) - l = k' \cdot (-m) - l'$$
$$\Leftrightarrow \quad (k - 1) \cdot (-m) + (-m - l) = (k' - 1) \cdot (-m) + (-m - l')$$

und $0 < -m - l \le -m, 0 < -m - l' \le -m$. Die Fälle $l = 0, l' > 0$ und $l > 0, l' = 0$ führen zum Widerspruch, im Fall $l = l' = 0$ folgt $k = k'$ sofort, sodass im verbleibenden Fall wieder Theorem 2.13 angewandt werden kann. □

Die Begriffe Teiler bzw. teilbar aus Definition 3.7 können wörtlich von $n \in \mathbb{N}_0$ auf $n \in \mathbb{Z}$ übertragen werden. Entsprechend hat nach Definition 4.17 und Satz 3.9 für beliebiges $a \in \mathbb{Z}, |a| \ge 2, |a|$ eine eindeutige Primfaktorzerlegung, also

$$a = \begin{cases} \prod_{i=1}^{k} p_i & \text{falls } a > 0, \\ -\prod_{i=1}^{k} p_i & \text{falls } a < 0 \end{cases} \tag{4.21}$$

für ein $k \in \mathbb{N}$ und Primzahlen p_i, die eindeutig bis auf Umordnung sind.

Auf der Basis der eindeutigen Primfaktorzerlegung lässt sich auch Folgendes definieren:

Definition 4.21

Seien $a, b \in \mathbb{Z} \setminus \{0\}$, wobei die eindeutigen Primfaktorzerlegungen geschrieben werden als

$$|a| = \prod_{i=0}^{k} p_i^{l_i}, \qquad |b| = \prod_{i=0}^{k} p_i^{m_i}.$$

Dabei sind die Primzahlen $p_1, \ldots, p_k$ paarweise verschieden, $l_i, m_i \in \mathbb{N}_0$ für $i = 1, \ldots, k$, $p_0 = 1$, $l_0 = m_0 = 1$, d. h., die Primfaktoren beider Zahlen werden zusammengefasst und treten eventuell in einer Darstellung nicht auf; zudem werden für a, b auch 1 und -1 zugelassen. Dann setzt man:

1)

$$\mathrm{ggT}(a, b) := \prod_{i=0}^{k} p_i^{\min(l_i, m_i)},$$

genannt der *größte gemeinsame Teiler* von a und b.

2)

$$\mathrm{kgV}(a, b) := \prod_{i=0}^{k} p_i^{\max(l_i, m_i)},$$

genannt das *kleinste gemeinsame Vielfache* von a und b.

Sind $a \neq b$ und $\mathrm{ggT}(a, b) = 1$, heißen a, b *teilerfremd*.
Rekursiv lässt sich diese Definition auf endlich viele $a_1, \ldots, a_n \in \mathbb{Z}$ erweitern durch

$$\mathrm{ggT}(a_1, \ldots, a_n) := \mathrm{ggT}(a_1, \mathrm{ggT}(a_2, \ldots, a_n))$$
$$\mathrm{ggT}(a) := a,$$

$$\mathrm{kgV}(a_1, \ldots, a_n) := \mathrm{kgV}(a_1, \mathrm{kgV}(a_2, \ldots, a_n))$$
$$\mathrm{kgV}(a) := a.$$

Bemerkungen 4.22 Es ergibt sich sofort für $a, b, c \in \mathbb{Z} \setminus \{0\}$:

1) $\mathrm{ggT}(a, b) \mid a$, $\mathrm{ggT}(a, b) \mid b$, und wenn $c \mid a$ und $c \mid b$, dann $c \mid \mathrm{ggT}(a, b)$.

2) $a \mid \mathrm{kgV}(a, b)$, $b \mid \mathrm{kgV}(a, b)$, und wenn $a \mid c$ und $b \mid c$, dann $\mathrm{kgV}(a, b) \mid c$.

3) Die Aussagen in 1) bzw. 2) charakterisieren $g := \mathrm{ggT}(a, b)$ bzw. $k := \mathrm{kgV}(a, b)$, d. h. etwa:

Erfüllt $g \in \mathbb{Z} \setminus \{0\}$

$$g \mid a, \; g \mid b \quad \text{und gilt für } c \in \mathbb{Z} \setminus \{0\} :$$

Aus $c \mid a, c \mid b$ folgt $c \mid g$,

$$\text{dann gilt} \quad g = \mathrm{ggT}(a, b) \,. \qquad\qquad \triangle$$

Zumindest für „große" $a, b \in \mathbb{Z} \setminus \{0\}$ ist es nicht ratsam, $\mathrm{ggT}(a, b)$ über die Primfaktorzerlegung zu bestimmen (siehe Abschnitt 3.2). Es ist aber schon seit EUKLID[1] bekannt, dass dies mit dem EUKLID'schen *Algorithmus* möglich ist. Sei o. B. d. A. $a, b \in \mathbb{N}, a \geq b$ (wegen $\mathrm{ggT}(a, b) = \mathrm{ggT}(b, a)$).

Es wird sukzessive Division mit Rest durchgeführt, beginnend mit $n = n_0 := a$ und $m = m_0 := b$ und dann fortfahrend mit dem Divisor als Dividenden und dem Rest als Divisor, bis der Rest 0 erreicht wird. Der letzte Divisor ist dann der ggT. Also lautet der erste Schritt

$$n_0 = k \cdot m_0 + l, \quad k, l \in \mathbb{N}_0, \, 0 \leq l < |m_0| \,,$$
$$n_1 := m_0 \,,$$
$$m_1 := l$$

bzw. allgemein folgender Algorithmus:

Algorithmus 13: EUKLID'scher Algorithmus

```
def ggt(a, b):
    """Sucht den groessten gemeinsamen Teiler zweier
    Zahlen mittels des Euklid'schen Algorithmus.

    :param a: Ganzzahl.
    :param b: Ganzzahl.
    :return: Groesster Gemeinsamer Teiler von a und b.
    """
    n, m, l = a, b, b
    while l != 0:
        k, l = divmod(n, m)
        n, m = m, l
    return n
```

---

[1] EUKLID von Alexandria, ∗ und † 3. Jahrhundert v. Chr. in Alexandria

Erläuterungen zu Algorithmus 13: Aus der Division mit Rest wird im EUKLID'schen Algorithmus lediglich der Rest benötigt, entsprechend wäre es möglich die Funktion `divmod` durch die Modulo-Operation (%) zu ersetzen. Da diese Operation auch für unseren Datentyp `NatuerlicheZahl` in Kapitel 2 implementiert wurde, können wir diese Routine auch mit Argumenten dieses Datentyps aufrufen.

Beispiel zu Algorithmus 13:

```
>>> from kap4 import ggt
>>> ggt(1364, 496)
124
>>> ggt(496, 1364)
124
>>> ggt(13, 17)
1
>>> from kap2 import NatuerlicheZahl
>>> ggt(NatuerlicheZahl(496), NatuerlicheZahl(1364))
NatuerlicheZahl(124)
```

Das Verfahren liefert tatsächlich das Gewünschte. Wird mit $a < b$ begonnen, dreht der erste Schritt die Zahlen einfach um. Es ist endlich, da höchstens b viele Schritte nötig sind, denn der Rest wird beginnend höchstens bei $b - 1$ in jedem Schritt um mindestens 1 verkleinert. Wegen

$$\mathrm{ggT}(k \cdot m + l, m) = \mathrm{ggT}(m, l)$$

(siehe Übung), bleiben die ggT für alle Paare, die als Dividend und Divisor auftreten, gleich, beginnend bei $\mathrm{ggT}(a, b)$ bis zu $\mathrm{ggT}(k \cdot m, m) = m$.

Den griechischen Mathematikern zur Zeit EUKLIDS war dieses Verfahren als *Wechselwegnahme* bekannt. Es setzt das Teilen mit Rest mit Hilfe des Divisionsalgorithmus um. Die kleinere wird von der größeren der Zahlen a, b so lange abgezogen wie (in $\mathbb{N}$) möglich, dann tauschen die Zahlen die Rolle, bis sie schließlich gleich sind, was dem ggT entspricht.

Beispiel 4.23 EUKLID'scher Algorithmus als Wechselwegnahme für $a = 1364, b = 496$:

$$(1364, 496) \to (868, 496) \to (372, 496) \to (496, 372) \to (124, 372) \to$$
$$(372, 124) \to (248, 124) \to (124, 124) \qquad\qquad \circ$$

Eine Division mit Rest von n durch m, o. B. d. A. $n \geq m$, wird z. B. durch den Divisionsalgorithmus (Algorithmus 6) durchgeführt.

Die Anzahl der Division mit Rest - Schritte ist

$$\text{mit höchstens } 2\log_2(n) \text{ abschätzbar.} \tag{4.22}$$

Die Folge der n_i erfüllt

$$n_0 = n, \quad n_1 = m$$
$$n_{i-1} = k_i n_i + n_{i+1} \quad \text{mit} \quad n_{i+1} < n_i, \quad i = 1, \dots, N$$
$$\text{bis} \quad n_{N+1} = 0 \ .$$

Also

$$n_{i-1} = k_i n_i + n_{i+1} > k_i n_{i+1} + n_{i+1} = (k_i + 1) n_{i+1}$$

und durch Multiplikation

$$n_0 \cdots n_{N-2} > n_2 \cdots n_N (1 + k_1) \cdots (1 + k_{N-1})$$

und nach Kürzen und mit $n_{N-1} = k_N n_N$

$$n_0 n_1 > n_N^2 k_N \prod_{i=1}^{N-1} (1 + k_i)$$

und wegen $k_i \geq 1$, $i = 1, \dots, N-1$ und $k_N \geq 2$ (da sonst $n_{N-1} = n_N$)

$$n \, m = n_0 n_1 > n_N^2 2^N \geq 2^N \ .$$

Also $n^2 \geq 2^N$ bzw. $N \leq 2 \log_2(n)$.

Die Abschätzungen sind dann scharf, d. h. das Laufzeitverhalten am schlechtesten in dem Fall

$$n_{N+1} = 0, \quad n_N = 1, \quad k_N = 2, \quad k_i = 1, \ i = 1, \dots, N-1 \ ,$$

also

$$n_{N-1} = 2$$
$$n_{i-1} = n_i + n_{i+1} \quad \text{für } i = 1, \dots, N-1$$

bzw. in der rückwärtigen Indizierung

$$\tilde{n}_k = n_{N-k+2}$$
$$\tilde{n}_2 = 1, \quad \tilde{n}_3 = 2$$
$$\tilde{n}_{k+1} = \tilde{n}_k + \tilde{n}_{k-1}, \quad k = 3, \dots N+2 \ .$$

Dies sind gerade die FIBONACCI-Zahlen (siehe (5.104) und Anhang J). Ist also $n = \tilde{n}_{N+2}$, $m = \tilde{n}_{N+1}$, d. h. $N+2$-te bzw. $N+1$-te FIBONACCI-Zahl für ein $N \in \mathbb{N}$, dann ist diese Abschätzung (4.22) nicht zu verbessern. Andererseits braucht eine Division mit Rest dann jeweils nur eine Subtraktion, d. h., sind n, m aufeinanderfolgende FIBONACCI-Zahlen, dann ist der Gesamtaufwand im EUKLID'schen Algorithmus

$$2 \log_2(n) \text{ Subtraktionen.}$$

$\log_2(n)$ entspricht der Ziffernanzahl im Binärsystem. Wir wollen die Komplexität analog zu Abschnitt 2.1 in Ziffernoperationen als Elementaroperationen ausdrücken und gehen davon aus (Übung), dass eine Division von n durch m mit Quotient k und Rest r die gleiche Komplexität wie die Multiplikation hat, d. h. $O(\log_p k \cdot log_p n)$. Dies setzt voraus, dass nicht der Divisionsalgorithmus angewendet, sondern in rationaler Arithmetik direkt $k = \lfloor \frac{n}{m} \rfloor$, $r = n - km$ berechnet wird. Beim Divisionsalgorithmus sind k Subtraktionen nötig, d. h., die Komplexität ist $O(k \log_p n)$, bei einer Stellenwertbasis p. Also ist abzuschätzen

$$\sum_{i=1}^{N} \log_p k_i \cdot \log_p n_i \le log_p m \cdot \log_p \left(\prod_{i=1}^{N} k_i \right)$$

und

$$n = n_0 = k_1 n_1 + n_2 \ge k_1(k_2 n_2 + n_3) \ge \dots \ge \prod_{i=1}^{N} k_i \, ,$$

also ist $\log_p m \, \log_p n$ eine obere Schranke und damit gilt:

Seien $m, n \in \mathbb{N}$, $n \ge m$, dann hat der EUKLID'sche Algorithmus

$$O(\log_p m \cdot \log_p n) \text{ Elementaroperationen}$$

bzw. $O(k^2)$ Elementaroperationen bei k-stelligen Zahlen.

Dies entspricht etwa der (klassischen) Multiplikation.

Sei $p \in \mathbb{N}$. Auf $\mathbb{Z}$ wird nach (1.77) durch

$$a \sim b \; :\Leftrightarrow \; p \mid (a - b)$$

eine Äquivalenzrelation definiert mit den Äquivalenzklassen

$$\mathbb{Z}_p := \{[0], \dots, [p-1]\} \, , \tag{4.23}$$

wobei insbesondere

$$[0] = p\mathbb{Z} := \{a \in \mathbb{Z} : a = p \cdot m \text{ für ein } m \in \mathbb{Z}\}$$

und

$$[l] = p\mathbb{Z} + l := \{a \in \mathbb{Z} : a = p \cdot m + l \text{ für ein } m \in \mathbb{Z}\}$$

für $l = 0, \dots, p - 1$.

Diese schon in Abschnitt 1.5 behauptete Aussage ist nur eine Umformulierung der Möglichkeit der Division mit Rest (Satz 4.20). Die Menge $p\mathbb{Z}$ hat dabei die Eigenschaft eines Ideals in $\mathbb{Z}$, wobei folgende Definition gilt:

Definition 4.24

Sei $(R, +, \cdot)$ ein Ring. $I \subset R$, $I \neq \emptyset$ heißt *Ideal* in R, wenn I ein Unterring ist und zusätzlich

$$I \cdot R \subset I, \quad R \cdot I \subset I,$$

d. h. $r \cdot a, a \cdot r \in I$ für $r \in R$ und $a \in I$, gilt.

Theorem 4.25

Sei $(R, +, \cdot)$ ein kommutativer Ring, $a \in R$.

1)
$$\langle a \rangle := aR := \{r \in R : r = a \cdot r' \text{ für ein } r' \in R\}$$

heißt von a erzeugtes *Hauptideal* in R und ist ein Ideal.

2) Seien $a_1, \ldots, a_k \in R$.

$$\langle a_1, \ldots, a_k \rangle := \left\{ \sum_{i=1}^{k} r_i a_i \in R : r_i \in R \right\}$$

ist ein Ideal, das von $a_1, \ldots, a_k$ *endlich erzeugte Ideal*.

3) Seien $a, b \in \mathbb{Z}$, dann

$$\langle a \rangle \subset \langle b \rangle \quad \Leftrightarrow \quad b \mid a.$$

4) Sei $I \subset \mathbb{Z}$ ein Ideal, dann gibt es ein $a \in \mathbb{Z}$, sodass $I = \langle a \rangle$. In diesem Sinn ist $\mathbb{Z}$ ein *Hauptidealring*.

5) Seien $\langle a_1, \ldots, a_k \rangle$ ein von $a_1, \ldots, a_k \in \mathbb{Z}$ endlich erzeugtes Ideal, dann gilt:

$$\langle a_1, \ldots a_k \rangle = \langle \operatorname{ggT}(a_1, \ldots, a_k) \rangle$$

Beweis: 1), 2), 3) Übung
Zu 4): Sei $I \neq \{0\}$ und $a = \min\{x \in I : x > 0\}$, welches nach Theorem 3.1 existiert. Zu $x \in I$ gibt es nach Satz 4.20 $m \in \mathbb{Z}$, $l \in \mathbb{N}$, $0 \leq l < a$, sodass

$$x = m \cdot a + l.$$

Also gilt auch $l \in I$ und damit nach Definition von a notwendigerweise $l = 0$, also $x \in \langle a \rangle$. Da $\langle a \rangle \subset I$ immer für $a \in I$ folgt, ist also $I = \langle a \rangle$.

Zu 5): Für einen Induktionsbeweis über k reicht es

$$\langle a_1, a_2 \rangle = \langle \mathrm{ggT}(a_1, a_2) \rangle$$

zu verifizieren. Wegen $a_i = m_i \cdot \mathrm{ggT}(a_1, a_2)$ für gewisse $m_i \in \mathbb{Z}$ ist $\langle a_1, a_2 \rangle \subset \langle \mathrm{ggT}(a_1, a_2) \rangle$. Nach 4) ist $\langle a_1, a_2 \rangle = \langle c \rangle$, und damit gilt $c \mid a_1$, $c \mid a_2$, nach Bemerkungen 4.22, 1) also auch $c \mid \mathrm{ggT}(a_1, a_2)$. Wegen 3) folgt außerdem aus

$$\langle c \rangle \subset \langle \mathrm{ggT}(a_1, a_2) \rangle \,,$$

dass $\mathrm{ggT}(a_1, a_2) \mid c$ und damit $|c| = |\mathrm{ggT}(a_1, a_2)|$, also

$$\langle a_1, a_2 \rangle = \langle c \rangle = \langle \mathrm{ggT}(a_1, a_2) \rangle \,. \qquad \square$$

Bemerkung 4.26 Teilerfremdheit von $a, b \in \mathbb{Z}$ ist nach Theorem 4.25, 5) äquivalent mit

$$\langle a, b \rangle = \langle 1 \rangle \,,$$

und dies damit, dass es $m, n \in \mathbb{Z}$ gibt, sodass

$$m \cdot a + n \cdot b = 1$$

bzw. für allgemeine $a, b \in \mathbb{Z}$:

$$m \cdot a + n \cdot b = \mathrm{ggT}(a, b) \,.$$

Die Zahlen m, n können mit dem Euklid'schen Algorithmus berechnet werden, denn dieser liefert nach Algorithmus 13 für o. B. d. A. $a, b \in \mathbb{N}$, $a \geq b$:

$$r_0 := a \,, \quad r_1 := b \,.$$

Für $i = 1, \ldots$, solange $r_i \neq 0$:

$$r_{i-1} = k_i r_i + r_{i+1} \quad \text{mit } k_i, r_{i+1} \in \mathbb{N}_0, \; 0 \leq r_{i+1} < r_i \,, \qquad (4.24)$$

also *rückwärts*, wenn der Abbruch bei $i = N$ erfolgt:

$$r_{N-1} = k_N r_N \quad \text{und} \quad r_N = \mathrm{ggT}(a, b) \,,$$
$$r_{N-2} = k_{N-1} r_{N-1} + r_N \,,$$

also

$$\begin{aligned}
\mathrm{ggT}(a, b) = r_N &= r_{N-2} - k_{N-1} r_{N-1} \\
&= r_{N-2} - k_{N-1}(r_{N-3} - k_{N-2} r_{N-2}) \\
&= -k_{N-1} r_{N-3} + r_{N-2}(1 + k_{N-1} k_{N-2}) \,.
\end{aligned}$$

Fortwährendes Einsetzen der Beziehung (4.24) für r_k mit dem höheren Index führt schließlich zu

$$\text{ggT} = mr_0 + nr_1 \ . \tag{4.25}$$

Bei diesem Zugang muss also der EUKLID'sche Algorithmus durchgeführt (und die Quotienten gespeichert) werden, um im Anschluss daraus die Faktoren m, n zu berechnen. Alternativ kann in jedem Iterationsschritt der Rest in der Form (4.25) dargestellt werden, bis der Rest r_N erreicht ist.

$\triangle$

Versieht man $\mathbb{Z}_p$ mit den von $\mathbb{Z}$ geerbten Verknüpfungen, d. h.

$$\begin{aligned} [a] + [b] &:= [a+b] \\ [a] \cdot [b] &:= [a \cdot b] \end{aligned} \quad \text{für } a, b \in \mathbb{Z} \, ,$$

so sind diese wohldefiniert und machen $\mathbb{Z}_p$ zu einem kommutativen Ring mit additiv neutralem Element $[0]$ und auch mit multiplikativ neutralem Element. Dieser Ring ist aber i. Allg. nicht nullteilerfrei, da etwa in $\mathbb{Z}_4$ gilt:

$$[2] \cdot [2] = [0] \ .$$

Andererseits gilt für $[3]$ in $\mathbb{Z}_4$:

$$[3] \cdot [3] = [1] \, ,$$

d. h., $[3]$ hat sich selbst als inverses Element.

Definition 4.27

Sei $(R, +, \cdot)$ ein Ring mit (multiplikativ) neutralem Element 1. Sei $r \in R$, $r \neq 0$.

1) r heißt *Einheit*, wenn ein $r' \in R$ existiert, sodass

$$r \cdot r' = r' \cdot r = 1 \ .$$

2) r heißt *Nullteiler*, wenn ein $r' \in R$, $r' \neq 0$ existiert, sodass

$$r \cdot r' = r' \cdot r = 0 \ .$$

Satz 4.28

Sei $p \in \mathbb{N}$. $[a] \neq [0] \in \mathbb{Z}_p$. Dann ist $[a]$ Einheit genau dann, wenn a und p teilerfremd sind. Andernfalls ist $[a]$ Nullteiler. Ist also p Primzahl, sind alle $[a] \neq [0] \in \mathbb{Z}_p$ Einheiten.

Beweis: Nach Bemerkung 4.26 ist die Teilerfremdheit von a, p äquivalent mit

$$m \cdot a = n \cdot p + 1$$

für gewisse $m, n \in \mathbb{Z}$, wobei m kein Vielfaches von p sein kann, bzw. äquivalent mit

$$[m] \cdot [a] = [1] \quad \text{und} \quad [m] \neq [0] \,.$$

Haben andererseits a und p einen gemeinsamen Teiler, etwa $n \in \mathbb{N}, n \geq 2$, d. h., es gibt $m_1, m_2 \in \mathbb{Z}$, wobei m_2 kein Vielfaches von p sein kann, sodass

$$a = m_1 n, \quad p = m_2 n \quad \text{und damit}$$

$m_2 a = m_1 p$ und schließlich $[m_2][a] = [m_1 \cdot p] = [0]$ und $[m_2] \neq [0]$. $\qquad\square$

Für p prim haben wir mit $\mathbb{Z}_p$ eine algebraische Struktur gefunden, in der alle Elemente ungleich 0 ein multiplikativ Inverses haben, d. h. einen *Körper* gemäß folgender Definition:

Definition 4.29

Sei $(R, +, \cdot)$ ein Ring mit neutralem Element 1 und $1 \neq 0$. Sind alle $r \neq 0$ Einheiten, so heißt R ein *Schiefkörper* . Ist R kommutativ, heißt R ein *Körper* .
Sei $(K, +, \cdot)$ ein Körper und $K \subset R$, $\{0, 1\} \subset K$, sodass $+, \cdot$ auch auf K Verknüpfungen sind und $-x \in K$ für $x \in K$ und $x^{-1} \in K$ für $x \in K, x \neq 0$ gilt, dann heißt K ein *Unterkörper* von R bzw. R eine *Körpererweiterung* von K.

Bemerkungen 4.30 1) (Haupt-)Ideale verschieden von den immer existierenden $I = R$ und $I = \{0\}$ sind typisch für Ringe, die keine Schiefkörper sind. Sei K ein Schiefkörper, $I \subset K$, $I \neq \{0\}$ ein Ideal, dann ist $I = K$.
Sei $p \in I$, $p \neq 0$, sei $q \in K$ beliebig, dann ist die Gleichung $px = q$ eindeutig lösbar, d. h. $q \in I$.

2) Die „wesentliche" Gleichheit von Körpern $(K, +, \cdot)$ und $(K', +', \cdot')$ wird analog zu Ringen durch *Körperisomorphismen* $\Phi : K \to K'$ beschrieben, d. h.

    a) Φ ist ein Ring-Homomorphismus (siehe Bemerkungen 4.12, 2)),

    b) Φ ist bijektiv.

Ein Gruppen-Homomorphismus (von $(K, +)$ nach $(K', +')$) überträgt zudem neutrales Element und Inverses:

$$\Phi(0) +' \Phi(x) = \Phi(0 + x) = \Phi(x) \,, \quad \text{d. h.} \quad 0' = \Phi(0)$$

$$\Phi(x) +' \Phi(-x) = \Phi(x + (-x)) = \Phi(0) = 0' \,, \quad \text{d. h.} \quad -' \Phi(x) = \Phi(-x) \,.$$

Ist Φ ein Ring-Homomorphismus und hat R eine Eins, dann auch R':

$$\Phi(1) \cdot' \Phi(x) = \Phi(1 \cdot x) = \Phi(x) \,, \quad \text{d. h.} \quad 1' = \Phi(1)$$

und bei einem Körper-Homomorphismus schließlich für $x \neq 0$:

$$\Phi(x) \cdot' \Phi(x^{-1}) = \Phi(x \cdot x^{-1}) = \Phi(1) = 1', \quad \text{d. h.} \quad \Phi(x)'^{-1} = \Phi(x^{-1}).$$

3) Haben Ringe bzw. Körper noch eine Ordnung $\leq$ bzw. $\leq'$, bedeutet Identifizierung auch in dieser Hinsicht, dass der Isomorphismus auch damit verträglich ist:

$$x \leq y \quad \Leftrightarrow \quad \Phi(x) \leq' \Phi(y).$$

4) Sei K ein Körper, $x \in K$, $x \neq 0$ (oder eine Einheit in einem Ring mit 1), dann kann für $z \in \mathbb{Z}$ die *ganzzahlige Potenz* von x wie folgt definiert werden. Ist $z \geq 0$, dann wie in (3.13) und sonst als $x^z = (x^{-1})^{(-z)}$.

$$\triangle$$

Am Rande bemerkt: Rechenmaschinen 1: Von der Pascaline bis zur Curta

Rechenbrett und Abakus waren nur Rechenhilfsmittel, die noch Rechenteilschritte vom Benutzer nötig machten. Die erste (gesicherte) Rechenmaschine, die also nach Eingabe der Aufgabe in der Lage war, diese vollständig auszuführen, war die *Pascaline*, die der 19-jährige Blaise PASCAL im Jahr 1642 für seinen Vater, einen leitenden Steuerbeamten, als Hilfsmittel baute und die er später auch versuchte, „in Serie" zu bauen und zu vertreiben.

Abb. 4.2 Die Rechenmaschine Pascaline *(Bild von Wikipedia)*.

Die Pascaline kann eine Grundaufgabe lösen, nämlich zu einer „gespeicherten", d. h. voreingestellten, (bis zu sechsstelligen) natürlichen Zahl eine weitere Zahl hinzuaddieren. Damit sind beliebige Folgen von Additionen möglich. Maschinen konnten zu dieser Zeit bis in das 19. Jahrhundert nur auf mechanischen Prinzipien beruhen, die nötige Energie wurde durch die Bedienung des Nutzers hinzugefügt. Der neue Summand wird ziffernweise über Wählscheiben eingegeben, wodurch auch die ziffernweise Addition ohne Übertrag mit einem Zählrad realisiert und die Ablesetrommel eingestellt wird. Eine Klinke verhindert die Bewegung in die falsche Richtung. Ist ein Übertrag nötig, geschieht dies über einen Übertragshebel (und ein Zwischenrad) auf das Zählrad der nächsten Stelle. Da fortlaufende Überträge möglich sein müssen, ohne immer mehr Kraft aufwenden zu müssen, wird die Energie dazu geschickt gespeichert.

Die Pascaline kann nur einen Ausschnitt aus den natürlichen Zahlen darstellen, genauer $0, \ldots, 10^6 - 1$, und nur Additionen in diesem Zahlenbereich durchführen. Dies bedeutet, dass bei einer Summe größer gleich 10^6 ein *Überlauf* (overflow) stattfindet, d. h., die Ziffer im höchsten Übertrag gibt es nicht und z. B. aus 10^6 wird 0. Dies gilt generell für jede Rechenmaschine bis zum Höchstleistungscomputer und kann je nach Anwendung und Größe des Zahlenbereichs kritisch sein oder nicht. Betrachten wir allgemein (ganze) Zahlen zur Basis $p \geq 2$ und n „Speicherplätze"[2] für eine Ziffer, seien also die Zahlen $0, 1, \ldots, p^n - 1$ darstellbar, d. h. p^n Stück. – Mit Blick auf $p = 10$ und später $p = 2$ wird p als gerade angenommen, d. h., auch p^n ist gerade.

Will man auch Dezimalbrüche mit $k < n$ Nachkommastellen zur Verfügung haben, denkt man sich von rechts nach dem k-ten „Speicherplatz" einen Punkt dazu, d. h., die Menge der dann darstellbaren Zahlen ist

$$x = \left(\sum_{i=1}^{n} n_{-i} p^{-i} \right) p^{n-k} =: a p^{n-k} .$$

Dies entspricht der Darstellung (5.25) mit festem Exponenten $N = n - k$ und endlicher Stellenzahl n in der Mantisse a ohne die Normalisierung $n_{-1} \neq 0$. Man spricht hier von *Maschinenzahlen* in *Festkommadarstellung*, die in Abschnitt 7.1 genauer betrachtet werden. An der („Mechanik" der) Addition ändert sich bei dieser Interpretation nichts.

Es fehlen noch die negativen Zahlen bzw. die Subtraktion, die durch die Mechanik der Pascaline nicht möglich ist. Man kann sich den Zahlbereich (o. B. d. A. wieder für $k = 0$) aufgeteilt denken in einen positiven und einen negativen Bereich, etwa bei geradem p in:

$$-\frac{1}{2} p^n, \ldots, -1, 0, 1, \ldots, \frac{1}{2} p^n - 1 . \tag{4.26}$$

Die Addition einer negativen Zahl $-x$ kann dann durch die Addition des *p-Komplements* $\hat{x}$ realisiert werden, wobei

$$\hat{x} := p^n - x \in [\frac{1}{2} p^n, p^n - 1] \cap \mathbb{N} . \tag{4.27}$$

---

[2] Bei der Pascaline ist also der Speicherplatz die Wählscheibe und die gespeicherte Ziffer die eingestellte.

$\hat{x}$ kann aus der Zifferndarstellung $|x| = n_{-1} \ldots n_{-n}$ wie folgt bestimmt werden:

$$\hat{x} = \hat{n}_{-1} \ldots \hat{n}_{-n} + 1 \quad \text{und} \quad \hat{n}_{-i} = p - 1 - n_{-i}, \tag{4.28}$$

daher die Bezeichnung Komplement.

Dann gilt für $x, y \in [0, \frac{1}{2}p^n - 1] \cap \mathbb{N}, x \geq y$

$$x - y = x + \hat{y} - p^n,$$

aber bei Bildung von $x + \hat{y}$ entsteht gerade der Überlauf p^n, sodass sich das gewünschte Ergebnis ergibt.

Zum Beispiel bei $p = 10$, $n = 2$ sei $x = 34$, $y = 13$, d. h. $\hat{y} = 100 - 13 = 87$ bzw. als Ziffern $\hat{y} = (9-1, 9-3)_{10} + 1 = 86 + 1 = 87$ und damit $x + \hat{y} = 121$ bzw. als darstellbare Zahl $x + \hat{y} = 21 = x - y$. Speziell gilt $y + (-y) = y + \hat{y} = 10^n$, was 0 in den darstellbaren Zahlen entspricht. Ohne dieses „Zaubern" des wegfallenden Überlaufs kann man die Zahlen $0, \ldots, p^n - 1$ auch als Repräsentanten der Restklassen $\mathbb{Z}_m$ mit $m := p^n$ nach (F.1) ansehen. Es handelt sich zwar „nur" um einen kommutativen Ring mit Eins (Satz F.1) und nur in Spezialfällen um einen Körper (Korollar F.3), die Addition ist aber mit allen Regeln durchführbar. Dann ist tatsächlich

$$[\hat{x}] = [p^n - x] = [p^n] - [x] = -[x],$$

d. h., es wird mit $\hat{x}$ nur ein Repräsentant von $-[x]$ im Standardbereich $0, \ldots, m-1$ gewählt. Müssen negative Zahlen nicht gespeichert werden bzw. regelt man dies über die Speicherung eines Vorzeichens $\sigma \in \{-1, 1\}$, kann der Zahlbereich $[0, p^n - 1] \cap \mathbb{N}$ beibehalten werden, und dann ist für $x \neq 0$

$$\hat{x} = p^n - x \in [1, p^n - 1] \cap \mathbb{N}$$

wieder ein Repräsentant von $-x$ im Standardbereich.

Zurück zur Pascaline: PASCAL hat die Subtraktion über das 10er-Komplement durchgeführt, und so taten es auch die meisten (mechanischen) Rechenmaschinen bis in das 20. Jahrhundert. Dazu zeigten die Ziffernanzeigen eine zweite Ziffer, die zu n komplementäre Ziffer $9 - n$ (auch 9er-Komplement genannt).

Über andere Basen hat als erster Gottfried Wilhelm LEIBNIZ[3] nachgedacht, nämlich das Dualsystem ($p = 2$). Die 2er-Komplementberechnung ist besonders einfach, da wegen $\hat{n}_{-i} = 1 - n_{-i}$ bei (4.28) die Bits 0 bzw. 1 nur invertiert werden ($0 \mapsto 1$, $1 \mapsto 0$). Nach (4.26) liegen also die nicht negativen Zahlen im Intervall $[0, 2^{n-1} - 1] \cap \mathbb{N}$ und ihre 2er-Komplemente als negative Zahlen im Intervall $[2^{n-1}, 2^n - 1] \cap \mathbb{N}$, d. h., ob eine Zahl x positiv oder negativ ist, entscheidet das Bit mit dem höchsten Wert (2^{n-1}): $= 0$ bedeutet $x \geq 0$, $= 1$ bedeutet $x < 0$. Da nach den obigen Überlegungen so nur der Repräsentant in $\mathbb{Z}_m$, $m = 2^n$, gewechselt und darin komponentenweise addiert wird, kann ein Addierwerk in dieser Zahldarstellung

---

[3] Gottfried Wilhelm LEIBNIZ ∗1. Juli 1646 in Leipzig, †14. November 1716 in Hannover

„normal" addieren, unter Wegfall eines eventuellen Überlaufbits. Gleiches gilt für die Multiplikation.

Die Multiplikation kann die Pascaline nur sehr schwerfällig als wiederholte Addition bewerkstelligen, da der gleiche Faktor immer wieder neu eingegeben werden muss. Um von einer *Eins*-(oder *Zwei*-)*Spezies*-Maschine (Spezies = Anzahl der Rechenoperationen) zu einer Vier-Spezies-Maschine zu kommen, war es notwendig, den Multiplikand speichern zu können und auf ihn stellenverschoben zuzugreifen, um dann eine Multiplikation durch wiederholte Addition realisieren zu können (siehe (2.26)). Dazu wurden verschiedene Prinzipien entdeckt, die in den Hand- oder auch elektrischen Rechenmaschinen bis zu ihrem Ende in den 1980er Jahren eingesetzt wurden. (Die Rechenmaschine Curta[4] wurde bis 1971 gebaut.) Die *Staffelwalze* geht auch auf LEIBNIZ zurück und erlaubte durch ihre Positionierung die Speicherung einer Ziffer, die von einem Zahnrad abgelesen wurde.

Abb. 4.3 Die mechanische Rechenmaschine Curta *(Bild von Wikipedia)*

---

[4] Benannt nach ihrem Erfinder Curt Herzstark in den 1930er und 1940er Jahren.

Aufgaben

Aufgabe 4.1 Zeigen Sie Satz 4.18.

Aufgabe 4.2 Zeigen Sie, dass die Wechselwegnahme dem EUKLID'schen Algorithmus entspricht, und schreiben Sie eine PYTHON-Prozedur, die die Wechselwegnahme zur Berechnung von $\mathrm{ggT}(a, b)$ für $a, b \in \mathbb{Z}$ realisiert.

Aufgabe 4.3 Zeigen Sie, dass für $m, n, k \in \mathbb{N}$ folgende Beziehung gilt:

$$\mathrm{ggT}(k \cdot n + m, n) = \mathrm{ggT}(n, m).$$

Aufgabe 4.4 (L) Seien $a, b \in \mathbb{Z}$. Entwickeln Sie einen Algorithmus zur Berechnung von $m, n \in \mathbb{Z}$, sodass

$$m \cdot a + n \cdot b = \mathrm{ggT}(a, b)$$

auf der Basis des EUKLID'schen Algorithmus

a) durch „Rückwärtsaufbauen",

b) durch „Vorwärtsaufbauen".

Aufgabe 4.5 Erweitern Sie die PYTHON-Prozedur (Algorithmus 13) zur Berechnung von $\mathrm{ggT}(a, b)$ mit dem EUKLID'schen Algorithmus nach den beiden Varianten von Aufgabe 4.4.

Aufgabe 4.6 (L) Es seien $(K, +, \cdot)$ und $(K', +', \cdot')$ Körper und $\Phi : K \to K'$ ein Körper-Homomorphismus (siehe Bemerkungen 4.30, 2)). Zeigen Sie, dass dann Φ injektiv ist.

Aufgabe 4.7 Im Folgenden finden Sie einige Rechentricks der vedischen Mathematik exemplarisch dargestellt. Verallgemeinern Sie diese und geben Sie jeweils einen allgemeingültigen Beweis an.

a) Multiplikation zweistelliger Zahlen, wobei die ersten Ziffern übereinstimmen und sich die letzten zu 10 addieren:

$$64 \cdot 66 = 6 \cdot 7 \cdot 100 + 4 \cdot 6 = 4224,$$
$$37 \cdot 33 = 3 \cdot 4 \cdot 100 + 7 \cdot 3 = 1221.$$

b) Bestimmung von Quadratzahlen, wenn die letzte Ziffer 5 ist:

$$85^2 = 8 \cdot 9 \cdot 100 + 25 = 7225,$$
$$125^2 = 12 \cdot 13 \cdot 100 + 25 = 15625.$$

c) Quadratur von Zahlen nahe einer Zehnerpotenz:

$$102^2 = 104 \cdot 100 + 2^2 = 10404,$$
$$88^2 = 76 \cdot 100 + 12^2 = 7744.$$

d) Multiplikation zweier Zahlen nahe einer gleichen Zehnerpotenz:

$$95 \cdot 88 \;\to\; 100 - 95 = 5, \; 100 - 88 = 12 \;\to\; 95 - 12 = 83$$
$$\to\; 5 \cdot 12 = 60 \;\to\; 95 \cdot 88 = 83 \cdot 100 + 60 = 8360 \, ,$$
$$107 \cdot 87 \;\to\; 100 - 107 = -7, \; 100 - 87 = 13 \;\to\; 107 - 13 = 94$$
$$\to\; (-7) \cdot 13 = -91 \;\to\; 107 \cdot 87 = 94 \cdot 100 - 91 = 9309 \, .$$

4.2 Der Körper der rationalen Zahlen $\mathbb{Q}$

Brüche bzw. „Verhältnisse" aus natürlichen Zahlen werden schon seit der Antike benutzt. Für die *Pythagoreer*, die Anhänger des PYTHAGORAS von Samos[5], waren Zahlenspekulationen ein zentraler Aspekt ihrer Philosophie, ausgedrückt durch den Satz „Alles ist Zahl". Dahinter stand die Vorstellung, dass sich alles im Universum durch Verhältnisse, d. h. durch rationale Zahlen, ausdrücken lässt. Erweitert man die Verhältnisse auf ganze Zahlen, erhält man zum ersten Mal einen unendlichen Körper, genauer den kleinsten, der verträglich $\mathbb{N}_0$ umfasst. Analog zur Konstruktion von $\mathbb{Z}$ aus $\mathbb{N}_0$ ist Ausgangspunkt $\widehat{\mathbb{Q}} := \mathbb{Z} \times (\mathbb{Z} \setminus \{0\})$ zur Darstellung von „Verhältnissen", wobei die Bruchrechenregeln

$$\frac{a}{b} \cdot \frac{c}{d} = \frac{a \cdot c}{b \cdot d} \quad \text{für} \quad a,b,c,d \in \mathbb{Z}, \, b,d \neq 0$$

einer komponentenweise definierten Multiplikation

$$(a,b) \cdot (c,d) = (a \cdot c, b \cdot d) \tag{4.29}$$

entsprechen und die „Gleichsetzung" von Brüchen, die durch Kürzen bzw. Erweitern auseinander hervorgehen, durch die Faserung mittels der Äquivalenzrelation

$$(a,b) \sim (c,d) \;\Leftrightarrow\; a \cdot d = b \cdot c \tag{4.30}$$

vorgenommen wird. Beschränken wir uns vorerst auf

$$\widetilde{\mathbb{Q}} := \mathbb{Z}^* \times \mathbb{Z}^*, \quad \text{wobei } \mathbb{Z}^* := \mathbb{Z} \setminus \{0\} \, ,$$

so besteht eine vollständige Analogie zwischen der kommutativen Halbgruppe $(\mathbb{N}_0, +)$ mit neutralem Element 0 und (4.2), (4.3) und der kommutativen Halbgruppe $(\mathbb{Z}^*, \cdot)$ mit neutralem Element 1 und (4.29), (4.30). Dazu können die Überlegungen von Abschnitt 4.1 wiederholt werden. Diese zeigen

$\sim$ ist eine Äquivalenzrelation auf $\widetilde{\mathbb{Q}}$ (siehe Lemma 4.1).

---

[5] PYTHAGORAS VON SAMOS *um 570 v. Chr. auf Samos, †nach 510 v. Chr. in Metapont in der Basilicata

Sei daher

$$Q^* := \widetilde{Q}/ \sim \, ,$$

dann setze

$$Q := Q^* \cup \{[(0,1)]\} \, ,$$

wobei

$$q \cdot [(0,1)] = [(0,1)] \cdot q = [(0,1)] \quad \text{für alle} \quad q \in Q^*$$

ist. Damit gilt (siehe Satz 4.6):

- $\cdot$ ist wohldefiniert.
- $(Q^*, \cdot)$ und damit auch $(Q, \cdot)$ ist eine kommutative Halbgruppe mit neutralem Element $[(1,1)]$.
- $I : \mathbb{Z} \to Q, \, a \mapsto [(a,1)]$ ist eine mit $\cdot$ verträgliche Einbettung.

Darüber hinaus hat jedes $[(a,b)] \neq [(0,1)]$, d. h. bei $a \neq 0$, ein Inverses in Q^*, nämlich

$$[(a,b)]^{-1} := [(b,a)] \, . \tag{4.31}$$

Es fehlt noch die Definition einer Addition, sodass $(Q, +, 0)$ eine kommutative Gruppe bildet, die Distributivgesetze gelten, d. h. Q zum Körper wird, und die zur Addition auf $\mathbb{Z}$ verträglich ist.

- Dabei wird ab jetzt zur Kurzschreibweise die Einbettung I mit der Identität identifiziert, d. h.
$$0 = I(0) = [(0,1)] \, . \, -$$

Notwendigerweise muss die Addition also erfüllen – bei gleichem Nenner:

$$[(a,b)] + [(c,b)] = [(a,1)] \cdot [(1,b)] + [(c,1)] \cdot [(1,b)]$$
$$= ([(a,1)] + [(c,1)]) \cdot [(1,b)]$$
$$= [(a+c,1)] \cdot [(1,b)] = [(a+c,b)]$$

und damit – durch auf den „gleichen Nenner bringen" :

$$[(a,b)] + [(c,d)] = [(ad,bd)] + [(cb,bd)] = [(ad+cb,bd)] \, .$$

Also wird eine Addition auf Q definiert durch

$$[(a,b)] + [(c,d)] := [(ad+cb,bd)] \tag{4.32}$$

für $a,b,c,d \in \mathbb{Z}, b,d \neq 0$.

Es ist die Wohldefinition zu prüfen und dann die Assoziativität (Übung), die Kommutativität ist klar, ebenso die Gültigkeit der Distributivgesetze. Zudem ist die

Einbettung I auch mit $+$ verträglich, da

$$I(a) + I(b) = [(a, 1)] + [(b, 1)] = [(a + b, 1)] = I(a + b) \quad \text{für } a, b \in \mathbb{Z} .$$

Jedes $q \in \mathbb{Q}, q = [(a, b)]$ lässt sich wie gewohnt als Bruch schreiben:

$$q = [(a, 1)][(1, b)] = [(a, 1)][(b, 1)]^{-1} = I(a)I(b)^{-1} =: a \cdot b^{-1} \qquad (4.33)$$

für $a, b \in \mathbb{Z}, b \neq 0$. Andere Schreibweisen für $a \cdot b^{-1}$ sind a/b oder $\frac{a}{b}$. Diese Schreibweisen werden auch auf $p, q \in \mathbb{Q}, q \neq 0$ ausgedehnt, d. h.:

$$p/q := \frac{p}{q} := pq^{-1} ,$$

also insbesondere $1/q = \frac{1}{q} = q^{-1}$. Speziell für $n \in \mathbb{N}$ erhält man mit $1/n = n^{-1}$ die *Stammbrüche*. Alle gewohnten Bruchrechenregeln lassen sich verifizieren (Übung).

Theorem 4.31

$(\mathbb{Q}, +, \cdot)$ ist mit den Verknüpfungen (4.29), (4.32) ein Körper, der bis auf Isomorphie minimale Körper, der $\mathbb{Z}$ verträglich als Unterring enthält.

Beweis: $I : \mathbb{Z} \to I(\mathbb{Z})$ ist ein Ring-Isomorphismus, und für jeden $I(\mathbb{Z})$ umfassenden Körper Q mit verträglichen Operationen gilt nach den vorangegangenen Überlegungen:

$$\mathbb{Q} \subset Q ,$$

d. h., $\mathbb{Q}$ ist minimale Fortsetzung von $\mathbb{Z}$. Sind Q_1 und Q_2 zwei solche Fortsetzungen, dann gilt dies auch für $Q_1 \cap Q_2$. Sind dann Q_1 und Q_2 minimal, dann sind

$$Q_1 \subset Q_1 \cap Q_2 , \quad Q_2 \subset Q_1 \cap Q_2 ,$$

also

$$Q_1 = Q_2 . \qquad \square$$

Ein $q \in \mathbb{Q}$ hat viele Darstellungen als $q = ab^{-1}$. Eventuell durch Übergang zu $(-a)(-b)^{-1}$ kann man in der Darstellung a/b

$$b \in \mathbb{N} \, (\Leftrightarrow b > 0) \qquad (4.34)$$

sicherstellen. Dies soll im Folgenden immer gelten.

Schreibt man a, b in der eindeutigen Primfaktorzerlegung nach Satz 3.9 und kürzt die gemeinsamen Primfaktoren, erhält man die eindeutige *teilerfremde* Darstellung.

Äquivalent kann man zu $q \in \mathbb{Q}$ die nicht leere Menge

$$M := \left\{ n \in \mathbb{N} \ : \ \text{Es gibt ein } m \in \mathbb{Z} : \ q = \frac{m}{n} \right\}$$

betrachten und dann nach Theorem 3.1

$$n := \min M \quad \text{und } m \text{ so wählen, dass } q = \frac{m}{n} \ .$$

Auf diese Weise wird ein eindeutiger Repräsentant von

$$q = [(m, n)]$$

definiert. Um eine solche gekürzte Form von $q = m/n$ algorithmisch zu bestimmen, reicht tatsächlich,

$$k := \mathrm{ggT}(m, n)$$

bestimmen zu können, da ja

$$\frac{m}{n} = \frac{c \, \mathrm{ggT}(m, n)}{d \, \mathrm{ggT}(m, n)} = \frac{c}{d}$$

und $\mathrm{ggT}(c, d) = 1$. Die Bestimmung von ggT wurde in Abschnitt 4.1 besprochen.

Bemerkung 4.32 $\mathbb{Q}$ ist abzählbar unendlich. Dafür schreibe man $q \in \mathbb{Q}, q \neq 0$ in „gekürzter" Form als $q = \pm m/n$ mit $m, n \in \mathbb{N}$ und ordne diese Zahlen folgendermaßen an

und zähle diagonal ab. Dieser Ansatz wird auch *erstes* CANTOR*'sches Diagonalargument* genannt.

$\triangle$

Eine mit der Ordnung auf $\mathbb{Z}$ verträgliche Ordnung wird definiert durch

$$\frac{m}{n} \le \frac{m'}{n'} \ :\Leftrightarrow \ m'n - mn' \in \mathbb{N}_0 \quad \text{für } m, m' \in \mathbb{Z}, n, n' \in \mathbb{N}. \tag{4.35}$$

Die Relation ist wohldefiniert (Übung).

Theorem 4.33

Die Relation $\leq$ ist eine totale Ordnung auf $\mathbb{Q}$, die die Ordnung auf $\mathbb{Z}$ fortsetzt und mit Addition und Multiplikation verträglich ist:

1) $q' \leq q'' \Leftrightarrow q' + q \leq q'' + q$ für $q, q', q'' \in \mathbb{Q}$.

2) Sei $q = m/n, m \in \mathbb{Z}, n \in \mathbb{N}$, dann

$$0 \overset{(\leq)}{} q \Leftrightarrow m \in \mathbb{N}(\mathbb{N}_0).$$

3) Für $q, q', q'' \in \mathbb{Q}$ gilt:

a) Ist $q > 0$, dann gilt: $q' \leq q'' \Leftrightarrow qq' \leq qq''$.

b) Ist $q < 0$, dann gilt: $q' \leq q'' \Leftrightarrow qq' \geq qq''$.

4) $\mathbb{Q}$ ist ARCHIMEDISCH, d. h., zu beliebigen $p, q \in \mathbb{Q}, p > 0$ gibt es ein $N \in \mathbb{N}$, sodass

$$Np > q.$$

Beweis: 1) Übung.

2) und 3) ergeben sich sofort.

4) Es reicht $p = m'/n', q = m/n$ mit $m, m', n, n' \in \mathbb{N}$ zu betrachten,

$$Nm'/n' > m/n \Leftrightarrow Nm'n > mn',$$

sodass $N = mn' + 1$ gewählt werden kann. $\qquad\square$

Bemerkung 4.34 Wegen Theorem 4.33 ist die *Abrundungsfunktion* (oder auch GAUSS-KLAMMER) wohldefiniert $\lfloor . \rfloor : \mathbb{Q} \to \mathbb{Z}, \lfloor q \rfloor := \max\{k \in \mathbb{Z} : k \leq q\}$. Jedes $q \in \mathbb{Q}$ lässt sich also schreiben als

$$q = \lfloor q \rfloor + q'$$

und $q' \in \mathbb{Q}, 0 \leq q' < 1$.

Alternative Schreibweisen sind floor(q) für $\lfloor q \rfloor$ und frac(q) für q', d. h. $q = $ floor$(q) + $ frac(q). Analog gibt es die *Aufrundungsfunktion*

$$\lceil q \rceil := \min\{k \in \mathbb{Z} : k \geq q\}.$$

Auf einem ARCHIMEDISCH angeordneten Körper als abstrakte Beschreibung eines Oberkörpers von $\mathbb{Q}$ sind diese Funktionen entsprechend definiert. $\qquad\triangle$

Auf $\mathbb{Q}$ wird ein Betrag durch folgende Definition eingeführt:

Definition 4.35

Sei $q = mn^{-1} \in \mathbb{Q}, m \in \mathbb{Z}, n \in \mathbb{N}$, dann

$$|q| := |m||n|^{-1} = |m|n^{-1}.$$

Satz 4.36

Der Betrag auf $\mathbb{Q}$ erfüllt die Eigenschaften von Satz 4.18, und daher wird durch

$$d(q_1, q_2) := |q_1 - q_2| \quad \text{für } q_1, q_2 \in \mathbb{Q}$$

ein Abstand auf $\mathbb{Q}$ eingeführt.

Beweis: Folgt aus Satz 4.18 und Theorem 4.33.   □

Mit $\mathbb{Z}_p$, p prim, hatten wir schon einen (ungeordneten) endlichen Körper kennengelernt. Durch den Abstand sehen wir den wesentlichen Unterschied zwischen $\mathbb{Z}$ und $\mathbb{Q}$. In $\mathbb{Z}$ ist der minimale Abstand zwischen zwei Zahlen

$$d(z, z + 1) = d(z, z - 1) = 1$$

und für $x \in \mathbb{Z}$

$$\min\{d(x, y) : y \in \mathbb{Z}, y \neq x\} = 1,$$

d. h., $\mathbb{Z}$ hat eine „diskrete" Struktur. In $\mathbb{Q}$ gilt dagegen für beliebiges $q \in \mathbb{Q}$:

$$d\left(q, q + \tfrac{1}{n}\right) = \tfrac{1}{n} \tag{4.36}$$

und $q + \tfrac{1}{n} \in \mathbb{Q}$ bzw.

Satz 4.37

Seien $q_1, q_2 \in \mathbb{Q}, q_1 < q_2$. Dann gibt es ein $q \in \mathbb{Q}$, sodass

$$q_1 < q < q_2.$$

In diesem Sinn liegt $\mathbb{Q}$ *dicht* in sich selbst.[6]

Beweis: Wählen Sie $q := \tfrac{1}{2}(q_1 + q_2)$.   □

---

[6] Allerdings wird bei einer gegebenen Abstandsfunktion der Begriff *Dichtheit* auch im Sinn von Theorem 5.12 eingeführt. In diesem Fall ist jede Menge dicht in sich selbst.

Für den abstrakten Rahmen werden die Eigenschaften, die für $\mathbb{Q}$ in Theorem 4.33 festgestellt wurden, zu einem Begriff abstrahiert.

Definition 4.38

Sei K ein Körper, $\leq$ eine Ordnungsrelation auf K.
K heißt *angeordnet* (bezüglich $\leq$), wenn $\leq$ total ist und gilt

$$a \leq b \iff a + c \leq b + c \quad \text{für } a, b, c \in K \,,$$
$$a \geq 0, b \geq 0 \implies ab \geq 0 \quad \text{für } a, b \in K \,.$$

Eine *Betragsfunktion* $|\,.\,| : K \to K$ wird definiert durch

$$a \mapsto \begin{cases} a & \text{falls } a \geq 0 \,, \\ -a & \text{falls } a < 0 \,. \end{cases}$$

K heißt ARCHIMEDISCH angeordnet, wenn zusätzlich gilt:
Zu jedem $x \in K$ existiert ein $n \in \mathbb{N}$, sodass

$$n_K \geq x \,,$$

wobei

$$1_K := 1 \quad \text{(das multiplikativ neutrale Element)} \,,$$
$$(n+1)_K := n_K + 1 \quad \text{für } n \in \mathbb{N} \,.$$

Seien $x, y \in K$, dann wird mit

$$[x, y] := [x, y]_K := \{z \in K : \ x \leq z \text{ und } z \leq y\}$$

ein *Intervall* in K bezeichnet.

Lemma 4.39

Sei K ein geordneter Körper mit Betragsfunktion $|\,.\,|$, dann gelten die Eigenschaften von Satz 4.18.

Beweis: Analog zum Beweis von Satz 4.18.   □

Obwohl die rationalen Zahlen dicht in sich selbst liegen, gibt es doch nicht für alle Gleichungen in $\mathbb{Q}$ eine Lösung in $\mathbb{Q}$. Nach Konstruktion haben bei $p, q \in \mathbb{Q}$ die Gleichungen

$$p + x = q$$
$$p \neq 0 : \quad px = q$$

eine eindeutige Lösung in $\mathbb{Q}$. Dies gilt nicht für Wurzeln, da schon in der Antike (z. B. dem Pythagoreer HIPPASOS von Metapont[7]) klar war, dass die Länge der Diagonalen in einem Quadrat mit Seitenlänge 1 keine rationale Zahl ist, d. h., es gibt kein $q \in \mathbb{Q}$, sodass

$$q^2 = 2. \tag{4.37}$$

Das griechische Wort für „nicht rational" bedeutet auch „unsagbar".

Der antike Beweis von „Euklid" ist indirekt und lautet: Angenommen $q \in \mathbb{Q}$, mit der gekürzten Darstellung $q = m/n$, $m \in \mathbb{Z}$, $n \in \mathbb{N}$ erfüllt (4.37), d. h.

$$m^2 = 2n^2 \ .$$

Damit ist m^2 gerade und somit auch m (da für eine ungerade Zahl auch ihr Quadrat ungerade ist: $(2l + 1)^2 = 4l^2 + 2l + 1$) d. h. $m = 2m'$ mit $m' \in \mathbb{Z}$ und somit

$$4m'^2 = 2n^2,$$

d. h., auch n^2 und damit n ist gerade, ein Widerspruch zur Teilerfremdheit mit m.

Dies ist bis auf die offensichtlichen Fälle auch die allgemeine Situation, da folgendes gilt:

Theorem 4.40

Sei $p = \frac{m}{n} \in \mathbb{Q}$, $m \in \mathbb{Z}$, $n \in \mathbb{N}$. Dann gibt es ein $q \in \mathbb{Q}$, sodass

$$q^2 = p$$

nur in dem Fall, dass es $e, m', n' \in \mathbb{N}$ gibt, sodass $m = em'^2$, $n = en'^2$.

Beweis: Es existiere eine rationale Lösung, etwa $q = \pm r/s$ mit $r, s \in \mathbb{N}$. Es seien $r = \prod_{i=1}^{k} p_i$, $s = \prod_{i=1}^{l} q_i$ die eindeutige Primfaktorzerlegung (wobei die Faktoren gegebenenfalls mehrfach auftreten), also

$$n \prod_{i=1}^{k} p_i^2 = m \prod_{i=1}^{l} q_i^2 \ .$$

Die Primzahlen q_j, $j = 1, \ldots, l$, teilen also $n \prod_{i=1}^{n} p_i^2$, wobei auch für n eine Primfaktorzerlegung gilt. Die Primzahlen q_j sind daher identisch mit einem der Faktoren in dieser eindeutigen Primfaktorzerlegung. Sie treten also zweimal in $\prod_{i=1}^{k} p_i^2$ auf oder zweimal in n. Dies definiert eine Zerlegung von $\prod_{i=1}^{k} p_i^2$ in die auftretenden Fakto-

---

[7] HIPPASOS VON METAPONT *um 574 v. Chr. auf Metapont, †um 522 v. Chr.

ren, $\prod_{i \notin K} p_i^2$ mit $K \subset \{1, \ldots, k\}$, und die übrigen, $\prod_{i \in K} p_i^2$. Im Spezialfall treten alle q_j in $\prod_{i=1}^{k} p_i^2$ auf, also gilt mit den verbleibenden Faktoren von r^2

$$n \prod_{i \in K} p_i^2 = m ,$$

d. h., es kann $e = n, m' = \prod_{i \in K} p_i$ und $n' = 1$ gewählt werden. Im allgemeinen Fall tritt nur ein Teil der Faktoren in $\prod_{i \notin K} p_i^2$ auf, ein weiterer in n und führt zu einer Zerlegung von n in $n = n'^2 \cdot \tilde{n}$ und zu

$$\tilde{n} \prod_{i \in K} p_i^2 = m .$$

Dies ergibt die Behauptung mit $e = \tilde{n}, m' = \prod_{i \in K} p_i$ und n' wie oben. $\qquad \square$

Bemerkungen 4.41 1) Die Bedingung an $p = \frac{m}{n}$ ist äquivalent dazu, dass Zähler und Nenner des gekürzten Bruchs Quadratzahlen sind, und auch äquivalent dazu, dass $m \cdot n$ eine Quadratzahl ist.

Für die Gleichung

$$q^k = p$$

mit $k \in \mathbb{N}, k \geq 2$, lässt sich die Charakterisierung der Rationalität der Lösung mit analogem Beweis entsprechend verallgemeinern zu: p ist nach Kürzen Quotient aus p-ten Potenzen natürlicher Zahlen.

2) Seien $m, n \in \mathbb{N}, m \neq n$, dann gibt es keine rationale Lösung von

$$x^n = 2^m ,$$

also gibt es keine $n, m \in \mathbb{N}$, sodass

$$\left(\frac{3}{2} \right)^n = 2^m .$$

Die beste Approximation stellt $n = 12, m = 7$ dar, für die gilt

$$\left(\frac{3}{2} \right)^n = 2^m \, \frac{531441}{524288} \approx 2^m \, 1,01364.$$

Diesen Faktor nennt man das *pythagoreische Komma*, der in der Musiktheorie die Abweichung von 7 Oktaven zu 12 Quinten darstellt (Offenheit des Quintenzirkels). In einer *gleichstufig-temperierten* Stimmung wird das pythagoreische Komma auf die 12 Quinten gleichmäßig verteilt: Die Frequenz der Quint wird also um ein a erniedrigt, sodass gilt

$$\left(\frac{3}{2}a\right)^{12} = 2^7 \, ,$$

d. h., $a = \frac{2}{3}\, 2^{7/12} \approx 0.99887$ bzw. die 23.46 Cent[8], die dem pythagoreischen Komma entsprechen, werden mit je ca. 1.955 Cent auf die Quinten verteilt, durch deren Verkleinerung – die große Terz wird allerdings um 14 Cent erhöht.　　　　　△

Am Rande bemerkt: Zweimal falsch ergibt richtig oder einfach nur klar: Der lange Weg zu Begriffen und Schreibweisen

Um den langen Kampf um eine moderne Notation von mathematischen Objekten und Problemen deutlich zu machen, und die große Hilfestellung, die eine angemessene Notation liefern kann, betrachten wir die einfachsten aller Gleichungen, nämlich die lineare Gleichung

$$f(x) := ax + b = 0 \, . \tag{4.38}$$

Dabei sind a, b mit $a \neq 0$ gegeben in $\mathbb{Q}$ oder $\mathbb{R}$ (oder einem allgemeinen Körper K), gesucht ist $x \in K$. Dieses existiert eindeutig und ist gegeben durch

$$x = \frac{-b}{a} \, , \tag{4.39}$$

wie man sofort durch Einsetzen bestätigt, oder (und das ergibt auch die Eindeutigkeit) man folgt den lange in der Schule eingeübten Umformungsregeln:

$$(4.38) \quad \Leftrightarrow \quad ax = -b \quad \Leftrightarrow \quad x = \frac{-b}{a}$$

(auf beiden Seiten der Gleichung werden die gleichen Zahlen addiert bzw. multipliziert). So weit, so einfach. Was aber, wenn all die benutzten Formalisierungen von Unbekannten[9] und Gleichungen noch nicht vorliegen. Dies war zumindest in Europa bis in die frühe Neuzeit der Fall. Noch bei Adam Ries[10][11] wird eine Gleichung nicht notiert als

---

[8]　100 Cent = 1 gleichstufiger Halbton,
　　d. h. 1 Oktave = 1200 Cent
　　　　1 (reine) Quinte = $1200 \log_2(\frac{3}{2}) \approx 701.955$ Cent

[9] Auch in der Grundschule wird dieser lange Weg dorthin nachvollzogen. Solche linearen Gleichungen werden sehr früh gelöst: Die Unbekannten heißen zuerst „krrk" (wirklich!), dann Platzhalter, werden mit Zeichen wie □ notiert...

[10] Adam Ries *17. Jaunuar 1492 in Staffelstein, Fürstbistum Bamberg, †30. März 1559 in Annaberg

[11] S. Deschauer (1992). *Das Zweite Rechenbuch Von Adam Ries*. Wiesbaden: Vieweg+Teubner Verlag.

Abb. 4.4 Titelblatt von „Rechnung auff der Linien und Federn, Auff allerley handthierung gemacht" (Nürnberg 1527), dem zweiten Rechenbuch von Adam RIES.

$$7x - 5(30 - x) = 0 \quad \text{bzw.} \quad (4.40)$$
$$12x = 150$$

mit der Lösung $x = 12\frac{1}{2}$, sondern als „Einer nimmt einen Arbeiter 30 Tage unter Vertrag. Wenn er arbeitet, gibt er ihm 7 Pfennig pro Tag. Wenn er aber faulenzt, rechnet er ihm 5 Pfennig pro Tag ab. Und als die 30 Tage vorbei sind, ist keiner dem anderen etwas schuldig geblieben. Die Frage: Wie viele Tage hat er gearbeitet und wie viele Tage hat er gefaulenzt?" Es wird also keine Gleichung aufgestellt, sondern nur eine Berechnungsvorschrift $f(x) = (ax + b)$ in unserer Notation gegeben und nach einer Zahl x gefragt, die $f(x) = 0$ erfüllt.[12]

RIES beschreibt das *Regula-Falsi-Verfahren* (*Regel des* Falschen) bzw. Regel des zweifachen falschen Ansatzes, das seit dem Mittelalter bzw. außerhalb Europas lange vorher bekannt war. In moderner Notation lautet dies: Man wähle $x_1, x_2 \in K$, $x_1 \neq x_2$ und wenn nicht $f(x_1) = 0$ oder $f(x_2) = 0$, bilde

$$\overline{x} = \frac{x_2 f(x_1) - x_1 f(x_2)}{f(x_1) - f(x_2)} , \qquad (4.41)$$

dann ist $\overline{x}$ die gesuchte Lösung. Mit zwei „falschen" Werten x_1, x_2, d. h. mit $f(x_i) \neq 0$, wird also der richtige bestimmt. Mit unseren Mitteln ist das leicht einzusehen. Da f eine nichtkonstante Gerade ist, ist immer $f(x_1) \neq f(x_2)$ und damit (4.41) wohldefiniert und weiter: Entweder setzt man einfach in die Form (4.38) ein und erhält (4.39), oder man beachtet die Umformung

$$\overline{x} = x_2 - \frac{f(x_2)}{\alpha} \quad \text{mit } \alpha := \frac{f(x_1) - f(x_2)}{x_1 - x_2} .$$

Dabei ist α die konstante Steigung der Geraden, d. h. insbesondere $\alpha = f'(x_2)$, und damit stellt (4.41) einen Schritt des NEWTON-Verfahrens (5.72) dar (von x_2 aus, mit x_1 als Hilfswert zur Berechnung von $f'(x_2)$), das hier in einem Schritt konvergiert. Angewandt auf (4.40) ergibt sich

$$x_1 = 10 \quad \Rightarrow \quad f(x_1) = 7 \cdot 10 - 5 \cdot (30 - 10) = -30 ,$$
$$x_2 = 15 \quad \Rightarrow \quad f(x_1) = 7 \cdot 15 - 5 \cdot (30 - 15) = 30 ,$$
$$\overline{x} = \frac{15(-30) - 10 \cdot 30}{-30 - 30} = 12\frac{1}{2} .$$

Bei RIES hört sich die Regel so an: „Wird angesetzt mit zwei falschen Zahlen, die der Aufgabe entsprechend gründlich überprüft werden sollen in dem Maß, wie es die gesuchte Zahl erfordert. Führen sie zu einem höheren Ergebnis, als es in Wahrheit richtig ist, so bezeichne sie mit dem Zeichen + plus, bei einem zu kleinen Ergebnis aber beschreibe sie mit dem Zeichen -, minus genannt. Sodann ziehe einen Fehlbetrag vom anderen ab. Was dabei als Rest bleibt, behalte für deinen Teiler. Danach multipliziere über Kreuz jeweils eine falsche Zahl mit dem Fehlbetrag der anderen. Ziehe eins vom anderen ab, und was da als Rest bleibt, teile durch den vorher berechneten Teiler. So kommt die Lösung der Aufgabe heraus. Führt aber eine falsche Zahl zu einem zu großen und die andere zu einem zu kleinen Ergebnis, so addiere die zwei Fehlbeträge. Was dabei herauskommt, ist dein Teiler. Danach multipliziere über Kreuz, addiere und dividiere. So kommt die Lösung der Aufgabe heraus." Warum ist das so kompliziert? RIES kann oder will nicht mit negativen Zahlen rechnen (diese sind ja *numeri absurdi*), und alle seine praktischen Aufgaben

---

[12] Noch deutlicher wird dies bei der Aufgabe „Einer hat Geld, verspielt davon 1/3, verbraucht vom Übrigen 4 Gulden, handelt mit dem Rest, verliert ein 1/4 und behält 20 Gulden, wie viele hat er zu Anfang mit sich geführt?", also $f(x) = \frac{3}{4}(\frac{2}{3}x - 4) - 20$.

haben positive Lösungen. Daher wird aus (4.41) bei ihm in moderner Notation:

$f(x_1), f(x_2) > 0$:

$$\bar{x} = \frac{x_2|f(x_1)| - x_1|f(x_2)|}{|f(x_1)| - |f(x_2)|}$$

$f(x_1), f(x_2) < 0$:

$$\bar{x} = \frac{x_2(-f(x_1)) - x_1(-f(x_2))}{-f(x_1) - (-f(x_2))} = \frac{x_2|f(x_1)| - x_1|f(x_2)|}{|f(x_1)| - |f(x_2)|} \quad {}^{13}$$

– daher wird dieser Fall nicht gesondert erwähnt –

$f(x_1) > 0, f(x_2) < 0$:

$$\bar{x} = \frac{x_2 f(x_1) + x_1(-f(x_2))}{f(x_1) + (-f(x_2))} = \frac{x_2|f(x_1)| + x_1|f(x_2)|}{|f(x_1)| + |f(x_2)|}$$

Heute würde niemand mehr die Regula Falsi zur Lösung von (4.38) anwenden. Für ein nichtlineares f wird das Verfahren nicht zu einer Nullstelle führen, kann aber zu einem Iterationsverfahren ausgebaut werden (siehe (5.76)). Die entstehenden Iterationsfolgen zur Approximation von $\sqrt{2}$, d. h. für $f(x) = x^2 - 2$, zeigt die Tabelle 4.1.

Man sieht also, wie angemessene Begriffe und Bezeichnungen Aufgaben (sehr) vereinfachen können, indem die „Schiene" des *Rechenkalküls* zwingend zur Lösung führt.

Aufgaben

Aufgabe 4.8 (L) Zeigen Sie für $p, q \in \mathbb{Q}$, $p \neq 0$, $q \neq 0$: Sei $p^{-m} := (p^{-1})^m$ für $m \in \mathbb{N}$. Dann gilt:

a) $p^{-m} = (p^m)^{-1}$, $p^{m-n} = p^m/p^n$ für $m, n \in \mathbb{N}$.
b) $p^k p^l = p^{k+l}$, $p^k q^k = (pq)^k$, $(p^k)^l = p^{kl}$ für $k, l \in \mathbb{Z}$.

Aufgabe 4.9 Seien $a, b \in \mathbb{N}$ mit $\sqrt{a} \notin \mathbb{Q}$ oder $\sqrt{b} \notin \mathbb{Q}$. Zeigen Sie, dass dann auch die Summe der Wurzeln nicht rational ist, d. h.

$$\sqrt{a} + \sqrt{b} \notin \mathbb{Q}. {}^{14}$$

Aufgabe 4.10 Entwerfen Sie einen Datentyp `RationaleZahl` in PYTHON, der eine rationale Zahl $q = \frac{m}{n}$ exakt darstellen kann, indem Zähler $m \in \mathbb{Z}$ und $n \in \mathbb{N}$ gespeichert werden. Achten Sie auf eine eindeutige Darstellung der Zahlen.

---

[13] Wie das obige Beispiel zeigt, können auch bei einer positiven Lösung negative Zähler und Nenner entstehen. Vermutlich hat RIES dies durch Vertauschung von x_1 und x_2 verhindert.

[14] Genauer setzt diese Aufgabe die Kenntnis der reellen Zahlen und die Existenz von $\sqrt{a} \in \mathbb{R}$ für $a \in \mathbb{N}$ voraus (siehe Satz 5.24).

Iteration	$\bar{x}$
0	2.0
1	1.3333333333333333333333333333333
2	1.4285714285714285714285714285714
3	1.4117647058823529411764705882353
4	1.4146341463414634146341463414634
5	1.4141414141414141414141414141414
6	1.4142259414225941422594142259414
7	1.4142114384748700173310225303293
8	1.4142139267767408470926058865757
9	1.4142134998513232233125185845971
10	1.4142135731001354846655992117256
11	1.4142135605326258864343655935922
12	1.4142135626888696350457513577481
13	1.4142135623189166951147991561846
14	1.4142135623823905847204748247869
15	1.4142135623715001869770836681149
16	1.4142135623733686838305689319144
17	1.4142135623730481004530135929845
18	1.4142135623731031038648593350274
19	1.4142135623730936667713401914460
20	1.4142135623730952859206093100011
21	1.4142135623730950081185137422257
22	1.4142135623730950557818180303226
23	1.4142135623730950476040878695165
24	1.4142135623730950490071645462558

Tabelle 4.1 Konvergenzverhalten der Regula Falsi zur Bestimmung von $\sqrt{2}$ mit Startwerten $x_1 = 1$, $x_2 = 2$. Gerechnet in PYTHON unter Verwendung der mpmath-Bibliothek[15] mit 32 Stellen Genauigkeit

Aufgabe 4.11 Implementieren Sie für Ihren Datentyp RationaleZahl aus Aufgabe 4.10 die Operatoren für Addition (+), Subtraktion (-), Multiplikation (*), Division (/) sowie die Vergleichsoperatoren (== und <=).

4.3 Grenzprozesse mit rationalen Zahlen

Die Nichtexistenz von rationalen Wurzeln hat weitreichende Konsequenzen für die Struktur von $\mathbb{Q}$. Um dies zu verstehen, müssen einige Hilfsmittel entwickelt werden. Als Vorbereitung der Konstruktion der reellen Zahlen $\mathbb{R}$ in Abschnitt 5.1 werden diese abstrakt in ARCHIMEDISCHEN Körpern formuliert. Will man die genannte Konstruktion überspringen, wie für Anfänger*innen empfohlen, kann erst mal im Folgenden K mit $\mathbb{Q}$ und dann bei „Vorhandensein" von $\mathbb{R}$ mit $\mathbb{Q}$ oder $\mathbb{R}$ ersetzt werden.

[15] Python-Bibliothek zum Rechnen mit beliebiger Genauigkeit (http://mpmath.org).

Durch die Abstandsmessung ist es möglich Grenzprozesse (*Limiten*) zu betrachten:

Definition 4.42

Sei K ein ARCHIMEDISCH angeordneter Körper mit Betragsfunktion $|.| : K \to K$.

1) Eine Abbildung a von $\mathbb{N}$ nach K, d. h. $a \in K^{\mathbb{N}}$ wird *Folge in K* genannt, geschrieben durch die Bilder $a_n := a(n)$ als

$$(a_n)_{n \in \mathbb{N}} \quad \text{oder kürzer} \quad (a_n)_n \, .$$

2) Eine Folge $(a_n)_n$ heißt *Nullfolge* genau dann, wenn zu jedem $\varepsilon \in K, \varepsilon > 0$ ein $N \in \mathbb{N}$ existiert, sodass $|a_n| \leq \varepsilon$ für alle $n \in \mathbb{N}$ mit $n \geq N$.

3) Sei $(a_n)_n$ eine Folge in K und $a \in K$. Dann *konvergiert* $(a_n)_n$ *gegen* a, kurz

$$\lim_{n \to \infty} a_n = a \, ,$$

und a heißt *Limes* oder *Grenzwert* von $(a_n)_n$, genau dann, wenn $(a_n - a)_n$ eine Nullfolge ist.

4) Sei $(a_n)_n$ eine Folge in K, $(a_n)_n$ heißt CAUCHY[16]-Folge, wenn zu jedem $\varepsilon \in K, \varepsilon > 0$ ein $N \in \mathbb{N}$ existiert, sodass

$$|a_n - a_m| \leq \varepsilon \quad \text{für alle } m, n \in \mathbb{N} \text{ mit } m, n \geq N \, .$$

5) Sei $(a_n)_n$ eine Folge in K, $s_n := \sum_{k=1}^{n} a_k \in K$ heißt die *Partialsummenfolge* zu $(a_n)_n$. Existiert $\lim_{n \to \infty} s_n =: s \in K$, so heißt die (*unendliche*) *Reihe* $\sum_{k=1}^{\infty} a_k$ *konvergent* und es wird die Schreibweise $\sum_{k=1}^{\infty} a_k = s$ benutzt.

Bemerkung 4.43 Wegen der zentralen Bedeutung des Konvergenzbegriffs für große Teile der Mathematik und ihrer Anwendungen soll dieser etwas illustriert werden. Mit der „$\varepsilon - N$"-Definition wird eine präzise Version des „Unendlichkleinen" gegeben (und damit des Begriffs der Stetigkeit)[17]. Man beachte, dass der geforderte Zusammenhang zwischen ε und N rein qualitativ ist. Insbesondere ist nicht vorher-

---

[16] Augustin Louis CAUCHY ∗21. August 1789 in Paris, †23. Mai 1857 in Sceaux

[17] Leider ist diese Definition, eine der großen Errungenschaften der Mathematik, aus dem Schulunterricht verschwunden.

zusehen, was bei Halbierung von ε passiert. Beim Beispiel[18]

$$a_n = 1/n \text{ gilt:}$$
$$N_1 := N_\varepsilon \geq 1/\varepsilon, \quad N_2 := N_{\varepsilon/2} \geq 2/\varepsilon = 2N_1 \, .$$

Betrachtet man dagegen die Nullfolgen $a_n = 1/n^\alpha$ für ein $\alpha \in \mathbb{Q}, \alpha > 0$, dann

$$N_1 \geq (1/\varepsilon)^{1/\alpha}, \quad N_2 \geq 2^{1/\alpha} \cdot N_1 \, .$$

Für großes α wird also der nötige Vergrößerungsfaktor für N_1 immer geringer, für kleines α immer größer. Das kann so extrem werden, dass man das Kleinwerden der Folge auch mit dem schnellsten Computer nicht „erleben" kann. Es geht aber noch langsamer:

Bezeichnet log z. B. den Logarithmus zur Basis 10 und ist

$$a_n := 1/\log(n), \; n \geq 2, \text{ dann} \tag{4.42}$$
$$N_1 \geq 10^{1/\varepsilon}, \quad N_2 \geq N_1^{\,2} \, . \tag{4.43}$$

Dieser „Verlangsamungsprozess" lässt sich beliebig oft wiederholen:

$$a_n := 1/\log(\log n), \; n \geq 11, \text{ hat} \tag{4.44}$$
$$N_1 \geq 10^{10^{1/\varepsilon}}, \quad N_2 \geq 10^{(10^{1/\varepsilon})^2} \, . \tag{4.45}$$

Stellt man die „bescheidene" Forderung $|a_n| \leq 10^{-2}$, so ist man also schon bei $N \geq 10^{(10^{100})}$, d. h. bei der Zahl Googolplex (siehe „Am Rande bemerkt" zu Abschnitt 2.1). Will man also Grenzwerte wirklich „ausrechnen", d. h. durch numerische Rechnung annähern, reicht das bloße Wissen über die Konvergenz nicht aus. Man muss also auch etwas über die *Konvergenzgeschwindigkeit* wissen (siehe Abschnitt 5.2, in Abschnitt 5.4 wird insbesondere am Beispiel der Kreiszahl π die Suche nach immer besser konvergenten approximierenden Folgen dargestellt). Für eine CAUCHY-Folge gilt das Analoge, nur dass hier das „Zusammenziehen" der Folge beschrieben wird. Ob dies auch die Konvergenz zur Folge hat, ist ein wesentliches Unterscheidungsmerkmal in Zahlenmengen.   △

Bemerkungen 4.44 Es gelten:

1) Nullfolgen erfüllen also gerade

$$\lim_{n \to \infty} a_n = 0 \, .$$

2) $(\frac{1}{n})_n$ ist eine Nullfolge in $\mathbb{Q}$. Zur Verifikation muss für beliebiges $\varepsilon \in \mathbb{Q}, \varepsilon > 0$

---

[18] Die folgenden Beispiele sind durch nicht rekursive Definitionen gegeben, sodass das gewünschte Glied direkt berechenbar ist. Approximierende Folgen sind aber i. Allg. rekursiv definiert, sodass die Berechnung aller Glieder nötig ist (siehe Abschnitt 5.2).

$$\frac{1}{n} = \left|\frac{1}{n}\right| \le \varepsilon \;\Leftrightarrow\; n \ge \varepsilon^{-1}$$

sichergestellt werden. Da nach Theorem 4.33, 4) ein $N \in \mathbb{N}$ mit $N \ge \varepsilon^{-1}$ existiert, reicht also $n \ge N$.

3) Es gilt für eine konvergente Reihe

$$\sum_{n=1}^{\infty} a_n = \sum_{n=1}^{N} a_n + \sum_{n=N+1}^{\infty} a_n$$

für beliebiges $N \in \mathbb{N}$.

4) Jede konvergente Folge ist eine CAUCHY-Folge, denn mit der Dreiecksungleichung aus Lemma 4.39 folgt für $m, n \ge N$

$$|a_n - a_m| \le |a_n - a| + |a_m - a| \le \varepsilon \,,$$

falls $N \in \mathbb{N}$ so gewählt wird, dass bei $a = \lim_{n\to\infty} a_n$ gilt $|a_n - a| \le \frac{\varepsilon}{2}$ für $n \ge N$.

5) Die Abstraktion ARCHIMEDISCH angeordneter Körper beschreibt die Körpererweiterung von $\mathbb{Q}$.
In einem angeordneten Körper ist $1 > 0$ (warum?) und damit

$$n_K > m_K \quad \text{für } n, m \in \mathbb{N}_0 \,, \; n > m \,. \tag{4.46}$$

Durch $(-n)_K := -n_K$ für $n \in \mathbb{N}$ wird n_K für $n \in \mathbb{Z}$ erweitert und (4.46) bleibt erhalten. Also ist die Abbildung

$$\Phi : \mathbb{Z} \to K \,, \; z \mapsto z_K$$

ein ordnungserhaltender Ring-Homomorphismus, der deshalb insbesondere injektiv ist, also eine (Ring-)Einbettung von $\mathbb{Z}$ nach K darstellt. Φ kann schließlich auf $\mathbb{Q}$ erweitert werden durch

$$\Phi\left(\frac{m}{n}\right) := \left(\frac{m}{n}\right)_K := m_K (n_K)^{-1} \quad \text{für } m \in \mathbb{Z}, n \in \mathbb{N} \,.$$

Φ ist dann ein ordnungserhaltender Körper-Homomorphismus und damit eine (Körper-)Einbettung von $\mathbb{Q}$ nach K. $\mathbb{Q}$ ist dicht in K in dem Sinn: Seien $x, y \in K$, $x < y$, dann gibt es $m \in \mathbb{Z}, n \in \mathbb{N}$, sodass

$$x < \left(\frac{m}{n}\right)_K < y$$

(Übung).
In diesem Sinn ist also der Abstand zwischen q und $q + \frac{1}{n}$ in (4.36) *beliebig klein* bzw.

$$\lim_{n\to\infty} q + \frac{1}{n} = q \, .$$

6) Partialsummenfolgen und deren Grenzwert, die unendlichen Reihen, sind (scheinbar) spezielle Folgen und ihr Grenzwert. Tatsächlich kann jeder Folge $(a_n)_n$ mit $\lim_{n\to\infty} a_n = a$ eine Folge $(a'_n)_n$ zugeordnet werden, sodass $a = \sum_{n=1}^{\infty} a'_n$, nämlich $a'_1 = a_1$, $a'_k := a_k - a_{k-1}$ für $k \in \mathbb{N}$, $k \geq 2$.

$\triangle$

Auf $K^{\mathbb{N}}$ kann komponentenweise eine Addition und Multiplikation eingeführt werden

$$
\begin{aligned}
(a_n)_n + (b_n)_n &:= (a_n + b_n)_n \\
c(a_n)_n &:= (ca_n)_n \\
(a_n)_n \cdot (b_n)_n &:= (a_n b_n)_n
\end{aligned}
\tag{4.47}
$$

für $(a_n)_n, (b_n)_n \in K^{\mathbb{N}}, c \in K$, und auch die Limesbildung ist mit $+$ und $\cdot$ verträglich.

Satz 4.45

Es gelten die Voraussetzungen aus Definition 4.42, seien $(a_n)_n, (b_n)_n \in K^{\mathbb{N}}, c \in K$ und

$$\lim_{n\to\infty} a_n \, , \quad \lim_{n\to\infty} b_n$$

existieren. Dann existieren auch $\lim_{n\to\infty} (a_n + b_n)$, $\lim_{n\to\infty} (ca_n)$, $\lim_{n\to\infty} a_n b_n$ und

$$
\begin{aligned}
\lim_{n\to\infty} (a_n + b_n) &= \lim_{n\to\infty} a_n + \lim_{n\to\infty} b_n \, , \\
\lim_{n\to\infty} (ca_n) &= c \lim_{n\to\infty} a_n \, , \\
\lim_{n\to\infty} (a_n b_n) &= \lim_{n\to\infty} a_n \lim_{n\to\infty} b_n \, .
\end{aligned}
$$

Beweis: Übung.

$\square$

Bemerkungen 4.46 1) Durch die Verknüpfungen $+$ und $\cdot$ wird also $K^{\mathbb{N}}$ zu einem kommutativen Ring mit 1. Die neutralen Elemente sind jeweils

$$
\begin{aligned}
0: & \quad n \mapsto 0 \\
1: & \quad n \mapsto 1
\end{aligned}
$$

für alle $n \in \mathbb{N}$, wobei 0 und 1 die neutralen Elemente in K bezeichnen. Das inverse Element zu $(a_n)_n$ bezüglich $+$ ist

$$-(a_n)_n := (-a_n)_n \, , \quad n \in \mathbb{N} \, .$$

2) Nach Satz 4.45 ist

$$K_{\text{konv}}^{\mathbb{N}} := \left\{ (a_n)_n \in K^{\mathbb{N}} : \lim_{n \to \infty} a_n \text{ existiert} \right\}$$

bezüglich $+$ und $\cdot$ abgeschlossen, mit $(a_n)_n$ ist auch $-(a_n)_n$ in $K_{\text{konv}}^{\mathbb{N}}$, d. h., $K_{\text{konv}}^{\mathbb{N}}$ ist ein *Unterring* von $K^{\mathbb{N}}$. Nach Satz 4.45 ist

$$\lim : K_{\text{konv}}^{\mathbb{N}} \to K, \quad (a_n)_n \mapsto \lim_{n \to \infty} a_n$$

eine mit $+$ und $\cdot$ verträgliche Abbildung, d. h. ein Ring-Homomorphismus. $K_{\text{konv}}^{\mathbb{N}}$ ist aber kein Körper, da z. B. für $K = \mathbb{Q}$ das inverse Element zu

$$a_n := \frac{1}{n}, \quad n \in \mathbb{N}$$

notwendigerweise $b_n = n$ sein müsste, was in $\mathbb{Q}$ nicht konvergiert.   △

Satz 4.47

Es gelten die Voraussetzungen von Definition 4.42. Sei $(a_n)_n$ eine CAUCHY-Folge in K, dann ist $(a_n)_n$ bezüglich $|.|$ beschränkt, d. h., es gibt ein $M \in K, M > 0$, sodass

$$|a_n| \leq M \quad \text{für alle } n \in \mathbb{N}.$$

Beweis: Nach Voraussetzung existiert zu $\varepsilon = 1$ ein $N \in \mathbb{N}$, sodass

$$|a_n - a_m| \leq 1 \quad \text{für alle } n, m \in \mathbb{N} \text{ mit } n, m \geq N,$$

also mit $m = N$ und der Dreiecksungleichung aus Lemma 4.39

$$|a_n| \leq 1 + |a_N| \quad \text{für } n \geq N,$$

und so kann

$$M := \max(|a_1|, \ldots, |a_{N-1}|, 1 + |a_N|)$$

gewählt werden.   □

Für CAUCHY-Folgen gelten analoge Beziehungen wie in Satz 4.45:

Satz 4.48

Unter den Voraussetzungen von Definition 4.42 seien $(a_n)_n$, $(b_n)_n \in K^{\mathbb{N}}$ CAUCHY-Folgen in K, $c \in K$, dann gilt:

1) $(a_n)_n + (b_n)_n$, $c(a_n)_n$, $(a_n)_n \cdot (b_n)_n$ sind CAUCHY-Folgen.

2) Ist $b_n \geq \bar{\varepsilon}$ für ein $\bar{\varepsilon} \in K, \bar{\varepsilon} > 0$, ein $N \in \mathbb{N}$ und alle $n \geq N$, dann ist $\left(\frac{1}{b_n}\right)_{n \geq N}$ eine CAUCHY-Folge und auch $\left(\frac{a_n}{b_n}\right)_n$.

Beweis: Wir beweisen nur den ersten Teil von 2) und lassen den Rest als Übung. Nach Lemma 4.39 gilt

$$\left|\frac{1}{b_n} - \frac{1}{b_m}\right| = \left|\frac{1}{b_n b_m}\right| |b_m - b_n| \leq \frac{1}{\bar{\varepsilon}^2} |b_m - b_n| \qquad \square$$

für $n, m \geq N$, dann folgt die Behauptung (Übung).

Definition 4.49

Sei $(a_n)_n \in K^{\mathbb{N}}$. $(a_n)_n$ heißt *monoton wachsend*, wenn aus $n, m \in \mathbb{N}$, $n > m$ auch $a_n \geq a_m$ folgt. Gilt sogar immer $a_n > a_m$, so heißt die Folge *strikt monoton wachsend*.
$(a_n)_n$ heißt *nach oben beschränkt*, wenn ein $M \in K$ existiert, sodass $a_n \leq M$ für alle $n \in \mathbb{N}$ gilt, M heißt eine *obere Schranke*.
Analog werden die Begriffe *(strikt) monoton fallend* und *nach unten beschränkt* definiert.

Bemerkung 4.50 Sei $(a_n)_n \in K^{\mathbb{N}}$ und die Voraussetzungen von Definition 4.42 gelten. Dann sind äquivalent:

i) $(a_n)_n$ ist nach oben und nach unten beschränkt.

ii) Es gibt ein $M \in K$, $M > 0$, sodass

$$|a_n| \leq M \quad \text{für alle } n \in \mathbb{N}$$

gilt (siehe Satz 4.47).

Es gilt nämlich

ii) $\Rightarrow$ i): Es ist M eine obere und $-M$ eine untere Schranke.
i) $\Rightarrow$ ii): Seien M_1 bzw. M_2 untere bzw. obere Schranken von $(a_n)_n$, dann kann M als

$$\max(|M_1|, |M_2|)$$

gewählt werden.

$\diamond$

Lemma 4.51

Unter den Voraussetzungen von Definition 4.42 sei $(a_n)_n \in K^{\mathbb{N}}$. Dann gilt:
Ist $(a_n)_n$ monoton wachsend und nach oben beschränkt, dann ist $(a_n)_n$ eine
CAUCHY-Folge.
Analoges gilt für eine monoton fallende und nach unten beschränkte Folge.

Beweis: Da K ARCHIMEDISCH ist, reicht es beim Nachweis der CAUCHY-Eigenschaft
statt $\varepsilon \in K, \varepsilon > 0$ nur $1/N_K$ für $N \in \mathbb{N}$ zu betrachten. O. B. d. A. gilt $a_1 \geq 0$ (durch
Verschiebung) und $a_n \leq M_K$ für ein $M \in \mathbb{N}$. Sei $N \in \mathbb{N}$ beliebig und dazu

$$I_\ell := \{n \in \mathbb{N} : (\ell_K - 1)/N_K \leq a_n \leq \ell_K/N_K\}$$

für $\ell = 1, \ldots, MN$. Da die I_ℓ den gesamten Wertebereich von $(a_n)_n$ abdecken, können nicht alle leer sein, sodass

$$I := \max\{\ell \in \{1, \ldots, MN\} : I_\ell \neq \emptyset\} \tag{4.48}$$

wohldefiniert ist und damit gilt

$$a_n \leq I_K/N_K =: \alpha \quad \text{für alle } n \in \mathbb{N},$$

und es gibt $n_0 \in \mathbb{N}$, sodass für alle $n \geq n_0$

$$a_n \geq (I_K - 1)/N_K,$$

denn wegen der Monotonie genügt dafür die Gültigkeit für ein n_0, da ansonsten das
Maximum bei (4.48) höchstens $I - 1$ wäre.
Unter Benutzung der Monotonie folgt damit für $n, m \geq n_0$, o. B. d. A. $n > m$:

$$|a_n - a_m| = a_n - a_m \leq \frac{I_K}{N_K} - \frac{I_K - 1}{N_K} = \frac{1}{N_K}. \qquad \square$$

Lemma 4.52

Unter den Voraussetzungen von Definition 4.42 sei $(a_n)_n \in K^{\mathbb{N}}$. Dann gilt:
Ist $(a_n)_n$ monoton wachsend und nach oben beschränkt und $a := \sup_{n \in \mathbb{N}} a_n \in K$
existiert, dann konvergiert $(a_n)_n$ gegen a.
Analoges gilt für eine monoton fallende und nach unten beschränkte Folge und
ihr Infimum.

Beweis: Sei $\varepsilon \in K, \varepsilon > 0$. Da a obere Schranke von $(a_n)_n$ ist, gilt also

$$a_n \leq a \quad \text{für alle } n \in \mathbb{N} \,.$$

Da $a - \varepsilon$ keine obere Schranke von $(a_n)_n$ ist, gibt es ein $N \in \mathbb{N}$, sodass $a_N > a - \varepsilon$ und damit wegen der Monotonie für $n \in \mathbb{N}, n \geq N$:

$$a_n \geq a_N > a - \varepsilon \,,$$

zusammen also

$$-\varepsilon < 0 \leq a - a_n < \varepsilon \,,$$

d. h.

$$|a_n - a| < \varepsilon \,. \qquad\qquad \square$$

Manchmal ist es hilfreich auch Teilfolgen einer Folge zu betrachten, d. h., es wird eine abzählbare Folge von Indizes $n_1 < n_2 < n_3 < \ldots$ ausgewählt.

Definition 4.53

Sei K ein Körper, $(a_n)_n \in K^{\mathbb{N}}$, $\varphi : \mathbb{N} \to \mathbb{N}$ strikt monoton wachsend, dann heißt $(b_k)_k \in K^{\mathbb{N}}$, $b_k := a_{\varphi(k)}$ für $k \in \mathbb{N}$ eine *Teilfolge* von $(a_n)_n$. Symbolisch wird auch $(a_{n_k})_k$ geschrieben.
Sei $a \in K$. a heißt *Häufungspunkt*, wenn es eine Teilfolge $(a_{n_k})_k$ von $(a_n)_n$ gibt, sodass

$$\lim_{k \to \infty} a_{n_k} = a \,.$$

Bemerkungen 4.54 1) Es gilt also immer $n_k \geq k$ für alle $k \in \mathbb{N}$.

2) Eine nichtkonvergente Folge kann konvergente Teilfolgen (mit verschiedenen Grenzwerten) besitzen, z. B. $a_n = (-1)^n$ mit den Teilfolgen $a_{2k} = 1$ und $a_{2k+1} = -1$, d. h., $(a_n)_n$ hat (nur) die Häufungspunkte $-1, 1$. $\qquad\qquad\qquad \triangle$

Satz 4.55

Sei K ein Archimedisch angeordneter Körper mit Betragsfunktion $|.|$, sei $(a_n)_n \in K^{\mathbb{N}}$.

1) Ist $(a_n)_n$ konvergent gegen $a \in K$, dann gilt dies auch für jede Teilfolge.

2) Ist $(a_n)_n$ eine Cauchy-Folge und besitzt $(a_n)_n$ eine konvergente Teilfolge, dann ist $(a_n)_n$ konvergent.

3) $a \in K$ ist Häufungspunkt genau dann, wenn gilt: Für alle $\varepsilon \in K, \varepsilon > 0$ gibt es unendlich viele $n \in \mathbb{N}$, sodass $|a_n - a| \le \varepsilon$.

Beweis: Zu 1): Sei $\varepsilon \in K, \varepsilon > 0$, dann gibt es ein $N \in \mathbb{N}$, sodass

$$|a_n - a| \le \varepsilon \quad \text{für } n \ge N .$$

Damit gilt also auch bei einer Teilfolge wegen $n_k \ge k$

$$\left|a_{n_k} - a\right| \le \varepsilon \quad \text{für } k \ge N .$$

Zu 2): Sei $\varepsilon \in K, \varepsilon > 0$, dann existiert ein $M \in \mathbb{N}$, sodass

$$|a_n - a_m| \le \frac{\varepsilon}{2_K} \quad \text{für } m, n \ge M ,$$

und es existiert ein $K' \in \mathbb{N}$, sodass

$$\left|a_{n_k} - a\right| \le \frac{\varepsilon}{2_K} \quad \text{für } k \ge K' .$$

Also folgt für $N := \max(M, K')$, $n \ge N$ (wegen $n_N \ge N$) mit Hilfe der Dreiecksungleichung aus Lemma 4.39

$$|a_n - a| \le \left|a_n - a_{n_N}\right| + \left|a_{n_N} - a\right| \le \frac{\varepsilon}{2_K} + \frac{\varepsilon}{2_K} = \varepsilon .$$

Zu 3): „$\Rightarrow$": ist klar.
„$\Leftarrow$": Gesucht ist eine gegen a konvergierende Teilfolge. Die zugehörige Folge von Indizes $(n_k)_k$ wird konstruiert durch

$$n_1 := 1 , \quad n_\ell := \min A_\ell := \min \left\{ m \in \mathbb{N} : m > n_{\ell-1}, |a_m - a| \le \frac{1}{\ell_K} \right\} \quad \text{für } \ell \in \mathbb{N}, \ell \ge 2 .$$

Nach Voraussetzung ist jede der Mengen $A_\ell \subset \mathbb{N}$ nicht leer, und somit ist nach dem Wohlordnungsprinzip (Theorem 3.1) n_ℓ wohldefiniert. Nach Definition ist $\ell \mapsto n_\ell$ auf $\mathbb{N}$ strikt monoton wachsend.
Sei $\varepsilon > 0$. Dazu gibt es ein $L \in \mathbb{N}$, sodass $1/\ell_K < \varepsilon$ für $\ell \in \mathbb{N}, \ell \ge L$ und damit nach Definition

$$\left|a_{n_\ell} - a\right| \le \frac{1}{\ell_K} < \varepsilon . \qquad \square$$

Bemerkung 4.56

$$K_{\mathrm{CF}}^{\mathbb{N}} := \{(a_n)_n \in K^{\mathbb{N}} : (a_n)_n \text{ ist Cauchy-Folge}\}$$

ist also ein Unterring von $K^{\mathbb{N}}$. Da weiter gilt:

$$\text{Nullfolge} \cdot \text{Cauchy-Folge} \quad = \text{Nullfolge}$$
$$\text{Nullfolge} \cdot \text{konvergente Folge} = \text{Nullfolge} ,$$

ist

$$K_{\mathrm{NF}}^{\mathbb{N}} := \{(a_n)_n \in K^{\mathbb{N}} : (a_n)_n \text{ ist Nullfolge}\}$$

nicht nur ein Unterring von $K_{\mathrm{konv}}^{\mathbb{N}}$ und $K_{\mathrm{CF}}^{\mathbb{N}}$, sondern darin auch ein Ideal.   △

Trotz Theorem 4.40 gibt es in $\mathbb{Q}$ Cauchy-Folgen, die, falls sie konvergieren würden, einen positiven Limes a mit z. B.

$$a^2 = 2 \tag{4.49}$$

hätten. Solche Cauchy-Folgen können also in $\mathbb{Q}$ nicht konvergieren, d. h., $\mathbb{Q}$ hat tatsächlich eine „löchrige" Struktur. Eine solche Cauchy-Folge ergibt sich zum Beispiel durch folgende *Intervallschachtelung*, auch *Bisektionsverfahren* genannt:

Sei $x_1 := 0$, $y_1 := 2$. Wegen $x_1^2 = 0 < 2 < 4 = y_1^2$ muss das gesuchte positive a dazwischen liegen. Die Abbildung $f : \mathbb{Q}^+ \to \mathbb{Q}^+$, $x \mapsto x^2$, wobei $\mathbb{Q}^+ := \{x \in \mathbb{Q} : x \geq 0\}$, ist nämlich strikt monoton wachsend, d. h.

$$x_1 < x_2 \Leftrightarrow x_1^2 < x_2^2 \quad \text{für } x_1, x_2 \in \mathbb{Q}^+ ,$$

wie aus $x_1^2 - x_2^2 = (x_1 - x_2)(x_1 + x_2)$ ersichtlich ist. Sei $z := \frac{1}{2}(x_1 + y_1) \in \mathbb{Q}$.

Falls $z^2 < 2$: $x_2 := z$, $y_2 := y_1$,
falls $z^2 > 2$: $x_2 := x_1$, $y_2 := z$.

    – Der Fall $z^2 = 2$ kann nach Theorem 4.40 nicht auftreten. –

Dadurch gilt wieder:

$$x_2^2 < 2 < y_2^2 ,$$

aber der Abstand der Folgenglieder hat sich halbiert:

$$|x_2 - y_2| = |x_1 - y_1|/2 .$$

Rekursiv definiert man in der Situation

$$x_k^2 < 2 < y_k^2$$

mit $z := \frac{1}{2}(x_k + y_k)$:

Falls $z^2 < 2$: $x_{k+1} := z$, $y_{k+1} := y_k$,
falls $z^2 > 2$: $x_{k+1} := x_k$, $y_{k+1} := z$.

Wieder gilt

$$|x_{k+1} - y_{k+1}| = |x_k - y_k|/2 , \quad \text{d. h. } |x_k - y_k| = 2^{-k+2} . \tag{4.50}$$

Also ist $(x_n - y_n)_n$ eine Nullfolge.

Nach Konstruktion gilt

$$0 = x_1 \le x_2 \le \ldots \le x_k \le y_k \le \ldots \le y_2 \le y_1 = 2 \quad \text{für alle } k \in \mathbb{N} .$$

Wegen dieser Monotonie ist für $m \ge n \ge N$:

$$|x_m - x_n| = x_m - x_n \le y_m - x_N \le y_N - x_N , \tag{4.51}$$

und damit ist $(x_n)_n$ wegen (4.50) eine CAUCHY-Folge und damit auch $(y_n)_n$. Dies hätte auch aus Lemma 4.51 geschlossen werden können. Eine dieser Folgen konvergiert genau dann, wenn beide den gleichen Grenzwert haben.
Angenommen, es gibt ein $x \in \mathbb{Q}$, sodass

$$\lim_{n \to \infty} x_n = \lim_{n \to \infty} y_n = x ,$$

dann

$$|x_n^2 - 2| = 2 - x_n^2 \le y_n^2 - x_n^2 = (x_n + y_n)(y_n - x_n) \le 4(y_n - x_n) = 2^{-k+4}$$

und damit

$$\lim_{n \to \infty} x_n^2 = 2 .$$

Nach Satz 4.45 ist aber auch

$$\lim_{n \to \infty} x_n^2 = x^2,$$

also $x^2 = 2$ im Widerspruch zu Theorem 4.40.

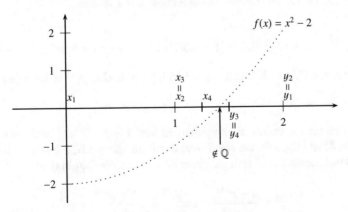

Abb. 4.5 Intervallschachtelung in $\mathbb{Q}$ für $x^2 = 2$: die Struktur von $\mathbb{Q}$

Um besser zu verstehen, welche Zahlen durch $\mathbb{Q}$ erfasst sind, soll die (Ziffern-) Darstellung von $q \in \mathbb{Q}$ zur Basis p untersucht werden, wobei wir uns einfachheitshalber auf die Dezimaldarstellung ($p = 10$) beschränken. Sei also $q = mn^{-1}$ mit $m \in \mathbb{Z}, n \in \mathbb{N}$, dann ergibt die Division mit Rest (Satz 4.20)

$$q = (l \cdot n + r)n^{-1} \quad \text{mit } l \in \mathbb{Z},\ r \in \mathbb{N},\ 0 \le r < n\,,$$

also $q = l + rn^{-1}$, sodass wir uns auf den Fall $0 < q < 1$ beschränken können (siehe auch Bemerkung 4.34). Zur Vorbereitung zeigen wir folgenden Satz:

Satz 4.57

1) Für $x \in \mathbb{Q}, x \ge -1$ gilt für alle $n \in \mathbb{N}$ die BERNOULLI[19]-Ungleichung

$$(1 + x)^n \ge 1 + nx\,.$$

2) Sei $p \in \mathbb{Q}, |p| < 1$, dann ist

$$(|p|^n)_n \quad \text{eine Nullfolge.}$$

3) Sei $p \in \mathbb{Q}, |p| < 1$, dann

$$\sum_{n=0}^{\infty} p^n = \frac{1}{1 - p}\,.$$

Diese Reihe heißt *geometrische Reihe*.

Beweis: Zu 1): Durch vollständige Induktion: $n = 1$ ist klar.
$n \to n + 1$:

$$(1 + x)^{n+1} = (1 + x)^n(1 + x) \ge (1 + nx)(1 + x) = 1 + nx + x + nx^2 \ge 1 + (n + 1)x\,.$$

Zu 2): Sei $\varepsilon \in \mathbb{Q}, \varepsilon > 0$. Wegen $|p| < 1$ ist $|p|^{-1} > 1$, also $|p|^{-1} = 1 + x$ (mit $x > 0$) und

$$|p|^n \le \varepsilon \quad \Leftrightarrow \quad (1 + x)^n \ge \varepsilon^{-1}\,. \tag{4.52}$$

Nach 1) reicht für (4.52) die Absicherung von $1 + nx \ge \varepsilon^{-1}$ und nach, Theorem 4.33, 4) ist (4.52) für ein $N \in \mathbb{N}$ und damit für alle $n \in \mathbb{N}, n \ge N$ gesichert.
Zu 3): Nach Lemma 2.15 (mit gleichem Beweis auch in $\mathbb{Q}$ gültig) ist:

$$\sum_{k=0}^{n} p^k = \frac{1 - p^{n+1}}{1 - p} \quad \text{und} \quad \lim_{n \to \infty} \frac{1 - p^{n+1}}{1 - p} = \frac{1}{1 - p} \tag{4.53}$$

nach 2) und Satz 4.45.

$\square$

---

[19] Jakob BERNOULLI *27. Dezember 1654 in Basel, †16. August 1705 in Basel

Jetzt kann die Frage geklärt werden, welche Dezimalbruchdarstellung eine rationale Zahl hat. In Erweiterung von (2.18) versteht man unter einer *endlichen Dezimalbruchdarstellung* für ein $q \in \mathbb{Q}$, $0 < q < 1$, Zahlen $k \in \mathbb{N}$, $n_i \in \{0, \ldots, 9\}$, $i = 1, \ldots, k$, sodass

$$q = \sum_{i=1}^{k} n_i 10^{-i} = 10^{-k} \sum_{i=1}^{k} n_i 10^{k-i} =: 10^{-k} n \quad \text{und } n \in \mathbb{N} \qquad (4.54)$$

bzw. in Kurzschreibweise

$$q = 0, n_1 n_2 \ldots n_k \, .$$

$n_1 n_2 \ldots n_k$ ist also die Zifferndarstellung von $n \in \mathbb{N}$. Wählt man eine andere Basis $p \geq 2$ zur Zahldarstellung, ist in (4.54) 10 durch p zu ersetzen und $n_i \in \{0, \ldots, p - 1\}$ – für $p > 10$ durch entsprechende Symbole dargestellt. Um die Basis klar zu machen, wird diese am Ende der Darstellung tiefgestellt:

$$q = 0, n_1 \ldots n_{k \; p} \, .$$

Im Allgemeinen beschränken wir uns auf $p = 10$ und lassen dies dann weg. Sei $q = m/m'$, $m, m' \in \mathbb{N}$ eine teilerfremde Darstellung, dann gilt (4.54) genau dann, wenn

$$\frac{m}{m'} = \frac{n}{10^k} \quad \Leftrightarrow \quad m'n = m10^k \, . \qquad (4.55)$$

Da $10^k = 2^k \cdot 5^k$ die eindeutige Primfaktorzerlegung hat, ist (4.55) genau dann gültig, wenn alle Primfaktoren von m' die Zahlen 2 oder 5 sind, etwa $m' = 2^r 5^s$ mit $r, s \in \mathbb{N}$, $0 \leq r, s \leq k$. In diesem Fall ist dann

$$n = m 2^{k-r} 5^{k-s} \qquad (4.56)$$

für einen natürlichen Zähler in (4.54) bzw. (4.55). Algorithmisch ist also die Primfaktorzerlegung $2^r 5^s$ des Nenners auf die größere Potenz „aufzufüllen", die dann k und n als $n = m 2^{k-r} 5^{k-s}$ ergibt. Die Anzahl der Nachkommastellen ist also $k = \max(r, s)$.

Beispiel 4.58

$$\frac{1}{40} = \frac{1}{2^3 \cdot 5} = \frac{5^2}{2^3 \cdot 5^3} = \frac{25}{10^3} = 0.025 \, .$$

$$\frac{3}{80} = \frac{3}{2^4 \cdot 5} = \frac{3 \cdot 5^3}{2^4 \cdot 5^4} = 0.0375 \, . \qquad \qquad \circ$$

In jeder anderen Basis zur Darstellung ergibt sich die analoge Situation: z. B. bei $p = 2$ wird (4.56) zu

$$n = m 2^{k-r} \, , \qquad (4.57)$$

sodass endliche Dualdarstellungen genau bei gekürzten Brüchen mit einer Potenz von 2 als Nenner auftreten.

Allerdings ergeben auch periodische Dezimalbruchdarstellungen rationale Zahlen:

Definition 4.59

Sei $(n_i)_i$ eine Folge in $\mathbb{N}$ mit $n_i \in \{0, \ldots, 9\}$ für alle $i \in \mathbb{N}$.

1) Sei $s_m := \sum_{i=1}^{m} n_i 10^{-i} \in \mathbb{Q}$, d. h. ein endlicher Dezimalbruch. Die Folge $(s_m)_m$ heißt eine (unendliche) *Dezimalbruchdarstellung*.
Falls $a := \lim_{m \to \infty} s_m = \sum_{i=1}^{\infty} n_i 10^{-i}$ (in $\mathbb{Q}$) existiert, heißt $a = 0, n_1 n_2 n_3 \ldots$ die von der *Dezimalbruchdarstellung erzeugte Zahl*.

2) Es gebe $k \in \mathbb{N}_0, l \in \mathbb{N}$, sodass

$$n_i = n_{i+l} \quad \text{für } i \in \mathbb{N}, \, i \geq k+1 \, ,$$

dann heißt die Dezimalbruchdarstellung *periodisch*.

Theorem 4.60

1) Jede Dezimalbruchdarstellung ist eine CAUCHY-Folge in $\mathbb{Q}$.

2) Jede periodische Dezimalbruchdarstellung erzeugt ein $q \in \mathbb{Q}$.

Beweis: Zu 1): Seien $\varepsilon > 0$ und $m, m' \in \mathbb{N}, \, m > m'$.
Mittels Bemerkung 4.44, 3), Satz 4.57, 3) ergibt sich

$$|s_m - s_{m'}| = \sum_{i=m'+1}^{m} n_i 10^{-i} \leq 9 \sum_{i=m'+1}^{m} 10^{-i}$$

$$\leq 9 \sum_{i=m'+1}^{\infty} 10^{-i} = 9 \left(\sum_{i=0}^{\infty} 10^{-i} - \sum_{i=0}^{m'} 10^{-i} \right)$$

$$= \frac{9}{1 - 1/10} \left(1 - 1 + 10^{-(m'+1)} \right) \tag{4.58}$$

$$\leq \varepsilon \quad \text{für } m' \geq N \text{ für ein } N \in \mathbb{N} \, ,$$

da es sich bei (4.58) nach Satz 4.57, 2) um eine Nullfolge handelt.
Zu 2): Für die Folge endlicher Dezimalbrüche gilt (mit $s_0 := 0$):

$$s_m = s_k + \sum_{i=k+1}^{m} n_i 10^{-i}$$

$$= s_k + 10^{-k-l} \sum_{i=k+1}^{m} n_i 10^{k+l-i}$$

$$= s_k + 10^{-k-l} \sum_{j=1}^{h} \left(\sum_{i=k+1}^{k+l} n_i 10^{k+l-i} \right) 10^{-(j-1)l}$$

$$=: s_k + 10^{-k-l} \sum_{j=1}^{h} \tau 10^{-(j-1)l} \tag{4.59}$$

für $m = k + hl$, $h \in \mathbb{N}_0$, d. h., in (4.59) wird die Summe wegen der Periodizität zerlegt in die Summe zu den Indizes $k+1, \dots, k+l, k+l+1, \dots, k+2l, \dots$ usw., für die jeweils die „Ziffern" $n_{k+1}, \dots, n_{k+l}$ gleich bleiben, nur der Wert jeweils um 10^{-l} reduziert wird und damit nach Satz 4.57, 3) wegen $h \to \infty$ für $m \to \infty$

$$\lim_{m \to \infty} s_m = s_k + 10^{-k-l} \tau \frac{1}{1 - 10^{-l}} \in \mathbb{Q}. \tag{4.60}$$

Zwar wurde wegen (4.59) nur die Konvergenz einer Teilfolge von s_m verifiziert, da aber $(s_m)_m$ CAUCHY-Folge ist, reicht dies (vgl. Satz 4.55). □

Insbesondere wurde also folgender Zusammenhang für eine durch einen periodischen Dezimalbruch erzeugte Zahl $q \in \mathbb{Q}$, $0 < q < 1$ gefunden:

Umwandlung periodische Darstellung in Bruchdarstellung:
Sei $k \in \mathbb{N}_0$ die Stellenanzahl vor der Periode (Länge der *Vorperiode*), $l \in \mathbb{N}$ die Periodenlänge, d. h. $n_{k+1}, \dots, n_{k+l} \in \{0, \dots, 9\}$ die Ziffern der Periode, dann gilt mit dem endlichen Dezimalbruchanteil

$$a = \sum_{i=1}^{k} n_i 10^{-i}$$

und der *Periodenzahl*

$$\tau := \sum_{i=k+1}^{k+l} n_i 10^{k+l-i} = n_{k+1} \dots n_{k+l} \in \mathbb{N} \tag{4.61}$$

die Darstellung

$$q = a + \frac{10^{-k} \tau}{10^l - 1}.$$

Sei $q \in \mathbb{Q}$, $0 < q < 1$ und $a = 0.n_1 \dots n_k$ der endliche Dezimalbruchanteil, $\tau = n_{k+1} \dots n_{k+l}$ die Periodenzahl nach (4.61), dann wird q auch als

$$q = a + 0.\underbrace{0 \dots 0}_{k} \overline{\tau} = 0.n_1 \dots n_k \overline{n_{k+1} \dots n_{k+l}} \tag{4.62}$$

bezeichnet.

Umwandlung periodische Darstellung in Bruchdarstellung

Sei $q \in \mathbb{Q}$, $0 < q < 1$ in der Darstellung (4.62) gegeben, dann

$$q = \frac{a10^k(10^l - 1) + \tau}{10^k(10^l - 1)} =: \frac{m}{n} . \tag{4.63}$$

Mittels (4.63) lässt sich jede periodische Dezimaldarstellung algorithmisch in eine Bruchdarstellung umwandeln.

Beispiele 4.61 1) Sei $q = 0.147\overline{328}$, also $k = 3$, $l = 3$, $\tau = 328$ und damit

$$q = 0.147 + 10^{-3}\frac{328}{999} = \frac{147181}{999000} .$$

2) Die obigen Überlegungen gelten auch für eine andere Basis p, und die Darstellung lautet unter analogen Voraussetzungen

$$q = a + p^{-k}\frac{\tau}{p^l - 1}$$

mit $a = \sum_{i=1}^{k} n_i p^{-i}$, $\tau = \sum_{i=k+1}^{k+l} n_i p^{k+l-i}$, jeweils mit $n_i \in \{0, \ldots, p - 1\}$. So entsteht auch ein Umrechnungsverfahren von der Basis p in die Basis 10, wenn a und τ im Dezimalsystem ausgedrückt werden (nach (2.20)ff.). So gilt z. B.

$$0.\overline{0011}_2 = \frac{11_2}{2^4 - 1} = \frac{3}{15} = \frac{1}{5} .$$ $\circ$

Die Faustregel ist also für den periodischen Anteil (bis auf Stellenverschiebung):

$$\text{Aus} \quad \frac{\overline{n_{k+1} \ldots n_{k+l}}}{10^l} \quad \text{wird} \quad \frac{n_{k+1} \ldots n_{k+l}}{\underbrace{9 \ldots 9}_{l\text{-mal}}}$$

(bzw. in einem Zahlsystem zur Basis p:

$$\text{Aus} \quad \frac{\overline{n_{k+1} \ldots n_{k+l}}}{p^l} \quad \text{wird} \quad \frac{n_{k+1} \cdots n_{k+l}}{((p - 1) \ldots (p - 1))_p} .)$$

Andererseits wird jedes $q \in \mathbb{Q}$ von einer periodischen Dezimalbruchdarstellung erzeugt.

Sei nämlich o. B. d. A. $0 < q < 1$, $q = m/n$ mit $m, n \in \mathbb{N}$, $m < n$ eine Darstellung. Nach Theorem 2.13 gibt es $n_1, l_1 \in \mathbb{N}_0$, $0 \le l_1 < n$, sodass

$$10m = n_1 n + l_1 \tag{4.64}$$

und damit

$$q = n_1 10^{-1} + \frac{l_1}{n}10^{-1} .$$

Wegen $n_1 \leq 10q < 10$ ist $n_1 \in \{0, \ldots, 9\}$ die erste Ziffer und

$$s_1 := n_1 10^{-1}$$

der erste endliche Dezimalbruch, für den gilt:

$$s_1 \leq q = s_1 + \frac{l_1}{n} 10^{-1} < s_1 + 10^{-1}$$

und damit für den auf $[0, 1)$ skalierten „Rest":

$$r_1 := 10^1 (q - s_1) = \frac{l_1}{n} \, .$$

Seien $n_1, \ldots, n_j \in \{0, \ldots, 9\}$ und $s_j := \sum_{i=1}^{j} n_i 10^{-i}$ ermittelt, sodass

$$s_j \leq q = s_j + \frac{l_j}{n} 10^{-j} < s_j + 10^{-j} \qquad (4.65)$$

mit $l_j \in \{0, \ldots, n-1\}$. Der auf $[0, 1)$ skalierte „Rest"

$$r_j := 10^j (q - s_j)$$

erfüllt also $r_j = \frac{l_j}{n}$. Mit r_j kann daher analog zu q verfahren werden, d. h.

$$10 l_j = n_{j+1} n + l_{j+1}$$

mit $n_{j+1}, l_{j+1} \in \mathbb{N}_0$, $0 \leq l_{j+1} < n$ und damit

$$r_j = n_{j+1} 10^{-1} + \frac{l_{j+1}}{n} 10^{-1}$$

und wegen $n_{j+1} \leq 10 r_j < 10$ ist $n_{j+1} \in \{0, \ldots, 9\}$ die $(j+1)$-Ziffer und

$$s_{j+1} := \sum_{i=1}^{j+1} n_i 10^{-i}$$

der $(j + 1)$te endliche Dezimalbruch, für den gilt:

$$s_{j+1} \leq q = s_{j+1} + \frac{l_{j+1}}{n} 10^{-(j+1)} < s_{j+1} + 10^{-(j+1)} \, ,$$

d. h. (4.65) für $j + 1$ und $r_{j+1} = \frac{l_{j+1}}{n}$. Wegen (4.65) ist q die von der konstruierten Dezimalbruchentwicklung erzeugte Zahl. Die Dezimalbruchentwicklung ist periodisch und die Periodenlänge höchstens $n - 1$, da in jedem Schritt durch n geteilt wird, d. h. in der Folge l_i spätestens nach $n - 1$ Schritten eine Wiederholung auftreten muss, d. h. $l_i = l_{i+s}$ für ein Paar $i, i+s \in \{0, \ldots, n-1\}$. Dann muss aber die Division von $10 l_i$ und $10 l_{i+s}$ durch n zu gleichen Ziffern und Resten führen, sodass der Prozess sich ab da periodisch wiederholt. Die Ziffern innerhalb der Periode können sich durchaus wiederholen (siehe das Beispiel $q = 1/17$ in Tabelle 4.2). Durch Ersetzen von 10 durch p kann die obige Vorgehensweise zu einem Verfahren zur Herleitung der periodischen Darstellung für eine beliebige Basis p ausgebaut werden. Bei Wechsel des Zahlsystems können aber endliche in periodische Darstellungen übergehen und umgekehrt. Nach (4.57) hat z. B. $1/5 = 0.2\overline{0}_{10}$ für $p = 2$ keine endliche Darstellung, sondern $1/5 = 0.\overline{0011}_2$. Andererseits hat $1/3 = 0.\overline{3}_{10}$ für $p = 3$ die Darstellung 0.1_3.

Nochmals zusammengefasst lautet das Verfahren zur Ermittlung einer Dezimaldarstellung für ein $q \in \mathbb{Q}, 0 < q < 1$ wie folgt:

Algorithmus 14: Ermittlung der Dezimaldarstellung

```python
from fractions import Fraction


def dezimaldarstellung(q):
    """Wandelt eine als fractions.Fraction gegebene Zahl
    0 < q < 1 in Dezimaldarstellung um.

    Beachte: Fuer Zahlen mit periodischer Dezimaldarstellung
    terminiert dieses Verfahren nicht!

    :param q: rationale Zahl 0 < q < 1.
    :return: Liste mit Ziffern [n_1, n_2, ...].
    """
    Q, J = [], 10
    while q != 0:
        Q += [int(q * J)]
        q -= Fraction(Q[-1], J)
        J *= 10
    return Q
```

Beispiel zu Algorithmus 14:
```
>>> dezimaldarstellung(Fraction('1/5'))
[2]
>>> dezimaldarstellung(Fraction('1/16'))
[0, 6, 2, 5]
>>> dezimaldarstellung(Fraction('1/3'))
...bricht nicht ab...
```

Erläuterungen zu Algorithmus 14: Wir verwenden hier das `fractions`-Modul zur Darstellung rationaler Zahlen, um Fehler zu vermeiden, die aus ungenauer Computerarithmetik und Gleitkommadarstellung resultieren (siehe Kapitel 7). Dieses erlaubt es, eine rationale Zahl $q = \frac{m}{n}$ exakt darzustellen, indem man diese als `q = Fraction('m/n')` oder `q = Fraction(m, n)` erzeugt. Um ein wiederholtes Auswerten der Zehnerpotenz 10^j beim Bestimmen der j-ten Ziffer zu vermeiden, wird diese hier durch sukzessive Multiplikation mit 10 berechnet und in J gespeichert.

Für Zahlen mit periodischer Dezimaldarstellung terminiert obiges Verfahren nicht, sondern erzeugt wiederholt das periodische Muster. Eine vollständige Implementierung muss daher um die Erkennung eines periodischen Musters für die Ziffern n_j ergänzt werden (Übung).

Damit wurde folgender Satz bewiesen:

Satz 4.62

Jedes $q \in \mathbb{Q}$ wird von einer periodischen Dezimalbruchdarstellung erzeugt. Für $0 < q < 1$ besteht der Zusammenhang (4.63) zu endlichem Dezimalbruchanteil a, Periodenzahl τ, Periodenbeginn $k + 1$ und Periodenlänge l. Ist $q = m/n$, $m \in \mathbb{Z}, n \in \mathbb{N}$, so ist $l \leq n - 1$.

Die endlichen Dezimalbrüche sind hier mit $l = 1$, $n_{k+1} = 0$ mit eingeschlossen. Die Darstellung ist nicht eindeutig, da gilt

$$0.\overline{9} = 9 \cdot \sum_{i=1}^{\infty} 10^{-i} = 9 \left(\frac{1}{1 - \frac{1}{10}} - 1 \right) = 1$$

und daher

$$q = 0.n_1 \ldots n_k \overline{9} = n_0'.n_1' \ldots n_k' , \tag{4.66}$$

wobei (in $\mathbb{N}$) $\sum_{i=1}^{k} n_i 10^{k-i} + 1 = \sum_{i=0}^{k} n_i' 10^{k-i}$. Dies ist aber auch die einzige Uneindeutigkeit gemäß folgendem Satz:

Satz 4.63

Seien $(s_n)_n$ und $(s_n')_n$ Dezimalbruchentwicklungen in $\mathbb{Q}$ jeweils mit den Ziffernfolgen $n_1, n_2, n_3, \ldots, n_i$ bzw. $n_1', n_2', n_3', \ldots, n_i' \in \{0, \ldots, 9\}$, sodass

$$\lim_{n \to \infty} s_n - s_n' = 0 . \tag{4.67}$$

Wenn für keine der Ziffernfolgen gilt

$$n_i = 9 \ (\text{bzw. } n_i' = 9) \quad \text{für } i \geq l \text{ und ein } l \in \mathbb{N} ,$$

dann gilt

$$s_n = s_n' \quad \text{für alle } n \in \mathbb{N}$$

bzw.

$$n_i = n_i' \quad \text{für alle } i \in \mathbb{N} .$$

Konvergiert also eine der Dezimalbruchdarstellungen (und damit nach (4.67) beide), stellen beide die gleiche Zahl dar.

Beweis: Angenommen, die Behauptung gilt nicht, dann sei $i_0 \in \mathbb{N}$ der kleinste Index, für den

$$n_{i_0} \neq n'_{i_0} \, ,$$

also

$$n_i = n'_i \quad \text{für } 1 \leq i < i_0 \, .$$

Dann ist für $n > i_0$

$$(n_{i_0} - n'_{i_0})10^{-i_0} = \sum_{i=i_0+1}^{n} (n'_i - n_i)10^{-i} + s_n - s'_n \, . \tag{4.68}$$

O. B. d. A. sei $n_{i_0} > n'_{i_0}$, d. h. $1 \leq n_{i_0} - n'_{i_0}$, und allgemein gilt

$$\left| n'_i - n_i \right| \leq 9 \quad \text{für alle } i \in \mathbb{N} \, .$$

Wegen des Ausschlusses der 9-Periodizität gibt es ein $k > i_0$, sodass

$$\left| n'_k - n_k \right| < 9 \, , \tag{*}$$

und damit gilt für alle $n \geq k$ die Ungleichungskette mit Hilfe der Dreiecksungleichung

$$10^{-i_0} \leq (n_{i_0} - n'_{i_0})10^{-i_0} \leq \sum_{i=i_0+1}^{n} |n'_i - n_i|10^{-i} + |s_n - s'_n|$$

$$\leq \sum_{i=i_0+1}^{n} 9 \cdot 10^{-i} - 10^{-k} + \left| s_n - s'_n \right| \leq 10^{-i_0} - 10^{-k} + \left| s_n - s'_n \right| \, .$$

Dabei folgt die 2. Ungleichung aus (*) und der Dreiecksungleichung. Daraus resultiert

$$\left| s_n - s'_n \right| \geq 10^{-k} \quad \text{für alle } n \geq k \, ,$$

im Widerspruch zu

$$\lim_{n \to \infty} s_n - s'_n = 0 \, . \qquad \square$$

Die Umwandlung ganzer Zahlen zwischen verschiedenen Darstellungsbasen (siehe Algorithmus 10) kann auch auf rationale Zahlen erweitert werden. Es reicht, sich auf den nicht ganzzahligen Anteil zu beschränken, d. h. $q \in \mathbb{Q}$ mit $0 < q < 1$ zu betrachten. Also:

Umwandlung von Basis p zu Basis 10:
Hat q eine endliche Darstellung, d. h.

$$q = \sum_{i=1}^{k} n_i p^{-i} = p^{-k} \sum_{i=1}^{k} n_i p^{k-i} =: p^{-k} n \,,$$

mit $n_i \in \{0, \dots, p-1\}$ so ist nun das durch n definierende Polynom an der Stelle p (mit dem HORNER-Schema) auszuwerten. Hat q eine periodische Darstellung, also $q = a + \tilde{\tau}$, a die Vorperiode, die schon oben behandelt worden ist, und $\tilde{\tau}$ die Periode mit Periodenzahl

$$\tau = \sum_{l=k+1}^{k+l} n_i p^{k+l-i} = (n_{k+1} \dots n_{k+l})_p \,.$$

Dann ist unter Beachtung von (4.63)

$$q = a + p^{-k} \frac{\tau}{p^l - 1} \,,$$

sodass für den zweiten Summanden Umwandlung in $\mathbb{Z}$ genügt (siehe Beispiele 4.61).

Umwandlung von Basis 10 zu Basis p:
Bei der Division mit Rest ist p durch p^{-1} zu ersetzen, d. h., es ist mit p zu multiplizieren:

$$n_1 := \lfloor pq \rfloor, \qquad f := pq - n_1, \qquad k := 2$$

Solange $f > 0$ oder sich f nicht wiederholt :

$$n_k := \lfloor pf \rfloor, \qquad f := pq - n_k, \qquad k := k+1 \,.$$

Ein Bruch $q = m/n$ heißt *Stammbruch*, wenn $m = 1$. Diese spielten in der antiken Mathematik, insbesondere der ägyptischen, eine große Rolle. Die Dezimaldarstellungen der ersten 20 Stammbrüche finden sich in Tabelle 4.2. Jeder positive Bruch $q = m/n$ lässt sich als eine endliche Summe von Stammbrüchen schreiben. Der folgende Algorithmus bestimmt eine dieser Darstellungen.
Sei o. B. d. A. $m < n$, $m, n \in \mathbb{N}$. Ein Schritt des Verfahrens zur Abspaltung eines Stammbruches von q lautet: Sei

$$a := \min \left\{ \alpha \in \mathbb{N} : \alpha \geq \frac{n}{m} \right\} \tag{4.69}$$

und

$$\frac{m}{n} =: \frac{m}{am} + r = \frac{1}{a} + r \,,$$

also

$$r = \frac{m}{n} - \frac{1}{a} = \frac{ma - n}{na} \, .$$

Falls nicht $ma - n = 1$, wende den Verfahrensschritt an auf

$$q' := r \, .$$

Das Verfahren terminiert in endlich vielen Schritten, da in einem Schritt der Zähler von q zu q' echt kleiner wird. Wäre nämlich

$$ma - n \geq m, \quad \text{d. h. } a \geq 1 + \frac{n}{m} \, ,$$

dann wäre a nicht minimal mit der Eigenschaft $a \geq \frac{n}{m}$. Die Zerlegung ist nicht eindeutig und das Verfahren liefert nicht die „einfachste". So ergibt sich z. B.

$$\frac{59}{120} = \frac{1}{3} + \frac{1}{7} + \frac{1}{65} + \frac{1}{10920} \, ,$$

es gilt aber auch

$$\frac{59}{120} = \frac{1}{5} + \frac{1}{6} + \frac{1}{8} \, .$$

Die Anzahl der Summanden ist also höchstens m. Eine unbewiesene Behauptung in diesem Zusammenhang ist die *Vermutung* von ERDÖS[20] und STRAUS[21]. Jede Zahl $4/n$, $n \in \mathbb{N}$, lässt sich mit drei Summanden darstellen. Wegen

$$\frac{4}{n} = \frac{1}{a} + \frac{1}{b} + \frac{1}{c} \quad \Leftrightarrow \quad \frac{1}{n} = \frac{2(bc + ac + ab)}{8abc}$$

bedeutet dies geometrisch, dass zu jedem $n \in \mathbb{N}$ Zahlen $a, b, c \in \mathbb{N}$ existieren, sodass n das Verhältnis aus dem achtfachen Volumen des Quaders mit den Seitenlängen a, b, c und seiner Oberfläche ist.

Die Tabelle 4.2 zeigt nur wenige Fälle $1/n$, bei denen die Periodenlänge den maximalen Wert $n-1$ hat. Für Primzahlen n verschieden von 2 und 5 ist die Periodenlänge die kleinste Zahl l, sodass n die Zahl $10^l - 1$ teilt. Ist n nicht prim, gilt das Gleiche, wenn aus n die Faktoren 2 und 5 entfernt werden (Übung). Wegen der Primfaktorzerlegungen

$$9 = 3^2 \, , \ 99 = 3^2 \cdot 11 \, , \ 999 = 3^3 \cdot 37 \, ,$$
$$9999 = 3^2 \cdot 11 \cdot 101 \, , \ 99999 = 3^2 \cdot 41 \cdot 271 \, , \tag{4.70}$$
$$999999 = 3^3 \cdot 7 \cdot 11 \cdot 13 \cdot 37 \, , \ \dots$$

erklärt dies die Periodenlänge in Tabelle 4.2 bis $n = 16$ (siehe Aufgabe 4.15). Die Frage der Teilbarkeit kann zur Vermeidung großer Zahlen mit modulo-Arithmetik beantwortet werden (siehe Anhang F).

---

[20] Paul ERDÖS ∗26. März 1913 in Budapest, †20. September 1996 in Warschau

[21] Ernst Gabor STRAUS ∗25. Februar 1922 in München, †12. Juli 1983 in Los Angeles

Stammbruch	Dezimaldarstellung	endlich, Periodenlänge
1/2	$0.5\overline{0}$	$e, 1$
1/3	$0.\overline{3}$	1
1/4	$0.25\overline{0}$	$e, 1$
1/5	$0.2\overline{0}$	$e, 1$
1/6	$0.1\overline{6}$	1
1/7	$0.\overline{142857}$	6^*
1/8	$0.125\overline{0}$	$e, 1$
1/9	$0.\overline{1}$	1
1/10	$0.1\overline{0}$	$e, 1$
1/11	$0.\overline{09}$	2
1/12	$0.08\overline{3}$	1
1/13	$0.\overline{076923}$	6
1/14	$0.0\overline{714285}$	6
1/15	$0.0\overline{6}$	1
1/16	$0.0625\overline{0}$	$e, 1$
1/17	$0.\overline{0588235294117647}$	16^*
1/18	$0.0\overline{5}$	1
1/19	$0.\overline{052631578947368421}$	18^*
1/20	$0.050\overline{0}$	$e, 1$

$*$ maximal

Tabelle 4.2 Stammbrüche: Dezimaldarstellung

Am Rande bemerkt: Wenn die Schildkröte unrecht hat: Das Wettrennen mit Achilles und die Grenzwerte

Der griechische Philosoph ZENON von Elea[22] formulierte folgendes Paradoxon: Achilles, der schnellste Läufer der Antike, könne keine mit positivem Vorsprung bei einem Rennen startende Schildkröte je erreichen. Die Begründung ist die folgende: Sei $x > 0$ $[m]$ der Vorsprung, $v_A, v_S > 0$ $[m/s]$ die Geschwindigkeiten von Achilles (A) bzw. der Schildkröte (S), d. h. $v_A > v_S$. Um den Vorsprung aufzuholen, braucht A die Zeit $t_1 = x/v_A$. In dieser Zeit hat sich aber S von $w_0 = x$ $[m]$ die weitere Strecke $w_1 := v_S \cdot x/v_A$ weiterbewegt, wenn A auch diese Strecke in der Zeit t_2 erreicht hat, ist S schon w_2 weiter und dies setzt sich unendlich fort, sodass A nie S einholt. Wo ist der Denkfehler?

Dieser liegt in der impliziten Annahme, dass eine unendliche Summe (rigoros definiert in Definition 4.42) einen unendlichen Wert hat, sodass die obige Überlegung hinsichtlich der Zeit bzw. Strecke nie endet. Das wissen wir (und auch die antiken Mathematiker) z. B. nach Satz 4.57 besser. Setzt man die obige Überlegung fort, so erhält man die Zeitintervalle bzw. die von S zurückgelegten Teilstrecken

---

[22] Zenon von Elea $*$um 490 v. Chr. in Elea, †um 430 v. Chr. vermutlich in Elea oder Syrakus

$$t_k = \frac{x}{v_A} \left(\frac{v_S}{v_A} \right)^{k-1}$$

$$w_k = v_S t_k = x \left(\frac{v_S}{v_A} \right)^k \quad \text{für } k \in \mathbb{N}.$$

Mit $q := v_S/v_A \in (0, 1)$ kann also diese Überlegung bis zu dem Zeitpunkt

$$t := \sum_{k=1}^{\infty} t_k = \frac{x}{v_A} \sum_{k=1}^{\infty} q^{k-1} = \frac{x}{v_A} \frac{1}{1-q}$$

fortgeführt werden. Zu diesem Zeitpunkt, an dem von beiden Läufern die Strecke

$$w := \sum_{k=0}^{\infty} w_k = x \sum_{k=0}^{\infty} q^k = \frac{x}{1-q}$$

zurückgelegt wurde ($tv_A = w$ bzw. $x + tv_S = w$), zieht A locker an S vorbei. Hätte man sich nicht auf das Argument von ZENON eingelassen, sähe man direkt: A und S haben zum Zeitpunkt t die gleiche Gesamtstrecke zurückgelegt, wenn

$$tv_A \overset{!}{=} x + tv_S \quad \Leftrightarrow \quad t = \frac{x}{v_A - v_S} \quad \Leftrightarrow \quad t = \frac{x}{v_A} \frac{1}{1-q}.$$

Variante: Die Turbo-Schildkröte

Was passiert, wenn sich die Geschwindigkeiten von A und S immer (magischerweise) in dem obigen Gedankenexperiment ändern, sodass in $[0, t_1]$ $v_A^{(1)}$, $v_S^{(1)}$ gelten, dann in $[t_1, t_2]$ $v_A^{(2)}$, $v_S^{(2)}$ usw., wobei

$$v_S^{(k)}/v_A^{(k)} = k/(k+1) \quad \text{für } k \in \mathbb{N}?$$

Das Argument von ZENON hätte Bestand gehabt, wenn die Summen der Zeit- bzw. Wegabschnitte beliebig groß geworden wären für wachsendes k, d. h., wenn formal geschrieben

$$\sum_{k=1}^{\infty} t_k = \infty$$

gelten würde. Das ist offensichtlich dann der Fall, wenn für unendlich viele k gilt $t_k \geq M$ für ein festes $M > 0$, aber $(t_k)_k$ kann auch eine Nullfolge sein. Für $t_k = 1/k$, die *harmonische Reihe*, ist dies schon seit dem Mittelalter bekannt. In dem Argument von Nicolaus VON ORESME werden nur die Partialsummen für $n = 2^m$ betrachtet, was wegen der Monotonie der Partialsummenfolge reicht:

Für $n = 2^m$ gilt

$$S_n = \sum_{k=1}^{n} \frac{1}{k} = 1 + \sum_{l=1}^{m} \sum_{k=2^{l-1}+1}^{2^l} \frac{1}{k} \geq 1 + \sum_{l=1}^{m} \sum_{k=2^{l-1}+1}^{2^l} \frac{1}{2^l}$$

$$= 1 + \sum_{l=1}^{m} \frac{2^{l-1}}{2^l} = 1 + \frac{1}{2}m$$

bzw.

$$S_n \geq 1 + \frac{1}{2} \log_2 n$$

mit $\log_2$ als Logarithmus zur Basis 2. Damit ist nicht nur das unbeschränkte (langsame) Wachstum von S_n gezeigt, sondern auch das asymptotische Verhalten gefunden, da genauer

$$S_n = \gamma + \ln n + f(n) \,,$$

wobei $\ln = \log_e$ den Logarithmus zur Basis e bezeichnet (siehe „Am Rande bemerkt" zu Abschnitt 5.2, Abschnitt 5.4.3) und $\gamma \approx 0.5772156649$ die EULER[23]-MASCHERONI[24]-Konstante ist und der Fehlerterm $|f(n)| \leq C\frac{1}{n}$ für eine Konstante $C \approx \frac{1}{2}$ erfüllt. Die Partialsummenfolge der harmonischen Reihe wächst also unbeschränkt, aber sehr langsam:

$$S_{100} \approx 5.19 \,, \quad S_{1000} \approx 7.49 \,, \quad S_{10000} \approx 9.79 \,.$$

Aufgaben

Aufgabe 4.12 (L) Sei K ein angeordneter Körper mit Betragsfunktion $|\,.\,|$. Dann gilt:

   a) $|x| = \max(x, -x)$ für $x \in K$.
   b) $|x + y| \leq |x| + |y|$ für $x, y \in K$.
   c) $|xy| = |x|\,|y|$ für $x, y \in K$.
   d) $||x| - |y|| \leq |x - y|$ für $x, y \in K$ (umgekehrte Dreiecksungleichung).

Aufgabe 4.13 Gegeben sei eine Folge $(a_n)_n \in \mathbb{Q}^{\mathbb{N}}$ rationaler Zahlen. Zeigen Sie, dass $(a_n)_n$ eine Nullfolge ist, falls die Reihe $\sum_{n=1}^{\infty} a_n$ konvergiert.

Aufgabe 4.14 (L) Sei $\delta \in (0, 1)$ und $(a_n)_n \in \mathbb{Q}^{\mathbb{N}}$ mit $a_n > 0$, $n \in \mathbb{N}$, eine Folge positiver rationaler Zahlen, sodass für alle $n \in \mathbb{N}$ gelte

$$\frac{a_{n+1}}{a_n} \leq \delta \,.$$

---

[23] Leonhard EULER *15. April 1707 in Basel, †18. September 1783 in Sankt Petersburg
[24] Lorenzo MASCHERONI *13. Mai 1750 bei Bergamo, †14. Juli 1800 in Paris

Beweisen Sie, dass die Partialsummenfolge $(s_n)_n$ mit $s_n := \sum_{k=1}^{n} a_k$ eine CAUCHY-Folge ist (sog. *Quotientenkriterium*).

Aufgabe 4.15 Sei $q = m/m'$, $m, m' \in \mathbb{N}$, $m \leq m'$ eine teilerfremde Darstellung. Zeigen Sie:

a) Die Dezimalbruchdarstellung von q ist *rein periodisch*, enthält also keine Vorperiode, genau dann, wenn weder 2 noch 5 in der Primfaktorzerlegung von m' auftreten. Dann ist die Periodenlänge die kleinste Zahl $l \in \mathbb{N}$, sodass $m' | (10^l - 1)$.

b) Die Länge der Vorperiode der Dezimalbruchdarstellung ist gleich der höchsten Potenz, mit der 2 oder 5 in der Primfaktorzerlegung von m' auftreten.

c) Der Nenner m' habe die Primfaktordarstellung $m' = 2^r 5^s \cdot t$, und t sei ein Produkt aus Primfaktoren ungleich 2 und 5, $r, s \in \mathbb{N}_0$. Dann ist die Länge der Vorperiode $k = \max(r, s)$, und die Periodenlänge ist die kleinste Zahl $l \in \mathbb{N}$, sodass $t | (10^l - 1)$.

d) Hat ein Stammbruch maximale Periodenlänge, gilt dies auch für alle Vielfachen (kleiner als 1).

Aufgabe 4.16 Führen Sie die Überlegungen zum Bisektionsverfahren genau aus (Beweise durch vollständige Induktion), und implementieren Sie das Verfahren in PYTHON.

Aufgabe 4.17 Schreiben Sie eine PYTHON-Prozedur zum Erhalt der periodischen Zifferndarstellung für ein $q = \frac{m}{n} \in \mathbb{Q}, 0 < q < 1$ zu einer beliebigen Basis $p \geq 2$ als Verallgemeinerung von Algorithmus 14 (Hinweis: Nutzen Sie das `fractions`-Modul für die Darstellung rationaler Zahlen). Ergänzen Sie diese um eine Erkennung von periodischen Ziffermustern und liefern Sie die Periodenlänge l zusätzlich zurück.

Aufgabe 4.18 Schreiben Sie eine PYTHON-Prozedur zur Bestimmung der Summendarstellung aus Stammbrüchen nach (4.69).

Aufgabe 4.19 Schreiben Sie eine PYTHON-Prozedur zur Umwandlung einer periodischen Zifferndarstellung (siehe Aufgabe 4.17) in Bruchdarstellung.

Kapitel 5
Der vollständige Körper der reellen Zahlen

5.1 Die Konstruktion der reellen Zahlen

Vorbemerkung:
Da dieser Abschnitt dem Aufbau der reellen Zahlen gewidmet ist, müssen an vielen Stellen abstrakte Aussagen über Körper mit Zusatzeigenschaften gemacht werden, wovon sich viele als äquivalent herausstellen werden (angeordnet, ARCHIMEDISCH angeordnet, vollständig, ordnungsvollständig, schachtelungsvollständig). Wichtig für die späte Verwendung dieser Aussagen ist: $\mathbb{R}$ erfüllt alle diese Bedingungen, d. h., nach Abschluss der Konstruktion können alle diese Aussagen für $\mathbb{R}$ verwendet werden. Das sollten Sie insbesondere dann berücksichtigen, wenn Sie die sehr anspruchsvolle Definition der reellen Zahlen überspringen wollen, d. h. diesen Abschnitt nur hinsichtlich seiner Definitionen und Ergebnisse konsultieren.

Mit den rationalen Zahlen $\mathbb{Q}$ haben wir eine Zahlenmenge konstruiert, die in algebraischer Hinsicht alle wünschenswerten Eigenschaften hat, die aber in topologischer Hinsicht nicht befriedigend ist, insofern nicht jede CAUCHY-Folge in $\mathbb{Q}$ konvergiert: Die Menge $\mathbb{Q}$ ist nicht *vollständig*. Der hergestellte Zusammenhang zwischen $\mathbb{Q}$ und den periodischen Dezimalbruchdarstellungen legt nahe, die Menge $\mathbb{R}$ der reellen Zahlen als die Gesamtheit aller, d. h. insbesondere auch der nichtperiodischen Dezimalbruchdarstellungen, d. h. als eine Menge von CAUCHY-Folgen, zu definieren. Dies führt zu dem schwierigen technischen Problem, auf dieser amorphen Menge die gewünschten algebraischen Körper-Strukturen und darüber hinaus eine Ordnung und einen Betrag einzuführen.[1] Wir werden daher dieses Problem abstrakter angehen und die möglichen zukünftigen reellen Zahlen insofern allgemeiner fassen, als wir nicht eine spezielle CAUCHY-Folge zugrunde legen, sondern die Gesamtheit aller CAUCHY-Folgen, die einen „potentiellen" gemeinsamen Grenzwert haben. Dies geschieht dadurch, dass die Menge aller CAUCHY-Folgen nach einer entsprechenden

---

[1] Die nachfolgenden Überlegungen sind der Vollständigkeit halber aufgenommen worden, für Mathematik-Anfänger*innen aber i. Allg. zu anspruchsvoll. Wir empfehlen daher bei der ersten Durcharbeitung dieses Textes die Seiten bis vor Theorem 5.14 zu überspringen und dann eventuell wieder bis vor Definition 5.23 weiter zu lesen.

© Springer-Verlag GmbH Deutschland, ein Teil von Springer Nature 2019
P. Knabner et al., *Mit Mathe richtig anfangen*,
https://doi.org/10.1007/978-3-662-59230-4_5

Äquivalenzrelation gefasert wird. Den Zusammenhang zur Menge der allgemeinen Dezimalbruchdarstellungen werden wir später untersuchen. Sei

$$C := \left\{ (a_n)_n \in \mathbb{Q}^{\mathbb{N}} : (a_n)_n \text{ ist CAUCHY-Folge} \right\}.$$

Die rationalen Zahlen $r \in \mathbb{Q}$ sind also z. B. durch die konstanten Folgen (r) in C enthalten. Mit (r) gilt aber für jede Nullfolge $(c_n)_n$:

$$\lim_{n \to \infty} r + c_n = r$$

und repräsentiert damit die gleiche Zahl r. Gilt andererseits für $(a_n)_n, (b_n)_n \in \mathbb{Q}^{\mathbb{N}}$:

$$\lim_{n \to \infty} a_n = \lim_{n \to \infty} b_n =: r \ (\in \mathbb{Q}),$$

dann ist offensichtlich nach Satz 4.45 $(c_n)_n$ mit $c_n := b_n - a_n$ eine Nullfolge. Diese Uneindeutigkeit wird durch Faserung nach folgender Relation auf C beseitigt:

Für $(a_n)_n, (b_n)_n \in C$ sei

$$(a_n)_n \sim (b_n)_n :\Leftrightarrow (b_n - a_n)_n \text{ ist Nullfolge.} \tag{5.1}$$

$\sim$ ist eine Äquivalenzrelation auf C (Übung).

Wir überzeugen uns nur von der Transitivität: Sei $(a_n)_n \sim (b_n)_n$ und $(b_n)_n \sim (c_n)_n$, also $(b_n - a_n)_n$ und $(c_n - b_n)_n$ seien Nullfolgen, nach Satz 4.45 damit auch

$$(c_n - a_n)_n = (c_n - b_n)_n + (b_n - a_n)_n,$$

d. h. $(a_n)_n \sim (c_n)_n$.

Als mögliche Menge reeller Zahlen definieren wir also

$$\mathbb{R} := C_{/\sim}. \tag{5.2}$$

Die „Zahlen" in $\mathbb{R}$ sind also Mengen von rationalen CAUCHY-Folgen, d. h. etwas unhandlich. Die rationalen Zahlen werden eingebettet durch

$$I : \mathbb{Q} \to \mathbb{R}, \tag{5.3}$$

$$r \mapsto [(r)], \tag{5.4}$$

wobei $[(a_n)_n]$ die Äquivalenzklasse zu $(a_n)_n \in \mathbb{Q}^{\mathbb{N}}$ bezeichnet, d. h., $I(r)$ ist die Menge von gegen r konvergierenden rationalen Folgen. Die algebraischen Verknüpfungen werden repräsentantenweise durch Rückgriff auf die Verknüpfung in $\mathbb{Q}^{\mathbb{N}}$ definiert, d. h., seien $[(a_n)_n], [(b_n)_n] \in \mathbb{R}$, dann

$$[(a_n)_n] + [(b_n)_n] := [(a_n + b_n)_n] \, , \tag{5.5}$$

$$[(a_n)_n] \cdot [(b_n)_n] := [(a_n \cdot b_n)_n] \, . \tag{5.6}$$

Die Definitionen sind unabhängig von der Repräsentantenwahl, da etwa für $[(a_n)_n] = [(a'_n)_n]$, $[(b_n)_n] = [(b'_n)_n]$ gilt

$$a'_n b'_n = (a_n + c_n)(b_n + d_n)$$

mit Nullfolgen $(c_n)_n$, $(d_n)_n$ und damit

$$a'_n b'_n = a_n b_n + (a_n d_n + c_n b_n + c_n d_n) \, . \tag{5.7}$$

Nach Bemerkung 4.44 und Satz 4.47 gilt für ein $M \in \mathbb{Q}, M > 0$

$$|a_n d_n| \le M \, |d_n| \quad \text{für } n \in \mathbb{N} \, ,$$

und unter Benutzung von Satz 4.45 sieht man, dass der Klammerausdruck in (5.7) eine Nullfolge ist und damit

$$[(a_n b_n)_n] = [(a'_n b'_n)_n] \, .$$

Wie erwähnt, ist die Einbettung von $\mathbb{Q}$ nach $\mathbb{R}$ definiert durch

$$\Phi : \mathbb{Q} \to \mathbb{R} \tag{5.8}$$

$$a \mapsto [(a)] \, , \tag{5.9}$$

d. h., eine rationale Zahl $a \in \mathbb{Q}$ wird durch die (durch sie definierte) konstante Folge (a) und damit durch alle rationalen Folgen mit a als Grenzwert dargestellt. Nach (5.5) ist Φ auch verträglich mit Addition und Multiplikation: $\Phi(a + b) = \Phi(a) + \Phi(b)$, $\Phi(a \cdot b) = \Phi(a) \cdot \Phi(b)$ für $a, b \in \mathbb{Q}$, also ein Gruppen-Homomorphismus bzgl. der Addition.

Die Struktur eines kommutativen Ringes mit Eins überträgt sich wegen Bemerkung 4.46 auf $\mathbb{R}$. Insbesondere ist

$$-[(a_n)_n] = [(-a_n)_n] \, .$$

Es bleibt also zu zeigen, dass zu $[(a_n)_n] \ne 0$ ein multiplikatives Inverses existiert. Um auf $\mathbb{R}$ eine mit den algebraischen Operationen verträgliche Ordnung $\le$ einzuführen, reicht es zu definieren, was für $r \in \mathbb{R}$

$$r > 0$$

bedeuten soll. Dann setzt man nämlich

$$r \ge 0 :\Leftrightarrow r > 0 \text{ oder } r = 0$$

und für $r, s \in \mathbb{R}$:

$$r \leq s :\Leftrightarrow s - r \geq 0 \,, \tag{5.10}$$

$$r \geq s :\Leftrightarrow s \leq r \,. \tag{5.11}$$

Sei $r = [(a_n)_n] \in \mathbb{R}$, dann kann $r > 0$ nicht durch $a_n > 0$ definiert werden, da dies Nullfolgen mit einschließen würde und repräsentantenabhängig wäre, also:

Definition 5.1

Sei $r = [(a_n)_n] \in \mathbb{R}$, dann gilt

$$[(a_n)_n] > 0$$

genau dann, wenn ein $\bar{\varepsilon} \in \mathbb{Q}$, $\bar{\varepsilon} > 0$ und ein $N \in \mathbb{N}$ existiert, sodass $a_n > \bar{\varepsilon}$ für alle $n \geq N$.

Bemerkungen 5.2 1) Diese Definition ist repräsentantenunabhängig. Denn ist $(a_n)_n$ wie in obiger Definition, d. h., es ist $a_n > \bar{\varepsilon}$ für $n \geq N_1$ und ein $N_1 \in \mathbb{N}$ und $a'_n = a_n + c_n$ für eine Nullfolge $(c_n)_n$, so kann ein $0 < \varepsilon < \bar{\varepsilon}/2$ gewählt werden, und dann ist $|c_n| < \varepsilon$ für alle $n \geq N_2$ für ein $N_2 \in \mathbb{N}$. Somit gilt für $N := \max(N_1, N_2)$

$$a'_n = a_n + c_n > \bar{\varepsilon} - \varepsilon > \bar{\varepsilon}/2 > 0 \quad \text{für alle } n \geq N \,.$$

Hierbei wurde die bereits in Theorem 4.33 eingeführte Ordnung auf $\mathbb{Q}$ benutzt.

2) Die Einbettung von $\mathbb{Q}$ ist auch mit der Ordnung verträglich, d. h. $[a] > 0 \Leftrightarrow a > 0$ für $a \in \mathbb{Q}$.

$\triangle$

Lemma 5.3

Sei $r \in \mathbb{R}$. Dann gilt genau einer der Fälle

$$r > 0 \quad \text{oder} \quad r = 0 \quad \text{oder} \quad -r > 0 \,.$$

Beweis: Sei $r = [(a_n)_n] \neq [(0)]$, d. h., es gibt ein $\hat{\varepsilon} > 0$, sodass für alle $n \in \mathbb{N}$ ein $N(n) \geq n$ existiert mit $|a_{N(n)}| \geq \hat{\varepsilon}$. Ist für ein $n_0 \in \mathbb{N}$ die folgende Situation gegeben:

$$\text{Für } n \geq n_0 \text{ ist } a_{N(n)} = |a_{N(n)}| \geq \hat{\varepsilon} \,, \tag{5.12}$$

dann kann analog zu Satz 4.55, 2) wegen der CAUCHY-Folgen-Eigenschaft von $(a_n)_n$ geschlossen werden: Es gibt dann ein $N \in \mathbb{N}$, sodass für $n \geq N$

$$a_n > \bar{\varepsilon} \,(:= \hat{\varepsilon}/2)$$

und damit

$$r > 0 .$$

Im sich mit (5.12) ausschließenden Fall ist $-a_{N(n)} = \left| a_{N(n)} \right| \geq \hat{\varepsilon}$ für $n \geq n_0$. Daher folgt analog $-r > 0$.

Es verbleibt der Fall: Für alle $n \in \mathbb{N}$ gibt es $n_1, n_2 \geq n$, sodass

$$a_{N(n_1)} \geq \hat{\varepsilon}, \quad -a_{N(n_2)} \geq \hat{\varepsilon} .$$

Dies ist wegen der CAUCHY-Folgen-Eigenschaft nicht möglich. □

Lemma 5.4

Seien $r, s \in \mathbb{R}$, dann folgt aus $r > 0$, $s > 0$:

1) $r + s > 0$,

2) $r \cdot s > 0$.

Beweis: Folgt sofort aus der Definition (Übung). □

Damit ergibt sich folgender Satz:

Satz 5.5

Auf $\mathbb{R}$ wird durch Definition 5.1 eine totale Ordnung definiert, die mit $+$ und $\cdot$ verträglich ist, d. h.

$$r > 0 \Leftrightarrow -r < 0 , \tag{5.13}$$

$$r' \leq r'' \Leftrightarrow r' + r \leq r'' + r ,$$

$$\text{für } r > 0 \colon r' \leq r'' \Rightarrow rr' \leq rr'' , \tag{5.14}$$

$$\text{für } r < 0 \colon r' \leq r'' \Rightarrow rr'' \leq rr'$$

für $r, r', r'' \in \mathbb{R}$. Insbesondere gilt

$$r^2 \geq 0 \quad \text{für alle } r \in \mathbb{R} , \tag{5.15}$$

$$1 > 0 . \tag{5.16}$$

Auf $\mathbb{Q}$ stimmt $\leq$ mit der in Theorem 4.33 eingeführten Ordnung überein. $(\mathbb{R}, \leq)$ ist ARCHIMEDISCH.

Beweis: Reflexivität von $\leq$ ist klar, Antisymmetrie folgt aus Lemma 5.3, da $r - s \geq 0$ und $s - r \geq 0$ nur im Fall $r - s = 0$ nicht zum Widerspruch führt, und Transitivität aus Lemma 5.4, 1). Die Ordnung ist total nach Lemma 5.3, da

$$-r < 0 \quad \Leftrightarrow \quad r = 0 - (-r) > 0 ,$$

$$r' \leq r'' \quad \Leftrightarrow \quad r'' - r' \geq 0 \quad \Leftrightarrow \quad r'' + r - (r' + r) \geq 0 \quad \Leftrightarrow \quad r' + r \leq r'' + r .$$

Sei $r > 0$, dann ist

$$r' \leq r'' \quad \Leftrightarrow \quad r'' - r' \geq 0 \quad \Rightarrow \quad r(r'' - r') \geq 0$$

nach Lemma 5.4, 2), also

$$r' \leq r'' \quad \Rightarrow \quad rr' \leq rr''$$

und analog für $-r > 0$:

$$r' \leq r'' \quad \Rightarrow \quad (-r)(r'' - r') = -rr'' + rr' \geq 0 \quad \Leftrightarrow \quad rr'' \leq rr' .$$

Die Aussagen (5.15) und (5.16) ergeben sich wie folgt:
$r = 0$, d. h. $r^2 = 0$, oder $r > 0$ bzw. $-r > 0$ und damit $r^2 = r \cdot r > 0$, $r^2 = (-r)(-r) > 0$
und insbesondere $1 = 1^2 > 0$, da $1 \neq 0$.
Sind $q, q' \in \mathbb{Q}$, so gilt

$$[(q)] \leq [(q')] \quad \Leftrightarrow \quad [(q' - q)] \geq 0 \quad \Leftrightarrow \quad [(q' - q)] = 0 \text{ oder } [(q' - q)] > 0$$
$$\Leftrightarrow \quad q' = q \text{ oder } q' > q \quad \Leftrightarrow \quad q \leq q' \text{ in } \mathbb{Q} .$$

Sei $r = [(a_n)_n] > 0$, $s = [(b_n)_n] \in \mathbb{R}$, dann gibt es ein $p \in \mathbb{Q}, p > 0$ sodass

$$r \geq p , \tag{5.17}$$

und wegen der Beschränktheit von $(b_n)_n$ gibt es ein $q \in \mathbb{Q}$, sodass

$$q \geq s .$$

Zu diesem existiert nach Theorem 4.33, 4) ein $N \in \mathbb{N}$, sodass mit (5.17) und (5.14)
gilt

$$Nr \geq Np > q \geq s . \qquad \qquad \square$$

Nun kann die Verifikation der Körpereigenschaften abgeschlossen werden:

Theorem 5.6

$(\mathbb{R}, +, \cdot)$ ist ein Körper, der $(\mathbb{Q}, +, \cdot)$ als Unterkörper enthält.

Beweis: Es reicht zu zeigen, dass $r = [(a_n)_n] \neq 0$ ein Inverses besitzt. Nach Lemma 5.3 reicht es $r > 0$ zu betrachten, da für $-r > 0$

$$r^{-1} = -(-r)^{-1}$$

wegen der aus der Ringstruktur folgenden Rechengesetze (siehe Bemerkung 4.10) gesetzt wird. Insbesondere gilt

$$-r = (-1) \cdot r \,.$$

Also gibt es $\overline{\varepsilon} > 0$, $N \in \mathbb{N}$, sodass

$$a_n \geq \overline{\varepsilon} \quad \text{für } n \geq N \,.$$

Damit kann

$$b_n := \begin{cases} 0 & , \ n < N \,, \\ \frac{1}{a_n} & , \ n \geq N \end{cases}$$

gesetzt werden, was nach Satz 4.48 auch eine CAUCHY-Folge darstellt, und somit gilt

$$[(a_n)_n] \cdot [(b_n)_n] = [(c_n)_n] = 1 \,,$$

wobei $c_n = 0$ für $n < N$ und $c_n = 1$ für $n \geq N$. Damit ist Φ nach (5.8) ein Körper-Homomorphismus und $\mathbb{Q}$ zu seinem Bild isomorph. Durch Identifizierung damit wird $\mathbb{Q}$ zu einem Unterkörper. □

Bemerkungen 5.7 1) $(\mathbb{R}, \leq)$ ist vollständig und erfüllt Lemma 5.3 und 5.4. Ein solcher Körper heißt angeordnet. Die Verträglichkeitsaussagen (5.14), (5.15) sind allgemeine Folgerungen für angeordnete Körper.

2) In (5.14) gilt Äquivalenz. △

Es ist noch nicht klar, ob mit $\mathbb{R}$ wirklich die gewünschte Körpererweiterung von $\mathbb{Q}$ erreicht ist, d. h., ob jede CAUCHY-Folge in $\mathbb{Q}$ auch in $\mathbb{R}$ konvergiert. Um dies untersuchen zu können, ist ein den Abstandsbegriff auf $\mathbb{Q}$ fortsetzender Abstandsbegriff auf $\mathbb{R}$ notwendig, basierend auf einer Betragsfunktion (vgl. Definition 4.17 bis Bemerkungen 4.19). Die Betragsfunktion nimmt notwendigerweise Werte in $\mathbb{R}$ an, wobei es sich hierbei noch um recht unhandliche Objekte handelt (es muss notwendigerweise gelten, dass z. B. der Betrag von $\sqrt{2}$ gleich $\sqrt{2}$ ist, wobei $\sqrt{2}$ – wenn überhaupt – bisher nur als sehr unhandliches Objekt in der Definition von C vorliegt).

Definition 5.8

Auf $\mathbb{R}$ wird ein Betrag $|\,.\,| : \mathbb{R} \to \mathbb{R}$ eingeführt durch

$$r \mapsto \begin{cases} r, & \text{falls } r \geq 0 \,, \\ -r, & \text{falls } r < 0 \,, \end{cases}$$

und damit gilt folgender Satz:

Satz 5.9

Es gilt für $r, r_1, r_2 \in \mathbb{R}$

1) $|r| \geq 0$, $|r| = 0 \Leftrightarrow r = 0$,

2) $|r_1 r_2| = |r_1| |r_2|$,

3) $|r_1 + r_2| \leq |r_1| + |r_2|$.   (*Dreiecksungleichung*)

Beweis: 1) und 2) ergeben sich unmittelbar, für 3) beachte man wegen (5.13)

$$r_i \leq |r_i| , \quad -r_i \leq |r_i|$$

für $i = 1, 2$ und damit

$$r_1 + r_2 \leq |r_1| + |r_2| , \quad -(r_1 + r_2) \leq |r_1| + |r_2| ,$$

d. h. die Behauptung.   □

Analog zu Bemerkungen 4.19, 1) liegt auf $\mathbb{R}$ also eine ($\mathbb{R}$-wertige) Abstandsfunktion vor.

$\mathbb{R}$ schließt die „Lücken" in $\mathbb{Q}$ in folgendem Sinn:

Definition 5.10

Sei $M \neq \emptyset$ eine Menge mit reellwertiger Abstandsfunktion d (ein metrischer Raum), und die Begriffe „konvergente Folge" bzw. „CAUCHY-Folge" seien mit d formuliert. (M, d) heißt (topologisch) *vollständig*, wenn für jede CAUCHY-Folge $(a_n)_n$ ein $a \in M$ existiert mit

$$\lim_{n \to \infty} a_n = a .$$

Bemerkungen 5.11 Um die Vollständigkeit von $\mathbb{R}$ zu untersuchen, ist es bei der noch unhandlichen Struktur von $\mathbb{R}$ nützlich, sich den Konvergenzbegriff und die CAUCHY-Folgen-Eigenschaft genauer anzuschauen:

1) „Konvergente" bzw. „CAUCHY-Folge" bedeutet: Für alle $\varepsilon \in \mathbb{R}$, $\varepsilon > 0$ gibt es ein $N \in \mathbb{N}$, sodass für $n \geq N$ (bzw. $n, m \geq N$):

$$|r_n - r| \leq \varepsilon \tag{5.18}$$
$$\text{(bzw. } |r_n - r_m| \leq \varepsilon) .$$

Bei beiden Begriffen reicht es, sich bei (5.18) auf $\varepsilon \in \mathbb{Q}$, $\varepsilon > 0$ zu beschränken, denn für allgemeine $\varepsilon \in \mathbb{R}$ gilt

$$\varepsilon = [(\varepsilon_n)] > 0 \text{ bedeutet für ein } \varepsilon_0 \in \mathbb{Q}, \ \varepsilon_0 > 0 \ ,$$

$$\varepsilon_n \geq 2\varepsilon_0 \text{ für } n \geq N_1 \ , \tag{5.19}$$

$$\text{und damit } \varepsilon \geq \varepsilon_0 \ .$$

Wählt man also N_2 zu ε_0 gemäß (5.18) und dann $n(,m) \geq N := \max(N_1, N_2)$, folgt

$$|r_n - r| \ (\text{bzw. } |r_n - r_m|) \leq \varepsilon_0 \leq \varepsilon \ .$$

2) Ist andererseits $(r_n)_n \in \mathbb{Q}^{\mathbb{N}}$, so gilt wegen der Gleichheit der Ordnung aus Theorem 4.33 und Satz 5.5 auf $\mathbb{Q}$ und somit der Beträge:

Ist $(r_n)_n$ konvergent in $\mathbb{Q}$ gegen r (bzw. CAUCHY-Folge in $\mathbb{Q}$),
so gilt das Entsprechende auch in $\mathbb{R}$. $\tag{5.20}$

3) Weiter gilt für $r = [(a_n)_n] \in \mathbb{R}, \varepsilon \in \mathbb{Q}$, dass

$$|r| < \varepsilon \Leftrightarrow r < \varepsilon \text{ und } -r < \varepsilon$$

$$\Leftrightarrow a_n + \delta < \varepsilon, \ -a_n + \delta < \varepsilon \ (\text{in } \mathbb{Q}) \text{ für ein } \delta \in \mathbb{Q}, \ \delta > 0, \ N \in \mathbb{N}, n \geq N$$

$$\Leftrightarrow |a_n| < \varepsilon - \delta \text{ für } n \geq N \ (\text{in } \mathbb{Q}). \tag{5.21}$$

Wenn also

$$|(a_n)_n|_\infty := \sup\{|a_n| : n \in \mathbb{N}\}$$

in $\mathbb{Q}$ existieren würde, was trotz Beschränktheit von $(a_n)_n$ i. Allg. nicht gilt, könnte (5.21) in die Ungleichung in $\mathbb{Q}$

$$|(a_n)_n|_\infty < \varepsilon$$

für alle Repräsentanten von $r = [(a_n)_n]$ umgeschrieben werden. $\qquad \triangle$

Wir können nun abschließend folgendes Theorem zeigen:

Theorem 5.12

1) $\mathbb{Q}$ ist *dicht* in $\mathbb{R}$, d. h., zu jedem $r, \varepsilon \in \mathbb{R}, \varepsilon > 0$, gibt es ein $q \in \mathbb{Q}$, sodass

$$|r - q| < \varepsilon \ .$$

Genauer: Ist $r = [(a_n)_n]$, so gilt:

$$\lim_{n \to \infty} a_n = r \ .$$

2) $\mathbb{R}$ ist (topologisch) vollständig bezüglich der durch den Betrag eingeführten Abstandsfunktion, d. h. in den Begriffen von Definitionen 5.8 und 5.10.

Beweis: Zu 1): In der Behauptung ist also das Folgeglied $a_n \in \mathbb{Q}$ als (eingebettetes) Element von $\mathbb{R}$ zu verstehen (nach (5.8)), und die behauptete Konvergenz ist in $\mathbb{R}$. Nach Bemerkungen 5.11 sei o. B. d. A. $\varepsilon \in \mathbb{Q}$, $r = [(a_n)_n]$ und in $\mathbb{Q}$ gilt: Es gibt ein $N \in \mathbb{N}$, sodass

$$|a_n - a_m| < \frac{\varepsilon}{2} \quad \text{für } n, m \geq N .$$

Nach (5.21) angewendet auf $\tilde{r} = [(a_n)_n - a_m]$ für festes $m \geq N$ und (mit $\delta = \varepsilon/2$) ist also in $\mathbb{R}$

$$|r - a_m| < \varepsilon \quad \text{für alle } m \geq N ,$$

sodass $q := a_N$ gewählt werden kann. Und auch der Zusatz gilt.

Zu 2): Sei $\varepsilon \in \mathbb{Q}$, $\varepsilon > 0$ und $(r_k)_k \in \mathbb{R}^{\mathbb{N}}$ eine CAUCHY-Folge. Wähle $N_1 \in \mathbb{N}$ derart, dass

$$|r_m - r_n| < \frac{\varepsilon}{3} \quad \text{für } m, n \geq N_1 .$$

Weiter kann nach 1) auch eine rationale Folge $(a_n)_n$ gewählt werden mit

$$|r_n - a_n| < \frac{1}{n} , \text{ d. h. } |r_n - a_n| < \frac{\varepsilon}{3} \quad \text{für } n \in \mathbb{N} , n \geq N_2 \text{ für ein } N_2 \in \mathbb{N} .$$

Also folgt für $n, m \geq N := \max(N_1, N_2)$:

$$|a_n - a_m| \leq |a_n - r_n| + |r_n - r_m| + |r_m - a_m| < \varepsilon ,$$

d. h. $(a_n)_n$ ist eine CAUCHY-Folge in $\mathbb{Q}$. Sei $r := [(a_n)_n] \in \mathbb{R}$, dann folgt aus 1)

$$\lim_{n \to \infty} a_n = r \quad (\text{in } \mathbb{R})$$

und nach Definition der Folge $(a_n)_n$

$$\lim_{n \to \infty} r_n - a_n = 0 \quad (\text{in } \mathbb{R}) ,$$

also

$$\lim_{n \to \infty} r_n = r \quad (\text{in } \mathbb{R}) . \qquad \square$$

Bemerkung 5.13 Bei Theorem 5.12, 1) gilt tatsächlich die Äquivalenz, d. h., für $r \in \mathbb{R}$, $(a_n) \in \mathbb{Q}^{\mathbb{N}}$ gilt:

$$\text{Aus} \quad \lim_{n \to \infty} a_n = r \quad \text{folgt} \quad r = [(a_n)_n] .$$

Ist nämlich $r = [(b_n)_n]$ mit einer CAUCHY-Folge $(b_n)_n \in \mathbb{Q}^{\mathbb{N}}$, dann folgt aus

$$|a_n - r| < \varepsilon \quad \text{für } n \geq N_1$$

nach (5.21) auch

$$|a_n - b_k| < \varepsilon - \delta \quad \text{für } k \geq N_2$$

für beliebiges $\varepsilon > 0$ sowie geeignete $N_1, N_2 \in \mathbb{N}$ und $\delta > 0$. Insbesondere gilt also

$$|a_n - b_n| < \varepsilon \quad \text{für } n \geq \max(N_1, N_2),$$

und damit ist $(a_n - b_n)_n$ eine Nullfolge, also

$$r = [(b_n)_n] = [(a_n)_n]. \qquad \triangle$$

Wir kehren zurück zur Dezimaldarstellung $(s_m)_m$ nach Definition 4.59:
Die davon erzeugte reelle Zahl $r := [(s_m)_m]$ ist nach Theorem 5.12 gerade

$$r = \lim_{m \to \infty} s_m \quad (\text{in } \mathbb{R}).$$

Damit ist $\sum_{i=1}^{\infty} n_i 10^{-i} = \lim_{m \to \infty} s_m$ für beliebige Wahl von $n_i \in \{0, \ldots, 9\}$, $i \in \mathbb{N}$, immer eine wohldefinierte reelle Zahl.

Sei andererseits $x \in \mathbb{R}$ o. B. d. A. $x > 0$, dann lässt sich wegen der Einbettung von $\mathbb{Q}$ und damit von $\mathbb{Z}$ nach $\mathbb{R}$ der ganzzahlige Anteil abspalten:
Sei $z := \lfloor x \rfloor := \max\{a \in \mathbb{Z} : a \leq x\}$, dann

$$z \leq x < z + 1,$$

und damit erfüllt $r := x - z$

$$0 \leq r < 1.$$

Algorithmus 14 kann auf r angewendet werden und erzeugt eine (i. Allg. nicht periodisch werdende) Dezimaldarstellung, sodass

$$r = \sum_{i=1}^{\infty} n_{-i} 10^{-i}.$$

In diesem Sinn gilt folgendes Theorem:

Theorem 5.14

Die Menge der reellen Zahlen $\mathbb{R}$ kann identifiziert werden mit der Summe

$$\mathbb{Z} + \mathbb{D} := \{z + r : z \in \mathbb{Z}, r \in \mathbb{D}\},$$

wobei

$$\mathbb{D} := \left\{ \sum_{i=1}^{\infty} n_{-i} 10^{-i} : n_{-i} \in \{0, \ldots, 9\} \right\}.$$

Die übliche Dezimal(bruch)darstellung für $x \in \mathbb{R}$ ist also

$$x > 0: \quad x = z + r = \sum_{i=0}^{N} n_i 10^i + \sum_{i=1}^{\infty} n_{-i} 10^{-i} = n_N \ldots n_0 . n_{-1} n_{-2} \ldots \qquad (5.22)$$

für ein $N \in \mathbb{N}$, wobei $n_i \in \{0, \ldots, 9\}$ für $i \in \{0, \ldots, N\}$ und $n_N \neq 0$.

$x = 0 : \quad x = 0 = 0.0$

$$x < 0 : \quad x = z+1 - (1-r) = -\left(\sum_{i=0}^{N} n_i' 10^i + \sum_{i=1}^{\infty} n_{-i}' 10^{-i} \right) = -(n_N' \ldots n_0'.n_{-1}' n_{-2}' \ldots).$$

d. h., $-z - 1 = \sum_{i=0}^{N} n_i' 10^i$ und mit der Bezeichnung von (5.22) für r ist $n_{-i}' = 9 - n_{-i}$,

da $\sum_{i=1}^{\infty} n_{-i} 10^{-i} + \sum_{i=1}^{\infty} (9 - n_i) 10^{-i} = \sum_{i=1}^{\infty} 9 \cdot 10^{-i} = 1$. Falls $n_{-i} = 0$ für alle $i \geq M$, $M \in \mathbb{N}$, ist die Darstellung gemäß (4.66) zu korrigieren.

– Die Überlegungen gelten auch in jeder anderen Basis $p \in \mathbb{N}$, $p \geq 2$. –

Für betragsmäßig sehr große oder kleine Zahlen empfiehlt es sich, die *wissenschaftliche Notation* zu benutzen, d. h., $x \in \mathbb{R}$ ($x \neq 0$) wird geschrieben als

$$x = a10^N \tag{5.23}$$

mit $N \in \mathbb{Z}$, $1 \leq |a| < 10$ (oder auch $\frac{1}{10} \leq |a| < 1$).

Benutzt man eine andere Basis $p \in \mathbb{N}$, $p \geq 2$, wird daraus

$$x = ap^N \tag{5.24}$$

mit $N \in \mathbb{Z}$, $1 \leq |a| < p$ (oder $p^{-1} \leq |a| < 1$). Dabei heißt a *Mantisse* und N *Exponent*. Die Darstellung (5.24) ist äquivalent zu

$$x = \delta \sum_{i=1}^{\infty} n_{-i} p^{-i} p^N \tag{5.25}$$

mit $\delta \in \{+1, -1\}$, $n_{-i} \in \{0, \ldots, p-1\}$, sodass $n_{-1} \neq 0$. Eine alternative Schreibweise ist

$$x = \delta \left(\sum_{i=1}^{\infty} n_{-i} \right)_p N. \tag{5.26}$$

Um die Darstellung nach Satz 4.63 eindeutig zu machen, kommt also noch die Forderung hinzu: Zu jedem $n \in \mathbb{N}$ existiert ein $i \geq n$ mit $x_{-i} \neq p - 1$.

$\mathbb{R}$ hat (wie schon die Zahlenmengen vorher) sowohl einen Abstand als auch eine totale Ordnung. Diese sind miteinander kompatibel in folgendem Sinn:

Lemma 5.15

Sei K ein ARCHIMEDISCH angeordneter Körper mit Betragsfunktion $|.|$. Seien $(a_n)_n, (b_n)_n \in K^{\mathbb{N}}$ und konvergent. Es gebe ein $N \in \mathbb{N}$, sodass für $n \geq N$:

$$a_n \geq b_n .$$

Dann gilt auch

$$\lim_{n \to \infty} a_n \geq \lim_{n \to \infty} b_n .$$

Beweis: Wegen $a_n \geq b_n \Leftrightarrow a_n - b_n \geq 0$ und Satz 4.45 reicht es, den Fall $(b_n)_n = (0)$ zu betrachten, sei also $a_n \geq 0$ für $n \geq N$.

Sei $a := \lim_{n \to \infty} a_n$. Angenommen es gelte $a < 0$, dann folgt mit $\varepsilon := \frac{1}{2}(-a) > 0$ ein Widerspruch, da

$$|a_n - a| = a_n - a > 0 - \frac{1}{2}a = \varepsilon \quad \text{für alle } n \geq N . \qquad \square$$

„Bis auf Umbenennung" ist der gerade konstruierte Körper $\mathbb{R}$ der einzige seiner Art, genauer gilt folgender Satz:

Satz 5.16

Sei K ein ARCHIMEDISCH angeordneter Körper, der (topologisch) vollständig ist bzgl. der von der Ordnung definierten Betragsfunktion. Dann gibt es eine bijektive Abbildung $\Phi : K \to \mathbb{R}$, sodass gilt

1) Φ ist Körper-Homomorphismus, d. h. mit $+$ und $\cdot$ verträglich,

2) Φ ist Ordnungs-Homomorphismus, d. h. mit $\geq$ verträglich.

Beweis: Nach Bemerkungen 4.44, 5) ist $\mathbb{Q}$ in K eingebettet und (bei gleicher Bezeichnung) auch dicht. Im Sinn dieser Identifizierung kann $q \in \mathbb{Q}$ als Element von K und von $\mathbb{R}$ aufgefasst werden.

Sei $r \in K$, nach Bemerkungen 4.44, 5) gibt es ein $(r_n)_n \in \mathbb{Q}^{\mathbb{N}}$, sodass $\lim_{n \to \infty} r_n = r$ (in K). Definiere

$$\Phi(r) := [(r_n)_n]$$

(wobei rechts $[(r_n)_n]$ als Element von $\mathbb{R}$ interpretiert wird).

Φ ist wohldefiniert, denn sei $(r'_n)_n \in \mathbb{Q}^{\mathbb{N}}$ eine weitere Folge mit $\lim_{n \to \infty} r'_n = r$, dann ist wegen $\lim_{n \to \infty}(r_n - r'_n) = 0$ auch $[(r_n)_n] = [(r'_n)_n]$.

Da aus $\lim_{n \to \infty} r_n = r$, $\lim_{n \to \infty} r'_n = r'$ für $r, r' \in K$, $(r_n)_n, (r'_n)_n \in \mathbb{Q}^{\mathbb{N}}$ nach Satz 4.45 auch folgt $\lim_{n \to \infty} r_n + r'_n = r + r'$, gilt

$$\Phi(r) + \Phi(r') = [(r_n)_n] + [(r'_n)_n] = [(r_n + r'_n)_n] = \Phi(r + r') ,$$

und analog gilt dies auch für die Multiplikation.

Für die Ordnungsverträglichkeit von Φ reicht es zu zeigen

$$r > 0 \quad \Rightarrow \quad \Phi(r) > 0 .$$

Ist $r \in K$, $r > 0$, dann gibt es ein $(r_n)_n \in \mathbb{Q}^{\mathbb{N}}$ mit $r_n \geq \bar{\varepsilon} := \frac{r}{2_K} > 0$ und $\lim_{n \to \infty} r_n = r$ nach Bemerkungen 4.44, 5), also ist auch

$$\Phi(r) = [(r_n)_n] > 0 \ .$$

Aus der Ordnungsverträglichkeit folgt die Injektivität von Φ, da

$$\Phi(r_1) = \Phi(r_2) \quad \Leftrightarrow \quad \Phi(r_1) \leq \Phi(r_2) \text{ und } \Phi(r_1) \geq \Phi(r_2)$$
$$\Rightarrow \quad r_1 \leq r_2 \text{ und } r_1 \geq r_2 \quad \Leftrightarrow \quad r_1 = r_2 \ .$$

Für die Surjektivität beachte man:

Sei $[(r_n)_n] \in \mathbb{R}$, d. h. $(r_n)_n \in \mathbb{Q}^{\mathbb{N}}$ und Cauchy-Folge. Als Cauchy-Folge in K betrachtet, konvergiert r_n wegen der Vollständigkeit:

$$r = \lim_{n \to \infty} r_n \in K \text{ und dann } \Phi(r) = [(r_n)_n] \ . \qquad \square$$

Lemma 5.17

Sei K ein Archimedisch angeordneter Körper, der (topologisch) vollständig ist. Sei $(a_n)_n \in K^{\mathbb{N}}$ monoton wachsend und nach oben beschränkt. Dann existiert $a := \sup_{n \in \mathbb{N}} a_n \in K$, und $(a_n)_n$ konvergiert gegen a.
Analoges gilt für monoton fallende, nach unten beschränkte Folgen und ihr Infimum.

Beweis: Nach Lemma 4.51 ist $(a_n)_n$ eine Cauchy-Folge, und damit existiert

$$a := \lim_{n \to \infty} a_n \in K \ .$$

Seien $m, n \in \mathbb{N}$, $m \leq n$, dabei wird m als „fest" und n als variabel betrachtet. Aus $a_m \leq a_n$ folgt nach Lemma 5.15

$$a_m \leq \lim_{n \to \infty} a_n = a \ ,$$

d. h., a ist eine obere Schranke von $(a_n)_n$. Jedes $b < a$ kann aber keine obere Schranke sein, da wegen der Konvergenz sogar $(\varepsilon = \frac{1}{2}(a - b))$ $b < a_n$ für alle $n \geq N$ und ein $N \in \mathbb{N}$. Damit ist $a = \sup_{n \in \mathbb{N}} a_n$. $\qquad \square$

Es gibt alternative Konstruktionsprinzipien für $\mathbb{R}$ aus $\mathbb{Q}$, wie die Dedekind'schen Schnitte[2] (siehe Anhang H) oder das *Intervallschachtelungsprinzip*. Diese gehen mit anderen Vollständigkeitsbegriffen einher (Definition 1.24 bzw. Definition 5.19). Die folgenden Überlegungen zeigen die Äquivalenz aller drei Vollständigkeitsbegriffe.

---

[2] Julius Wilhelm Richard Dedekind *6. Oktober 1831 in Braunschweig, †12. Februar 1916 in Braunschweig

Satz 5.18

Sei K ein ARCHIMEDISCH angeordneter Körper mit Betragsfunktion $|\,.\,|$, der (topologisch) vollständig ist. Dann ist K auch ordnungsvollständig (nach Definition 1.24).

Beweis: Sei $A \subset K$ eine nicht leere, nach oben beschränkte Menge. Hieraus wird eine monoton wachsende und eine fallende Folge wie folgt konstruiert.

Sei x_1 ein Element von A und y_1 eine beliebige obere Schranke von A, d. h. $x_1 \le y_1$. Sind x_n, y_n gegeben, $z_n := \frac{1}{2_K}(x_n + y_n)$, dann: Falls es ein $a \in A$ mit $a \ge z_n$ gibt, dann (a) $x_{n+1} := z_n$, $y_{n+1} := y_n$, sonst (b) $x_{n+1} := x_n$, $y_{n+1} := z_n$.

Es gilt also allgemein für $n \in \mathbb{N}$

$$x_n \le y_n \,,$$

wie man durch vollständige Induktion einsehen kann. Im Induktionsschluss folgt bei (a) $x_{n+1} = \frac{1}{2_K}(x_n + y_n) \le \frac{1}{2_K}(y_n + y_n) = y_n = y_{n+1}$ und bei (b) $x_{n+1} = x_n \le \frac{1}{2_K}(x_n + y_n) = y_{n+1}$.

Außerdem ergibt sich analog, dass:

$$(x_n)_n \text{ ist monoton wachsend,}$$
$$(y_n)_n \text{ ist monoton fallend,}$$

und in jedem Schritt wird die Länge der Intervalls $[x_n, y_n]$ halbiert:

$$0 \le y_n - x_n \le \frac{1}{2_K^{n-1}}(y_1 - x_1) \,. \tag{5.27}$$

Sicherlich gilt nach Konstruktion

$$a \le y_n \quad \text{für alle } a \in A,\ n \in \mathbb{N}\,, \tag{5.28}$$

d. h., alle y_n sind obere Schranken von A, bzw. $a \in A$ ist untere Schranke von $(y_n)_n$.

Nach Lemma 5.17 existieren $x := \sup_{n \in \mathbb{N}} x_n$ und $y := \inf_{n \in \mathbb{N}} y_n$ und sind die Grenzwerte von $(x_n)_n$ bzw. $(y_n)_n$.

Nach Lemma 5.15 folgt aus (5.27)

$$0 \le y - x \le 0\,, \quad \text{d. h. } x = y\,,$$

und aus (5.28) für beliebiges $a \in A$:

$$a \le \inf_{n \in \mathbb{N}} y_n = y = x = \sup_{n \in \mathbb{N}} x_n \le y_1\,,$$

da ja $x_n \le y_n \le y_1$ für alle $n \in \mathbb{N}$. Daraus ist ersichtlich, dass $y(= x)$ obere Schranke von A ist, und für eine beliebige obere Schranke y_1 gilt $y \le y_1$, also

$$x = y = \sup(A) \ .$$ □

Die Ordnungsvollständigkeit steht in engem Zusammenhang mit einem weiteren
Ansatz aus $\mathbb{Q}$ die reellen Zahlen zu konstruieren, den DEDEKIND'schen *Schnitten*
(siehe Anhang H). Hier wird $\mathbb{Q}$ in Mengen A, B zerlegt, sodass

$$A, B \neq \emptyset \ ,$$
$$A \cap B = \emptyset, \ A \cup B = \mathbb{Q} \ ,$$
$$\min(B) \text{ existiert nicht in } \mathbb{Q} \ .$$

So entspricht die Zerlegung für $q \in \mathbb{Q}$

$$A = \{x \in \mathbb{Q} : x \leq q\}, \ B = \{x \in \mathbb{Q} : x > q\}$$

genau der Zahl q,

$$A = \{x \in \mathbb{Q} : x < 0 \text{ oder } x^2 \leq 2\}, \ B = \{x \in \mathbb{Q} : x > 0 \text{ und } x^2 > 2\}$$

entspricht der Lösung von $x^2 = 2$, die es in $\mathbb{Q}$ nicht gibt (Theorem 4.40) definiert
also ein Element in einer größeren Menge.

Ein verwandter Ansatz und stärker angelehnt an das Verfahren der Intervallschachtelung (S. 208) ist das *Intervallschachtelungsprinzip*.

Hier werden eine monoton wachsende Folge $(x_n)_n \in \mathbb{Q}^{\mathbb{N}}$ und eine monoton fallende Folge $(y_n)_n \in \mathbb{Q}^{\mathbb{N}}$ vorgegeben, sodass gilt

$$x_n \leq y_n \quad \text{für } n \in \mathbb{N}$$
$$\lim_{n \to \infty} (x_n - y_n) = 0 \ .$$

Die Folge der Intervalle $([x_n, y_n])_n$ definiert dann eine Zahl, die als $\bigcap_{n \in \mathbb{N}} [x_n, y_n]$
interpretiert werden kann. $(x_n)_n$, $(y_n)_n$ sind nach Lemma 4.51 CAUCHY-Folgen in
$\mathbb{Q}$. Wenn eine von beiden in $\mathbb{Q}$ konvergiert, so tut dies auch die andere gegen den
gleichen Grenzwert $x \in \mathbb{Q}$, d.h. $\bigcap_{n \in \mathbb{N}} [x_n, y_n] = x$. Wenn keine der Folgen in $\mathbb{Q}$
konvergiert, wird so ein Element einer größeren Menge definiert. Im Beweis von
Satz 5.18 ist das Intervallschachtelungsprinzip angewandt worden, um aus (topologischer) Vollständigkeit auf Ordnungsvollständigkeit zu schließen. Tatsächlich sind
alle drei Beschreibungen der Vollständigkeit äquivalent. Dazu gibt es den (sonst
nicht gebräuchlichen) folgenden Begriff:

Definition 5.19

Sei K ein ARCHIMEDISCH angeordneter Körper mit Betragsfunktion $|.|$. K heißt
schachtelungsvollständig, wenn gilt: Seien $(x_n)_n$, $(y_n)_n \in K^{\mathbb{N}}$, sodass $(x_n)_n$
monoton wachsend, $(y_n)_n$ monoton fallend ist und

$$x_n \leq y_n \quad \text{für } n \in \mathbb{N}.$$

Dann gilt: $\bigcap_{n \in \mathbb{N}} [x_n, y_n] \neq \emptyset$.

Lemma 5.20

Unter den Voraussetzungen von Definition 5.19 gilt für den Körper K.

1) Ist K ordnungsvollständig, dann ist K auch schachtelungsvollständig.

2) Ist K schachtelungsvollständig, so ist K auch (topologisch) vollständig.

Beweis: Zu 1): Bei einer Intervallschachtelung existieren

$$x := \sup_{n \in \mathbb{N}} x_n \quad \text{und} \quad y := \inf_{n \in \mathbb{N}} y_n$$

$$\text{sowie} \qquad x = \lim_{n \to \infty} x_n \quad \text{und} \quad y = \lim_{n \to \infty} y_n$$

nach Definition und Lemma 4.52, also nach Lemma 5.15 $x \leq y$ und damit

$$x_n \leq x \leq y \leq y_n \quad \text{für alle } n \in \mathbb{N}$$

und so $\bigcap_{n \in \mathbb{N}} [x_n, y_n]_K = [x, y]_K \neq \emptyset$.

Zu 2): Sei $(x_n)_n$ eine CAUCHY-Folge, dann ist $(x_n)_n$ nach Satz 4.47 beschränkt. Nach Satz 4.55, 2) reicht für die Konvergenz von $(x_n)_n$ die Existenz einer konvergenten Teilfolge. Diese ist aber durch nachfolgenden Satz 5.21 gesichert. □

Satz 5.21: (von BOLZANO[3]-WEIERSTRASS[4])

Unter den Voraussetzungen von Definition 5.19 sei K schachtelungsvollständig. Dann hat jede beschränkte Folge in K eine konvergente Teilfolge.

Beweis: Sei $(a_n)_n \in K^{\mathbb{N}}$ und $M \in K$, sodass

$$-M \leq a_n \leq M \quad \text{für alle } n \in \mathbb{N}.$$

Es wird eine Teilfolge von $(a_n)_n$ und eine Intervallschachtelung wie folgt definiert:
$n_1 := 1$ und $I_1 := [x_1, y_1] := [-M, M]$. Liegen n_l und x_l, y_l mit $x_l \leq y_l$ vor, dann werden für $z_l := \frac{1}{2_K}(x_l + y_l)$, die Intervalle $I'_l := [x_l, z_l]$, $I''_l := [z_l, y_l]$ betrachtet, von

---

[3] Bernardus Placidus Johann Nepomuk BOLZANO *5. Oktober 1781 in Prag, †18. Dezember 1848 in Prag

[4] Karl Theodor Wilhelm WEIERSTRASS *31. Oktober 1815 in Ostenfelde bei Ennigerloh, †19. Februar 1897 in Berlin

denen mindestens eines unendlich viele a_n enthält und ausgewählt wird, und dazu $n_{l+1} > n_l$, sodass $a_{n_{l+1}}$ in diesem Intervall liegt.

Ist dies I'_l, setze

$$x_{l+1} := x_l, \; y_{l+1} := z_l$$

und sonst

$$x_{l+1} := z_l, \; y_{l+1} := y_l \, .$$

Analog zum Beweis von Satz 5.18 gilt

$$x_n \leq y_n \quad \text{für } n \in \mathbb{N} \, ,$$

d. h. eine Intervallschachtelung liegt vor und damit nach Voraussetzung

$$\bigcap_{n \in \mathbb{N}} [x_n, y_n] \neq \emptyset \, .$$

$$y_n - x_n \leq \frac{1}{2^{n-1}_K}(y_1 - x_1) \, , \text{ also}$$

$$\lim_{n \to \infty} (x_n - y_n) = 0 \, .$$

Die Schnittmenge besteht demnach aus einem Element a. Für die konstruierte Teilfolge gilt

$$\lim_{l \to \infty} a_{n_l} = a \, , \tag{5.29}$$

denn aus $|x_n - a| \leq |x_n - y_n| \underset{\text{für } n \to \infty}{\longrightarrow} 0$ folgt:

$$\lim_{n \to \infty} x_n = a \quad \text{und damit auch} \quad \lim_{n \to \infty} y_n = a$$

und wegen

$$x_l \leq a_{n_l} \leq y_l \quad \text{für } l \in \mathbb{N}$$

folgt daraus nach Lemma 5.15 die Behauptung (5.29).   □

Bemerkungen 5.22 1) Da sich alle Vollständigkeitsbegriffe als äquivalent herausgestellt haben, kann im Folgenden nur von Vollständigkeit gesprochen werden. Zu unterscheiden ist also nur zwischen den Aussagen (über Folgen), die ohne Vollständigkeit gelten (z. B. Lemma 4.52), und denen, die Vollständigkeit voraussetzen: Lemma 5.17, Satz 5.21 und z. B. Ordnungs- oder Schachtelungsvollständigkeit als Satz formuliert.

2) Im Beweis von Satz 5.21 hätte auch immer das rechte bzw. immer das linke Intervall bei Wahlmöglichkeit ausgewählt werden können. Dann wird eine Teilfolge ausgewählt, die nicht gegen einen unbestimmten Häufungspunkt konvergiert (siehe Satz 4.55, 3)), sondern gegen den größten bzw. den kleinsten.

3) Der größte Häufungspunkt einer beschränkten Folge $(a_n)_n$ lässt sich auch schreiben als

$$\limsup_{n\to\infty} a_n := \overline{\lim_{n\to\infty}} \, a_n := \lim_{n\to\infty} y_n \,,$$

genannt der *Limes Superior* der Folge, wobei $y_n := \sup_{k \geq n} a_k$ für $n \in \mathbb{N}$. $(y_n)_n$ ist also eine fallende Folge, die nach Lemma 4.52 konvergiert.

Analog ist

$$\liminf_{n\to\infty} a_n := \underline{\lim_{n\to\infty}} \, a_n := \lim_{n\to\infty} z_n \,,$$

$z_n := \inf_{k \geq n} a_k$, der *Limes Inferior* der Folge. △

Als Sprechweise wird vereinbart:

Definition 5.23

$\mathbb{R} \setminus \mathbb{Q}$ heißt die Menge der *irrationalen* Zahlen.

Schreibweisen:

$$\mathbb{R}^+ := \{x \in \mathbb{R} : x > 0\} \,,$$
$$\mathbb{R}^- := \{x \in \mathbb{R} : x < 0\} \,,$$

die *Intervalle* in $\mathbb{R}$

$$(a, b) := \{x \in \mathbb{R} : a < x < b\}$$
$$[a, b] := \{x \in \mathbb{R} : a \leq x \leq b\}$$

für $a, b \in \mathbb{R}$, $a < b$ und analog $(a, b], [a, b), (a, \infty), [a, \infty), (-\infty, b), (-\infty, b]$.

Die Menge $\mathbb{R} \setminus \mathbb{Q}$ hat keine algebraische Struktur, da sie weder bezüglich $+$ noch $\cdot$ abgeschlossen ist, wegen der Abgeschlossenheit von $\mathbb{Q}$.

Sei $r \in \mathbb{R} \setminus \mathbb{Q}$, dann auch $-r$ und $\frac{1}{r}$. Nun ist aber $0 = r + (-r) \in \mathbb{Q}$, $1 = r \cdot \frac{1}{r} \in \mathbb{Q}$.

Welche Zahlen sind nun hinzugekommen? Bisher sind uns nicht viele irrationale Zahlen „konkret" bekannt.

Satz 5.24

Sei $p \in \mathbb{N}$, $p \geq 2$, $x \in \mathbb{R}^+$. Dann existiert genau ein $y \in \mathbb{R}^+$, sodass

$$y^p = x \,.$$

y heißt die *positive p-te Wurzel* von x, $y = \sqrt[p]{x} = x^{1/p}$, für $p = 2$ auch $y = \sqrt{x}$. Für $p = 2$ ist y rational, genau dann, wenn x als teilerfremder Bruch ein Quotient aus Quadratzahlen ist.

Beweis: Die Intervallschachtelung konstruiert eine CAUCHY-Folge, deren Grenzwert im Konvergenzfall Lösung der Gleichung ist. Die Konvergenz ist aber durch die Vollständigkeit von $\mathbb{R}$ gesichert – für $x = p = 2$ ist dies in (4.49)ff. detailliert dargestellt.

Die Eindeutigkeit folgt daraus, dass die Abbildung

$$.^p : \mathbb{R}^+ \to \mathbb{R}^+, \quad y \mapsto y^p$$

für $p \in \mathbb{N}$ strikt monoton wachsend ist, d. h.

$$y_1 < y_2 \quad \Rightarrow \quad y_1^p < y_2^p .$$

Die strikte Monotonie ergibt sich aus der Identität

$$y_2^p - y_1^p = (y_2 - y_1) \sum_{k=0}^{p-1} y_1^k y_2^{p-1-k} \tag{5.30}$$

(Übung), da dann für $0 < y_1 < y_2$ rechts ein Produkt positiver Zahlen steht. Die Charakterisierung der Rationalität von y befindet sich schon in Theorem 4.40. □

Eine weitreichende Verallgemeinerung von Satz 5.24 ist der Zwischenwertsatz. Anstatt eine *Nullstelle* von $f(y) := y^p - x$, d. h. ein $\overline{y}$ mit $f(\overline{y}) = 0$, zu suchen, darf f sehr allgemein sein, nämlich gemäß folgender Definition:

Definition 5.25

Sei $f : \mathbb{R} \to \mathbb{R}$ eine Abbildung und $\overline{x} \in \mathbb{R}$.
f heißt *in $\overline{x}$ stetig*, wenn für alle Folgen $(x_n)_n$ in $\mathbb{R}$ mit $\lim_{n\to\infty} x_n = \overline{x}$ gilt: $(f(x_n))_n$ konvergiert und $\lim_{n\to\infty} f(x_n) = f(\overline{x})$.
f heißt *stetig* auf $\mathbb{R}$, wenn f in jedem $x \in \mathbb{R}$ stetig ist.

Satz 5.26: Zwischenwertsatz

Sei $f : \mathbb{R} \to \mathbb{R}$ stetig, $a, b \in \mathbb{R}$ mit $a < b$ und $f(a)f(b) < 0$. Dann gibt es ein $\overline{x} \in (a, b)$, sodass

$$f(\overline{x}) = 0 ,$$

und das *Bisektionsverfahren* findet entweder eine Lösung in endlich vielen Schritten oder erzeugt zwei einschließende Folgen, d. h.

$$x_n \leq \overline{x} \leq y_n$$

mit $|x_n - y_n| = 2^{-n+1}(b - a)$ für alle $n \in \mathbb{N}$.

Beweis: Die Überlegungen aus Abschnitt 4.3 sind folgendermaßen übertragbar: Sei o. B. d. A. $f(a) < 0$, $f(b) > 0$. Sei $x_1 := a$, $y_1 := b$, $z := \frac{1}{2}(x_1 + y_1)$.

Falls $f(z) = 0$: z ist eine gesuchte Lösung,
falls $f(z) < 0$: $x_2 := z$, $y_2 := y_1$,
falls $f(z) > 0$: $x_2 := x_1$, $y_2 := z$.

Dadurch gilt:

$$x_1 \leq x_2 \leq y_2 \leq y_1 \,,$$

$$f(x_2) < 0 < f(y_2) \quad \text{und} \quad |x_2 - y_2| = \frac{|x_1 - y_1|}{2} \,.$$

Rekursiv wird definiert:
Seien $x_1, \ldots, x_k, y_1, \ldots, y_k \in \mathbb{R}$ gegeben, sodass

$$x_1 \leq x_2 \leq \ldots \leq x_k \leq y_k \leq \ldots \leq y_2 \leq y_1 \,,$$
$$f(x_i) < 0 < f(y_i) \quad \text{für } i = 1, \ldots, k \tag{5.31}$$

und

$$|x_k - y_k| = 2^{-k+1} |x_1 - y_1| \,.$$

Dann sei $z := \frac{1}{2}(x_k + y_k)$ und:

Falls $f(z) = 0$: z ist eine gesuchte Lösung,
falls $f(z) < 0$: $x_{k+1} := z$, $y_{k+1} := y_k$,
falls $f(z) > 0$: $x_{k+1} := x_k$, $y_{k+1} := z$,

d. h., in den letzten beiden Fällen gelten die Eigenschaften (5.31) auch bis $k + 1$.

Das so beschriebene *Bisektionsverfahren* bricht also nach endlich vielen Schritten mit einer Lösung ab oder liefert Folgen $(x_n)_n$, $(y_n)_n$, die (5.31) für alle $k \in \mathbb{N}$ erfüllen. Dann ist $(x_n - y_n)_n$ eine Nullfolge, und $(x_n)_n$ sowie damit auch $(y_n)_n$ sind CAUCHY-Folgen, nach genau dem gleichen Argument wie in (4.50) und (4.51). Wegen der Vollständigkeit von $\mathbb{R}$ existieren die Grenzwerte, die dann gleich sein müssen:

$$\overline{x} := \lim_{n \to \infty} x_n = \lim_{n \to \infty} y_n \,.$$

Nach vorausgesetzter Stetigkeit (reicht auch auf (a, b)) gilt auch

$$f(\overline{x}) = \lim_{n \to \infty} f(x_n) = \lim_{n \to \infty} f(y_n) \,.$$

Da $f(x_n) \leq 0$, gilt nach Lemma 5.15 auch

$$f(\overline{x}) = \lim_{n \to \infty} f(x_n) \leq 0 \,,$$

aber andererseits wegen $f(y_n) \geq 0$ auch

$$f(\overline{x}) = \lim_{n \to \infty} f(y_n) \geq 0$$

und damit $f(\overline{x}) = 0$.

□

Bemerkung 5.27 Nicht jedes nicht konstante Polynom hat Nullstellen, wie das Beispiel $p(x) = x^2 + 1$ zeigt (dies ist Anlass zur Entwicklung der komplexen Zahlen: siehe Kapitel 6). Ist aber

$$p(x) = \sum_{i=0}^{n} a_i x^i ,$$

$a_i \in \mathbb{R}$, $a_n \neq 0$, ein Polynom ungeraden Grades, d. h. $n = 2m + 1$, $m \in \mathbb{N}_0$, so hat p mindestens eine reelle Nullstelle. Dies folgt aus Satz 5.26 (sofern man die Stetigkeit von p als bekannt voraussetzt (Übung)), wenn die Existenz von $x_l, x_r \in \mathbb{R}$, deren Funktionswerte verschiedene Vorzeichen haben, $f(x_l)f(x_r) < 0$, nachgewiesen werden kann. Sei o. B. d. A. $a_n = 1$ (durch Betrachten von p/a_n), also

$$p(x) = x^n \left(1 + \sum_{i=0}^{n-1} a_i x^{i-n} \right) .$$

Sei $M > 0$ beliebig.

Da $i - n < 0$, gibt es ein $k > 0$, sodass für $|x| \geq k$ gilt $\left| x^{i-n} \right| \leq M$ für $i = 0, \ldots, n-1$. Passt man M an die Koeffizienten a_i an, kann man so erreichen, dass

$$\left| \sum_{i=0}^{n-1} a_i x^{i-n} \right| \leq \frac{1}{2} \quad \text{für } |x| \geq M$$

und so

$$\text{für } x > M : \quad p(x) \geq \frac{1}{2} x^n > 0 ,$$

$$\text{für } x < -M : \quad p(x) \leq \frac{1}{2} x^n < 0 .$$

△

Mit den Wurzeln aus (fast allen) rationalen Zahlen sind schon abzählbar viele irrationale Zahlen bekannt. Tatsächlich gibt es viel mehr:

Theorem 5.28

Die Menge der reellen Zahlen ist gleichmächtig zur Potenzmenge von $\mathbb{N}$ und ist damit überabzählbar unendlich.

Beweis: Die folgende Abbildung

$$F : \mathcal{P}(\mathbb{N}) \to (0,1) , \quad M \mapsto x = \sum_{i=1}^{\infty} n_i 10^{-i} ,$$

wobei

$$n_i = \begin{cases} 1, & i \in M \\ 0, & i \notin M, \end{cases}$$

ist injektiv, und nach Theorem 2.24 ist $\mathcal{P}(\mathbb{N})$ überabzählbar, also auch $(0,1)$ und damit auch $\mathbb{R}$.[5]

Für eine alternative Widerspruchsformulierung (2. *Diagonalisierungsargument* von CANTOR) sei $(0,1)$ als abzählbar unendlich angenommen und $(0,1)$ als Bildmenge einer beliebigen Bijektion von $\mathbb{N}$ folgendermaßen dargestellt: mit den Darstellungen zur Basis $p = 2$ als

$$x_k = \sum_{i=1}^{\infty} n_{ki} 2^{-i}, \quad k \in \mathbb{N}, \quad n_{ki} \in \{0,1\} .$$

Es sei nun aber ein $x \in \mathbb{R}$, $x \in (0,1)$ durch folgende Vorschrift definiert:

$$x = \sum_{i=1}^{\infty} n_i 2^{-i}$$

$$\text{und} \quad n_i = \begin{cases} 0, & \text{falls } n_{ii} = 1 \\ 1, & \text{falls } n_{ii} = 0 . \end{cases}$$

Damit kann x mit keinem x_k, $k \in \mathbb{N}$, übereinstimmen, d. h., ein Widerspruch liegt vor. Dieses Argument liefert aber nur die Überabzählbarkeit von $(0,1)$ bzw. $\mathbb{R}$, nicht die Gleichmächtigkeit mit $\mathcal{P}(\mathbb{N})$. □

Bemerkungen 5.29 1) Tatsächlich ist $(0,1)$ (oder jedes Intervall in $\mathbb{R}$) gleichmächtig mit $\mathbb{R}$, da z. B. $x \mapsto \frac{1}{1-x} - \frac{1}{x}$ eine Bijektion von $(0,1)$ auf $\mathbb{R}$ darstellt (Übung).

2) Damit entzieht sich die Größe von $\mathbb{R}$ im Vergleich zu $\mathbb{Q}$ unserer Vorstellungskraft: Egal welche (endliche) reale Menge wir $\mathbb{R}$ zuordnen (die Anzahl der Wassertropfen in den Weltmeeren, die Anzahl der Elementarteilchen im Universum, ...), wir können dann nur sagen, dass $\mathbb{Q}$ „weniger" als der kleinsten Einheit dieser Menge entspricht... △

Bevor wir weiter in die Welt der irrationalen Zahlen eindringen, sollte uns klar sein, dass wir auch so wohlbekannte Zahlen wie $\sqrt{2}$ nie exakt hinschreiben können. $\sqrt{2}$ ist nur das Zahlsymbol für das eindeutige $x \in \mathbb{R}, x > 0$, das $x^2 = 2$ erfüllt. Aber

---

[5] Die Abbildung F kann zu einer Bijektion modifiziert werden, indem die Zahlen im Intervall $(0,1)$ bzgl. der Basis $p = 2$ dargestellt werden. Dies liefert dann die Gleichmächtigkeit der Mengen $\mathcal{P}(\mathbb{N})$ und $(0,1)$.

allein das abstrakte Wissen über ihre Existenz erlaubt uns, z. B. mit der Intervall-schachtelung oder dem Regula-Falsi-Verfahren (siehe Tabelle 4.1), durch Rechnen in $\mathbb{Q}$, $\sqrt{2}$ „beliebig genau zu berechnen", d. h. eine rationale Approximation r_ε anzugeben, sodass

$$\left| \sqrt{2} - r_\varepsilon \right| < \varepsilon$$

für jedes gewünschte $\varepsilon > 0$. Für $\varepsilon = 10^{-k}$ bedeutet dies, dass mindestens die ersten k Nachkommastellen der Dezimaldarstellung exakt sein müssen. Bei einem Taschen-rechner (der intern auch nur ein Approximationsverfahren realisiert) ist k durch die Zahldarstellung bestimmt (siehe Kapitel 7). In diesem Sinn ist

$$r_\varepsilon = 1.414213562373$$

nur eine Approximation zu $\varepsilon = 10^{-12}$. In der babylonischen Mathematik war bekannt

$$r_\varepsilon = 1.24\_51\_10_{60} = \frac{30547}{21600}\,^6$$

mit $\varepsilon = 10^{-5}$.

Am Rande bemerkt: Das erste von 23: Die Kontinuumshypothese

Ganz oben auf seiner Liste von 23 ungelösten Problemen platzierte D. HILBERT die Frage nach der Richtigkeit der folgenden Aussage:

> Es gibt keine überabzählbare Teilmenge der reellen Zahlen, deren Mächtigkeit echt kleiner ist als die der reellen Zahlen.

Diese Aussage heißt auch *Kontinuumshypothese* (CH), da von $\mathbb{R}$ auch als dem Kontinuum gesprochen wird. Bei Gültigkeit haben also die irrationalen Zahlen und die in Abschnitt 5.3 untersuchten überabzählbaren Teilmengen davon die gleiche Mächtigkeit wie $\mathbb{R}$. Die Frage von D. HILBERT ist heute beantwortet, aber auf überraschen-de Weise: K. GÖDEL bewies 1938, dass wenn ZFC (die Axiome der Mengenlehre nach ZERMELO-FRAENKEL und das Auswahlaxiom) widerspruchsfrei sind, dann gilt dies auch für ZFC-CH, d. h., CH lässt sich nicht aus ZFC heraus widerlegen. Etwa um 1963 konnte P. COHEN zeigen, dass dies aber auch für ZFC-¬CH gilt, d. h., CH lässt sich auch nicht aus ZFC beweisen – jeder kann sich also über die Gültigkeit von CH seine Meinung bilden. Man kann den in Bemerkungen 2.26, 4) angerisse-nen Begriff der *Kardinalzahlen*, aufgebaut auf den Ordinalzahlen (siehe „Am Rande bemerkt" zu Abschnitt 2.1) allgemein fassen als die Ordinalzahl x, sodass für Ordi-nalzahlen y gilt:

---

^{6} Die babylonischen Ziffern sind mit $0, \ldots, 59$ dargestellt und daher durch $\_$ getrennt.

$$\text{Aus} \quad y < x \quad \text{folgt} \quad |y| < |x| \ .$$

Unter den Ordinalzahlen, die gleichmächtigen Mengen entsprechen, wird also die kleinstmögliche ausgewählt. Von den vielen Ordinalzahlen $\omega, \omega + 1, \ldots,$ die einer abzählbaren Menge entsprechen, also ω, d. h.

$$\chi_0 = \omega \ .$$

Da die Ordinalzahlen total geordnet sind, sind dies auch die Kardinalzahlen

$$\chi_0 < \chi_1 < \cdots$$

Mit dieser Notation lautet also die Kontinuumshypothese

$$2^{\chi_0} = \chi_1 \ .$$

Aufgaben

Aufgabe 5.1 (L) Seien $a \in \mathbb{R}, a > 0, m \in \mathbb{Z}, n \in \mathbb{N}$. Sei $a^{-n} := (a^{-1})^n$, damit ist a^m wohldefiniert. Nach Satz 5.24 ist dann $a^{1/n}$ wohldefiniert, also auch $a^{m/n} := (a^{1/n})^m$, d. h., die *Exponentialfunktion zur Basis a* ist auf $\mathbb{Q}$ wohldefiniert (siehe auch Aufgabe 4.8). Es gilt für $q_1, q_2 \in \mathbb{Q}$:

$$a^{q_1+q_2} = a^{q_1} a^{q_2} \ , \quad a^{-q_1} = (a^{q_1})^{-1} \ , \quad a^{q_1-q_2} = a^{q_1}/a^{q_2} \ , \quad (a^{q_1})^{q_2} = a^{q_1 q_2} \ ,$$
$$a^q b^q = (ab)^q \quad \text{für } a, b \in \mathbb{R}, \ a, b > 0, \ q \in \mathbb{Q} \ .$$

Aufgabe 5.2 Seien $(x_n)_n, (y_n)_n \in \mathbb{R}^{\mathbb{N}}$.

a) Aus $\lim_{n\to\infty} x_n = x$, $\lim_{n\to\infty} y_n = y$ folgt $\lim_{n\to\infty} x_n y_n = xy$.
b) Es gebe ein $\bar{\varepsilon} > 0$, $N \in \mathbb{N}$, sodass $|x_n| \geq \bar{\varepsilon}$ für $n \geq N$, dann gilt: Aus $\lim_{n\to\infty} x_n = x$ folgt $\lim_{n\to\infty} 1/x_n = 1/x$.

Aufgabe 5.3

a) Es gilt

$$\lim_{n\to\infty} n^{\frac{1}{n}} = 1 \ .$$

Hinweis: Sei $a_n = n^{\frac{1}{n}} - 1$, d. h. $(a_n + 1)^n = n$. Mit der binomischen Formel (s. Aufgabe 3.3) folgt daraus $a_n \leq \frac{\sqrt{2}}{\sqrt{n}}$ und daraus $\lim_{n\to\infty} a_n = 0$.
b) Sei $a \in \mathbb{R}, a > 0$. Dann gilt

$$\lim_{n\to\infty} a^{\frac{1}{n}} = 1 \ .$$

Hinweis: Beginnen Sie mit $a \geq 1$ und führen Sie $a < 1$ darauf zurück.

Aufgabe 5.4 (L) Sei $a \in \mathbb{R}, a > 0, f : \mathbb{Q} \to \mathbb{R}, x \mapsto a^x$ die Potenzabbildung.

a) f ist in $\overline{x} = 0$ stetig.
b) f ist in $\overline{x} \in \mathbb{Q}$ stetig.

Hinweis zu b): Nach Aufgabe 5.1 gilt

$$a^{x_n} - a^x = a^x \left(a^{x_n} a^{-x} - 1\right) = a^x \left(a^{x_n - x} - 1\right) .$$

Aufgabe 5.5 (L) Sei $a \in \mathbb{R}, a > 0$.

a) Sei $x \in \mathbb{R}$ der Grenzwert $x = \lim_{n \to \infty} q_n$ einer rationalen Folge $(q_n)_n \in \mathbb{Q}^{\mathbb{N}}$. Durch

$$a^x := \lim_{n \to \infty} a^{q_n}$$

wird eine reelle Zahl definiert, die unabhängig von der Wahl der Folge $(q_n)_n$ ist. Dadurch wird die *allgemeine Exponentialfunktion zur Basis a* auf $\mathbb{R}$ definiert, d. h.

$$e_a : \ x \mapsto a^x \quad \text{für } x \in \mathbb{R} , \tag{5.32}$$

die für $x \in \mathbb{Q}$ mit der aus Aufgabe 5.1 übereinstimmt.

b) Seien $x, y \in \mathbb{R}$, dann gelten die Beziehungen von Aufgabe 5.1 für x, y statt $q_1, q_2 \in \mathbb{Q}$, d. h. insbesondere

$$(a^x)^y = a^{xy} .$$

c) $e_a : \mathbb{R} \mapsto \mathbb{R}^+$ ist stetig.

Aufgabe 5.6 Sei $M \subset \mathbb{R}$. M ist dicht in $\mathbb{R}$ (siehe Theorem 5.12) genau dann, wenn zu jedem $x \in \mathbb{R}$ eine Folge $(x_n)_n$ in M (d. h. $x_n \in M$ für alle $n \in \mathbb{N}$) existiert, sodass $\lim_{n \to \infty} x_n = x$.

Aufgabe 5.7

a) Sei $a > 0$. Die Abbildung $e_a : \ x \mapsto a^x$ aus Aufgabe 5.5 ist
  1) strikt monoton wachsend, wenn $a > 1$,
  2) strikt monoton fallend, wenn $a < 1$,
  im Sinne von Definition 4.49.
b) Sei $a \neq 1$. Die Abbildung $e_a : \ \mathbb{R} \mapsto \mathbb{R}^+$ ist bijektiv. Sei $\ell_a : \ \mathbb{R}^+ \mapsto \mathbb{R}$ ihre Umkehrabbildung, dann gilt für $x, y \in \mathbb{R}$

$$\ell_a(xy) = \ell_a(x) + \ell_a(y)$$

und die weiteren Entsprechungen für die Beziehungen aus Aufgabe 5.1.

Aufgabe 5.8 Entwickeln Sie analog zur allgemeinen Exponentialfunktion (5.32) eine *allgemeine Potenzfunktion*, d. h. für $p \in \mathbb{R}$ eine Abbildung von $\mathbb{R}^+$ nach $\mathbb{R}$, $x \mapsto x^p$, die von der Definition dieser Abbildung für $p \in \mathbb{Q}$ ausgeht und diese fortsetzt.

5.2 Abstraktes durch Approximation konkret machen: Iterative Verfahren und ihre Güte

Am Ende von Abschnitt 5.1 wurde die Notwendigkeit von *Näherungen* bzw. *Approximationen* für irrationale Zahlen am Beispiel von $\sqrt{2}$ diskutiert. Schon babylonischen Mathematikern und später auch dem Griechen HERON[7] war bekannt, wie man eine solche Näherung bestimmt.

Dazu verallgemeinern wir die Fragestellung auf die Bestimmung von $x = \sqrt{a}$ für $a \in \mathbb{R}$, $a > 0$. Zur Bestimmung dieser Zahl wurde von den Genannten folgendes *Iterationsverfahren* (*Babylonisches Wurzelziehen*, Verfahren von HERON) angegeben. Sei $x_0 \in \mathbb{Q}$, $x_0 > 0$ beliebig. Sei $x_n (\in \mathbb{Q})$ bekannt, dann setze

$$x_{n+1} := \frac{1}{2}\left(x_n + \frac{a}{x_n}\right). \tag{5.33}$$

Dieses Verfahren ist durchführbar, wenn die Grundrechenarten in $\mathbb{Q}$ durchführbar sind, wovon (vorerst) ausgegangen werden soll. Später werden wir auch die Auswertungen solcher Funktionen wie der Wurzel zu den Grundrechenoperationen zählen, wenn klar ist, dass sie mit gewünschter Genauigkeit ausgewertet werden können. Mit (5.33) wurde eine Rekursion zur Bestimmung der Folge $(x_n)_n$ von rationalen Zahlen angegeben. Eine solche Vorschrift heißt allgemein *Iterationsverfahren*, das also nicht nach endlich vielen Rechenschritten das gewünschte Ergebnis erzeugt, sondern bestenfalls stellt der Grenzwert der gebildeten Folge dieses dar. Der nachfolgende PYTHON-Code bildet die Grundform des HERON-Verfahrens:

Algorithmus 15: HERON-Verfahren

```
def heron(a, iters=7, x0=1.):
    """Wendet das Heron-Verfahren zum Bestimmen der
    Quadratwurzel von a an.

    Die zugehoerige Iterationsvorschrift lautet
    x_{n+1} = 0.5 * (x_n + a / x_n)
    und bricht ab, sobald die angegebene Zahl an
    Iterationen erreicht ist.

    :param a: Argument der Quadratwurzel.
    :param iters: Anzahl Iterationen.
    :param x0: Startwert fuer x.
    """

    x = x0
    for _ in range(iters):
        x = 0.5 * (x + a / x)
    return x
```

---

[7] HERON VON ALEXANDRIA †nach 62

n	x_n	
0	1	$= 1.0$
1	$\frac{3}{2}$	$= 1.5$
2	$\frac{17}{12}$	$\approx 1.4166666666666666666666666667$
3	$\frac{577}{408}$	$\approx 1.4142156862745098039215686275$
4	$\frac{665857}{470832}$	$\approx 1.4142135623746899106262955789$
5	$\frac{886731088897}{627013566048}$	$\approx 1.4142135623730950488016896235$
6	$\frac{11716664195305992}{8284932705386491}$	$\approx 1.4142135623730950488016887242 0\ldots$ $\ldots 9698078569671875377234001561$
7	$\frac{4946041176255201878775086487573351061418968498177}{3497379255757941172020851852070562919437964212608}$	$\approx 1.4142135623730950488016887242 0\ldots$ $\ldots 9698078569671875376948073176\ldots$ $\ldots 6797379907324784621070388503\ldots$ $\ldots 8753432764160163978577783845$

Tabelle 5.1 Konvergenzverhalten des Babylonischen Wurzelziehens für $a = 2$. Rechnung in PYTHON unter Verwendung der `mpmath`-Bibliothek mit 128 Stellen Genauigkeit

Tabelle 5.1 zeigt, dass die obige Folge tatsächlich konvergiert (zumindest nach dem Augenschein) und dies auch noch überraschend schnell. Betrachtet man in einer Dezimalbruchdarstellung der Folgenglieder diejenigen Stellen, die sich von einem Index zum nächsten nicht mehr verändern als exakte Stellen des Grenzwertes und bezeichnet diese als *signifikant*[8], so stellt man fest, dass nach einer gewissen Anfangsphase die Anzahl der signifikanten Stellen sich von Iterationsschritt zu Iterationsschritt verdoppelt. Ein solches Verhalten nennt man *quadratische Konvergenz*. Anscheinend konvergiert die Folge. Aber konvergiert sie auch immer gegen die gewünschte Zahl? Dazu ist folgende Überlegung hilfreich:

Sei ein Iterationsverfahren in der Form

$$x_{n+1} = h(x_n) \tag{5.34}$$

gegeben, und sei $h : M \to M$ für ein $M \subset \mathbb{R}$ stetig (Definition 5.25). Dann gilt: Ist $(x_n)_n$ konvergent, d. h. $x := \lim_{n \to \infty} x_n \ (\in \mathbb{R})$ existiert, dann ist

$$x = h(x) \,, \tag{5.35}$$

da $x_{n+1} \to x$ und auch $f(x_n) \to f(x)$ für $n \to \infty$ (siehe Satz 4.55, 1))[9].

---

[8] Genauer: Sei $x \in \mathbb{R}$ und $\bar{x} \in \mathbb{R}$ eine Näherung. Man sagt $\bar{x}$ hat *(mindestens) t signifikante Stellen*, wenn gilt

$$\frac{|x - \bar{x}|}{\bar{x}} \le \frac{1}{2} 10^{-t} \,.$$

Die signifikanten Stellen sind also ein Maß für die relativen Fehler (siehe Abschnitt 7.2).

[9] Hier und auch im Folgenden wird an elementare Kenntnisse der Analysis (Infinitesimalrechnung) appelliert, wie sie auch in der Oberstufe des Gymnasiums vermittelt werden. Im Zweifelsfall bitten wir diese Argumentation zu überspringen.

Damit also ein Iterationsverfahren bei Konvergenz das gewünschte Ergebnis liefert, muss sichergestellt sein, dass eine Lösung von (5.35), d. h. ein *Fixpunkt* von h, eine Lösung des gewünschten Problems ist.

Man nennt das durch (5.34) definierte Verfahren daher auch *Fixpunktiteration* und sagt, dass das Verfahren, wenn die genannte Bedingung erfüllt ist, *konsistent* mit dem zu lösenden Problem ist.

In unserem Fall ist

$$h(y) = \frac{1}{2}\left(y + \frac{a}{y}\right) \quad \text{und} \quad M = \mathbb{R}^+ \tag{5.36}$$

und damit für $x \in M$:

$$x = h(x) \quad \Leftrightarrow \quad x = \frac{a}{x} \quad \Leftrightarrow \quad x^2 = a \quad \Leftrightarrow \quad x = \sqrt{a}\,.$$

Damit ist also das Verfahren (5.33) konsistent mit der Bestimmung der Wurzel aus a.

Warum das Verfahren so erstaunlich effizient ist, d. h. nur sehr wenige Schritte braucht, um eine gute Näherung zu erzeugen, werden wir am Ende des Abschnitts näher untersuchen. Dies braucht aber die Mathematik des 17. Jhd., die weder den Babyloniern noch HERON zur Verfügung stand. Diese mögen von einer anderen Überlegung ausgegangen sein. Wie gesehen, ist $x = \sqrt{a}$ äquivalent zur Bestimmung der Nullstelle von

$$f(x) = 0 \quad \text{mit} \quad f(x) = x^2 - a \tag{5.37}$$

und auch zur Fixpunktgleichung

$$x = \hat{h}(x) \quad \text{mit} \quad \hat{h}(x) = \frac{a}{x} \quad \text{für} \quad x > 0\,. \tag{5.38}$$

Ist x die gesuchte Lösung und $y > 0$ eine Näherung, so gilt

$$y < x \quad \Rightarrow \quad \hat{h}(y) > \hat{h}(x) = x$$
$$y > x \quad \Rightarrow \quad \hat{h}(y) < \hat{h}(x) = x\,,$$

sodass der Mittelwert aus y und $\hat{h}(y)$, d. h. $h(y)$ nach (5.36) als gute Näherung erscheint. Geometrisch gedacht: Gesucht ist die Seitenlänge des Quadrats mit gegebener Fläche a. Ist $x > 0$ als mögliche Seitenlänge gegeben, muss a/x als weitere Seite gewählt werden, um die Fläche zu respektieren. Den Abstand zwischen x und a/x gilt es zu reduzieren. Tatsächlich ist die Situation hier ausreichend einfach, dass wir quadratische Konvergenz und damit Konvergenz des Verfahrens direkt beweisen können: Sei dazu für $x = \sqrt{a}$

$$\bar{\varepsilon}_n := x_n - x\,, \tag{5.39}$$

d. h. der vorzeichenbehaftete Fehler, dann gilt

$$\bar{\varepsilon}_{n+1} = \bar{\varepsilon}_n^2/(2x_n) \quad \text{für } n \geq 2 \ . \tag{5.40}$$

Dabei sei ohne Beweis $x_n \geq x$ für $n \geq 2$ vorausgesetzt (Übung).
Es gilt nämlich $x = x_n - \bar{\varepsilon}_n$, d. h. $a = x^2 = x_n^2 - 2x_n\bar{\varepsilon}_n + \bar{\varepsilon}_n^2$ und damit

$$
\begin{aligned}
\bar{\varepsilon}_{n+1} = x_{n+1} - x &= \frac{1}{2}\left(x_n + \frac{a}{x_n}\right) - x \\
&= \frac{1}{2}(x_n - x) + \frac{1}{2}\left(\frac{x_n^2 - 2x_n\bar{\varepsilon}_n + \bar{\varepsilon}_n^2}{x_n} - x\right) \\
&= \frac{1}{2}\bar{\varepsilon}_n + \frac{1}{2}\bar{\varepsilon}_n - \bar{\varepsilon}_n + \bar{\varepsilon}_n^2/(2x_n) \ .
\end{aligned}
$$

Man beachte, dass bei quadratischer Konvergenz, Konvergenz nicht zwingend ist. Hier gilt aber

$$\bar{\varepsilon}_{n+1} \leq \frac{\bar{\varepsilon}_n}{2x_n}\bar{\varepsilon}_n = \frac{1}{2}\left(1 - \frac{x}{x_n}\right)\bar{\varepsilon}_n =: \alpha_n\bar{\varepsilon}_n$$

und wegen $x_n \geq x$ folgt $0 \leq \alpha_n \leq \frac{1}{2}$, und daraus folgt

$$\bar{\varepsilon}_n \to 0 \quad \text{für } n \to \infty \ .$$

Die Bedingung $x \leq x_n$ für $n \geq 2$ ist äquivalent mit der Monotonie der Folge, d. h. $x_{n+1} \leq x_n$ für $n \geq 2$,
denn

$$x_{n+1} \leq x_n \quad \Leftrightarrow \quad \frac{1}{2}\left(x_n + \frac{a}{x_n}\right) \leq x_n \quad \Leftrightarrow \quad \frac{a}{x_n} \leq x_n \quad \Leftrightarrow \quad a \leq x_n^2 \quad \Leftrightarrow \quad x \leq x_n \ .$$

Die *Numerische Mathematik* konstruiert Verfahren zur Lösung von Problemen der Analysis und Linearen Algebra und untersucht deren Konsistenz und Konvergenz. Wir wollen uns auch an der Konstruktion von Verfahren versuchen:
    Sei $\alpha \in [0, 1]$, dann setzen wir

$$h_\alpha(y) := \alpha y + (1 - \alpha)\frac{a}{y}$$

und untersuchen die Fixpunktiteration

$$x_{n+1} := h_\alpha(x_n) \ . \tag{5.41}$$

Für $\alpha = \frac{1}{2}$ erhalten wir (5.33), für $\alpha = 0$ die Fixpunktiteration zur Gleichung $x = \hat{h}(x)$. Zur Klärung der Konsistenz betrachte man

$$y = h_\alpha(y) \quad \Leftrightarrow \quad y = \alpha y + (1 - \alpha)\frac{a}{y} \quad \Leftrightarrow \quad (1 - \alpha)y = (1 - \alpha)\frac{a}{y} \ .$$

Ist $\alpha < 1$, dann folgt $y = \frac{a}{y}$, d. h. Konsistenz. Ist $\alpha = 1$, ist die Bedingung immer erfüllt. In diesem Fall wird die Iteration zu

$$x_{n+1} := x_n,$$

und damit ist $x_n = x_0$ für alle $n \in \mathbb{N}$. Es liegt also Konvergenz (gegen x_0) vor, dies ist aber i. Allg. keine Lösung.

Für die konsistenten Fälle ergibt sich für $\alpha = 0$

$$x_{n+1} := \frac{a}{x_n}$$

und damit $x_1 = a/x_0$, $x_2 = x_0$, $x_3 = x_1 \dots$, d. h., die Folge alterniert zwischen zwei Werten. Beispiele für $\alpha \in (0,1)$ werden in Tabelle 5.2 *numerisch* (d. h. durch Beispielrechnung) untersucht. Anscheinend liegt in allen drei Fällen Konvergenz

n	x_n für $\alpha = 0.1$	x_n für $\alpha = 0.25$	x_n für $\alpha = 0.4$
0	1.000000000000000	1.000000000000000	1.000000000000000
1	1.900000000000000	1.750000000000000	1.600000000000000
2	1.137368421052632	1.294642857142857	1.390000000000000
3	1.696337489953482	1.482281403940887	1.419309352517986
4	1.230743351689657	1.382523949007841	1.413205381687634
5	1.585605087440611	1.430603150718976	1.414415630051833
6	1.293773818954520	1.406159592687022	1.414173166158146
7	1.520656115186372	1.418275144868511	1.414221642308442
8	1.335765188315717	1.412191494636703	1.414211946413724
9	1.481118748367919	1.415226767737479	1.414213885566077
10	1.363409434187428	1.413707503730099	1.414213497734543
11	1.456560647687383	1.414466727558279	1.414213575300807
12	1.381443948272185	1.414087013764659	1.414213559787553
13	1.441128857028032	1.414276845171071	1.414213562890204
14	1.393133742666316	1.414181923097832	1.414213562269673
15	1.431364485278403	1.414229382541622	1.414213562393779
16	1.400677779553597	1.414205652421560	1.414213562368958
17	1.425159914259306	1.414217517382044	1.414213562373922
18	1.405532149816485	1.414211584876916	1.414213562372930
19	1.421206951884799	1.414214551123258	1.414213562373128
20	1.408649822148383	1.414213067998532	1.414213562373088

Tabelle 5.2 Konvergenzverhalten für verschiedene α, $a = 2$. Rechnung in PYTHON mit doppelter Genauigkeit (Datentyp `float`)

(gegen die Lösung, wie bekannt) vor, doch mit deutlich unterschiedlicher *Konvergenzgeschwindigkeit*. Lag im Fall (5.33) quadratische Konvergenz vor, so handelt es sich hier um *lineare Konvergenz* mit deutlich unterschiedlicher Qualität. Im Fall $\alpha = 0.25$ wird anscheinend jeweils nach etwa vier Iterationsschritten eine weitere signifikante Stelle gewonnen. Im Fall $\alpha = 0.1$ ist die Konvergenz wesentlich schlechter, und es sind grob um zehn Iterationsschritte zur Gewinnung einer signifikanten Stelle nötig, während im Fall $\alpha = 0.4$ ein bis zwei Iterationsschritte eine signifikante Stelle bringen.

Verfahren sollten also eine möglichst *hohe Konvergenzordnung p* haben, wobei dies für eine $x \in \mathbb{R}$ approximierende Folge $(x_n)_n$ bedeutet: Bei $p \geq 2$

$$|x_{n+1} - x| \leq C|x_n - x|^p \tag{5.42}$$

für eine Konstante $C > 0$ bzw. bei $p = 1$

$$|x_{n+1} - x| \leq C|x_n - x| \tag{5.43}$$

mit einer Konstanten $0 \leq C < 1$, der *Kontraktionszahl*.

Bei $p = 1$ (*linearer Konvergenz*) wird also der Fehler in jedem Schritt um den Faktor C verkleinert und damit

$$|x_n - x| \leq C^n |x_0 - x| \to 0 \quad \text{für } n \to \infty$$

(siehe Satz 4.57, 2)). Zur Abkürzung für den *(absoluten) Fehler* sei

$$\varepsilon_n := |x_n - x| \,.$$

Um den Fehler gegenüber dem Startfehler um 10^{-k} zu verkleinern, d. h. k Nachkommastellen an Genauigkeit zu gewinnen, sind m Schritte notwendig, wobei für m gilt

$$C^m \leq 10^{-k} \,.$$

Mit dem dekadischen Logarithmus log lässt sich dies in

$$m \geq \frac{k}{\log(1/C)} \tag{5.44}$$

umschreiben.

Dies lässt die folgenden Kontraktionszahlen vermuten $\alpha = 0.4 : C \approx 0.2$, $\alpha = 0.25 : C \approx 0.5$, $\alpha = 0.1 : C \approx 0.8$. Wie die Tabelle 5.2 zeigt, wird eine Iteration schon numerisch unbrauchbar, wenn bei linearer Konvergenz die Kontraktionszahl zu groß wird. Prinzipiell ist bei einer konvergenten Folge $(e_n)_n$ noch viel langsameres Verhalten möglich. Ein Beispiel (bei Weitem nicht das schlechteste, das es gibt) ist

$$|e_n| \leq \hat{C}\frac{1}{n}|e_0| \quad \text{für ein} \quad \hat{C} > 0 \,,$$

d. h., wegen

$$|e_n| \leq \hat{C}|e_0|\left(\frac{1}{10}\right)^{\log(n)} \tag{5.45}$$

ist also in (5.44) m durch $\log(m)$ zu ersetzen, (o. B. d. A. $\hat{C} = 1$, $C = 0.1$), d. h., statt m Iterationen sind 10^m Iterationen zur Gewinnung von k signifikanten Stellen nötig. Man spricht daher auch von *logarithmischer Konvergenz*.

So sind also bei linearer Konvergenz und $C = 0.1$ bei $k = 5$ auch $m = 5$ Iterationen nötig, bei logarithmischer Konvergenz (bei $\hat{C} = 1$) schon $m = 10.000$!

Liegt andererseits Konvergenzordnung $p > 1$ vor, d. h., es gilt für die Fehler

$$\varepsilon_{n+1} \le C\varepsilon_n^p \quad \text{mit einem } C > 0$$

$$\text{also } \varepsilon_m \le C^m \varepsilon_0^{p^m},$$

dann ist ein Fehler kleiner als $10^{-k}\varepsilon_0$ garantiert, wenn

$$(-\log \varepsilon_0)(p^m - 1) - (\log C)m \ge k.$$

Ist also $C \le 1$, dann reicht bei $\varepsilon_0 \le 1$

$$p^m \ge \frac{k}{\log(1/\varepsilon_0)} + 1 \quad \text{bzw.} \quad m \ge \frac{\log\left(\frac{k}{\log(1/\varepsilon_0)} + 1\right)}{\log p}. \tag{5.46}$$

Diese und Abschätzung (5.44) gelten analog, wenn 10^{-k} durch b^{-k} und log durch $\log_b$ (zur Basis b) ersetzt wird.

Nicht jede Fixpunktiteration muss konvergieren: Betrachten wir die Fixpunktiteration zu

$$h(x) := \frac{2x^3 - 2}{3x^2 - 2}.$$

Sollte die Fixpunktiteration konvergieren, würde der Grenzwert erfüllen

$$x = \frac{2x^3 - 2}{3x^2 - 2} \quad \text{bzw.} \quad f(x) := x^3 - 2x + 2 = 0. \tag{5.47}$$

Diese kubische Gleichung hat genau eine reelle Lösung $\overline{x}$ (siehe (6.2)ff.), $p = -2$, $q = 2$ und damit

$$\triangle = \left(\frac{q}{2}\right)^2 + \left(\frac{p}{3}\right)^3 = \frac{19}{27} > 0,$$

also

$$\overline{x} = \sqrt[3]{-1 + \sqrt{\frac{19}{27}}} + \sqrt[3]{-1 - \sqrt{\frac{19}{27}}} \approx -1.76929.$$

Die Fixpunktiteration mit $x_0 = 0$ liefert $x_0 = 0$, $x_1 = 1$, $x_2 = 0$, $x_3 = 1$, ..., d. h., das Verfahren konvergiert nicht. Für $x_0 < -(2/3)^{1/2}$ konvergiert das Verfahren.

Allgemein sei $h : U \to U$, $U \subset \mathbb{R}$ und $\overline{x}$ ein Fixpunkt von h in U. Konvergiert die Fixpunktiteration für alle $x_0 \in U$, so spricht man von *globaler Konvergenz*. Gibt es (nur) ein $\epsilon > 0$, sodass für $x_0 \in W := (\overline{x} - \epsilon, \overline{x} + \epsilon)$ Konvergenz vorliegt, so spricht man von *lokaler Konvergenz*, und W heißt der *Einzugsbereich*.

Ein Abbruch eines Iterationsverfahrens nach einer festen vorgegebenen Schrittan-
zahl ist unbefriedigend, da i. Allg. gemessen an einer gewünschten absoluten oder
relativen Genauigkeit – das, was maximal erreichbar ist – zu viel oder zu wenige
Schritte gemacht werden. Wie lange muss aber eine Iteration durchgeführt werden,
um bei einer konvergenten Iteration eine (absolute) Genauigkeit von $\epsilon > 0$ zu garantieren? Da die exakte Lösung i. Allg. unbekannt ist, kann nicht mit ihr verglichen
werden.

Was aber direkt berechnet werden kann, ist das *Residuum* oder der *Defekt* der Gleichung, d. h.

$$\delta_n := |f(x_n) - 0| \ .$$

Die Frage ist also, ob aus der Kleinheit des Residuums δ_n auf die Kleinheit des
Fehlers

$$\varepsilon_n = |x_n - x| \tag{5.48}$$

geschlossen werden kann, wobei x die eindeutige Lösung von $f(x) = 0$ sei.

Wegen

$$\delta_n = |f(x_n) - f(x)| \tag{5.49}$$

geht dies dann, wenn die Umkehrabbildung von f in einer Umgebung von $f(x) = 0$
existiert und stetig ist und diese Stetigkeit „quantifiziert" werden kann.

Hier ($f(x) = x^2 - a$) bedeutet dies konkret

$$\delta_n = \left|x_n^2 - a\right| = \left|x_n - \sqrt{a}\right|\left|x_n + \sqrt{a}\right| = (x_n + \sqrt{a})\varepsilon_n \geq C_n \varepsilon_n \ , \tag{5.50}$$

wobei $C_n := x_n + b$ und $b > 0$ eine bekannte untere Schranke von $\sqrt{a}$ sei. Das heißt,

$$\hat{\delta}_n := C_n^{-1}\delta_n \tag{5.51}$$

ist ein mit x_n berechenbarer, d. h. *a posteriori* gegebener *Fehlerschätzer*, also eine
obere Schranke für den Fehler, die erst nach Berechnung der Näherung ausgewertet
werden kann. Bis auf den berechenbaren Faktor C_n kann also der Fehler durch den
Defekt abgeschätzt werden. Beurteilt man die Güte einer Näherung über die Anzahl
der „stehen gebliebenen" Stellen, so betrachtet man auch einen Defekt, aber nicht
den des Nullstellenproblems $f(x) = 0$, sondern den zur Fixpunktgleichung, d. h.

$$\tilde{\delta}_n := |x_{n+1} - x_n| = |h_\alpha(x_n) - x_n| \ , \quad \alpha \in (0, 1) \ .$$

Da $\tilde{\delta}_n = |h_\alpha(x_n) - h_\alpha(x) - (x_n - x)|$, geht es hier also um die Art der Stetigkeit
der Umkehrabbildung von $\tilde{h}_\alpha(y) := h_\alpha(y) - y$ in einer Umgebung von $0 = \tilde{h}_\alpha(x)$.
Konkret gilt hier für $\alpha \in (0, 1)$

$$\tilde{\delta}_n = |h_\alpha(x_n) - x_n| = \left|(1 - \alpha)\left(\frac{a}{x_n} - x_n\right)\right| = (1 - \alpha)\left(x_n - \frac{a}{x_n}\right) \ ,$$

da $x_n \geq \sqrt{a}$ für $n \geq 1$ gilt (ohne Beweis) und damit

		für $\alpha = 0.5$	
n	x_n	ε_n	$\hat{\delta}_n = \hat{\tilde{\delta}}_n$
0	1.000000000000000	—	—
1	1.500000000000000	0.085786437626905	0.094661113214691
2	1.416666666666667	0.002453104293571	0.002715148355706
3	1.414215686274510	0.000002123901415	0.000002350997184
4	1.414213562374690	0.000000000001595	0.000000000001765
5	1.414213562373095	0.000000000000000	0.000000000000000

		für $\alpha = 0.25$	
n	x_n	ε_n	$\hat{\delta}_n = \hat{\tilde{\delta}}_n$
0	1.000000000000000	—	—
1	1.750000000000000	0.335786437626905	0.367519889311657
2	1.294642857142857	0.119570705230238	0.132983319577868
3	1.482281403940887	0.068067841567792	0.075157076237716
4	1.382523949007841	0.031689613365254	0.035120542626358
5	1.430603150718976	0.016389588345881	0.018130859278978
6	1.406159592687022	0.008053969686074	0.008917854994043
7	1.418275144868511	0.004061582495416	0.004495173789682
8	1.412191494636703	0.002022067736392	0.002238446465046
9	1.415226767737479	0.001013205364384	0.001121498357210
10	1.413707503730099	0.000506058642996	0.000560179157545

Tabelle 5.3 Fehler und Fehlerindikatoren (für $a = 2$ mit $b = 1.141$). Rechnung in PYTHON mit doppelter Genauigkeit (Datentyp `float`)

$$\delta_n = \left| x_n^2 - a \right| = x_n^2 - a = \frac{1}{1-\alpha} x_n \tilde{\delta}_n \,, \tag{5.52}$$

sodass hier auch ein *a posteriori Fehlerschätzer* durch

$$\hat{\tilde{\delta}}_n := \frac{1}{1-\alpha} C_n^{-1} x_n \tilde{\delta}_n \tag{5.53}$$

vorliegt. Tatsächlich gilt $\hat{\tilde{\delta}}_n = \hat{\delta}_n$, wie sich auch numerisch zeigt. Tabelle 5.3 zeigt das Verhalten von Fehler und Fehlerindikatoren.

Eine Implementierung, der das Residuum als Abbruchkriterium zugrunde liegt, könnte also wie folgt aussehen:

Algorithmus 16: Fixpunktiteration mit Residuumskriterium

```python
def res(x, a):
    """Hilfsfunktion, die das Residuum |x*x-a| berechnet."""
    return abs(x * x - a)
```

```python
def fixpunkt_res(a, alpha, eps=1.e-12, x0=1.):
    """Wendet eine generalisierte Version des Heron-
    Verfahrens zum Bestimmen der Quadratwurzel von a an.

    Die zugehoerige Iterationsvorschrift lautet
    x_{n+1} = alpha * x_n + (1 - alpha) * a / x_n
    und bricht ab, sobald fuer das Residuum gilt
    |(x_n)^2 - a| < eps.

    :param a: Argument der Quadratwurzel.
    :param alpha: Gewichtungsfaktor.
    :param eps: Abbruchschranke fuer Residuumskriterium.
    :param x0: Startwert fuer x.
    """
    x = x0
    while res(x, a) >= eps:
        x = alpha * x + (1. - alpha) * a / x
    return x
```

bzw. mit dem entwickelten a posteriori Fehlerschätzer:

Algorithmus 17: Fixpunktiteration mit *a-posteriori* Fehlerschätzer

```python
def aposteriori(x, a, b):
    """Hilfsfunktion, die den a-posteriori Fehlerschaetzer
    |x^2 - a| / (x + b) auswertet.
    """
    return abs(x * x - a) / (x + b)


def fixpunkt_aposteriori(a, alpha, b, eps=1.e-12, x0=1.):
    """Wendet eine generalisierte Version des Heron-
    Verfahrens zum Bestimmen der Quadratwurzel von a an.

    Die zugehoerige Iterationsvorschrift lautet
    x_{n+1} = alpha * x_n + (1 - alpha) * a / x_n
    und bricht ab, wenn fuer den a-posteriori Fehler-
    schaetzer gilt: |(x_n)^2 - a| / (x_n + b) < eps.

    :param a: Argument der Quadratwurzel.
    :param alpha: Gewichtungsfaktor.
    :param b: Untere Schranke fuer sqrt(a).
    :param eps: Abbruchschranke fuer Fehlerkriterium.
    :param x0: Startwert fuer x.
    """
    x = x0
    while aposteriori(x, a, b) >= eps:
        x = alpha * x + (1. - alpha) * a / x
    return x
```

In besonders einfachen Fällen (wie hier) ist es möglich Verfahren anzugeben, die eine *Einschließung* der Lösung erzeugen, woraus also sofort die erreichte Genauigkeit abgelesen werden kann. Ein Nullstellenproblem wie (5.37) kann allgemein mit dem *Bisektionsverfahren* (siehe S. 208 ff.) auch näherungsweise gelöst werden. Dafür ist es nötig, dass zwei *Startiterierte* x_0 und y_0 bekannt sind, sodass $x_0, y_0 \in \mathbb{R}$ und

$$f(x_0) < 0 < f(y_0) \, . \tag{5.54}$$

O. B. d. A. sei $x_0 < y_0$. Für stetiges f liefert der Zwischenwertsatz (Satz 5.26) eine Lösung x im Intervall (x_0, y_0). Die beiden Iterationsfolgen $(x_n)_n$, $(y_n)_n$ werden dann in (5.31) ff. bestimmt.

Auf diese Weise bleibt (5.54) für die gesamte Iteration erhalten, d. h., es gilt für eine Nullstelle x

$$x \in (x_n, y_n) \quad \text{und auch} \quad |y_n - x_n| = 2^{-n}|y_0 - x_0|$$

und damit

$$|x - x_n| \leq 2^{-n}|x_0 - y_0|$$

und analog für y_n. Genauer gilt

$$|y_{n+1} - x_{n+1}| \leq \frac{1}{2}|y_n - x_n| \, ,$$

was aber nicht unbedingt

$$\varepsilon_{n+1} = |x_{n+1} - x| \leq \frac{1}{2}\varepsilon_n$$

bzw. analog für y_n zur Folge hat. Vielmehr verhalten sich $(x_n)_n$ und $(y_n)_n$ „stufenförmig", da immer eine der beiden Folgen für mindestens zwei aufeinander folgende Iterationen auf dem gleichen Wert bleibt. Der Mittelwert $z_n := (x_n + y_n)/2$ zeigt ein gleichmäßigeres Verhalten, das linearer Konvergenz nahekommt (z. B. bei Tabelle 5.4, $n = 20 : \varepsilon = 10^{-6}$). Man sieht hier also ein Konvergenzverhalten, das dem von Tabelle 5.2 für $\alpha = 0.25$ entspricht. Das ist nicht verwunderlich, da wir später sehen werden, dass für die Fixpunktiteration (5.41) und $\alpha \neq \frac{1}{2}$ die Kontraktionszahl $C = 1 - 2\alpha$ ist.

Ein anderes geometrisch motiviertes linear konvergentes Verfahren wurde schon in der Antike hergeleitet (wir beschränken uns auf $a = 2$): Da $x = \sqrt{2}$ irrational ist, d. h. keine $d, c \in \mathbb{Z}$ existieren mit $(d/c)^2 = 2$, ist das Problem: Gesucht $d, c \in \mathbb{Z}$, sodass

$$d^2 - 2c^2 = 0 \tag{5.55}$$

nicht lösbar. Lösbar ist aber die verwandte Gleichung

$$d^2 - 2c^2 = \pm 1 \tag{5.56}$$

n	x_n	y_n	z_n	$|z_n - x|$
0	1.000000000000000	2.000000000000000	1.500000000000000	0.085786437626905
1	1.000000000000000	1.500000000000000	1.250000000000000	0.164213562373095
2	1.250000000000000	1.500000000000000	1.375000000000000	0.039213562373095
3	1.375000000000000	1.500000000000000	1.437500000000000	0.023286437626905
4	1.375000000000000	1.437500000000000	1.406250000000000	0.007963562373095
5	1.406250000000000	1.437500000000000	1.421875000000000	0.007661437626905
6	1.406250000000000	1.421875000000000	1.414062500000000	0.000151062373095
7	1.414062500000000	1.421875000000000	1.417968750000000	0.003755187626905
8	1.414062500000000	1.417968750000000	1.416015625000000	0.001802062626905
9	1.414062500000000	1.416015625000000	1.415039062500000	0.000825500126905
10	1.414062500000000	1.415039062500000	1.414550781250000	0.000337218876905
11	1.414062500000000	1.414550781250000	1.414306640625000	0.000093078251905
12	1.414062500000000	1.414306640625000	1.414184570312500	0.000028992060595
13	1.414184570312500	1.414306640625000	1.414245605468750	0.000032043095655
14	1.414184570312500	1.414245605468750	1.414215087890625	0.000001525517530
15	1.414184570312500	1.414215087890625	1.414199829101563	0.000013733271533
16	1.414199829101562	1.414215087890625	1.414207458496094	0.000006103877001
17	1.414207458496094	1.414215087890625	1.414211273193359	0.000002289179736
18	1.414211273193359	1.414215087890625	1.414213180541992	0.000000381831103
19	1.414213180541992	1.414215087890625	1.414214134216309	0.000000571843213
20	1.414213180541992	1.414214134216309	1.414213657379150	0.000000095006055

Tabelle 5.4 Konvergenzverhalten Bisektionsverfahren für $f(x) = x^2 - 2$. Rechnung in PYTHON mit doppelter Genauigkeit (Datentyp `float`)

nämlich z. B. durch $d = 3$, $c = 2$. Hat man andererseits eine Lösung (d, c) mit großem $|c|$, so ist wegen

$$\left(\frac{d}{c}\right)^2 - 2 = \pm\frac{1}{c^2}$$

d/c eine Näherung von $\sqrt{2}$, die ein kleines Residuum in der Gleichung erzeugt. Aus einer Lösung (d, c) von (5.56) erhält man eine weitere durch

$$d' := 2c + d, \quad c' = c + d, \tag{5.57}$$

denn $d'^2 - 2c'^2 = 4c^2 + 4cd + d^2 - 2c^2 - 4cd - 2d^2 = 2c^2 - d^2 = \mp 1$.

Analog ist (d', c') eine Lösung von (5.55), wenn (d, c) eine solche Lösung ist (dann $d, c \notin \mathbb{Z}$).

Damit ist folgendes Iterationsverfahren definiert:

$$x_n := d_n/c_n$$
$$d_{n+1} = d_n + 2c_n$$
$$c_{n+1} = d_n + c_n ,$$

wovon die ersten Glieder folgende sind:

$$x_n = \frac{3}{2}, \frac{7}{5}, \frac{17}{12}, \frac{41}{29}, \frac{99}{70}, \frac{239}{169}, \dots . \tag{5.58}$$

Die Glieder 1 und 3 finden sich auch in Tabelle 5.1 wieder, die weiteren Iterierten weichen davon ab. Als Fixpunktiteration für $x_n := d_n/c_n$ geschrieben ergibt sich

$$x_{n+1} = \frac{d_{n+1}}{c_{n+1}} = \frac{d_n + 2c_n}{d_n + c_n} = 1 + \frac{c_n}{d_n + c_n} = 1 + \frac{1}{1 + x_n} . \tag{5.59}$$

Diese Fixpunktgleichung lässt sich für $x = \sqrt{a}$ verallgemeinern durch den Ansatz $(x - 1)(x + 1) = x^2 - 1 = a - 1$ bzw. äquivalent

$$x = h(x) := 1 + \frac{a - 1}{1 + x} . \tag{5.60}$$

Falls die Fixpunktiteration

$$x_{n+1} = h(x_n) , \quad x_0 \in \mathbb{Q}, \, x_0 > 0$$

konvergiert, ist der Grenzwert x notwendigerweise $x = \sqrt{a}$ wegen der Konsistenz des Verfahrens und kann dann visualisiert werden als der *Kettenbruch* ($a' := a - 1$):

$$x = 1 + \cfrac{a'}{2 + \cfrac{a'}{2 + \cfrac{a'}{2 + \dots}}}$$

(mehr über Kettenbrüche findet man in Anhang J). Mit Ausnahme des Bisektionsverfahrens sind alle bisherigen Verfahren Fixpunktverfahren der Art

$$x_{n+1} = h(x_n) \tag{5.61}$$

zur Approximation eines Fixpunktes x, der also $x = h(x)$ erfüllt. Der folgende Satz steckt einen Konvergenzrahmen für viele Situationen ab.

Theorem 5.30: Fixpunktsatz von BANACH[10]

Sei $U := [a, b] \subset \mathbb{R}$ ein abgeschlossenes Intervall (hier sind die Grenzfälle $\mathbb{R}$, $[a, \infty)$, $(-\infty, b]$ mit eingeschlossen) und $h : U \to U$ eine *kontrahierende* Abbildung, d. h., es gibt ein L, $0 < L < 1$, sodass

$$|h(x) - h(y)| \le L|x - y| \quad \text{für alle } x, y \in L .$$

Dann gilt:

1) Es existiert genau ein Fixpunkt x von h in U.

2) Für beliebiges $x_0 \in U$ konvergiert die Fixpunktiteration (5.61) gegen den Fixpunkt.

3) Es gelten die a posteriori Fehlerabschätzung

$$|x_n - x| \le \frac{L}{1 - L} |x_n - x_{n-1}| \quad \text{für } n \in \mathbb{N}$$

und die a priori Fehlerabschätzung

$$|x_n - x| \le \frac{L^n}{1 - L} |x_1 - x_0| \quad \text{für } n \in \mathbb{N}.$$

Beweis: Zu 1): Eindeutigkeit: Seien $x, \overline{x} \in U$ Fixpunkte, dann

$$|x - \overline{x}| = |h(x) - h(\overline{x})| < L |x - \overline{x}|,$$

und damit muss notwendigerweise gelten:

$$|x - \overline{x}| = 0 \quad \text{bzw.} \quad x = \overline{x}.$$

Zu 1): Existenz und 2): Dafür wird gezeigt, dass $(x_n)_n$ konvergiert. Dann ist $x := \lim_{n \to \infty} x_n$ notwendigerweise ein Fixpunkt, denn h ist als kontrahierende Abbildung überall stetig (siehe Definition 5.25). Wegen der Vollständigkeit von $\mathbb{R}$ reicht es zu zeigen, dass $(x_n)_n$ eine CAUCHY-Folge ist. Sei $k \in \mathbb{N}$,

$$|x_{k+1} - x_k| = |h(x_k) - h(x_{k-1})| \le L |x_k - x_{k-1}|$$

und durch Fortführung folgt die Abschätzung

$$|x_{k+1} - x_k| \le L^k |x_1 - x_0|. \tag{5.62}$$

Seien nun $k, l \in \mathbb{N}$ beliebig, dann gilt

$$|x_{k+l} - x_k| \le |x_{k+l} + x_{k+l-1} - x_{k+l-1} - x_k| \le |x_{k+l} - x_{k+l-1}| + |x_{k+l-1} - x_k|$$

und durch Fortsetzung der Abschätzung jeweils für die letzten Summanden:

$$|x_{k+l} - x_k| \le \sum_{i=1}^{l} |x_{k+i} - x_{k+i-1}|$$

$$\le \sum_{i=1}^{l} L^{k+i-1} |x_1 - x_0| \quad \text{nach (5.62)}$$

$$= \left(|x_1 - x_0| \sum_{i=0}^{l-1} L^i \right) L^k$$

$$\le \left(|x_1 - x_0| \frac{1}{1 - L} \right) L^k \quad \text{nach Lemma 2.15.}$$

---

[10] Stefan BANACH $*$30. März 1892 in Krakau, †31. August 1945 in Lemberg

Da $(L^k)_k$ eine Nullfolge ist, gibt es zu $\varepsilon > 0$ ein $K \in \mathbb{N}$, sodass für $k \geq K, l \in \mathbb{N}$ gilt:

$$|x_{k+l} - x_k| \leq \varepsilon$$

bzw.

$$|x_m - x_k| \leq \varepsilon \quad \text{für } m, k \in \mathbb{N} \text{ mit } m > k \geq K \, .$$

Damit konvergiert $(x_n)_n$ und wegen

$$a \leq x_n \leq b \quad \text{für } n \in \mathbb{N}$$

ist nach Lemma 5.15 auch

$$a \leq x \leq b \, , \quad \text{d. h. } x \in U \, .$$

Zu 3): Die erste Abschätzung folgt aus

$$|x_n - x| = |h(x_{n-1}) - h(x)| \leq L |x_{n-1} - x| \leq L (|x_{n-1} - x_n| + |x_n - x|) \, ,$$

also

$$(1 - L) |x_n - x| \leq L |x_{n-1} - x_n|$$

und damit die Behauptung. Die zweite Abschätzung folgt daraus mittels (5.62). □

Zur Anwendung des BANACH'schen Fixpunktsatzes kommt es also darauf an, ein möglichst großes Intervall U zu finden, sodass h dieses in sich abbildet: $h : U \to U$ und h darauf kontrahierend ist. Dann ist jeder Startwert $x_0 \in U$ erlaubt: Insofern kann von *globaler* Konvergenz gesprochen werden. Die Konvergenzgeschwindigkeit ist (mindestens) linear mit Kontraktionszahl L, da

$$|x_{n+1} - x| = |h(x_n) - h(x)| \leq L |x_n - x| \, . \tag{5.63}$$

Die Konvergenzaussage ist nur noch *lokal*, wenn nur auf die Existenz eines Intervalls $W = [c, d] \subset U$ geschlossen werden kann, sodass Theorem 5.30 mit W statt U anwendbar ist. Ähnlichen Charakter hat der folgende Satz, der auch eine Konvergenzaussage macht.

Satz 5.31

Sei $U := [a, b] \subset \mathbb{R}$ wie in Theorem 5.30, $\overline{x} \in (a, b)$, sodass für ein $C > 0$, $p \in \mathbb{N}$, wobei $C < 1$ im Fall $p = 1$ für $x \in U$ gilt

$$|h(x) - \overline{x}| \leq C |x - \overline{x}|^p \, . \tag{5.64}$$

Dann ist $\overline{x}$ ein Fixpunkt von h, und die Fixpunktiteration (5.61) ist lokal konvergent gegen $\overline{x}$, mindestens mit Konvergenzgeschwindigkeit p und Kontraktionszahl C im Fall $p = 1$.

Beweis: Einsetzen von $x = \overline{x}$ in (5.64) liefert $h(\overline{x}) = \overline{x}$. Man wähle $r > 0$ so klein, dass für $W := [\overline{x} - r, \overline{x} + r]$ gilt: $W \subset U$ und

$$Cr^{p-1} =: L < 1 . \tag{5.65}$$

Ist in der Fixpunktiteration $x_k \in W$, dann folgt

$$|x_{k+1} - \overline{x}| = |h(x_k) - \overline{x}| \le C\,|x_k - \overline{x}|^p \le Cr^p = Lr < r , \tag{5.66}$$

also $x_{k+1} \in W$, und damit folgt für $x_0 \in W$: $x_n \in W$ für alle $n \in \mathbb{N}$. Sei $d_k := |x_k - \overline{x}|$, dann also für $x_0 \in W$:

$$d_{k+1} \le C\,|x_k - \overline{x}|^p \le Cr^{p-1}\,|x_k - \overline{x}| = Ld_k$$

und damit $0 \le d_n \le L^n$ für $n \in \mathbb{N}$, also ist $(d_n)_n$ eine Nullfolge, d. h., $(x_n)_n$ konvergiert gegen $\overline{x}$. Der Rest der Aussage steht schon in (5.66). □

Ist eine Funktion h an einer Stelle $\overline{x}$ (mehrfach) differenzierbar, kann sie lokal mit einem Polynom angenähert werden, genauer gilt die Taylor[11]-Entwicklung.

Sei $I = (a, b)$ ein Intervall und f auf I $(n + 1)$-mal stetig differenzierbar, d. h., $f, f', \ldots, f^{(n+1)}$ existieren auf I und sind stetig, dann gilt für $x \in I, \overline{x} \in I$

$$f(x) = T_n f(x; \overline{x}) + R_n f(x; \overline{x}) , \tag{5.67}$$

wobei

$$T_n f(x; \overline{x}) := \sum_{k=0}^{n} \frac{f^{(k)}(\overline{x})}{k!}(x - \overline{x})^k ,$$

d. h. $T_n f(\cdot; \overline{x}) \in \mathbb{R}_n[x]$ und $T_n f(\overline{x}; \overline{x}) = f(\overline{x})$. Zudem ist z. B.

$$R_n f(x; \overline{x}) = \frac{f^{(n+1)}(\xi)}{(n + 1)!}(x - \overline{x})^{n+1} \tag{5.68}$$

für ein $\xi = \xi(x)$ zwischen x und $\overline{x}$, wobei ξ stetig von x abhängt. Bis auf einen (lokal kleinen) Fehler wird also f durch die Gerade

$$x \mapsto f(\overline{x}) + f'(\overline{x})(x - \overline{x}) ,$$

die Parabel

$$x \mapsto f(\overline{x}) + f'(\overline{x})(x - \overline{x}) + \frac{f''(\overline{x})}{2}(x - \overline{x})^2$$

etc. beschrieben. Dies angewendet ergibt den folgenden Satz:

---

[11] Brook Taylor *18. August 1685 in Edmonton, †29. Dezember 1731 in Somerset House

Satz 5.32

Sei $U = [a, b] \subset \mathbb{R}$ wie in Theorem 5.30, sei h p-mal stetig differenzierbar auf U für ein $p \in \mathbb{N}$.

Sei $\overline{x} \in (a, b)$ ein Fixpunkt von h, und es gelte für $p = 1$: $|h'(\overline{x})| < 1$ bzw. für $p > 1$: $h'(\overline{x}) = \ldots = h^{(p-1)}(\overline{x}) = 0$.

Dann konvergiert die Fixpunktiteration (5.61) lokal und mit Konvergenzordnung p.

Beweis: Nach Voraussetzung ergibt die TAYLOR-Entwicklung und $h(\overline{x}) = \overline{x}$:

$$h(x) = \overline{x} + h'(\xi(x))(x - \overline{x}) \quad \text{für } p = 1 \, ,$$

$$h(x) = \overline{x} + \frac{h^{(p)}(\xi)}{p!}(x - \overline{x})^p \quad \text{für } p > 1 \, .$$

Im Fall $p = 1$ gibt es wegen der Stetigkeit von $x \mapsto h'(\xi(x))$ ein Intervall $V := [\overline{x} - \epsilon, \overline{x} + \epsilon] \subset U, \epsilon > 0$, sodass auch für $x \in V$ gilt

$$|h'(x)| < C := |h'(\overline{x})| + \delta < 1 \tag{5.69}$$

für ein beliebiges $\delta \in (0, 1 - |h'(\overline{x})|)$, und damit ist für $x \in V$:

$$|h(x) - \overline{x}| \leq C |x - \overline{x}| \, .$$

Für $C := \max \left\{ |h^{(p)}(\xi)| / p! : \xi \in U \right\}$ folgt analog bei $p > 1$ für $x \in U$:

$$|h(x) - \overline{x}| \leq C |x - \overline{x}|^p \, .$$

Daher ist Satz 5.31 anwendbar (auf V für $p = 1$ bzw. U für $p > 1$) und liefert die Behauptung. $\qquad\qquad\qquad\qquad\qquad\qquad\qquad\qquad\qquad\qquad\qquad\qquad\qquad$ $\square$

Abschätzung (5.69) zeigt, dass, wenn die Iterierte hinreichend nahe bei $\overline{x}$, die Kontraktionszahl beliebig dicht bei $|h'(\overline{x})|$ ist. Insofern ist

$$C \approx |h'(\overline{x})| \tag{5.70}$$

eine gute Approximation. Ist $|h'(\overline{x})| > 1$, zeigen analoge Überlegungen, dass sich die Abstände $|x_n - \overline{x}|$ schließlich (wieder) vergrößern müssen, Konvergenz also nicht möglich ist. Der Fall $|h'(\overline{x})| = 1$ wird nicht von Theorem 5.30 erfasst und bleibt allgemein offen.

Nach (5.70) erwarten wir also für die Fixpunktiteration (5.41) bei $\alpha \neq \frac{1}{2}$

$$C \approx h'_\alpha(\overline{x}) = 2\alpha - 1$$

wegen $h_\alpha(x) = \alpha x + (1 - \alpha)\frac{a}{x}$, d. h. $h'_\alpha(x) = \alpha - (1 - \alpha)\frac{a}{x^2}$ und $\overline{x}^2 = a$, in Übereinstimmung mit den numerischen Experimenten. Bei der Fixpunktiteration (5.60) gilt

$$h'\left(\sqrt{a}\right) = -\frac{a-1}{\left(1 + \sqrt{a}\right)^2} \, ,$$

sodass lokale Konvergenz vorliegt, wenn $\left|h'(\sqrt{a})\right| < 1$ gilt. Wegen

$$\left|h'\left(\sqrt{a}\right)\right| = \frac{|1 - \sqrt{a}|}{1 + \sqrt{a}} < 1$$

ist dies immer erfüllt. Für $a = 2$ ist also die Kontraktionszahl

$$C \approx 1/\left(1 + \sqrt{2}\right)^2 \approx 0.1716 \, .$$

Beim Heron-Verfahren, d. h. (5.41) mit $\alpha = \frac{1}{2}$, gilt also $h'(\overline{x}) = 0$, $h''(x) = \frac{a}{x^3}$, d. h. $h''(\overline{x}) = \frac{1}{x} \neq 0$, was die beobachtete (lokale) quadratische Konvergenz begründet. Hinter dem Heron-Verfahren steht ein allgemeiner Ansatz, der auf alle Nullstellenprobleme differenzierbarer Funktionen anwendbar ist und Newton[12]-Verfahren genannt wird. Nach (5.70) ist die lineare Funktion

$$g(x) = f(\overline{x}) + f'(\overline{x})(x - \overline{x}) \tag{5.71}$$

eine gute Approximation an f nahe bei $\overline{x}$. Sei also $f : \mathbb{R} \to \mathbb{R}$ differenzierbar und eine Nullstelle, d. h. $\overline{x}$ mit $f(\overline{x}) = 0$ gesucht. Sei $x_0 \in \mathbb{R}$ eine Näherung, dann kann die Nullstelle von g für $\overline{x} = x_0$ bestimmt werden und als neue Näherung x_1 gesetzt werden:

$$0 = g(x_1) = f(x_0) + f'(x_0)(x_1 - x_0) \quad \Leftrightarrow \quad x_1 = x_0 - \frac{f(x_0)}{f'(x_0)} \, .$$

Dies setzt natürlich $f'(x_0) \neq 0$ voraus, da sonst g keine eindeutige Nullstelle hat. Setzt man diese Vorgehensweise fort, erhält man

$$x_{n+1} = x_n - \frac{f(x_n)}{f'(x_n)} =: h(x_n) \tag{5.72}$$

(immer unter der Voraussetzung $f'(x_n) \neq 0$) mit

$$h(x) = x - \frac{f(x)}{f'(x)} \, . \tag{5.73}$$

Bei $f(x) = x^2 - a$ ist

---

[12] Isaac Newton ∗4. Januar 1643 in Woolsthorpe-by-Colsterworth, †31. März 1727 in Kensington

$$h(x) = x - \frac{x^2 - a}{2x} = \frac{1}{2}\left(x + \frac{a}{x}\right),$$

d. h., das NEWTON-Verfahren ist dann das HERON-Verfahren. Eine PYTHON-Implementierung des NEWTON-Verfahrens mit Residuum-Abbruch lautet:

Algorithmus 18: NEWTON-**Verfahren mit Residuumskriterium**

```python
def newton(f, df, x0, eps=1.e-13):
    """Eine Implementierung des Newton-Verfahrens.

    Die Iteration bricht ab, sobald |f(x)| < eps.

    :param f: Funktion, deren Nullstelle gesucht ist.
    :param df: Ableitung der Funktion.
    :param x0: Startwert.
    :param eps: Abbruchschranke (optional).
    :return: Auswertestelle x, an der |f(x)| < eps gilt.
    """
    x = x0
    while abs(f(x)) >= eps:
        x -= f(x) / df(x)
    return x
```

Allgemein gilt bei h nach (5.73)

$$h'(x) = 1 - \frac{f'(x)^2 - f(x)f''(x)}{f'(x)^2} = \frac{f(x)f''(x)}{f'(x)^2},$$

falls f zweimal stetig differenzierbar ist, also $h'(\overline{x}) = 0$, falls $f(\overline{x}) = 0$ und für dreimal stetig differenzierbares f:

$$h''(x) = \frac{(ff''' + f''^2)f'^2 - 2ff'f''^2}{f'^4},$$

also $h''(\overline{x}) = (f''(\overline{x})/f'(\overline{x}))^2$.

Satz 5.32 ist also nur anwendbar mit $p = 2$, falls $f'(\overline{x}) \neq 0$, die Nullstelle also *einfach* ist. Bei $f'(\overline{x}) = 0$ kann nur Satz 5.32 mit $p = 1$ angewendet werden:

Es liegt allgemein lokale quadratische Konvergenz vor, falls $f'(\overline{x}) \neq 0$. Im Fall $f'(\overline{x}) = 0$ liegt i. Allg. nur lokale lineare Konvergenz vor. Globale Konvergenz kann beim NEWTON-Verfahren nicht erwartet werden. Die Fixpunktiteration angewandt auf (5.47) ist das NEWTON-Verfahren für $f(x) = x^3 - 2x + 2$. Das Verfahren ist also nur lokal konvergent.

Eine Vereinfachung des NEWTON-Verfahrens ist das *Sekantenverfahren*, bei dem für $U = \mathbb{R}$ die Ableitung $f'(x^{(k)})$ durch den Differenzenquotienten

$$\frac{f(x^{(k)}) - f(x^{(k-1)})}{x^{(k)} - x^{(k-1)}}$$

ersetzt wird, d. h.

$$x^{(k+1)} := x^{(k)} - \frac{x^{(k)} - x^{(k-1)}}{f(x^{(k)}) - f(x^{(k-1)})} f(x^{(k)}) \,. \tag{5.74}$$

Hier hängt die Iterationsvorschrift Φ also von $x^{(k)}$ und $x^{(k-1)}$ ab:

$$\Phi = \Phi(x, y) = x - \frac{x - y}{f(x) - f(y)} f(x) \tag{5.75}$$

und $x^{(k+1)} = \Phi(x^{(k)}, x^{(k-1)})$. Es sind also zwei Startwerte $x^{(0)}$, $x^{(1)}$ nötig.

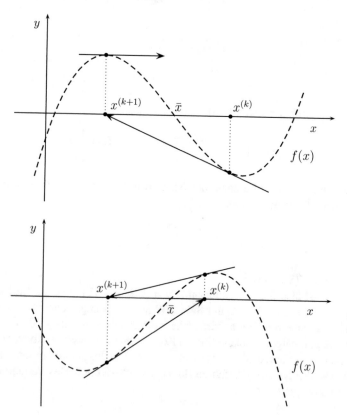

Abb. 5.1 Divergenz des NEWTON-Verfahrens

Satz 5.33

Ist f dreimal stetig differenzierbar auf $\mathbb{R}$ und $\overline{x}$ eine einfache Nullstelle von f mit $f''(\overline{x}) \neq 0$, dann ist das Sekantenverfahren lokal konvergent mit Ordnung $p = \frac{1}{2}(1 + 5^{\frac{1}{2}}) \approx 1.618$.

Beweis: Siehe z. B. SCHWARZ 1993, S. 211 f.   □

Man kann zusätzlich garantieren, dass $x^{(k)}$, $x^{(k-1)}$ jeweils die Nullstelle einschließen, wenn man die Startwerte $x^{(0)}$, $x^{(1)}$ entsprechend wählt.

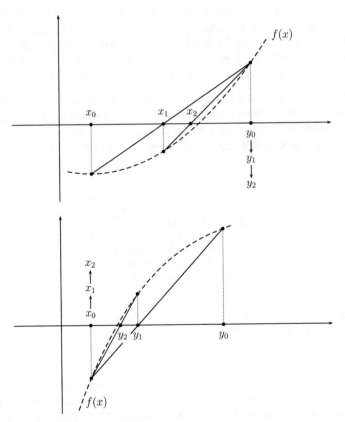

Abb. 5.2 Regula Falsi für konvexe und konkave Funktionen

Um die Verwandtschaft zum Bisektionsverfahren zu betonen, verwenden wir die dortige Notation mit zwei Folgen, d. h., es seien zwei Startiterierte x_0, y_0 gegeben, sodass die Funktionswerte verschiedene Vorzeichen haben, d. h. für $k = 0$:

$$f(x_k)f(y_k) < 0 \ . \tag{5.76}$$

Allgemein gelte dies für $k \in \mathbb{N}$, dann wird z_{k+1} nach (5.74) bestimmt:

$$z_{k+1} = x_k - \frac{x_k - y_k}{f(x_k) - f(y_k)} f(x_k) \ .$$

Wenn $f(z_{k+1})f(y_k) < 0$, dann sei

$$x_{k+1} := z_{k+1} \ , \quad y_{k+1} := y_k \ ,$$

sonst:

$$x_{k+1} := x_k \ , \quad y_{k+1} := z_{k+1} \ .$$

Dadurch wird die Einschließung (5.76) bewahrt. Der Preis für die Einschließung ist die Verringerung der Konvergenzordnung auf 1 (SCHWARZ 1993, S. 211 ff.). Das Verfahren heißt *Methode der Regula Falsi* und ist (wie in dem Sekantenverfahren) die iterative Weiterführung eines uralten Verfahrens gleichen Namens zur Lösung einer linearen Gleichung (siehe „Am Rande bemerkt" zu Abschnitt 4.2).

Da wir es hier anscheinend mit konvergenten Verfahren zu tun haben, wollen wir die Lösung über die bisher berechneten sieben signifikanten Stellen hinaus berechnen. Bei Fortführung der Iteration sogar für unser bestes Verfahren (5.33) ergibt sich aber überraschenderweise Tabelle 5.5 bei Verwendung von *einfacher Genauigkeit* (engl. *single precision*).

n	x_n	ε_n
0	1.00000000000000	0.41421356237310
1	1.50000000000000	0.08578643947840
2	1.41666674613953	0.00245318375528
3	1.41421568393707	0.00000212156397
4	1.41421353816986	0.00000002420323
5	1.41421353816986	0.00000002420323

Tabelle 5.5 „Stehenbleiben" der konvergenten Folge (bei (5.33)): Rechnung in PYTHON unter Verwendung der mpmath-Bibliothek mit 24 bit Binärgenauigkeit (entsprechend einfacher Genauigkeit)

Wir sehen also, dass es nicht möglich ist (bei Durchführung der Rechnung mit der üblichen einfachen Genauigkeit) mehr als sieben oder acht signifikante Stellen zu erreichen. Exakte Rechnungen sind i. Allg. nur auf symbolischer Ebene für einfache Aufgaben mit Computeralgebrasystemen wie Maple oder Maxima möglich. Benutzen wir in PYTHON den Datentyp float (der die Rechnung mit *doppelter Genauigkeit* (engl. *double precision*) durchführt), so erreichen wir ca. 13 bis 14 signifikante Stellen, bevor die Iteration zum Stehen kommt. Für technisch-naturwissenschaftliche Anwendungen wird eine solche (relative) Genauigkeit i. Allg. als ausreichend angesehen. Ursache dafür ist, dass die Rechnung tatsächlich nicht

n	x_n	ε_n
0	1.000000000000000	0.414213562373095
1	1.500000000000000	0.085786437626905
2	1.416666666666667	0.002453104293571
3	1.414215686274510	0.000002123901415
4	1.414213562374690	0.000000000001595
5	1.414213562373095	0.000000000000000
6	1.414213562373095	0.000000000000000

Tabelle 5.6 „Stehenbleiben" der konvergenten Folge (bei (5.33)): Rechnung in PYTHON mit doppelter Genauigkeit (Datentyp `float`)

im (idealisierten) Körper der reellen Zahlen stattfindet, sondern nur in einer endlichen Teilmenge, den *Maschinenzahlen* (siehe Kapitel 7).

Am Rande bemerkt: Rechenmaschinen 2: Rote und schwarze Zahlen, Rechnen durch Nachschauen und Schieben

Die Erfindung des Logarithmus war ein großer Schritt zur Vereinfachung langwieriger Rechnungen, erst mit *Logarithmentafeln*, dann auch mit dem *Rechenschieber*. Aus moderner Sicht ist alles recht einfach: Für eine beliebige Basis $a \in \mathbb{R}^+$ ist die Exponentialfunktion

$$e_a : \mathbb{R} \to \mathbb{R}^+, \; x \mapsto a^x$$

wohldefiniert (und stetig) (Aufgabe 5.5, 5.7) und bijektiv, ihre Umkehrabbildung

$$\ell_a : \mathbb{R}^+ \to \mathbb{R}$$

erfüllt also für $x, y \in \mathbb{R}^+$

$$\ell_a(x \cdot y) = \ell_a(x) + \ell_a(y) \,, \tag{5.77}$$

$$\ell_a(x/y) = \ell_a(x) - \ell_a(y) \,, \quad \ell_a(1) = 0 \,, \tag{5.78}$$

$$\ell_a(x^z) = z\ell_a(x) \quad \text{für } z \in \mathbb{R} \,. \tag{5.79}$$

Kann man also zu einer Basis den Logarithmus von x und y berechnen (und daher aus einer Tabelle ablesen), so wird Multiplikation/Division auf die einfachere Addition/Subtraktion zurückgeführt, wenn von der gefundenen Zahl c dann $e_a(c)$ bestimmt (aus einer Tabelle abgelesen) werden kann. Analog können z. B. n-te Wurzeln ((5.79) mit $z = \frac{1}{n}$) bestimmt werden. Nennt man eine Funktion $\ell : \mathbb{R}^+ \to \mathbb{R}$ *Logarithmusfunktion*, wenn (5.77) gilt, so darf man den Wertebereich skalieren, d. h., mit ℓ ist für $\alpha \in \mathbb{R}$ ($\alpha \neq 0$) auch $\tilde{\ell}$, definiert durch

$$\tilde{\ell}(x) := \alpha\ell(x) \,, \tag{5.80}$$

weiter logarithmisch und bijektiv. Bei einer Skalierung des Argumentbereichs, d. h. bei Übergang zu

$$\hat{\ell}(x) := \ell(\beta x), \quad \beta \in \mathbb{R}^+,$$

geht (5.77) verloren, und stattdessen gilt

$$\hat{\ell}(xy) = \hat{\ell}(\beta^{-2}) + \hat{\ell}(x) + \hat{\ell}(y), \tag{5.81}$$

da

$$\hat{\ell}(xy) = \ell(\beta^{-1}\beta x \beta y) = \ell(\beta^{-1}) + \ell(\beta x) + \ell(\beta y).$$

Nennt man analog eine Funktion $e : \mathbb{R} \to \mathbb{R}^+$ eine *Exponentialfunktion*, wenn gilt

$$e(x + y) = e(x)e(y), \quad x, y \in \mathbb{R}, \tag{5.82}$$

dann ist die Skalierung des Argumentbereichs unschädlich, nicht die des Wertebereichs. Es ist immer $e(0) = 1$, und $a := e(1)$ identifiziert die Basis. Bei einer Logarithmusfunktion ist also die Basis $a > 0$ durch

$$\ell(a) = 1$$

definiert. Wir benutzen ab jetzt die gebräuchliche Notation

$$\log_a(x) := \ell_a(x), \quad x \in \mathbb{R}^+$$

für die Umkehrfunktion zu e_a. Die oben genannten Skalierungen einer Logarithmusfunktion sind auch die einzigen Variationsmöglichkeiten, da für Basis $a, b > 0$ und $x \in \mathbb{R}$ gilt

$$a^x = \left(b^{\log_b a}\right)^x = b^{\beta x} \quad \text{mit } \beta := \log_b a$$

nach Aufgabe 5.5, b) und damit

$$\log_a x = \alpha \log_b x \quad \text{mit } \alpha = \frac{1}{\log_b a}, \tag{5.83}$$

und durch Vertauschen von a und b sieht man auch, dass

$$\log_a b = \frac{1}{\log_b a}.$$

Will man eine Wertetabelle von $\log_a$ anlegen für eine Basis $a > 0$, so geht dies nur für ein Intervall $[\ell, r) \subset \mathbb{R}^+$ und dort nur für eine diskrete Teilmenge, etwa die Argumente

$$x_i = \ell + ih \quad \text{und} \quad h = (r - \ell)/N, \ i = 0, \ldots, N.$$

Selbst wenn man sich auf $x \in [\ell, r)$ beschränken kann, wird i.Allg. x nicht mit einem x_i übereinstimmen, sondern nur

$$x \in (x_i, x_{i+1}) \quad \text{für ein } i \in \{0, \dots, N-1\}$$

gelten. Dann kann man sich $\log_a$ wegen der Kleinheit des Intervalls durch eine Gerade durch die Punkte $(x_i, \ell_a(x_i))$, $(x_{i+1}, \ell_a(x_{i+1}))$ approximiert denken [13] und diese auswerten (*lineare Interpolation*). I.Allg. wird nicht $x \in [\ell, r)$ gelten. Zu x gibt es ein $\beta > 0$, sodass $\beta x \in [\ell, r)$ gilt und (5.81) anwendbar wäre, der zweite Operand y braucht aber i.Allg. ein anderes β. Einfacher wird es, wenn a speziell gewählt wird, sodass sich der zusätzliche Summand in (5.81) gleich ergibt. Geht man davon aus, dass der „Tafelnutzer" an die dezimale Zahldarstellung ($p = 10$) „gewöhnt" ist, empfiehlt sich die Wahl $a = 10$, d. h. des *dekadischen Logarithmus* – die Überlegungen gelten aber auch analog für ein beliebiges p. Gehen wir von der wissenschaftlichen Notation (5.23) aus, d. h.

$$x = \pm a 10^\ell, \; y = \pm b 10^n, \quad 1 \le a, b \le 10, \; \ell, n \in \mathbb{Z}, \tag{5.84}$$

so berechne man $\log_{10}(|xy|)$ als

$$\log_{10}(a) + \log_{10}(b) + \ell + n$$

und damit

$$|xy| = 10^{(\log_{10} a + \log_{10}(b))} 10^{\ell+n}. \tag{5.85}$$

Es reicht also mit den Mantissen a und b zu rechnen und eine Tafel für $\ell = 1, r = 10$ zu haben. Der Wertebereich der Tafel ist also eine Teilmenge von $[0, 1)$. Aber auch bei (5.84) kann

$$s := \log_{10}(a) + \log_{10}(b) \ge 1 \tag{5.86}$$

gelten, sodass der Wert sich nicht (näherungsweise) in der Tabelle als Wert findet und dann nicht 10^s bestimmt werden kann. Hier hilft wegen $s - 1 < 1$

$$10 \cdot 10^{s-1} = 10^s$$

d. h., für $s - 1$ ist das Urbild abzulesen und mit 10 zu multiplizieren.

Logarithmentafeln gehörten bis in die 1970er Jahre zu den Standardwerkzeugen jedes Ingenieurs und Naturwissenschaftlers. Sie enthielten auch die trigonometrischen Funktionen tabelliert und weitere Informationen.[14] Der Weg dorthin begann mit Michael STIFELS „Arithmetica integra" von 1544, in der einer *geometrischen Progression* von Potenzen von 2 die *arithmetische Progression* der Exponenten gegenüber-

---

[13] Das bedeutet im Wesentlichen gerade der Begriff der Differenzierbarkeit.

[14] Die umfangreichste war nach ihren Verfassern *Vega-Bremiker* benannt, hatte ihre erste Auflage 1795 und erschien bis mindestens 1955.

gestellt wurde mit der Beobachtung, dass eine Multiplikation so auf eine Addition zurückgeführt werden kann, wenn sich die Zahlen in den Reihen finden. Die Zahlenfolgen mussten also hinreichend „dicht" gemacht werden. Auf diese Weise wurde der Uhrmacher Jost Bürgi[15] zu einem Vorläufer der Erfindung des Logarithmus mit seinem „Progress-Tabulen" von 1620[16], deren Titelblatt sich in Abbildung 5.3 findet. Darin werden *rote Zahlen*

Abb. 5.3 Deckblatt der „Progress-Tabulen"

---

[15] Jost Bürgi *28. Februar 1552 in Lichtensteig, †31. Januar 1632 in Kassel

[16] D. Roegel (2010). *Bürgi's "Progress Tabulen" (1620): logarithmic tables without logarithms.* http://locomat.loria.fr

$$n = 10, 20, \ldots, 230270, 230270, 022 := \overline{x} \qquad (5.87)$$

und *schwarze Zahlen* aus $[10^8, 10^9] \cap \mathbb{Z}$ angegeben, und zwar ausgehend von den roten Zahlen x als

$$b(x) = 10^8 (1.0001)^{\frac{x}{10}}$$

und damit

$$r(y) = 10 \frac{\log_{10}(x/10^8)}{\log_{10}(1.0001)}$$

$$\text{und} \quad b(r(y)) = y \,,$$

d. h., Bürgi stellte eine doppelt skalierte Antilogarithmentafel (d. h. zur Umkehrfunktion) auf zur Basis $a = 1.0001$. Die zugehörigen (mit der Hand durchzuführenden Multiplikationen) wurden so auf eine Addition des Vorgängerwertes mit sich um vier Stellen verschoben reduziert. Der sehr dicht bei 1 gewählte Basiswert sorgte dafür, dass die Abstände und damit die Rechengenauigkeit (siehe oben) späteren Logarithmentafeln entsprachen: Die Werte $b(x)$ waren auf neun Stellen angegeben (gerundet) und jeweils mindestens in zwei benachbarten in drei Stellen gleich. Der letzten roten Zahl entspricht $10^9 - 1$. Ganz wie bei einer Logarithmentafel wurden also eine Multiplikation auf das Auffinden von drei Werten in der Tafel zurückgeführt (*table lookups*). Es werden also für eine Multiplikation von x und y „entsprechende" $\tilde{x}, \tilde{y}$ bestimmt, die in neun Stellen mit x bzw. y übereinstimmen, jeweils in $[10^8, 10^9)$, d. h., b und r sind nicht auf ganz $\mathbb{R}$ bzw. $\mathbb{R}^+$ definiert, dazu $x' := r(\tilde{x})$, $y' := r(\tilde{y})$ durch Ablesen, dann

$$b(x' + y') = \tilde{x} \cdot \tilde{y} \cdot 10^{-8} \,,$$

und damit sind die führenden Ziffern von $x \cdot y$ bekannt. Wird dabei analog zu (5.85) (hier) der Definitionsbereich überschritten durch $x' + y'$, dann wird stattdessen mit $\overline{x}$ (nach (5.87)) (wenn b auf $\mathbb{R}$ definiert wäre) berechnet:

$$b(x' + y' - \overline{x}) = \frac{b(x' + y')}{b(\overline{x})} 10^{-8} = b(x' + y') 10^{-9} \,,$$

und damit bleiben die führenden neun Ziffern gleich.

Sehr ähnlich war das Vorgehen von John Napier[17], der folgende Abbildung benutzte:

$$\text{NapLog}(x) = -\log_a x + r \text{ mit } a = 10^7/(10^7 - 1) \approx 1.0000001 \text{ und } r = \log_a 10^7 \,.$$

Erst durch die Zusammenarbeit mit Henry Briggs[18] ab 1616 erfolgte die Umstellung auf den dekadischen Logarithmus.

---

[17] John Napier *1550 in Merchiston Castle bei Edinburgh, †4. April 1617 ebenda

[18] Henry Briggs *Februar 1561 in Warleywood bei Halifax, †26. Januar 1630 in Oxford

Wie wurden Werte bestimmt, wenn man direkt eine logarithmische Funktion auswerten wollte? Aus vorhandenen Werten konnten mittels (5.77)-(5.79) weitere bestimmt werden oder durch die Auswertung eines Interpolationspolynoms durch
mehrere Werte mit einem Verfahren wie analog vor (5.26) beschrieben. BRIGGS bestimmte durch wiederholtes Wurzelziehen

$$\alpha_n := 10^{\frac{1}{2^n}},\ \beta_n := 2^{\frac{1}{2^n}},\ n = 1,\dots,54,$$

$$\text{d. h. } \log_{10}\alpha_n = \frac{1}{2^n},\ \log_{10}\beta_n = \frac{1}{2^n}\log_{10}2\,,$$

wobei $x := \log_{10}2$ noch unbekannt ist, aber für $N = 54$ gilt $\alpha_N = 1 + a, \beta_N = 1 + b$
mit kleinen a, b, d. h.

$$1 + b = 2^{1/2^N} = \left(10^{1/2^N}\right)^x = (1 + a)^x \approx 1 + ax$$

nach (5.67) und damit

$$x \approx b/a \approx 0.30102999\dots$$

(siehe (5.71)), und damit ist gerade mal (siehe HAIRER und WANNER 2008) ein
Wert ausgerechnet. Mit den Fortschritten in der Analysis wurden immer mehr auch
schnell konvergente Reihenentwicklungen insbesondere von $\ln(x) := \log_e(x)$, dem
natürlichen Logarithmus (beachte aber (5.83)) bekannt, wobei e die EULER'sche Zahl
bezeichnet (siehe Abschnitt 5.4)[19].

Schon bald wurden die in einer Logarithmentafel steckenden Informationen in einen
Analogrechner[20] umgesetzt, d. h. den *Rechenschieber*. Beim Rechenschieber befindet sich inmitten eines *Stabkörpers* eine bewegliche *Zunge*. Auf dem Stabkörper
sind verschieden viele Skalen angebracht, entsprechend auf der Zunge, zum Teil
auch auf der Rückseite. Mit einem verschiebbaren *Läufer* können auch nicht direkt
aneinandergrenzende Skalen von Körper und Zunge in Bezug gesetzt und so besser
abgelesen werden. Eine Multiplikation/Division braucht die Skalen D auf dem Körper und C auf der Zunge, die jeweils den Wertebereich $[1, 10)$ logarithmisch durch
dessen Abstand von einem Bezugspunkt darstellen. Eine Multiplikation erfolgt also
durch Addition dieser Längen. Genau wie bei den Logarithmentafeln müssen die
Faktoren x, y in den Bereich $[1, 10)$ skaliert und die dadurch notwendige Stellenverschiebung muss durchgeführt werden (siehe (5.85)). Die Addition bei der Tafel-
benutzung wird durch Schieben ersetzt. Ist $xy < 10$, so wird $x_\ell = 1$ der Skala C
über x auf der Skala D platziert und so xy unter y auf der Skala C auf der Skala D

---

[19] Wegen $1.0001^{n/10} = e^{\ln(1.0001)n/10} = e^{\alpha n}$, wobei $\alpha = 9.999950003310^{-6}$, hat man BÜRGI (wohl
fälschlicherweise) unterstellt, den natürlichen Logarithmus approximieren zu wollen.

[20] Bei einem *Digitalrechner* werden Zahlen durch physikalische Größen dargestellt und Rechen-
operationen durch physikalische Prozesse in diskreter Weise realisiert. Das einfachste Beispiel sind
Rechenbrett bzw. Abakus (siehe Anhang E) mit Rechensteinen/Kugeln als physikalische Realisie-
rung von Zahlen und dem Verschieben als Rechenoperationen. Bei einem *Analogrechner* werden
Rechenoperationen direkt in physikalische Prozesse übersetzt mit kontinuierlichen physikalischen
Größen zur (approximativen) Darstellung von Zahlen.

abgelesen. Ist $xy > 10$, wird $x_r = 10$ der Skala C über x auf der Skala D platziert

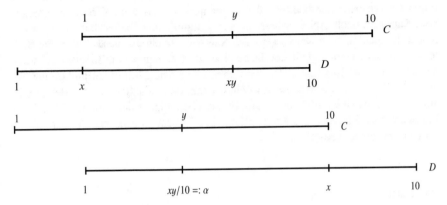

Abb. 5.4 Rechenschieber: Multiplikation

und dann unter y auf der Skala C der Wert $xy/10$ auf der Skala D abgelesen, da

$$\log_{10} 10 - \log_{10} y = \log_{10} x - \log_{10} a$$

d. h. $\log_{10} a = \log_{10}(x \cdot y/10)$ bzw. $a = xy/10$.

Analog zu Logarithmentafeln enthielten (größere) Rechenschieber noch eine Vielzahl von Skalen wie speziell skalierte Skalen (z. B. $B : x^2$) oder Skalen zu Exponential- oder trigonometrischen Funktionen (z. B. $S : \sin(0.1x)$).

Die Genauigkeit ist im Wesentlichen durch die Ablesegenauigkeit begrenzt, und diese variiert über eine z. B. logarithmischen Skala: Auf der Skala D sind im Intervall $[0, 2]$ sicher drei Stellen durch die Unterteilungsschritte und eine vierte durch „Interpolation" ablesbar, im Intervall $[9, 10]$ so nur drei Stellen. Nur durch eine größere Bauart kann die Genauigkeit erhöht werden. Insofern war der Rechenschieber das Gerät für die „schnelle", mäßig genaue Rechnung und die Logarithmentafel für genauere, aber aufwendigere. Nachdem sie schon in den 1960er Jahren Konkurrenz durch wissenschaftliche Tischrechner bekommen hatten, verschwand der Gebrauch von beiden schlagartig innerhalb eines Jahres nach Einführung des HP-35 (siehe „Am Rande bemerkt" zu Abschnitt 5.4). [21]

Es gibt auch eine *schriftliche Methode des Wurzelziehens*, die auch früher an den Schulen gelehrt wurde. Diese für das Handrechnen gedachte Methode liefert in jedem Schritt eine exakte Stelle. Im Fall einer Quadratzahl wird also nach k Schritten, wenn k die Stellenanzahl von $\sqrt{a}$ ist, die exakte Lösung bestimmt. Andernfalls definiert diese Methode ein Iterationsverfahren. Jeder Schritt benötigt eine Division mit Rest (siehe Theorem 2.13, Algorithmus 6) und eventuell mehrere Multiplikationen

---

[21] Man konnte vieles mit Rechenschiebern machen, aber für das Addieren waren sie nicht gedacht (obwohl dies über $x + y = (x/y + 1) y$ möglich ist). Insofern ist der wiederholte Bezug darauf bei engen Punktsituationen im Fußball (z. B. http://spon.de/adl8h) besonders bizarr.

und Subtraktionen. Es handelt sich also um ein linear konvergentes Verfahren mit Kontraktionszahl $C = 0.1$. Zum Beispiel für $a = 119025 = 345^2$ braucht das Verfahren drei Schritte zur exakten Lösung, während das NEWTON-Verfahren abhängig vom Startwert nach drei Schritten ca. sechs signifikante Stellen hat. Andererseits macht die quadratische Konvergenz des NEWTON-Verfahrens dieses bei großer Stellenanzahl bzw. Genauigkeit überlegen: Für die Rechnung von Tabelle 5.1 wären anstatt von sechs Iterationen 16 Iterationen nötig. Die Multiplikation von natürlichen Zahlen, d. h. von Mantissen in einer Gleitkommadarstellung zur Basis p, ist ausreichend, da sich daraus die Multiplikation beliebiger Gleitkommazahlen durch Exponentenaddition und eventuell zusätzlicher Ziffernverschiebung zur Normalisierung ergibt (siehe Kapitel 7).

Aufgaben

Aufgabe 5.9 Schreiben Sie eine PYTHON-Prozedur für das HERON-Verfahren

a) mit dem Abbruchkriterium $\tilde{\delta}_n$,

b) mit dem zugehörigen Fehlerschätzer (5.53),

c) mit einer Kombination der Abbruchkriterien bzw. Fehlerschätzer.

d) Entwickeln Sie Kriterien zur Abschätzung des *relativen Fehlers*

$$\frac{|x_n - x|}{|x|} \quad (\text{bei } x \neq 0)$$

und implementieren Sie diese.

Aufgabe 5.10 Schreiben Sie eine PYTHON-Prozedur zur Durchführung einer Fixpunktiteration für eine beliebige Funktion h und wenden Sie diese auf die Fixpunktgleichungen $h(x) = x$, $h(x) = 2x$ und $h(x) = \frac{x}{2}$ an.

Aufgabe 5.11 Schreiben Sie eine PYTHON-Prozedur zur Durchführung des Sekantenverfahrens bzw. der Regula Falsi und wenden Sie diese an auf $f(x) = x^2 - 2$. Verifizieren Sie Ihre Ergebnisse anhand von Tabelle 4.1.

Aufgabe 5.12 Betrachten Sie die Fixpunktiteration (5.34) für $h : [a,b] \to [a,b]$ (im Sinne von Theorem 5.30) mit Fixpunkt x. Zeigen Sie:

a) Sei h monoton wachsend. Dann gilt:

Ist $x_0 \leq x$ (bzw. $x_0 \geq x$), dann ist auch

$x_n \leq x$ (bzw. $x_n \geq x$) für alle $n \in \mathbb{N}_0$.

Ist h zusätzlich kontrahierend auf $[a,b]$, dann ist $(x_n)_n$ monoton wachsend (bzw. $(x_n)_n$ monoton fallend).

b) Sei h monoton fallend. Dann gilt:

Ist $x_0 \leq x$ (bzw. $x_0 \geq x$) , dann ist auch

$$x_{2k} \leq x, \; x_{2k+1} \geq x \; (\text{bzw. } x_{2k} \geq x, \; x_{2k+1} \leq x) \text{ für alle } k \in \mathbb{N} .$$

Aufgabe 5.13 (L) Betrachtet werde das HERON-Verfahren zur Approximation von $\sqrt{a}$ für $a \in \mathbb{R}^+$, d. h. das NEWTON-Verfahren für $f(x) = x^2 - a, \; x \in \mathbb{R}^+$. Zeigen Sie:

a) Ist $0 < x_0 < \sqrt{a}$, dann $x_1 \geq \sqrt{a}$.
b) Für $n \in \mathbb{N}$ gilt: $x_n \geq \sqrt{a}$ und $(x_n)_n$ ist monoton fallend.

Aufgabe 5.14 Zeigen Sie folgende Verallgemeinerung von Aufgabe 5.13.
Sei $f : \mathbb{R} \to \mathbb{R}$ zweimal stetig differenzierbar und $f'(x) \geq 0$ für $x \in \mathbb{R}$, d. h., f ist monoton wachsend, sei $\bar{x} \in \mathbb{R}$ mit $f(\bar{x}) = 0$, $x_0 \in \mathbb{R}$ so, dass das NEWTON-Verfahren konvergiert.

a) Ist $f''(x) \geq 0$ für $x \in \mathbb{R}$ (d. h., f ist *konvex*), dann ist $x_n \geq \bar{x}$ für $n \in \mathbb{N}$, $(x_n)_n$ ist monoton fallend.
b) Ist $f''(x) \leq 0$ für $x \in \mathbb{R}$ (d. h., f ist *konkav*), dann ist $x_n \leq \bar{x}$ für $n \in \mathbb{N}$, $(x_n)_n$ ist monoton wachsend.

Ist $f'(x) \leq 0$ für $x \in \mathbb{R}$ (monoton fallend), kehren sich die Aussagen um.

Aufgabe 5.15 (L) Sei $f : [a,b] \to \mathbb{R}$ stetig differenzierbar, und $\bar{x} \in [a,b]$ sei eine Nullstelle mit Vielfachheit $m \in \mathbb{N}$ (siehe Satz G.6). Zeigen Sie, dass das *modifizierte* NEWTON-Verfahren

$$x_{n+1} = x_n - m \frac{f(x_n)}{f'(x_n)}$$

lokal quadratisch konvergiert.

Aufgabe 5.16 Machen Sie sich über das Verfahren des schriftlichen Wurzelziehens sachkundig, implementieren Sie dieses Verfahren in PYTHON und führen Sie vergleichende numerische Experimente mit dem NEWTON-Verfahren durch.

5.3 Die Feinstruktur der reellen Zahlen

Wir wissen bisher, dass es „sehr viele" irrationale Zahlen gibt, können aber nur wenige benennen, nämlich $\sqrt{\frac{m}{n}}$, falls $\frac{m}{n}$ gekürzt kein Quotient aus Quadratzahlen ist. Aus solchen irrationalen und rationalen Zahlen lassen sich aber neue irrationale zusammensetzen, z. B.

$$\mathbb{Q}(\sqrt{2}) := \left\{ r \in \mathbb{R} : r = q_1 + q_2 \sqrt{2}, \; q_1, q_2 \in \mathbb{Q} \right\} . \tag{5.88}$$

Die Zahl $r \in \mathbb{Q}(\sqrt{2})$ ist im Fall $q_2 \neq 0$ irrational, da dies für $\sqrt{2}$ gilt. Tatsächlich gilt sogar folgendes Lemma:

Lemma 5.34

$\mathbb{Q}(\sqrt{2})$ ist ein Unterkörper von $\mathbb{R}$, der kleinste Unterkörper, der $\mathbb{Q}$ und $\sqrt{2}$ umfasst.

Beweis: Es ist die Abgeschlossenheit bzgl. der Operationen und der Inversenbildung zu zeigen. Bis auf die Inverse bzgl. · ist dies wegen der Körpereigenschaften von $\mathbb{Q}$ klar, da

$$\left(q_1^{(1)} + q_2^{(1)}\sqrt{2}\right) + \left(q_1^{(2)} + q_2^{(2)}\sqrt{2}\right) = q_1^{(1)} + q_1^{(2)} + \left(q_2^{(1)} + q_2^{(2)}\right)\sqrt{2}$$

$$\left(q_1^{(1)} + q_2^{(1)}\sqrt{2}\right) \cdot \left(q_1^{(2)} + q_2^{(2)}\sqrt{2}\right) = q_1^{(1)}q_1^{(2)} + q_2^{(1)}q_2^{(2)} \cdot 2 + \left(q_1^{(1)}q_2^{(2)} + q_2^{(1)}q_1^{(2)}\right)\sqrt{2}$$

$$-\left(q_1 + q_2\sqrt{2}\right) = -q_1 + (-q_2)\sqrt{2}\,.$$

Es gilt weiter für $q_1, q_2 \in \mathbb{Q}$, $q_1 q_2 \neq 0$:

$$\left(q_1 + q_2\sqrt{2}\right)\left(q_1 - q_2\sqrt{2}\right) = q_1^2 - q_2^2\left(\sqrt{2}\right)^2$$
$$= q_1^2 - 2q_2^2 =: \alpha$$

und $\alpha \in \mathbb{Q}$, $\alpha \neq 0$, da $\sqrt{2} \notin \mathbb{Q}$, und damit

$$\left(q_1 + q_2\sqrt{2}\right)^{-1} = \frac{1}{\alpha}\left(q_1 - q_2\sqrt{2}\right)\,.$$

Ist schließlich $K \subset \mathbb{R}$ ein Körper mit $\mathbb{Q} \subset K$, $\sqrt{2} \in K$, dann auch $\mathbb{Q}(\sqrt{2}) \subset K$. $\square$

Betrachtet man den obigen Beweis, sieht man, dass $\mathbb{Q}$ durch einen beliebigen Unterkörper K und $\sqrt{2}$ durch $\sqrt{\alpha}$ ersetzt werden kann, sofern $\alpha \in K$, aber $\sqrt{\alpha} \notin K$ gilt. Dann erhalten wir einen echt größeren Körper als K, für $\sqrt{\alpha} \in K$ bleibt es hingegen bei K.

Satz 5.35

Sei K ein Unterkörper von $\mathbb{R}$, $\alpha \in \mathbb{R}$, dann ist

$$K(\sqrt{\alpha}) := \left\{r \in \mathbb{R} : r = q_1 + q_2\sqrt{\alpha},\ q_1, q_2 \in K\right\}$$

der kleinste Unterkörper von $\mathbb{R}$, der K und $\sqrt{\alpha}$ umfasst. Man spricht auch von einer *quadratischen Erweiterung*.

Beispiel 5.36 Da z. B. $\sqrt{3} \notin \mathbb{Q}\left(\sqrt{2}\right)$,

denn sonst wäre $\sqrt{3} = q_1 + q_2\sqrt{2}$ *für* $q_1, q_2 \in \mathbb{Q}$, *d. h.* $3 = q_1^2 + 2q_1q_2\sqrt{2} + 2q_2^2$. *Dies schließt* $q_1 q_2 \neq 0$ *aus, auch* $q_1 = 0$ *und* $q_2 = 0$ *ist im Widerspruch zu Theorem 4.40,*

ist ein *Erweiterungskörper* von $\mathbb{Q}\left(\sqrt{2}\right)$, z. B.

$$\mathbb{Q}\left(\sqrt{2},\ \sqrt{3}\right) := \left(\mathbb{Q}\left(\sqrt{2}\right)\right)\left(\sqrt{3}\right) .$$

Die Elemente haben also die Gestalt

$$q_1 + q_2\sqrt{2} + \left(q_3 + q_4\sqrt{2}\right)\sqrt{3} = q_1 + q_2\sqrt{2} + q_3\sqrt{3} + q_4\sqrt{6}$$

für $q_i \in \mathbb{Q}$, $i = 1, \dots, 4$.   ∘

Wenn wir auf diese Weise fortfahren, erhalten wir immer größere Teilkörper von $\mathbb{R}$, aber können wir $\mathbb{R}$ damit „ausschöpfen"? Es stellt sich heraus, dass wir dem „Ozean" $\mathbb{R}$ mit unseren „Löffelchen" $\sqrt{r_i}$ nicht viel anhaben können, sondern gerade die *konstruierbaren* Zahlen erfassen können.

Definition 5.37

Eine Zahl $r \in \mathbb{R}$ heißt *konstruierbar*, wenn $(r, 0)$ ein mit Zirkel und Lineal konstruierbarer Punkt in der euklidischen Ebene $\mathbb{R}^2$ ist.

Das Problem der antiken Mathematik, welche Punkte bzw. Figuren in $\mathbb{R}^2$ mit Zirkel und Lineal konstruierbar sind, wird in Anhang I näher beleuchtet. Es stellt sich heraus, dass Summen, Produkte und additive bzw. multiplikative Inverse von konstruierbaren Zahlen, und damit insbesondere $\mathbb{Q}$, konstruierbar sind. Darüber hinaus ist für jedes konstruierbare r auch $\sqrt{r}$ konstruierbar. Was das Instrument der Körperoperationen auf $\mathbb{Q}$ also nicht in endlich vielen Schritten schafft, ist mit Zirkel und Lineal möglich.

Die Begründung für die Konstruierbarkeit von $\sqrt{r}$ für eine konstruierbare Zahl r ist wie folgt:

Man konstruiere eine Strecke AB der Länge $1 + r$ (siehe Satz I.3), den Teilungspunkt C in die Teilstrecken mit den Längen $|AC| = r$, $|CB| = 1$, und dann den Kreis um den Mittelpunkt der Strecke AB mit dem Radius $(r + 1)/2$. (Alle genannten Zahlen und Punkte sind konstruierbar.) In C wird die Senkrechte konstruiert, die den Kreis in D schneidet. Dann ist $|CD| = \sqrt{r}$. Denn: Da der Winkel $\angle ADB$ ein rechter ist (Satz von THALES[22]), liegen mit $\triangle ABD$, $\triangle ACD$, $\triangle CBD$ rechtwinklige Dreiecke vor, in denen jeweils der Satz von PYTHAGORAS[23] angewandt werden kann:

$$|AD|^2 + |BD|^2 = |AB|^2 = (r + 1)^2 ,$$
$$|AD|^2 = |CD|^2 + r^2 ,$$
$$|BD|^2 = |CD|^2 + 1^2 ,$$

---

[22] THALES VON MILET *um 624 v. Chr. in Griechenland, †um 547 v. Chr. in Griechenland
[23] PYTHAGORAS VON SAMOS *um 570 v. Chr. auf Samos, †nach 510 v. Chr. in Metapont in der Basilicata

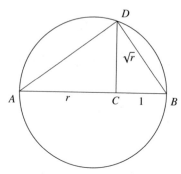

Abb. 5.5 Konstruktion von $\sqrt{r}$

also

$$2\,|CD|^2 + r^2 + 1 = (r+1)^2 = r^2 + 2r + 1$$

und damit

$$|CD|^2 = r\,.$$

Endlich viele der bisher betrachteten quadratischen Körpererweiterungen führten also nicht aus den konstruierbaren Zahlen heraus, d. h., die Elemente einer iterierten quadratischen Erweiterung von $\mathbb{Q}$ sind konstruierbar, wobei

---

Definition 5.38

Ein Körper $K \subset \mathbb{R}$ heißt *iterierte quadratische Erweiterung* von $\mathbb{Q}$, wenn eine endliche Kette von Teilkörpern

$$\mathbb{Q} =: K_0 \subset K_1 \subset \ldots \subset K_n =: K$$

und positive reelle Zahlen $r_i \in K_{i-1}$ existieren, sodass $K_i = K_{i-1}\left(\sqrt{r_i}\right)$ für $i = 1, \ldots, n$.

Es gilt sogar das folgende Theorem:

Theorem 5.39

Ein $r \in \mathbb{R}$ ist genau dann konstruierbar, wenn r in einer iterierten quadratischen Erweiterung von $\mathbb{Q}$ enthalten ist. Der kleinste $\mathbb{Q}$ und r umfassende Körper ist in diesem Fall eine iterierte quadratische Erweiterung von $\mathbb{Q}$.

Beweis: Siehe Satz I.5. □

Damit ist das geometrische Problem der Konstruktion mit Zirkel und Lineal „alge-braisiert" und damit die Möglichkeit eröffnet worden, klassische Probleme, für die in der Antike – rein geometrisch – keine Entscheidung gefunden werden konnte, neu anzugehen. Dies soll am Beispiel des *Delischen Problems* (Anhang I), verdeutlicht werden, was äquivalent ist zu der Frage:

$$- \text{Ist } r = \sqrt[3]{2} \text{ konstruierbar? } - \tag{5.89}$$

Die Klärung dieser Frage erfolgte erst im 19. Jahrhundert. Dazu sollten Körperer-weiterungen etwas allgemeiner betrachtet werden. Die bisher betrachteten „Erwei-terungselemente" $\sqrt{r}$ sind Lösungen einer polynomialen Gleichung vom Grad 2 mit rationalen bzw. ganzen Koeffizienten

$$x^2 - r = 0 \,. \tag{5.90}$$

In Verallgemeinerung davon sei $p \in \mathbb{Q}[x]$, d. h. ein Polynom mit rationalen Koeffizi-enten (siehe Anhang G für Eigenschaften von Polynomringen $K[x]$), $n := \text{grad}(p)$, d. h.

$$p(x) = \sum_{i=0}^{n} q_i x^i \,, \quad q_i \in \mathbb{Q}, \, q_n \neq 0 \tag{5.91}$$

und $\alpha \in \mathbb{R}$ eine Nullstelle von p, also

$$p(\alpha) = 0 \,. \tag{5.92}$$

Da durch Multiplikation mit einem beliebigen $q \in \mathbb{Q}[x]$ ein neues Polynom mit (5.92) entsteht, soll $p \neq 0$ als minimal im Grad und damit als irreduzibel (siehe Bemerkungen G.14, 5) vorausgesetzt werden. Die folgende Definition sei in Über-einstimmung mit den obigen Definitionen:

Definition 5.40

$\mathbb{Q}(\alpha)$ bezeichnet den kleinsten Unterkörper von $\mathbb{R}$, der $\mathbb{Q}$ und α umfasst, wobei α (5.92), (5.91) bei minimal gewähltem $p \in \mathbb{Q}[x]$ erfüllt.

Satz 5.41

Sei $p \in \mathbb{Q}[x]$, $p \neq 0$, p minimal, sodass $p(\alpha) = 0$, $n := \text{grad}(p)$, dann

$$\mathbb{Q}(\alpha) = \left\{ r \in \mathbb{R} : r = \sum_{i=0}^{n-1} q_i \alpha^i \,, \, q_i \in \mathbb{Q}, \, i = 0, \dots, n-1 \right\} \,.$$

Dabei wird einer Summe der Form

$$r = \sum_{i=0}^{n-1} q_i r_i$$

mit festem $r_i \in \mathbb{R}$, $i = 0, \ldots, n-1$, als (*rationale*) Linearkombination der r_i bezeichnet.

Beweis: Die Menge rechts in der Behauptung werde mit $\tilde{\mathbb{Q}}(\alpha)$ bezeichnet. Aufgrund der Körperaxiome folgt sofort, dass

$$\tilde{\mathbb{Q}}(\alpha) \subset \mathbb{Q}(\alpha) \, .$$

Es gilt:

$$\mathbb{Q} \subset \tilde{\mathbb{Q}}(\alpha) \ (r = q_0) \quad \text{und} \quad \alpha \in \tilde{\mathbb{Q}}(\alpha) \ (r = 1 \cdot \alpha) \, ,$$

sodass es für die verbliebene Inklusion reicht zu zeigen, dass $\tilde{\mathbb{Q}}(\alpha)$ einen Körper darstellt, also bezüglich der Operationen und Inversenbildung abgeschlossen ist. Bezüglich + ist dies klar, bezüglich · sei

$$r_j = \sum_{i=0}^{n-1} q_i^{(j)} \alpha^i =: p_j(\alpha) \, , \quad j = 1, 2$$

mit Polynomen $p_j \in \mathbb{Q}[x]$, grad $p_j \leq n-1$, dann ist

$$r_1 r_2 = p_1(\alpha) p_2(\alpha) = (p_1 p_2)(\alpha) \, ,$$

wobei der Grad von $p_1 p_2$ i. Allg. größer als $n-1$ ist. Da aber nach (5.92)

$$\alpha^n = \frac{1}{q_n} \left(\sum_{i=0}^{n-1} (-q_i) \alpha^i \right) ,$$

kann das Vielfache von α^n durch eine Linearkombination von $\alpha^0, \ldots, \alpha^{n-1}$ ersetzt werden und damit sukzessive auch $\alpha^{n+1}, \alpha^{n+2}$ und alle auftretenden höheren Potenzen von α, sodass schließlich $r_1 r_2 \in \tilde{\mathbb{Q}}(\alpha)$. Sei schließlich

$$r = \sum_{i=0}^{n-1} \tilde{q}_i \alpha^i =: \tilde{p}(\alpha) \, ,$$

d. h. $\tilde{p} \in \mathbb{Q}[x]$. In Anhang G wird erklärt, dass in $K[x]$ genau wie in $\mathbb{Z}$ mit Rest geteilt werden kann (Satz G.3) und daher auch der größte gemeinsame Teiler (mit dem EUKLID'schen Algorithmus) bestimmt werden kann (Satz G.9). Speziell für p nach (5.91) und $\tilde{p}$ ergibt sich wegen der Irreduzibilität von p, dass

$$\mathrm{ggT}\,(p, \tilde{p}) = 1 \in \mathbb{Q} \, .$$

Allgemein (und auch mit dem EUKLID'schen Algorithmus bestimmbar) gibt es nach Korollar G.11 Polynome $f_1, f_2 \in \mathbb{Q}[x]$, sodass

$$f_1 p + f_2 \tilde{p} = \text{ggT}(p, \tilde{p}) = 1,$$

insbesondere also

$$f_2(\alpha)\tilde{p}(\alpha) = (f_1 p + f_2 \tilde{p})(\alpha) = 1. \tag{5.93}$$

Mit obiger Überlegung können in $f_2(\alpha)$ die Vielfachen von $\alpha^n, \alpha^{n+1}, \ldots$, sofern sie auftreten, in Linearkombinationen von $1, \alpha, \ldots, \alpha^{n-1}$ umgewandelt werden, sodass

$$f_2(\alpha) \in \tilde{\mathbb{Q}}(\alpha)$$

gilt und nach (5.93) das Inverse zu $\tilde{p}(\alpha)$ darstellt. $\qquad \square$

Alle bisher betrachteten Körper L bestehen aus Linearkombinationen von Zahlen r_i mit Koeffizienten aus einem Grundkörper K (hier $K = \mathbb{Q}$), wobei i. Allg. $r_i \notin K$. Noch ist es nicht klar, wie viele der Zahlen r_i nötig sind, um einen Körper L zu erzeugen. Zum Beispiel bei $K = \mathbb{Q}(\sqrt{2})$ könnte zu $r_1 = 1, r_2 = \sqrt{2}$ noch $r_3 = 2 + 3\sqrt{2}$ hinzugenommen werden, ohne K zu erweitern. Ein minimaler Satz von r_i muss gerade *linear unabhängig* sein, wobei

---

Definition 5.42

Sei K ($\supset \mathbb{Q}$) ein Grundkörper, $r_1, \ldots, r_n \in \mathbb{R}$.

$$r = \sum_{i=1}^{n} q_i r_i \quad \text{mit} \quad q_i \in K, i = 1, \ldots, n,$$

heißt eine *Linearkombination* der $r_1, \ldots, r_n$ über K,

$$L := \left\{ r : r = \sum_{i=1}^{n} q_i r_i, q_i \in K \right\} =: \text{span}_K(r_1, \ldots, r_n)$$

heißt der von $r_1, \ldots, r_n$ über K endlich erzeugte Körper und $\{r_1, \ldots, r_n\}$ ein *Erzeugendensystem* von L über K. Gilt

$$\sum_{i=1}^{n} q_i r_i = 0 \quad \text{für} \quad q_i \in K, i = 1, \ldots, n \quad \Rightarrow \quad q_1 = \ldots = q_n = 0,$$

so heißen die $r_1, \ldots, r_n$ *linear unabhängig* über K.

Satz 5.43

Sei K ($\supset \mathbb{Q}$) ein Grundkörper, $r_1, \dots, r_n \in \mathbb{R}$, $L := \mathrm{span}_K(r_1, \dots, r_n)$, dann sind folgende Aussagen äquivalent:

i) $r_1, \dots, r_n$ ist minimal, d. h., es gibt keine $r'_1, \dots, r'_{n'}$ mit $n' < n$, sodass $L = \mathrm{span}_K\left(r'_1, \dots, r'_{n'}\right)$.

ii) $r_1, \dots, r_n$ sind linear unabhängig über K.

Beweis: i) $\Rightarrow$ ii) (in Kontraposition): $r_1, \dots, r_n$ seien nicht linear unabhängig über K, d. h., es gibt $q_i \in K$, $i = 1, \dots, n$, die nicht alle verschwinden, sodass

$$0 = \sum_{i=1}^{n} q_i r_i \,.$$

Sei o. B. d. A. $q_1 \neq 0$, d. h.

$$r_1 = \sum_{i=2}^{n} \left(-\frac{q_i}{q_1}\right) r_i \,,$$

also $\mathrm{span}_K(r_1, \dots, r_n) = \mathrm{span}_K(r_2, \dots, r_n)$, und (i) gilt nicht.

ii) $\Rightarrow$ i) (in Kontraposition): Skizze: Sei $r_1, \dots, r_n$ nicht minimal und $r'_1, \dots, r'_{n'}$ eine minimale Menge mit gleichem endlich erzeugten Körper, nach „(i) $\Rightarrow$ (ii)" ist also insbesondere $r'_1, \dots, r'_{n'}$ linear unabhängig. Jedes r_i lässt sich durch die r'_j darstellen, d. h.

$$r_i = \sum_{j=1}^{n'} q_{ij} r'_j \,, \quad i = 1, \dots, n \quad \text{für geeignete } q_{ij} \in K \,.$$

Seien $q_1, \dots, q_n \in K$ und $0 = \sum_{i=1}^{n} q_i r_i$, es soll also gezeigt werden, dass es solche q_i gibt, sodass nicht $q_i = 0$ für alle $i = 1, \dots, n$. Es ist

$$0 = \sum_{i=1}^{n} q_i \sum_{j=1}^{n'} q_{ij} r'_j$$

$$= \sum_{j=1}^{n'} \sum_{i=1}^{n} q_{ij} q_i r'_j =: \sum_{j=1}^{n'} \tilde{q}_j r'_j \,.$$

Aus der linearen Unabhängigkeit der r'_j ist dies äquivalent mit

$$\sum_{i=1}^{n} q_{ij} q_i = \tilde{q}_j = 0 \quad \text{für } j = 1, \dots, n' \,.$$

Dies ist ein homogenes lineares Gleichungssystem in n' ($< n$) Gleichungen für n Unbekannte $q_1, \dots, q_n$. Das Ziel ist erreicht, wenn ein solches Gleichungssystem neben der offensichtlichen Lösung $q_1 = \ldots = q_n = 0$ auch eine weitere besitzt mit mindestens einem $q_k \neq 0$. Dies ist der Fall, der Beweis muss aber der *linearen Algebra*, in der Lösungsmengen solcher Gleichungssysteme untersucht werden, überlassen werden. (Um die Gültigkeit einzusehen, bestimme man die Lösungsmengen von $n' = 1, n = 2$, d. h. von

$$aq_1 + bq_2 = 0 \, ,$$

für beliebige $a, b \in \mathbb{Q}$. $\square$

Die Anzahl der linear unabhängigen Elemente, die einen Körper L über K erzeugen, ist also immer gleich, daher

---

Definition 5.44

Sei K $(\supset \mathbb{Q})$ ein Grundkörper, $r_1, \ldots, r_n \in \mathbb{R}$ linear unabhängig über K und

$$L = \mathrm{span}_K (r_1, \ldots, r_n) \, .$$

Dann heißt n der *Grad von L über K*, geschrieben $[L : K]$, und $r_1, \ldots, r_n$ eine *Basis* von L über K.

Basen sind also sowohl Erzeugendensysteme als auch linear unabhängig. Alle bisher verwendeten erzeugenden Elemente waren linear unabhängig, da folgender Satz gilt:

Satz 5.45

Sei K $(\supset \mathbb{Q})$ ein Grundkörper, $p \in K[x]$ ein irreduzibles Polynom mit $grad(p) = n$ und $p(\alpha) = 0$ für ein $\alpha \in \mathbb{R}$. Dann sind $1, \alpha, \ldots, \alpha^{n-1}$ linear unabhängig.

Beweis: Seien $q_i \in K$, $\tilde{p}(\alpha) := \sum_{i=0}^{n-1} q_i \alpha^i = 0$. p hat als irreduzibles Polynom minimalen Grad mit der Eigenschaft $p(\alpha) = 0$ (siehe Bemerkungen G.14, 5), also muss $\tilde{p}$ das Nullpolynom sein, d. h. $q_0 = \ldots = q_{n-1} = 0$. $\square$

Für die bisherigen Beispiele gilt also

$$[K(\sqrt{r}) : K] = 2 \, ,$$

falls $\sqrt{r} \notin K$ für ein Körper K $(\supset \mathbb{Q})$, da $\sqrt{r}$ die Nullstelle des über K irreduziblen Polynoms $p(x) = x^2 - r$ ist – wäre p reduzibel über K, hätte es die Nullstellen $\sqrt{r}, -\sqrt{r} \in K$ entgegen der Voraussetzung – und damit nach Satz 5.45 1, $\sqrt{r}$ linear unabhängig sind und $K(\sqrt{r})$ endlich erzeugen.

Analog gilt unter den Voraussetzungen (5.91), (5.92), d. h. für einen Körper K $(\supset \mathbb{Q})$ und ein irreduzibles Polynom $p \in K[x]$ vom Grad n mit Nullstelle $\alpha \in \mathbb{R}$:

$$[K(\alpha) : K] = n \, .$$

Für den Grad von Körpererweiterungen gilt folgender Satz:

Satz 5.46

Seien $\mathbb{Q} \subset K \subset L \subset E \subset \mathbb{R}$ Körper, und L sei endlich über K erzeugt, E endlich über L erzeugt, dann ist auch E endlich über K erzeugt und

$$[E : K] = [E : L][L : K] \, . \tag{5.94}$$

Beweis: Übung: Man wähle eine Basis $\{r_1, \ldots, r_n\}$ von $[E : L]$ und eine Basis $\{s_1, \ldots, s_m\}$ von $[L : K]$ und zeige, dass $\{r_i s_j : i = 1, \ldots, n \, , \, j = 1, \ldots, m\}$ eine Basis von $[E : K]$ ist.   □

Der Grad einer iterierten quadratischen Erweiterung über $\mathbb{Q}$ ist also immer eine Potenz von 2. Damit können wir schließlich die Frage (5.89) beantworten, und zwar negativ:

Satz 5.47: Delisches Problem

Die Zahl $\alpha := \sqrt[3]{2} \in \mathbb{R}$ ist nicht konstruierbar.

Beweis: Die Zahl α ist Nullstelle von

$$p(x) = x^3 - 2 \, ,$$

und p ist irreduzibel über $\mathbb{Q}$ nach nachfolgendem Lemma 5.48. Also gilt für die erzeugte Körpererweiterung

$$[\mathbb{Q}(\alpha) : \mathbb{Q}] = 3 \, ,$$

und damit kann $\mathbb{Q}(\alpha)$ keine iterierte quadratische Erweiterung von $\mathbb{Q}$ sein, nach Theorem 5.39 ist also α nicht konstruierbar. Alternativ kann auch direkt die Annahme, dass $\sqrt[3]{2}$ zu einer iterierten quadratischen Erweiterung gehört, zum Widerspruch geführt werden (Übung), ohne auf den Begriff des Grades zurückzugreifen.   □

Die zugehörige geometrische Formulierung ist das *Delische Problem*. Ein Würfel sei durch seine Kantenlänge $a > 0$, a konstruierbar, gegeben. Ist dann ein Würfel mit doppeltem Volumen konstruierbar?

Lemma 5.48

Sei $p \in \mathbb{Z}_3[x]$ und normiert. Dann gilt: p ist irreduzibel in $\mathbb{Q}[x]$ genau dann, wenn p keine Nullstelle $x \in \mathbb{Z}$ besitzt.

Beweis: „⇒": Hätte p eine Nullstelle α, ließe sich $x - \alpha \in \mathbb{Z}_1[x]$ von p abspalten durch Teilen mit Rest in $\mathbb{Q}[x]$, und der Rest wäre notwendigerweise 0 (vgl. Satz G.6).

„⇐" (durch Kontraposition): Angenommen p ist nicht irreduzibel, dann zerfällt $p = p_1 p_2$ in $\mathbb{Q}[x]$, und der Grad eines der Polynome ist nach der Gradformel (G.3) 1, d. h., p hat eine rationale Nullstelle $\alpha = m/n$, $m \in \mathbb{Z}$, $n \in \mathbb{N}$, wobei die Darstellung als teilerfremd vorausgesetzt wird. Sei

$$p(x) = x^3 + n_2 x^2 + n_1 x + n_0 \quad \text{mit } n_i \in \mathbb{Z},\ i = 0, 1, 2,$$

also

$$m^3 = -n(n_2 m^2 + n n_1 m + n_0 n^2).$$

Ist $n > 1$, dann hat n einen Primfaktor q, der auch Primfaktor von m^3, d. h., von m ist, im Widerspruch zur Teilerfremdheit, d. h. $n = 1$ und $\alpha = m \in \mathbb{Z}$. $\quad\square$

Bisher wurden immer ein festes Polynom $p \in \mathbb{Q}[x]$ und eine feste Nullstelle α und dann die kleinste Körpererweiterung betrachtet, die α enthält. Anscheinend ist der Bereich an reellen Zahlen, der dadurch ausgeschöpft wird, eher gering. Wir fassen nun diesen Ansatz maximal zusammen, indem wir alle $p \in \mathbb{Q}[x]$ und alle Nullstellen davon zulassen.

Definition 5.49

Sei $r \in \mathbb{R}$. r heißt *algebraisch* (über $\mathbb{Q}$), wenn ein Polynom $p \in \mathbb{Q}[x]$ existiert, sodass r Nullstelle ist, d. h. $p(r) = 0$. Ist p irreduzibel und $\mathrm{grad}(p) = n$, so heißt r *algebraisch vom Grad n*. Die algebraischen Zahlen werden zur Menge $\mathbb{A}$ zusammengefasst.

Bemerkungen 5.50 1) Äquivalent können auch nur Polynome über $\mathbb{Z}$ betrachtet werden, die aber ggf. nur in $\mathbb{Q}[x]$ (mit Rest) geteilt werden können.

2) Die Begriffe können auf beliebige Körper $K \subset L$ statt $\mathbb{Q} \subset \mathbb{R}$ verallgemeinert werden. $\qquad\qquad\triangle$

Man kann nun von $\mathbb{A}$ ausgehen und sich fragen, welche weiteren reellen Zahlen durch Körperoperationen hinzukommen und ob man etwa so ganz $\mathbb{R}$ erfasst. Die erstaunliche Antwort auf die erste Frage ist: Es kommen gar keine dazu.

Satz 5.51

Die Menge $\mathbb{A}$ mit den Körperoperationen von $\mathbb{R}$ ist ein Unterkörper von $\mathbb{R}$.

Beweis: Es ist also zu zeigen, dass $\mathbb{A}$ bezüglich der Operationen und der Inversenbildung abgeschlossen ist. Bei den Inversen ist das einfach: Ist $a \in \mathbb{A}$, d. h.

$$p(a) = 0 \quad \text{für} \quad p(a) = \sum_{i=0}^{n} q_i a^i, \quad q_i \in \mathbb{Q}, \, i = 1, \ldots, n, \, q_n \neq 0,$$

dann gilt

$$0 = \sum_{i=0}^{n} q_i (-1)^i (-a)^i = \sum_{i=0}^{n} \tilde{q}_i (-a)^i =: \tilde{p}(-a),$$

d. h. $-a \in \mathbb{A}$ und auch für $a \neq 0$:

$$0 = a^{-n} p(a) = \sum_{i=0}^{n} q_i \left(\frac{1}{a}\right)^{n-i} = \sum_{i=0}^{n} \tilde{q}_i \left(\frac{1}{a}\right)^i =: \tilde{p}\left(\frac{1}{a}\right).$$

Um für $a, b \in \mathbb{A}$ auf $a + b \in \mathbb{A}$ bzw. $a \cdot b \in \mathbb{A}$ zu schließen, müsste man aus Polynomen $p_1, p_2 \in \mathbb{Q}[x]$ mit $p_1(a) = 0 = p_2(b)$ weitere p_3, p_4 konstruieren, sodass $p_3(a+b) = 0 = p_4(ab)$. Dies erscheint als kaum zu bewältigen. Es erweist sich aber, dass wir so viel Wissen über Strukturzusammenhänge gesammelt haben, sodass wir die Existenz von solchen p_3, p_4 sichern können, ohne sie angeben zu müssen: Wir betrachten die Erweiterungskörper $\mathbb{Q}(a)$ und $\mathbb{Q}(b)$ und wissen nach Satz 5.45, dass

$$n := [\mathbb{Q}(a) : \mathbb{Q}]$$

eine natürliche Zahl ist (nämlich der Grad von einem irreduziblen $p_1 \in \mathbb{Q}[x]$ mit $p_1(a) = 0$). Analog ist

$$m := [(\mathbb{Q}(a))(b) : \mathbb{Q}(a)] \in \mathbb{N},$$

da ein irreduzibles $p_2 \in \mathbb{Q}[x] \subset \mathbb{Q}(a)[x]$ und $p_2(b) = 0$ existiert.
Damit gilt auch für $K := (\mathbb{Q}(a))(b)$ nach Satz 5.46:

$$[K : \mathbb{Q}] = [K : \mathbb{Q}(a)] \cdot [\mathbb{Q}(a) : \mathbb{Q}] = nm \in \mathbb{N}.$$

Wegen $a \in \mathbb{Q}(a) \subset (\mathbb{Q}(a))(b)$, $b \in \mathbb{Q}(b) \subset (\mathbb{Q}(a))(b)$ sind also $a + b, a \cdot b \in (\mathbb{Q}(a))(b)$, einem Körper mit endlichem Grad über $\mathbb{Q}$.
Betrachtet man

$$1, \, (a+b)^1, \, (a+b)^2, \, \ldots, \, (a+b)^k,$$

so können diese Zahlenmengen mindestens für $k \geq nm$ nicht mehr linear unabhängig über $\mathbb{Q}$ sein, es gibt also ein $k \in \mathbb{N}$ und $q_i \in \mathbb{Q}, i = 0, \ldots, k$, nicht alle gleich 0, sodass

$$p_3(a+b) := \sum_{i=0}^{k} q_i (a+b)^i = 0.$$

Damit ist die Existenz von p_3 nachgewiesen. Die Argumentation für $a \cdot b$ ist identisch. $\qquad \square$

Es könnte immer noch $\mathbb{R} = \mathbb{A}$ sein, aber schon Leonhard EULER war sich sicher, dass es reelle Zahlen jenseits der algebraischen gibt. Lange Zeit waren diese sehr geheimnisumwittert (siehe auch F. TOENNIESSEN 2010)[24], daher auch die folgende Bezeichnung:

Definition 5.52

Die Elemente der Menge $\mathbb{R} \setminus \mathbb{A}$ heißen *transzendente Zahlen*[25].

Auch wenn wir bisher keine transzendente Zahl angeben können, gibt es doch sehr viele davon, genauer sind viel mehr Zahlen transzendent als algebraisch, denn:

Satz 5.53

Die Menge der algebraischen Zahlen $\mathbb{A}$ ist abzählbar unendlich.

Beweis: Wir werden verschiedene Aussagen benötigen, die schon in „Am Rande bemerkt: Hilberts Hotel" zu Abschnitt 2.3 aufgetreten sind. Sei

$$\mathbb{Q}_n[x] := \{p \in \mathbb{Q}[x] : \mathrm{grad}(p) \le n\} \quad \text{für } n \in \mathbb{N},$$

dann ist $\mathbb{Q}_n[x]$ abzählbar, da $\mathbb{Q}$ abzählbar ist (endliches kartesisches Produkt abzählbarer Mengen: Fortführung des ersten CANTOR'schen Diagonalarguments aus Bemerkung 4.32). Jedes $p \in \mathbb{Q}_n[x]$ hat höchstens n Nullstellen (Satz G.6, 3), also ist auch

$$\tilde{\mathbb{Q}}_n := \{\alpha \in \mathbb{R} : \alpha \text{ Nullstelle eines Polynoms } p \in \mathbb{Q}_n[x]\}$$

abzählbar (abzählbare Vereinigung endlicher Mengen) und damit schließlich auch

$$\mathbb{A} = \bigcup_{n \in \mathbb{N}} \tilde{\mathbb{Q}}_n$$

(abzählbare Vereinigung abzählbarer Mengen: wieder erstes CANTOR'sches Diagonalargument). $\qquad \square$

Ein direkterer Weg zu transzendenten Zahlen ergibt sich aus einer Approximationseigenschaft der algebraischen durch rationale Zahlen, die sich erstaunlicherweise eher „schlecht" approximieren lassen.

---

[24] F. TOENNIESSEN (2010). *Das Geheimnis der transzendenten Zahlen.* Heidelberg: Spektrum Akademischer Verlag.

[25] Aus WIKIPEDIA-Eintrag zu *Transzendenz:* „Als *transzendent* gilt, was außerhalb oder jenseits eines Bereiches möglicher Erfahrung, insbesondere des Bereiches der normalen Sinneswahrnehmung liegt und nicht von ihm abhängig ist.", Zugriff: 06.02.2019.

Satz 5.54

Sei $r \in \mathbb{R}$ eine algebraische Zahl vom Grad $k \geq 2$, dann gibt es eine Konstante $C > 0$, sodass für alle $q = m/n \in \mathbb{Q}$, $m \in \mathbb{Z}$, $n \in \mathbb{N}$ gilt

$$\left| r - \frac{m}{n} \right| \geq C \cdot \frac{1}{n^k} .$$

Beweis: Sei $p \in \mathbb{Q}[x]$, $\text{grad}(p) = k$, $p(r) = 0$. Durch Multiplikation mit einem Vielfachen der Nenner der Koeffizienten kann $p \in \mathbb{Z}[x]$ sichergestellt werden:

$$p(x) = \sum_{i=0}^{k} n_i x^i , \quad n_i \in \mathbb{Z} .$$

Nach Anhang Satz G.6, 1) gilt

$$p(x) = q(x)(x - r) \quad \text{mit} \quad q \in \mathbb{Q}[x], \text{grad}\, q = k - 1 .$$

Wegen der Stetigkeit von q auf $\mathbb{R}$ ist q lokal beschränkt, d. h., es existieren Konstanten $C_1, C_2 > 0$, sodass

$$|q(x)| \leq C_1 , \quad \text{falls } |x - r| \leq C_2 \tag{5.95}$$

(für eine genaue Begründung siehe *Analysis*). Das Polynom p hat höchstens k Nullstellen, daher kann C_2 so klein gewählt werden, dass

$$p(x) \neq 0 , \quad \text{falls } |x - r| \leq C_2, x \neq r .$$

Sei $C := \min\left(C_2, \frac{1}{C_1}\right)$. Die Behauptung mit dieser Konstanten wird nun dadurch bewiesen, dass aus

$$\left| r - \frac{m}{n} \right| < C \cdot \frac{1}{n^k}$$

der Widerspruch $r = \frac{m}{n}$ abgeleitet wird:
Es ist also

$$\left| r - \frac{m}{n} \right| < C \leq C_2$$

und nach (5.95) damit

$$\left| q\left(\frac{m}{n}\right) \right| \leq C_1 , \quad \text{also}$$

$$\left| p\left(\frac{m}{n}\right) \right| < C_1 \cdot C \cdot \frac{1}{n^k} \leq \frac{1}{n^k}$$

und damit

$$\ell := \left| \sum_{i=0}^{k} n_i m^i n^{k-i} \right| = \left| \sum_{i=0}^{k} n_i \left(\frac{m}{n} \right)^i n^k \right| = \left| p \left(\frac{m}{n} \right) \right| n^k < 1 \ .$$

Da andererseits $\ell \in \mathbb{N}_0$, folgt also $p \left(\frac{m}{n} \right) = 0$ und damit $\frac{m}{n} = r$. $\qquad\square$

Transzendente Zahlen sind also „sehr gut" durch Brüche, z. B. Dezimalbrüche, approximierbar. Auf diese Weise fand Joseph LIOUVILLE[26] 1844 die (klassische) LIOU-VILLE-Zahl. Allgemeiner:

Definition 5.55

Sei $r \in \mathbb{R} \setminus \mathbb{Q}$. r heißt LIOUVILLE-Zahl oder liouvillesch, wenn zu jedem $k \in \mathbb{N}$ Zahlen $m \in \mathbb{Z}$, $n \in \mathbb{N}$ mit $n \geq 2$ existieren, sodass

$$0 < \left| r - \frac{m}{n} \right| < \frac{1}{n^k} \ . \tag{5.96}$$

Satz 5.56

1) Eine LIOUVILLE-Zahl $r \in \mathbb{R}$ ist transzendent.

2) Sei $p \in \mathbb{N}$, $p \geq 2$, Basis einer Zahldarstellung, sei $(a_k)_k$ eine Folge in $\{0, \ldots, p-1\}$, sodass $a_k \neq 0$ für unendlich viele $k \in \mathbb{N}$, dann ist die Zahl

$$r := \sum_{k=1}^{\infty} a_k p^{-k!} \tag{5.97}$$

eine LIOUVILLE-Zahl.

3) Es gibt überabzählbar viele LIOUVILLE-Zahlen.

Beweis: Zu 1): Sei $r \in \mathbb{R}$ gemäß (5.96). r ist irrational: Angenommen, $r = a/b$ mit $a \in \mathbb{Z}$, $b \in \mathbb{N}$, dann

$$\left| r - \frac{m}{n} \right| = \frac{|an - mb|}{bn}$$

und wegen $\left| r - \frac{m}{n} \right| > 0$ ist $|an - mb| \in \mathbb{N}$, also

$$\left| r - \frac{m}{n} \right| \geq \frac{1}{bn} \geq \frac{1}{2^{k-1}n} \geq \frac{1}{n^k} \ ,$$

---

[26] Joseph LIOUVILLE $*$24. März 1809 in Saint-Omer, †8. September 1882 in Paris

falls k so groß gewählt wird, dass $2^{k-1} \geq b$, und damit ist ein Widerspruch erreicht. Angenommen, r ist algebraisch vom Grad $\ell \geq 2$, dann existiert nach Satz 5.54 eine Konstante $C > 0$, sodass

$$\frac{C}{n^\ell} \leq \left| r - \frac{m}{n} \right| < \frac{1}{n^k} \quad \text{für alle } k \in \mathbb{N},$$

also

$$C \leq n^{\ell-k}.$$

Dies führt zum Widerspruch für große $k \in \mathbb{N}$ (genauer für $k > -\ln C / \ln n + \ell$). Zu 2): Die Zahl r nach (5.97) ist irrational, da (5.97) nicht periodisch ist (Satz 4.62). Sei s_k die k-te Partialsumme von r und

$$\frac{m}{n} := s_k, \quad \text{d. h. } n = p^{k!}. \tag{5.98}$$

Damit folgt, da r nicht mit s_k übereinstimmen kann,

$$0 < \left| r - \frac{m}{n} \right| = \sum_{\ell=k+1}^{\infty} a_\ell p^{-\ell!} \leq \sum_{\ell=k+1}^{\infty} (p-1) p^{-\ell!}$$

$$< (p-1) \sum_{\ell=(k+1)!}^{\infty} p^{-\ell} = \frac{p-1}{p^{(k+1)!}} \sum_{\ell=0}^{\infty} p^{-\ell} = \frac{p}{p^{(k+1)!}} < \frac{1}{n^k}$$

nach (5.98) und unter Beachtung von

$$k!k < (k+1)! - 1.$$

Zu 3): Nach Korollar 2.25 ist Abb$(\mathbb{N}, \{0, 1\})$ und damit auch Abb$(\mathbb{N}, \{0, \dots, p-1\})$ überabzählbar. $\mathbb{N}$ hat nur abzählbar viele endliche Teilmengen, sodass durch die Bedingung an die Folge $(a_k)_k$ nur abzählbar viele Folgen entfernt werden und überabzählbar viele zur Verfügung stehen. □

Bemerkungen 5.57 1) Die klassische LIOUVILLE-Zahl ist $p = 10$, $a_k = 1$ für alle $k \in \mathbb{N}$, d. h.

$$L := \sum_{k=1}^{\infty} 10^{-k!} = 0.110001000000000000000001\dots.$$

Da aber die Darstellungsbasis gewechselt werden kann, heißt dies nicht, dass LIOU-VILLE-Zahlen fast nur Nullen in ihrer (Dezimal-)Darstellung haben. So ergibt $p = 2$, $a_k = 1$ für alle $k \in \mathbb{N}$

$$r = 0.76562505960464477\dots.$$

Aus jeder beliebigen nichtendlichen Dezimaldarstellung kann eine LIOUVILLE-Zahl gewonnen werden, indem sukzessive Nullen eingeschoben werden, sodass die Ziffer n_k auf die Position $k!$ wandert. Auch kann $k!$ durch jede andere „stark" wachsende Folge ersetzt werden, z. B. a^k für $a > 1$.

2) Dennoch ist das LEBESGUE[27]-Maß (siehe nachfolgend „Am Rande bemerkt") der LIOUVILLE-Zahlen in $\mathbb{R}$ bzw. in $[0, 1]$ gleich 0, sodass es noch „viele" transzendente Zahlen geben muss, die nicht LIOUVILLEsch sind.

3) Sei

$$
U_k := \bigcup_{n=2}^{\infty} \bigcup_{m=-\infty}^{\infty} \left\{ x \in \mathbb{R} : 0 < \left| x - \frac{m}{n} \right| < \frac{1}{n^k} \right\}
$$

$$
= \bigcup_{n=2}^{\infty} \bigcup_{m=-\infty}^{\infty} \left(\frac{m}{n} - \frac{1}{n^k}, \frac{m}{n} + \frac{1}{n^k} \right) \setminus \left\{ \frac{m}{n} \right\} .
$$

Dann gilt für die Menge der LIOUVILLE-Zahlen

$$
\mathbb{L} = \bigcap_{k=1}^{\infty} U_k .
$$

Insbesondere sind die LIOUVILLE-Zahlen dicht in $\mathbb{R}$, da sie $\mathbb{Q}$ beliebig approximieren und diese Menge dicht in $\mathbb{R}$ ist (Theorem 5.12). △

Bemerkung 5.58 Die reellen Zahlen haben sich als eine Vervollständigung von $\mathbb{Q}$ herausgestellt. Sei $p \in \mathbb{N}$, $p \geq 2$. Dies bedeutet, dass jedem Ausdruck für $k \in \mathbb{N}$, gegeben durch

$$
\sum_{i=-\infty}^{k} n_{-i} p^i ,
$$

wobei $n_{-i} \in \{0, \ldots, p - 1\}$, ein Sinn zugeordnet worden ist, d. h. gerade die Konvergenz dieser Reihe (in der üblichen Abstandsmessung) sichergestellt wurde (siehe Abschnitt 5.1). Beschränkt man sich auf Primzahlen p, kann man eine von p abhängige andere Körpererweiterung von $\mathbb{Q}$ einführen, den Körper $\mathbb{Q}_p$ der p-adischen Zahlen. Formal handelt es sich dabei um die Ausdrücke

$$
\sum_{i=-k}^{\infty} n_{-i} p^i , \tag{5.99}
$$

wieder $n_{-i} \in \{0, \ldots, p - 1\}$, also in Zifferndarstellung geschrieben

$$
(\ldots n_{-2} n_{-1} n_0 . n_1 \ldots n_k)_p ,
$$

---

[27] Henri Léon LEBESGUE ∗28. Juni 1875 in Beauvais, †26. Juli 1941 in Paris

d. h., die „Pünktchen" in der Darstellung sind nach links gewandert und die besprochenen Rechenmethoden übertragen sich, jetzt aber von rechts nach links mit entsprechenden Überträgen. Für rationale Zahlen mit endlicher Darstellung zur Basis p, d. h. den Ausnahmefällen, bleibt alles beim Alten, ansonsten beachte man als Beispiele

$$(\ldots(p-1)(p-1)\ldots(p-1))_p + 1_p = 0_p \,,$$

d. h., Inverse können ohne Minuszeichen dargestellt werden (siehe p-Komplement: „Am Rande bemerkt" zu Abschnitt 4.1) und somit für $q \in \mathbb{N}$

$$\left(-\frac{1}{q}\right)_p = \frac{((p-1)(p-1)\ldots(p-1))_p}{q_p} \,,$$

z. B. $\quad \left(-\frac{1}{3}\right)_5 = \frac{(\ldots4\ldots4)_5}{3} = (\ldots1313)_5$

und damit $\frac{1}{3} = -\frac{2}{3} + 1 = (\ldots3132)_5$ im Vergleich zu $\frac{1}{3} = (0.\overline{13})_5$, hier im „üblichen" Sinn zur Basis $p = 5$. Um den formalen Rechnungen einen Sinn zu geben, muss ein Betrag benutzt werden, der hohe positive Potenzen von p wenig wertet (wie der Betrag nach Definition 5.8 hohe negative Potenzen wenig wertet). Dies geschieht durch die folgende Definition:

Sei $x \in \mathbb{Q}$, $x \neq 0$, $x = \frac{m}{n}p^k$, wobei $m \in \mathbb{Z}$, $n \in \mathbb{N}$ teilerfremd mit p, und $k \in \mathbb{Z}$, d. h., aus der Primfaktorzerlegung von Zähler und Nenner werden die Potenzen von p ausgesondert, dann:

$$|x|_p := p^{-k} \quad \text{und} \quad |x|_p := 0 \quad \text{für } x = 0\,. \tag{5.100}$$

Hat also $x \in \mathbb{Z}$, $x \neq 0$, die Primfaktorzerlegung

$$x = p_1^{k_1}\ldots p_l^{k_l}, \quad k_i \in \mathbb{Z}\,,$$

dann

$$|x|_{p_i} = p_i^{-k_i} \quad \text{und} \quad |x|_p = 1 \quad \text{für } p \text{ verschieden von } p_i\,.$$

Der Abstand zweier Zahlen x, y ist dann durch $|x - y|_p$ definiert. Der Abstand „springt" also in Potenzen von p und fügt so Zahlen zu „Clustern" zusammen. Damit bekommt (5.99) in der üblichen Definition als Grenzwert von Partialfolgen einen Sinn, und es ergibt sich analog zur Stellenwertdarstellung von reellen Zahlen, dass immer eine CAUCHY-Folge vorliegt (Übung). Wird der Körper $\mathbb{Q}_p$ als die Vervollständigung von $\mathbb{Q}$ bzgl. $|\cdot|_p$ in der gleichen Prozedur wie in Abschnitt 5.1 definiert, so liegt bei (5.99) also immer Konvergenz vor. Der so erhaltene Körper ist überabzählbar analog zum Argument für $\mathbb{R}$ (siehe Theorem 5.28), aber nicht verträglich anordbar.

$\triangle$

Am Rande bemerkt: Wichtig oder unwichtig?: Drei Kriterien

Wir haben bisher zwei Kriterien kennengelernt, die „Wichtigkeit" einer Teilmenge M von $\mathbb{R}$ zu beurteilen: ihre Anzahl (Kardinalzahl) und ihre Approximierfähigkeit. Mit Letzterem meinen wir, dass M dicht in $\mathbb{R}$ ist. Das „Gegenteil" ist eine *nirgends dichte* Menge. Dies meint, dass für jedes Intervall I, das ein Element von M enthält, auch $I \cap M$ nicht dicht in I ist. Schließlich heißt eine abzählbare Vereinigung von nirgends dichten Mengen *mager*. Eine nirgends dichte Menge ist also sehr „löchrig" und eine magere durch solche approximierbar. Es ist insofern Vorsicht geboten, dass eine abzählbare Menge also immer mager ist, aber auch dicht sein kann, wie $M = \mathbb{Q}$ zeigt. Wir können also eine Menge M als „unwichtig" ansehen, weil sie „wenig" Elemente besitzt, d. h. nur abzählbar ist, oder weil sie nirgends dicht oder mager ist. Die rationalen Zahlen zeigen, dass so völlig unterschiedliche Antworten entstehen können. Ein drittes Kriterium ist das (Lebesgue-)*Maß* einer Menge. Darunter versteht man die Fortsetzung des elementaren Maßes $\lambda((a, b)) := b - a$ auf eine möglichst große Teilmenge von $\mathcal{P}(\mathbb{R})$, deren Elemente dann (Lebesgue-)*messbar* genannt werden. Dazu wird eine σ-*Algebra* gebildet, d. h. ein Mengensystem $\mathcal{M}$ mit $\mathbb{R} \in \mathcal{M}$, welches bezüglich Komplementbildung und abzählbaren Vereinigungen abgeschlossen ist. Die kleinste σ-Algebra, die alle offenen Teilmengen von $\mathbb{R}$ enthält, wird mit $\mathcal{B}(\mathbb{R})$ bezeichnet. Ein *Maß* ist eine Abbildung μ auf eine σ-Algebra $\mathcal{M}$ nach $\mathbb{R} \cup \{+\infty\}$

- $\mu(\emptyset) = 0$,

- $\mu\left(\bigcup_{n=1}^{\infty} A_n\right) = \sum_{n=1}^{\infty} \mu(A_n)$

für ein paarweise disjunktes Mengensystem $(A_n)_n$. (Das Maß einer Menge kann also ∞ (unendlich) sein, z. B. $\mu(\mathbb{R}) = +\infty$; die Konvergenzbegriffe von Definition 4.42 müssen also so erweitert werden, dass auch $a_n \to \infty$ für eine Folge sinnvoll ist.) Es stellt sich heraus, dass eine Fortsetzung des obigen λ zu einem Maß auf $\mathcal{B}(\mathbb{R})$ möglich ist. Ein $X \in \mathcal{B}(\mathbb{R})$ heißt *Nullmenge*, wenn $\lambda(X) = 0$. Dies ist also ein drittes Kriterium für „Unwichtigkeit". $\mathcal{B}(\mathbb{R})$ wird schlichtweg um alle Teilmengen von Nullmengen ergänzt zu $\mathcal{L}(\mathbb{R})$ und das Maß so zum Lebesgue-*Maß*. Jede abzählbare Menge ist eine Nullmenge, d. h., insbesondere ist $\mathbb{Q}$ eine Nullmenge. Bei abzählbaren Mengen kommen die Begriffe Nullmenge und mager zusammen, i. Allg. aber nicht. Es gilt sogar: Es gibt Teilmengen $M, N \subset \mathbb{R}$, sodass M mager und N eine Nullmenge ist mit

$$\mathbb{R} = M \cup N. \tag{5.101}$$

Insbesondere ist also M keine Nullmenge (sondern hat volles Maß), und N ist nicht mager, da sonst auch $\mathbb{R}$ mager wäre (was nicht gilt). Beide Mengen müssen überabzählbar sein, da sonst M eine Nullmenge und N mager wäre.

Die Mengen M und N können folgendermaßen konstruiert werden. Sei $\mathbb{Q} = \{q_1, \ldots, q_i, \ldots\}$ eine Aufzählung und

$$I_{jk} := \left(q_j - 2^{-(j+k)}, q_j + 2^{-(j+k)}\right), \quad j, k \in \mathbb{N}$$

$$G_k := \bigcup_{j=1}^{\infty} I_{jk}, \quad k \in \mathbb{N}$$

$$N := \bigcap_{k=1}^{\infty} G_k, \quad M := \mathbb{R} \backslash N.$$

Dann kann von N gezeigt werden, dass es eine Nullmenge ist, da $\lambda(I_{jk})$, $j = 1, \ldots$ eine konvergente Reihe bildet (siehe Satz 4.57, 3), deren Wert für hinreichend großes k beliebig klein ist. Andererseits ist M mager, da $\mathbb{R} \backslash G_k$ mager ist.

Einen anderen Extremfall in der Kombination dieser Eigenschaften ist die CANTOR-Menge. Schreibt man $\mathbb{R}$ in der Zahldarstellung zu $p = 3$ *(triadisch)*, so ist

$$M := \{x \in \mathbb{R} : x = \sum_{i=1}^{\infty} n_i 3^{-i}, \ n_i \in \{0, 2\}, \ i \in \mathbb{N}\}$$

eine Menge, die gleichmächtig zu $2^{\mathbb{N}}$ und damit zu $\mathbb{R}$ ist. M kann auch gebildet werden, indem eine Folge von Mengen aus Vereinigungen abgeschlossener Teilmengen von [0, 1] definiert wird, beginnend mit

$$M_1 := [0, 1].$$

Liegt M_k als Vereinigung endlich vieler abgeschlossener Teilintervalle vor, wird jedes dann in drei gleich große Intervalle geteilt und das mittlere entfernt. Die Vereinigung der verbleibenden Teilintervalle bildet M_{k+1}, d. h.

$$M_2 = [0, 1/3] \cup [2/3, 1], \quad M_3 = [0, 1/9] \cup [2/9, 1/3] \cup [2/3, 7/9] \cup [8/9, 1],$$

und schließlich $M = \bigcap_{k \in \mathbb{N}} M_k$.

Es ergibt sich, dass M nirgends dicht in [0, 1] und (LEBESGUE-)messbar mit $\lambda(M) = 0$ ist. (für weitere Details siehe APPELL 2009 [28]). Einen Überblick über Mengen „geringer Wichtigkeit" (nach den verschiedenen Kriterien) gibt Tabelle 5.7

Menge X	X abzählbar	$\lambda(X) = 0$	X mager	
$\mathbb{Z}$	✓	✓	✓	(sogar nirgends dicht)
$\mathbb{Q}$	✓	✓	✓	(aber auch dicht)
nicht existent	✓	-	?	
CANTOR-Menge	-	✓	✓	(sogar nirgends dicht)
N nach (5.101)	-	✓	-	
M nach (5.101)	-	- (volles Maß)	✓	
$\mathbb{R}$ oder $\mathbb{R} \backslash \mathbb{Q}$	-	- (volles Maß)	-	(dicht)

Tabelle 5.7 Unabhängigkeit der Unwichtigkeitskriterien

---

[28] J. APPELL (2009). *Analysis in Beispielen und Gegenbeispielen*. Berlin - Heidelberg: Springer Verlag.

Aufgaben

Aufgabe 5.17 (L) Zeigen Sie direkt, dass $\sqrt[3]{2}$ nicht konstruierbar ist, indem Sie die Annahme, es gibt einen Körper $K \subset \mathbb{R}$, $a, b, r \in K$, $\sqrt{r} \notin K$ und $\sqrt[3]{2} = a + b\sqrt{r}$, zum Widerspruch führen.
Hinweis: Berechnen Sie $(a \pm b\sqrt{r})^3$ und verifizieren Sie in $\mathbb{R}[x]$:

$$x^3 - 2 = (x - \sqrt[3]{2})(x + \sqrt[3]{2}x + \sqrt[3]{4}).$$

Aufgabe 5.18 (L) Beweisen Sie Satz 5.46.

Aufgabe 5.19 Sei r eine irrationale algebraische Zahl mit dem Minimalpolynom $p \in \mathbb{Q}[x]$. Zeigen Sie: Es gilt $p(q) \neq 0$ für alle $q \in \mathbb{Q}$. Sind zudem alle Koeffizienten des Minimalpolynoms $p(x) = \sum_{i=0}^{k} a_i x^i$, $k \in \mathbb{N}$, ganze Zahlen, d. h. $a_i \in \mathbb{Z}$ für $i = 1, ..., k$, dann gilt für alle $\frac{m}{n} \in \mathbb{Q}$, $m \in \mathbb{Z}$, $n \in \mathbb{N}$ die Ungleichung

$$\left| f\left(\tfrac{m}{n}\right) \right| \geq \frac{1}{n^k}.$$

Aufgabe 5.20

a) Zeigen Sie die Eigenschaften von Satz 5.9 für $|\,.\,|_p$ nach (5.100), wobei die Dreiecksungleichung sogar in der verschärften Form

$$|x + y|_p \leq \max(|x|_p, |y|_p) \quad \text{für } x, y \in \mathbb{Q}$$

gilt, d. h., $|\,.\,|_p$ erzeugt eine *Ultrametrik*.

b) In $|\,.\,|_p$ (bzw. einer Ultrametrik) ist $(a_n)_n$ eine CAUCHY-Folge, wenn gilt: Für alle $\varepsilon > 0$ gibt es ein $N \in \mathbb{N}$, sodass für alle $n \geq N$

$$|a_n - a_{n+1}|_p \leq \varepsilon.$$

Aufgabe 5.21 Sei $p \in \mathbb{N}$ prim.
Zeigen Sie, dass durch (5.99) CAUCHY-Folgen in $\mathbb{Q}$ bzgl. $|\,.\,|_p$ definiert werden.

5.4 Drei Zahlen: ϕ, π und e

5.4.1 Die goldene Zahl ϕ

Schon seit der Antike wird eine Zerlegung einer Strecke der Länge $a + b$ in Teilstrecken der Längen a, b, $a > b$ dann als besonders ästhetisch empfunden, wenn

$$\frac{a + b}{a} = \frac{a}{b},$$

d. h., für $x := a/b > 1$ gilt

$$x^2 - x - 1 = 0 \, . \tag{5.102}$$

Die betreffende Lösung dieser Gleichung ergibt sich aus der Mitternachtsformel[29]

$$\phi := \frac{1 + \sqrt{5}}{2} \, .$$

Die Zahl ϕ wird auch als *goldene Zahl* bezeichnet, ist also irrational und algebraisch vom Grad 2. Wir wollen den ästhetischen Charakter dieses Verhältnisses etwas beleuchten. Sei $\sigma := 1/\phi$, d. h. nach (5.102) $\sigma = \phi - 1$. Wir betrachten ein Rechteck mit Seitenlänge a und b, $a > b$ und $a = \phi b$, d. h. im „goldenen" Verhältnis. Dann ist $a - b = (\phi - 1)b = \sigma b < b$ und

$$\frac{a-b}{b} = \frac{a}{b} - 1 = \phi - 1 = \sigma \, , \text{ d. h.}$$

$$\frac{b}{a-b} = \frac{1}{\sigma} = \phi \, ,$$

d. h., auch diese Zahlen sind im „goldenen" Verhältnis. Der zugehörige geometrische Konstruktionsprozess ist, vom Rechteck mit den Seitenlängen a, b das Quadrat mit der Seitenlänge b abzuziehen und ein neues Rechteck zu erhalten.

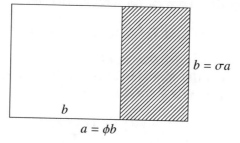

Diesen Prozess kann man iterativ fortsetzen und erhält so immer kleinere Rechtecke mit „goldenem" Seitenverhältnis. Diese Iterationsfolge kann von einem gewissen Index an auch umgekehrt werden, d. h., man startet mit einem „kleinen" Quadrat mit Seitenlänge b, ergänzt dieses zu einem Rechteck mit weiterer Seite $a = \phi b > b$, anschließend erweitert man das Quadrat mit Seitenlänge a zu einem Rechteck mit Seitenlängen $a, a + b$ usw. Abbildung 5.6 zeigt diesen Konstruktionsprozess und ein angepasstes Koordinatensystem durch das Startrechteck, sodass drei Eckpunkte auf den Koordinatenachsen liegen und die Längeneinheit durch die Setzung $|B - 0| = 1$ festgelegt wird. Die Abstände der anderen Eckpunkte vom Ursprung 0 lassen sich wie folgt berechnen:

---

[29] Die Formel zur Lösung der allgemeinen quadratischen Gleichung nennt man umgangssprachlich auch „Mitternachtsformel", da sie Schüler auch beim Wecken um Mitternacht auswendig kennen sollten.

Nach Voraussetzung ist $a = \phi b$, nach dem Satz von PYTHAGORAS $c^2 = a^2 + b^2$ und nach der Höhenformel für den Flächeninhalt eines Dreiecks gilt $\frac{1}{2}ab = \frac{1}{2}c \cdot 1$, d. h. $ab = c$ und daraus unter Beachtung von $\phi^2 = 1 + \phi$

$$a = \sqrt{2 + \phi}$$

und weiter

$$b = \sqrt{2 - \sigma}, \quad c = \sqrt{5},$$

wodurch schließlich wieder mit PYTHAGORAS folgt

$$|0C| = \phi, \quad |0A| = \sigma.$$

Zusammengefasst sind also die Abstände der Eckpunkte von 0:

$$\sigma, \quad 1, \quad \phi, \quad \sqrt{2}.$$

Betrachtet man nämlich das zu $0AB$ kongruente Dreieck $CD\tilde{C}$, so ist also $\left|D\tilde{C}\right| = 1$, und die zweite Kathete im rechtwinkligen Dreieck $0\tilde{C}D$ hat die Länge $\phi - \sigma = 1$, demnach hat die Hypotenuse nach PYTHAGORAS die Länge $\sqrt{2}$.

Setzt man das Quadrat an, erhält man die weiteren Eckpunkte E, F mit den Abständen:

$$|0E| = \phi^2, \quad |0F| = \sqrt{2}\phi$$

Das Erste ergibt sich aus

$$|CE| = a + b = (1 + \phi)b = \phi^2 b$$

und der Ähnlichkeit der Dreiecke $0AB$ und $0CE$, sodass der Streckungsfaktor ($|AB| = b$) gerade ϕ^2 ist, d. h. $|0E| = \phi^2 \cdot 1 = \phi^2$. Das nächst größere Rechteck mit „goldenem" Seitenverhältnis ist also $A'B'C'D' = BCEF$. Will man ein gleich positioniertes Koordinatensystem haben, muss man dies um 90° drehen, und die Abstände der Eckpunkte zu 0 sind also

$$1 = \phi\sigma, \quad \phi = \phi \cdot 1, \quad \phi^2 = \phi \cdot \phi, \quad \sqrt{2}\phi,$$

sodass neben der Drehung eine Streckung mit dem Faktor ϕ stattgefunden hat. Nach n Schritten sind also die Abstände

$$\sigma\phi^n, \quad \phi^n, \quad \phi\phi^n, \quad \sqrt{2}\phi^n.$$

Betrachtet man die Abfolge der Punkte D, D', D'', ... mit den Abständen $\sqrt{2}\phi^n$, so liegen diese in Polarkoordinaten (v, ψ) (siehe (6.37)) mit Radius a und Winkel ψ auf einer Kurve der Form

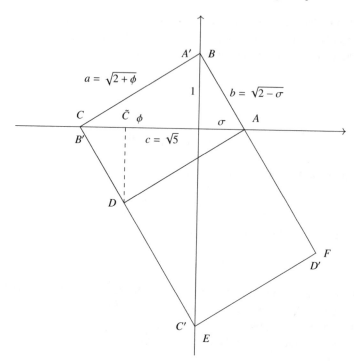

Abb. 5.6 Startviereck der goldenen Spirale

$$v = v(\psi) = \alpha e^{k\psi} ,\qquad (5.103)$$

mit Parametern $\alpha, k \in \mathbb{R}\backslash\{0\}$, dabei ergibt sich k aus der Forderung für $\psi_n := n\frac{\pi}{2}$

$$\alpha e^{k\psi_{n+1}} = v(\psi_{n+1}) = \sqrt{2}\phi^{n+1} = \phi v(\psi_n) = \phi\alpha e^{k\psi_n} , \text{ also}$$

$$\phi = e^{k\frac{\pi}{2}} \quad \text{bzw.} \quad k = \frac{2\ln\phi}{\pi} \approx 0.30635$$

und wegen $\psi_0 = -\dfrac{3\pi}{4}$, d. h. $\sqrt{2} = v(\psi_0) = \alpha e^{k\psi_0}$ folgt $\alpha \approx 2.91$.

Kurven in der Ebene der Form (5.103) nennt man *logarithmische Spiralen*, da für den Winkel ψ gilt: $\ln v = \ln\alpha + k\psi$. Nach den Überlegungen von Abschnitt 5.2 ist ϕ leicht zu approximieren. Anstelle das HERON-Verfahren für $\sqrt{5}$ anzuwenden, kann auch direkt das NEWTON-Verfahren nach (5.72) auf (5.102) angewandt werden.

Mit $f(x) = x^2 - x - 1$ ist dann $f'(x) = 2x - 1$, und damit lautet das Verfahren

$$x_{n+1} = x_n - \frac{x_n^2 - x_n - 1}{2x_n - 1} = \frac{x_n^2 + 1}{2x_n - 1} .$$

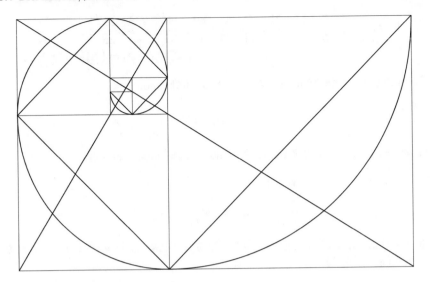

Abb. 5.7 Goldener Schnitt und logarithmische Spirale

Wählt man einen Startwert $x_0 > 0.5$, dann ist analog zum HERON-Verfahren $x_1 > \phi$ und die Folge $(x_n)_n$ monoton fallend (Tabelle 5.8). Betrachtet man dagegen die Ket-

Iteration		x_n
0	1	$=1.0$
1	2	$=2.0$
2	5/3	$=1.6666$
3	43/21	$=1.619047619$
4	1597/987	$=1.618034448$

Tabelle 5.8 NEWTON-Verfahren zur Bestimmung von ϕ

tenbruchentwicklung von ϕ, die periodisch sein muss, da ϕ algebraisch vom Grad 2 ist (siehe Anhang J), so ergibt sich diese aus

$$\phi = 1 + \phi^{-1},$$

woraus durch sukzessives Einsetzen wird

$$\phi = 1 + \frac{1}{\phi} = 1 + \frac{1}{1 + \frac{1}{\phi}} = 1 + \frac{1}{1 + \frac{1}{1+\frac{1}{\phi}}} = \dots$$

Damit ist die reguläre Kettenbruchentwicklung von $\phi = [1; 1, 1, 1, \dots]$, d. h., die Periodenlänge ist 1 und die Periode 1 (siehe Definition J.8). Die erzeugte Folge von approximierenden Näherungsbrüchen ist also

$$1\,;\, 2\,;\, \frac{3}{2}\,;\, \frac{5}{3}\,;\, \frac{8}{5}\,;\, \frac{13}{8}\,;\, \frac{21}{13}\,;\, \frac{34}{21}\,\frac{55}{34}\,;\, \frac{89}{55}\,;\, \frac{144}{89}\,;\, \frac{233}{144}\,;\, \frac{377}{233}\,;\, \cdots\,;\, \frac{17711}{10946}$$

$$(\text{20. Iterierte}) = \underline{1.618033985\ldots}$$

Genauer erfüllen die Näherungsbrüche ϕ_n die Rekursion

$$\phi_1 := 1\,, \quad \phi_{n+1} = 1 + \frac{1}{\phi_n}\,.$$

Sei $\phi_n = b_n/a_n$, $b_n, a_n \in \mathbb{N}$ die teilerfremde Darstellung, dann folgt

$$a_1 = b_1 = 1\,,$$

$$\frac{b_{n+1}}{a_{n+1}} = \phi_{n+1} = 1 + \frac{a_n}{b_n} = \frac{a_n + b_n}{b_n}$$

für $n \in \mathbb{N}$ und mit $b_0 := 1$, $a_0 := 0$ auch für $n = 0$. Also: $b_{n+1} = a_n + b_n$, $a_{n+1} = b_n$ für $n \in \mathbb{N}_0$ und so für $n \in \mathbb{N}$

$$a_{n+1} = b_n = a_{n-1} + b_{n-1} = a_{n-1} + a_n\,.$$

Damit ist die Rekursion äquivalent zur rekursiv definierten Folge

$$a_0 = 0\,,\ a_1 = 1\,,$$

$$a_{n+1} = a_{n-1} + a_n \quad \text{für } n \in \mathbb{N} \tag{5.104}$$

$$(\text{und} \quad b_n := a_{n+1}\,,\ n \in \mathbb{N}_0)\,.$$

Die so entstehenden natürlichen Zahlen a_n werden nach Leonardo FIBONACCI[30] auch FIBONACCI-Zahlen genannt. Nach der Herleitung gilt also

$$\phi = \lim_{n \to \infty} \frac{b_n}{a_n} = \lim_{n \to \infty} \frac{a_{n+1}}{a_n}\,. \tag{5.105}$$

Genauer ergibt sich eine Darstellung für a_n durch den Lösungsansatz $a_n = \lambda^n$, $n \in \mathbb{N}_0$, mit einer unbekannten Zahl $\lambda \in \mathbb{R}$, $\lambda \neq 0$. $(a_n)_n$ erfüllt (5.104) genau dann, wenn

$$\lambda^{n+1} = \lambda^{n-1} + \lambda^n \quad \Leftrightarrow \quad \lambda^2 - \lambda - 1 = 0\,,$$

d. h., λ ist Nullstelle von (5.102), sodass neben $\lambda = \phi$ noch die zweite Nullstelle gebraucht wird, für die gilt:

$$\varphi := \frac{1 - \sqrt{5}}{2} = -\frac{1}{\phi} = 1 - \phi\,,$$

---

[30] Leonardo DA PISA (FIBONACCI) *um 1180 in Pisa, †nach 1241 in Pisa

da nach dem Satz von VIETA gilt $\phi\varphi = -1$. Die Zahl φ wird auch *kleine goldene Zahl* genannt und erfüllt $\varphi = -\sigma$. Keine der beiden Lösungsfolgen $(\tilde{b}_n)_n := (\phi^n)_n$ und $(\tilde{c}_n)_n := (\varphi^n)_n$ erfüllt die „Anfangsbedingungen" $a_0 = 0$, $a_1 = 1$.

Da aber auch jede Linearkombination

$$\beta\tilde{b}_n + \gamma\tilde{c}_n \quad \text{für } \beta, \gamma \in \mathbb{R}$$

die Rekursion (5.104) erfüllt, können β, γ so angepasst werden, dass auch $a_0 = 0$, $a_1 = 1$ gilt. Dazu muss

$$\beta + \gamma = 0$$
$$\phi\beta + \varphi\gamma = 1$$

gelten, was die Lösung $\beta = 1/\sqrt{5} = -\gamma$ hat, also

$$a_n = \frac{1}{\sqrt{5}}\left(\phi^n - \left(-\frac{1}{\phi}\right)^n\right)$$
$$= \frac{1}{\sqrt{5}}\left(\left(\frac{1+\sqrt{5}}{2}\right)^n - \left(\frac{1-\sqrt{5}}{2}\right)^n\right)^{31}.$$

Die Folge $(a_n)_n$ wächst also exponentiell wie ϕ^n, modifiziert um eine Nullfolge, womit nochmal (5.105) ersichtlich ist, aber auch der Fehler $|\phi - a_n|$ dargestellt werden kann als

$$|\phi - a_n| = \frac{\sqrt{5}}{1 - (-1)^n\phi^{-2n}} \cdot \left(\phi^{-2}\right)^n \quad \text{für } n \in \mathbb{N}.$$

Damit liegt lineare Konvergenz mit Kontraktionszahl $C = \phi^{-2} \approx 0.382$ vor, sodass zwei bis drei Iterationen zur Gewinnung einer signifikanten Stelle nötig sind (siehe die obige Zahlenfolge). Das gleiche Ergebnis folgt aus Satz 5.32, da eine Fixpunktiteration mit $h(x) = 1 + 1/x$, d. h. $h'(x) = -1/x^2$ vorliegt und damit (lokal) die Kontraktionszahl $|h'(\phi)| = \phi^{-2}$ ist.

5.4.2 Die Kreiszahl π

Schon seit der Antike war man sich sicher, dass alle Kreise K mit Radius $r > 0$ (und o. B. d. A. Mittelpunkt 0) ein gleiches Verhältnis von Umfang U zu $2r$ und von Fläche A zu r^2 aufweisen und dass diese Verhältniszahlen gleich sind. Seit Leonard EULER wird diese Zahl mit π bezeichnet:

$$U/(2r) = \pi = A/r^2 .$$

---

[31] Es ist erstaunlich, dass dieser Ausdruck also immer eine natürliche Zahl ergibt.

Eine moderne Definition geht eher von einer (nichtgeometrischen) Fundierung der trigonometrischen Funktionen aus und definiert dann $\pi/2$ z. B. als kleinste positive Nullstelle von $f(x) = \cos(x)$. So ergibt sich eine Reihe von Integralbeziehungen für (Anteile von) U bzw. A, deren Approximation Näherungsverfahren für π liefern, wie[32]

$$\frac{\pi}{4} = \frac{1}{2}(x(1-x^2)^{\frac{1}{2}} + \arcsin(x))\Big|_0^1 = \int_0^1 (1-x^2)^{\frac{1}{2}}\, dx$$

(Fläche des Einheitsviertelkreises) ,   (5.106)

$$\frac{\pi}{2} = \arcsin(x)\Big|_0^1 = \int_0^1 \frac{1}{(1-x^2)^{\frac{1}{2}}}\, dx$$

(Bogenmaß des Umfangs des Einheitsviertelkreises) .   (5.107)

Eine weitere Beziehung ist

$$\frac{\pi}{4} = \arctan(x)\Big|_0^1 = \int_0^1 \frac{1}{1+x^2}\, dx \; .$$ (5.108)

Ein einfacher Ansatz für die näherungsweise Berechnung eines Integrals $I(f) = \int_a^b f(x)\, dx$, d. h. für eine *Quadraturformel*, besteht darin f durch eine approximierende Funktion f_h zu ersetzen, deren Integral exakt bestimmt werden kann. Als f_h können z. B. Polynome oder daraus abschnittsweise zusammengesetzte Funktionen gewählt werden. Damit f_h „in der Nähe" von f ist, kann f_h so gewählt werden, dass an festen Punkten x_i, $i = 0, \ldots, n$, $x_0 = a$, $x_n = b$ die *Interpolationsaufgabe*

$$f_h(x_i) = f(x_i), \quad i = 0, \ldots, n$$

erfüllt ist. Wählt man für f_h den stetigen, die Punkte $(x_i, f(x_i))$ verbindenden Polygonzug (d. h. $f|_{[x_i, x_{i+1}]} \in \mathbb{R}_1[x]$), dann ergibt sich die *zusammengesetzte Trapezregel*

$$I_h(f) := \sum_{i=1}^n \frac{h^i}{2}(f(x_{i-1}) + f(x_i)) \, ,$$ (5.109)

wobei $h^i := x_i - x_{i-1}$, $i = 1, \ldots, n$ die Abstände der x_i bezeichnet. Die x_i heißen auch *Quadraturpunkte* und die Faktoren vor den Funktionswerten die zugehörigen *Gewichte*. Sind diese alle gleich (*äquidistante Zerlegung*), d. h. $x_i = a + ih$ mit $h = (b-a)/n$, dann

---

[32] Hier liegt zugrunde, dass das Argument einer trigonometrischen Funktion nicht in Grad, geschrieben $\alpha°$ (mit $360°$ für eine volle Umdrehung), sondern in *Bogenmaß* gemessen wird. Ist π eingeführt, gilt die Beziehung: $\alpha°$ entsprechend x in Bogenmaß, wobei

$$x = \frac{\alpha}{360} \cdot 2\pi \; .$$

– Die Winkelmessung in Grad, analog zur Zeitangabe, mit $1° = 60'$ (Minuten), $1' = 60''$ (Sekunden) ist anscheinend ein Überbleibsel eines älteren Zahlsystems zur Basis $p = 60$.

$$I_h(f) = \frac{h}{2} \sum_{i=1}^{n} (f(x_{i-1}) + f(x_i))$$

$$= h \left(\frac{1}{2} f(a) + \sum_{i=1}^{n-1} f(x_i) + \frac{1}{2} f(b) \right) . \tag{5.110}$$

Für die Fehler gilt folgende Abschätzung, falls f zweimal stetig differenzierbar ist auf $[a, b]$:

$$|I(f) - I_h(f)| \le C h^2 . \tag{5.111}$$

Dabei hängt die Konstante C von $b - a$ und f'' ab.[33] Im äquidistanten Fall und bei fortwährender Halbierung der Teilintervalle, d. h. $h_k = (b-a)2^{-k}$, $k \in \mathbb{N}_0$ setzt sich $I_{h_{k+1}}(f)$ aus $I_{h_k}(f)$ und weiteren Funktionswerten zusammen, d. h., für $s_k := I_{h_k}(f)$ gilt

$$s_0 = I_{h_0}(f) = \frac{1}{2}(f(a) + f(b)) \tag{5.112}$$

$$s_{k+1} = \frac{1}{2} s_k + \sum_{i=1}^{2^k} h_{k+1} f\left(x_{2i-1}^{(k+1)}\right) , \tag{5.113}$$

wobei $x_i^{(k)} = a + ih_k$, $k = 0, \dots, 2^k$, mit der Fehlerabschätzung

$$|I(f) - s_k| \le C \cdot 4^{-k} .$$

Anwendung auf (5.106) entspricht der Flächenberechnung des Viertels eines in den Kreis eingeschriebenen Polygons mit $4n$ Ecken bei (5.110) bzw. $4 \cdot 2^k$ Ecken bei (5.112). Bei äquidistanten Schritten ist dieses Polygon aber nicht regelmäßig. Damit dies gilt, muss bei (5.109) als Zerlegung

$$x_i = \cos\left(\frac{\pi}{2n}(n - i)\right) = \sin\left(i\frac{\pi}{2n}\right) , \quad i = 0, \dots, n \tag{5.114}$$

gewählt werden (Aufgabe 6.12). Dann häufen sich die Zerlegungspunkte zu $x = 1$ hin. Wegen der geforderten Schranke an die zweite Ableitung von f zur Gültigkeit von (5.111) scheint (5.106) vorteilhafter als (5.107) und (5.108) vorteilhafter als (5.106) zu sein.

Eine PYTHON-Prozedur zur Realisation der TRAPEZ-Regel nach (5.112) lautet:

---

[33] Man spricht hier auch von *quadratischer Konvergenz*, sollte dies aber nicht mit dem Begriff aus (5.42) für eine Iterationsfolge verwechseln. Betrachtet man hier auch eine Iterationsfolge durch die nachfolgende Wahl der h_k und nimmt Gleichheit in der Abschätzung (5.111) an, so ist die Folge $(I_{h_n})_n$ linear konvergent mit Kontraktionszahl 0.25. Man beachte aber, dass anders als in den vorigen Beispielen der Aufwand zur Bestimmung von I_{h_n} mit wachsendem n wächst.

Algorithmus 19: Trapez-Regel

```
def trapez(f, a, b, n):
    """Approximiert das Integral der Funktion f im Intervall
    (a, b) unter Verwendung der Trapezregel mit der
    angegebenen Anzahl an Halbierungen der Teilintervalle.

    :param f: Integrandenfunktion f.
    :param a, b: Integrationsgrenzen.
    :param n: Anzahl Halbierungen der Teilintervalle.
    :return: Approximation des Integrals von f ueber (a, b).
    """
    h = [(b - a) / 2**k for k in range(n + 1)]
    s0 = 0.5 * (f(a) + f(b))
    s = sum(2**(k + 1) * h[k + 1] *
            sum(f(a + (2 * i + 1) * h[k + 1])
                for i in range(2**k))
            for k in range(n))
    return (s0 + s) / 2**n
```

Diese können wir nun mit verschiedenen Integranden f verwenden, um eine Approximation für (5.106) bzw. (5.108) zu erhalten:

Beispiel zu Algorithmus 19:

```
>>> from kap5 import trapez
>>> from math import sqrt, pi
>>> I = trapez(lambda x: sqrt(1 - x * x), 0, 1, 10)
>>> abs(I - pi / 4)
8.971762693765761e-06
>>> I = trapez(lambda x: 1 / (1 + x * x), 0, 1, 10)
>>> abs(I - pi / 4)
3.973643003529759e-08
```

Ein allgemeines Konvergenzverbesserungsverfahren ist *Extrapolation*: Sind Näherungswerte eines s_k und s_{k+1} bekannt, die als Werte einer Funktion F für Argumente $h_k^2, h_k = (b - a)2^{-k}$ und h_{k+1}^2 interpretiert werden können (siehe (5.112)), und ist der „wahre" Wert der für $h = 0$, so kann die Gerade durch (h_k, s_k) und (h_{k+1}, s_{k+1}) bestimmt und bei $h = 0$, d. h. außerhalb des Intervalls $[h_{k+1}, h_k]$, ausgewertet werden. So erhält man als neue Näherung

Erläuterungen zu Algorithmus 19: Diese sehr kompakte Implementierung verwendet eine doppelte Verschachtelung der Funktion sum, die die Summe einer übergebenen Liste berechnet. In der inneren Anwendung von sum (mit Laufvariable i) wird die Summe in der zweiten Zeile von (5.112) ausgewertet. Die äußere Anwendung von sum führt die Rekursion durch, wobei die wiederholte Multiplikation mit $\frac{1}{2}$ hier explizit aufgelöst wurde. Dies ist sehr effizient, da das Berechnen einer Zweierpotenz lediglich einer Verschiebung der 1 um die entsprechende Anzahl an Stellen in der Binärdarstellung entspricht. Solch kompakte Implementierungen mit direkter Anwendung von Listenoperationen (hier: sum) sind in PYTHON in der Regel deutlich effizienter als algorithmisch äquivalente Umsetzungen, die eine Verschachtelung von Schleifen (z. B. **for** oder **while**) verwenden.

$$\tilde{s} = \frac{4s_{k+1} - s_k}{3} \, . \tag{5.115}$$

Kennt man mehr als eine Fehlerabschätzung wie (5.111), nämlich eine *Fehlerentwicklung*

$$F(h) := I_h(f) = I(f) + \alpha h^2 + Ch^r$$

für Konstanten $\alpha, C > 0$, $r > 2$, dann ist tatsächlich

$$s_k = I(f) + \alpha h_k^2 + Ch_k^r$$
$$4s_{k+1} = 4I(f) + \alpha h_k^2 + C2^{2-r} h_k^r \, ,$$

d. h.

$$\tilde{s} = I(f) + \frac{1}{3}C\left(2^{2-r} - 1\right)h_k^r \, ,$$

d. h., der erste Entwicklungsterm αh_k^2 ist weggefallen und $\tilde{s}$ hat die bessere Konvergenzordnung h_k^r.

Bei der zusammengesetzten Trapezregel, insbesondere bei s_k, ist diese Vorgehensweise erfolgversprechend, da eine solche Fehlerentwicklung in Form der EULER-MAC LAURIN[34]'schen Summenformel gilt (siehe z. B. DEUFLHARD und HOHMANN 2008).

Sei f $2m$-mal stetig differenzierbar auf $[a, b]$, dann gilt

$$I(f) = I_h(f) - \sum_{k=1}^{m} \frac{h^{2k}}{(2k)!} B_{2k}\left(f^{(2k-1)}(b) - f^{(2k-1)}(a)\right) + Ch^{2m} \, , \tag{5.116}$$

wobei $B_{2k} \in \mathbb{N}$ (die BERNOULLI[35]'schen Zahlen) und $C > 0$ eine Konstante ist. Dies zeigt je nach Differenzierbarkeit von f eine Fehlerentwicklung in h^2, sodass die Anwendung speziell bei (5.108) ratsam ist. Das jeweilige Interpolationspolynom muss gar nicht berechnet werden, sondern nur seine Auswertung bei $h = 0$ in Verallgemeinerung von (5.115). Dies liefert das ROMBERG[36]-Verfahren:

$$\begin{aligned} T_{i,0} &:= s_i & i = 0, \ldots, m \\ T_{i,k} &:= \frac{4^k T_{i,k-1} - T_{i-1,k-1}}{4^k - 1} & 1 \le k \le i \le m \, . \end{aligned} \tag{5.117}$$

Das Berechnungsschema erfolgt also gemäß (*Extrapolationstableau*)

---

34 Colin MAC LAURIN *Februar 1698 in Kilmodan, †14. Juni 1746 in Edinburgh

35 Jakob BERNOULLI *27. Dezember 1654 in Basel, †16. August 1705 in Basel

36 Werner ROMBERG *16. Mai 1909 in Berlin, †5. Februar 2003 in Heidelberg

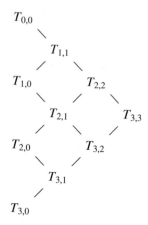

Das heißt, $T_{m,m}$ ist dann die verbesserte Näherung. Allgemein heißt eine solche Vorgehensweise bei Vorliegen einer Fehlerentwicklung RICHARDSON[37]-*Extrapolation*. Eine PYTHON-Realisierung des ROMBERG-Verfahrens lautet:

Algorithmus 20: ROMBERG-**Verfahren**

```python
def romberg(s):
    """Extrapoliert die Naeherungswerte s_k gemaess des
    Extrapolationstableaus des Romberg-Verfahrens.

    :param s: Liste s = [s_0, ..., s_m]
    :return: Verbesserte Naeherung T_m,m.
    """
    T = s
    for k in range(1, len(s)):
        T = [(4**k * a - b) / (4**k - 1)
             for a, b in zip(T[1:], T[:-1])]
    return T[0]
```

---

[37] Lewis Fry RICHARDSON *11. Oktober 1881 in Newcastle upon Tyne, †30. September 1953 in Kilmun

Erläuterungen zu Algorithmus 20: Die **for**-Schleife entspricht dem spaltenweisen Abarbeiten des Extrapolationstableaus von links nach rechts, wobei die Werte der vorherigen Spalte jeweils überschrieben werden. Dabei verwenden wir die Funktion zip, die mehrere Listen zusammenfasst und daraus eine einzelne Liste erzeugt, deren Einträge Tupel sind, die die jeweiligen Einträge der ursprünglichen Listen enthalten. Hier übergeben wir der Funktion in der k-ten Iteration zweimal die Liste $T_{k-1} = \{T_{k-1,k-1}, \ldots, T_{m,k-1}\}$, jeweils gekürzt um den ersten bzw. letzten Eintrag. Auf diese Weise erhalten wir Tupel bestehend aus den beiden relevanten Einträgen $(T_{i,k-1}, T_{i-1,k-1})$, die wir dann gemäß (5.117) zur verbesserten Näherung $T_{i,k}$ kombinieren. Die Liste T wird dabei sukzessive kürzer, bis wir letztendlich das einzige Element der nur noch einelementigen Liste als verbesserte Näherung $T_{m,m}$ zurückgeben.

Beispiel zu Algorithmus 20:

```
>>> from kap5 import trapez, romberg
>>> from math import pi
>>> s = [trapez(lambda x:1/(1+x*x), 0,1,i) for i in range(1,11)]
>>> I = romberg(s)
>>> abs(I - pi / 4)
3.3306690738754696e-16
```

n	$4I_h(f)$ (x_i äquidistant)	$4I_h(f)$ (x_i gehäuft nach (5.114))	$4T_{m,m}$ (x_i äquidistant)
2	2.7320508075688770	2.8284271247461900	2.7320508075688770
4	2.9957090681024408	3.0614674589207183	3.0835951549469622
8	3.0898191443571736	3.1214451522580524	3.1236954374306483
16	3.1232530378277410	3.1365484905459384	3.1354620895377150
32	3.1351024228771314	3.1403311569547525	3.1394429011289278
64	3.1392969127796840	3.1412772509327740	3.1408343396673700
128	3.1407807923966150	3.1415138011443010	3.1413247357565925
256	3.1413055829572300	3.1415729403670873	3.1414979527267180
512	3.1414911527196554	3.1415877252771627	3.1415591748030570
1024	3.1415567665390180	3.1415914215112037	3.1415808175033604

Tabelle 5.9 Konvergenz der Trapezregel (5.109) und des ROMBERG-Verfahrens für die Approximation der Fläche des Einheitsviertelkreises (5.106) mit zunehmender Anzahl Stützstellen. Rechnung in PYTHON mit doppelter Genauigkeit (Datentyp `float`)

n	$4I_h(f)$	$4T_{m,m}$
2	3.1000000000000000	3.1000000000000000
4	3.1311764705882350	3.1415686274509800
8	3.1389884944910890	3.1415940941258884
16	3.1409416120413890	3.1415926383967960
32	3.1414298931749745	3.1415926536496106
64	3.1415519634856560	3.1415926535897345
128	3.1415824810637516	3.1415926535897930
256	3.1415901104582833	3.1415926535897940
512	3.1415920178069150	3.1415926535897922
1024	3.1415924946440730	3.1415926535897920

Tabelle 5.10 Konvergenz der Trapezregel (5.109) und des ROMBERG-Verfahrens für Approximation (5.108) mit zunehmender Anzahl äquidistanter Stützstellen. Rechnung in PYTHON mit doppelter Genauigkeit (Datentyp `float`)

Zugehörige numerische Experimente finden sich in Tabelle 5.9 und 5.10. Was ist zu erwarten? Da in jedem Schritt die Schrittweite h halbiert wird, wäre bei quadratischer Konvergenz wie in (5.111) ein Verkleinerungsfaktor von 1/4 für den Fehler pro Schritt garantiert. Wegen $0.25^{1.61} \approx 0.1$ sind also für den Zugewinn von einer signifikanten Stelle etwa ein bis zwei Iterationen nötig (siehe (5.44)). Die linke Spalte in Tabelle 5.9 ist insofern sehr enttäuschend, da in zehn Iterationen nur fünf Stellen gewonnen sind und der Zugewinn an Genauigkeit recht sprunghaft ist. Dies liegt daran, dass der Integrand f in (5.106) gar nicht die Voraussetzungen von (5.111) erfüllt, da f bei $x = 1$ nicht differenzierbar ist und sogar schon die erste Ableitung auf $[0, 1]$ nicht beschränkt ist. Daher verbessert auch die Wahl der Quadraturpunkte nach (5.114) das Ergebnis nicht und auch nicht die Extrapolation (2. und 3. Spalte der Tabelle). Anders ist das Bild in Tabelle 5.10 für (5.108). Das quadratische Konvergenzverhalten (mit ca. einer Iteration pro signifikanter Stelle) ist klar zu erkennen. Hier ist der Integrand f auf $[0, 1]$ sogar beliebig oft differenzierbar, sodass die Fehlerentwicklung nach (5.116) für beliebige $m \in \mathbb{N}$ gilt: Tatsächlich sind bei Extrapolation schon nach sechs Iterationen 14 signifikante Stellen erreicht. In Abschnitt 7.2 werden wir sehen, dass dies mit „normaler" Computerarithmetik nicht zu verbessern ist (siehe auch Tabelle 5.5, 5.6), insofern tritt in den weiteren Iterationen keine Verbesserung ein.

Die beschriebenen Überlegungen, wenigstens mit der vorteilhaften Form (5.108), sind nur möglich mit den Werkzeugen der Analysis, wie sie seit dem 17. Jahrhundert entwickelt worden sind. Überlegungen zur Approximation von π sind aber viel älter und beruhen dann insbesondere auf rein geometrischen Überlegungen, ähnlich denen der Polygonflächenberechnung, als die man die Anwendung der zusammengesetzten Trapezregeln auf (5.106) interpretieren kann. Die älteste Methode zur Approximation bzw. Einschließung von π wird ARCHIMEDES[38] zugeschrieben. Dabei wird die Umfangsformel o. B. d. A. für den Einheitskreis K ($r = 1$) benutzt, d. h.

$$U = 2\pi r = 2\pi \,.$$

Der Umfang U und damit 2π wird eingeschlossen in

$$u_n \leq 2\pi \leq U_n \,, \tag{5.118}$$

wobei für $n \in \mathbb{N}_0$ u_n bzw. U_n den Umfang des regelmäßigen in K einbeschriebenen bzw. umschriebenen N-Polygons, d. h. mit N Ecken bzw. Seiten, bezeichnet, wobei $N = N(n) = 6 \cdot 2^n$. Regelmäßigkeit bedeutet, dass alle N Mittelpunktswinkel gleich groß sind, nämlich $2\pi/N$, und alle N Seiten gleich lang sind. Beim einbeschriebenen Polygon liegen die Ecken alle auf K und die Seitenlänge wird mit s_n bezeichnet, beim umschriebenen Polygon sind die Seiten tangential zu K und ihre Länge wird mit t_n bezeichnet. In der Beziehung (5.118) ist die eine Ungleichung „offensichtlich" und die zweite folgt aus der „offensichtlichen" für die Flächen

$$\pi \leq F_n \,, \tag{5.119}$$

wobei $F_n = \frac{1}{2} U_n$ die Fläche des umschriebenen Polygons ist, wie die Betrachtung der jeweils gleichen, das Polygon zusammensetzenden Dreiecke zeigt (siehe Abbildung 5.8). Abbildung 5.8 zeigt den Ausgangspunkt, das regelmäßige Sechseck und damit

$$u_0 = 6, \quad U_0 = 4\sqrt{3}$$

[38] Archimedes von Syrakus $*$um 287 v. Chr. vermutlich in Syrakus, †212 v. Chr. in Syrakus

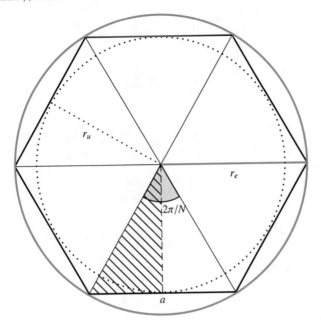

Abb. 5.8 Einbeschriebenes Sechseck: $r_e = 1, a = s_n$, umschriebenes Sechseck: $r_u = 1, a = t_n$

(Übung), d. h. die Ungleichung

$$3 < \pi < 2\sqrt{3} \approx 3.464 .$$

Das Verfahren von ARCHIMEDES besteht darin, elementargeometrisch die Größen u_{n+1}, U_{n+1} durch u_n, U_n darzustellen und damit rekursiv die Einschließung immer genauer zu machen. Hier sollen dazu die trigonometrischen Funktionen und ihre Identitäten benutzt werden. Es ist (siehe das schraffierte Dreieck in Abbildung 5.8)

$$\frac{s_n}{2} = \sin\left(\frac{2\pi}{2N}\right), \qquad \text{d. h.} \qquad s_n = 2\sin\left(\frac{\pi}{N}\right)$$

$$\text{und analog} \qquad t_n = 2\tan\left(\frac{\pi}{N}\right)$$

$$\text{und somit} \qquad u_n = N(n)s_n, \qquad U_n = N(n)t_n . \qquad (5.120)$$

Wir erwarten also Konvergenz von u_n und U_n gegen U, und daher $\lim_{n\to\infty} s_n = \lim_{n\to\infty} t_n = 0$. Der Zusammenhang von s_n und t_n ist

$$t_n = \frac{2s_n}{(4 - s_n^2)^{\frac{1}{2}}} \qquad (5.121)$$

denn:

$$t_n = 2\frac{\sin\left(\frac{\pi}{N}\right)}{\left(1 - \sin^2\left(\frac{\pi}{N}\right)\right)^{\frac{1}{2}}} = \frac{s_n}{\left(1 - \frac{1}{4}s_n^2\right)^{\frac{1}{2}}} = \frac{2s_n}{\left(4 - s_n^2\right)^{\frac{1}{2}}} \,.$$

Es ergibt sich

$$U_{n+1} = \frac{2u_n U_n}{u_n + U_n} \,, \tag{5.122}$$

denn:

$$\frac{2u_n U_n}{u_n + U_n} = \frac{2N s_n t_n}{s_n + t_n} = 4N \cdot \frac{\sin\left(\frac{\pi}{N}\right)\tan\left(\frac{\pi}{N}\right)}{\sin\left(\frac{\pi}{N}\right) + \tan\left(\frac{\pi}{N}\right)}$$

und mit der Identität

$$\tan\left(\frac{1}{2}x\right) = \frac{\tan x \sin x}{\tan x + \sin x}$$

folgt

$$\frac{2u_n U_n}{u_n + U_n} = N(n+1)2\tan\left(\frac{\pi}{N(n+1)}\right) = N(n+1)t_{n+1} = U_{n+1} \,.$$

Als zweite Beziehung ergibt sich

$$u_{n+1} = (U_{n+1}u_n)^{\frac{1}{2}} \,, \tag{5.123}$$

denn mit der Identität

$$\sin x = 2\sin\left(\frac{1}{2}x\right)\cos\left(\frac{1}{2}x\right)$$

ergibt sich

$$U_{n+1}u_n = N^2 4\tan\left(\frac{\pi}{2N}\right)2\sin\left(\frac{\pi}{N}\right) = N^2 16\tan\left(\frac{\pi}{2N}\right)\sin\left(\frac{\pi}{2N}\right)\cos\left(\frac{\pi}{2N}\right) \,,$$

also

$$(U_{n+1}u_n)^{\frac{1}{2}} = 4N\sin\left(\frac{\pi}{2N}\right) = 2N(n+1)\sin\left(\frac{\pi}{N(n+1)}\right) = u_{n+1} \,.$$

Alternativ kann (5.121) genutzt werden, um U_n aus (5.122) zu eliminieren, was zu einer Rekursion allein für s_n führt (aus der t_n nach (5.121) berechnet werden kann), nämlich

$$s_{n+1} = \left(2 - \left(4 - s_n^2\right)^{\frac{1}{2}}\right)^{\frac{1}{2}} \,. \tag{5.124}$$

Einsetzen von (5.121) in (5.122) liefert

$$U_{n+1} = \frac{4N s_n}{\left(4 - s_n^2\right)^{\frac{1}{2}} + 2}$$

und durch Erweiterung des Bruchs

$$2N t_{n+1} = \frac{4N\left(2 - \left(4 - s_n^2\right)^{\frac{1}{2}}\right)}{s_n}$$

und so

$$t_{n+1} = \frac{2\left(2 - \left(4 - s_n^2\right)^{\frac{1}{2}}\right)}{s_n}$$

und damit aus (5.123)

$$N(n+1)s_{n+1} = (N(n+1)t_{n+1}N(n)s_n)^{\frac{1}{2}}$$

$$s_{n+1} = \left(\frac{1}{2}t_{n+1}s_n\right)^{\frac{1}{2}} = \left(2 - \left(4 - s_n^2\right)^{\frac{1}{2}}\right)^{\frac{1}{2}}.$$

Die Gleichung (5.124) erhält man auch durch elementargeometrische Überlegungen und scheint die historisch älteste zu sein. Äquivalent dazu ist die durch Erweiterung entstehende Gleichung

$$s_{n+1} = \frac{s_n}{\left(2 + (4 - s_n^2)^{\frac{1}{2}}\right)^{\frac{1}{2}}}. \tag{5.125}$$

ARCHIMEDES hat mit $n = 4$ die Einschließung

$$3\frac{1137}{8069} < \pi < 3\frac{1335}{9347}$$

erhalten. Ludolph von CEULEN[39] verbrachte viel Lebenszeit damit, mit diesem Verfahren 35 Stellen zu berechnen, eine veraltete Bezeichnung für π ist daher auch *Ludolph'sche Zahl*[40]. Von CEULEN verwendete als Variante der Berechnung von 2^n-Ecken, $n \geq 2$, d. h. $N(n) = 2^n$ und die Startwerte $U_0 = 8$, $u_0 = 4\sqrt{2}$, $s_0 = \sqrt{2}$, $t_0 = 2$. Die Autoren vermuten, dass ARCHIMEDES „exakt" mit Brüchen rechnete, bei einer unklaren Approximation für die Wurzel, während VON CEULEN analog vorging mit mindestens 35 Nachkommastellen. Als bei exakter Rechnung äquivalente Verfahren haben wir also gefunden:

① (5.122) und (5.123), d. h.

$$U_{n+1} = \frac{2u_nU_n}{u_n + U_n}, \quad u_{n+1} = (U_{n+1}u_n)^{1/2}, \quad U_0 = 4\sqrt{3}, \quad u_0 = 6.$$

② (5.124) mit (5.121), (5.120), d. h.

$$s_{n+1} = (2 - (4 - s_n^2)^{1/2})^{1/2}, \quad s_0 = 1$$

$$t_n = \frac{2s_n}{(4 - s_n^2)^{1/2}}, \quad u_n = N(n)s_n, \quad U_n = N(n)t_n.$$

③ (5.125) mit (5.121), (5.120), d. h.

$$s_{n+1} = \frac{s_n}{(2 + (4 - s_n^2)^{1/2})^{1/2}}, \quad s_0 = 1$$

und weiter wie bei ②.

---

[39] Ludolph von CEULEN *28. Januar 1540 in Hildesheim, †31. Dezember 1610 in Leiden

[40] Man beachte, dass in den Zeiten des Handrechnens insbesondere die Wurzelberechnung und ihre Genauigkeit ein Problem darstellte. Die historischen Bemerkungen ignorieren die Verbesserungen der Näherungen im asiatischen Raum lange vor dem Mittelalter.

Die historisch älteste Form, die wohl ARCHIMEDES benutzt hat,[41] ist ②, die Form ① ist neueren Datums. Etwa bei (5.125) liegt eine Fixpunktiteration vor mit

$$h(x) = \frac{x}{\left(2 + (4 - x^2)^{\frac{1}{2}}\right)^{\frac{1}{2}}}$$

mit dem Fixpunkt $x = 0$. Wegen $h'(0) = \frac{1}{2}$ ist lokal lineare Konvergenz mit Kontraktionszahl $C = \frac{1}{2}$ zu erwarten, aber eben nur für s_n und nicht für $u_n = N(n)s_n$.

Wie geometrisch offensichtlich, ist $(u_n)_n$ monoton wachsend und $(U_n)_n$ monoton fallend:

$$\text{Es ist} \quad u_k \le U \le U_l \quad \text{für alle } k, l \in \mathbb{N} \tag{5.126}$$

und damit

$$u_{n+1} = (U_{n+1}u_n)^{\frac{1}{2}} \ge (u_n u_n)^{\frac{1}{2}} = u_n \, ,$$

$$U_{n+1} = \frac{2u_n U_n}{u_n + U_n} \le \frac{2u_n U_n}{u_n + u_n} = U_n \, .$$

Daraus ergibt sich für

$$e_n := |U_n - u_n| = U_n - u_n$$

$$e_{n+1} \le \frac{1}{4}e_n \tag{5.127}$$

und damit

$$\left|\frac{1}{2}U_n - \pi\right| = \frac{1}{2}U_n - \pi \le \frac{1}{2}e_n \le \frac{1}{2}e_0\left(\frac{1}{4}\right)^n \, ,$$

$$\left|\frac{1}{2}u_n - \pi\right| = \pi - \frac{1}{2}u_n \le \frac{1}{2}e_0\left(\frac{1}{4}\right)^n \, ,$$

d. h., es liegt lineare Konvergenz mit einer Kontraktionszahl $C = \frac{1}{4}$ vor, sodass dann nach 1-2 Iterationen mit einer weiteren signifikanten Stelle zu rechnen ist (siehe (5.44)).

Die Abschätzung (5.127) ergibt sich wie folgt.

Allgemein gilt für $x, y \in \mathbb{R}$, $x, y \ge 0$

$$\frac{2xy}{x + y} \le \frac{x + y}{2} \, , \tag{5.128}$$

da $0 \le (x - y)^2 = x^2 - 2xy + y^2 = (x + y)^2 - 4xy$ und damit nach (5.122), (5.123)

---

[41] Natürlich nicht in dieser Schreibweise, da eine solche Formelschreibweise bis in die Zeit von DESCARTES unbekannt war.

$$U_{n+1} \leq \frac{1}{2}(U_n + u_n), \qquad \text{also}$$

$$e_{n+1}(U_{n+1} + u_{n+1}) = U_{n+1}^2 - u_{n+1}^2$$

$$= U_{n+1}(U_{n+1} - u_n) = U_{n+1}\left(2\frac{u_n U_n}{u_n + U_n} - u_n\right)$$

$$= U_{n+1}\frac{2u_n U_n - u_n^2 - u_n U_n}{u_n + U_n} = U_{n+1}\frac{U_n - u_n}{u_n + U_n}u_n$$

und mit (5.126) und der Monotonie

$$e_{n+1}2u_n \leq e_{n+1}2u_{n+1} \leq e_{n+1}(u_{n+1} + U_{n+1}) \leq \frac{1}{2}u_n e_n,$$

denn mit (5.128) gilt

$$U_{n+1} = \frac{2u_n U_n}{u_n + U_n} \leq \frac{u_n + U_n}{2}$$

und damit $e_{n+1} \leq \frac{1}{4}e_n$.

Abb. 5.9 Auf den Namen kommt es an *(Cartoon von Scott Hilburn)*.

Eine PYTHON-Realisierung der drei Varianten des ARCHIMEDES-Verfahrens lautet:

Algorithmus 21: ARCHIMEDES-**Verfahren in drei Varianten**

```python
from math import sqrt


def archimedes1(iters, fn_sqrt=sqrt):
    """Implementierung der 1. Var. des Archimedes-Verfahrens

    Berechnet untere und obere Schranken des Umfangs aus
    U_{n+1} = 2 u_n U_n / (u_n + U_n), U_0 = 4 sqrt(3),
    u_{n+1} = sqrt(U_{n+1} u_n), u_0 = 6.

    :param iters: Anzahl Iterationen.
    :param fn_sqrt: Funktion, die zur Wurzelberechnung
                    verwendet werden soll (optional).
    :return: Tupel (u, U) mit unterer/oberer Schranke fuer
             den Umfang des Einheitskreises.
    """
    u, U = 6, 4 * fn_sqrt(3)
    for _ in range(iters):
        U = 2 * u * U / (u + U)
        u = fn_sqrt(U * u)
    return u, U


def compute_N(n):
    """Hilfsfunktion zum Berechnen der Anzahl der Eckpunkte
    eines Polygons, das aus n-facher Halbierung der Seiten
    eines 6-Ecks entstand.
    """
    return 6 * 2**n


def compute_t(s, fn_sqrt=sqrt):
    """Hilfsfunktion die t_n aus gegebenem s_n berechnet."""
    return 2 * s / fn_sqrt(4 - s * s)


def archimedes2(iters, fn_sqrt=sqrt):
    """Implementierung der 2. Var. des Archimedes-Verfahrens

    Berechnet untere und obere Schranke des Umfangs als
    u = N(n) * s_n, U = N(n) * t_n mittels der Folge
    s_{n+1} = sqrt(2 - sqrt(4 - s_n * s_n)), s_0 = 1
    sowie t_n = 2 s_n / sqrt(4 - s_n * s_n).

    :param iters: Anzahl Iterationen.
    :param fn_sqrt: Funktion, die zur Wurzelberechnung
                    verwendet werden soll (optional).
```

```
    :return: Tupel (u, U) mit unterer/oberer Schranke fuer
             den Umfang des Einheitskreises.
    """
    s = 1
    for n in range(iters):
        s = fn_sqrt(2 - fn_sqrt(4 - s * s))
    N = compute_N(iters)
    u, U = N * s, N * compute_t(s, fn_sqrt)
    return u, U


def archimedes3(iters, fn_sqrt=sqrt):
    """Implementierung der 3. Var. des Archimedes-Verfahrens

    Berechnet untere und obere Schranke des Umfangs als
    u = N(n) * s_n, U = N(n) * t_n mittels der Folge
    s_{n+1} = s_n / sqrt(2 + sqrt(4 - s_n * s_n)), s_0 = 1
    sowie t_n = 2 s_n / sqrt(4 - s_n * s_n).

    :param iters: Anzahl Iterationen.
    :param fn_sqrt: Funktion, die zur Wurzelberechnung
                    verwendet werden soll (optional).
    :return: Tupel (u, U) mit unterer/oberer Schranke fuer
             den Umfang des Einheitskreises.
    """
    s = 1
    for n in range(iters):
        s = s / fn_sqrt(2 + fn_sqrt(4 - s * s))
    N = compute_N(iters)
    u, U = N * s, N * compute_t(s, fn_sqrt)
    return u, U
```

Beispiel zu Algorithmus 21:

```
>>> from kap5 import archimedes1, romberg
>>> archimedes1(20)
(6.283185307179322, 6.283185307180106)
>>> get1st = lambda uU: u[0]
>>> s = [get1st(archimedes1(n)) / 2 for n in range(1, 4)]
>>> s
[3.105828541230249, 3.1326286132812378, 3.1393502030468667]
>>> romberg(s)
3.141592650457888
```

Wir führen einige numerische Experimente mit den Verfahren ① bis ③ durch, vorerst mit der Wurzelapproximation von PYTHON, d. h. mit der gleichen Genauigkeit wie die anderen Operationen. In Tabelle 5.11 sehen wir die prognostizierte lineare

---

Erläuterungen zu Algorithmus 21: Die hier gezeigten Implementierungen erlauben optional die zur Approximation der Quadratwurzel verwendete Funktion auszutauschen. Als Standard dient die Implementierung der eingebauten math-Bibliothek. Beispielsweise kann man durch Verwendung des HERON-Verfahrens die Genauigkeit reduzieren oder mit der Funktion mp.sqrt der mpmath-Bibliothek eine Approximation beliebiger (auch höherer) Genauigkeit verwenden.

n	$u_n/2$	$U_n/2$
0	3.000000000000000	3.4641016151377544
1	3.1058285412302493	3.2153903091734728
2	3.1326286132812382	3.1596599420975005
3	3.1393502030468672	3.1460862151314348
4	3.1410319508905093	3.1427145996453683
5	3.1414524722854620	3.1418730499798242
6	3.1415576079118575	3.1416627470568486
7	3.1415838921483181	3.1416101766046896
8	3.1415904632280500	3.1415970343215260
9	3.1415921059992713	3.1415937487713514
10	3.1415925166921572	3.1415929273850964
11	3.1415926193653836	3.1415927220386135
12	3.1415926450336906	3.1415926707019977
13	3.1415926514507673	3.1415926578678444
14	3.1415926530550364	3.1415926546593056
15	3.1415926534561036	3.1415926538571708
16	3.1415926535563701	3.1415926536566365
17	3.1415926535814367	3.1415926536065033
18	3.1415926535877032	3.1415926535939698
19	3.1415926535892700	3.1415926535908367
20	3.1415926535896612	3.1415926535900529

Tabelle 5.11 Konvergenz des Verfahrens ①. Rechnung in PYTHON mit doppelter Genauigkeit (Datentyp `float`) unter Verwendung der eingebauten Wurzelapproximation `math.sqrt`

Konvergenz, sodass nach 20 Iterationen elf signifikante Stellen vorliegen. In Tabelle 5.12 verwenden wir ②, d. h. das Verfahren von ARCHIMEDES, und finden für $n = 4$ (in Bruchteilen von Sekunden) sein Ergebnis wieder, d. h. vier signifikante Stellen. Fahren wir so fort erleben wir eine böse Überraschung. Die Approximation verbessert sich bis $n = 12$ (neun signifikante Stellen), wird dann aber wieder schlechter und hat bei $n = 20$ wieder nur vier signifikante Stellen. Ursache ist *numerische Auslöschung* (von signifikanten Stellen), die dann auftritt, wenn fehlerbehaftete Zahlen fast gleicher Größenordnung voneinander abgezogen werden. Die Fehler sind hier Rundungsfehler, da hier nicht exakt, sondern nur mit ca. 14 Stellen gerechnet wird. Da $s_n \to 0$ für $n \to \infty$ gilt, ist für große n

$$(4 - s_n^2)^{1/2} \approx , 2$$

und Auslöschung tritt auf. Dieses Phänomen wird in Abschnitt 7.2 genauer untersucht. Verwenden wir dagegen die äquivalente Form von ③, tritt dieses Problem nicht mehr auf, und wir erreichen fast exakt die Werte von ①. Besser konvergente Verfahren sind erst mit den Methoden der Analysis möglich. Diese können auch auf das (die) obige(n) Verfahren angewendet werden. Wir kehren zurück zu (5.120), d. h. mit $h = 1/N$:

n	N	$u_n/2$	$U_n/2$
0	6	3.0000000000000000	3.4641016151377553
1	12	3.1058285412302498	3.2153903091734728
2	24	3.1326286132812369	3.1596599420974991
3	48	3.1393502030468721	3.1460862151314402
4	96	3.1410319508905298	3.1427145996453882
5	192	3.1414524722853443	3.1418730499797061
6	384	3.1415576079116221	3.1416627470566132
7	768	3.1415838921489359	3.1416101766053073
8	1536	3.1415904632367617	3.1415970343302382
9	3072	3.1415921060430483	3.1415937488151284
10	6144	3.1415925165881546	3.1415929272810947
11	12288	3.1415926186407894	3.1415927213140193
12	24576	3.1415926453212157	3.1415926709895228
13	49152	3.1415926453212157	3.1415926517382928
14	98304	3.1415926453212157	3.1415926469254849
15	196608	3.1415926453212157	3.1415926457222838
16	393216	3.1415936698494269	3.1415936699496938
17	786432	3.1415923038117377	3.1415923038368048
18	1572864	3.1416086962248038	3.1416086962310708
19	3145728	3.1415868396550413	3.1415868396566080
20	6291456	3.1416742650217575	3.1416742650221492

Tabelle 5.12 Konvergenz des Verfahrens ②. Rechnung in PYTHON mit doppelter Genauigkeit (Datentyp `float`) unter Verwendung der eingebauten Wurzelapproximation `math.sqrt`

$$\frac{1}{2}u_n = \frac{1}{2h}s_n = \frac{1}{h}\sin(h\pi)\,,$$
$$\frac{1}{2}U_n = \frac{1}{2h}t_n = \frac{1}{h}\tan(h\pi)\,.$$

Die TAYLOR-Entwicklung von sin bzw. tan bei $x = 0$ liefert also

$$\frac{1}{2}u_n = \pi + \sum_{k=1}^{\infty}(-1)^k\frac{\pi^{2k+1}}{(2k+1)!}h^{2k}$$
$$\frac{1}{2}U_n = \pi + \frac{\pi^3}{3}h^2 + \frac{2\pi^5}{15}h^4 + \frac{17\pi^7}{315}h^6\ldots\,,[42]$$

d. h., auch hier liegt analog zur EULER-MACLAURIN'schen Summenformel (5.116) eine Fehlerentwicklung in h^2 vor, sodass auch hier die gleiche RICHARDSON-Extrapolation möglich ist. Dies wird in Tabelle 5.13 realisiert.

Wenn einmal die Werte vorliegen, benötigt das Extrapolationsschema wenige weitere rationale Rechenschritte, im ARCHIMEDES-Fall ②, $n = 4$ gerade mal 21. Genauer lautet das Extrapolationstableau für die Werte von ARCHIMEDES ②

---

[42] Genauer ist $\tan x = \sum_{n=1}^{\infty}\frac{1}{(2n)!}(-1)^{n-1}2^{2n}(2^{2n}-1)B_{2n}x^{2n-1}$ mit den BERNOULLI-Zahlen B_n.

m	Extrapolation ②	Extrapolation ③
1	3.1411047216403332	3.1411047216403318
2	3.1415924538976485	3.1415924538976499
3	3.1415926535778995	3.1415926535778920
4	3.1415926535898202	3.1415926535897931
5	3.1415926535896133	3.1415926535897927
6	3.1415926535895089	3.1415926535897931
7	3.1415926535907990	3.1415926535897922
8	3.1415926536021392	3.1415926535897922
9	3.1415926536491758	3.1415926535897927
10	3.1415926534178320	3.1415926535897918
11	3.1415926525891837	3.1415926535897922
12	3.1415926543547910	3.1415926535897918
13	3.1415926445249891	3.1415926535897918
14	3.1415926453346263	3.1415926535897927
15	3.1415926453211620	3.1415926535897918
16	3.1415941332984945	3.1415926535897927
17	3.1415916533362545	3.1415926535897936
18	3.1416161553065129	3.1415926535897918
19	3.1415764313644541	3.1415926535897918
20	3.1417145148297050	3.1415926535897918

Tabelle 5.13 RICHARDSON-Extrapolation der Ergebnisse von Verfahren ② und ③

3.14110472164033			
3.14156197063157	3.14159245389765		
3.14159073296875	3.14159265045790	3.14159265357790	
3.14159253350508	3.14159265354084	3.14159265358977	3.14159265358982

und für die Werte des Verfahrens ③

3.14110472164033			
3.14156197063157	3.14159245389765		
3.14159073296874	3.14159265045789	3.14159265357789	
3.14159253350506	3.14159265354081	3.14159265358975	3.14159265358979

Demnach wird dadurch die Anzahl der signifikanten Stellen auf 13 katapultiert. Wenn ARCHIMEDES dies gewusst hätte! Eine weitere Verbesserung wird nur durch das Auslöschungsphänomen verhindert, bei ③ bzw. ① sind es bei $n = 6$ schon (zufällig) 16 signifikante Stellen, von denen 15 dauerhaft erhalten bleiben. Mehr Stellen sind auch mit der „normalen" Computerarithmetik nicht möglich (siehe Abschnitt 7.1). Mit *Langzahlarithmetik* kann mit mehr („beliebig vielen") Stellen gerechnet werden, und so kann die Lebensleistung von L. von CEULEN in Bruchteilen von Sekunden wiederholt werden (siehe Abschnitt 7.2).

Mit der Entwicklung der Analysis gab es plötzlich viele Möglichkeiten π zu approximieren. Mit Integralen, die π als Wert haben, und ihrer näherungsweisen Berechnung haben wir begonnen. Weiter:

Die trigonometrischen Funktionen haben für viele „einfache" Funktionswerte Argumente, die sich mit π ausdrücken lassen, z. B.

$$\tan\left(\frac{\pi}{4}\right) = 1 \,, \quad \text{aber auch} \quad \tan\left(\frac{\pi}{6}\right) = \frac{1}{\sqrt{3}} \,, \quad \tan\left(\frac{\pi}{3}\right) = \sqrt{3} \,.$$

Ist die Umkehrfunktion für die Argumente wie 1 oder $\frac{1}{\sqrt{3}}$ oder $\sqrt{3}$ (effizient) approximierbar, kann so ein Verfahren zur Approximation von π definiert werden. Es gilt für $|x| \leq 1$:

$$\arctan(x) = \sum_{k=0}^{\infty}(-1)^k \frac{x^{2k+1}}{2k+1}$$

bzw. genauer für $x > 0$:

$$\arctan(x) = \sum_{k=0}^{n-1}(-1)^k \frac{x^{2k+1}}{2k+1} + I_n(x) \quad \text{mit}$$

$$I_n(x) = \int_0^x (-1)^n \frac{t^{2n}}{1+t^2}\, dt \,,$$

d. h. $\quad |I_n(x)| \leq \int_0^x t^{2n}\, dx = \frac{x^{2n+1}}{2n+1} \,,$ \hfill (5.129)

was die obige Reihenkonvergenz für $|x| \leq 1$ verifiziert. Für $x = \sqrt{3}$ ist also (5.129) nicht direkt anwendbar, und für $x = 1$ erhält man die Darstellung

$$\frac{\pi}{4} = \sum_{k=0}^{\infty}(-1)^k \frac{1}{2k+1} \,,$$

die mit Namen wie Gregory[43], Leibniz, aber auch Madhava[44] in Verbindung gebracht wird. Bezeichnet s_n die n-te Partialsumme, ist aber der Fehler

$$\left|\frac{\pi}{4} - s_{n-1}\right| \leq \frac{1}{2n+1} \,,$$

und damit liegt nur logarithmische Konvergenz (siehe (5.45)) vor, was diesen Ansatz zur (genauen) Approximation unbrauchbar macht. Es ist anscheinend ein möglichst kleines Argument x vorteilhaft, da dann nach (5.129) lineare Konvergenz mit Kontraktionszahl $C = |x|^2$ vorliegt. Für $x = \frac{1}{\sqrt{3}}$ erhält man die auch schon Madhava bekannte Darstellung

$$\frac{\pi}{\sqrt{12}} = \sum_{k=0}^{\infty}(-1)^k \frac{1}{3^k(2k+1)}$$

---

[43] James Gregory ∗November 1638 in Drumoak, †Oktober 1675 in Edinburgh

[44] Madhava ∗1350 in Sangamagramma, †1425

n	s_n	π
0	1.0000000000000000	3.4641016151377544
1	0.8888888888888888	3.0792014356780038
2	0.9111111111111111	3.1561814715699539
3	0.9058201058201059	3.1378528915956805
4	0.9071918479325887	3.1426047456630846
5	0.9068177364473661	3.1413087854628832
6	0.9069232550714033	3.1416743126988376
7	0.9068927719133481	3.1415687159417840
8	0.9069017375480701	3.1415997738115058
9	0.9068990635868373	3.1415905109380797
10	0.9068998700195900	3.1415933045030813
11	0.9068996245835349	3.1415924542876463
12	0.9068996998505918	3.1415927150203800
13	0.9068996766200187	3.1415926345473140
14	0.9068996838295069	3.1415926595217138
15	0.9068996815813869	3.1415926517339976
16	0.9068996822853437	3.1415926541725754
17	0.9068996820641001	3.1415926534061649
18	0.9068996821338616	3.1415926536478262
19	0.9068996821118003	3.1415926535714034
20	0.9068996821187953	3.1415926535956351

Tabelle 5.14 Konvergenz des Verfahrens nach MADHAVA. Rechnung in PYTHON mit doppelter Genauigkeit (Datentyp `float`)

und damit fast die gleiche Konvergenzgüte wie beim ARCHIMEDES-Verfahren (führen Sie ein numerisches Experiment durch: $s_0 := 1$, $s_{n+1} := s_n + (-1)^{n+1}\frac{1}{3^{n+1}(2n+3)}$). Tabelle 5.14 zeigt das lineare Konvergenzverhalten.

Eine Möglichkeit der Argumentsverkleinerung liegt in der Benutzung der Identität für $x > 0$:

$$\arctan(x) = 2\arctan\left(\frac{x}{1 + (1 + x^2)^{\frac{1}{2}}}\right),$$

was das Argument mindestens halbiert: Statt $x = 1$ ist dann $x = 1/(1 + \sqrt{2})$ etc. Der Nachteil liegt im Auftreten der Wurzel, was (insbesondere bei mehrfacher Anwendung) die Auswertung von s_n problematisch macht. Ein weitreichender Ansatz besteht in der Verwendung einer MACHIN[45]-Formel (siehe Abschnitt 6.2) der Form

$$c_0 \frac{\pi}{4} = \sum_{n=1}^{N} c_n \arctan\left(\frac{a_n}{b_n}\right)$$

mit $c_0, a_n, b_n \in \mathbb{N}$, $a_n \leq b_n$, $c_n \in \mathbb{Z}$, $n = 1, \ldots, N$, wobei die von John MACHIN gefundene lautet

$$\frac{\pi}{4} = 4\arctan\left(\frac{1}{5}\right) - \arctan\left(\frac{1}{239}\right). \tag{5.130}$$

---

[45] John MACHIN *1680 in England, †9. Juni 1751 in London

Die Approximationsformel entsteht also durch entsprechende Linearkombination der Partialsummen und die Rekursionsformel entsprechend: Durch N Glieder wird also der Aufwand im Wesentlichen ver-N-facht. Dem steht aber eine kleinere Kontraktionszahl gegenüber $C = \left(\frac{a_l}{b_l}\right)^2$, wobei $\frac{a_l}{b_l}$ das Maximum der auftretenden Argumente ist. Im obigen Fall ist also schon $C = \frac{1}{25}$, d. h., pro Iteration ist mit 1-2 weiteren signifikanten Stellen zu rechnen. Dies wird durch Tabelle 5.15 bestätigt.

Gibt es auch quadratisch konvergente Verfahren, wie das HERON-Verfahren zur

n	π
1	3.1832635983263602
2	3.1405970293260603
3	3.1416210293250346
4	3.1415917721821773
5	3.1415926824043994
6	3.1415926526153086
7	3.1415926536235550
8	3.1415926535886025
9	3.1415926535898362
10	3.1415926535897922
11	3.1415926535897940
12	3.1415926535897940

Tabelle 5.15 Konvergenz der Berechnung mittels MACHIN-Formel. Rechnung in PYTHON mit doppelter Genauigkeit (Datentyp `float`)

Bestimmung der Wurzel? Diese erhält man über die AGM-Verfahren (siehe Anhang K), und zwar aus Eigenschaften, die alle schon GAUSS klar waren. Es dauerte bis in die 1970er Jahre, bis Richard BRENT[46] und Eugene SALAMIN unabhängig auf das mögliche Verfahren aufmerksam machten. Es lautet

$$x_0 := 1, \; y_0 := \frac{1}{\sqrt{2}}, \; s_0 := \frac{1}{2},$$

und für $k = 0, 1, \ldots$ iteriere

$$x_{k+1} := (x_k + y_k)/2$$
$$y_{k+1} := (x_k y_k)^{1/2}$$
$$c_{k+1}^q := (x_{k+1} - x_k)^2$$
$$s_{k+1} := s_k - 2^{k+1} c_{k+1}^q.$$

Der erzielte Näherungswert für π ist

$$p_k := \frac{(x_k + y_k)^2}{2 s_k}.$$

---

[46] Richard Peirce BRENT *20. April 1946 in Melbourne,

Schritt	p_K	Signifikante Stellen
1	3.1	2
2	3.1415926	8
3	3.14159265358979324	18
4	3.14159265358979323846264338327950288419...	40
5	3.14159265358979323846264338327950288419 71693... ...993751058209749445923078164062862089986	83

Tabelle 5.16 Konvergenz des BRENT-SALAMIN-Verfahrens. Rechnung in PYTHON unter Verwendung der mpmath-Bibliothek für Langzahlarithmetik (siehe Abschnitt 7.3) mit 128 Stellen Genauigkeit

k	π_k
0	3.1415927300133055
1	3.1415926535897940
2	3.1415926535897931
3	3.1415926535897931

Tabelle 5.17 Konvergenz der RAMANUJAN-Reihe. Rechnung in PYTHON mit doppelter Genauigkeit

Die Anzahl der signifikanten Stellen verdoppelt sich bei jedem Iterationsschritt. Die rapide Konvergenz zeigt Tabelle 5.16. Mit 36 Schritten ist man schon im Milliardenbereich.

Es gibt auch hochkonvergente Reihen, die in jedem Schritt eine große Anzahl von neuen signifikanten Stellen ergeben. Sie gehen zurück auf die von Srinivasa RAMANUJAN[47] angegebene Reihe

$$\frac{1}{\pi} = \frac{2\sqrt{2}}{9801} \sum_{k=0}^{\infty} \frac{(4k)!(1103 + 26390k)}{(k!)^4 396^{4k}}. \qquad (5.131)$$

Schon nach drei Iterationen sind 17 signifikante Stellen erreicht (Tabelle 5.17). Der mathematische Hintergrund einer solchen Darstellung kann hier nicht entwickelt werden. Eine Darstellung ähnlichen Hintergrunds wurde von den CHUDNOVSKY-Brüdern (Gregory und David CHUDNOVSKY) gefunden:

$$\frac{1}{\pi} = 12 \sum_{k=0}^{\infty} \frac{(-1)^k(6k)!(545140134k + 13591409)}{(3k)!(k!)^3 640320^{3k+\frac{3}{2}}}. \qquad (5.132)$$

Auf dieser Darstellung beruhte der Weltrekord von 2009 mit 2.7 Billionen Stellen. Die am Aufbau des n-ten Folgeglieds beteiligten Folgen natürlicher Zahlen wurden jeweils rekursiv aufgebaut. Dazu müssen jeweils sehr große natürliche Zahlen multipliziert werden. Dies erfordert neben einer Langzahlarithmetik Verfahren, die schneller als die „übliche" Multiplikation sind (siehe Abschnitte 2.1 und 7.2).

---

[47] Srinivasa RAMANUJAN *22. Dezember 1887 in Erode, †26. April 1920 in Kumbakonam

5.4.3 Die EULER'sche Zahl e

Eine weitere sehr wichtige, in der Schule nicht so prominente Zahl ist die Zahl e, auch EULER'sche Zahl genannt (man beachte aber, dass es auch die EULER'schen Zahlen in $\mathbb{Z}$ gibt). Wir beginnen mit folgender Überlegung: Die Verzinsung eines Kapitals K mit dem Zinssatz $x \in \mathbb{R}^+$ führt nach einer Zeiteinheit auf ein Kapital von $(1 + x)K$. Erfolgt die Verzinsung schon nach $\frac{1}{n}$ Zeiteinheiten, dann mit Zinssatz $\frac{x}{n}$, bedeutet dies ein Kapital von

$$\left(1 + \frac{x}{n}\right)^n K \,.$$

Im „kontinuierlichen" Grenzfall, d. h. für $n \to \infty$, ist also der Vergrößerungsfaktor (bei Existenz)

$$e(x) := \lim_{n \to \infty} \left(1 + \frac{x}{n}\right)^n \,.$$

Wir definieren

$$e := e(1)$$

und klären als Erstes die Existenz als reelle Zahl. Die Folge $(a_n)_n := \left(\left(1 + \frac{x}{n}\right)^n\right)_n$ ist für $x \geq 0$ monoton wachsend,

denn nach der binomischen Formel aus Aufgabe 3.3 ist

$$a_n = \left(1 + \frac{x}{n}\right)^n = \sum_{k=0}^n \binom{n}{k}\frac{x^k}{n^k} = 1 + x + \sum_{k=2}^n \binom{n}{k}\frac{x^k}{n^k}$$

und analog

$$a_{n+1} = \left(1 + \frac{x}{n+1}\right)^{n+1} = 1 + x + \sum_{k=2}^{n+1}\binom{n+1}{k}\frac{x^k}{(n+1)^k} \,.$$

Es reicht also, in den Summen den Summand $S_k := \binom{n+1}{k}\frac{x^k}{(n+1)^k}$ *bei* a_{n+1} *und* $s_k := \binom{n}{k}\frac{x^k}{n^k}$ *bei* a_n *für* $k = 2, \ldots, n$ *zu vergleichen und* $S_k > s_k$ *zu verifizieren:*

$$S_k = \frac{(n+1)n\ldots(n-k+2)}{(n+1)(n+1)\ldots(n+1)}\frac{x^k}{k!} > \frac{n(n-1)\ldots(n-k+1)}{nn\ldots n}\frac{x^k}{k!} = s_k \,, \qquad (5.133)$$

da $(l - j)/l < l/(l + j)$ *für* $l, j \in \mathbb{N}$.

Die Folge $(a_n)_n$ ist nach oben beschränkt,

denn nach (5.133) ist

$$a_n = 1 + x + \sum_{k=2}^n s_k \leq 1 + x + \sum_{k=2}^n \frac{x^k}{k!} = \sum_{k=0}^n \frac{x^k}{k!} =: b_n \,, \qquad (5.134)$$

da $\binom{n}{k}\frac{1}{n^k} \leq \frac{1}{k!}$. Also $a_n \leq b_n$. Wegen

$$\frac{x^{k+1}}{(k+1)!}\frac{k!}{x^k} = \frac{x}{k+1} \leq \frac{1}{2} \quad \text{für } k \geq 2x - 1 \,,$$

also

$$\frac{x^k}{k!} \le \frac{x^{\hat{k}}}{\hat{k}!} \left(\frac{1}{2}\right)^{k-\hat{k}} \qquad \text{für } k \ge \hat{k} \ge 2x - 1 \,,$$

folgt weiter für $n \ge 2x - 1$

$$b_n \le \sum_{k=0}^{\lfloor 2x \rfloor - 1} \frac{x^k}{k!} + \sum_{k=\lfloor 2x \rfloor}^{n} \left(\frac{1}{2}\right)^{k - \lfloor 2x \rfloor} \frac{x^{\lfloor 2x \rfloor}}{\lfloor 2x \rfloor!} \,. \tag{5.135}$$

Da nach Lemma 2.15 bzw. Satz 4.57, 3), die auch in $\mathbb{R}$ *gültig sind,* $\sum_{k=k_0}^{\infty} \left(\frac{1}{2}\right)^k$ *konvergent ist, ist auch die rechte Seite von (5.135) konvergent und damit insbesondere beschränkt.*
Nach Lemma 5.17 sind wegen der Monotonie von $(a_n)_n$ und $(b_n)_n$ beide Folgen konvergent, d. h., es existiert

$$e(x) \quad \text{und} \quad \sum_{k=0}^{\infty} \frac{x^k}{k!} \qquad \text{für } x \ge 0 \,.$$

Die Abschätzung (5.134) zeigt weiter

$$e(x) \le \sum_{k=0}^{\infty} \frac{x^k}{k!} \,, \tag{5.136}$$

und die rechte unendliche Reihe existiert in ganz $\mathbb{R}$.

Tatsächlich besteht Gleichheit in (5.136),
denn:

$$a_n = 1 + x + \sum_{k=2}^{n} s_k$$

$$= 1 + x + \sum_{k=2}^{n} \left(1 - \frac{1}{n}\right) \cdots \left(1 - \frac{k-1}{n}\right) \frac{x^k}{k!}$$

$$\ge 1 + x + \sum_{k=2}^{m} \left(1 - \frac{1}{n}\right) \cdots \left(1 - \frac{k-1}{n}\right) \frac{x^k}{k!} =: a_{m,n}$$

für $n \ge m, m \in \mathbb{N}$ *beliebig, fest. Dann gilt für* $n \to \infty$: $a_{m,n} \to b_m$ *und damit auch nach Lemma 5.15*

$$e(x) = \lim_{n \to \infty} a_n \ge \lim_{n \to \infty} a_{m,n} = b_m$$

und somit $e(x) \ge \lim_{m \to \infty} b_m = \sum_{k=0}^{\infty} \frac{x^k}{k!}$.
Es gibt also zwei Möglichkeiten zur Approximation von e:

$$e = \lim_{n \to \infty} \left(1 + \frac{1}{n}\right)^n = \sum_{k=0}^{\infty} \frac{1}{k!} \,.$$

Während die linke Folge sehr langsam konvergiert und unbrauchbar ist, ist die Konvergenz der Reihe wegen

$$k! > x^k$$

für jedes x ab einem Index $k = k(x)$ besser als jede lineare Konvergenz.

Es gilt die erste grobe Abschätzung

$$2 < e < 3 \,, \tag{5.137}$$

da

$$e = \sum_{k=0}^{\infty} \frac{1}{k!} > \sum_{k=0}^{1} \frac{1}{k!} = 2$$

und

$$\sum_{k=0}^{\infty} \frac{1}{k!} \leq 2 + \sum_{k=2}^{\infty} \frac{1}{2^{k-1}} \quad \text{wegen} \quad k! \geq 2^{k-1} \text{ für } k \in \mathbb{N}, k \geq 2$$

$$= 2 + \frac{1}{2} \sum_{k=0}^{\infty} 0.5^k = 2 + 1 \,.$$

Durch Aufnahme weiterer Terme kann die Abschätzung schärfer gemacht werden.

Die Bedeutung der Zahl e wird erst durch Betrachtung der Funktion $e(.)$ durch

$$e(x) = \sum_{k=0}^{\infty} \frac{x^k}{k!}$$

deutlich. Diese Funktion ist auch für $x \in \mathbb{R}$ definiert.
Es gilt nämlich für die zugehörige Partialsummenfolge für $x \in \mathbb{R}$

$$\left| \sum_{k=n}^{m} \frac{x^k}{k!} \right| \leq \sum_{k=n}^{m} \frac{|x|^k}{k!} \to 0 \quad \text{für } m, n \to \infty \,,$$

d. h., die CAUCHY-*Folgen-Eigenschaft gilt, da Konvergenz für nichtnegative Argumente vorliegt.*
Diese Abbildung erfüllt

$$e(x + y) = e(x)e(y) \quad \text{für } x, y \in \mathbb{R} \,.$$

Dies kann mit Kenntnissen über das Produkt von unendlichen Reihen eingesehen werden. Daraus folgt erst für $x \in \mathbb{Q}$

$$e(x) = e^x \tag{5.138}$$

und damit nach Definition der allgemeinen Exponentialfunktion auf $\mathbb{R}$ (Aufgabe 5.5) auch (5.138) für $x \in \mathbb{R}$.

Als Schreibweise ist daher e^x oder $\exp(x)$ gebräuchlich. Diese Funktion ist differenzierbar an jeder Stelle $x \in \mathbb{R}$, und für eine Nullfolge $(h_n)_n$, $h_n \neq 0$, gilt

$$\frac{1}{h_n}(\exp(x + h_n) - \exp(x))$$

$$= \frac{1}{h_n}(\exp(x)\exp(h_n) - \exp(x)) \tag{5.139}$$

$$= \exp(x)\frac{1}{h_n}(\exp(h_n) - 1) \,,$$

sodass also nur

$$\lim_{n \to \infty} \frac{1}{h_n}(\exp(h_n) - 1) \, ,$$

d. h. wegen $\exp(0) = 1$ die Ableitung für $x = 0$ bestimmt werden muss. Wegen

$$\frac{1}{h_n}(\exp(h_n) - 1) = \frac{1}{h_n} \sum_{k=1}^{\infty} \frac{h_n^k}{k!} = 1 + \left(\sum_{k=2}^{\infty} \frac{h_n^{k-2}}{k!} \right) h_n$$

gilt:

$$\frac{d}{dx} \exp(x)\Big|_{x=0} = 1 \quad \text{und damit}$$

$$\frac{d}{dx} \exp(x) = \exp(x) \, .$$

(5.140)

Die natürliche Basis e ist also durch (5.140) ausgezeichnet, während bei jeder anderen Basis $\alpha > 0$, $\alpha \neq 1$ in (5.140) ein positiver (exponentielles Wachstum) oder negativer (exponentieller Abfall) Faktor auftritt.

Die Zahlen π und e sind beide nicht nur irrational, sondern auch transzendent. Die Transzendenzbeweise sind zu aufwendig für diesen Band, die Beweise der Irrationalität sind mit Schulmathematik zu bewältigen. Bei e ist es besonders einfach.

Es ist $e = \sum_{k=0}^{\infty} \frac{1}{k!}$ und $2 < e < 3$ nach (5.137). Sei also e rational, d. h. $e = \frac{p}{q}$ für $p, q \in \mathbb{N}$, $q \geq 2$, dann ist $q! e \in \mathbb{N}$ und andererseits

$$q! \, e = q! \sum_{k=0}^{q} \frac{1}{k!} + \sum_{k=q+1}^{\infty} \frac{q!}{k!} \, .$$

Dabei ist der erste Summand auf der rechten Seite aus $\mathbb{N}$, und der zweite lässt sich in seinen Summanden abschätzen durch $\frac{1}{q+1} \leq \frac{1}{3}$, $\frac{1}{(q+1)(q+2)} \leq \frac{1}{9}$, ..., $\frac{q!}{k!} = \frac{1}{(q+1)\cdots(q+k-q)} \leq \frac{1}{3^{k-q}}$, also

$$\sum_{k=q+1}^{\infty} \frac{q!}{k!} \leq \sum_{k=q+1}^{\infty} \left(\frac{1}{3} \right)^{k-q} = \sum_{k=0}^{\infty} \left(\frac{1}{3} \right)^k - 1 = \frac{1}{1 - \frac{1}{3}} - 1 = \frac{1}{2} \quad \text{nach Satz 4.57, 3)} \, .$$

Damit kann die rechte Summe nicht aus $\mathbb{N}$ sein: Widerspruch.

Der Widerspruchsbeweis bezüglich π geht auf Nicolas BOURBAKI [48] zurück. *Betrachte die Integrale für $q \in \mathbb{N}$:*

$$A_n(q) := q^n \int_0^\pi \frac{x^n (\pi - x)^n}{n!} \sin(x) \, dx \, , \quad n \in \mathbb{N} \, .$$

Da der Integrand positiv und stetig ist, ist $A_n(q) > 0$, und

$$A_n(q) \leq q^n \int_0^\pi \left(\frac{\pi}{2} \right)^{2n} \frac{1}{n!} \, dx = \pi \frac{\left(\frac{q\pi^2}{4} \right)^n}{n!}$$

zeigt

---

[48] Nicolas BOURBAKI ist das Pseudonym eines Autorenkollektivs, das seit 1934 an einem vielbändigen Lehrbuch der Mathematik in französischer Sprache arbeitete.

$$A_n(q) < 1 \quad \text{für alle } n \geq N(q) \text{ für ein } N(q) \in \mathbb{N} \,.$$

Sei π rational, $\pi = \frac{p}{q}$ für $p, q \in \mathbb{N}$, dann ist

$$A_n(q) = \int_0^\pi \frac{x^n(p - qx)^n}{n!} \sin(x)\,dx =: \int_0^\pi f(x)\sin(x)\,dx \,,$$

und durch fortgesetzte partielle Integration erhält man

$$A_n(q) = \left(-f(x)\cos(x)\right)\big|_0^\pi - \left(-f'(x)\sin(x)\right)\big|_0^\pi \cdots \pm \left(f^{(2n)}(x)\cos(x)\right)\big|_0^\pi$$

$$\pm \int_0^\pi f^{(2n+1)}(x)\cos(x)\,dx \,.$$

Da $f \in \mathbb{Q}[x]$ und Grad $2n$ hat, verschwindet das letzte Integral. Es ist $\sin(x), \cos(x) \in \mathbb{N}$ für $x \in \{0, \pi\}$, und $f^{(k)}$ für $0 \leq k \leq 2n$ ist eine Summe oder Differenz aus Termen $\frac{1}{n!}x^r(p - qx)^s$ oder $\alpha q^n x^r$, $r \leq n$ oder $\beta(p - qx)^s$, mit $r, s, \alpha, \beta \in \mathbb{N}$. Alle diese Terme ergeben für $x \in \{0, \pi\}$ ein Element aus $\mathbb{N}_0$, also $A_n(q) \in \mathbb{Z}$ für alle $n \in \mathbb{N}$. Da $A_n(q) > 0$, bleibt nur $A_n(q) \in \mathbb{N}$, was aber für große $n \in \mathbb{N}$ zum Widerspruch zu $A_n(q) < 1$ führt.

Die Transzendenz von e und π sind beide enthalten im Satz von LINDEMANN[49]-WEIERSTRASS[50], der lautet:

Seien $\alpha_1, \ldots, \alpha_n$ paarweise verschiedene algebraische Zahlen und $\beta_1, \ldots, \beta_n$ beliebige algebraische Zahlen, die nicht alle verschwinden, dann ist

$$\sum_{i=1}^n \beta_i e^{\alpha_i} \neq 0 \,.$$

Dies zeigt direkt, dass e transzendent ist. Der Satz gilt auch für komplexe Zahlen, daher führt auch die Annahme, dass π algebraisch ist, zum Widerspruch. Da i algebraisch ist (als Lösung von $x^2 + 1 = 0$), wäre dann auch $i\pi$ algebraisch (siehe Definition 5.49) und damit

$$e^{i\pi} + 1 = e^{i\pi} + e^0 \neq 0 \,.$$

Nach (6.41) ist diese Summe aber gleich 0.

---

[49] Ferdinand von LINDEMANN ∗12. April 1852 in Hannover, †6. März 1939 in München

[50] Karl Theodor Wilhelm WEIERSTRASS ∗31. Oktober 1815 in Ostenfelde bei Ennigerloh, †19. Februar 1897 in Berlin

Am Rande bemerkt: Rechenmaschinen 3 – Der erste wissenschaftliche Taschenrechner HP-35

Im Jahr 1972 brachte die Firma Hewlett[51]-Packard[52] den ersten technisch-wissenschaftlichen Taschenrechner HP-35 auf den Markt. Zwar gab es schon technisch-wissenschaftliche Tischrechner, die also neben den Grundrechenarten auch transzendente Funktionen (approximativ) auswerten konnten, auch gab es schon „handholds" für die Grundrechenarten, aber der HP-35 war das erste Rechenwerkzeug, das beides vereinte. „Taschenrechner" (pocket calculator) meinte dabei ein Gerät, das in die Hemdtasche (eines/r Ingenieur*in) passte.[53] Der HP-35 war in mehrfa-

Abb. 5.10 Der HP-35 aus dem Jahre 1972 *(Bild von Wikipedia)*

cher Hinsicht höchst innovativ: im Design, in seiner Elektronik und in den realisierten Algorithmen. Zu den ersten beiden Aspekten (siehe Abbildung 5.10) findet sich mehr Information in Cochran 2010 [54], insbesondere handelte es sich um eines der ersten technischen Produkte, bei dem das Design dem „Innenleben" voranging, was heute vorherrschend zu sein scheint. Der HP-35 hat 35 namensgebende Tasten: 12 für Ziffern, 13 für Operationen, 10 für Funktionen. Das HP-35 operating

---

[51] William Redington „Bill" Hewlette *20. Mai 1913 in Ann Arbor, Michigan, †12. Januar 2001 in Palo Alto, Kalifornien

[52] David Packard *7. September 1912 in Pueblo, Colorado, †26. März 1996 in Stanford, Kalifornien

[53] Maße ca. 14.8cm × 8.2cm

[54] D. S. Cochran (2010). „The HP-35 Design, A Case Study in Innovation". In: *http://www.hpmemoryproject.org*

manual[55] ist heute noch lesenswert, da es sich an einen mathematisch und technisch vorinformierten Nutzer richtet: Der HP-35 benutzt die umgekehrte polnische Notation (UPN, siehe „Am Rande bemerkt" zu Abschnitt 3.1) und erlaubt dadurch umfangreichere Rechnungen ohne Klammerfunktion, daher braucht er auch keine „="-Taste zum Abschluss einer Rechnung, sondern es gibt eine „Enter"-Taste zum Abschluss einer Operation-Eingabe. Abbildung 5.11 ist ein Beispiel aus der An-

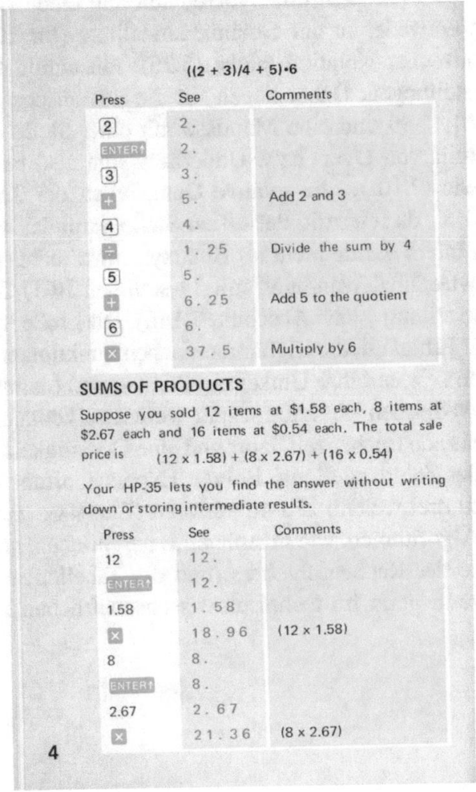

((2 + 3)/4 + 5)•6

Press	See	Comments
2	2.	
ENTER↑	2.	
3	3.	
+	5.	Add 2 and 3
4	4.	
÷	1.25	Divide the sum by 4
5	5.	
+	6.25	Add 5 to the quotient
6	6.	
×	37.5	Multiply by 6

SUMS OF PRODUCTS

Suppose you sold 12 items at $1.58 each, 8 items at $2.67 each and 16 items at $0.54 each. The total sale price is (12 x 1.58) + (8 x 2.67) + (16 x 0.54)

Your HP-35 lets you find the answer without writing down or storing intermediate results.

Press	See	Comments
12	12.	
ENTER↑	12.	
1.58	1.58	
×	18.96	(12 x 1.58)
8	8.	
ENTER↑	8.	
2.67	2.67	
×	21.36	(8 x 2.67)

4

Abb. 5.11 Seite 4 aus dem HP-35 operating manual

leitung des HP-35, S. 4. Von den fünf Registern sind vier zu einem *Stapel* (stack) verbunden

t T – Register oben
z Z – Register
y Y – Register
x X – Register unten

[55] *HP-35 operating manual* (1972). Coupertino: Hewlett Packard Advanced Products

wobei das X-Register immer angezeigt wird. Die Verarbeitung in einem Stapel erfolgt so, dass ein neues Datum von unten, d. h. auf X, eingeschoben wird, bei Verlust des alten Datums in T bzw. bei „Freiwerden" von X alle Informationen im Register „herunterrutschen", mit der T-Information in T und Z. Auf die Register kann zum Teil direkt zugegriffen werden ($x \leftrightarrows y$-Taste, CLX-Taste, R↓-Taste: „rutscht" die Registerinhalte zyklisch ein Register nach unten (d. h. X nach T)). Auf das fünfte Register kann mit STO und RCL zugegriffen werden. Das Anzeigefeld (display) zeigt 14 Ziffern oder Vorzeichen und einen Dezimalpunkt, d. h., Zahlen erscheinen entweder in der Dezimaldarstellung (für $10^{-2} \leq |x| \leq 10^{10}$) oder in wissenschaftlicher Notation (siehe (5.23)) mit automatischer Umstellung zwischen den Darstellungen. Dabei liegen für die wissenschaftliche Notation ein Exponent N mit $|N| \leq 99$ und eine Mantisse mit einer Stelle vor und neun Stellen nach dem Komma vor. Over- bzw. Underflow sind also bei $9.999999999_{10}99$ bzw. $1_{10} - 99$ (siehe (7.10)), die relative Genauigkeit der Zahldarstellung (siehe (7.7)) ist $0.5 \ 10^{-10}$, da intern in der elften Stelle gerundet wird, d. h., auch für Grundrechenarten. Intern wurde nicht im Binärsystem gerechnet, sondern zur Vermeidung der Binär-Dezimal-Wandlung mit 14-stelligen BCD-Zahlen in einer 56-Bit-Gleitkommadarstellung (siehe Abschnitt 7.1 ff.). Die große Innovation für einen „hand held" war die Fähigkeit, die trigonometrischen Funktionen (sin, cos, tan), die Exponentialfunktion (e^x) und ihre Umkehrfunktionen und (damit) auch die Wurzel ($\sqrt{x}$) sowie den dekadischen Logarithmus auswerten zu können. Die Vorgabe war weniger als eine Sekunde Rechenzeit dafür und eine Genauigkeit nicht „wesentlich" schlechter als bei der Zahldarstellung. Bei der Exponentialfunktion gehen z. B. ab $\exp(x) \geq 10^4$ bis zu drei weitere Ziffern verloren (Cochran 1972 [56]). Um dies zu erreichen, wurden Algorithmen, wie in Anhang L beschrieben, gewählt. Mit diesem Gerät war das Ende des Rechenschiebers (und der Tabellen) mit seiner mäßigen Genauigkeit als Arbeitsgerät im technisch-wissenschaftlichen Bereich für immer besiegelt.[57]

Aufgaben

Aufgabe 5.22 Gegeben sei ein rechtwinkliges Dreieck mit Hypotenuse c und Katheten $a < b$. Dieses heißt KEPLER[58]sch, wenn $b = \sqrt{\phi}a, c = \phi a$. Zeigen Sie:

a) Rechteckige Dreiecke mit einer geometrischen Progression der Seiten (a, ar, ar^2) für $r > 1$ sind KEPLERsch.

---

[56] D. S. Cochran (1972). „Algorithms and Accuracy in the HP-35". In: hp journal online, Article 2

[57] Der erstgenannte Autor, der in seiner Schulzeit noch mit (Logarithmen-)Tafeln und Rechenschiebern arbeitete (Modell Aristo Scholar), kaufte sich 1973 als junger Student bei einem fliegenden Händler an der TU Berlin einen HP-35 zum „Schnäppchenpreis" von 500 DM, deutlich mehr als ein Student im Durchschnitt monatlich zur Verfügung hatte (US-Preis 395 \$, Wechselkurs ca. 2,67).

[58] Johannes Kepler *27. Dezember 1571 in Weil der Stadt, †15. November 1630 in Regensburg

b) Sind für ein allgemeines Dreieck die Seiten in geometrischer Progression $1 : r : r^2$, dann gilt

$$\phi - 1 < r < \phi .$$

c) Für zwei Zahlen $x, y > 0$ ist $c = A(x,y)$, $b = G(x,y)$, $a = H(x,y)$ (siehe (K.1) ff.), genau dann, wenn das rechtwinklige Dreieck KEPLERSch ist.

Aufgabe 5.23 (L) Berechnen Sie möglichst genau

$$\pi - \frac{4}{\phi^{\frac{1}{2}}} .$$

Inwiefern zeigt dies eine „approximative" Quadratur des Kreises? Zeichnen Sie den Sachverhalt.

Aufgabe 5.24 Implementieren Sie das ARCHIMEDES-Verfahren in den Varianten ①, ②, ③ und führen Sie damit Konvergenz- und Konvergenzgeschwindigkeitstests durch. Variieren Sie auch die Startwerte. Begrenzen Sie die Genauigkeit der Wurzelberechnung und studieren Sie den Einfluss.

Aufgabe 5.25 Implementieren Sie Approximationsverfahren auf der Basis der MACHIN-Formeln (5.130), Aufgabe 6.10, Aufgabe 6.11.

Aufgabe 5.26 Implementieren Sie das BRENT-SALAMIN-Verfahren.

Aufgabe 5.27 Approximieren Sie π mit Hilfe der Reihe von RAMANUJAN (5.131).

Aufgabe 5.28 (L) Unter dem WALLIS-Produkt versteht man die auf John WALLIS [59] zurückgehende Darstellung

$$\frac{\pi}{2} = \prod_{k=1}^{\infty} \frac{2k}{2k-1} \frac{2k}{2k+1} ,$$

wobei das unendliche Produkt analog zur unendlichen Reihe definiert ist. Zeigen Sie diese Identität über folgende Zwischenschritte:

a) Sei $I(n) := \int_0^{\pi} \sin^n(x)\, dx$, $n \in \mathbb{N}_0$, d.h. $I(0) = \pi$, $I(1) = 2$ und durch partielle Integration

$$I(n) = \frac{n-1}{n} I(n-2) \quad \text{für } n \in \mathbb{N}, \; n \geq 2 .$$

b)

$$I(2n) = \pi \prod_{k=1}^{n} \frac{2k-1}{2k} .$$

c)

$$1 \leq \frac{I(2n)}{I(2n+1)} \leq \frac{I(2n-1)}{I(2n+1)} = \frac{2n+1}{2n}$$

---

[59] John WALLIS *3. Dezember 1616 in Ashford, †8. November 1703 in Oxford

und damit $\lim_{n\to\infty} \frac{I(2n)}{I(2n+1)} = 1$.

Aufgabe 5.29 Zeigen Sie:

a) Der relative Fehler des abgeschnittenen WALLIS-Produkts

$$e_n := \frac{x_n}{\frac{\pi}{2}} := \frac{\prod_{k=1}^{n} \frac{2k}{2k-1}\frac{2k}{2k+1}}{\frac{\pi}{2}} = \prod_{k=n+1}^{\infty} \left(1 - \frac{1}{4k^2}\right)$$

verhält sich wie $1 - \frac{1}{4n}$.

b) Der Fehler von x_n verhält sich logarithmisch.

Aufgabe 5.30 Zeigen Sie, dass eine weitere äquivalente Form des ARCHIMEDES-Verfahrens durch

$$\alpha_n := 2/s_n, \quad \beta_n := 2/t_n,$$
$$\beta_{n+1} = \alpha_n + \beta_n, \quad \alpha_{n+1} = (\beta_{n+1}^2 + 1)^{1/2}$$

für $n \in \mathbb{N}_0$ gegeben ist.

Kapitel 6
Komplexe Zahlen

6.1 Warum komplexe Zahlen und wie?

Der Zahlkörper $\mathbb{R}$ hat noch einen Mangel: Nicht jedes Polynom n-ten Grades $p(x) = \sum_{i=0}^{n} a_i x^i$ mit Koeffizienten $a_i \in \mathbb{R}$, $a_n \neq 0$ bzw. sogar $a_i \in \mathbb{Z}$, $a_n \neq 0$, hat eine Nullstelle $\bar{x}$, d. h. ein $\bar{x}$ mit $p(\bar{x}) = 0$: Für

$$p(x) := x^2 + 1$$

gilt:

$$p(x) \geq 1 > 0 \quad \text{für alle } x \in \mathbb{R},$$

es gibt also kein $x \in \mathbb{R}$ mit $x^2 = -1$ bzw. allgemein kann aus negativen Zahlen nicht die Wurzel gezogen werden. Es wäre aber oft praktisch, z. B. mit $\sqrt{-1}$ „rechnen" zu können, auch wenn das Ergebnis dann nicht mehr reell ist. Die Lösungen einer allgemeinen, reellen quadratischen Gleichung

$$x^2 + ax + b = 0, \quad a, b \in \mathbb{R}$$

sind gegeben durch

$$x_{1/2} = -\frac{a}{2} \pm \sqrt{\frac{a^2}{4} - b}, \tag{6.1}$$

aber nur für den Fall, dass $a^2 \geq 4b$, in dem dann eine (bzw. zwei) reelle Lösungen existieren. „Führt" man aber eine Zahl i „ein" mit der Eigenschaft

$$\sqrt{-1} = i \text{ und } \sqrt{x} = \sqrt{(-1)(-x)} = i\sqrt{-x} \quad \text{für } x \in \mathbb{R}, \ x \leq 0,$$

ist auch (6.1) für $a^2 < 4b$ sinnvoll und ist zu interpretieren als

$$x_{1/2} = -\frac{a}{2} \pm i\sqrt{b - \frac{a^2}{4}},$$

© Springer-Verlag GmbH Deutschland, ein Teil von Springer Nature 2019
P. Knabner et al., *Mit Mathe richtig anfangen*,
https://doi.org/10.1007/978-3-662-59230-4_6

als nicht-reelle Lösungen von (6.1). Mit solchen (rein-)*imaginären* Zahlen $y \cdot i$, wobei $y \in \mathbb{R}$, ist schon lange gerechnet worden, bevor eine rigorose Basis für eine solche Körpererweiterung von $\mathbb{R}$ zu einem Körper $\mathbb{C}$ bekannt wurde, da schon beim nächst komplizierteren Nullstellenproblem, nämlich für eine kubische Gleichung, das Problem verschärfter auftritt. In der Mathematik der italienischen Renaissance sind solche Lösungsformeln im Wettstreit entwickelt worden (auch für Grad 4) und daher noch mit dem Namen CARDANO [1] [2] verbunden (CARDANIsche Formeln). Die Darstellung (6.1) beruht bekanntlich auf der quadratischen Ergänzung

$$0 = x^2 + 2\frac{a}{2}x + \left(\frac{a}{2}\right)^2 + b - \frac{a^2}{4}$$
$$= (x + \frac{a}{2})^2 + b - \frac{a^2}{4},$$

die man als eine Zerlegung eines Quadrats in zwei kleinere und Rechtecke interpretieren kann. Dies ist übertragbar auf die kubische Gleichung ohne quadratisches Glied

$$x^3 + px + q = 0, \quad p, q \in \mathbb{R}, \tag{6.2}$$

auf die aber der allgemeine Fall reduziert werden kann (Aufgabe 6.6). Der Ansatz

$$x = u + v \tag{6.3}$$

und damit $x^3 = u^3 + 3uvx + v^3$ (siehe Aufgabe 3.3), liefert also im Koeffizientenvergleich zu (6.2)

$$u^3 + v^3 = -q, \quad 3uv = -p \tag{6.4}$$

$$\text{und damit } u^3 v^3 = \left(-\frac{p}{3}\right)^3,$$

sodass nach dem Satz von VIETA u^3, v^3 Nullstellen des quadratischen Polynoms in y:

$$y^2 + qy + \left(-\frac{p}{3}\right)^3 = 0$$

sind, die sich wiederum nach (6.1) ergeben als

$$u = \sqrt[3]{-\frac{q}{2} + \sqrt{\Delta}}, \quad v = \sqrt[3]{-\frac{q}{2} - \sqrt{\Delta}} \quad \text{mit } \Delta := \left(\frac{q}{2}\right)^2 + \left(\frac{p}{3}\right)^3. \tag{6.5}$$

Bisher war die Rechnung „nur formal", d. h., $\Delta \geq 0$ ist nötig und auch $-\frac{q}{2} \pm \sqrt{\Delta} \geq 0$, und auf diese Weise eine und auch nur eine Lösung zu erhalten. Nach Bemerkung 5.27 existiert immer mindestens eine reelle Lösung, es können aber bis zu drei sein. Die Formel (6.5) kann also auf das Beispiel

---

[1] Gerolamo CARDANO *24. September 1501 in Pavia, †21. September 1576 in Rom
[2] G. CARDANO (1968). *The great art: or, The rules of algebra*. Boston: Mit Press (Original 1545: Artis magnae, sive de regulis algebraicis liber unus).

$$x^3 - 15x - 4 = 0 \,, \tag{6.6}$$

d. h. $p = -15$, $q = -4$ und somit $\Delta = -121$, erst einmal nicht angewendet werden.[3] Verfährt man in dem oben beschriebenen formalen Sinn mit $i = \sqrt{-1}$, erhält man

$$u = \sqrt[3]{2 + i11} \,, \quad v = \sqrt[3]{2 - i11} \,,$$

also ist eine „Zahl" der Form $\alpha + i\beta$, $\alpha, \beta \in \mathbb{R}$, gesucht, sodass $(\alpha + i\beta)^3 = 2 + i11$ und analog für v. Direktes Nachprüfen (mit den Körperrechengesetzen und $i^2 = -1$) sichert $u = 2 + i$, $v = 2 - i$, also erhalten wir die Lösung

$$x = u + v = 4 \,.$$

Dies ist wie gewünscht eine reelle Lösung, in der die imaginären Zahlen wieder verschwunden sind. Für die möglichen weiteren reellen Lösungen sind keine Formeln nötig, da der Linearfaktor zur gefundenen Nullstelle abdividiert werden kann (in $\mathbb{Q}[x]$), d. h.

$$(x^3 - 15x - 4) \,:\, (x - 4) \,=\, x^2 + 4x + 1 \,,$$

und auf verbliebene quadratische Polynome die Lösungsformel (6.1) angewendet werden kann, was zwei weitere reelle Nullstellen liefert,

$$x_{2,3} = -2 \pm \sqrt{3} \,.$$

Wir wollen daher einen Erweiterungskörper $\mathbb{C}$ von $\mathbb{R}$ entwickeln, der algebraisch abgeschlossen ist. Die Eigenschaft *algebraisch abgeschlossen* bedeutet, dass für jedes Polynom beliebigen positiven Grades mit Koeffizienten $a_i \in \mathbb{C}$ Nullstellen in $\mathbb{C}$ existieren, d. h., insbesondere würde auch das obige Polynom $p(x) = x^2 + 1$ Nullstellen in $\mathbb{C}$ haben.

Als Menge wird $\mathbb{C}$ definiert durch

$$\mathbb{C} := \mathbb{R} \times \mathbb{R} = \mathbb{R}^2 \tag{6.7}$$

d. h. durch die *kartesische Ebene*. Auf $\mathbb{C}$ kann komponentenweise eine Addition eingeführt werden:

$$(a, b) + (a', b') := (a + a', b + b') \quad \text{für } a, a', b, b' \in \mathbb{R} \,, \tag{6.8}$$

die wegen der Gruppeneigenschaft von $(\mathbb{R}, +)$ nun $(\mathbb{C}, +)$ zu einer kommutativen Gruppe macht mit

$$0 := (0, 0) \text{ als neutrales und}$$
$$-(a, b) := (-a, -b) \text{ als inverses Element zu } (a, b) \,. \tag{6.9}$$

---

[3] Diese Gleichung wird auch in dem 1575 erschienenen Lehrbuch „L'Algebra" von Rafael BOMBELLI[4] untersucht.

[4] Rafael BOMBELLI ∗1526 in Bologna, †1572 vermutlich in Rom

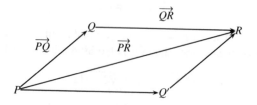

Abb. 6.1 Addition in $\mathbb{R}^2 = \mathbb{C}$

Die Addition entspricht der elementargeometrischen Vektoraddition in der Ebene nach dem „Parallelogramm der Kräfte". Um die geometrische Bedeutung der noch fehlenden Multiplikation in $\mathbb{C}$ besser zu verstehen, werden statt $\mathbb{R}^2$ die *linearen Abbildungen* von $\mathbb{R}^2$ nach $\mathbb{R}^2$ betrachtet, d. h. für $x = (x_1, x_2)$ alle

$$\Phi : \mathbb{R}^2 \to \mathbb{R}^2$$

der Form

$$\Phi x = \begin{pmatrix} a_{1,1}x_1 + a_{1,2}x_2 \\ a_{2,1}x_1 + a_{2,2}x_2 \end{pmatrix}, \tag{6.10}$$

gegeben durch $a_{i,j} \in \mathbb{R}, i, j = 1, 2$. Eine Kurzschreibweise von (6.10) ist

$$\Phi x = Ax$$

mit

$$A = \begin{pmatrix} a_{1,1} & a_{1,2} \\ a_{2,1} & a_{2,2} \end{pmatrix}, \tag{6.11}$$

eine *reelle (2, 2)-Matrix*. Diese Matrizen werden zusammengefasst zu:

$$\mathbb{R}^{(2,2)} := \left\{ A : A = \begin{pmatrix} a_{1,1} & a_{1,2} \\ a_{2,1} & a_{2,2} \end{pmatrix}, a_{i,j} \in \mathbb{R}, i, j = 1, 2 \right\}$$

und repräsentieren genau die linearen Abbildungen $\Phi : \mathbb{R}^2 \to \mathbb{R}^2$, die ab sofort mit den gleichen Bezeichnungen versehen werden. Lineare Abbildungen können argumentweise addiert werden:

Seien Φ, Ψ gegeben durch $\Phi x = Ax, \Psi x = Bx$ mit $A, B \in \mathbb{R}^{(2,2)}$, dann

$$(\Phi + \Psi)x := \Phi x + \Psi x = Ax + Bx . \tag{6.12}$$

Definiert man auf $\mathbb{R}^{(2,2)}$ auch eine Addition analog zu (6.8), d. h.

$$A + B = \begin{pmatrix} a_{1,1} & a_{1,2} \\ a_{2,1} & a_{2,2} \end{pmatrix} + \begin{pmatrix} b_{1,1} & b_{1,2} \\ b_{2,1} & b_{2,2} \end{pmatrix} := \begin{pmatrix} a_{1,1} + b_{1,1} & a_{1,2} + b_{1,2} \\ a_{2,1} + b_{2,1} & a_{2,2} + b_{2,2} \end{pmatrix}, \tag{6.13}$$

so lässt sich elementar überprüfen, dass

$$Ax + Bx = (A + B)x \, ,$$

und damit folgt: $\Phi + \Psi$ ist auch linear, beschrieben durch die Matrix $A + B$, d. h. sind gleich im Sinn der obigen Identifizierung.

Aus den Gruppeneigenschaften von $(\mathbb{R}, +)$ folgt auch hier: $(\mathbb{R}^{(2,2)}, +)$ ist eine kommutative Gruppe mit

$$0 := \begin{pmatrix} 0 & 0 \\ 0 & 0 \end{pmatrix} \qquad \text{als neutrales und} \qquad (6.14)$$

$$-A := \begin{pmatrix} -a_{1,1} & -a_{1,2} \\ -a_{2,1} & -a_{2,2} \end{pmatrix} \qquad \text{als inverses Element zu } A.$$

Auf den linearen Abbildungen von $\mathbb{R}^2$ nach $\mathbb{R}^2$ kann man eine Multiplikation als Hintereinanderausführung der linearen Abbildungen $\Phi, \Psi : \mathbb{R}^2 \to \mathbb{R}^2$ definieren, d. h.

$$\Phi \cdot \Psi := \Phi \circ \Psi,$$

also

$$(\Phi \cdot \Psi)x := \Phi(\Psi x) = A(Bx) \text{ für } x \in \mathbb{R}^2 \, . \qquad (6.15)$$

Dass dadurch eine lineare Abbildung entsteht, sieht man an der elementar nachzurechnenden Identität

$$A(Bx) = Cx \, , \qquad (6.16)$$

wobei die Matrix $C \in \mathbb{R}^{(2,2)}$ definiert wird durch

$$C := \begin{pmatrix} a_{1,1}b_{1,1} + a_{1,2}b_{2,1} & a_{1,1}b_{1,2} + a_{1,2}b_{2,2} \\ a_{2,1}b_{1,1} + a_{2,2}b_{2,1} & a_{2,1}b_{1,2} + a_{2,2}b_{2,2} \end{pmatrix} . \qquad (6.17)$$

Damit ist eine Multiplikation auf $\mathbb{R}^{(2,2)}$ durch

$$A \cdot B := C$$

mit C nach (6.17) eingeführt, die genau der Multiplikation der Abbildungen entspricht. Diese Multiplikation ist nach Definition assoziativ (siehe (6.15) und Satz 1.13), und auch die Distributivgesetze gelten, es gibt ein neutrales Element durch

$$\mathbb{1} = \begin{pmatrix} 1 & 0 \\ 0 & 1 \end{pmatrix} ,$$

aber $\cdot$ ist i. Allg. nicht kommutativ, wie folgendes Beispiel zeigt:

$$\begin{pmatrix} a_1 & a \\ 0 & a_2 \end{pmatrix} \begin{pmatrix} b_1 & b \\ 0 & b_2 \end{pmatrix} = \begin{pmatrix} a_1 b_1 & a_1 b + a b_2 \\ 0 & a_2 b_2 \end{pmatrix} ,$$

$$\begin{pmatrix} b_1 & b \\ 0 & b_2 \end{pmatrix} \begin{pmatrix} a_1 & a \\ 0 & a_2 \end{pmatrix} = \begin{pmatrix} b_1 a_1 & b_1 a + b a_2 \\ 0 & b_2 a_2 \end{pmatrix} ,$$

und es gibt für $A \neq 0$ auch i. Allg. keine Inverse, da z. B.

$$\begin{pmatrix} 1 & 0 \\ 0 & 0 \end{pmatrix}\begin{pmatrix} b_{1,1} & b_{1,2} \\ b_{2,1} & b_{2,2} \end{pmatrix} = \begin{pmatrix} b_{1,1} & b_{1,2} \\ 0 & 0 \end{pmatrix} \neq \mathbb{1} \,,$$

sodass nur gilt:

$(\mathbb{R}^{(2,2)}, +, \cdot)$ ist ein Ring mit Einselement $\mathbb{1}$.

$(\mathbb{R}^{(2,2)}, +, \cdot)$ ist also zu groß, um ein Kandidat für die komplexen Zahlen zu sein. Da die Einbettung von $\mathbb{R}$ in $\mathbb{C}$ mit $+$ und $\cdot$ verträglich sein sollte, muss $\mathbb{1}$ der reellen 1 entsprechen (siehe Bemerkungen 4.30, 2)) Es gilt zusätzlich für

$$I := \begin{pmatrix} 0 & -1 \\ 1 & 0 \end{pmatrix}$$

$$I^2 := I \cdot I = \begin{pmatrix} 0 & -1 \\ 1 & 0 \end{pmatrix}\begin{pmatrix} 0 & -1 \\ 1 & 0 \end{pmatrix} = \begin{pmatrix} -1 & 0 \\ 0 & -1 \end{pmatrix} = -\mathbb{1} \,, \qquad (6.18)$$

d. h., $\mathbb{R}^{(2,2)}$ enthält einen Kandidaten für die komplexe Zahl i. Die Menge ist also derart zu verkleinern, dass noch I dazu gehört und die Körperstruktur erzeugt wird. Wir setzen dazu als Teilmenge von $\mathbb{R}^{(2,2)}$:

$$\mathbb{C}^* := \left\{ \begin{pmatrix} a & -b \\ b & a \end{pmatrix} : a, b \in \mathbb{R}, (a,b) \neq (0,0) \right\} \qquad (6.19)$$

und nach (6.14)

$$\widetilde{\mathbb{C}} := \mathbb{C}^* \cup \{0\} \,, \qquad (6.20)$$

dann gilt für $A, B \in \widetilde{\mathbb{C}}$:

$$A + B = \begin{pmatrix} a & -b \\ b & a \end{pmatrix} + \begin{pmatrix} a' & -b' \\ b' & a' \end{pmatrix} = \begin{pmatrix} a+a' & -(b+b') \\ b+b' & a+a' \end{pmatrix} \in \widetilde{\mathbb{C}} \qquad (6.21)$$

bzw. $\in \mathbb{C}^*$, wenn nicht $A = -B$ gilt. Zudem ist

$$-A = -\begin{pmatrix} a & -b \\ b & a \end{pmatrix} = \begin{pmatrix} -a & -(-b) \\ -b & -a \end{pmatrix} \in \widetilde{\mathbb{C}} \,,$$

also ist $(\widetilde{\mathbb{C}}, +)$ eine Untergruppe von $(\mathbb{R}^{(2,2)}, +)$.

Für die Multiplikation auf $\widetilde{\mathbb{C}}$ gilt:

$$A \cdot B = \begin{pmatrix} a & -b \\ b & a \end{pmatrix}\begin{pmatrix} a' & -b' \\ b' & a' \end{pmatrix} = \begin{pmatrix} aa' - bb' & -(ab' + a'b) \\ ab' + a'b & aa' - bb' \end{pmatrix} \in \widetilde{\mathbb{C}} \qquad (6.22)$$

bzw. $\in \mathbb{C}^*$, wenn nicht $A = 0$ oder $B = 0$.

Durch Vertauschen von a und a' bzw. b und b' gehen die Ausdrücke in (6.22) in sich über, d. h.:

- $\cdot$ ist auf $\widetilde{\mathbb{C}}$ eine kommutative Verknüpfung und $\mathbb{1} \in \mathbb{C}^*$. Zusätzlich:
- Jedes $A = \begin{pmatrix} a & -b \\ b & a \end{pmatrix} \in \mathbb{C}^*$ hat ein inverses Element, nämlich:

$$\begin{pmatrix} a & -b \\ b & a \end{pmatrix}^{-1} = \begin{pmatrix} \widetilde{a} & \widetilde{b} \\ -\widetilde{b} & \widetilde{a} \end{pmatrix},$$

$$\text{wobei} \quad \begin{aligned} \widetilde{a} &:= a/(a^2 + b^2), \\ \widetilde{b} &:= -b/(a^2 + b^2). \end{aligned} \tag{6.23}$$

Also:

- $(\widetilde{\mathbb{C}}, +, \cdot)$ ist ein Körper mit einem Element I, sodass $I \cdot I = -\mathbb{1}$.

Da $A \in \widetilde{\mathbb{C}}$ im Gegensatz zu $A \in \mathbb{R}^{(2,2)}$ schon durch zwei Parameter $a, b \in \mathbb{R}$ beschrieben wird, gibt es eine Bijektion:

$$\Phi : \mathbb{C} \to \widetilde{\mathbb{C}}, \ (a, b) \mapsto \begin{pmatrix} a & -b \\ b & a \end{pmatrix}. \tag{6.24}$$

Diese ist nach (6.8) mit der Addition auf $\widetilde{\mathbb{C}}$ (siehe (6.21)) verträglich:

$$\Phi(x + y) = \Phi x + \Phi y$$

und definiert eine Multiplikation auf $\mathbb{C}$ durch die Forderung der Verträglichkeit, also nach (6.22)

$$(a, b) \cdot (a', b') := (aa' - bb', ab' + a'b) \text{ für } (a, b), \ (a', b') \in \mathbb{C}. \tag{6.25}$$

Das neutrale Element $\mathbb{1}$ entspricht $(1, 0)$ und das Element I:

$$i := (0, 1). \tag{6.26}$$

Damit erhält $\mathbb{C}$ mit $+$ und $\cdot$ eine Körperstruktur.

Abb. 6.2 Sehr imaginäre Zahlen *(Cartoon von Bill Watterson)*

Diese ist eine Erweiterung von $\mathbb{R}$, da

$$\chi : \mathbb{R} \to \mathbb{C}, \; x \mapsto (x,0) \tag{6.27}$$

eine Einbettung darstellt, die wegen

$$(x,0) + (x',0) = (x+x',0)$$
$$\text{und} \; (x,0) \cdot (x',0) = (xx',0)$$

verträglich mit der Addition und Multiplikation ist. In diesem Sinn kann $x \in \mathbb{R}$ mit $(x,0) \in \mathbb{C}$ identifiziert werden und damit mit

$$\begin{pmatrix} x & 0 \\ 0 & x \end{pmatrix} \in \widetilde{\mathbb{C}} . \tag{6.28}$$

Damit hat jedes $(a,b) \in \mathbb{C}$ die eindeutige Darstellung

$$z := (a,b) = (a,0) + (0,b) = (a,0) + (0,1)(b,0) = a + ib . \tag{6.29}$$

Dann heißt $a \in \mathbb{R}$ *Realteil*, $b \in \mathbb{R}$ *Imaginärteil* von z, $\operatorname{Re} z := a$, $\operatorname{Im} z := b$. Entsprechend heißt $\{(a,0) : a \in \mathbb{R}\}$ die *reelle Achse* und $\{(0,b) : b \in \mathbb{R}\}$ die *imaginäre Achse*. Insbesondere gilt für $z \in \mathbb{C}$:

$$z \in \mathbb{R} \quad \Leftrightarrow \quad \operatorname{Im} z = 0 ,$$

und z heißt *rein imaginär*, wenn $\operatorname{Re} z = 0$. In dieser Schreibweise lauten also die Verknüpfungen

$$(a+ib) + (a'+ib') = (a+a') + i(b+b') ,$$
$$(a+ib) \cdot (a'+ib') = (aa'-bb') + i(ab'+a'b) ,$$
$$(a+ib)^{-1} = \frac{1}{a^2+b^2}(a-ib) . \tag{6.30}$$

Dabei ist

$$|z| := (a^2+b^2)^{\frac{1}{2}}$$

nach dem Satz von Pythagoras die (euklidische) Länge eines „Vektors" (a,b). Führt man zu $z = a + ib \in \mathbb{C}$ die *konjugiert-komplexe* Zahl

$$\bar{z} = a - ib , \tag{6.31}$$

die also durch Spiegelung an der reellen Achse entsteht, ist

$$z\bar{z} = a^2 + b^2 = |z|^2 , \tag{6.32}$$
$$z^{-1} = \frac{1}{|z|^2}\bar{z} .$$

Wie man direkt nachrechnet, ist Konjugation verträglich mit + und ·, d. h.

$$\overline{z + z'} = \overline{z} + \overline{z'} \qquad \text{für } z, z' \in \mathbb{C}. \tag{6.33}$$
$$\overline{z \cdot z'} = \overline{z} \cdot \overline{z'}$$

Die erste Identität folgt sofort aus den Definitionen, für die zweite beachte man

$$\overline{z_1 z_2} = \overline{(a_1 + ib_1)(a_2 + ib_2)} = \overline{a_1 a_2 - b_1 b_2 + i(a_1 b_2 + a_2 b_1)}$$
$$= a_1 a_2 - b_1 b_2 - i(a_1 b_2 + a_2 b_1) = (a_1 - ib_1)(a_2 - ib_2).$$

Außerdem gilt für $z \in \mathbb{C}$:

$$\operatorname{Re} z = \frac{1}{2}(z + \overline{z}), \quad \operatorname{Im} z = \frac{1}{2i}(z - \overline{z}). \tag{6.34}$$

Zumindest formal können wir also $\mathbb{C}$ als quadratische Erweiterung (siehe Abschnitt 5.3)

$$\mathbb{C} = \mathbb{R}(\sqrt{-1})$$

auffassen, und daher sind auch Körper wie $\mathbb{Q}(\sqrt{-1})$ möglich.
Die geometrische Bedeutung der Multiplikation ist aufgrund der obigen Einführung von $\mathbb{C}$ jetzt ersichtlich:

$$z = a + ib = (a, b) \in \mathbb{C}$$

entspricht der linearen Abbildung auf $\mathbb{R}^2$, gegeben durch

$$\begin{pmatrix} a & -b \\ b & a \end{pmatrix}.$$

Wegen

$$\begin{pmatrix} a & -b \\ b & a \end{pmatrix} = \begin{pmatrix} \alpha & 0 \\ 0 & \alpha \end{pmatrix} \begin{pmatrix} \widetilde{a} & -\widetilde{b} \\ \widetilde{b} & \widetilde{a} \end{pmatrix}$$

mit $\alpha := |z|$ und $\widetilde{a} := a/|z|, \widetilde{b} := b/|z|$ ist dies die kommutative Hintereinanderausführung zweier linearer Abbildungen.

- Die zu $\begin{pmatrix} \alpha & 0 \\ 0 & \alpha \end{pmatrix}$ gehörige lineare Abbildung ist die Streckung/Stauchung

$$(x_1, x_2) \mapsto (\alpha x_1, \alpha x_2),$$

so wie jedes $\alpha \in \mathbb{R} \subset \mathbb{C}$ in $\widetilde{\mathbb{C}}$ einer Streckung/Stauchung entspricht.
Wegen $\widetilde{a}^2 + \widetilde{b}^2 = 1$ gibt es ein $\varphi \in [0, 2\pi)$, sodass

$$\cos(\varphi) = \widetilde{a}, \qquad \sin(\varphi) = \widetilde{b},$$

also

$$\begin{pmatrix} \widetilde{a} & -\widetilde{b} \\ \widetilde{b} & \widetilde{a} \end{pmatrix} = \begin{pmatrix} \cos(\varphi) & -\sin(\varphi) \\ \sin(\varphi) & \cos(\varphi) \end{pmatrix} =: G(\varphi) \tag{6.35}$$

und damit:

- Die zu $\begin{pmatrix} \cos(\varphi) & -\sin(\varphi) \\ \sin(\varphi) & \cos(\varphi) \end{pmatrix}$ gehörige lineare Abbildung ist die Drehung von $\mathbb{R}^2$ mit dem Winkel φ, die eindeutig durch

$$(1, 0) \mapsto (\cos(\varphi), \sin(\varphi))$$
$$(0, 1) \mapsto (-\sin(\varphi), \cos(\varphi))$$

festgelegt wird.

Insbesondere entspricht also i der Situation $\cos(\varphi) = 0$, d.h. $\varphi = \frac{\pi}{2}$ und $\alpha = 1$. Insgesamt ist also die Multiplikation mit einer komplexen Zahl eine Drehstreckung. Da Drehungen (6.35) erfüllen, ist wegen (6.22)

$$G(\varphi)G(\psi) = \begin{pmatrix} \cos(\varphi + \psi) & -\sin(\varphi + \psi) \\ \sin(\varphi + \psi) & \cos(\varphi + \psi) \end{pmatrix} = G(\varphi + \psi)$$

unter Verwendung der trigonometrischen Additionstheoreme

$$\cos(\varphi)\cos(\psi) - \sin(\varphi)\sin(\psi) = \cos(\varphi + \psi),$$
$$\cos(\varphi)\sin(\psi) + \cos(\psi)\sin(\varphi) = \sin(\varphi + \psi). \tag{6.36}$$

Multiplikation komplexer Zahlen heißt also

- Multiplikation in $\mathbb{R}$ der Längen,
- Addition der Winkel.

Der Darstellung (6.35) entspricht die *Polardarstellung* von $\mathbb{C}$:

$$a + ib = r(\cos(\varphi) + i\sin(\varphi)) \quad \text{mit} \quad r := (a^2 + b^2)^{\frac{1}{2}}. \tag{6.37}$$

Die Umrechnung von kartesischer zu Polardarstellung erfolgt durch:
Sei $z = a + ib \in \mathbb{C}$, dann $r := (a^2 + b^2)^{\frac{1}{2}}$, bei $r = 0$: $\varphi = 0$, sonst

$$\varphi := \begin{cases} \arctan(b/a) & \text{für } a > 0, \ b \geq 0 \\ \arctan(b/a) + 2\pi & \text{für } a > 0, \ b < 0 \\ \arctan(b/a) + \pi & \text{für } a < 0 \\ \pi/2 & \text{für } a = 0, \ b > 0 \\ 3\pi/2 & \text{für } a = 0, \ b < 0 \ ^5 \end{cases} \tag{6.38}$$

Auch die Auswertung der trigonometrischen Funktionen, wie schon bei Potenz- und Exponentialfunktionen gesehen, kann i. Allg. nur approximativ erfolgen.

---

[5] Zum Nachvollziehen werden elementare Kenntnisse der trigonometrischen Funktionen benötigt, wie sie der Mathematikunterricht Oberstufe Gymnasium vermittelt.

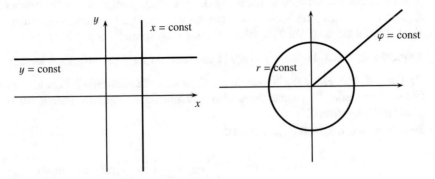

Abb. 6.3 Kartesische und Polarkoordinaten

Theorem 6.1

Durch (6.7), (6.8), (6.25) wird ein $\mathbb{R}$ umfassender Körper definiert, für den i nach (6.26) $i^2 = -1$ erfüllt und in dem die Darstellungen (6.29) und (6.37) gelten. $\mathbb{C}$ ist identifizierbar mit $\mathbb{C}^* \cup \{0\}$ nach (6.19), und die Operationen entsprechen (6.13) und (6.16), (6.17). In diesem Sinn sind die reellen Zahlen Streckungen von $\mathbb{R}^2$, i die Drehung um $\frac{\pi}{2}$ und allgemein $a + ib \in \mathbb{C}$ eine Drehstreckung mit Streckungsfaktor $\alpha := (a^2 + b^2)^{\frac{1}{2}}$ und Winkel φ, sodass $\cos(\varphi) = a/\alpha, \sin(\varphi) = b/\alpha$. $\mathbb{C}$ ist nicht verträglich und total anordenbar.

Beweis: Beweis der letzten Aussage:
Sei $\leq$ eine verträgliche totale Ordnung auf $\mathbb{C}$. Dann muss (unabhängig von $\mathbb{C}$) gelten

$$a \cdot a \geq 0 \,,$$

da aus $a \geq 0$ folgt $a \cdot a \geq 0 \cdot a = 0$ und auch aus $a \leq 0$ folgt $a \cdot a = (-a) \cdot (-a) \geq 0 \cdot (-a) = 0$. Für $a = (0, 1)$ ergibt sich in $\mathbb{C}$ ein Widerspruch. □

Der mit dem Verlust von Anordenbarkeit erkaufte wesentliche Vorteil ist:

Satz 6.2: Fundamentalsatz der Algebra

$\mathbb{C}$ ist algebraisch abgeschlossen, d. h., jedes $p \in \mathbb{C}[x]$, grad $(p) \geq 1$, besitzt mindestens eine Nullstelle in $\mathbb{C}$.

Beweis: Der Beweis benötigt mehr Analysis, als in diesem Text entwickelt wurde. Ein noch im ersten Fachsemester Mathematik verstehbarer Standardbeweis findet sich z. B. in KNABNER-BARTH, Hauptsatz B.33. □

Wie im Anhang G entwickelt, hat also jedes $p \in \mathbb{C}[x]$, $\text{grad}(p) = n$, n Nullstellen in $\mathbb{C}$, wenn sie gemäß ihrer Vielfachheit gezählt werden. Das Polynom zerfällt dann in die Linearfaktoren zu den Nullstellen. Daraus folgt speziell für $p \in \mathbb{R}[x]$:

Bemerkungen 6.3 1) Jedes $f \in \mathbb{R}[x]$ kann auch als $f \in \mathbb{C}[x]$ aufgefasst werden.

2) Für $f \in \mathbb{R}[x]$: Hat f die Nullstelle $z \in \mathbb{C}$, so auch die Nullstelle $\bar{z}$. Echt komplexe Nullstellen reeller Polynome treten also in konjugiert-komplexen Paaren auf (mit gleicher Vielfachheit).

Ist nämlich für $a_i \in \mathbb{R}$, $i = 0, \ldots, n$, und $z \in \mathbb{C}$

$$\sum_{i=0}^{n} a_i z^i = 0, \quad \text{dann auch} \quad 0 = \bar{0} = \overline{\sum_{i=0}^{n} a_i z^i} = \sum_{i=0}^{n} \overline{a_i z^i} = \sum_{i=0}^{n} a_i \bar{z}^i \quad \text{nach (6.33)}.$$

3) Sei $f \in \mathbb{R}[x]$, seien $x_1, \ldots, x_k \in \mathbb{R}$ die paarweise verschiedenen reellen Nullstellen mit Vielfachheit r_j (die eventuell nicht auftreten), $z_1 = a_1 + ib_1, \ldots, z_l = a_l + ib_l$ seien die paarweise verschiedenen echt komplexen Nullstellen mit Vielfachheit s_j (wobei nur entweder z oder $\bar{z}$ aufgenommen worden ist). Dann hat f die folgende (eindeutige) Zerlegung in irreduzible Polynome:

$$f = \alpha p_1^{r_1} \ldots p_k^{r_k} q_1^{s_1} \ldots q_l^{s_l},$$

wobei $\alpha \in \mathbb{R}$ und

$$p_i(x) = x - x_i, \ i = 1, \ldots, k \quad q_i(x) = (x - a_i)^2 + b_i^2, \ i = 1, \ldots, l.$$

Man beachte dabei die komplexe Zerlegung in Linearfaktoren ausgewertet bei $x \in \mathbb{R}$:

$$(x - z_i)(x - \overline{z_i}) = x^2 - 2a_i x + |z_i|^2 = (x - a_i)^2 + b_i^2$$

4) Zu $z = x + iy$ existiert eindeutig ein $\varphi \in [0, 2\pi)$, sodass

$$\cos(\varphi) = \frac{1}{|z|} x, \quad \sin(\varphi) = \frac{1}{|z|} y,$$

also $\quad z = |z|(\cos(\varphi) + i\sin(\varphi)) = |z|(\cos(\varphi + 2\pi n) + i\sin(\varphi + 2\pi n)) \quad$ für $n \in \mathbb{Z}$.

Dies soll auch geschrieben werden können als

$$z = |z| \exp(i(\varphi + 2\pi n)).$$

Dazu muss die Exponentialfunktion exp (siehe „Am Rande bemerkt", Abschnitt 5.2) auch für $z = x + iy \in \mathbb{C}$, $x, y \in \mathbb{R}$ fortgesetzt werden, für rein imaginäre Argumente also durch

$$\exp(iy) := \cos y + i \sin y$$

und dann

$$\exp(z) = \exp(x + iy) = \exp(x) \exp(iy). \tag{6.39}$$

Das so definierte $\exp: \mathbb{C} \mapsto \mathbb{C}$ erfüllt weiterhin

$$\exp(z_1 + z_2) = \exp(z_1) \cdot \exp(z_2) \quad \text{für } z_1, z_2 \in \mathbb{C} . \tag{6.40}$$

Wegen (6.39) *und der Gültigkeit von* (6.40) *für* $z_1, z_2 \in \mathbb{R}$ *reicht es, dies noch für zwei imaginäre Argumente zu zeigen. Die Additionstheoreme* (6.36) *zeigen aber*

$$\begin{aligned}
\exp(iy_1 + iy_2) &= \cos(y_1 + y_2) + i\sin(y_1 + y_2) \\
&= \cos y_1 \cos y_2 - \sin y_1 \sin y_2 + i(\cos y_1 \sin y_2 + \cos y_2 \sin y_1) \\
&= (\cos y_1 + i \sin y_1)(\cos y_2 + i \sin y_2) \\
&= \exp(iy_1) \cdot \exp(iy_2) .
\end{aligned}$$

Da für rationale Argumente $r \in \mathbb{Q}$ gilt

$$\exp(r) = e^r$$

mit der EULER'schen Zahl e (siehe Abschnitt 5.4.3), kann (im Sinn einer stetigen Fortsetzung, siehe Aufgabe 5.5) auf $\mathbb{R}$ geschrieben werden

$$\exp(x) = e^x .$$

Dies wird so auch für $z \in \mathbb{C}$, $z = a + ib$, verwendet, d. h.

$$e^z = e^a e^{ib} = e^a (\cos b + i \sin b) ,$$

und damit ergibt sich für $a = 0$, $b = \pi$ insbesondere die EULER'sche Formel

$$e^{i\pi} = -1 , \tag{6.41}$$

die die vier wichtigsten Zahlen miteinander verknüpft. Insbesondere gelten die Formeln von DeMoivre[6] für $n \in \mathbb{N}$:

$$(r(\cos \varphi + i \sin \varphi))^n = (r \exp(i\varphi))^n = r^n \exp(ni\varphi) = r^n(\cos(n\varphi) + i \sin(n\varphi)) . \tag{6.42}$$

Die Gleichung $x^n - 1 = 0$ hat in $\mathbb{R}$ nur die Lösung $x = 1$. In $\mathbb{C}$ hat diese Gleichung n verschiedene Lösungen.

Satz 6.4

Sei $n \in \mathbb{N}$.

1) Die Gleichung $z^n - 1 = 0$ hat in $\mathbb{C}$ n verschiedene Lösungen, die *n-ten Einheitswurzeln*, nämlich ζ_n^k für $k = 0, \ldots, n - 1$, wobei

$$\zeta_n^k := \exp\left(i\frac{2\pi k}{n}\right) \quad \text{definiert ist für } k \in \mathbb{Z} , \tag{6.43}$$

---

[6] Abraham DeMoivre ∗26. Mai 1667 in Vitry-le-François, †27. November 1754 in London

2) Für $j \in \mathbb{Z}$ gilt:

$$(\zeta_n^j)^k = (\zeta_n^{jk}) = (\zeta_n^k)^j$$

$$\zeta_{nm}^{jm} = \zeta_n^j \quad \text{für } m \in \mathbb{Z},\ m \neq 0$$

$$\overline{\zeta_n^j} = \zeta_n^{-j}$$

Beweis: Es ist die Aussage

$$\exp(i\varphi)^n = \exp(in\varphi) \text{ für } n \in \mathbb{N}$$

nötig, die aus (6.40) folgt. Dann folgt 1) und die erste Aussage von 2). Der Rest ist klar.

$\square$

Es ist ζ_n^k tatsächlich eine Potenz im Sinn

$$\zeta_n^k = \left(\zeta_n^1\right)^k, \quad k = 0, \dots, n-1 .$$

Bemerkungen 6.5 1) Die Nullstellen von $p(x) = x^n - a$ für $a \in \mathbb{R}$, $a > 0$, sind entsprechend

$$x_k := \sqrt[n]{a}\, \zeta_n^k, \quad k = 0, \dots, n-1 .$$

2) Über $\mathbb{C}$ zerfallen alle $p \in \mathbb{R}[x]$. Man spricht daher auch von einem *Zerfällungskörper*. Betrachtet man nun ein individuelles Polynom, ist der Zerfällungskörper kleiner, da nur die Nullstellen über die durch Körperoperationen entstehenden Elemente enthalten sein müssen. So sind z. B. für $p \in \mathbb{Q}[x]$, $p(x) = x^3 - 2$ die Nullstellen $z_0 = \sqrt[3]{2}$, $z_1 = \sqrt[3]{2}\exp(i\frac{\pi}{3})$, $z_2 = \sqrt[3]{2}\exp(i\frac{2\pi}{3})$ und $z_2 = \overline{z_1} = |z_1|^2 z_1^{-1}$. Nach Definition 5.42 ist also der Zerfällungskörper $K = \mathbb{Q}\left(\sqrt[3]{2}, \exp(i\frac{2\pi}{3})\right) = \left\{q_1 + q_2 \sqrt[3]{2} + q_3 \exp(i\frac{2\pi}{3}) : q_i \in \mathbb{Q},\ i = 1, 2, 3\right\}$ (siehe auch Abschnitt 5.3). $\triangle$

Beispiel 6.6 Sei $z = x + iy \in \mathbb{C}$, dann wird eine 2-te Wurzel davon angegeben durch $w = u + iv$,

$$u = \left(\frac{\tau + x}{2}\right)^{\frac{1}{2}}, \qquad v = (sgn\, y)\left(\frac{\tau - x}{2}\right)^{\frac{1}{2}}, \qquad \tau = \left(x^2 + y^2\right)^{\frac{1}{2}} .$$

Dabei ist das *Vorzeichen sgn* definiert durch $sgn\, y = 1$ für $y \geq 0$ und $sgn\, y = -1$ für $y < 0$.

Es gilt nämlich:

Wegen $\tau \geq |x|$ ist $\tau - x \geq 0$, $\tau + x \geq 0$ und damit sind τ, u, v als reelle Zahlen wohldefiniert, wobei $u \geq 0$. Weiter

$$(u + iv)(u + iv) = u^2 - v^2 + i2uv = \frac{\tau + x}{2} - \frac{\tau - x}{2} + i\, 2\, (sgn\, y)\left(\frac{1}{4}\left(\tau^2 - x^2\right)\right)^{1/2}$$

$$= x + i\,(sgn\, y)\,|y| = x + iy = z .$$

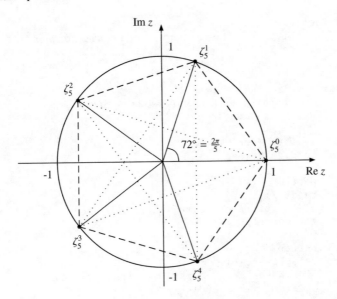

Abb. 6.4 Die fünften Einheitswurzeln, das reguläre Fünfeck und das eingeschriebene Pentagramm

In PYTHON sind komplexe Zahlen in Form des Datentyps `complex` inklusive aller Standardoperationen vorhanden. Zu beachten ist lediglich, dass die imaginäre Einheit i hier mit der vor allem in der Elektrotechnik üblichen Schreibweise j bezeichnet wird. Die Zuweisung einer komplexen Zahl zu einer Variable erfolgt dabei entweder über die Funktion `complex`, die Real- und Imaginärteil als Argumente erwartet, oder in der Form `a+bj`:

Beispiel
```
>>> z1 = complex(4, -5)
>>> z2 = -3+7j
>>> str(z1)
'(4-5j)'
>>> z1 + z2
(1+2j)
```

Eine eigene Realisation dieses Datentyps, die alle wichtigen Operationen und die Grundrechenarten $+, -, *, /$ beherrscht, könnte folgendermaßen aussehen:

Algorithmus 22: Datentyp für komplexe Zahlen

```
from math import sqrt
```

```python
class KomplexeZahl:
    """Datentyp zur Darstellung von und dem Rechnen mit
    komplexen Zahlen.
    """

    def __init__(self, real=0, imag=0):
        """Erstellt eine komplexe Zahl mit angegebenem
        Real- und Imaginaerteil.
        """
        self.re = real
        self.im = imag

    @property
    def re(self):
        """Liefert den Realteil der komplexen Zahl."""
        return self._re

    @re.setter
    def re(self, real):
        """Aendert den Realteil der komplexen Zahl."""
        self._re = float(real)

    @property
    def im(self):
        """Liefert den Imaginaerteil der komplexen Zahl."""
        return self._im

    @im.setter
    def im(self, imag):
        """Aendert den Imaginaerteil der komplexen Zahl."""
        self._im = float(imag)

    def __str__(self):
        """Wandelt die komplexe Zahl in eine Zeichenkette"""
        return '{}{:+}i'.format(self.re, self.im)

    def __repr__(self):
        """Liefert Python-Repraesentation der kmpl. Zahl."""
        return 'KomplexeZahl({}, {})'.format(self.re, self.im
            )

    def __abs__(self):
        """Liefert den Betrag der komplexen Zahl."""
        return sqrt(self.re * self.re + self.im * self.im)

    def __pos__(self):
        """Operator '+z'."""
        return KomplexeZahl(self.re, self.im)

    def __neg__(self):
        """Operator '-z'."""
        return KomplexeZahl(-self.re, -self.im)
```

```python
    def __eq__(self, other):
        """Pruef Gleichheit der komplexen Zahl mit einem
        anderen Objekt."""
        return (isinstance(other, KomplexeZahl) and
                other.re == self.re and other.im == self.im)

    def __add__(self, other):
        """Addiert komplexe Zahl zu einer anderen Zahl."""
        if not isinstance(other, KomplexeZahl):
            other = KomplexeZahl(other)
        return KomplexeZahl(self.re + other.re,
                            self.im + other.im)

    def __sub__(self, other):
        """Subtrahiert eine andere Zahl von kmplx. Zahl."""
        return self + (-other)

    def __mul__(self, other):
        """Multipliziert die komplexe Zahl mit einer Zahl"""
        if not isinstance(other, KomplexeZahl):
            other = KomplexeZahl(other)
        re = self.re * other.re - self.im * other.im
        im = self.re * other.im + self.im * other.re
        return KomplexeZahl(re, im)

    def __truediv__(self, other):
        """Dividiert die komplexe Zahl durch andere Zahl."""
        if not isinstance(other, KomplexeZahl):
            other = KomplexeZahl(other)
        mod2 = abs(other) * abs(other)
        re_im = (other.re / mod2, -other.im / mod2)
        return self * KomplexeZahl(*re_im)

    def __radd__(self, other):
        """Kommutation der Addition."""
        return self.__add__(other)

    def __rsub__(self, other):
        """Umgekehrte Subtraktion."""
        return (-self) + other

    def __rmul__(self, other):
        """Kommutation der Multiplikation."""
        return self * other

    def __rtruediv__(self, other):
        """Reziproke Division."""
        return KomplexeZahl(other) / self
```

Beispiel zu Algorithmus 22:

```python
>>> from kap6 import KomplexeZahl
>>> z1, z2 = KomplexeZahl(4, -5), KomplexeZahl(-3, 7)
```

```
>>> str(z1)
'4.0-5.0i'
>>> z1 + z2
KomplexeZahl(1.0,  2.0)
>>> z1 - z2
KomplexeZahl(7.0,  -12.0)
>>> z2 * z1
KomplexeZahl(23.0,  43.0)
>>> z2 / z1
KomplexeZahl(-1.1463414634146343,  0.3170731707317074)
>>> abs(z2)
7.615773105863909
```

Am Rande bemerkt: Tupel als Zahlen und die Brougham Bridge in Dublin

Nachdem 1833 William Rowan Hamilton[7] die Fundierung der komplexen Zahlen in der oben beschriebenen Weise gelungen war, mühte er sich viele Jahre vergeblich, $\mathbb{R}^3$ mit einer Körperstruktur zu versehen, die mit der von $\mathbb{R} \hat{=} \{(r, 0, 0) \mid r \in \mathbb{R}\} \subset \mathbb{R}^3$ verträglich ist. Die folgende Überlegung zeigt, dass dies unmöglich ist:
Sei $(\mathbb{R}^3, +, \cdot)$ ein solcher Körper. Das nicht schwierige Argument braucht Hilfsmittel aus der *linearen Algebra* und kann daher hier nur angedeutet werden. Der Kern des Arguments ist, dass die Abbildung von $\mathbb{R}^3$ nach $\mathbb{R}^3$, definiert durch die Multiplikation für ein beliebiges, festes $x \in \mathbb{R}^3$, die Eigenschaft hat, dass ein $\lambda \in \mathbb{R}$ und $z \in \mathbb{R}^3$, $z \neq 0$ existieren, sodass

$$x \cdot z = S_x z = \lambda e \cdot z \, ,$$

wobei e das multiplikativ neutrale Element ist (S_x hat einen *Eigenwert*). Der Grund dafür liegt darin, dass jedes $p \in \mathbb{R}_3[x]$ mindestens eine reelle Nullstelle hat (siehe Bemerkung 5.27) und so $(x - \lambda e) \cdot z = 0$, demzufolge gilt wegen der Nullteilerfreiheit der Widerspruch

$$x = \lambda e \quad \text{für alle } x \in \mathbb{R}^3 \, .$$

Mehr Glück hatte Hamilton mit der Einführung einer Schiefkörperstruktur auf $\mathbb{R}^4$, den *Quaternionen*: Am 16. Oktober 1843 fielen ihm bei einem Spaziergang an der Brougham Bridge in Dublin die entscheidenden Multiplikationsregeln ein, die er spontan dort einritzte. Eine später dort angebrachte Inschrift lautet:

---

[7] William Rowan Hamilton *4. August 1805 in Dublin, †2. September 1865 in Dunsink bei Dublin

Here as he walked by on the 16th of October 1843 Sir William Rowan Hamilton in a flash of genius discovered the fundamental formula for quaternion multiplication

$$i^2 = j^2 = k^2 = ijk = -1$$

& cut it on a stone of this bridge.

Analog wie man formal $\mathbb{C}$ als $\mathbb{R}(i)$ auffassen kann, wobei $i^2 = -1$, soll also eine Körpererweiterung $\mathbb{H}$ von $\mathbb{R}$, also

$$\mathbb{H} = \mathbb{R}(i, j, k)$$

mit „neuen" Elementen i, j, k, die die obigen Regeln erfüllen, begründet werden, sodass dann $[\mathbb{H} : \mathbb{R}] = 4$ wäre, d. h. $\mathbb{H}$ als $\mathbb{R}^4$ mit einer Körperstruktur aufgefasst werden kann. Die Elemente von $\mathbb{H}$ heißen *Quaternionen*. Da aber die obigen Regeln insbesondere

$$i^{-1} = -i, \ j^{-1} = -j, \ k^{-1} = -k$$

bedeuten, ist der obige Regelsatz äquivalent zu

$$i^2 = j^2 = k^2 = -1 \tag{6.44}$$

$$ij = k, \ jk = i, \ ki = j \tag{6.45}$$

$$ji = -k, \ kj = -i, \ ik = -j, \tag{6.46}$$

und damit kann die Multiplikation nicht kommutativ sein. Tatsächlich wird aber auf

$$\mathbb{Q}_8 := \{\pm 1, \pm i, \pm j, \pm k\}$$

durch (6.44) eine Gruppe definiert (mit 1 als neutralem Element), sodass mit der komponentenweise definierten Addition (analog zu (6.8)), mit welcher $(\mathbb{H}, +)$ eine kommutative Gruppe bildet, auf die Multiplikation mittels (6.44) ausgedehnt werden kann, die dann auch die beiden Distributivgesetze erfüllt. Um einen Schiefkörper zu bilden, fehlt noch der Nachweis der multiplikativen Inverse für $x \in \mathbb{H}$, $x \neq \mathbf{0}$. Viele der Begriffe und Eigenschaften von $\mathbb{C}$ können aber übertragen werden. Ist $x = x_0 + x_1 i + x_2 j + x_3 k$, $x_i \in \mathbb{R}$, $i = 1, \dots, 3$, so heißt $x_0 =: \text{Re}x$ der *Real-* und $x - x_0 =: \text{Im}x$ der *Imaginärteil*. Analog zu (6.31) wird das *konjugierte* Quaternion $\overline{x}$ gebildet als

$$\overline{x} := \text{Re}x - \text{Im}x \in \mathbb{H} .$$

Damit gilt

$$x\overline{x} = (\text{Re}x + \text{Im}x)(\text{Re}x - \text{Im}x) = (\text{Re}x)^2 - (\text{Im}x)^2 ,$$

da in der Multiplikation $x \in \mathbb{R}$ (d. h. $x_1 = x_2 = x_3 = 0$) mit jedem $y \in \mathbb{H}$ kommutiert. Außerdem rechnet man mit (6.44)–(6.46) nach, dass

$$-(\mathrm{Im}x)^2 = x_1^2 + x_2^2 + x_3^2 \in \mathbb{R},$$

d. h. $x\overline{x} = \sum_{i=0}^{3} x_i^2$ in völliger Analogie zu $\mathbb{C}$. Damit lässt sich wie dort die Inverse für $x \in \mathbb{H}, x \neq \mathbf{0}$, d. h. $x\overline{x} \neq 0$, angeben durch

$$x^{-1} = \frac{1}{x\overline{x}}\overline{x}. \tag{6.47}$$

Fundierter und analog zur Konstruktion von $\mathbb{C}$ definiert man $\mathbb{H}$ als Teilmenge von

$$\tilde{\mathbb{H}} := \mathbb{C}^{(2,2)},$$

d. h. den komplexen $(2, 2)$-Matrizen (analog zu (6.11)) definiert mit der komponentenweise definierten Addition, die schon eine kommutative Gruppe erzeugt. Die „Basiselemente"

$$1_{\mathbb{H}} := \begin{pmatrix} 1 & 0 \\ 0 & 1 \end{pmatrix}, i_{\mathbb{H}} := \begin{pmatrix} i_{\mathbb{C}} & 0 \\ 0 & -i_{\mathbb{C}} \end{pmatrix}, j_{\mathbb{H}} := \begin{pmatrix} 0 & 1 \\ -1 & 0 \end{pmatrix}, k_{\mathbb{H}} := \begin{pmatrix} 0 & i_{\mathbb{C}} \\ i_{\mathbb{C}} & 0 \end{pmatrix},$$

wobei $i_{\mathbb{C}} \in \mathbb{C}$ die komplexe imaginäre Einheit bezeichnet, mit der Matrixmultiplikation analog zu (6.22), sind dann mit ihren additiv Inversen eine Darstellung von $\mathbb{Q}_8$, mit den Rechenregeln gemäß (6.44)–(6.46)). Daher kann definiert werden

$$\mathbb{H} := \{x_0 1_{\mathbb{H}} + x_1 i_{\mathbb{H}} + x_2 j_{\mathbb{H}} + x_3 k_{\mathbb{H}} : x_i \in \mathbb{R}, i = 0, \dots, 3\}.$$

Da das allgemeine Element von $\mathbb{H}$ die Gestalt

$$\begin{pmatrix} x_0 + x_1 i_{\mathbb{C}} & x_2 + x_3 i_{\mathbb{C}} \\ -x_2 + x_3 i_{\mathbb{C}} & x_0 - x_1 i_{\mathbb{C}} \end{pmatrix} =: \begin{pmatrix} w & z \\ -\overline{z} & \overline{w} \end{pmatrix}$$

hat, entsprechen diese Matrizen bei reellen Einträgen genau der Drehstreckung bei der Konstruktion von $\mathbb{C}$.

Mit Quaternionen können manche Probleme knapper formuliert werden. Trotz anfänglicher Euphorie konnten sie aber nicht die Bedeutung der komplexen Zahlen erlangen: Komplexe Zahlen muss man kennen, Quaternionen nicht unbedingt.

Aufgaben

Aufgabe 6.1 (L) Schreiben Sie explizit die Definition der Verknüpfungen in $\mathbb{H}$ auf. Interpretieren Sie $\mathbb{H}$ als $\mathbb{R}^4$, und notieren Sie die Verknüpfungen entsprechend.

Aufgabe 6.2 Komplexe Zahlen sind/können als spezielle reelle $(2, 2)$-Matrizen dargestellt werden. Folgern Sie daraus, dass Quaternionen auch als spezielle, reelle $(4, 4)$-Matrizen (d. h. mit vier Zeilen und Spalten) dargestellt werden können. Formulieren Sie die Verknüpfungen.

Aufgabe 6.3 Es sei $f : \mathbb{C} \to \mathbb{C}$, $f(z) = az + b\bar{z}$ mit $a, b \in \mathbb{C}$. Zeigen Sie:

a) Die Abbildung f ist genau dann bijektiv, wenn $|a| \neq |b|$.
b) Es gilt $|f(z)| = |z|$ für alle $z \in \mathbb{C}$ genau dann, wenn $ab = 0$ und $|a + b| = 1$.

Aufgabe 6.4 Schreiben Sie eine PYTHON-Funktion `polar(z)`, die eine komplexe Zahl z erwartet und für diese einen Tupel (r, φ) entsprechend der Polardarstellung (6.37) zurückliefert. Implementieren Sie als Hilfsfunktion die Prozedur `phase(x)`, die das zugehörige φ ermittelt. Testen Sie sowohl mit dem eingebauten Datentyp `complex` als auch dem hier vorgestellten Datentyp `KomplexeZahl`.

6.2 Mit komplexen Zahlen einfacher rechnen

Die Behandlung von Problemen im Körper der komplexen Zahlen, auch wenn man an reellen Lösungen interessiert ist, kann oft zu Vereinfachungen führen. Dies soll an drei Beispielen beleuchtet werden.

Konstruktionen mit Zirkel und Lineal
Mit der Einführung der komplexen Zahlen muss nicht mehr zwischen der Konstruktion von (reellen) Zahlen und Punkten in der kartesischen Ebene, d. h. komplexen Zahlen unterschieden werden. Addition von komplexen Zahlen z_1, z_2, $z_k = a_k + ib_k$, d. h. $p_k = (a_k, b_k)$, $k = 1, 2$ entspricht der Bildung von Strecken mit $\overline{p_1 p}$ oder $\overline{p_2 p}$ mit $p = (a_1 + a_2, b_1 + b_2)$ (siehe Abschnitt 6.1). Auch die Tatsache, dass jedes $p \in \mathbb{R}[x]$, $p \neq 0$ in Linearfaktoren über $\mathbb{C}$ zerfällt, erleichtert manche Überlegung. In Abschnitt 5.3 musste die Irreduzibilität von $p \in \mathbb{Q}[x]$, $p(x) = x^3 - 2$, aufwendig gezeigt werden (Lemma 5.48). Nach Theorem 4.40 sind die Nullstellen in $\mathbb{R} \backslash \mathbb{Q}$ oder sogar in $\mathbb{C} \backslash \mathbb{R}$, und damit ist die Aussage klar. Ist die erste n-te Einheitswurzel ζ_n^1 nach (6.43) konstruierbar, dann ist durch die Strecken $\overline{0\zeta_n^1}$ bzw. $\overline{01}$ auch der Winkel $2\pi/n$ konstruierbar[8] [9]. Die Konstruierbarkeit eines regulären n-Ecks und von $\zeta_n^1 \in \mathbb{C}$ ist also äquivalent.

Die Zahl ζ_n^1 ist eine Lösung der polynomialen Gleichung $(n - 1)$-ten Grades

$$\Phi_n(z) := z^{n-1} + z^{n-2} + \cdots + z + 1 = 0 \,, \tag{6.48}$$

denn nach Lemma 2.15 (das in jedem Körper gilt)

---

[8] Ab jetzt wird für die Punkte $(r, 0) \in \mathbb{R}^2$, $r \in \mathbb{R}$ in Anbetracht der Identifizierung von $\mathbb{R}^2$ und $\mathbb{C}$ und der Einbettung von $\mathbb{R}$ nach $\mathbb{C}$ kurz die Bezeichnung r verwendet.
[9] Winkel werden ab hier statt in Gradmaß ($\in [0, 360°)$) in Bogenmaß ($\in [0, 2\pi)$) angegeben. Das ändert nichts an der Nichtkonstruierbarkeit der Zahl π.

$$\sum_{i=0}^{n-1} \left(\zeta_n^1\right)^i = \frac{\left(\zeta_n^1\right)^n - 1}{\zeta_n^1 - 1} = \frac{1-1}{\zeta_n^1 - 1} = 0$$

unter Beachtung von Satz 6.4.

Außerdem gilt für die *Kreisteilungsgleichung*

$$p(z) := z^n - 1 = 0$$

nach Lemma 2.15 (das in jedem Körper gilt)

$$z^n - 1 = (z-1) \sum_{i=0}^{n-1} z^i = (z-1)\Phi_n(z) \,,$$

d. h., Φ_n ist ein Teiler von p und alle ζ_n^i, $i = 1 \ldots n-1$, erfüllen (6.48).

Konstruierbarkeit des regulären Fünfecks
Es reicht also die Konstruierbarkeit von $\zeta_5^1 =: \zeta$ zu zeigen. Dabei erfüllt ζ

$$\zeta^4 + \zeta^3 + \zeta^2 + \zeta = -1 \,,$$

und wegen $\zeta^5 = 1$ ist auch $\zeta^{5-n} = \zeta^{-n}$, d. h., es gilt auch

$$\zeta + \zeta^{-1} + \zeta^2 + \zeta^{-2} = -1 \,. \tag{6.49}$$

Nach Satz I.5 reicht es zu zeigen, dass $\mathbb{Q}(\zeta)$ eine iterierte quadratische Körpererweiterung ist, konkret erfolgt dies durch den Nachweis, dass

$$\mathbb{Q} \subset \mathbb{Q}(\alpha) \subset \mathbb{Q}(\zeta) \,,$$

wobei $\alpha := \zeta + \zeta^{-1}$, also die Teilmengenbeziehungen gelten, und eine iterierte Körpererweiterung vorliegt, d. h.

a) $[\mathbb{Q}(\alpha) : \mathbb{Q}] \le 2$,
b) $[\mathbb{Q}(\zeta) : \mathbb{Q}(\alpha)] \le 2$.

Zu b): $\zeta \cdot \alpha = \zeta^2 + 1$, d. h., ζ ist eine Nullstelle von $q(z) := z^2 - \alpha z + 1$ und $q \in \mathbb{Q}(\alpha)[x]$ und vom Grad 2, d. h. entweder irreduzibel über $\mathbb{Q}(\alpha)$ und damit $[\mathbb{Q}(\alpha) : \mathbb{Q}] = 2$ oder reduzibel, d. h. $\zeta \in \mathbb{Q}(\alpha)$ und $\mathbb{Q}(\alpha) = \mathbb{Q}(\zeta)$.
Zu a): Sei $\beta := \zeta^2 + \zeta^{-2}$ und $f(x) := (x - \alpha)(x - \beta) = x^2 - (\alpha + \beta)x + \alpha\beta$. Nach (6.49) ist $\alpha + \beta = -1$, und zusätzlich gilt:

$$\begin{aligned}
\alpha \cdot \beta &= (\zeta + \zeta^{-1}) \cdot (\zeta^2 + \zeta^{-2}) \\
&= \zeta^3 + \zeta + \zeta^{-1} + \zeta^{-3} \\
&= \zeta^{-2} + \zeta + \zeta^{-1} + \zeta^2 = \alpha + \beta = -1
\end{aligned}$$

und damit $f \in \mathbb{Q}[x]$. Da α Nullstelle von f ist, folgt wie bei b) die Behauptung.

Nichtkonstruierbarkeit des regulären Siebenecks
Diese ist äquivalent zur Nichtkonstruierbarkeit von $\zeta := \zeta_7^1$. Die Zahl ζ erfüllt (6.48)
für $n = 7$. Sei wieder $\alpha := \zeta + \zeta^{-1}$, dann ist α eine Nullstelle von

$$p(z) := z^3 + z^2 - 2z - 1 \,,$$

wie folgende Rechnung zeigt (unter Benutzung von Aufgabe 3.3)

$$(\zeta + \zeta^{-1})^3 + (\zeta + \zeta^{-1})^2 - 2(\zeta + \zeta^{-1}) - 1$$
$$= \zeta^3 + 3\zeta + 3\zeta^{-1} + \zeta^{-3} + \zeta^2 + 2 + \zeta^{-2} - 2\zeta - 2\zeta^{-1} - 1$$
$$= \zeta^3 + \zeta + \zeta^{-1} + \zeta^{-3} + \zeta^2 + 1 + \zeta^{-2}$$
$$= \zeta^{-3}(\zeta^6 + \zeta^4 + \zeta^2 + 1 + \zeta^5 + \zeta^3 + \zeta) = 0 \,.$$

Das Polynom $p \in \mathbb{Q}[x]$ ist nach Lemma 5.48 irreduzibel, und damit ist α nach
Satz I.5 nicht konstruierbar. Wegen

$$\alpha = \zeta + \zeta^{-1} = \zeta + \overline{\zeta} \quad \text{wegen } |\zeta| = 1$$
$$= 2\text{Re}\,\zeta = 2\cos(2\pi/7)$$

ist also der Winkel $2\pi/7$ nicht konstruierbar.

Lösungsformeln für kubische Gleichungen

Wir kehren zu (6.2) und der nachfolgend (formal) entwickelten Lösungsformel zurück und wollen die dortigen Überlegungen mit Hilfe der komplexen Zahlen vervollständigen. In $\mathbb{R}$ versteht man unter $\sqrt[n]{a}$ für $a > 0$ die eindeutige positive Lösung
von $x^n = a$, in $\mathbb{C}$ zeigt Bemerkungen 6.5, 1), dass $x^n = a$ n verschiedene Lösungen
hat, nämlich

$$x_k = \sqrt[n]{a}\,\zeta_n^k \,, \quad k = 0, \ldots, n-1 \,,$$

und entsprechend hat $x^n = z$, $z \in \mathbb{C}$, $z = r\exp(i\varphi)$, $r \geq 0$, $\varphi \in [0, 2\pi)$ die Lösungen

$$x_k = \sqrt[n]{r}\exp\left(i\frac{\varphi}{n}\right)\zeta_n^k \,, \quad k = 0, \ldots, n-1 \,. \tag{6.50}$$

Konkret für $n = 3$ stehen also in (6.5) jeweils drei Auswahlen zur Verfügung. Wir
wählen als Bezugsgröße jeweils die erste der n-ten Wurzeln ($k = 0$) nach (6.50) und
bezeichnen sie weiter mit u bzw. v, sodass wir also im Fall nichtnegativer Ausdrücke
$-\frac{q}{2} \pm \sqrt{\Delta}$ wie gewünscht reelle Werte erhalten. Analog verfahren wir bei $\sqrt{\Delta}$, um
den Fall $\Delta < 0$ zu erfassen, d. h., bei $\Delta > 0$ ist $\sqrt{\Delta}$ die positive reelle Wurzel und bei
$\Delta \leq 0$ $\sqrt{\Delta} = i\sqrt{-\Delta}$ und somit bei

$$-\frac{q}{2} \pm \sqrt{\Delta} = \tilde{r}\exp(i\varphi_\pm) :$$
$$u = \sqrt[3]{\tilde{r}}\exp(i\frac{\varphi_+}{3}), \quad v = \sqrt[3]{\tilde{r}}\exp(i\frac{\varphi_-}{3}) \,.$$

Beim Beispiel (6.6) zeigte es sich dann, dass sich wie durch Geisterhand die Imaginärteile von u und v aufhoben und eine reelle Lösung entstand: Dies gilt aber
allgemein:

Fall $\Delta < 0$:

$$\alpha_+ := -\frac{q}{2} + i\sqrt{-\Delta}, \quad \alpha_- := -\frac{q}{2} - i\sqrt{-\Delta}$$

$$\alpha_- = \overline{\alpha_+}, \text{ d.h. } \varphi_- = -\varphi_+ \text{ und somit}$$

$$u = \sqrt[3]{\tilde{r}}\exp(i\frac{\varphi_+}{3}), \quad v = \sqrt[3]{\tilde{r}}\exp(-i\frac{\varphi_+}{3}) = \overline{u},$$

also

$$u + v = u + \overline{u} = 2\,\mathrm{Re}\,u = \sqrt[3]{\tilde{r}}\,2\,\mathrm{Re}\exp(i\frac{\varphi_+}{3}) = \sqrt[3]{\tilde{r}}\,2\cos(\frac{\varphi_+}{3}) \in \mathbb{R}.$$

Das Beispiel (6.6) hat $\tilde{r} = \sqrt{125}$, $\varphi_+ = \arctan(11/2) \approx 1.3905$ und damit $\sqrt[3]{\tilde{r}} \approx$ 2.2360, $\cos(\varphi_+/3) \approx 0.8944$ und damit $u + v \approx 3.9997$.

Auch handelt es sich bei $x = u+v$ tatsächlich um eine Lösung, da das äquivalente Gleichungssystem (6.4) erfüllt ist:

$$u^3 + v^3 = \tilde{r}(\exp(i\varphi_+) + \exp(i\varphi_-))$$

$$= -\frac{q}{2} + \sqrt{\Delta} - \frac{q}{2} - \sqrt{\Delta} = -q$$

$$3uv = 3\sqrt[3]{\tilde{r}^2}\exp(i\varphi_+/3)\,\overline{\exp(i\varphi_+/3)}$$

$$= 3\sqrt[3]{\left(-\frac{q}{2}\right)^2 + (\sqrt{-\Delta})^2} = 3\sqrt[3]{\left(\frac{q}{2}\right)^2 - \Delta} = 3\sqrt[3]{-\left(\frac{p}{3}\right)^3} = -p,$$

nach (6.32) und da bei $\Delta < 0$ notwendigerweise $p < 0$ gilt.

Es bleibt noch eine allgemeine Darstellung für die zwei weiteren Lösungen anzugeben. Dazu können für u bzw. v die weiteren Wurzeln gewählt werden, d.h.

$$u, u\zeta_3^1, u\zeta_3^2 \quad \text{bzw.} \quad v, v\zeta_3^1, v\zeta_3^2.$$

Bei jeder der neun möglichen Kombinationen ist die erste Gleichung von (6.4) erfüllt (wegen $\left(\zeta_3^k\right)^3 = 1$, $k = 0, 1, 2$), aber nicht immer die zweite: Hierfür müssen die Einheitswurzeln so gewählt werden, dass ihr Produkt 1 ergibt, d.h. die Winkel sich zu 0 oder 2π addieren, und dies reduziert auf die drei Lösungen

$$
\begin{array}{lll}
u, v, & \text{d.h.} \quad x_1 = u + v \in \mathbb{R}, & \qquad (6.51) \\[4pt]
u\zeta_3^1, v\zeta_3^2, & \text{d.h.} \quad x_2 = u\zeta_3^1 + v\zeta_3^2, & \\[4pt]
u\zeta_3^2, v\zeta_3^1, & \text{d.h.} \quad x_3 = u\zeta_3^2 + v\zeta_3^1. &
\end{array}
$$

Da aber, wie oben gezeigt, $u = \overline{v}$ gilt und $\zeta_3^2 = \exp(i\frac{2\pi}{3}) = \exp(-i\frac{\pi}{3}) = \overline{\zeta_3^1}$, ist auch

$$x_2 = u\zeta_3^1 + \overline{u\zeta_3^1} = u\zeta_3^1 + \overline{u}\,\overline{\zeta_3^1}$$
$$= 2\mathrm{Re}\,(u\zeta_3^1) \in \mathbb{R}\,,$$
$$x_3 = u\zeta_3^2 + \overline{u\zeta_3^2} = 2\mathrm{Re}\,(u\zeta_3^2) \in \mathbb{R}\,,$$

d. h., es liegen sogar drei reelle Nullstellen vor, die über den „Umweg" der komplexen Zahlen gefunden worden sind.

Es verbleibt der (leichtere)

Fall $\Delta > 0$: Die Vorzeichenverteilung für die Radikanden ist dann

1) $p > 0, q \le 0$: $R_1 := -\frac{q}{2} + \sqrt{\Delta} \ge 0$, $R_2 := -\frac{q}{2} - \sqrt{\Delta} < 0$,
2) $p \le 0, (q \ge 0)$: $R_1 \le 0, R_2 \le 0$.

Würde man wie oben immer die erste Wurzel wählen, würden komplexe Lösungen entstehen. Um eine reelle Lösung zu erhalten, wird immer die reelle Wurzel gewählt, bei negativen Radikanden also die zweite. Die erste Gleichung von (6.4) bleibt davon unberührt, für die zweite gilt etwa bei 1)

$$u = \sqrt[3]{-\frac{q}{2} + \sqrt{\Delta}},\; v = -\sqrt[3]{\frac{q}{2} + \sqrt{\Delta}},\; \text{d. h.}$$

$$3uv = -3\sqrt[3]{\Delta - \left(\frac{q}{2}\right)^2} = -3\sqrt[3]{\left(\frac{p}{3}\right)^3} = -p$$

und analog bei 2).

Die drei Lösungen sind wieder durch (6.51) gegeben, wobei $x_1 \in \mathbb{R}$, aber wegen

$$\zeta_3^1 = \exp(i\frac{2\pi}{3}) = \cos(\frac{2\pi}{3}) + i\sin(\frac{2\pi}{3})$$
$$= -\frac{1}{2} + i\frac{\sqrt{3}}{2}$$
$$\zeta_3^2 = \overline{\zeta_3^1} = -\frac{1}{2} - i\frac{\sqrt{3}}{2}$$

und daher

$$x_{2,3} = -\frac{u+v}{2} \pm i\frac{u-v}{2}\sqrt{3}$$

d. h., $x_{2,3}$ sind nicht reell und konjugiert-komplex zueinander (siehe Bemerkungen 6.3, 2)). Die Diskussion des *Falls $\Delta = 0$* verbleibt als Übung.

Trigonometrische Identitäten

Trigonometrische Identitäten, d. h. Beziehungen zwischen den Winkelfunktionen sin, cos, tan, cot bzw. ihren Umkehrabbildungen arcsin, arccos, arctan, arccot, sind an vielen Stellen nützlich, wie in Abschnitt 5.4 gesehen. Die bekannteste ist (6.36), die noch für die wesentliche Eigenschaft (6.41) der komplexen Exponentialfunktion fehlt, d. h.

$$\sin(\alpha + \beta) = \sin(\alpha)\cos(\beta) + \cos(\alpha)\sin(\beta) \,, \tag{6.52}$$

$$\cos(\alpha + \beta) = \cos(\alpha)\cos(\beta) - \sin(\alpha)\sin(\beta) \,. \tag{6.53}$$

Diese lassen sich elementargeometrisch zeigen. Bei einem anderen Aufbau der Theorie, nämlich bei einer Definition von $\exp(z)$ für $z \in \mathbb{C}$ durch $\exp(z) = \sum_{n=0}^{\infty} \frac{z^n}{n!}$, ergibt sich (6.40) unabhängig dann durch die Multiplikation von Reihen nach dem CAUCHY-Produkt (ohne Beweis):

$$\exp(z_1 + z_2) = \sum_{n=0}^{\infty} \frac{1}{n!}(z_1 + z_2)^n = \sum_{n=0}^{\infty} \frac{1}{n!} \sum_{k=0}^{n} \binom{n}{k} z_1^k z_2^{n-k}$$

$$= \sum_{n=0}^{\infty} \sum_{k=0}^{n} \frac{1}{k!} z_1^k \frac{1}{(n-k)!} z_2^{n-k} = \sum_{l=0}^{\infty} \frac{1}{l!} z_1^l \sum_{m=0}^{\infty} \frac{1}{m!} z_2^m = \exp(z_1)\exp(z_2)$$

(beachte dabei Aufgabe 3.2),

und dann folgen (6.52), (6.53) sofort aus der Polardarstellung komplexer Zahlen, *denn für* $z_1 := \cos(\alpha) + i\sin(\alpha)$, $z_2 := \cos(\beta) + i\sin(\beta)$ *gilt nach (6.25)*

$$z_1 z_2 = (\cos(\alpha)\cos(\beta) - \sin(\alpha)\sin(\beta)) + i(\sin(\alpha)\cos(\beta) + \cos(\alpha)\sin(\beta))$$

und andererseits

$$z_1 z_2 = \exp(i\alpha)\exp(i\beta) = \exp(i(\alpha + \beta)) = \cos(\alpha + \beta) + i\sin(\alpha + \beta) \,.$$

Daraus folgen die in (5.122) und (5.123) verwendeten Identitäten (Übung). In Abschnitt 5.4 haben sich MACHIN-Formeln zur Approximation von π als nützlich erwiesen, d. h. Darstellungen der Form

$$c_0 \frac{\pi}{4} = \sum_{n=1}^{N} c_n \arctan\left(\frac{a_n}{b_n}\right) \quad \text{mit } a_n, b_n, c_0 \in \mathbb{N}, \; a_n < b_n, c_n \in \mathbb{Z}, n = 1, \ldots, N \,.$$
$$\tag{6.54}$$

Und es kann folgende Identität hergeleitet werden:

$$\arctan\left(\frac{a_1}{b_1}\right) + \arctan\left(\frac{a_2}{b_2}\right) = \arctan\left(\frac{a_1 b_2 + a_2 b_1}{b_1 b_2 - a_1 a_2}\right) \,, \tag{6.55}$$

sofern $\arctan\left(\frac{a_1}{b_1}\right) + \arctan\left(\frac{a_2}{b_2}\right) \le \frac{\pi}{2}$. Man beachte, dass nach Voraussetzung $b_1 b_2 > a_1 a_2$ gilt.

Mittels der Polardarstellung ergibt sich (6.55) sofort, denn:

$$b_1 + ia_1 = \alpha_1 \exp(i\varphi_1) \,, \quad \varphi_1 = \arctan\left(\frac{a_1}{b_1}\right)$$

nach (6.38) und analog für $b_2 + ia_2$, *also:*

$(b_1 + ia_1)(b_2 + ia_2) = \alpha_1 \alpha_2 \exp(i(\varphi_1 + \varphi_2))$ *einerseits und*
$= (b_1 b_2 - a_1 a_2) + i(a_1 b_2 + a_2 b_1) = \gamma \exp(i\varphi)$ *mit* $\varphi = \arctan((a_1 b_2 + a_2 b_1)/(b_1 b_2 - a_1 a_2))$

andererseits, woraus durch Vergleich (6.55) folgt.

Ebenso ergibt sich eine weitere, in Abschnitt 5.4 benutzte Identität für $x > 0$:

$$\arctan(x) = 2 \arctan\left(\frac{x}{1 + (1 + x^2)^{1/2}}\right) . \qquad (6.56)$$

Aus (6.55) folgt die klassische Formel von John MACHIN:

$$\frac{\pi}{4} = 4 \arctan\frac{1}{5} - \arctan\frac{1}{239} . \qquad (6.57)$$

Solange analog zu (6.55) die Produkte im ersten Quadranten von $\mathbb{C}$ liegen, kann (6.54) umgeschrieben werden zu:

$$\alpha(1 + i)^{c_0} = \prod_{n=1}^{N} (b_n + ia_n)^{c_n} , \qquad (6.58)$$

wobei $\alpha \in \mathbb{R}^+$ der (uninteressante) Längenanpassungsfaktor ist. Es geht also bei $c_0 = 1$ darum, Zahlen $a_n, b_n \in \mathbb{N}$ zu finden, sodass das Produkt in (6.58) gleichen Real- und Imaginärteil hat. Dies ist der Fall bei $(2 + i)(3 + i) = (5 + i5)$, was der auf EULER zurückgehenden Formel

$$\frac{\pi}{4} = \arctan\left(\frac{1}{2}\right) + \arctan\left(\frac{1}{3}\right)$$

entspricht.
Die Formel (6.57) kann daher auch begründet werden mittels

$$(5 + i)^4 (239 + i)^{-1} = (5 + i)^4 (239 - i)\frac{1}{\alpha} = 114244\frac{1}{\alpha}(1 + i) \text{ mit } \alpha = (1 + 239^2)^{1/2} .$$

Am Rande bemerkt: Komplexe Iterationen und selbstähnliche Mengen: MANDELBROT- und JULIA-Mengen

Fast alle besprochenen Algorithmen haben die Formen von Iterationsverfahren, bei denen rekursiv eine Folge bestimmt wird, von der gewünscht ist, dass sie (schnell) gegen die Lösung des betrachteten Problems konvergiert. Oft sind die Verfahren auch *stationär*, d. h., mittels einer Iterationsfunktion h wird die nächste Iterierte bestimmt, d. h.

$$x_{n+1} = h(x_n) , \qquad (6.59)$$

bei gegebenem x_0. Beim NEWTON-Verfahren zum Beispiel (5.71) ist h durch (5.72) gegeben. Allgemein kann die k-te Iterierte auch geschrieben werden als

$$x_k = h^k(x_0) , \qquad (6.60)$$

d. h. die k-te Anwendung von h auf den Startwert:

$$h^1 := h \,, \qquad h^k := h \circ h^{k-1} \,, \qquad k \in \mathbb{N}$$

Wenn ein Verfahren der Form (6.59) konvergiert,[10] dann gegen einen *Fixpunkt* x von h, d. h.

$$x = h(x) \,.$$

Sei $\bar{x}$ ein solcher Fixpunkt, dann heißt

$$A(\bar{x}) := \left\{ x \,\middle|\, \lim_{k\to\infty} h^k(x) = \bar{x} \right\}$$

das *Einzugsgebiet* von $\bar{x}$ (A von „basin of attraction"). In Abschnitt 5.2 (nach (5.72)) wurde untersucht, wann (im Reellen) das Newton-Verfahren lokal und sogar quadratisch konvergiert. Andererseits sind leicht Situationen für Funktionen und Startwerte zu finden, sodass keine Konvergenz vorliegt, indem z. B. (x_n) unbeschränkt oder periodisch wird (siehe Abbildung 5.1).

Ein Iterationsverfahren der Form (6.59) kann auch als ein *diskretes dynamisches System* interpretiert werden, indem in diskreten Zeitschritten auf der Basis des Wertes zum alten Zeitpunkt (Index n) der Wert zum neuen Zeitpunkt (Index $n + 1$) ermittelt wird: Viele Populationsmodelle haben diese Gestalt. Wir wollen jetzt eine solche Dynamik *global* betrachten, d. h. die Gesamtheit aller Startwerte auf das Verhalten ihrer Iterationsfolge untersuchen. Ein Beispiel ist die Anwendung des Newton-Verfahrens zum Auffinden von Nullstellen von Polynomen. Damit wir alle Nullstellen behandeln können (Satz 6.2), legen wir ab jetzt die komplexen Zahlen zugrunde, d. h., wir betrachten Dynamiken in der (komplexen) Ebene. Dann ist die Iterationsfolge $h : \mathbb{C} \mapsto \mathbb{C}$ eine gebrochen rationale Funktion. Für einen ersten Eindruck betrachten wir $f(z) = z^2 - 1$, d. h. $h(z) = \frac{z^2+1}{2z}$, $z \neq 0$, wofür die Nullstellen $z_1 = 1$, $z_2 = -1$ natürlich bekannt sind. Es ergibt sich

$$A(1) = \{ z \in \mathbb{C} \,|\, \operatorname{Re} z > 0 \} \qquad \text{und} \qquad A(-1) = \{ z \in \mathbb{C} \,|\, \operatorname{Re} z < 0 \} \,.$$

Sei

$$J_h := \mathbb{C} \setminus (A(1) \cap A(-1)) = \{ iy \,|\, y \in \mathbb{R} \} \,.$$

Betrachten wir die Iteration auf J_h, dann

$$iy \mapsto \frac{-y^2 + 1}{2yi} = \frac{y^2 - 1}{2y} i \in J_h \,,$$

d. h., wie zu erwarten wird J_h auch die Iteration nicht verlassen. Es reicht also, in $\mathbb{R}$ die Iterationsfunktion

---

[10] Die Stetigkeit von h ist immer vorausgesetzt.

$$g(y) := \frac{y^2 - 1}{2y} \quad \text{für } y \neq 0 , \qquad g(0) := +\infty^{11}$$

zu betrachten. g hat keine Fixpunkte außer $+\infty$.

Zur Vereinfachung beschränken wir uns auf polynomiale Iterationsfunktionen h und betrachten das folgende Beispiel:

Beispiel $h(z) = z^2$.

Dieses hat die Fixpunkte $z_1 = 0$, $z_2 = 1$ und $z_3 = \infty$. Dann ist z_1 anziehend und z_2 abstoßend in folgendem Sinn:

Ein Fixpunkt $\hat{z}$ heißt *anziehend*, wenn $|h'(\hat{z})| < 1$, und *abstoßend*, wenn $|h'(\hat{z})| > 1$.

Befinden wir uns nämlich in der Nähe eines Fixpunktes $\hat{z}$, so kann h mit der TAYLOR-Entwicklung bis auf einen kleinen Fehler angenähert werden durch

$$h(z) \sim h(\hat{z}) + h'(\hat{z})(z - \hat{z}) = \hat{z} + h'(\hat{z})(z - \hat{z})$$

– das gilt im Komplexen wie im Reellen – d. h., im anziehenden Fall nähern wir uns dem Fixpunkt, im abstoßenden entfernen wir uns. Auch z_3 kann als anziehender Fixpunkt angesehen werden. Im anziehenden Fall kann also von lokaler Konvergenz ausgegangen werden. Im abstoßenden gilt: Ein abstoßender Fixpunkt kann also nur angenähert werden, indem die Iteration direkt auf ihn „springt", d. h.

$$A(\hat{z}) = \text{Or}^-(\hat{z}) .$$

Dabei ist $\text{Or}^-(z_0)$ der *inverse Orbit* zu z_0, d. h.

$$\text{Or}^-(z_0) := \left\{ z \in \hat{\mathbb{C}} \mid h^k(z) = z_0 \text{ für ein } k \in \mathbb{N}_0 \right\} ,$$

im Gegensatz zum *Orbit* zu z_0:

$$\text{Or}^+(z_0) := \left\{ h^k(z_0) \mid k \in \mathbb{N}_0 \right\}$$

Ist der Orbit so, dass sich die Iterierte $h^{k+1}(z_0)$ nach l Schritten wiederholt:

$$h^{k+1}(z_0) = h^{k+l+1}(z_0) ,$$

so ist der Orbit nach einer *Vorperiode* der Länge k periodisch mit Periodenlänge l (vgl. (4.58) ff.), d. h., die Periode mit $\hat{z}_0 := h^{k+1}(z_0)$ ist:

$$\hat{z}_0, h(\hat{z}_0), \dots, h^{l-1}(\hat{z}_0)$$

Im Beispiel ist klar:

---

[11] Wir nehmen $+\infty$ mit zu $\mathbb{C}$ hinzu: $\hat{\mathbb{C}} := \mathbb{C} \cup \{+\infty\}$.

$$A(0) = \left\{ z \in \mathbb{C} \mid |z| < 1 \right\}$$
$$A(\infty) = \left\{ z \in \mathbb{C} \mid |z| > 1 \right\},$$

sodass

$$J_h := \mathbb{C} \setminus (A(0) \cup A(\infty)) = \left\{ z \in \mathbb{C} \mid |z| = 1 \right\}$$

weiter zu untersuchen ist.

Wieder ist $h(J_h) \subset J_h$, und in Polarkoordinaten ergibt sich mit $x \in [0, 1)$:

$$z = e^{i2\pi x} \mapsto z^2 = e^{i2\pi 2x} = e^{i2\pi \tilde{x}},$$

wobei $\tilde{x} \in [0, 1)$ und $2x \equiv \tilde{x} \mod 1$.

Dabei ist analog zu Anhang F eine Äquivalenzrelation auf $\mathbb{R}$ definiert durch

$$x \sim y \quad \text{genau dann, wenn} \quad x - y \in \mathbb{Z}, \quad \text{geschrieben} \quad x \equiv y \mod 1,$$

und jede Äquivalenzklasse hat einen Repräsentanten in $[0, 1)$, d. h., es wird nur der Nachkommaanteil betrachtet.

Auf J_h wird die Iterationsfunktion für die auf $[0, 1)$ skalierten Winkel x (d. h. $2\pi x$ ist der Winkel) zu

$$g : [0, 1) \mapsto [0, 1), \qquad x \mapsto \tilde{x}, \qquad \tilde{x} \equiv 2x \mod 1.$$

Diese Abbildung wird im Binärsystem ($p = 2$: siehe (2.18)ff.) insofern besonders einfach, als sie dann bedeutet: Kommaverschiebung um 1 nach rechts, Wegfall der Vorkomma-1.

Wie in jeder Zahlendarstellung (siehe Satz 4.62) gibt es die Fälle für $x \in \mathbb{Q} \cap [0, 1)$:

- x hat eine endliche Binärdarstellung: $x \in W$

x ist dann von der Form $x = a/2^n$, $a \in \mathbb{N}$, wobei a nicht durch 2 teilbar ist: Die Einsen der Darstellung sind also nach endlich vielen Iterationsschritten „herausgeschoben" und der Fixpunkt 0 erreicht: $x \in \text{Or}^-(0)$.

- x hat periodische Binärdarstellung: $x \in P$

x ist dann von der Form $x = a/b$, $a, b \in \mathbb{N}$, b ungerade, a und b teilerfremd. Die Vorperiode verlässt also nach endlich vielen Schritten die Zahl, und dann wiederholt sich die Periode, d. h., ein periodischer Orbit ist erreicht.

Sowohl W als auch P sind dicht in $[0, 1)$. Bei den irrationalen Zahlen $[0, 1) \setminus \mathbb{Q}$, d. h. bei aperiodischem Binärbruch, wird das Zahlenmuster nun fortwährend nach links verschoben. Die einzelnen Iterationen können dabei beliebig in $[0, 1)$ hin und her springen: Wir sehen *chaotisches* Verhalten.

Allgemein nennt man für eine polynomiale Iterationsfunktion h

$$K_h := \left\{ z \in \mathbb{C} \mid \left(\left| h^k(z) \right| \right)_k \text{ ist beschränkt} \right\}$$

die *ausgefüllte* Julia[12]-*Menge* und ihren Rand[13]

$$J_h := \partial K_h$$

die Julia-*Menge*. Manchmal nennt man auch $\mathbb{C}\backslash J_h$ die Fatou[14]-Menge.
Hier ist also

$$J_h = \left\{ z \in \mathbb{C} \mid |z| = 1 \right\}$$

eine „einfache", insbesondere *zusammenhängende*[15] Menge, hat aber eine komplizierte Binnenstruktur.

Als nächsten Schritt erweitern wir h zu

$$h_c(z) = z^2 + c, \quad z \in \mathbb{C}$$

mit dem Parameter $c \in \mathbb{C}$. Von diesem abhängig, verändert sich die Julia-Menge J_{h_c} und kann in sehr viele Bestandteile zerfallen. Der Startwert wird auf $z_0 = 0$ festgelegt, d. h. $z_1 = c$. Die Frage nach den ausgefüllten Julia-Mengen ist insofern vereinfacht, dass gilt

$$\left(\left| h^k(0) \right| \right)_k \text{ ist unbeschränkt} \iff \text{es gibt ein } k_0 \in \mathbb{N}, \text{ sodass } \left| h^{k_0}(0) \right| > 2 \,, \quad (6.61)$$

d. h., Beschränktheit bedeutet Beschränktheit mit 2 als Schranke.

Das kann man folgendermaßen einsehen:
Wir zeigen als Erstes:

$$\text{Ist } |z| > |c| \text{ und } |z| > 2, \text{ dann } |h_c(z)| > (|z| - 1)|z| > |z| \,. \qquad (6.62)$$

d. h., erfüllt eine Iterierte z_k die Bedingungen, dann

$$|z_{k+1}| \geq \ (|z_k| - 1)|z_k| \ > |z_k| \,,$$
$$|z_{k+2}| > (|z_{k+1}| - 1)|z_{k+1}| > (|z_k| - 1)^2 |z_k| \text{ usw. } ,$$

d. h. $|z_{k+l}| > (|z_k| - 1)^l |z_k|$, und damit wächst die Folge wie $\rho^l, \rho := |z_k| - 1 > 1$, ist also unbeschränkt.
Beweis von (6.62):

$$|h_c(z)| / |z| = \left| z^2 + c \right| / |z| \geq \left(|z|^2 - |c| \right) / |z| \qquad \text{nach der umgekehrten Dreiecks-}$$
$$\text{ungleichung (siehe Aufgabe 4.12)}$$
$$= |z| - |c| / |z| > |z| - 1$$

Ist nun $|c| \leq 2$ und $|z_k| > 2$ und für ein $k \in \mathbb{N}$, dann ist insbesondere $|z_k| > |c|$ und (6.62) wie oben anwendbar und zeigt die Unbeschränktheit von $(z_n)_n$.

---

[12] Gaston Maurice Julia ∗3. Februar 1893 in Sidi bel Abbès, Algerien, †19. März 1978 in Paris

[13] Der *Rand* einer Menge $M \subset X$ bezüglich eines Abstandsbegriffs sind die Punkte, die sowohl mit Punkten aus M als auch aus $X\backslash M$ beliebig gut angenähert werden können.

[14] Pierre Joseph Louis Fatou ∗28. Februar 1878 in Lorient, †10. August 1929 in Pornichet

[15] Eine zusammenhängende Menge M besteht aus einem „Stück", d. h., zwei Punkte sind über einen stetigen Weg in M verbindbar.

Ist $|c| > 2$, *dann* $|z_2| = |c^2 + c| \geq |c|^2 - |c| = |c|(|c| - 1) > |c| > 2$, *sodass (6.62) für* $k = 2$ *anwendbar ist.*

Weiter gilt:

J_{h_c} ist zusammenhängend genau dann, wenn $\left(\left|h_c^k(0)\right|\right)_k$ beschränkt ist.

Die dadurch definierte Teilmenge von $\mathbb{C}$ wird nach Benoît MANDELBROT[16] die MAN-DELBROT-Menge genannt, d. h.,

$$M := \left\{ c \in \mathbb{C} \mid \left(\left|h_c^k(0)\right|\right)_k \text{ ist beschränkt} \right\} .$$

Nach (6.59) gilt $|c| \leq 2$ für $c \in M$, und M ist symmetrisch zur x-Achse, d. h. $z = x + iy \in M \Leftrightarrow \bar{z} = x - iy \in M$ (siehe (6.30)).

Vergleicht man nämlich die Folge $(z_n)_n$ *zu* c *und* $(\hat{z}_n)_n$ *zu* $\bar{c}$, *so gilt* $\hat{z}_n = \bar{z}_n$, *d. h. insbesondere* $|z_n| = |\hat{z}_n|$ *für alle* $n \in \mathbb{N}$: *Es ist* $\bar{z}_0 = 0 = \hat{z}_0$, *und aus* $\hat{z}_n = \bar{z}_n$ *folgt* $\hat{z}_{n+1} = \hat{z}_n^2 + \bar{c} = \bar{z}_n^2 + \bar{c} = \overline{z_n^2 + c} = \bar{z}_{n+1}$ *nach (6.33).*

Gemäß seiner Gestalt wird M auch *Apfelmännchen* genannt: Dreht man die Menge um 90° im Uhrzeigersinn, so sieht man einen Körper in Form einer Kardioide, darauf einen Kopf und jeweils daran ähnliche kreisförmige Strukturen und „Antennen", d. h., der Rand von M ist hoch kompliziert („Seepferdchen"), die Menge aber zusammenhängend. Die Kopfantenne endet in $z = -2 \in M$ (da $z_0 = 0$, $z_1 = -2$, $z_k = 2$ für $k \geq 2$), aber $z = 2$ gehört nicht zu M ($z_0 = 0$, $z_1 = 2$, $z_2 = 6, \dots$), die Kardioidenspitze liegt bei etwa $z = 0, 28$ (siehe Abbildung 6.5).

Die MANDELBROT-Menge hat seit den 1970er Jahren mit Beginn der Möglichkeit, sie am Computer graphisch darzustellen, viel Faszination ausgelöst: Sie hat *selbstähnliche* Aspekte, d. h., bei „Vergrößerung" findet man ähnliche Strukturen wieder. Meist wird nicht nur die MANDELBROT-Menge dargestellt (in Schwarz), sondern auch ihr Komplement in einer Einfärbung, die ein Maß für die Divergenz von $\left(\left|h_c^k(0)\right|\right)_k$ ist. Als *Fluchtradius* reicht nach (6.59) $C = 2$, oft wird aber ein größerer Wert gewählt (z. B. $C = 1000$). Für jeden darzustellenden Wert $c \in \mathbb{C}$ wird eine feste Anzahl $k_{\max}$ von Iterationen durchgeführt (in Relation zur Anzahl der zu verwendenden Farben). Jeder Iterationsanzahl, bei der C überschritten wird, wird eine Farbe zugeordnet, bei $k_{\max}$ („Beschränktheit") meist die Farbe Schwarz.

Ein Programm sollte auch eine „Zoom"-Möglichkeit haben, um den selbstähnlichen Charakter zu studieren, d. h. die Möglichkeit, ein Rechteck aus dem Bild auszuwählen und dieses zum Gesamtbild zu machen. Da der Bereich um den Rand von M nun genauer aufgelöst werden muss und für $z \notin M$, aber nahe an M, eine große Anzahl von Iterationen bis zur Erreichung des Fluchtradius zu erwarten ist, muss $k_{\max}$ entsprechend erhöht werden.

Ein PYTHON-Programm mit diesen Funktionalitäten, was genau 100 Zeilen umfasst, findet sich in Anhang M. Die Abbildungen 6.5–6.7 sind damit erzeugt.

---

[16] Benoît B. MANDELBROT *20. November 1924 in Warschau, †14. Oktober 2010 in Cambridge, Massachusetts

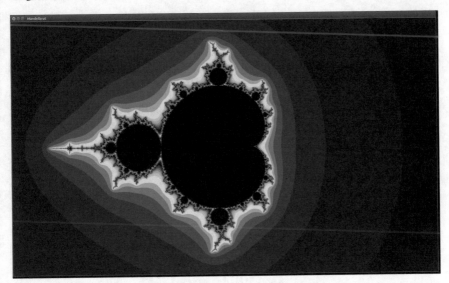

Abb. 6.5 Das Apfelmännchen, berechnet mit dem Programm aus Anhang M

Aufgaben

Aufgabe 6.5 Versuchen Sie mit den Verfahren von Abschnitt 5.2 (Newton-Verfahren, Bisektionsverfahren, Fixpunktiteration) möglichst viele Nullstellen von

$$p(x) = x^3 - 15x - 4$$

möglichst genau zu approximieren. Als Fixpunktformulierung verwenden Sie

$$x^3 - 14x - 4 = x \quad \text{und auch} \quad \frac{1}{15}(x^3 - 60) = x.$$

Experimentieren Sie mit Startwerten. Vergleichen Sie mit den exakten Lösungen.

Aufgabe 6.6 (L) Versuchen Sie durch eine geeignete lineare Transformation $x \mapsto x + \alpha$, $\alpha \in \mathbb{R}$, das Nullstellenproblem für $f \in \mathbb{R}[x]$,

$$f(x) = x^3 + ax^2 + bx + c$$

zurückzuführen auf das für die reduzierte Form

$$\rho(x) = x^3 + px + q.$$

Aufgabe 6.7 Zeigen Sie:

$$\sqrt{1 + \sqrt{-3}} + \sqrt{1 - \sqrt{-3}} = \sqrt{6}.$$

(Christiaan HUYGENS[17] soll diese Identität Gottfried Wilhelm LEIBNIZ gegenüber als „etwas für uns Unbegreifliches" bezeichnet haben.)

Aufgabe 6.8 Entwickeln Sie eine Lösungsformel für die kubische Gleichung (6.2) im Fall $\Delta = 0$ (Fallunterscheidung: $p = 0, p \neq 0$).

Aufgabe 6.9 (L) Leiten Sie aus (6.52), (6.53) Formeln für die Winkelverdopplung her und daraus

$$\sin(x) = 2\sin\left(\frac{1}{2}x\right)\cos\left(\frac{1}{2}x\right) , \qquad \tan\left(\frac{x}{2}\right) = \frac{\tan(x)\sin(x)}{\tan(x) + \sin(x)} .$$

Aufgabe 6.10 Zeigen Sie (6.57) mit Hilfe von (6.55), indem Sie folgende Zwischenschritte verifizieren:

$$2\arctan\left(\frac{1}{5}\right) = \arctan\left(\frac{5}{12}\right)$$

$$4\arctan\left(\frac{1}{5}\right) = \arctan\left(\frac{120}{119}\right)$$

$$4\arctan\left(\frac{1}{5}\right) - \frac{\pi}{4} = \arctan\left(\frac{1}{239}\right)$$

Aufgabe 6.11 (L) Zeigen Sie mittels (6.58):

$$\frac{\pi}{4} = 5\arctan\left(\frac{1}{7}\right) + 2\arctan\left(\frac{3}{79}\right) .$$

Aufgabe 6.12 Ein *Polygon* ist eine Teilmenge des $\mathbb{R}^2$, die durch endlich viele Geradenstücke begrenzt wird, den *Seiten*. Ein *regelmäßiges Polygon* ist ein Polygon, bei dem alle Seiten gleich lang und alle Innenwinkel zwischen den Seiten gleich groß sind. Zeigen Sie: Bei (5.114) und $y_i = (1 - x_i^2)^{\frac{1}{2}}$, $i = 0, \ldots, n$ und Spiegelung dieser Punkte in die anderen drei Viertelkreise entsteht ein regelmäßiges, in den Kreis einbeschriebenes Polygon.

Aufgabe 6.13 Seien $p \in \mathbb{C}[z]$ und $z_1, \ldots, z_k \in \mathbb{C}$ die paarweise verschiedenen Nullstellen. Sei
$G_i := \{z \in \mathbb{C} :$ Die NEWTON-Iteration mit Startiterierte z konvergiert gegen $z_i\}$,
$i = 1, \ldots, k$, $G_{k+1} := \mathbb{C} \backslash \bigcup_{i=1}^{k} G_i$.
Bestimmen Sie die G_i, $i = 1 \ldots, k+1$, näherungsweise numerisch und visualisieren Sie das Ergebnis durch Zuordnung von Farben zu G_i. Wenden Sie es an auf

$$p(z) = z^3 - 1 , \qquad\qquad p(z) = z^3 - 2z + 2 .$$

---

[17] Christiaan HUYGENS *14. April 1629 in Den Haag, †8. Juli 1695 in Den Haag

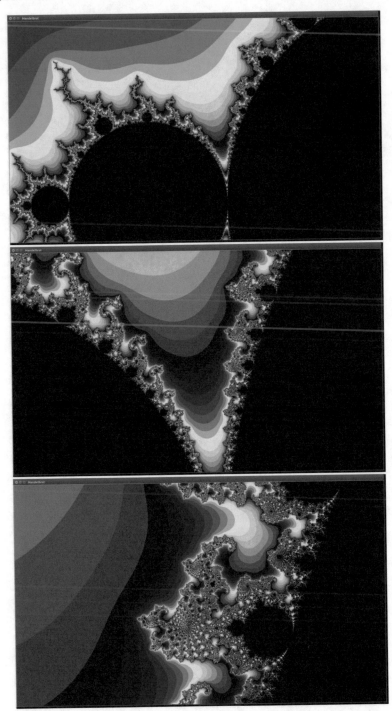

Abb. 6.6 Sukzessive Zoomstufen in die „Schulter" des Apfelmännchens in Abbildung 6.5

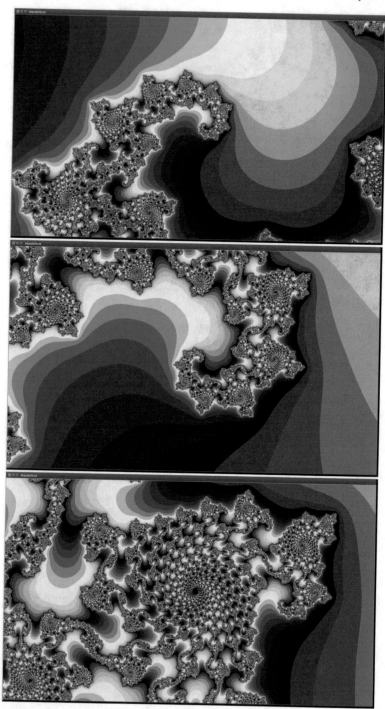

Abb. 6.7 Weitere Details als Zooms der „Schulter" aus Abbildung 6.6

Kapitel 7
Maschinenzahlen

7.1 Darstellung von Maschinenzahlen

Die Stellenwertdarstellung einer natürlichen Zahl $n \in \mathbb{N}$ wurde bereits in (2.18) und Satz 2.14 eingeführt und als Erweiterung dessen in Definition 4.59 und Theorem 4.60 auch die Dezimalbruchdarstellung, d. h. die Stellenwertdarstellung für $p = 10$, für rationale Zahlen $q \in \mathbb{Q}$ gezeigt und schließlich in Theorem 5.14 auf beliebige reelle Zahlen x (als deren Konstruktionsprinzip) erweitert. Statt der Basis $p = 10$ hätte auch eine beliebige Basis p gewählt werden können, d. h., es gilt (siehe auch Satz 4.63) folgender Satz:

Satz 7.1

Sei $p \in \mathbb{N}$, $p \geq 2$, $x \in \mathbb{R}$ und $x \neq 0$. Dann gibt es genau eine Darstellung der Gestalt

$$x = \sigma p^N \sum_{i=1}^{\infty} n_{-i} p^{-i} \tag{7.1}$$

mit $\sigma \in \{+1, -1\}$, $N \in \mathbb{Z}$, $n_{-i} \in \{0, \ldots, p-1\}$, sodass gilt:

$$n_{-1} \neq 0 \quad \text{und} \quad \text{zu jedem } n \in \mathbb{N} \text{ existiert ein } i \geq n \text{ mit } n_{-i} \neq p - 1 \,. \tag{7.2}$$

Wir verwenden im Folgenden eine Form der wissenschaftlichen Notation (5.24), aber zu beliebiger Basis p:

Bemerkung 7.2 Als Kurzschreibweise wird auch benutzt:

$$x = \sigma 0 . x_{-1} x_{-2} x_{-3} \ldots p^N$$
$$\text{oder} \quad x = \sigma 0 . x_{-1} x_{-2} x_{-3} \ldots {}_p N$$

mit der Bezeichnung

© Springer-Verlag GmbH Deutschland, ein Teil von Springer Nature 2019
P. Knabner et al., *Mit Mathe richtig anfangen*,
https://doi.org/10.1007/978-3-662-59230-4_7

$$p = 2 : Dualsystem,$$

$$8 : Oktalsystem,$$

$$10 : Dezimalsystem,$$

$$16 : Hexadezimalsystem,$$

wie schon in (2.18) eingeführt. Die durch die Potenz N vorgenommene Normalisierung entspricht der wissenschaftlichen Notation (5.24) (dortige Alternative), es hätte auch das Komma um eine (oder beliebig viele) Stellen verschoben werden können, d. h. $N - 1$ statt N und eine Summation von $i = 0$ an. Bei $p = 2$ nennt man die Ziffern 0, 1 auch *Bit* (*binary digit*) und fasst acht solche Speicherplätze zu einem *Byte* zusammen.

△

Für eine allgemeine reelle Zahl (z. B. die Kreiszahl π) ist die Darstellung nicht bekannt, d. h., beim konkreten Rechnen (als Mensch oder Maschine) können nur endlich viele Stellen in der Darstellung gespeichert und verarbeitet werden, da für die Speicherung nur ein Speicherplatz der Länge L, ein *Wort* mit *Wortlänge* L, zur Verfügung steht.

Diese näher zu beschreibende endliche Teilmenge von $\mathbb{Q}$ heißt Menge der *Maschinenzahlen*, diese sind also i. Allg. von der Form

$$x = \sigma p^N \sum_{i=1}^{t} n_{-i} p^{-i}, \quad t \in \mathbb{N} \text{ fest}. \tag{7.3}$$

Dabei heißen

$$m := \textstyle\sum_{i=1}^{t} n_{-i} p^{-i} \quad \text{Mantisse},$$
$$t \quad \text{Mantissenlänge},$$
$$\sigma \quad \text{Vorzeichen},$$
$$N \quad \text{Exponent}$$

der Zahl x.

Neben der *normalisierten* Form, d. h. $n_{-1} \neq 0$, gibt es auch die *denormalisierte* Form, d. h. ohne diese Bedingung.

Bei der Pascaline ist also $p = 10$ gewählt, aber ohne Vorzeichen, $L = N = t = 6$ mit sechs Drehrädern, entnormalisiert, d. h., es sind alle natürlichen Zahlen von 0 bis 999 999 darstellbar. Dies gilt allgemein für $N = t$ mit dem dargestellten Bereich $\mathbb{N} \cap [0, p^N - 1]$. Bei der Pascaline mit acht Drehrädern ist $L = t = 8$, $N = 6^1$, d. h., die positiven Zahlen haben sechs Vorkomma- und zwei Nachkommaziffern.

Neben der Wahl von N und der Mantissenlänge ist die Wahl von p eine wichtige Entscheidung beim Entwurf einer Rechenmaschine. Während für B. Pascal $p = 10$ (mit seinen mechanischen Schwierigkeiten, siehe „Am Rande bemerkt" zu Abschnitt 4.1) noch selbstverständlich war, hat schon G. W. Leibniz über die

---

[1] Hier wird die nichtdezimale Form der Währung Livre ignoriert.

Vorteile des Binärsystems ($p = 2$) nachgedacht. Zwar werden dadurch die Zahldarstellung etwa auf das 3.3-Fache erhöht (da $2^N = 10^{N \log_{10} 2}$ und $\log_{10} 2 \approx 1 / 3.3$), aber das „kleine Einmaleins", das in Form einer *lookup table* vorhanden sein muss (siehe (2.24 ff.)) – bei uns durch langes Trainieren in der Schule – wird erstaunlich einfach:

$$
\begin{array}{c|cc}
+ & 0 & 1 \\
\hline
0 & 0 & 1 \\
1 & 1 & 10
\end{array}
\qquad
\begin{array}{c|cc}
\cdot & 0 & 1 \\
\hline
0 & 0 & 0 \\
1 & 0 & 1
\end{array}
$$

Die dann notwendigen Umwandlungsoperationen sind auf S. 218 ff. beschrieben. Es entsteht aber das Problem, dass $x \in \mathbb{Q}$ bezüglich einer Basis endlich darstellbar ist, bezüglich einer anderen aber nicht:

Die Zahl $x = 0.1$ ist für $p = 10$ und $t \geq 1$, $N = 1$ exakt darstellbar. Für $p = 2$ gilt aber wegen

$$(0.1)_{10} = (0.000\overline{1100})_2$$

und

$$(0.000\overline{1100})_2 = (0.11001100\ldots)_2 \cdot 2^{-3},$$

dass x für jede Mantissenlänge nur approximativ darstellbar ist. Wegen dieses Phänomens wird auf Taschenrechnern oft $p = 10$ verwendet, etwa mittels BCD-Zahlen (*Binary Coded Decimal*) (siehe „Am Rande bemerkt" zu Abschnitt 5.4). Hier wird das Dezimalsystem beibehalten, die einzelnen Ziffern aber binär dargestellt. Dafür ist wiederum ein Wort der Länge 4 nötig ($2^3 < 10 < 2^4$), wobei einige Speicherplätze „unnötig" sind.

Größenabschätzungen zu (7.3) und ihrer Abweichung zu reellen Zahlen in der Stellenwertdarstellung nach (7.1) beruhen auf den Darstellungen der geometrischen Summe (nach Lemma 2.15) und der geometrischen Reihe (nach Satz 4.57) und sind im Folgenden nochmals zusammengestellt:

$$(p - 1) \sum_{i=n+1}^{\infty} p^{-i} = (p - 1)p^{-n-1} \sum_{i=0}^{\infty} p^{-i} = pp^{-n-1} \frac{1 - p^{-1}}{1 - p^{-1}} = p^{-n}, \qquad (7.4)$$

$$\sum_{i=1}^{t} p^{-i} = \frac{p^{-(t+1)} - 1}{p^{-1} - 1} - 1 = \frac{1 - p^{-t}}{p - 1}$$

und damit

$$\sum_{i=1}^{t} n_i p^{-i} \leq (p - 1) \sum_{i=1}^{t} p^{-i} \leq 1 - p^{-t}$$

und mit (7.4)

$$p^N \sum_{i=t+2}^{\infty} n_i p^{-i} < p^N(p-1) \sum_{i=t+2}^{\infty} p^{-i} = p^{N-t-1} \,,$$

wobei „$<$" eine Folge des Ausschlusses der $(p-1)$-Periodizität nach (7.2) ist.

Festkommazahlen bzw. -Arithmetik (*fixed point arithmetic*):

Dabei ist $N \in \mathbb{N}$ fest und $n_{-1} = 0$ in (7.3) zugelassen (denormalisiert). Die Menge dieser Festkommazahlen ist endlich (Anzahl $= 2p^t - 1$), die kleinste positive Zahl ist $x_{\min} = p^{N-t}$, die größte

$$x_{\max} = p^N \sum_{i=1}^{t} (p-1)p^{-i} = (1 - p^{-t})p^N = p^N - x_{\min} \approx p^N \,.$$

Die Festkommazahlen sind gleichabständig mit Abstand p^{N-t}, $x = 0$ gehört mit $m = 0$ dazu, die negativen Zahlen ergeben sich aus den positiven durch $x \mapsto -x$ (Was nicht selbstverständlich ist!). Zur Darstellung von $x \in \mathbb{Z}$ verwendet man $N = t$. Damit gilt

$$x = \sigma \sum_{i=0}^{t-1} \bar{n}_i p^i \quad \text{mit } \bar{n}_i := n_{t-i} \,,$$

und es folgt $|x| \le p^t - 1$. Die Mantissenlänge m ist insbesondere durch die Forderung, dass eine Zahl von einem „Rechenregister" gespeichert werden muss (notwendige Wortlänge $t+1$), begrenzt, sodass entweder die größtmögliche Zahl recht klein oder der Abstand zweier Zahlen recht groß sein muss. Zur Approximation von $\mathbb{R}$ sind also die Festkommazahlen ungeeignet. Dafür verwendet man Folgendes:

Gleitkommazahlen bzw.-Arithmetik (*floating point arithmetic*):

Dabei sind $N_-, N_+ \in \mathbb{Z}$ mit $N_- < N_+$ und $t \in \mathbb{N}$ gegeben. Die darstellbaren Zahlen $x \ne 0$ sind von der Form (7.3) mit

$$\sigma \in \{-1, 1\}, \quad N_- \le N \le N_+ \,,$$
$$n_{-1} \ne 0\,, \quad n_{-i} \in \{0, \ldots, p-1\}\,, \quad i = 1, \ldots, t. \tag{7.5}$$

Die Menge der so definierten *Gleitkomma-* oder *Maschinenzahlen* wird als $\mathbb{F} = \mathbb{F}(p, t, N_-, N_+)$ bezeichnet. Diese Zahlen sind also normalisiert.

Auch $\mathbb{F}$ ist immer endlich, genauer hat $\mathbb{F}$ $2(p-1)p^{t-1}(N_+ - N_- + 1)$ (Übung) Elemente (falls der gesamte Exponentenbereich genutzt wird: siehe unten). Wir können also bestenfalls erwarten, einen möglichst großen Bereich zu „überdecken", d. h. gut

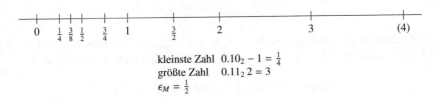

$$\text{kleinste Zahl} \quad 0.10_2 - 1 = \tfrac{1}{4}$$
$$\text{größte Zahl} \quad 0.11_2\, 2 = 3$$
$$\epsilon_M = \tfrac{1}{2}$$

Abb. 7.1 Struktur der (positiven) Maschinenzahlen ($p = 2, N_- = -1, N_+ = 2, t = 2$)

durch $\mathbb{F}$ annähern zu können. $\mathbb{F}$ ist symmetrisch zu $x = 0$ ($x \in \mathbb{F} \Rightarrow -x \in \mathbb{F}$). Es reicht also, die positiven Elemente von $\mathbb{F}(\sigma = +1)$ zu diskutieren. Die größte positive Zahl in $\mathbb{F}$ ist

$$x_{\max} = (1 - p^{-t})p^{N_+} \approx p^{N_+},$$

die kleinste (wegen der Normierung $n_{-1} \neq 0$) ist

$$x_{\min} = p^{N_- - 1}.$$

Die Zahl $x = 0$ fehlt also und muss gesondert mit aufgenommen werden (etwa durch spezielle Exponenten außerhalb $[N_-, N_+]$). In der Lücke $[-p^{N_- - 1}, p^{N_- - 1}]$ liegen also nur drei Maschinenzahlen (mit null), im Intervall $[p^{N_- - 1}, p^{N_-}]$ dagegen $1 + (p-1)p^{t-1}$ Zahlen. Allgemein sind die Zahlen in den Intervallen $[p^N, p^{N+1}]$, $N \in [N_-, N_+]$, gleichabständig mit dem Abstand $p^{-t+N+1} = u p^{N+1}$, wobei

$$u := p^{-t} \quad (\textit{unit of last position}) \tag{7.6}$$

(beachten Sie: $p^N = 0.10 \dots 0 p^{N+1}$), und es gibt immer gleich viele, nämlich

$$(p^{N+1} - p^N)/p^{N+1-t} + 1 = (p-1)p^{t-1} + 1 \quad \text{Stück}.$$

Mit wachsendem Betrag wächst also der Abstand Δx zweier aufeinanderfolgender Zahlen, der relative Abstand $\Delta x / x$ bleibt aber fast konstant.
Sei $|x| \in [p^N, p^{N+1})$:

$$\left| \frac{\Delta x}{x} \right| = \frac{u p^{N+1}}{m p^{N+1}} = \frac{u}{m} = \frac{p^{-t}}{m} \leq p^{-t+1}. \tag{7.7}$$

Wegen $p^{-1} \leq m < 1$ ist also der relative Abstand für wachsendes $|x|$ fallend von p^{-t+1} bis zu fast p^{-t}; bei $|x| = p^{N+1}$ springt er wieder auf p^{-t+1}.

Dieses Springen um den Faktor p wird auch als *wobbling* bezeichnet und ist auch ein Grund, ein etwas kleineres p zu wählen. *Wobbling* um den Faktor 2 ist also nicht zu vermeiden.

Eine andere wesentliche Zahl ist das *Maschinenepsilon*

$$\epsilon_M := p^{-t+1} = up \ . \tag{7.8}$$

ϵ_M ist dadurch gekennzeichnet, dass $1 + \epsilon_M$ die nächstgrößere Maschinenzahl zu 1 ist bzw.: ϵ_M ist der Abstand der Maschinenzahlen im Intervall $[1, p)$ und daher

$$\epsilon_M p^N \text{ der Abstand im Intervall } [p^N, p^{N+1}) \ . \tag{7.9}$$

Für ein konkretes Zahlformat kann das Maschinenepsilon experimentell bis auf einen Faktor 2 durch folgende Prozedur bestimmt werden:

Algorithmus 23: Maschinenepsilon

```
def eps(T=float):
    """Funktion zur experimentellen Bestimmung des
    Zahlabstandes eps.

    :param T: Datentyp, fuer den eps bestimmt werden soll.
    """
    x = T(1)
    while T(1) + x / T(2) > T(1):
        x /= T(2)
    return x
```

Beispiel zu Algorithmus 23:

```
>>> from kap7 import eps
>>> eps()
2.220446049250313e-16
>>> from mpmath import mp
>>> mp.prec = 24    # einfache Genauigkeit
>>> eps(mp.mpf)
mpf('1.1920929e-7')
>>> mp.prec = 53    # doppelte Genauigkeit
>>> eps(mp.mpf)
mpf('2.220446049250313le-16')
>>> mp.prec = 128
>>> eps(mp.mpf)
mpf('5.8774717541114375398436826861112283890933e-39')
```

Erläuterungen zu Algorithmus 23: Als optionaler Parameter kann hier der Datentyp übergeben werden, für den das Maschinenepsilon bestimmt werden soll. PYTHON bietet zwar standardmäßig nur Gleitkommazahlen mit doppelter Genauigkeit (Datentyp float), die Bibliothek mpmath (http://mpmath.org) erlaubt aber Berechnungen mit beliebiger Genauigkeit. Zu diesem Zweck verwendet diese eine interne Gleitkommadarstellung, bei der die Mantissenlänge durch Ändern des Wertes von mp.prec festgelegt werden kann (zu beachten ist, dass hier die Mantissenlänge t gemeint ist und nicht etwa die um eins niedrigere Anzahl Bits in der IEEE 754-Norm). Alternativ kann auch die (ungefähre) Anzahl an dezimalen Nachkommastellen durch Ändern des Wertes von mp.dps eingestellt werden, wobei sich beide Werte natürlich gegenseitig beeinflussen. In den Beispielen zum Algorithmus können Sie die Verwendung und einige Experimente für verschiedene Mantissenlängen sehen.

Für eine normalisierte positive Maschinenzahl gilt

$$p^{N-1} \leq x = mp^N < p^N$$

und daher das folgende Lemma:

Lemma 7.3

Sei $x > 0$ eine normalisierte Maschinenzahl nach (7.5), dann gilt einer der Fälle:

1) $x = p^{N-1}$ und einer der Nachbarn in $\mathbb{F}$ ist $y = 0$,

2) $x > p^{N-1}$ und ein zu x benachbartes $y \in \mathbb{F}$ erfüllt

$$p^{-1}\epsilon_M |z| < |x - y| < \epsilon_M |z| \, .$$

Dabei ist $x = mp^N \in [p^{N-1}, p^N)$ und $z \in [p^{N-1}, p^N)$ beliebig.

Beweis: Nach (7.5) ist

$$p^{-1}\epsilon_M |z| < p^{-1}\epsilon_M p^N = \epsilon_M p^{N-1} = |x - y| \leq \epsilon_M |z| \, . \qquad \square$$

Es bleibt die „große" Lücke bei $x = 0$ zu betrachten. Möchte man dies vermeiden, kann man die Normalisierung für $N = N_-$ aufgeben: Bezeichnet man die bisher betrachtete Menge statt mit $\mathbb{F}$ mit $\mathbb{F}_N = \mathbb{F}_N(p, t, N_-, N_+)$ ist dann

$$\mathbb{F} = \mathbb{F}_N \cup \mathbb{F}_D \, ,$$

wobei $\mathbb{F}_D = \mathbb{F}_D(p, t, N_-, N_+)$ die Menge der *denormalisierten* Zahlen, d. h. der Form (7.3) mit $N = N_-$ und $n_{-1} \in \{0, \ldots, p - 1\}$, ist. Dadurch wird also die Lücke mit Zahlen im gleichen Abstand wie im angrenzenden Intervall $[p^{N-1}, p^{N-}]$ überdeckt. Die Gleichmäßigkeit der relativen Dichte, d. h. (7.7), geht dennoch verloren:

$$\frac{\Delta x}{x} \text{ wächst für } x = p^{-t+N_-} \text{ bis auf } 1 \, .$$

Zur Kennzeichnung, ob $\mathbb{F}$ denormalisierte Zahlen enthält, schreibt man auch

$$\mathbb{F} = \mathbb{F}(p, t, N_-, N_+, \text{denorm})$$

mit denorm $\in \{\text{true, false}\}$. Wir zerlegen $\mathbb{R}$ in

$$
\begin{aligned}
\mathbb{R}_N &:= [-x_{\max}, -x_{\min}] \cup [x_{\min}, x_{\max}] \, , \\
\mathbb{R}_D &:= (-x_{\min}, x_{\min}) \, , \\
\mathbb{R}_{\text{overflow}} &:= (-\infty, -x_{\max}) \cup (x_{\max}, \infty) \, .
\end{aligned}
\qquad (7.10)
$$

Der Bereich $\mathbb{R}_{\text{overflow}}$ kann nicht dargestellt werden, sein „Betreten" (siehe unten) wird durch $m = 0, N = N_+ + 1$ gekennzeichnet und führt i. Allg. zum Abbruch, (*Exponentenüberlauf, (overflow)*).

Analog spricht man beim „Betreten" von $\mathbb{R}_D$ (ohne Denormalisierung) vom *Exponentenunterlauf (underflow)* und ersetzt die Zahl durch $x = 0$. Das ist meist „harmlos", aber nicht immer (siehe unten).

Um für die Darstellung von $[N_-, N_+]$ negative Zahlen zu vermeiden, kann man $N \in [N_-, N_+]$ schreiben als

$$N - N_- \in [0, N_+ - N_-] .$$

Binär darstellbar werden die $N - N_-$ bei der Wahl $N_+ - N_- + 1 = 2^k - l$. Dann werden k *Bit* zur Darstellung gebraucht, und l Exponentenstellen davon stehen für „Sonderzahlen" wie etwa $x = 0$ zur Verfügung.

Beispiele 7.4 1) Anfangs hatte jeder Computer sein eigenes Zahlformat. Ein Beispiel ist ein Großrechner aus den 1970er-Jahren:
IBM 360: $p = 16 = 2^4$ (Hexadezimalsystem)
Die Darstellung einer (einfachen) Gleitkommazahl erfolgt in einem Wort von 4 Byte = 32 Bit. 1 Byte wird verwendet für Vorzeichen (1 Bit) und Exponenten (7 Bit). Dabei ist

$$N_- = -64 , \quad N_+ = 63 ,$$

und $N + 64 \in [0, 127]$ $(127 = 2^7 - 1)$ wird im Dualsystem dargestellt.
Die restlichen 3 Byte werden für die Mantisse verwendet. Da die Darstellung der Hexadezimalziffern $0, 1, 2, 3, \ldots, 9, A, B, C, D, E, F$ im Dualsystem 4 Bit pro Ziffer benötigt, sind $(32 - 8)/4 = 6$ Ziffern darstellbar. Es gilt also

$$t = 6 .$$

Insgesamt gilt also $\mathbb{F} = \mathbb{F}(16, 6, -64, 63)$. Bei doppeltgenauer Darstellung durch 8 Byte ergibt sich

$$t = (64 - 8)/4 = 14 .$$

2) Seit 1985 besteht die IEEE 754-Norm, kurz IEEE-Norm, die seither von den Computerherstellern (im Wesentlichen) erfüllt wird. In dieser IEEE-Norm wurden folgende Zahlformate definiert:

$$\text{Einfach langes Format: } \mathbb{F}(2, 24, -125, 128) ,$$

$$\text{Doppelt langes Format: } \mathbb{F}(2, 53, -1021, 1024) .$$

Dabei werden die Exponenten bei einfach langem Format durch 8 Bit als $N + 126 \in [1, 2^8 - 2 = 254]$ gespeichert, analog bei doppelt langem Format. Die „freien Exponenten" werden für die Speicherung von 0 und $\pm\infty$ (d. h. des Überlaufs) und von NaN (*not a number*) verwendet.

Wegen $p = 2$ und $n_{-1} \neq 0$ ist immer $n_{-1} = 1$, d. h., das erste Bit der Mantisse braucht nicht gespeichert zu werden (*implizites erstes Bit, hidden bit*). Einfach langes Format braucht also zur Speicherung $1 + 8 + 23 = 32$ Bit, analog doppelt langes Format $1 + 11 + 52 = 64$ Bit. Genauer ist die Normalisierung im IEEE-Format anders als nach (7.1). Die Mantisse hat die Form

$$m = 1.n_{-1}n_{-2}, \ldots$$

mit $n_{-i} \in \{0, 1\}$ und 1 als dem *hidden bit*, d. h. $1 \leq m < 2$. Alle Überlegungen bleiben gleich bis auf die Verschiebung des Exponentenbereichs um 1.

Es gibt also folgende „Arten" von Zahlen:

Exponent	Mantisse	Zahl	
$e_{min} - 1$	$m = 0$	± 0	
$e_{min} - 1$	$m \neq 0$	$\pm 0.m \, 2^{e_{min}}$	(denormalisierte Zahlen)
$e_{min} \leq e \leq e_{max}$		$\pm 1.m \, 2^e$	(normalisierte Zahlen)
$e_{max} + 1$	$m = 0$	$\pm\infty$	
$e_{max} + 1$	$m \neq 0$	NaN	

Das Vorhandensein von $\pm\infty$ und NaN erlaubt, zwischen „normalem" Überschreiten des Zahlbereichs ($\pm\infty$), womit dann auch weitergerechnet werden kann (etwa $a/\pm \infty = 0$ für $a \neq 0$), und unzulässigen Operationen (wie $0/0$), die ein NaN ergeben, zu unterscheiden.

Konkretisierung der obigen Überlegungen liefert: In der IEEE-Norm gibt es bei einfach langem Format $2^{24} \cdot 254 \approx 4.26 \cdot 10^9$ und bei doppelt langem Format $2^{53} \cdot 2046 \approx 1.84 \cdot 10^{19}$ Elemente. In einem Intervall $[p^N, p^{N+1}]$ liegen $8\,388\,609$ Maschinenzahlen. Es gilt

$$u = 2^{-24} \approx 5.88 \cdot 10^{-8} \quad \text{bzw.} \quad 2^{-53} \approx 1.11 \cdot 10^{-16},$$

$$\epsilon_M = 2^{-23} \approx 1.19 \cdot 10^{-7} \quad \text{bzw.} \quad 2^{-52} \approx 2.22 \cdot 10^{-16}. \qquad \circ$$

Betrachten wir noch das Rechnen mit Gleitkommazahlen, wobei wir den denormalisierten Bereich nicht beachten, d. h. $\mathbb{F} = \mathbb{F}_N = \mathbb{F}(p, t, N_-, N_+)$. Wie oben wird der Exponentenbereich mit Hilfe einer *Charakteristik* $c = c(e)$, wobei e der Exponent ist, dargestellt (etwa $c(e) = e - N_-$). Generell kann durch die Veränderung des Exponenten der zulässige Bereich verlassen werden (siehe Abschnitt 7.2).

Normalisierung / Denormalisierung:
Ist x von der durch $\mathbb{F}$ vorgegebenen Gestalt, aber nicht normalisiert, da die Mantisse $k < t$ führende Nullen hat, so kann zu $x_N \in \mathbb{F}$ normalisiert werden durch Verschiebung der Mantisse um k Positionen nach links, d. h. $m_N = mp^k$ und $c_N = c - k$.

Genauso kann durch Einschieben von Nullen denormalisiert werden, etwa um Exponenten anzugleichen, d. h. $c_{DN} = c + k$, dadurch verlängert sich aber die Mantissenlänge auf $t + k$.

Multiplikation / Division:

Seien $x, y \in \mathbb{F}$, o. B. d. A. gelte für die Mantisse $m_x \le m_y$. Dies reduziert sich auf Addition / Subtraktion der Exponenten und Multiplikation / Division der Mantissen.

Die Mantissenmultiplikation kann nach der „Schulmethode" (siehe Abschnitt 2.2) erfolgen und liefert i. Allg. eine Mantissenlänge von $2t$ und eine zu normalisierende Zahl. Die „Schulmethode" der Division kann auf sukzessive Subtraktion reduziert werden, die Mantissenlänge kann beliebig groß werden.

Wir sehen also, dass in den wenigsten Fällen für $x, y \in \mathbb{F}$ auch $x \pm y \in \mathbb{F}$ bzw. $x \cdot y \in \mathbb{F}$ gilt. Hier müssen also Approximationsschritte gemacht werden, genau wie bei der Approximation eines beliebigen $x \in \mathbb{R}$ in $\mathbb{F}$.

Am Rande bemerkt: Computer – Von der Z1 zum Parallelrechner

Alle seit der Pascaline bis in die 1930er-Jahre (siehe „Am Rande bemerkt" zu Abschnitt 4.1) entwickelten Rechenmaschinen wurden zwar immer ausgereifter, beherrschten aber im Wesentlichen nur die Grundrechenarten, sodass umfangreiche Rechnungen (z. B. für Ingenieuranwendungen) nur mittels vielen menschlichen „Prozessoren" bewältigt werden konnten. Daran änderte auch der allmähliche Übergang von mechanischen zu elektromechanischen Maschinen nichts. Obwohl schon LEIBNIZ den Vorteil des Binärsystems wegen seiner einfachen Multiplikations- und Additionstafel erkannt hatte (siehe „Am Rande bemerkt" zu Abschnitt 1.4), blieb das Dezimalsystem vorherrschend. Die Rechenmaschine selbst galt als perfektioniert. Vorarbeiten für einen *Computer*, d. h. eine Maschine, die aufgrund eines frei wählbaren *Programms* eine Abfolge von (sehr vielen) Rechenschritten ausführt, waren schon gelegt worden. Parallel zur BOOLE'schen Algebra (siehe „Am Rande bemerkt" zu Abschnitt 1.4) wurde von Charles BABBAGE[2] die *Analytical Engine* konzipiert, eine von einer Dampfmaschine angetriebene riesige Rechenmaschine, die frei programmierbar über Lochkarten gesteuert werden sollte. BABBAGE sah dezimale Festkommazahlen mit 30 Dezimalstellen vor (siehe Abschnitt 7.1) und einem Speicher für 1000 Wörter, d. h. 12 Kilobyte. Die Realisierung scheiterte zu Lebzeiten an den unzulänglichen technischen Möglichkeiten, es wurde aber schon eine Vielzahl von Programmen entwickelt, insbesondere von Ada LOVELACE, die damit zur ersten Programmiererin wurde.[3]

---

[2] Charles BABBAGE *26. Dezember 1791 in London, †18. Oktober 1871 in London

[3] Augusta Ada King, Countess of LOVELACE *10. Dezember 1815 in London, †27. November 1852 in London, Tochter des englischen Dichters George Gordon BYRON (Lord Byron)

Davon, und auch von den Überlegungen Alan Turings zu einem theoretischen Computer („Am Rande bemerkt" zu Abschnitt 1.3) wusste der deutsche Bauingenieur Konrad Zuse nichts, als er beeindruckt von langwierigen statischen Berechnungen, die er durchführen musste, im Jahr 1937 mit der Entwicklung der ersten programmierbaren Rechenmaschine, der Z1, begann. Die Z1 beruht auf der von Zuse neu entdeckten binären Gleitkommaarithmetik, die Schaltelemente (siehe „Am Rande bemerkt" zu 1.4) waren rein mechanisch, wurden von Zuse direkt entworfen und vom Familien- und Freundeskreis realisiert. Programme wurden über gelochte Filmstreifen zugeführt, mit *Ein-/Ausgabewerk, Rechenwerk* und *Speicherwerk* (für Daten) waren fast alle Elemente eines modernen Computers vorhanden. Wegen ihres mechanischen Aufbaus war die Maschine unzuverlässig und wurde abgelöst durch die Z3, ab 1941, die auf elektromagnetischer Relaistechnik beruhte und so zum ersten modernen Computer wurde. Die Z3 benutzte eine auf 22-Bit-Wörter basierte Gleitkommaarithmetik ($\mathbb{F}(2, 14, -64, 63)$). Das Rechenwerk mit zwei *Registern* (siehe „Am Rande bemerkt" zu Abschnitt 5.4) hatte die Funktionen Addition, Subtraktion (über das Zweierkomplement: siehe „Am Rande bemerkt" zu Abschnitt 4.1), Multiplikation, Division, Quadratwurzel und Dezimal-Dual- / Dual-Dezimal-Umwandlung sowie einen Arbeitsspeicher mit 64 Wörtern (!).

Das Nachfolgemodell Z4 war der erste funktionsfähige Computer im Nachkriegseuropa und wurde bis 1955 am Institut für angewandte Mathematik der ETH Zürich betrieben.

In den USA war seit 1946 der ENIAC (*Electronic Numerical Integrator and Computer*) in Benutzung, der schon auf elektronischen Bauelementen (Elektronenröhre, Dioden) beruhte, aber noch eine 10-stellige dezimale Festkommaarithmetik hatte. Da noch kein Programmspeicher vorhanden war, erfolgte die Programmierung auf Hardwareebene, durch die *ENIAC-Frauen*[4].

Im Jahr 1945 schlug John von Neumann[5] ein Konzept vor, das dann im ED-VAC (*Electronic Discrete Variable Automatic Computer*) realisiert wurde, die Von-Neumann-*Architektur*. Dazu gehören neben Elementen, die Zuse schon vorher realisiert hatte, wie Rechenwerk, Steuerwerk, Eingabe-/Ausgabewerk, ein *Speicherwerk*, das sowohl Daten als auch Programme speichern soll. Befehle werden sequentiell aus dem Speicher gelesen und ausgeführt.

Die nachfolgenden Computergenerationen folgten alle diesem Modell, mit immer mächtigeren und miniaturisierten Bauelementen. Der ab 1955 sukzessiv erfol-

---

[4] Kathleen Antonelli *12. Februar 1921 in County Donegal, Irland, †20. April 2006 in Wyndmoor, Pennsylvania
Jean Bartik *27. Dezember 1924 in Gentry County, Missouri, †23. März 2011 in Poughkeepsie, New York
Betty Holberton *7. März 1917 in Philadelphia, Pennsylvania, †8. Dezember 2001 in Rockville, Maryland
Marylin Meltzer *1922 in Philadelphia, Pennsylvania, †4. Dezember 2008 in Yardley, Pennsylvania
Frances Spence *2. März 1922 in Philadelphia, Pennsylvania, †18. Juli 2012
Ruth Teitelbaum *1924†1986 in Dallas, Texas
[5] John von Neumann *28. Dezember 1903 in Budapest, †8. Februar 1957 in Washington, D.C.

gende Einsatz von kleineren und sparsameren Transistoren auf Halbleiterbasis statt der bisherigen unzuverlässigen Vakuumröhren kennzeichnete dabei den Übergang zur „zweiten Generation" von Computertechnologie, gefolgt von der „dritten Generation", basierend auf hochintegrierten Schaltkreisen (IC: Integrated Circuit), die viele solcher Transistoren direkt in einem Chip (microchip) ohne die bisher nötigen Kabelverbindungen unterbrachten. Dies reduzierte zwar Größe und Kosten, die Geräte waren aber immer noch aus einer Vielzahl von miteinander verbundenen Leiterplatten aufgebaut, die jeweils eines der grundlegenden Elemente wie Rechenwerk, Steuerwerk usw. repräsentierten. In diese Zeit fällt auch das 1965 erstmals postulierte und 1975 aktualisierte MOORE'sche[6] Gesetz, das eine Verdopplung der Anzahl Transistoren in integrierten Schaltkreisen in zwölf bzw. dann korrigiert 24 Monaten postulierte und das bis heute annähernd Gültigkeit besitzt.

Die Vorstellung des ersten Mikroprozessors INTEL 4004 im Jahr 1971, in dem die bisher auf getrennten Leiterplatten untergebrachten Elemente erstmals in einen einzelnen Chip integriert wurden, markierte den Beginn der „vierten Generation" von Computern. Die damit einhergehende drastische Senkung der Produktionskosten für solche Mikrocomputer war maßgeblich für deren massenhafte Verbreitung mit verantwortlich. Darauf folgende Entwicklungen sorgten in erster Linie für eine stetige Vermehrung der Komponenten innerhalb eines Mikroprozessors bei gleichzeitiger Reduktion der Baugröße und Erhöhung der Taktraten, was ab ca. 1980 zu der als „fünfte Generation" bezeichneten heutigen Technologiegeneration führte.

Während die Baugröße von Transistoren auch weiterhin sank und somit die Komplexität von Mikroprozessoren bei gleicher Baugröße weiter zunahm, sorgte die daraus resultierende steigende Energiedichte und Abwärme dafür, dass seit den frühen 2000er-Jahren die maximale Taktrate moderner Prozessoren bei knapp 4 GHz stagnierte. Um die Anzahl möglicher Instruktionen pro Sekunde dennoch weiter zu erhöhen, setzten Prozessorhersteller seitdem zunehmend auf parallele Ausführung, sowohl in Form von Rechenwerken, die arithmetische Operationen für mehrere Daten gleichzeitig ausführen können, als auch als Mehrkernprozessoren, die mehrere unabhängige Prozessoreinheiten in einem Chip beherbergen und die heute selbst in jedem Smartphone zu finden sind.

Dieses Konzept von Parallelrechnern war indes nicht neu, sondern fand bereits zu Zeiten der dritten Computergeneration in Supercomputern, d. h. den schnellsten universell einsetzbaren Computern ihrer Zeit, Anwendung. Seymour CRAY[7] war eine der führenden Persönlichkeiten bei der Entwicklung früher Supercomputer und stellte 1975 (trotzdem noch auf der dritten Computergeneration basierend) mit dem CRAY-1 den ersten Supercomputer mit einem Vektorprozessor vor, der arithmetische Operationen auf mehreren Daten gleichzeitig ausführen konnte und ein Jahr später in Betrieb ging. Die Rechenleistung des CRAY-1 war zu seiner Zeit ungeschlagen. Die Krone des ersten massiv-parallelen Computers, aufgebaut aus mehreren parallel arbeitenden zentralen Recheneinheiten, ging dagegen an den 1973 nach langer

---

[6] Gordon Earle MOORE *3. Januar 1929 in San Francisco,

[7] Seymour Roger CRAY *28. September 1925 in Chippewa Falls, Wisconsin, †5. Oktober 1996 in Colorado Springs

Entwicklungszeit in Betrieb genommenen ILLIAC IV. Erst der 1982 nachfolgende CRAY X-MP besaß zwei parallele Prozessoren und war wiederum bis 1985 der schnellste Computer der Welt, abgelöst durch den CRAY-2, der diesen Titel bis 1988 trug und erst wieder von der nächsten CRAY-Generation überholt wurde. Seit 1993 wird der schnellste Supercomputer nach einem einheitlichen Verfahren ermittelt und sogar zweimal jährlich eine Bestenliste[8] herausgegeben. In den 1990er-Jahren entstanden schließlich Supercomputer, die aus mehreren Tausend Mikroprozessoren aufgebaut waren und durch schnelle Netzwerkverbindungen miteinander verbunden waren – ein Aufbau, den moderne Supercomputer bis heute nutzen. Parallelisierung findet dabei auf vielen Ebenen statt, und in der Regel werden fast alle dieser Technologien gleichzeitig verwendet: Vektoreinheiten für arithmetische Operatoren; Mehrkernprozessoren, die aus mehreren Prozessoren in einem Chip aufgebaut sind; Mehrprozessorsysteme, die aus mehreren Mehrkernprozessoren auf einer Leiterplatte bestehen; Rechenbeschleuniger, z. B. Grafikkarten, die selbst aus hochgradig parallelen Prozessoren bestehen und bei bestimmten Rechenaufgaben unterstützend genutzt werden; und schließlich massiv-parallele Systeme, in denen eine große Zahl solcher Mehrprozessorsysteme (gegebenenfalls auch mit Beschleunigern) mit einer schnellen Netzwerkverbindung verknüpft sind.

Aufgaben

Aufgabe 7.1 Ermitteln Sie Mantisse m und Exponent N der Gleitkommadarstellung nach IEEE 754 für die Zahlen 2, 1 und $\frac{1}{2}$. Vergleichen Sie Ihr Ergebnis mit der PYTHON-Routine `math.frexp(x)`.

Aufgabe 7.2 (L) Wie viele Zahlen in doppelt genauer Gleitkommadarstellung liegen zwischen zwei aufeinanderfolgenden Gleitkommazahlen in einfach genauer Darstellung nach IEEE 754?

7.2 Rundungsfehler, Fehlerfortpflanzung und ihre Fußangeln

Das Rechnen in Gleitkommaarithmetik kann aber durchaus schwerwiegendere Folgen haben. Dazu betrachten wir als Beispiel die scheinbar einfache Aufgabe, eine Ableitung einer differenzierbaren Funktion durch den (vorwärtsgenommenen) Differenzenquotienten anzunähern. Da es sich dabei um die Definition der Ableitung handelt, liegt natürlich Konvergenz dieses Verfahrens vor. Das Näherungsverfahren ist also

$$y_h := \frac{1}{h}(\varphi(x + h) - \varphi(x)), \quad h > 0 \tag{7.11}$$

---

[8] https://www.top500.org

zur Approximation von $\varphi'(x)$. Tabelle 7.1 zeigt das Ergebnis für $\varphi = \cos$, $h = 2^{-n}$ und $x = 1$, wo wir als exakte Lösung also $-\sin(1) \approx -0.841470984807897$ erwarten. Es stellt sich aber (erschreckenderweise) eine Art Semikonvergenz ein: Die

n	y_h	$\varepsilon_n = \|y_h + \sin(1)\|$
2	-0.8999197738914844	0.0584487890835879
4	-0.8578022106588232	0.0163312258509267
6	-0.8456577715703872	0.0041867867624907
8	-0.8425241214374637	0.0010531366295672
10	-0.8417346705240334	0.0002636857161369
12	-0.8415369313197516	0.0000659465118551
14	-0.8414874730042357	0.0000164881963391
16	-0.8414751069576596	0.0000041221497631
18	-0.8414720153668895	0.0000010305589930
20	-0.8414712424855679	0.0000002576776714
22	-0.8414710494689643	0.0000000646610678
24	-0.8414710015058517	0.0000000166979552
26	-0.8414709940552711	0.0000000092473746
28	-0.8414709866046906	0.0000000017967940
30	-0.8414710760116577	0.0000000912037612
32	-0.8414711952209473	0.0000002104130508
34	-0.8414726257324219	0.0000016409245254
36	-0.8414764404296875	0.0000054556217910
38	-0.8414916992187500	0.0000207144108535
40	-0.8415527343750000	0.0000817495671035
42	-0.8417968750000000	0.0003258901921035
44	-0.8417968750000000	0.0003258901921035
46	-0.8437500000000000	0.0022790151921035
48	-0.8437500000000000	0.0022790151921035

Tabelle 7.1 Semikonvergenz des Differenzenquotienten (7.11) für $\varphi = \cos$, $x = 1$, $h = 2^{-n}$. Rechnung in PYTHON mit doppelter Genauigkeit (Datentyp `float`)

Folge nähert sich bis zu einem gewissen optimalen h der Lösung an, um sich danach wieder von ihr zu entfernen, bis schließlich überhaupt keine signifikante Stelle mehr vorhanden ist, d. h. die „Näherung" aussagelos wird, während doch bei exakter Rechnung in $\mathbb{R}$ Konvergenz vorliegt. Unbedachtes Wählen von h, d. h. zu klein, führt hier also zu völlig falschen Ergebnissen. Solche Probleme haben daher die Bezeichnung *schlecht gestellt* und bedürfen einer speziellen numerischen Behandlung.

Aber auch bei „harmlosen Problemen" können durch falsch gewählte Verfahren, die in $\mathbb{R}$ äquivalent sind, falsche Ergebnisse entstehen. Für das quadratische Polynom

$$ax^2 + bx + c = 0 \qquad (7.12)$$

gilt für die Nullstellen bekanntermaßen

$$x_1 = \frac{1}{2a}(-b + (b^2 - 4ac)^{\frac{1}{2}}), \qquad x_2 = \frac{1}{2a}(-b - (b^2 - 4ac)^{\frac{1}{2}}).$$

Sei $b > 0$ und $|4ac|$ klein, z. B.

$$a = 1, \quad b = 20, \quad c = -5 \cdot 10^{-10} - 6.25 \cdot 10^{-22},$$

d. h., die exakte Lösung ist

$$x_1 = 2.5 \cdot 10^{-11}, \qquad x_2 = -20 - 2.5 \cdot 10^{-11},$$

aber eine Rechnung mit der `mpmath`-Bibliothek in einfacher Genauigkeit (Mantissenlänge 24) liefert

$$\tilde{x}_1 = 0, \qquad \tilde{x}_2 = -20,$$

mit den Fehlern

$$\varepsilon_1 = 2.5 \cdot 10^{-11}, \qquad \varepsilon_2 = -2.5 \cdot 10^{-11},$$

d. h. der relative Fehler ist

$$\varepsilon_1 / |x_1| = 1, \qquad \varepsilon_2 / |x_2| \approx 1.25 \cdot 10^{-12}.$$

Während $\tilde{x}_2$ optimale relative Genauigkeit hat, liegt der Fehler von $\tilde{x}_1$ in der Größenordnung von x_1 selbst, obwohl das Residuum von $\tilde{x}_1$ gleich c ist. Das „Verfahren" ist in dieser Situation *instabil*, insofern es durch die Arithmetik bedingte Fehler verstärkt.

Die Alternative aus $x_1 x_2 = c$, d. h. $x_1 = \frac{c}{x_2}$ liefert

$$\tilde{x}_1 = 2.49999986e \cdot 10^{-11}, \qquad \varepsilon_1 / |\tilde{x}_1| \approx -5.8 \cdot 10^{-8},$$

ist also stabil.

Die Ursachen solcher Phänomene und ihre Behandlung sollen hier untersucht werden. Im Folgenden werden nur $\mathbb{F}$ ohne Denormalisierung betrachtet.

Die Approximation von $x \in \mathbb{R}$, $x \neq 0$ durch eine Maschinenzahl $\tilde{x}$ geschieht durch *Runden*, d. h. durch eine Abbildung

$$\mathrm{Rd}_t : \mathbb{R} \to \mathbb{F} \cup \{0, +\infty, -\infty\}$$

$$x \mapsto \mathrm{Rd}_t(x),$$

wobei $\pm\infty$ kurz für Überlauf im positiven bzw. negativen Bereich steht. Neben den Regeln

$$\mathrm{Rd}_t(x) = \infty \quad \text{für } x \in (x_{\max}, \infty),$$
$$\mathrm{Rd}_t(x) = -\infty \quad \text{für } x \in (-\infty, x_{\max}),$$
$$\mathrm{Rd}_t(x) = 0 \quad \text{für } x \in \mathbb{R}_D$$

bzw. keine Zuweisung mit Fehlermeldung fordert die IEEE-Norm für $x \in \mathbb{R}_N$ nur, dass $\mathrm{Rd}_t(x)$ die (eine) zu x nächstliegende Maschinenzahl sein soll. Unter Beachtung von Lemma 7.3 bedeutet dies

$$|\mathrm{Rd}_t(x) - x| < 0.5 \epsilon_M |x|. \tag{7.13}$$

Äquivalent dazu ist, dass

$$\mathrm{Rd}_t(x) = (1 + \delta)x$$

mit einem $\delta \in \mathbb{R}$, sodass

$$|\delta| < 0.5\epsilon_M \tag{7.14}$$

relative Maschinengenauigkeit hat und das daher auch als *Rundungseinheit* bezeichnet wird.

Diese Bedingung hat also die Vorschrift Rd_t zu erfüllen. Eine mögliche Realisierung im Fall einer geraden Basis p ergibt sich aus folgender Definition:

Definition 7.5

Sei $p \in \mathbb{N}$, $p \geq 2$ gerade und $t \in \mathbb{N}$ und $x \in \mathbb{R} \setminus \{0\}$ besitze die Darstellung

$$x = \sigma p^N \sum_{i=1}^{\infty} n_{-i} p^{-i}.$$

Dann definiert man den *auf t Stellen gerundeten Wert von x* durch

$$\mathrm{Rd}_t(x) := \begin{cases} \sigma p^N \sum_{i=1}^{t} n_{-i} p^{-i} & \text{für } n_{-(t+1)} < \frac{p}{2}, \\ \sigma p^N \left(\sum_{i=1}^{t} n_{-i} p^{-i} + p^{-t} \right) & \text{für } n_{-(t+1)} \geq \frac{p}{2}. \end{cases}$$

Liegt für $x \in \mathbb{R}$ oder für $\mathrm{Rd}_t(x)$ (siehe unten) N nicht in $[N_-, N_+]$, dann gilt

für $N < N_-$: Unterlauf (*underflow*)   durch 0 ersetzen,
für $N > N_+$: Überlauf (*overflow*)   Abbruch .

Bemerkung 7.6 Der Fall $N < N_-$ ist i. Allg. eine „gute" Approximation, aber es gibt auch Ausnahmen. △

Beispiel 7.7 Für Überlauf durch Runden: Sei $p = 10, t = 4, -99 \leq N \leq 99$. Dann gilt

$$\mathrm{Rd}_4(0.99997_{10}99) = 0.1000_{10}100 \notin \mathbb{F}. \qquad \circ$$

Damit mit Definition 7.5 tatsächlich eine nächstliegende Maschinenzahl definiert wird, muss sich wegen des Maschinenzahlabstands $p^N p^{-t}$ im Bereich $\left[p^N, p^{N+1}\right]$ der absolute Fehler durch $0.5p^{N-t}$ abschätzen lassen. Das zeigt folgender Satz:

Satz 7.8

$x \in \mathbb{R}$ besitze eine Darstellung wie in (7.1) mit $N \in \mathbb{N}$. Dann gilt:

1) $\mathrm{Rd}_t(x)$ hat die Darstellung nach (7.3):

$$\mathrm{Rd}_t(x) = \sigma p^{N'} \sum_{\nu=1}^{t} n_{-\nu} p^{\nu}$$

mit $N' \in \{N, N+1\}$.

2) Der *absolute Fehler* erfüllt die Ungleichung

$$|\mathrm{Rd}_t(x) - x| \le 0.5 p^{N-t} .$$

3) Der *relative Fehler* erfüllt die Ungleichung

$$\left| \frac{\mathrm{Rd}_t(x) - x}{x} \right| \le 0.5 p^{-t+1} .$$

4) Der *relative Fehler* erfüllt die Ungleichung

$$\left| \frac{\mathrm{Rd}_t(x) - x}{\mathrm{Rd}_t(x)} \right| \le 0.5 p^{-t+1} .$$

Beweis: Zu 1): Klar.

Zu 4): Übung.

Zu 2): Diese Ungleichung folgt schon wegen des in (7.7) abgeschätzten Abstands der Maschinenzahlen im Intervall $[p^{N-1}, p^N)$. Nochmal im Detail: Im Fall $n_{-(t+1)} < p/2$, d. h. $n_{-t-1} \le p/2 - 1$ gilt:

$$|\mathrm{Rd}_t(x) - x| = -\sigma(\mathrm{Rd}_t(x) - x) = p^N \sum_{i=t+1}^{\infty} n_{-i} p^{-i} = p^{N-t-1} n_{-t-1} + p^N \sum_{i=t+2}^{\infty} n_{-i} p^{-i}$$

$$\le p^{N-t-1}(p/2 - 1) + p^{N-t-1} = 0.5 p^{N-t}$$

und im Fall $n_{-t-1} \ge p/2$:

$$\sigma(\mathrm{Rd}_t(x) - x) = p^{N-t} - p^N n_{-t-1} p^{-t-1} - p^N \sum_{i=t+2}^{\infty} n_{-i} p^{-i}$$

$$= p^{N-t-1}(p - n_{-t-1}) - p^N \sum_{i=t+2}^{\infty} n_{-i} p^{-i} \le 0.5 p^{N-t} .$$

Es gilt tatsächlich $\sigma(\mathrm{Rd}_t(x) - x) = |\mathrm{Rd}_t(x) - x|$, da aus (7.2) folgt:

$$p^N \sum_{i=t+2}^{\infty} n_{-i} p^{-i} \le p^{N-t-1} \le p^{N-t-1} \underbrace{(p - n_{-t-1})}_{\ge 1} .$$

Zu 3): Wie oben analog zu (7.7). Nochmal: Wegen $n_{-1} \ne 0$ gilt $|x| \ge p^{N-1}$ und damit

$$\left| \frac{\mathrm{Rd}_t(x) - x}{x} \right| \le \frac{0.5 p^{N-t}}{p^{N-1}} = 0.5 p^{-t+1} \, . \qquad \qquad \Box$$

Definition 7.9

Die Größe

$$\tau := 0.5 p^{-t+1} = 0.5 \epsilon_M$$

heißt *relative Maschinengenauigkeit* der t-stelligen Gleitkommaarithmetik.

Äquivalente Formulierungen sind also

$$\mathrm{Rd}_t(x) = (1 + \delta)x \quad \text{und} \quad \mathrm{Rd}_t(x) = \tfrac{1}{1+\delta} x \, , \qquad (7.15)$$

jeweils mit einem $\delta \in \mathbb{R}$, sodass $|\delta| < \tau$.

Beispiele 7.10 1) IBM 360 ($p = 16$): Bei einfacher Genauigkeit ($t = 6$) gilt

$$\tau = 0.5 \; 16^{-5} < 0.5 \; 10^{-6} \, ,$$

es sind also nicht mehr als sieben Dezimalziffern darstellbar. Bei doppelter Genauigkeit ($t = 14$) gilt dagegen

$$\tau = 0.5 \; 16^{-13} < 0.5 \; 10^{-15} \, ,$$

es sind also 16 Dezimalstellen darstellbar.

2) Mikroprozessor 8087: 80 Bit Zahldarstellung, mit $p = 2$ und $t = 64$. Also bleiben für die Exponentendarstellung 15 Bit, d. h., natürliche Zahlen in $[0, 2^{15} - 1]$ sind darstellbar. Bei Darstellung als $N + 2^{14}$ ist also möglich

$$N_- = -2^{14}, \quad N_+ = 2^{14} - 1 \qquad (2^{14} = 16\,384) \, .$$

Also $\tau = 0.5 \cdot 2^{-63} \approx 1.85 \cdot 10^{-19}$, d. h. 18-19 Dezimalstellen sind darstellbar.

3) Bei der IEC/IEEE-Arithmetik gilt:

Einfach genau: $\tau = 2^{-24} \approx 5.98 \cdot 10^{-8}$, d. h. 7–8 Dezimalstellen sind darstellbar.

Doppelt genau: $\tau = 2^{-53} \approx 1.11 \cdot 10^{-16}$, d. h. 15–16 Dezimalst. sind darstellbar. ∘

Bei der Realisierung einer konvergenten Folge kann man also, bis auf günstige Zufälle, keinen besseren relativen Fehler erhalten, d. h. nicht mehr signifikante Stellen, als die relative Maschinengenauigkeit. Dies erklärt das „Stehenbleiben" der Rechnungen in Tabellen 5.2, 5.5, 5.6, 5.11, 5.14, 5.15 und 5.17. Die Rechnung in Tabelle 5.16 ist so nicht möglich: Sie braucht *Langzahlarithmetik* (siehe Abschnitt 7.3).

Wir haben bei den bisherigen numerischen Experimenten die Genauigkeit der Näherung in signifikanten Stellen gemessen, genauer:

Definition 7.11

Gegeben seien x und $\tilde{x}$ mit

$$x = \sigma m 10^N, \quad 0.1 \le m < 1 \quad \text{und} \quad \tilde{x} = \sigma \tilde{m} 10^N, \quad \tilde{m} \in \mathbb{R}, \quad \sigma \in \{-1, 1\}.$$

Die Näherung $\tilde{x}$ hat s *signifikante Stellen*, wenn

$$s = \max \{ r \in \mathbb{N}_0 \mid |m - \tilde{m}| \le 0.5 \, 10^{-r} \}.$$

Beispiel 7.12 Es gilt

$\begin{array}{l} x = 0.12345_{10}2 \\ \tilde{x} = 0.12415_{10}2 \end{array}$, also $s = 2$, $\qquad \begin{array}{l} x = 0.12395_{10}2 \\ \tilde{x} = 0.12445_{10}2 \end{array}$, also $s = 3$. $\hfill \circ$

Die Menge $\mathbb{F}$ ist auch hinsichtlich der Operationen $+, \cdot, /$ unbefriedigend: Sie ist nicht abgeschlossen, d. h., selbst wenn sie exakt durchgeführt sind, so ist i. Allg. $x + y, \ldots, x/y \notin \mathbb{F}$ für $x, y \in \mathbb{F}$. Bei der Multiplikation entsteht i. Allg. eine $2t$-stellige Mantisse, und bei der Addition müssen i. Allg. die Exponenten angeglichen und so auch die Mantisse verlängert werden.

Daher müssen $+, -, \cdot, /$ durch *Gleitkommaoperationen* $+^*, -^*, \cdot^*, /^*$ ersetzt werden. Sei $\square$ eine Grundoperation und $x, y \in \mathbb{F}$: Eine Ersatzoperation auf $\mathbb{F}$ kann also im besten Fall und sollte auch erfüllen:

$$x \square^* y := \mathrm{Rd}_t(x \square y) \tag{7.16}$$

d. h. $\quad x \square^* y = (x \square y)(1 + \epsilon), \quad |\epsilon| \le \tau. \tag{7.17}$

Eine mögliche Realisierung von (7.16) für $p = 10$ (was nicht essenziell ist) und $\square = +$ kann in $2t$-stelliger Arithmetik erfolgen:

$$x = \sigma_1 m_1 \, 10^{N_1}, \quad y = \sigma_2 m_2 \, 10^{N_2} \quad \text{mit } 0.1 \le m_1, m_2 < 1, \quad N_2 \le N_1.$$

Darstellung in $2t$-stelliger Arithmetik, Anpassung an N_1: Für $N_1 - N_2 \le t$ gilt:

$$x = \sigma_1 m_1 10^{N_1}$$
$$y = \sigma_2 m_2 10^{N_2 - N_1} 10^{N_1}$$

es sind also $N_1 - N_2$ Nullen eingeschoben worden

$x + y$ bilden, normalisieren, auf t Stellen in Mantisse runden.

Für $N_1 - N_2 > t$ erfüllt $x +^* y = x$ die Bedingung (7.16), da

$$\begin{array}{ll} & \overbrace{t \text{ Stellen}} \quad \overbrace{t \text{ Stellen}} \\ x = & \#\ldots\# \, 00\ldots0 \, 10^{N_1}, \\ y = & 0\ldots0 \, 0*\ldots* \, 10^{N_1}, \\ x + y = & \#\ldots\# \, 0*\ldots* \, 10^{N_1}, \end{array}$$

d. h., die ersten t Stellen von $x + y$ sind die von x.

Zusätzlich ist zu beachten, dass $+^*$ und $\cdot^*$ zwar noch kommutativ, aber nicht mehr assoziativ sind und auch das Distributivgesetz i. Allg. nicht gilt. In $\mathbb{R}$ äquivalente Ausdrücke können also unterschiedlich fehleranfällig sein (siehe Beispiele 7.18).

Beispiel 7.13 Dass die Assoziativität i. Allg. verletzt ist, zeigt das folgende Beispiel für $p = 10, t = 7$:

$$a = 0.1234567_{10}0$$
$$b = 0.3141592_{10}5$$
$$c = -b$$

Zu vergleichen ist $a + (b + c)$ mit $(a + b) + c$.

Es ist $b + c = 0$, d. h. $b +^* c = 0$ und so $a +^* (b +^* c) = a = 0.1234567_{10}0$. In $2t$-stelliger Arithmetik:

$$
\begin{array}{rll}
a & = 0.\,0\,0\,0\,0\,0\,1\,2\,3\,4\,5\,6\,7\,0\,0 & _{10}5 \\
+\,b & = 0.\,3\,1\,4\,1\,5\,9\,2\,0\,0\,0\,0\,0\,0\,0 & _{10}5 \\
\hline
a +^* b & = 0.\,3\,1\,4\,1\,6\,0\,4 & _{10}5 \\
\end{array}
$$

$$
\begin{array}{rll}
c & = -0.\,3\,1\,4\,1\,5\,9\,2 & _{10}5 \\
\hline
(a +^* b) +^* c = & 0.\,0\,0\,0\,0\,0\,1\,2 & _{10}5 \\
= & 0.\,1\,2\,0\,0\,0\,0\,0 & _{10}0 \\
\end{array}
$$

Wegen der unterschiedlichen Größenordnung werden also signifikante Stellen aus der Mantisse herausgeschoben und gehen verloren (*outshifting*).   o

Beispiel 7.14 (für einen nicht „harmlosen" Unterlauf durch Rundung) Wir betrachten in $\mathbb{F} = \mathbb{F}(10, 6, -9, 9, \text{false})$ die Umwandlung von kartesischen in Polarkoordinaten:

$$(x_1, y_1) = (10^{-8}, 10^{-8}),$$
$$x_1 \cdot x_1 = 10^{-16}, \quad \text{also } x_1 \cdot^* x_1 = 0.$$

Daher wird durch Unterlauf $\tilde{r} = 0$ statt $r = 2^{1/2} 10^{-8}$ berechnet, obwohl $\mathrm{Rd}_6(r) \in \mathbb{F}$.

$$(x_2, y_2) = (10^5, 10^5):$$
$$x_2 \cdot x_2 = 10^{10}, \quad \text{also } x_2 \cdot^* x_2 \notin \mathbb{F},$$

und es wird wegen Überlauf abgebrochen, obwohl $\mathrm{Rd}_6(r) \in \mathbb{F}$ für $r = 2^{1/2} 10^5$. Abhilfe liegt hier in der Skalierung des Problems. Eine alternative Berechnung ohne Unter- oder Überlauf beruht auf: Seien $x, y \in \mathbb{R}, |x| \geq |y|$, dann

$$r = \left(x^2 + y^2\right)^{1/2} = |x| \left(1 + \left(\frac{y}{x}\right)^2\right)^{1/2}.$$

Dann wird für die obigen Beispiele $\mathbb{F}$ nicht verlassen.   o

Da die Verwendung einer $2t$-stelligen Arithmetik aufwendig ist, stellt sich die Frage, ob die Benutzung einer kürzeren Mantisse mit entsprechendem Genauigkeitsverlust akzeptabel ist. Kritisch ist hier die bei der Subtraktion von etwa gleichen Zahlen auftretende *Auslöschung*. Verwendet man nur die Mantissenlänge t, gehen im Extremfall alle signifikanten Stellen verloren.

Satz 7.15

Werden in $\mathbb{F}(p, t, N_-, N_+)$ Differenzen nur mit Mantissenlänge t betrachtet, kann der relative Fehler dann den Wert $p - 1$ erreichen, bei 0 signifikanten Stellen.

Das folgende Beispiel belegt die Aussage:

$$x = 0.10\ldots 0p^1 \,,$$
$$y = 0.q\ldots qp^0 \qquad \text{mit} \quad q := p - 1 \,.$$

Also exakt

$$x - y = p^{-t} \tag{7.18}$$

und in t-stelliger Arithmetik

$$x = 0.10\ldots 0p^1 \,, \quad y = 0.0q\ldots qp^1 \,,$$
$$x -^* y = 0.0\ldots 1p^1 = p^{-t+1} \,.$$

Also ist der absolute Fehler $\left| p^{-t} - p^{-t+1} \right| = p^{-t}(p - 1)$, und der relative Fehler ist $p - 1$ und

$$x - y = 0.10\ldots 0p^{-t+1} \,, \quad x -^* y = 1.0\ldots 0p^{-t+1} \,.$$

Anstelle von (7.17) gilt also nur

$$x -^* y = x(1 + \alpha) - y(1 - \beta) \qquad \text{mit} \ \alpha, \beta \in \mathbb{R}, |\alpha|, |\beta| \leq \tau \,.$$

Ein Kompromiss besteht darin, die Subtraktion in einer $t + 1$-stelligen Arithmetik durchzuführen. Diese zusätzliche Stelle heißt auch *guard digit*.

Dann gilt noch folgender Satz:

Satz 7.16

Seien $x, y \in \mathbb{F}(p, t, N_-, N_+)$, $x, y \geq 0$, wobei $x -^* y$ in $t + 1$-stelliger Arithmetik berechnet wird. Erfüllen die Exponenten $N(x - y) \leq \min(N(x), N(y))$, dann gilt, wenn nicht Unter- oder Überlauf eintritt und Runden die nächstgelegene Maschinenzahl erzeugt:

$$x -^* y = x - y \,.$$

Beweis: Notwendigerweise gilt $|N(x) - N(y)| \leq 1$. Wenn $N(x) = N(y)$, dann ist die Exaktheit klar, also sei o. B. d. A. $x, y > 0$, $N(x) = 1$, $N(y) = 0$,

$$p^{-1} \leq y < 1 \leq x < p,$$

also

$$x = 0.x_1 \ldots x_t \, p^1, \quad y = 0.y_1 \ldots y_t \, p^0$$

und damit exakt

$$x - y = 0.z_1 \ldots z_{t+1} \, p^1.$$

Nach Voraussetzung ist $N(x - y) \leq 0$, also $z_1 = 0$, und damit ergibt die Berechnung von $x -^* y$:

$$x = 0.x_1 \ldots x_t 0 \, p^1, \quad y = 0.0y_1 \ldots y_t \, p^1.$$

Damit ist $x - y$ in $t + 1$-stelliger Arithmetik

$$= 0. \underbrace{z_1}_{=0} \ldots z_{t+1} \, p^1,$$

$$= 0.z_2 \ldots z_t \, p^0,$$

sodass das Runden keine Fehler erzeugt. Der Fall $N(y) = 2$ ist völlig analog behandelbar. □

Also schon ein zusätzliches Zeichen in der erweiterten Mantisse des „Rechenregisters" erlaubt die exakte Berechnung der Differenz ungefähr gleich großer Maschinenzahlen. Damit ist das Problem der Auslöschung nicht beseitigt: Die in einem algorithmischen Teilschritt zu verarbeitenden Daten sind i. Allg. fehlerbehaftet: wil Eingangsdaten nur fehlerbehaftet in $\mathbb{F}$ darstellbar sind und weil jeder der (sehr vielen) vorigen Rechenschritte zu Rundungsfehlern geführt hat. Wesentlich ist also die *Stabilität* eines Verfahrens, was bedeutet, dass Fehler in den Eingangsdaten etwa zu Fehlern gleicher Größenordnung im Ergebnis führen. Werden dagegen Fehler verstärkt, so gehen signifikante Stellen verloren, im Extremfall alle.

Beispiel 7.17 $p = 10$, $t = 3$, $2t$-stellige Arithmetik:

1) $x = 0.433_{10}2$, $y = 0.745_{10}0$

$$\begin{array}{l} 0.433000_{10}2 \\ + \, 0.007450_{10}2 \\ = 0.440450_{10}2, \quad \text{also} \quad x +^* y = 0.440_{10}2. \end{array}$$

2) $x = 0.100_{10}1$, $y = -0.998_{10}0$

$$0.100000_{10}1$$
$$- \ 0.099800_{10}1$$
$$= 0.000200_{10}1 = 0.200000_{10} - 2, \quad \text{also} \quad x +^* y = 0.200_{10} - 2 = x + y,$$

d. h. nur Normalisierung, keine Rundung. Aber: Vorhandene Fehler (z. B. erzeugt durch vorherige Rundung) können *verstärkt fortgepflanzt* werden:

$$x = \mathrm{Rd}_t(\tilde{x}), \quad \text{wobei } \tilde{x} = 0.9995, \text{ d. h. rel. Fehler: } \approx 0.05\%$$
$$\left(|x - \tilde{x}| \, / \, |\tilde{x}| = 5.02 \ 10^{-4} \right),$$
$$y = \mathrm{Rd}_t(-\tilde{y}), \text{ wobei } \tilde{y} = 0.9984, \text{ d. h. rel. Fehler: } \approx 0.04\%.$$

Dagegen:

$$|(x + y) - (\tilde{x} + \tilde{y})| \, / \, |\tilde{x} + \tilde{y}| = \left| 0.2 \ 10^{-2} - 0.11 \ 10^{-2} \right| / 0.11 \ 10^{-2} = 0.\overline{81},$$

d. h., der relative Fehler beträgt 82 %!   o

Der Grund liegt also darin, dass korrekte Stellen sich aufheben und fehlerbehaftete bei Betrachtung des relativen Fehlers „nach vorn wandern".

Auslöschung kann die Ursache für instabile Algorithmen sein.

Beispiele 7.18 1) Auslöschung ist der Grund, warum das ARCHIMEDES-Verfahren in der Form ② nur acht signifikante Stellen maximal erreicht und dann wieder auf vier zurückfällt: (Was man ohne Kenntnis einer guten Approximation nicht wissen kann; d. h., die Rechnung ist nutzlos.) anstelle 15 wie bei der Form ③ (oder ①). Berechnet man die Wurzel nur mit geringer Genauigkeit (nur fünf signifikante Stellen), dann explodiert die Lösung sogar und alle signifikanten Stellen gehen verloren (siehe Aufgabe 5.24).

2) Ein sehr einfaches Beispiel mit Auslöschungsgefahr ist das Nullstellenproblem (7.12) f. Wenn $|4ac|$ klein ist und $b > 0$, ist in x_1 Auslöschung zu erwarten, während bei x_2 keine Fehlerverstärkung zu erwarten ist. Wegen

$$ax_1 x_2 = c$$

empfiehlt es sich, nach Berechnung von x_2 die Nullstelle x_1 als

$$x_1 = \frac{c}{ax_2} = \frac{2c}{-b - (b^2 - 4ac)^{\frac{1}{2}}}$$

auszuwerten.

Analog gilt für die Darstellung der komplexen zweiten Wurzel in Beispiel 6.6: Ist $x > 0$ und $|x| \gg |y|$, so droht in der Formel für v Auslöschung.

Dies kann vermieden werden durch Beachtung von

$$uv = \mathrm{sgn}\, y \left(r^2 - x^2 \right)^{1/2} / 2 = y/2,$$

sodass v auch berechnet werden kann mittels $v = y/(2u)$. Analog setzt man bei $x < 0$ $u = y/(2v)$. Analoge Situationen gibt es auch bei den CARDANischen Formeln (6.4 ff.) für Nullstellen von Polynomen 3. Grades (Übung).

3) Für die Auswertung der Varianz s bei gegebenem Mittelwert $\bar{x} := \frac{1}{n} \sum_{i=1}^{n} x_i$ für $x = (x_1, \ldots, x_n)$ gibt es die beiden Möglichkeiten

$$f(x) = s^2 = \frac{1}{n-1} \sum_{i=1}^{n} (x_i - \bar{x})^2 = \frac{1}{n-1} \left(\sum_{i=1}^{n} x_i^2 - n\bar{x}^2 \right),$$

denn

$$\sum_i (x_i - \bar{x})^2 = \sum_i (x_i^2 - 2x_i\bar{x} + \bar{x}^2) = \sum_i x_i^2 - 2n\bar{x}^2 + n\bar{x}^2.$$

Bei allen Subtraktionen ist Auslöschung zu erwarten. Daher ist die erste Form trotz der n Subtraktionen gegenüber einer bei der zweiten Form stabiler, da diese am Anfang des Algorithmus liegen, und daher noch nicht so viele fortgepflanzte Fehler vorliegen und durch die Auslöschung verstärkt werden können. ∘

Bei allen obigen Beispielen mit Auslöschung war zwar das Verfahren instabil, nicht aber das Problem selbst (im gleichen Sinne wie oben), sodass durch Umformulierungen, die in $\mathbb{R}$ äquivalent sind, stabile Versionen der Algorithmen gefunden werden konnten. Beim abschließenden Beispiel geht es um ein schwerwiegenderes Problem.

Beispiel 7.19 Es geht um die in (7.11) beschriebene Approximation einer Ableitung φ' durch eine Folge von Differenzenquotienten. Das Fehlerverhalten lässt sich folgendermaßen erklären: Bei exakter Arithmetik und exakter Auswertung von φ gäbe es nur den *Approximationsfehler* $y_h - \varphi'(1)$, für den aus (5.67) folgend gilt

$$|y_h - \varphi'(1)| \le C_1 h$$

mit einer Konstanten $C_1 > 0$, sodass für $h \to 0$ bzw. $n \to \infty$ entsprechend Konvergenz vorliegt.

Alle Operationen in y_h (Subtraktion, φ-Auswertung) werden bestenfalls mit einem relativen Fehler der Größenordnung τ ausgewertet, d. h., statt y_h wird y_h^* berechnet, wobei

$$y_h^* = \frac{1}{h} \left(\varphi^*(x + h) -^* \varphi^*(x) \right),$$

also liegt zusätzlich Fehlerverstärkung in Form von

$$|y_h - y_h^*| \le \frac{1}{h} C_2 \tau$$

mit einer Konstanten $C_2 > 0$ vor. Um den Approximationsfehler klein zu machen, sollte man h klein machen; um die Fehlerverstärkung zu beschränken, sollte h eher groß sein. Die beste Abschätzung erhält man, wenn man beide Fehlerterme in die gleiche Größenordnung bringt durch den Ansatz

$$C_1 h = \frac{1}{h} C_2 \tau \quad \text{bzw.} \quad h_{\text{opt}} = \left(\frac{C_2}{C_1}\right)^{1/2} \tau^{1/2}$$

$$\text{und} \quad \left|y_h^* - \varphi'(1)\right| \le C\tau^{1/2}.$$

Damit liegt ein optimales h vor, und tatsächlich wird für $h = 2^{-27} \approx 7.5 \cdot 10^{-9} \approx \tau^{1/2}$ die beste Näherung erreicht. Diese hat ca. acht signifikante Stellen, als bestmögliches Ergebnis. ○

In Beispiel 7.18, 3) haben wir schon Überlegungen angestellt, die die Abfolge von Operatoren betreffen. Dies kann auch ohne die Gefahr von Auslöschung von Bedeutung sein: Wenn (positive) Zahlen sehr unterschiedlicher Größenordnung addiert werden sollen, empfiehlt es sich, erst mit den kleinen Werten zu beginnen. Der relative Fehler wird immer in der gleichen Größenordnung erwartet, daher sind die absoluten Fehler bei kleinen Werten klein und deren Fortpflanzung nicht so problematisch.

Beispiel 7.20 Wir versuchen, π anzunähern über

$$\frac{\pi^2}{6} = \sum_{k=1}^{\infty} \frac{1}{k^2}$$

nach L. EULER, d. h., wir berechnen die Partialsummen $S_n = \sum_{k=1}^{n} \frac{1}{k^2}$. Mit einfacher Genauigkeit ergibt sich für $n = 10^6$ bei Summationsreihenfolge $1, 2, \ldots$

$$S_n = 1.64472532, \quad \text{d. h.} \quad \text{vier signifikante Stellen,}$$

und bei Summationsreihenfolge $n, n - 1, \ldots$ erhalten wir

$$S_n = 1.64493299, \quad \text{d. h.} \quad \text{sechs signifikante Stellen.}$$

Erst bei Verwendung von doppelter Genauigkeit ergibt sich

$$S_n = 1.6449330668487701 \quad \text{bzw.} \quad S_n = 1.6449330668487263$$

und somit sechs signifikante Stellen bei beiden Summationsreihenfolgen.

Noch kritischer ist es bei einer divergenten Reihe wie der harmonischen Reihe (siehe „Am Rande bemerkt" zu Abschnitt 4.3), d. h. $S_n = \sum_{k=1}^{n} \frac{1}{k}$.

Es ist nicht möglich, einen beliebig hohen Wert für S_n numerisch zu berechnen, die Folge der Partialsummen bleibt bei Summationsreihenfolge $1, 2, \ldots$ (vorwärts) und Rechnung in einfach genauer Gleitkommadarstellung bei $n = 2^{21}$ stehen, d. h., trotz Addition weiterer Summanden ändert sich der Wert der Partialsummen nicht mehr. Grund dafür ist der Zahlabstand zwischen aufeinanderfolgenden Gleitkommazahlen und das dadurch nötige Runden bei der Berechnung der nächsten Partialsumme als $S_n = S_{n-1} + \frac{1}{n}$. Die Folge der Partialsummen S_n wächst sehr langsam, wie aus „Am Rande bemerkt" zu Abschnitt 4.3 ersichtlich wie $\ln n$, sodass $S_n \approx 14.4 \in [2^3, 2^4)$ für $n = 2^{20}$. Der Zahlabstand beträgt in diesem Bereich nach (7.9)

$$\epsilon_m 2^3 = 2^{-23} \cdot 2^3 = 2^{-20} \qquad \text{und es gilt} \qquad \frac{1}{n+1}, \frac{1}{n+2}, \cdots < 2^{-20},$$

d. h., alle weiteren Summanden sind kleiner als dieser Zahlabstand. Nach jeder Addition wird daher zur nächsten Gleitkommazahl auf- oder abgerundet, wodurch die Folge der Partialsummen noch so lange anwächst, wie die Summanden größer oder gleich dem halben Zahlabstand $\frac{1}{2} \cdot 2^{-20} = 2^{-21}$ sind. Durch die ständigen Rundungsfehler durch Aufrunden wächst das Ergebnis in diesem Bereich sogar zu schnell, bis die Rechnung bei $S_n \approx 15.4037$ für $n > 2^{21}$ stehen bleibt (siehe Tabelle 7.2).

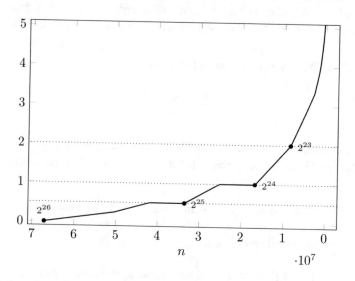

Abb. 7.2 Anwachsen der Partialsummen bei numerischer Berechnung der harmonischen Reihe in einfacher Rechengenauigkeit mit Summationsreihenfolge rückwärts, beginnend bei $n = 2^{26} \approx 6{,}7 \cdot 10^7$

Wenn man die harmonische Reihe rückwärts berechnet, d. h. Summationsreihenfolge $n, n-1, \ldots$, sind gleich mehrere Effekte zu beobachten: Beginnt man die Summation in einfacher Rechengenauigkeit bei $n = 2^{26}$, so beträgt der Zahlabstand im Intervall $[2^{25}, 2^{26})$

$$\epsilon_m 2^{25} = 2^{-23} \cdot 2^{25} = 2^2 > 1.$$

Damit kann bereits der Nenner vor der Berechnung von $\frac{1}{k}$ schon nicht mehr exakt dargestellt werden, sondern aufeinanderfolgende Summanden werden auf dieselbe Zahl auf- oder abgerundet. Die ersten Summanden werden daher zu

n Summationsreihenfolge	Einfache Genauigkeit vorwärts	rückwärts	Doppelte Genauigkeit vorwärts	rückwärts
$2^0 =$ 1	1.00000	1.00000	1.000000000000000	1.000000000000000
$2^5 =$ 32	4.05850	4.05850	4.058495195436520	4.058495195436521
$2^{10} =$ 1024	7.50918	7.50918	7.509175672278132	7.509175672278128
$2^{15} =$ 32768	10.9744	10.9744	10.974438632012168	10.974438632012188
$2^{20} \approx$ $1.0 \cdot 10^6$	14.4037	14.4402	14.440159752936799	14.440159752937566
$2^{25} \approx$ $3.3 \cdot 10^7$	15.4037	17.8276	17.905895193797940	17.905895193801940
$2^{30} \approx$ $1.1 \cdot 10^9$	15.4037	18.8079	21.371631082166218	21.371631082163400
$2^{35} \approx$ $3.4 \cdot 10^{10}$	15.4037	18.8079	24.837366983895240	24.837366984510922
$2^{40} \approx$ $1.1 \cdot 10^{12}$	.	.	28.303102251520777	28.303102887131971
$2^{45} \approx$ $3.5 \cdot 10^{13}$	.	.	31.768189514201719	31.768838335374983
$2^{50} \approx$ $1.1 \cdot 10^{15}$	.	.	35.232317110878981	35.234574238170907
$2^{55} \approx$ $3.6 \cdot 10^{16}$			$\ldots$	$\ldots$[9]

Tabelle 7.2 Numerische Konvergenz der harmonischen Reihe $S_n = \sum_{k=1}^{n} \frac{1}{k}$

$$\frac{1}{2^{26}} + \frac{1}{2^{26}} + \frac{1}{2^{26}} + \frac{1}{2^{26} - 4} + \frac{1}{2^{26} - 4} + \frac{1}{2^{26} - 4} + \ldots$$

anstatt

$$\frac{1}{2^{26}} + \frac{1}{2^{26} - 1} + \frac{1}{2^{26} - 2} + \frac{1}{2^{26} - 3} + \frac{1}{2^{26} - 4} + \frac{1}{2^{26} - 5} + \ldots$$

Die numerische Berechnung der Summanden ist also nicht nur durch die Divison fehlerbehaftet, sondern bereits durch die Repräsentation der Operanden vor der Durchführung der Division. So wächst die Summe wie in Abbildung 7.2 dargestellt an, bis sie den Wert $\frac{1}{2}$ erreicht hat. Der Zahlabstand beträgt hier

$$\epsilon_m 2^{-1} = 2^{-23} \cdot 2^{-1} = 2^{-24}.$$

Die in jedem weiteren Schritt hinzukommenden Summanden sind an diesem Punkt der Berechnung allerdings noch kleiner als 2^{-25}, und somit bleibt die Folge der Partialsummen S_n vorläufig konstant auf dem Wert $\frac{1}{2}$ stehen. Erst ab $k = 2^{25}$ ist der Wert des enstprechenden Folgenglieds mit 2^{-25} wieder größer oder gleich dem halben Zahlabstand, und das Ergebnis wächst durch Aufrunden nach der Addition weiter bis zu einem Wert von 1. Dies verdoppelt den Zahlabstand auf 2^{-23}. Deshalb bleibt die Folge der Partialsummen S_n erneut konstant, bis die Summanden ab $k = 2^{24}$ wieder größer oder gleich dem halben Zahlabstand sind. Erst ab $k = 2^{23}$ stellt sich schließlich das erwartete exponentielle Anwachsen der Summe ein.

---

[9] Zum Zeitpunkt der Drucklegung war die Rechnung noch nicht abgeschlossen. Um die Dauer in etwa abzuschätzen, sei folgende Überschlagsrechnung zu betrachten: Für jeden Summanden der harmonischen Reihe muss eine Division sowie Addition ausgeführt werden. Unter der Annahme, dass jede dieser Operationen nur einen Taktzyklus benötigt (was für die Division in der Regel nicht ausreicht), beträgt die Rechenzeit für $n = 2^{55} \approx 3.6 \cdot 10^{16}$ auf einem aktuellen Prozessor mit einer Taktfrequenz von 3.6 GHz mindestens $3.6 \cdot 10^{16} \cdot 2 \, / \, 3.6 \cdot 10^9 \frac{1}{s} = 2 \cdot 10^7 s \approx 231.5$ Tage.

Somit kann auch mit einem größeren $n \in \mathbb{N}$ (z. B. 2^{27} oder 2^{30}) kein beliebig großer Wert für die harmonische Reihe numerisch berechnet werden. Es stellen sich lediglich weitere Plateaus bei kleineren Zweierpotenzen (2^{-2}, 2^{-3} usw.) ein, die Folge der Partialsummen S_n bleibt aber immer vorübergehend konstant bei diesen Werten, bis die Summanden wieder groß genug sind. Numerisch konvergiert die harmonische Reihe somit, was natürlich falsch ist. Verwendet man die doppelt genaue Zahldarstellung so reduzieren sich die Zahlabstände, und die Folge der Partialsummen S_n kann wesentlich weiter anwachsen, jedoch auch nicht beliebig. Die Experimente in Tabelle 7.2 illustrieren dieses Phänomen.   o

Man muss also zwischen der Stabilität eines Problems und der eines Verfahrens unterscheiden. Dazu wird das zu lösende Problem als die Auswertung einer Abbildung

$$f : D \subset \mathbb{R} \to \mathbb{R}$$

formalisiert.[10] Die Formalisierung des Näherungsverfahrens ist dann

$$\tilde{f} : D \subset \mathbb{R} \to \mathbb{R} ,$$

wobei $\tilde{f}$ i. Allg. aus der Komposition von (vielen) Elementaroperationen besteht.

Stabilität kann i. Allg. nur lokal betrachtet werden, d. h. an einer Stelle $x \in D$ und für Abweichungen $\tilde{x}$ der Größe maximal δ.

Das betrachtete Problem ist also tatsächlich durch (f, x, δ) gegeben. Man kann absolute oder relative Fehler betrachten: Wir beschränken uns auf die letzteren. Dann gilt folgende Definition:

Definition 7.21

Die *relative Kondition* eines Problems (f, x, δ) ist die kleinste Zahl κ_{rel}, für die

$$\frac{|f(\tilde{x}) - f(x)|}{|f(x)|} \le \kappa_{\mathrm{rel}} \frac{|\tilde{x} - x|}{|x|} \quad \text{gilt, wobei } |\tilde{x} - x| / |x| \le \delta .$$

Die Abweichung $\tilde{x}$ ist unvermeidlich durch fehlerhafte Eingabedaten (Messfehler, Rundungsfehler, …), d. h., κ_{rel} misst, inwieweit der Fehler verstärkt wird.

Findet im Wesentlichen keine Verstärkung statt, d. h., ist $\kappa_{\mathrm{rel}} \approx 1$, dann heißt das Problem *gut konditioniert*. Wir beschränken uns im Folgenden auf *gut konditionierte* Probleme und schließen also Beispiel 7.19 aus.

Für die Addition, d. h. $f(x) := x + y$ folgt

$$\kappa_{\mathrm{rel}} = \frac{|x|}{|x + y|} ,$$

---

[10] Die Annahme, dass Eingabedaten und Ergebnis nur eine Zahl sind, ist sehr einschränkend und der Verwendung von Schulanalysis geschuldet. Tatsächlich kann beides allgemeiner sein, z. B. ein Vektor von Zahlen oder eine Funktion.

woran man nochmal die immer schlechter werdende Kondition für $x \approx -y$, d. h. im Auslöschungsfall, sieht.

Bei Anwendung eines Näherungsverfahrens $\tilde{f}$ kommt noch der *Verfahrensfehler* $\left|\tilde{f}(x) - f(x)\right|$ dazu. Da aber das Datum nicht x, sondern $\tilde{x}$ „in der Nähe" ist, muss der Verfahrensfehler gleichmäßig für solche $\tilde{x}$ betrachtet werden. *Vorwärtsstabilität* bedeutet dann gemäß folgender Definition:

Definition 7.22

Sei $\tilde{f}$ ein Verfahren für das Problem (f, x, δ). Der *Stabilitätsindikator* (der *Vorwärtsanalyse*) ist die kleinste Zahl $\sigma_V \geq 0$, sodass für $\tilde{x}$ mit $|\tilde{x} - x| / |x| \leq \delta$ gilt:

$$\frac{\left|\tilde{f}(\tilde{x}) - f(\tilde{x})\right|}{|f(\tilde{x})|} \leq \sigma_V \kappa_{\text{rel}} \delta .$$

Ein Verfahrens heißt *stabil*, falls $\sigma_V \kappa_{\text{rel}}$ kleiner als die Anzahl der durchgeführten Elementarschritte ist.

Für den Gesamtfehler gilt also:

$$\frac{\left|\tilde{f}(\tilde{x}) - f(x)\right|}{|f(x)|} \leq \left(\frac{|f(x)|}{|f(\tilde{x})|} \sigma_V + 1\right) \kappa_{\text{rel}} \delta .$$

Der Stabilitätsindikator kann über

$$\left|\tilde{f}(\tilde{x}) - f(\tilde{x})\right| \leq \left|\tilde{f}(\tilde{x}) - \tilde{f}(x)\right| + \left|\tilde{f}(x) - f(x)\right| + |f(x) - f(\tilde{x})|$$

abgeschätzt werden, da der zweite Summand als Verfahrensfehler und der dritte wegen der guten Kondition des Problems klein ist. Zerlegt man $\tilde{f}$ für den ersten Summanden in seine Elementaroperationen, so muss man die dadurch entstehende Fehlerfortpflanzung kontrollieren.

Die Gleitkommarealisierung $\square^*$ der Elementaroperationen $\square \in \{+, -, \cdot, /\}$ sind stabil, denn nach Satz 7.8 und (7.16) ist $x\square^* y = x\square y(1 + \epsilon)$ mit $|\epsilon| \leq \tau$ und damit

$$\frac{|x\square^* y - x\square y|}{|x\square y|} = \epsilon ,$$

in Übereinstimmung mit der obigen Beobachtung, dass Auslöschung nicht durch neue (Rundungs-)Fehler entsteht, sondern durch verstärkte Fortpflanzung alter Fehler.

Der Ansatz der *Rückwärtsanalyse* besteht darin, die Verfahrensfehler als eine (weitere) Störung der Eingangsdaten zu interpretieren, d. h. zu $\tilde{y} = \tilde{f}(\tilde{x})$ ein $\hat{x}$ zu finden, sodass

$$f(\hat{x}) = \tilde{y} = \tilde{f}(\tilde{x}) . \tag{7.19}$$

Im Allgemeinen ist nicht klar, ob dies möglich ist, nur unter dieser Voraussetzung kann von *Rückwärtsstabilität* gesprochen werden.

Definition 7.23

Sei $\tilde{f}$ ein Verfahren für das Problem (f, x, δ). Der *Stabilitätsindikator* (der *Rückwärtsanalyse*) ist die kleinste Zahl $\sigma_R \geq 0$, für die für alle $\tilde{x}$ mit $|\tilde{x} - x| / |x| \leq \delta$ ein $\hat{x}$ nach (7.19) existiert mit

$$\frac{|\hat{x} - \tilde{x}|}{|\tilde{x}|} \leq \sigma_R \delta .$$

Das Verfahren heißt *stabil*, falls $\sigma_R \approx 1$ ist.

Man beachte, dass die Rückwärtsanalyse selbst keine Aussage über $\left| \tilde{f}(\tilde{x}) - f(x) \right|$ macht: Dies braucht die gute Kondition des Problems, genauer:

Lemma 7.24

Die Abbildung f sei stetig, $\tilde{f}$ ein rückwärtsstabiles Verfahren für ein Problem $(f, x, \tilde{\delta})$, wobei $\tilde{\delta} := (1 + 2\sigma_R)\delta$. Dann gibt es ein $\overline{\delta} > 0$, sodass für $0 < \delta \leq \overline{\delta} \leq 1$ das Verfahren auch vorwärtsstabil ist, und es gilt für $|\tilde{x} - x| / |x| \leq \delta$

$$\frac{\left| \tilde{f}(\tilde{x}) - f(x) \right|}{|f(x)|} \leq (2\sigma_R + 1)\kappa_{\text{rel}} .$$

Beweis: Sei $\hat{x}$ nach (7.19) gewählt.

$$\frac{\left| \tilde{f}(\tilde{x}) - f(\tilde{x}) \right|}{|f(\tilde{x})|} \leq \alpha \left(\frac{|f(\hat{x}) - f(x)|}{|f(x)|} + \frac{|f(x) - f(\tilde{x})|}{|f(x)|} + \right) , \quad \text{wobei } \alpha := \frac{|f(x)|}{|f(\tilde{x})|}$$

$$\leq \alpha \left(\frac{|\hat{x} - x|}{|x|} + \frac{|x - \tilde{x}|}{x} \right) \kappa_{\text{rel}} ,$$

$$\text{da} \quad \frac{|\hat{x} - x|}{|x|} \leq \frac{|\tilde{x}|}{|x|} \frac{|\hat{x} - \tilde{x}|}{|\tilde{x}|} + \frac{|\tilde{x} - x|}{|x|} \leq 2\sigma_R \delta + \delta$$

$$\text{und wegen} \quad |\tilde{x}| \leq |\tilde{x} - x| + |x| \leq \delta |x| + |x| \leq 2 |x| ,$$

und somit kann die erste Abschätzung fortgesetzt werden mit:

$$\leq \alpha(2\sigma_R + 2)\kappa_{\text{rel}}\delta .$$

Wegen der Stetigkeit von f kann $\overline{\delta}$ so klein gewählt werden, dass $\alpha \leq 2$. Weiter mit den obigen Abschätzungen für $\delta \leq 1$:

$$\frac{\left|\tilde{f}(\tilde{x}) - f(x)\right|}{|f(x)|} = \frac{|f(\hat{x}) - f(x)|}{|f(x)|} \leq (2\sigma_R + 1)\kappa_{\text{rel}} \ . \qquad \qquad \square$$

Beispiel 7.25 Wie oben besprochen, betrachten wir die Addition von n Maschinenzahlen $x_1, \ldots, x_n$ in der Reihenfolge $1, \ldots, n$, also

$$f(x_1, \ldots, x_n) = \sum_{i=1}^{n} x_i, \, ^{11}$$

$$\tilde{f}(x_1, \ldots, x_n) = (x_1 +^* x_2) +^* x_3 +^* \ldots +^* x_n \ .$$

Nach (7.16) ist

$$\tilde{f}(x_1, \ldots, x_n) = (\ldots((x_1 + x_2)(1 + \epsilon_2) + x_3)(1 + \epsilon_3) \ldots + x_n)(1 + \epsilon_n) \ ,$$

wobei $|\epsilon_i| \leq \tau$, $i = 2, \ldots, n$. Ausmultiplizieren ergibt

$$\tilde{f}(x_1, \ldots, x_n) = \sum_{i=1}^{n} \hat{x}_i = f(\hat{x}_1, \ldots, \hat{x}_n) \ , \quad \text{wobei } \hat{x}_i = x_i(1 + \alpha_i) \ , \ i = 1, \ldots, n \ .$$

Für $n = 3$ ist

$$1 + \alpha_2 = 1 + \epsilon_2 + \epsilon_3 + \epsilon_2\epsilon_3 = 1 + \sum_{i=2}^{n} \epsilon_i + \sum_{\substack{i,j=2 \\ i<j}}^{n} \epsilon_i\epsilon_j \ ,$$

$$1 + \alpha_3 = 1 + \epsilon_3$$

und in jedem weiteren Schritt $(n \to n + 1)$ ist das neue $(1 + \tilde{\alpha}_k)$:

$$(1 + \tilde{\alpha}_k) = (1 + \alpha_k)(1 + \epsilon_{n+1}) \ ,$$

d. h. $\tilde{\alpha}_k = \alpha_k + \alpha_k\epsilon_{n+1} + \epsilon_{n+1}$. Der Hauptanteil ist also

$$\sum_{i=k}^{n} \epsilon_i \ ,$$

d. h. von der Größenordnung $(n - k + 1)\tau$ und Terme „höherer Ordnung" wie

$$\sum_{\substack{i,j=k \\ i<j}}^{n} \epsilon_i\epsilon_j \ ,$$

---

[11] Das Beispiel fällt also genau genommen aus dem eng begrenzten Rahmen hier.

die höchstens von der Größenordnung $\tau^2 \ll \tau$ sind. Damit ist die Addition rück-wärtsstabil. Da die Fehlerverstärkung mit wachsenden k abnimmt, ist es, wie schon festgestellt, vorteilhaft, mit den betragskleinsten Termen zu beginnen.

Der im Anhang L dargestellte CORDIC-Ansatz konstruiert gerade rückwärtsstabile Verfahren. Es ist bei solchen Anwendungen also darauf zu achten, dass die betref-fenden Funktionsauswertungen gut konditioniert sind.

o

Am Rande bemerkt: Der Goldkäfer – Schatzsuche, Kryptographie und Fehlerverstärkung – eine Kurzgeschichte von Edgar Allan Poe[12]

In der 1843 veröffentlichten Kurzgeschichte[13] spielen zwei mathematische Proble-me eine entscheidende Rolle, das erste sehr prominent mit präzisen Erklärungen, das zweite versteckt mit einer kleinen Ungenauigkeit des Autors. Es handelt sich um die Geschichte einer Schatzsuche, wonach der Protagonist William Legrand zu-fällig ein Pergament mit Geheimschrift findet, dies erkennt und die Schrift sichtbar machen kann.

53‡‡†305))6*;4826)4‡.)4‡);806*;48†8¶60))85;1‡,:‡*8†83(88)
5*†;46(;88*96*?;8)*‡(;485);5*†2:*‡(;4956*2(5*−4)8¶8*;4069
285);)6†8)4‡‡;1(‡9;48081;8:8‡1;48†85;4)485†528806*81(‡9;4
8;(88;4(‡?34;48)4‡;161;:188;‡?;

Abb. 7.3 Der chiffrierte Lageplan in The Gold-Bug

Legrand vermutet, dass der Text in Englisch geschrieben ist, und zwar mit einer einfachen *monoalphabetischen Substitution*, bei der (unter Weglassung von Leer-zeichen und Interpunktion) jeder Buchstabe durch einen des neuen Zeichensat-zes ersetzt wird. Auf den ersten Blick sieht so ein Code „unknackbar" aus, da ja $26! \approx 4 \cdot 10^{26}$ Zuordnungsmöglichkeiten existieren (siehe „Am Rande bemerkt" zu Abschnitt 2.1). Da es sich aber nicht um eine beliebige Buchstabenfolge handelt, sondern um einen Sprachtext mit seinen syntaktischen und semantischen Restrik-tionen, können allein mit den Häufigkeitsverteilungen der Buchstaben in englischen Texten erste Zuordnungen gefunden werden. Legrand/Poe benutzt eine Häufigkeit-stabelle, die anfängt mit

$$e, a, o, i, d, h, n, r, \ldots,$$

und so ergibt sich die erste Zuordnung 8 $\mapsto$ e, was durch fünffaches doppeltes Auftreten (in Wörtern wie *feet*) unterstützt wird. Auf dieser Basis können häufige Wörter wie *the* gesucht werden, d. h. eine Dreierkette mit 8 am Ende, die auch

---

[12] Edgar Allan POE * 19. Januar 1809 in Boston, Massachusetts, USA † 7. Oktober 1849 in Baltimore, Maryland

[13] E. A. POE (1843). *The Gold-Bug*. Philadelphia Dollar Newspaper.
z. B. in https://en.wikisource.org/wiki/Tales_(Poe)/The_Gold-Bug

sechsmal auftritt und zur Zuordnung ; $\mapsto$ t und 4 $\mapsto$ h führt. Durch die Identifikation eines Worts sind aber auch Anfang und Ende noch unbekannter Wörter entdeckt. So wird schließlich der ganze Text entschlüsselt, der sich mit Interpunktion ergibt als:

"A good glass in the bishop's hostel in the devil's seat forty-one degrees and thirteen minutes northeast and by north main branch seventh limb east side shoot from the left eye of the death's-head a bee line from the tree through the shot fifty feet out."

Auch diesen Text kann Legrand interpretieren und findet den angesprochenen Baum. Er lässt seinen Diener hinaufsteigen, der dort tatsächlich an einem Ast einen Totenschädel angenagelt findet. Auf Anweisung lässt er wie im Text ein Lot durch das linke Auge des Schädels fallen, die Stelle am Boden wird markiert, dann eine Strecke von 50 ft Länge[14] durch diesen Punkt und den nächstgelegenen Baumstamm gezogen, dort ein Kreis mit Radius 2 ft ausgehoben – und zur maßlosen Enttäuschung aller nichts gefunden.

Schließlich wird doch noch klar, dass der Diener das linke mit dem rechten Auge verwechselt und dadurch eine fehlerhafte Abweichung von 2.5 inches verursacht hatte. Diese wird korrigiert, die Prozedur wiederholt, und der Schatz des Piratenkapitäns Kidd gefunden.

Es handelt sich hier um einen fast fatalen Fall von *Fehlerverstärkung*: Der Fehler von 2.5 inches $= 0.208\overline{3}$ ft muss auf mehr als 2 ft vergrößert worden sein, d. h. mit einem Verstärkungsfaktor von $V \approx 9.6$, sodass der Schatz nicht mehr im ersten Aushub erfasst wurde.[15] In den Worten der Kurzgeschichte:

Precisely. This mistake made a difference of about two inches and a half in the 'shot'–that is to say, in the position of the peg nearest the tree; and had the treasure been beneath the 'shot', the error would have been of little moment; but 'the shot', together with the nearest point of the tree, were merely two points of the establishment of a line of direction; of course the error, however trivial in the beginning, increased as we proceeded with the line, and by the time we had gone fifty feet, threw us quite off the scent.[16]

Wir wollen dies, soweit aus der Kurzgeschichte möglich, in Zahlen nachvollziehen.

Die Situation wird durch die Skizze in Abbildung 7.4 dargestellt, dabei ist f_e der Eingangs- und f_a der Ausgangsfehler, l die Länge der Strecke (hier 50 ft), l_1 der Abstand zum Baumstamm (nicht genannt). Da die genaue Positionierung des Schädels unbekannt ist, nehmen wir vereinfachend an, dass die Fehlerrichtung senkrecht zur ursprünglichen Strecke steht und analog für f_a (siehe Abbildung 7.4). Die Abbildung für den Fehler $f_e \mapsto f_a$ ist also

$$f_a = (l - l_1)\frac{f_e}{l_1} .$$

Für l_1 muss eine Annahme getroffen werden. Einerseits ist der Baum sehr ausla-

---

[14] Die US-Maßeinheit von 1 foot (ft) = 12 inch = 0.3048 m wird beibehalten.

[15] tatsächlich $V > 9.6$, da bei der sich einstellenden Erfolglosigkeit der Radius vergrößert wurde und auch die Schatztruhe eine Ausdehnung hat

[16] E. A. Poe (1843). *The Gold-Bug*. Philadelphia Dollar Newspaper. S. 35 f.

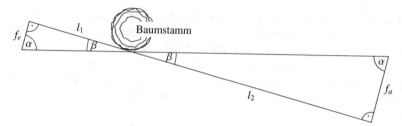

Abb. 7.4 Letzter Schritt der Schatzsuche

dend, andererseits ist der Ast auch morsch, was ein weiteres Hinaufklettern unmöglich macht, so erscheint $l_1 \in [5, 10]$ sinnvoll. Dies ergibt folgende Werte:

l_1	α (in Grad)	β (in Grad)	f_a	V
5	87.614	2.386	1.874	8.7
10	88.807	1.193	0.833	4.0

Wir sehen, dass es nicht ganz stimmt. Zwar findet eine Fehlerverstärkung statt, aber nicht so stark, dass die Schatzkiste nicht im ersten Anlauf gefunden worden wäre. Ein „Ausweg" wäre, l_1 (unrealistisch?) zu verkleinern:

1	78.232	11.768	10.208	49.0
2	84.053	5.947	5.000	24.0
3	86.028	3.972	3.264	15.7
4	87.019	2.981	2.396	11.5

Man hätte auch die Strecke etwas länger machen können, etwa $l = 55$ und bei $l_1 = 5$ schon $V = 10$ erhalten. Ein Verstärkungsfaktor von 10, d. h. der Verlust einer Stelle (absolut betrachtet), ist im technischen Rechnen unproblematisch, wo ernsthafte Probleme erst beim Verlust der Hälfte oder mehr Stellen auftreten (siehe Beispiel 7.19): Schatzsuche ist offensichtlich etwas sensibler ...

Aufgaben

Aufgabe 7.3 (L) Betrachtet werde das einfach genaue IEEE-Format. Sei $x \in \mathbb{F} := \mathbb{F}(2, 24, -125, 128)$ und x_{10} ihre Umwandlung in $\mathbb{F}(10, 8, -\infty, +\infty)$, d. h. in achtstellige Dezimalzahlen nach (7.5).

a) Es gibt $x \in \mathbb{F}$, für die gilt

$$(x_{10})_2 \neq x ,$$

wobei x_2 die Umwandlung in eine Binärzahl aus $\mathbb{F}$ bezeichnet.

b) Wird eine weitere Dezimalstelle hinzugenommen, gilt immer

$$(x_{10})_2 = x \quad \text{für alle } x \in \mathbb{F} .$$

Aufgabe 7.4 Entwickeln Sie für Gleitkommazahlen x, y eine Abfrage auf $x > y$, die nur Ziffernvergleiche benutzt.

Aufgabe 7.5 Betrachten Sie folgende PYTHON-Funktion:

```python
def test_eq(a, b):
    """Prueft fuer zwei Zahlen a und b, ob 3a = b gilt."""
    return 3 * a == b
```

Testen Sie das Verhalten mit den Argumenten $a = 1$, $b = 3$ sowie $a = 0.1$, $b = 0.3$. Welches Ergebnis erwarten Sie? Überlegen Sie sich ein besseres Kriterium für den Vergleich zweier Gleitkommazahlen.

Aufgabe 7.6 Formulieren Sie die folgenden Ausdrücke so um, dass Auslöschung verhindert wird:

a) $1 - \cos x$ für betragsmässig kleine x ($|x| \approx 10^{-8}$) ,
b) $\sqrt{x + 1} - \sqrt{x}$ für große x ($x \approx 10^{20}$).

Vergleichen Sie die Formulierungen in PYTHON.

Aufgabe 7.7 Überlegen Sie sich, für welches n die harmonische Reihe bei Additionsreihenfolge vorwärts unter Verwendung von doppelt genauer Gleitkommadarstellung stehen bleibt. Verifizieren Sie Ihr Ergebnis, indem Sie die Partialsumme S_{n-10} unter Verwendung der Approximation aus „Am Rande bemerkt" zu Abschnitt 4.3 als Startwert verwenden und die weiteren Folgenglieder addieren.

7.3 Langzahlarithmetik

Wie in Abschnitt 7.1 besprochen, erfüllen heute Computer i. Allg. die IEEE 754-Norm und haben damit bei doppelt langem Format ein Maschinenepsilon von $\epsilon_M = 2^{-52} \approx 2.22 \, 10^{-16}$, und der exakt darstellbare Bereich der ganzen Zahlen geht bis $2^{53} \approx 10^{16}$. Für fast alle Anwendungen in technisch-naturwissenschaftlichen Simulationen ist dies ausreichend. Für Probleme mit sehr starker Fehlerverstärkung (siehe Abschnitt 7.2) kann es notwendig sein, auf eine 128 bit- statt 64 bit-Arithmetik aufzubauen (*quadruple precision*). Dem gegenüber stehen einige Spezialanwendungen, für die dies nicht ausreicht. Eine ist symbolisches Rechnen in *Computeralgebrasystemen*, was auch exaktes Rechnen in $\mathbb{Z}$ weit über die obigen Grenzen hinaus bedeutet (z. B. bei Kryptographieverfahren, siehe auch Abschnitt 3.2: RSA-Verfahren). Eine in Abschnitt 5.4 aufgetretene Problemstellung ist die hochgenaue Berechnung mathematischer Konstanten bis zu 10^{13} Stellen. Solche Genauigkeitsanforderungen können offensichtlich nicht mehr hardwaremäßig realisiert werden. Man spricht von *Langzahlarithmetik* (*arbitrary-precision arithmetic*), wenn durch algorithmische Hilfsmittel mit Zahlen beliebiger Größe bzw. Genauigkeit, die entweder gesetzt oder automatisch angepasst wird, gerechnet werden kann, nur begrenzt durch den zur Verfügung stehenden Speicher. In Abschnitt 2.2 haben wir gesehen, dass die Schulmethode der Addition und Multiplikation diese auf solche Operationen für die Ziffern aus $\{0, \ldots, p-1\}$ reduzieren, unabhängig von der gewählten Basis p.

Andererseits können die Operationen auch rekursiv definiert werden, indem auf die gleichen Operationen bei halber Ziffernanzahl zurückgegriffen wird (siehe unten).

Daher bietet es sich an, ein sehr großes p zu wählen. Eine Begrenzung besteht nur darin, dass bei Ziffernmultiplikation und -addition kein Überlauf entsteht, d. h. bei IEEE 754 double sollte

$$p < 10^8$$

gelten. Man verwendet also ein Gleitkommaformat, und die Länge der Mantisse definiert wie in Abschnitt 7.2 die damit erreichbare relative Genauigkeit. So wird zum Beispiel im MATLAB-Paket *Mulprec*[17] die Zahldarstellung geschrieben als

$$\pm p^{x(1)} \sum_{j=2}^{k} x(j) p^{k-j} \tag{7.20}$$

$$\text{mit} \quad x(j) \in \{0, \ldots, p-1\}, \; x(2) \neq 0 \, .$$

Damit ist $x(1)$, der Exponent, begrenzt durch den Zahlbereich für ganze Zahlen und

$$x(2), \ldots, x(k)$$

die *Riesenziffern*, (*gits: giant digits*) in absteigender Wertigkeit (wie in normaler Zahldarstellung) notiert.

Die Länge k kann an die Genauigkeitsanforderungen angepasst werden, denn nach Satz 7.8 ist die relative Genauigkeit

$$\tau \leq 0.5 p^{-k+2} \, . \tag{7.21}$$

Die Speicherung einer Zahl erfolgt in einem Vektor $x = (x(1), \ldots, x(k))$ aus ganzen Zahlen.

Mulprec verwendet $p = 10^7$. Eine Approximation von π mit 70 Nachkommastellen kann daher mit $k = 12$ gespeichert werden

$$x(1) = -10 \, , \quad x(2) = 3 \, , \quad x(3) = 1415926 \, , \quad \ldots$$

und die erreichte Genauigkeit ist $\tau \leq 0.5 \cdot 10^{-70}$.

Bei sehr großen Zahlen bzw. Genauigkeiten werden die Grundoperationen zum Engpass. In Abschnitt 2.2 sind die Schulmethoden untersucht worden. Während bei Addition „wenig" Verbesserungsspielraum ist, sieht das bei der Multiplikation anders aus:

---

[17] G. Dahlquist, A. Björck (2008). *Numerical Methods in Scientific Computing: Volume I*. SIAM.

Die in Abschnitt 2.2 untersuchte Schulmethode der Multiplikation hat eine Komplexität von $O(k^2)$ Grundoperationen, wobei k die Zifferanzahl angibt. Ein Versuch, dies zu verbessern, könnte darin bestehen, rekursiv auf die Multiplikation von Zahlen der Länge $k/2$ zurückzugreifen. Dazu muss $k = 2^l$, $l \in \mathbb{N}$, gelten, was immer durch Auffüllen mit Nullen von links erfüllt werden kann. Sei also $k = 2^{l+1}$, $k' = 2^l$, $q, r, s, t \in \mathbb{N}$, k'-stellig, also

$$a = qp^{k'} + r , \quad b = sp^{k'} + t , \tag{7.22}$$

sind allgemeine $2k' = k$-stellige Zahlen aus $\mathbb{N}$, dann

$$a \cdot b = (qp^{k'} + r)(sp^{k'} + t) = qs\,p^{2k'} + (qt + sr)p^{k'} + rt . \tag{7.23}$$

Bezeichnet also $A(k)$ bzw. $M(k)$ die Anzahl von Grundoperationen für k-stellige Additionen bzw. Multiplikationen. So gilt nach (2.28)

$$A(k) = kA ,$$

und aus (7.23) folgt

$$M(k) = 3A(k) + 4M\left(\tfrac{k}{2}\right) = 3kA + 4M\left(\tfrac{k}{2}\right) \tag{7.24}$$

(die Verschiebungsoperationen zu p^k bzw. $p^{k'}$ werden nicht mitgerechnet).[18] Der Startwert der Rekursion ist nach (2.30)

$$M(2) = 4(A + M) ,$$

dann folgt für $k = 2^{l+1}$

$$M(k) = (A + M)k^2 + \tfrac{3}{2}Ak^2 - 3Ak, \tag{7.25}$$

denn mit vollständiger Induktion über l folgt:

$l = 1$:
$$M(2) = 4(A + M) + \frac{3}{2}A \cdot 4 - 6A = 4(A + M) .$$

$l \to l + 1$: Nach (7.24) gilt für $k = 2^{l+1}$:

---

[18] Strenggenommen werden in (7.23) nur in der Klammer k-stellige Zahlen addiert: Summiert man in der Reihenfolge $qs\,p^{2k'} + ((qt+sr)p^{k'} + rt)$, so bestehen die Summanden bei der zweiten Addition aus $k+k'+1$ bzw. k Ziffern sowie bei der dritten Addition sogar aus $2k$ bzw. $k+k'+2$ Ziffern. Somit wäre der Aufwand (unter Verwendung von $2k$-stelliger Addition für die längeren Summanden) in (7.24) eigentlich $M(k) = 5kA + 4M(\tfrac{k}{2})$. Allerdings besitzt jeweils einer der Summanden durch die Verschiebung um p^k bzw. $p^{k'}$ Stellen entsprechend viele Nullen, sodass nur „überlappende" Ziffern ungleich null tatsächlich addiert werden müssen. Bei der zweiten Addition entspricht dies $k' + 1$ sowie bei der dritten Addition $k' + 2 + 1$ Ziffern (das +1 ist jeweils dem Übertrag geschuldet). Beides lässt sich (für $k > 4$) durch den Aufwand der k-stelligen Addition nach oben abschätzen, was zu dem Ergebnis in (7.24) führt. Für die abschließende Komplexität spielt der davon beinflusste Koeffizient allerdings nur eine untergeordnete Rolle, wie weiter unten gezeigt wird.

$$M(k) = 3kA + 4M\left(\tfrac{k}{2}\right)$$

$$= 3kA + 4\left((A + M)\frac{1}{4}k^2 + \frac{3}{2}A\frac{1}{4}k^2 - 3A\frac{1}{2}k\right)$$

$$= (A + M)k^2 + \tfrac{3}{2}Ak^2 - 3Ak\,.$$

Leider hat sich an der Komplexität $O(k^2)$ nichts geändert. Dazu müsste die Anzahl der Multiplikationen in (7.25) reduziert werden.

Verfahren, die die Lösung eines Problems der Größe k auf die Lösung mehrerer solcher Probleme kleinerer Größe zurückführen, nennt man auch *Divide et impera*-Verfahren. Diese können hier zum Ziel führen.

Dass das möglich ist, geht auf Anatoli KARAZUBA[19], veröffentlicht 1962, zurück.

KARAZUBA bildete in der Situation von (7.23) die Produkte

$$u := q \cdot s$$
$$v := (r - q)(t - s) \tag{7.26}$$
$$w := r \cdot t,$$

d. h. nur drei statt vier Multiplikationen mit zwei zusätzlichen Additionen, und konnte daraus das Produkt wie folgt gewinnen.

In (7.26) fehlt der Term $qt + sr$, der sich aber als

$$u + w - v = q \cdot s + r \cdot t - (r - q)(t - s) = qt + sr$$

ergibt, wodurch nochmal eine Summe hinzugekommen ist. Für den Aufwand $M(k)$, $k = 2^l$, $l \in \mathbb{N}$, gilt also rekursiv:

$$M(k) = 6Ak + 3M\left(\tfrac{k}{2}\right) \tag{7.27}$$
$$\text{mit} \quad M(2) = 4(A + M)\,,$$

und daraus folgt für $k = 2^l$, $l \in \mathbb{N}$:

$$M(k) = \tfrac{4}{3}(A + M)k^{\log_2 3} + 8Ak^{\log_2 3} - 12Ak. \tag{7.28}$$

Wegen $\log_2 3 \approx 1.584962\ldots$ ist dies für große $k = 2^l$ eine erhebliche Verbesserung. Für die führenden Terme in (7.25) bzw. (7.28) sind in $A + M$ zu vergleichen $\tfrac{4}{3}2^{2l}$ mit 3^l, etwa für $l = 20$: Circa 10^{13} gegenüber 10^{10} Operationen.

Beweis von (7.28) durch vollständige Induktion über l:

$l = 1$:

$$M(2) = 4(A + M) + 24A - 24A = 4(A + M)\,.$$

$l \to l + 1$: *Nach (7.27 ff.) gilt für $k = 2^{l+1}$:*

---

[19] Anatoli Alexejewitsch KARAZUBA *31. Januar 1937 in Grosny, †28. September 2008 in Moskau

$$M(k) = 6Ak + 3\left(\tfrac{4}{3}(A + M)\left(\tfrac{k}{2}\right)^{\log_2 3} + 8A\left(\tfrac{k}{2}\right)^{\log_2 3} - 12A\tfrac{k}{2}\right)$$

$$= 3\left(\tfrac{4}{3}(A + M)k^{\log_2 3} + 8Ak^{\log_2 3}\right)/3 + 6Ak - 18Ak .$$

Die Komplexität eines Multiplikationsverfahrens könnte noch besser sein, wenn man in (7.27) den Faktor 3 weiter reduzieren könnte. Könnten wir etwa ein Verfahren finden, das für seine Komplexität die Rekursion

$$M(k) \le ck(A + M) + 2M\left(\frac{k}{2}\right)$$

mit einer Konstanten $c > 0$ erfüllt, so gilt auch

$$M(k) \le \max(c, 2)\, k \log_2 k(A + M) ,$$

denn, wieder mit vollständiger Induktion über $l, k = 2^l$:

$$M(2)/(A + M) = 4 \le 2 \cdot 2 \log_2 2$$

und mit $k := 2^{l+1}$:
$l \to l + 1$:

$$M(k) \le ck(A + M) + 2\left(\max(c, 2)\frac{k}{2} \log_2 \frac{k}{2}\right)(A + M)$$

$$\le [(c - \max(c, 2))\, k + \max(c, 2)k \log_2 k]\, (A + M) .$$

Bis auf den logarithmischen Term, der sehr langsam wächst, wäre also optimale Komplexität erreicht. (Im obigen Zahlenbeispiel $l = 20$: $2 \cdot 10^7$ Operationen statt der optimalen 10^6.)

Ein solches Verfahren wurde 1971 von Volker STRASSEN[20] und Arnold SCHÖNHAGE[21] entwickelt: Der SCHÖNHAGE-STRASSEN-Algorithmus hat die Komplexität $O(k \log_2(k) \log_2(\log k))$.

Über die Schulmethode der schriftlichen Division hinaus gibt es andere Algorithmen zur Division. Wenn ein befriedigendes Verfahren zur Multiplikation vorliegt, reicht es, für ein $y > 0$ den Kehrwert $1/y$ zu bestimmen. Durch eine Verschiebung des Ziffernmusters (durch Multiplikation mit einem p^N, $N \in \mathbb{Z}$, $p \ge 2$ sei die Basis der Zahlendarstellung) kann erreicht werden, dass

$$1 \le y \le p , \quad \text{d.h.} \quad 1/p \le 1/y \le 1 . \tag{7.29}$$

Das Näherungsergebnis für $1/y$ ist erneut mit p^N zu multiplizieren (siehe auch Anhang L).

Ein möglicher Zugang beruht darauf, $1/y$ als Lösung der nichtlinearen Gleichung

$$f(x) := \frac{1}{x} - y = 0 \tag{7.30}$$

---

[20] Volker STRASSEN ∗29. April 1936 in Düsseldorf,

[21] Arnold SCHÖNHAGE ∗1. Dezember 1934 in Bad Salzuflen,

aufzufassen. Das NEWTON-Verfahren dazu nach (5.72) lautet wegen $f'(x) = -1/x^2$, d. h. $x - f(x)/f'(x) = x + x(1 - yx) = x(2 - yx)$:

Wähle $x_0 > 0$, dann

$$x_{n+1} = x_n(2 - yx_n) \, . \tag{7.31}$$

Ein Iterationsschritt benötigt also zwei Multiplikationen. Das Verfahren ist nach Satz 5.32 lokal quadratisch konvergent, tatsächlich gilt für den Fehler Folgendes:

Nach Aufgabe 5.14 ist $x_n \leq x$ für $n \geq 1$, wobei $x := 1/y$ die Lösung bezeichnet, also gilt für den Fehler

$$\varepsilon_n := |x_n - x| = x - x_n$$

und weiter

$$\varepsilon_{n+1} = \frac{1}{y}(1 - yx_{n+1}) = \frac{1}{y}(1 - y(x_n(2 - yx_n)))$$

$$= \frac{1}{y}(1 - 2yx_n + y^2x_n^2) = \frac{1}{y}(yx_n - 1)^2 = y(x_n - \frac{1}{y})^2 = y\varepsilon_n^2 \, . \tag{7.32}$$

Nach (7.32) ist also $(x_n)_n$ global und quadratisch konvergent, wenn

$$\varepsilon_0 \leq \frac{1}{2p} \tag{7.33}$$

sichergestellt wird, denn dann ist $\varepsilon_{n+1} \leq \frac{1}{2}\varepsilon_n$, d. h. $\varepsilon_n \leq \left(\frac{1}{2}\right)^n \varepsilon_0$

wegen

$n = 1$:

$$\varepsilon_1 \leq y\varepsilon_0\varepsilon_0 \leq p\frac{1}{2p}\varepsilon_0 = \frac{1}{2}\varepsilon_0 \, .$$

$n \to n + 1$:

$$\varepsilon_{n+1} \leq y\varepsilon_n\varepsilon_n \quad \text{und} \quad y\varepsilon_n \leq y\left(\frac{1}{2}\right)^n \varepsilon_0 \leq p\frac{1}{2p}\left(\frac{1}{2}\right)^n < \frac{1}{2} \, .$$

Wegen (7.29) bietet sich $x_0 = \frac{3}{4}$ für $p = 2$ an, dann gilt $\varepsilon_0 \leq \frac{1}{4} = \frac{1}{2p}$, d. h. (7.33). Eine noch bessere Startiterierte (für $p = 2$) erhält man folgendermaßen:

Es bedarf noch eines guten Startwertes. Nach (7.29) kann $\frac{1}{2} \leq y < 1$ vorausgesetzt werden. Eine gute Näherung bekommt man, wenn man auf $[\frac{1}{2}, 1]$ eine Gerade $h(x) = ax + b$ sucht, sodass der relative Fehler zu $g(x) = 1/x$, d. h.

$$F(x) = \frac{|ax + b - 1/x|}{|1/x|}$$

$$= |ax^2 + bx - 1| \, ,$$

gleichmäßig betrachtet über das Intervall, d. h. $\max_{x \in [\frac{1}{2}, 1]} |F(x)|$, unter allen Wahlen von a, b minimal wird. Man erhält $a = -32/17$, $b = 48/17$ und als absoluten Fehler $1/17$ (Aufgabe 7.8) und nimmt

$$x_0 = h(y) \, ,$$

für das also $\varepsilon_0 \le 1/17$, und damit sind nach (5.46) zum Errechnen von k signifikanten Stellen in einer Binärdarstellung

$$m = \log_2(\frac{1}{4}k + 1)$$

Iterationen nötig, also bei $k = 52$ sind das $m \approx 4$ Iterationen.

Am Rande bemerkt: ... und wozu das Ganze?

Unsere Reise durch das mathematische Denken und die Welt der Zahlen hat ein (vorläufiges) Ende erreicht. Wenn Sie das Gefühl haben, dass Sie etwas gelernt haben und es Ihnen Spaß gemacht hat, obwohl/weil manche Überlegungen anstrengend waren, hat dieses Buch seinen Sinn erfüllt. Vielleicht möchten Sie sogar „weitermachen", wissen aber nicht, was Sie dann „damit anfangen" können? Tatsächlich ist die *Anwendung der Mathematik* etwa auf naturwissenschaftliche, technische oder ökonomische Fragen (fast) nicht angesprochen worden. Dies war eine bewusste und schwierige Entscheidung der Autoren, die alle überzeugte Vertreter der Angewandten Mathematik sind. Sie sollten sich wegen der Mathematik für diese entscheiden, nicht wegen dem, „was man damit machen kann". Tatsächlich ist unsere Welt heute mathematisiert, und die Frage nach der „Macht der Algorithmen" hat die gesellschaftliche Diskussion erreicht. Wenn Mathematik überall ist, heißt das aber nicht zwingend, dass sie auch von Mathematikern gemacht wird. Immer mehr Studiengänge haben signifikante Mathematikanteile, und deren Absolventen haben den Vorteil einer „zusätzlichen" Qualifikation, die sie für ein Anwendungsgebiet prädestiniert.

Dies heißt nicht, dass Sie nach einem Mathematikstudium nur als Lehrer*in oder Professor*in noch mit Mathematik zu tun haben werden. Sie müssen nur Ihr Studium entsprechend ausrichten: Entwickeln Sie frühzeitig eine Vorstellung, „wo Sie einmal hinwollen", auch wenn es sich dann nicht realisieren sollte. Wählen Sie ein dazu passendes Nebenfach mit Synergie, d. h. mit möglichst viel Mathematikanteilen, wobei die Klassiker Physik bzw. Informatik nie verkehrt sind. Entscheiden Sie sich nach den Grundpflichtvorlesungen für Richtungen, die anwendungsnah sind, auch wenn sie als „schwierig" verschrien sind, und der/die Freund*in etwas anderes empfiehlt ... Dazu gehören *Numerische Mathematik*, *Stochastik*, *Statistik*, *Optimierung*. Lernen Sie möglichst viel über den Prozess der *mathematischen Modellierung*, d. h. über die Übersetzung eines „realen" Problems in ein mathematisches, durch Vorlesungen oder besser durch praktische Modellierungsprojekte. Sollte Ihre mathematische Ausbildungsstätte solche Veranstaltungen (immer noch) nicht anbieten, suchen Sie sie anderswo oder tun Sie es im Selbststudium (z. B. ECK, GARCKE und KNABNER (2011)). Gerade physikalisch-technische Anwendungen haben ihre eigenen mathematischen Theorien entwickelt (*Thermodynamik*, *Kontinuumsmechanik*). Achten Sie darauf, dass Sie diese durch Nebenfach- oder Modellierungsver-

416 7 Maschinenzahlen

anstaltungen kennenlernen. Wenn Sie in diese Anwendungsrichtung gehen wollen, sind *Analysis*-Kenntnisse sehr wichtig, insbesondere der *Funktionalanalysis*.

Bedenken Sie, dass ein Studium (heutzutage) zeitlich beschränkt ist, und Sie wollen ja nicht nur arbeiten … Mit jeder Veranstaltung, für die Sie sich entscheiden, entscheiden Sie sich auch gegen eine andere. Seien Sie also kritisch gegenüber Dozentenaussagen, dass etwas „unbedingt zur mathematischen Allgemeinbildung" gehört: Sie werden (in Ihrem Studium) nie die gesamte Mathematik kennenlernen können. Seien Sie auch kritisch gegenüber Aussagen, dass es in einem Mathematikstudium nur darauf ankommt „Denken zu lernen": Das ist die beste Art, Sie für die „mathematikhaltigen" Arbeitsplätze zu disqualifizieren. Finden Sie Ihren Weg!

Zum Schluss: noch ein Cartoon.

Abb. 7.5 Warum Sie nie ein Buch „Mathe für Dummies" kaufen sollten *(Cartoon von Dan Piraro)*.

Aufgaben

Aufgabe 7.8 (L) Betrachten Sie die Aufgabe, auf $[\frac{1}{2}, 1]$ die Funktion $g(x) = ax^2 + bx - 1$ gleichmäßig möglichst klein zu machen, d. h. in der Längenmessung

$$\|g\| := \max\{|g(x)| : x \in [\tfrac{1}{2}, 1]\}.$$

Begründen Sie, warum $a = -32/17$, $b = 48/17$ optimal sind.

Anhänge

Anhang A
Einführung in die Python-Programmiersprache

Seit der Entwicklung programmierbarer Computer entstand eine inzwischen nicht mehr zu überblickende Vielzahl an unterschiedlichsten Programmiersprachen. Jede dieser Sprachen hat individuelle Vor- oder Nachteile, und viele sind auf bestimmte Anwendungsbereiche hin ausgerichtet, während andere universell einsetzbar sind. Anfang der 1990er-Jahre gesellte sich Python zu dieser immer weiter wachsenden Familie, hat sich seitdem zu einer der beliebtesten Sprachen entwickelt und wird u. a. eingesetzt in Webanwendungen, Computerspielen, zur Datenanalyse oder auch dem wissenschaftlichen Rechnen. Python wird als universelle, interpretierte Programmiersprache kategorisiert und ist seit 2008 in Version 3 für alle gängigen Betriebssysteme frei verfügbar. Zu den Vorteilen von Python zählt neben der freien Verfügbarkeit die sehr einfache *Syntax*, d. h., die beim Schreiben von Programmen zu beachtenden „Regeln", die zahlreichen verfügbaren Erweiterungen und die gute Interoperabilität mit anderen Programmiersprachen, wie z. B. C oder C++. Diese beiden Sprachen zählen zur Gruppe der kompilierten Sprachen, d. h. ein Programm muss vor der Ausführung zuerst von einem *Compiler* in Maschinenanweisungen übersetzt werden. Python-Programme werden dagegen direkt bei der Ausführung durch einen Interpreter in die entsprechenden Anweisungen umgewandelt. Gegenüber kompilierten Sprachen ist die Ausführungsgeschwindigkeit von Python-Programmen dafür unter Umständen langsamer. Um Python-Programme ausführen zu können, benötigt man also noch eine Software, die diese Umwandlung vornimmt, für die neben der Referenzimplementierung *CPython*[1] eine Reihe anderer Varianten existieren, die alle denselben Sprachstandard umsetzen, aber dabei beispielsweise durch Kompilieren vor oder während der Ausführung die Ausführungsgeschwindigkeit erhöhen (z. B. *PyPy*[2]) oder sich in die „Ökosysteme" anderer Sprachen einbettet (z. B. *IronPython*[3] für das Microsoft-Ökosystem, *Jython*[4] für das Zusammenspiel mit Java).

---

[1] https://www.python.org/

[2] http://pypy.org

[3] http://ironpython.net/

[4] http://www.jython.org/

Bei der Auswahl der „richtigen" Programmiersprache für ein Projekt spielen neben den Eigenschaften einer Sprache meist persönliche Vorlieben und Kenntnisse der Programmierer oder existierende Vorarbeiten in einem Team oder Unternehmen eine entscheidende Rolle. Das Beherrschen der grundlegenden, für das Programmieren notwendigen Denkstrukturen und Paradigmen ist unabhängig von einer bestimmten Sprache, aber gleichzeitig die wesentliche Kompetenz, die dann auch auf die meisten Programmiersprachen einfach zu übertragen ist.

In diesem Buch haben wir uns für Python entschieden, da die einfache Syntax auch bei Unkenntnis der Programmiersprache verständlich ist und die Struktur von Algorithmen daher direkt aus dem Programmcode ersichtlich ist. Darüber hinaus ist es frei verfügbar und erlaubt damit jedem, direkt die im Buch enthaltenen Beispiele auszuprobieren. Anders als das häufig in Mathematikbüchern verwendete MATLAB oder R ist Python zudem nicht auf ein Anwendungsfeld beschränkt, sondern universell einsetzbar. Alle Beispiele verwenden dabei den Sprachstandard der Version 3.5, der in einigen Details nicht kompatibel ist zu der immer noch weitverbreiteten Version 2.7. Beim Installieren und Ausführen von Python ist daher darauf zu achten, dass ein Interpreter der Version 3.5 oder neuer genutzt wird.

Diese Einführung deckt bei Weitem nicht alle Aspekte der Programmierung in Python ab, sondern beschränkt sich auf die Teile der Programmiersprache, die für die im Buch enthaltenen Beispiele und Aufgaben notwendig sind. Sie soll Programmieranfänger*innen bei ihren ersten Schritten und Python-Neulingen mit Programmiererfahrung beim Kennenlernen der Sprache helfen. Als begleitendes Nachschlagewerk für Syntax, Funktionen usw. während der Lektüre dieser Einführung wie auch der Beispiele im Rest des Buches sei auf die offizielle Python-Dokumentation[5] verwiesen. Weitergehende Einführungen und Literaturhinweise sind im Abschnitt A.8 aufgeführt.

A.1 Erste Schritte

Das Herzstück von Python ist der Python-*Interpreter*. Dabei handelt es sich um eine Software, die die in einem Python-Programm enthaltenen Anweisungen einliest und in Maschinenanweisungen übersetzt, die dann an das Betriebssystem zur Ausführung weitergereicht werden. Man kann Python auf zwei Arten verwenden: Entweder schreibt man eine *Programmdatei*, d. h. eine einfache Textdatei mit der Endung .py, die *Anweisungen* enthält, die dann beim *Ausführen* der Programmdatei nacheinander (bzw. entsprechend des Kontrollflusses, siehe später) abgearbeitet werden. Dazu liest der Python-Interpreter diese Datei und interpretiert die enthaltenen Befehle. Ein erstes Beispiel für eine solche Programmdatei findet sich im Abschnitt A.2, die sich ausführen lässt, indem man im Befehlsfenster python3 dateiname.py eingibt. Der Dateiname muss dabei natürlich dem Namen der jeweiligen Programmdatei entsprechen.

---

[5] https://docs.python.org

Oder man verwendet den *interaktiven Modus*, der Anweisungen unmittelbar nach dem Eingeben ausführt und sich somit wie ein Taschenrechner verwenden lässt. Diese interaktive Ausführung ist sehr nützlich, um kleine Aufgaben umzusetzen oder etwas auszuprobieren. So wie bei einem Taschenrechner die Anweisungen und Ergebnisse nach dem Ausschalten verloren sind, sind diese auch nach dem Beenden des interaktiven Modus verloren und müssen das nächste Mal wieder neu eingegeben werden.

Zu Beginn wollen wir den interaktiven Modus nutzen, um einige erste Gehversuch mit PYTHON zu unternehmen. Starten Sie diese mit dem Befehl python3 in der Konsole (Linux, MacOS) oder indem Sie das Programm Python 3.x entsprechend der installierten Versionsnummer aus dem Startmenü aufrufen (Windows). Es öffnet sich ein Fenster, in dem die Versionsnummer ausgegeben wird und hinter den drei Zeichen „>>>" Anweisungen eingegeben werden können, die nach dem Bestätigen mit der Enter-Taste ausgeführt werden und deren Ergebnis unmittelbar angezeigt wird. Die Anweisungen können z. B. arithmetische Ausdrücke wie bei der Verwendung eines Taschenrechners sein, wobei das Ergebnis jeweils in der Zeile darunter dargestellt wird:

```
>>> 5 + 9 - 2
12
>>> 5 * -9
-45
>>> 17 * 3.0
51.0
>>> 45 / 11
4.090909090909091
>>> 2 * (3 + 1)
8
>>> 2 * 3 + 1
7
```

Berechnete Zwischenergebnisse lassen sich in *Variablen* abspeichern, um später wiederverwendet oder mit anderen Zwischenergebnissen kombiniert zu werden. Diese *Zuweisung* eines Wertes an eine Bezeichnung ersetzt dabei die Ausgabe, die wir bisher nach jeder Eingabe erhalten haben:

```
>>> a = 2 * 3
>>> b = 4
>>> a + b
10
```

Beenden lässt sich der interaktive Modus durch die Eingabe von exit().

Ein Nachteil des interaktiven Modus ist die Tatsache, dass mit dem Schließen des Programmfensters auch sämtliche Befehle und Ergebnisse verloren sind. Eine hilfreiche Zusatzapplikation ist daher das JUPYTER NOTEBOOK[6]. Nach der Installation lässt sich aus der Kommandozeile (Linux/macOS: Terminal, Windows: Eingabeaufforderung) mit dem Befehl jupyter notebook das Programm starten, und es öffnet sich eine Webseite, in der Dokumente angelegt und, wie in einem Textbear-

---

[6] https://jupyter.org

beitungsprogramm, bearbeitet und formatiert werden können. Die Besonderheit ist, dass innerhalb des Dokuments PYTHON-Anweisungen wie im interaktiven Modus eingegeben und ausgeführt werden können, die nach dem Speichern auch immer wieder aufgerufen werden können.

A.2 Ein erstes Programm

Statt einzelner Anweisungen wollen wir uns jetzt ein ganzes Programm ansehen, das in einer Programmdatei abgelegt ist. Stellen wir uns vor, wir fahren mit dem Auto eine längere Strecke und notieren uns dabei den Kilometerstand des Fahrzeugs zu Beginn der Fahrt sowie zu gewissen Zeitpunkten während der Fahrt gemeinsam mit der bisherigen Fahrtdauer. Diese Informationen können wir nutzen, um uns die Durchschnittsgeschwindigkeit der ganzen Fahrt sowie in den Teilintervallen zu berechnen. Ein einfaches PYTHON-Programm, das dies für uns erledigt, ist das folgende:

Algorithmus: Ein erstes Programm

```
# Programm zur Berechnung der Durchschnittsgeschwindigkeit

s0 = 13157.6      # Kilometerstand zu Beginn
s1 = 13160.0      # Kilometerstand bei 1. Messung
t1 = 4            # Minuten ab Fahrtbeginn bei 1. Messung
s2 = 13177.4      # Kilometerstand bei 2. Messung
t2 = 16           # Minuten ab Fahrtbeginn bei 2. Messung
s3 = 13267.4      # Kilometerstand bei 3. Messung
t3 = 64           # Minuten ab Fahrtbeginn bei 3. Messung
s4 = 13267.4      # Kilometerstand bei 4. Messung
t4 = 91           # Minuten ab Fahrtbeginn bei 4. Messung
s5 = 13468.7      # Kilometerstand bei 5. Messung
t5 = 223          # Minuten ab Fahrtbeginn bei 5. Messung

# Durchschnittsgeschwindigkeit in km/h im ...
v1 = (s1 - s0) / (t1 / 60)          # ... 1. Intervall
v2 = (s2 - s1) / ((t2 - t1) / 60)   # ... 2. Intervall
v3 = (s3 - s2) / ((t3 - t2) / 60)   # ... 3. Intervall
v4 = (s4 - s3) / ((t4 - t3) / 60)   # ... 4. Intervall
v5 = (s5 - s4) / ((t5 - t4) / 60)   # ... 5. Intervall

v_durchschnitt = (s5 - s0) / (t5 / 60)  # Gesamt

print(v1, v2, v3, v4, v5)
print('Durchschnitt: {} km/h'.format(v_durchschnitt))
```

Würde man diese Berechnung auf einem Zettel durchführen, könnte dieser hinterher ähnlich wie das Programm aussehen: Man notiert sich zu Beginn die gegebenen Werte, und darunter finden sich die „Formeln" zur Berechnung der gesuchten Werte. Tatsächlich funktioniert das Programm auch ganz ähnlich, die angegebenen *Anweisungen* werden einfach von oben nach unten abgearbeitet. Zunächst werden die bekannten Werte (Kilometerstände und Fahrzeiten) mit Namen versehen, wobei man den Namen als *Variable* bezeichnet und eine Variable ihren Wert durch eine *Zuweisung* in der Form

```
variablenName = variablenWert
```

erhält. Variablennamen dürfen aus nahezu allen Buchstaben, Ziffern und Unterstrichen bestehen, aber müssen mit einem Buchstaben oder einem Unterstrich beginnen, und es wird zwischen Groß- und Kleinschreibung unterschieden (aaa und aAa bezeichnen unterschiedliche Variablen). Der zugewiesene Wert kann dabei ein *Literal* (z. B. eine Ganz- oder Kommazahl) oder auch ein *Ausdruck* sein, d. h. eine Berechnungsvorschrift, wie sie sich bei der Berechnung der Durchschnittsgeschwindigkeiten findet. Die hier verwendeten Ausdrücke setzen sich zusammen aus Variablen oder Literalen, die mittels *arithmetischer Operatoren* verknüpft werden. PYTHON kennt hier die Basisoperatoren Addition +, Subtraktion -, Multiplikation *, Division /, Division mit Abrunden //, den Modulo-Operator % (der den Rest einer Ganzzahldivison bestimmt), Potenzoperator ** sowie Klammern zum Gruppieren. Die üblichen Rechenregeln (Punkt vor Strich, Klammern) werden dabei beachtet. Wird eine arithmetische Operation mit einer Zuweisung kombiniert, um z. B. den Wert einer Variablen um eins zu erhöhen (a = a + 1), lässt sich dies kompakt notieren: a += 1.

Als letzte Anweisungen finden sich noch die Ausgaben der Ergebnisse, die dann als Text in der Konsole bei Aufruf des Programms erscheinen. Diese Ausgabe erfolgt durch *Funktionsaufrufe*. PYTHON stellt eine Reihe von nützlichen *Funktionen* (oft auch als *Routinen* oder *Prozeduren* bezeichnet) bereit, wie die hier verwendete **print**-Funktion, welche das oder die übergebenen *Funktionsargumente* (v_durchschnitt bzw. v1, v2, v3, v4, v5), gegebenenfalls durch Leerzeichen getrennt, ausgibt und die Zeile mit einem Zeilenumbruch beendet. Um die Ausgabe etwas ansprechender zu gestalten, kann man die Formatierungsmöglichkeiten von PYTHON verwenden, um die Variablenwerte in Text einzubetten, wie bei der Ausgabe der Durchschnittsgeschwindigkeit verwendet. Dabei wird an eine Zeichenkette (begrenzt durch einfache ' oder doppelte Anführungszeichen ") der Funktionsaufruf format angehängt, der in der Zeichenkette die als Platzhalter dienenden geschweiften Klammern {} durch den Wert der in den runden Klammern angegebenen Variable ersetzt. Man kann auch mehrere solcher Platzhalter in Verbindung mit einer durch Kommata getrennten Liste von Variablennamen verwenden, die dann entsprechend ihrer Reihenfolge ersetzt werden. Mit einer eigenen Mini-Sprache (siehe Online-Dokumentation) bietet PYTHON darüber hinausgehend umfangreiche Formatierungsmöglichkeiten, die das Erscheinungsbild usw. beeinflussen.

Das Symbol # leitet einen *Kommentar* ein und weist PYTHON an, alles ab dem Symbol bis zum Ende der Zeile zu ignorieren. Auf diese Weise kann man Notizen und Erläuterungen im Programmcode ablegen oder vorübergehend nicht benötigte Zeilen deaktivieren. Führt man das Programm aus, erhält man als Ausgabe die berechneten Durchschnittsgeschwindigkeiten:

```
35.99999999999454 86.99999999999818 112.5 0.0 91.50000000000048
Durchschnitt: 83.70403587443955 km/h
```

Bemerkung Die „krummen" Ergebnisse mögen auf den ersten Blick überraschen (beispielsweise im ersten Intervall werden 2.4 Kilometer in 4 Minuten zurückgelegt, was einer Durchschnittsgeschwindigkeit von genau 36 km/h entspricht), haben aber mit der endlich genauen Zahlendarstellung in Computern zu tun und werden in Kapitel 7 erläutert. △

A.3 Datentypen

A.3.1 Numerische Datentypen

In unserem ersten Programm haben wir bereits die beiden *numerischen Datentypen* gesehen, die zur Darstellung von Zahlen verwendet werden können: *Ganzzahlen* (engl. *integer*) sowie *Gleitkommazahlen* (engl. *float*), deren Darstellung in Kapitel 7 erklärt wird. Verwendet man Literale oder Variablen, so wird deren Datentyp automatisch bestimmt. Ein Literal mit einem Punkt ist dabei immer eine Gleitkommazahl (z. B. auch 8.0). Verknüpft man zwei Variablen oder Literale des gleichen numerischen Datentyps mittels einer arithmetischen Operation, so hat auch das Ergebnis diesen Typ. Ist dagegen eine der beiden eine Gleitkommazahl, so ist auch das Ergebnis eine Gleitkommazahl. Eine Ausnahme bildet der Divisionsoperator mit einem Strich (/), der immer eine Gleitkommazahl produziert (8/4 ergibt 2.0). Auch *komplexe Zahlen* (siehe Kapitel 6) lassen sich in PYTHON verwenden. Als imaginäre Einheit dient hier der Buchstabe j, der einfach an den numerischen Wert des Imaginärteils angehängt wird, z. B. 5+3j. Einen Literal oder eine Variable bezeichnet man als *Instanz* des jeweiligen Datentyps.

Der vierte numerische Datentyp in PYTHON hat nur zwei Zustände und dient zur Darstellung von „wahr" (True) oder „falsch" (False), sog. BOOLE'*schen Werten*. Diese sind z. B. das Ergebnis *logischer Ausdrücke*, die das Vergleichen von zwei Werten mittels *Vergleichsoperatoren* erlauben (Beispiel: 1 == 2 ergibt False und 1 != 2 ergibt True, da 1 nicht gleich 2 ist). Weiterhin kann man echt größer bzw. kleiner (> bzw. <) oder größergleich bzw. kleinergleich (>= bzw. <=) nutzen. Logische Ausdrücke können auch mit *logischen Operatoren* verknüpft werden: **not** negiert den Ausdruck (z. B. **not** 1 == 2 ergibt True), **and** und **or** verknüpfen zwei BOOLE'sche Werte (z. B. 3 < 4 **and** 5 < 6 ergibt True). Dabei gelten dieselben Regeln wie in Kapitel 1.

A.3.2 Sequentielle Datentypen

Neben den numerischen gibt es noch eine ganze Reihe weiterer Datentypen, von denen wir nur einen Teil in dieser Einführung behandeln. Eine Klasse sind *sequentielle Datentypen*, die Elemente gleichen oder unterschiedlichen Typs zusammenfassen. *Listen* sind ein Vertreter dieser Klasse, der Instanzen beliebiger (auch unterschiedlicher) Datentypen in einer festen Reihenfolge beinhaltet. Zum Erzeugen einer Liste werden die Einträge, durch Kommata getrennt, in eckigen Klammern notiert (z. B. L1 = [1, 3, 2.4, 5]). Eine Liste kann auch leer angelegt werden, entweder indem man nur die eckigen Klammern (L2 = []) oder indem man den *Konstruktor* (L3 = list()) verwendet.

Die Einträge einer Liste kann man über ihren *Index*, d. h. ihre Position in der Liste, wieder auslesen oder verändern, wobei bei 0 das Zählen begonnen wird (a = L1[2] weist für obige Liste der Variablen a den Wert 2.4 zu, L1[2] = 4 ersetzt den Eintrag an Position 2 durch den Wert 4). Man kann die Position in einer Liste auch von hinten betrachten, indem man negative Indizes verwendet, wobei -1 dem letzten Eintrag entspricht, -2 dem vorletzten usw. Ausschnitte (engl. *slicing*) aus einer Liste lassen sich ebenfalls anfertigen, indem man ein halboffenes Intervall von Indizes angibt, dessen Grenzen die Anfangsposition und Position hinter dem Ausschnitt bezeichnen (Beispiel: Für die Liste L = [1, 2, 3, 4, 5] liefert der Ausschnitt L[1:3] die Einträge [2, 3]). Optional ist als drittes auch die Angabe einer anderen Schrittweite als 1 möglich: L[1:4:2] liefert [2, 4]. Lässt man eine der Grenzen weg, wird diese jeweils als „ab dem Anfang" bzw. „bis zum Ende" interpretiert. Weiter gibt es eine Reihe von Operationen, die das Arbeiten auf oder mit Listen erleichtern. Beispielsweise kann man zwei Listen L1, L2 miteinander verketten (L = L1 + L2), sodass eine längere Liste mit zunächst allen Einträgen von L1 und dahinter allen Einträgen von L2 entsteht. Dies kann man z. B. verwenden, um eine leere Liste sukzessive zu befüllen, wie das auch im Beispiel unten getan wird. Auch lässt sich eine Liste als eine mehrfache Verkettung einer anderen Liste erzeugen (L = 3 * [1, 2, 3] erzeugt die Liste [1, 2, 3, 1, 2, 3, 1, 2, 3]). Die Anzahl der Einträge in einer Liste L1 liefert die Funktion len(L1). Außerdem lässt sich prüfen, ob ein Wert in einer Liste enthalten ist (x in L1 liefert True, falls der Wert von x in Liste L1 enthalten ist).

Bei unserem kleinen Programm könnten wir die Messwerte für Strecke und Zeit in einer Liste ablegen, statt für jeden Wert eine andere Variable zu verwenden, und auch die Ergebnisse in eine Liste eintragen:

Algorithmus: Erstes Programm mit Listen

```
# Programm zur Berechnung der Durchschnittsgeschwindigkeit
# unter Verwendung von Listen

# Kilometerstand
```

```
s = [13157.6, 13160.0, 13177.4, 13267.4, 13267.4, 13468.7]

# Fahrzeit
t = [0, 4, 16, 64, 91, 223]

# Durchschnittsgeschwindigkeiten
v = []
v = v + [(s[1] - s[0]) / ((t[1] - t[0]) / 60)]
v = v + [(s[2] - s[1]) / ((t[2] - t[1]) / 60)]
v = v + [(s[3] - s[2]) / ((t[3] - t[2]) / 60)]
v = v + [(s[4] - s[3]) / ((t[4] - t[3]) / 60)]
v = v + [(s[5] - s[4]) / ((t[5] - t[4]) / 60)]


v_durchschnitt = (s[-1] - s[0]) / ((t[-1] - t[0]) / 60)

print(*v)
print('Durchschnitt: {} km/h'.format(v_durchschnitt))
```

Dadurch haben wir nicht nur Zeilen am Anfang des Programms eingespart, sondern bereits etwas Flexibilität gewonnen, da wir für ein weiteres Paar von Messwerten diese nur noch in die jeweilige Liste eintragen und eine entsprechende Zeile zur Berechnung der Durchschnittsgeschwindigkeit hinzufügen müssen. Die Liste v wächst mit der Anzahl an Einträgen in der Liste s, und v_durchschnitt berechnet sich aus den Werten zu Beginn und am Ende der Liste. Geändert hat sich auch die Ausgabe der Durchschnittsgeschwindigkeiten: Die Notation *v bewirkt, dass die Elemente der Liste v als Funktionsargumente verwendet werden, so als ob diese einzeln, durch Kommata getrennt, angegeben worden wären.

Ein weiterer sequentieller Datentyp ist *tuple*, eine unveränderliche Variante der Liste, die mit runden statt eckigen Klammern angelegt wird (z. B. t1 = (1, 2, 3)) oder bei der die Klammern ganz weggelassen werden (t2 = 3, 5). Ein Tupel unterscheidet sich in der Verwendung sonst nicht von der gewöhnlichen Liste, allerdings lassen sich Einträge nicht mehr verändern. Das Anlegen eines Tupel nennt man *packen* (engl. *tuple packing*), z. B. datum = 6, 8, 2016. Umgekehrt kann man die Einträge eines Tupels auch wieder *entpacken* (engl. *tuple unpacking*), um die Elemente eines Tupels auf Variablen aufzuteilen (z. B. (tag, monat, jahr)= datum). Die Verwendung von runden Klammern ist dabei optional. Kombiniert man beides, kann man z. B. die Werte zweier Variablen a und b tauschen: a, b = b, a.

Will man Textdateien verarbeiten oder Programmausgaben gestalten, die über das bloße Ausgeben von Zahlen hinausgehen, führt kein Weg an *Zeichenketten* (engl. *strings*) vorbei. Zeichenketten entsprechen einer Liste von Buchstaben und lassen sich in vielerlei Hinsicht genauso verwenden: Beispielsweise ist ein Zugriff auf einzelne Buchstaben oder Teilsequenzen mittels Index oder eine Verkettung mit Operatoren möglich. Zum Anlegen einer Zeichenkette fasst man diese in einfache (') oder doppelte (") Hochkommata, z. B. s1 = 'Ich bin '+ "ein String". Mehrzeilige Strings lassen sich unter Verwendung von drei Hochkommata einleiten (''' bzw. """), deren Definition beim erneuten Auftreten von drei Hochkommata endet. Speziell für Zeichenketten gibt es zusätzlich eine Reihe von Funktionen, die

Textanalyse und -manipulation erleichtern und in der PYTHON-Referenz dokumentiert sind. Auch für alle anderen sequentiellen Datentypen gibt es viele Funktionen, die Analyse und Modifikation der Datentypen erreichen, beispielsweise das Suchen von Minimum und Maximum in einer Liste, Sortieren usw. Auch diese sind in der PYTHON-Referenz dokumentiert.

A.4 Kontrollstrukturen

Die Struktur unserer ersten beiden Programme war sehr einfach: Eine Reihe von Befehlen wird Zeile für Zeile von oben nach unten abgearbeitet, was für umfangreichere Problemstellungen nicht ausreicht. Man möchte die Ausführung eines Befehls vielleicht an das Zutreffen einer Bedingung knüpfen oder Befehle wiederholt ausführen, ohne diese mehrfach aufführen zu müssen. Zu diesem Zweck existieren zwei Arten von *Kontrollstrukturen*: *Fallunterscheidungen* und *Schleifen*. Bevor wir einen Blick auf beide Arten werfen, führen wir noch den syntaktischen Begriff des *Code-Blocks* ein: Als Code-Block bezeichnet man einen oder mehrere Befehle, die durch einen *Anweisungskopf* eingeleitet und im *Anweisungskörper* aufgeführt werden, sodass diese zu einer umfangreicheren Anweisung zusammengefasst werden.

```
Anweisungskopf:
    Anweisung
    ...
    Anweisung
```

Der Beginn des Anweisungskörpers wird durch den Doppelpunkt am Ende des Anweisungskopfes angekündigt, und alle zum Anweisungskörper gehörigen Befehle werden durch eine einheitliche Einrückung gekennzeichnet (Standard: vier Leerzeichen). Es empfiehlt sich, diese Einrückung nur mit Leerzeichen vorzunehmen, da Tabulatoren je nach Textprogramm unterschiedlich breit interpretiert werden. Der erste nicht mehr eingerückte Befehl kennzeichnet das Ende des Anweisungskörpers und gehört nicht mehr zu diesem Code-Block.

A.4.1 Fallunterscheidungen

Fallunterscheidungen bilden einen Code-Block und bestehen im einfachsten Fall lediglich aus einem Anweisungskopf mit einer Bedingung (in Form eines logischen Ausdrucks der True oder False ergibt) und einem Anweisungskörper, der nur bei Zutreffen der Bedingung ausgeführt wird. Eingeleitet wird der Code-Block durch das *Schlüsselwort* if zu Beginn des Anweisungskopfes. Beispiel:

```
if x == 0:
    print('x hat den Wert 0')
if x < 1 or x > 5:
    print('x ist kleiner als 1 oder groesser als 5')
```

Die logischen Ausdrücke im Anweisungskopf prüfen den Wert einer Variablen x
, und für den Fall, dass die jeweilige Bedingung erfüllt ist, wird eine Nachricht
ausgegeben. Trifft die Bedingung im Anweisungskopf nicht zu, werden die Anweisungen im Anweisungskörper nicht ausgeführt und der Programmablauf wird mit
der ersten Anweisung nach dem Anweisungskörper fortgesetzt. In obigem Beispiel
ist es möglich, dass beide Bedingungen, nur die zweite Bedingung oder gar keine der Bedingungen erfüllt ist, und entsprechend werden beide, nur eine oder gar
keine der Nachrichten ausgegeben. Soll in Abhängigkeit von der Bedingung entweder ein oder ein anderer Befehl ausgeführt werden, muss man nicht einen zweiten
Code-Block mit der negierten Bedingung verwenden, sondern kann den zweiten
Code-Block mit dem Schlüsselwort else im Anweisungskopf einleiten. Der zugehörige Anweisungskörper wird immer dann ausgeführt, wenn die Bedingung im
ersten Code-Block nicht erfüllt ist. Entsprechend hat man dann einen Programm-
fluss, der einer „Entweder-Oder"-Struktur folgt. Diese Verzweigung kann nicht nur
in zwei, sondern in beliebig viele Fälle erfolgen. Dazu fügt man zwischen dem mit
if eingeleiteten Code-Block und dem else-Block einen oder mehrere Code-Blöcke
ein, die mit elif und einer Bedingung im Anweisungskopf eingeleitet werden. Die
Reihenfolge der Code-Blöcke ist dabei relevant, denn die Bedingung eines elif-
Blocks wird nur dann ausgewertet, wenn keine der vorherigen Bedingungen zuge-
troffen hat. Daher wird auch nur genau ein Anweisungskörper ausgeführt, wobei der
else-Block ausgeführt wird, wenn keine der vorherigen Bedingungen zutrifft. Nach
Abarbeiten des entsprechenden Anweisungskörpers wird der Programmablauf mit
der ersten Anweisung nach den if-elif-else-Blöcken fortgesetzt. Beispiel:

```
if x == 3:
    print('x hat den Wert 3')
elif 1 < x and x < 5:
    print('x ist groesser als 1 und kleiner als 5')
elif x <= 1:
    print('x ist kleiner oder gleich 1')
else:
    print('x ist groesser oder gleich 5')
```

Die Angabe von elif-Blöcken oder des else-Blocks ist optional. Häufig finden if
-else-Verzweigungen Anwendung, wenn einer Variable ein Wert in Abhängigkeit
von einer Bedingung zugewiesen werden soll, was aber vier Zeilen für eine relativ
simple Anweisung benötigt:

```
if x == 1:
    var = 20
else:
    var = 35
```

Unter Verwendung eines *bedingten Ausdrucks* kann man dies kompakt notieren:

```
var = (20 if x == 1 else 35)
```

Aus Gründen der Lesbarkeit sollte man dies jedoch nur für solch einfache und kurze
Ausdrücke verwenden, und es empfiehlt sich, den bedingten Ausdruck (wie oben)
in Klammern zu setzen.

A.4.2 Schleifen

Soll ein Befehl nicht nur in Abhängigkeit von einer Bedingung ausgeführt werden, sondern so lange wiederholt werden, bis diese Bedingung nicht mehr zutrifft, verwendet man eine while-Schleife. Diese besteht wie eine if-Anweisung aus dem einleitenden Schlüsselwort (hier while statt if) und der Bedingung im Anweisungskopf, gefolgt vom Anweisungskörper. Trifft die Bedingung zu, werden die Befehle im Anweisungskörper ausgeführt. Nach dessen Abschluss wird wieder die Bedingung überprüft und, wenn diese weiterhin zutrifft, erneut der Schleifenkörper ausgeführt usw. Jeden dieser Durchläufe bezeichnet man als eine *Iteration*. Damit kann man beispielsweise die Berechnung der Fakultät $n! = \prod_{k=1}^{n} k = 1 \cdot 2 \cdot \ldots \cdot n$ implementieren:

```
# Berechnung von Fakultaet n
k, fak = 1, 1
while k <= n:
    fak *= k
    k += 1
```

Ein häufig benötigtes Konzept ist das Durchlaufen sogenannter *iterierbarer Objekte* (z. B. Listen oder Zeichenketten), wobei für jedes Element dieses Objekts dieselben Anweisungen ausgeführt werden. Zu diesem Zweck gibt es in PYTHON eine for-Schleife, deren Anweisungskopf die Form for <Variable> in <Objekt>: hat. Bei jeder Iteration erhält die angegebene Variable als Wert das entsprechende Element des Objekts, und der Schleifenkörper wird durchlaufen, bis dies mit allen Elementen des Objekts erfolgt ist. Beispiel:

```
s = 0
for i in [1, 2, 3]:
    s += i
print(s)            # Ausgabe: 6

s = ''
for c in 'abc':
    s = c + s
print(s)            # Ausgabe: cba
```

Die nützliche Funktion range erzeugt ein iterierbares Objekt, das alle ganzen Zahlen in einem bestimmten Bereich mit einer gegebenen Schrittweite durchläuft. Sie erwartet dazu bis zu drei Argumente, die Start, Ende und Schrittweite angeben, wobei Start und Schrittweite optional und standardmäßig mit 0 bzw. 1 belegt sind. Wie beim *slicing* (siehe Anhang A.3.2) ist der resultierende Bereich inklusive des Startwertes, aber exklusive des Endwertes. Beispiel:

```
L1 = []
for i in range(3):    # entspricht range(0, 3) bzw. range(0, 3, 1)
    L1 = L1 + [i]
L2 = []
for j in range(4, 1, -2):
    L2 = L2 + [j]
```

Dies erzeugt die Listen L1 = [0, 1, 2] und L2 = [4, 2]. Diese Form der Initialisierung einer Liste lässt sich auch kompakt schreiben, indem das iterierbare Objekt der range-Funktion in eine Liste umgewandelt wird, beispielsweise L1 = list(range (3)). Weiterhin kann man die range-Funktion lediglich zum Zählen von Iterationen verwenden, ohne dabei den Wert der Zählvariable zu berücksichtigen, z. B. weil man eine bestimmte Anzahl von Wiederholungen benötigt. Um dies zu verdeutlichen ersetzt man die Variable durch einen Unterstrich:

```
# Berechnung von y = x^10
y = 1
for _ in range(10):
    y *= x
```

Natürlich ist das genauso mit allen anderen Arten von iterierbaren Objekten oder auch beim *tuple unpacking* möglich: _, monat, jahr = datum.

Schleifen lassen sich auch vorzeitig abbrechen, d. h. bevor die Bedingung nicht mehr erfüllt ist oder der Schleifenkörper für alle Elemente des iterierbaren Objekts durchlaufen wurde. Die Programmausführung wird dann hinter dem Schleifenblock fortgesetzt. Dazu dient die **break**-Anweisung, mit der sich die Fakultätsberechnung auch so implementieren lässt:

```
# Berechnung von Fakultaet n mit break
k, fak = 1, 1
while n > 0:
    fak *= k
    if k == n:
        break
    k += 1
```

Soll nicht die ganze Schleife, sondern lediglich die Ausführung des Schleifenblocks abgebrochen werden, ist das mit der Anweisung **continue** möglich. Der Programmablauf wird dann mit der nächsten Iteration der Schleife fortgesetzt. Ein Beispiel, bei dem alle Einträge einer Liste lx invertiert und in eine neue Liste eingefügt werden, aber Division durch 0 vermieden wird:

```
ilx = []
for x in lx:
    if x == 0:
        continue
    ilx += [1 / x]
```

Unser Programm zur Berechnung der Durchschnittsgeschwindigkeiten lässt sich unter Verwendung einer **for**-Schleife sehr viel kompakter und flexibler notieren:

Algorithmus: Programm mit Listen und Schleifen

```
# Programm zur Berechnung der Durchschnittsgeschwindigkeit
# unter Verwendung von Listen und Schleifen
```

```
# Kilometerstand
s = [13157.6, 13160.0, 13177.4, 13267.4, 13267.4, 13468.7]

# Fahrzeit
t = [0, 4, 16, 64, 91, 223]

# Durchschnittsgeschwindigkeiten
v = []
for s0, s1, t0, t1 in zip(s, s[1:], t, t[1:]):
    v += [(s1 - s0) / ((t1 - t0) / 60)]

v_durchschnitt = (s[-1] - s[0]) / ((t[-1] - t[0]) / 60)

print(*v)
print('Durchschnitt: {} km/h'.format(v_durchschnitt))
```

Hier haben wir zwei Tricks benutzt: zum einen die eingebaute Funktion zip, die ein iterierbares Objekt erzeugt, dessen Element an der Position i ein Tupel ist, der aus den Einträgen an der Position i der angegebenen Listen besteht. Zum anderen haben wir die Listen, die wir der Funktion zip übergeben, mittels *slicing* geschickt gewählt. Da zur Berechnung der Durchschnittsgeschwindigkeiten jeweils Kilometerstand und Fahrzeit zu Beginn und Ende eines Intervalls nötig sind, wurden als Listen mit Anfangsdaten die ursprünglichen Listen und als Listen mit Enddaten die ursprünglichen Listen ohne das erste Element (z. B. s[1:]) verwendet. Hier erhält man also Tupel bestehend aus einem Eintrag von s sowie dessen Nachfolger und den korrespondierenden Einträgen von t. Der letzte Eintrag der Listen mit Anfangsdaten eines Intervalls wird jeweils ignoriert, da die Länge des iterierbaren Objektes der Länge der kürzesten übergebenen Liste entspricht. Optional hätte man auch die Listen mit Anfangsdaten um das letzte Element verkürzen können (z. B. s[:-1]). Damit ist es nun tatsächlich nur noch nötig, neue Messwerte für Kilometerstand und Fahrzeit in die Listen einzutragen, um die Durchschnittsgeschwindigkeit in einem neuen Intervall zu ermitteln. Die Schleife dient hier also dazu, aus den Einträgen einer bzw. mehrerer Listen eine neue Liste aufzubauen. Dies ist ein häufig wiederkehrendes Problem, für das Python eine spezielle Syntax zur kompakteren (und oftmals recheneffizienteren) Umsetzung mitbringt: die *list comprehensions*. Diese notiert man in eckige Klammern (sozusagen als Indikator dafür, dass das Ergebnis eine Liste sein wird) und besteht aus einem Ausdruck, der die Einträge der neuen Liste definiert, gefolgt von einer oder mehreren geschachtelten for-Schleifen. Wir könnten obige Schleife also wie folgt umschreiben:

```
# Durchschnittsgeschwindigkeiten
v = [(s1 - s0) / ((t1 - t0) / 60)
        for s0, s1, t0, t1 in zip(s, s[1:], t, t[1:])]
```

Dies lässt sich auch mit einer Bedingung kombinieren, z. B. um nur Einträge mit aufzunehmen, in denen eine Fahrstrecke zurückgelegt wurde. Dazu wird die for-Anweisung lediglich um eine if-Bedingung ergänzt:

```
# Durchschnittsgeschwindigkeiten
v = [(s1 - s0) / ((t1 - t0) / 60)
    for s0, s1, t0, t1 in zip(s, s[1:], t, t[1:])
    if s1 - s0 > 0]
```

Obwohl diese Notation sehr kompakt ist, wird sie bei komplizierteren Ausdrücken auch schnell sehr unübersichtlich, daher muss man als Programmierer immer abwägen, ob evtl. eine längere Darstellung mit einer expliziten äußeren Schleife vielleicht besser lesbar ist. Manchmal kann dies aber auch durch geeignete Zeilenumbrüche, wie in den obigen Beispielen, erreicht werden. Wegen ihrer Effizienz und Eleganz wird diese Art der Listenerzeugung auch in den Beispielen des Buches häufig verwendet.

A.5 Funktionen

Sobald Programme größer und komplexer werden, wird auch der Programmcode immer länger und unübersichtlicher, und es treten Teilschritte auf, die immer wieder benötigt werden. Solche Redundanzen können durch die Verwendung von *Funktionen* vermieden werden oder längere Code-Abschnitte sinnvoll gegliedert werden. In der Mathematik kennen wir Funktionen meist als Abbildungsvorschrift, z. B. $f(x) = x^2$. Hier ordnet die *Funktion* f dem *Parameter* x den *Funktionswert* x^2 zu. Beim Programmieren ist das ähnlich: Eine Funktion erwartet unter Umständen einen oder mehrere Parameter, verarbeitet diese und gibt evtl. auch einen *Rückgabewert* zurück.

Syntaktisch sieht eine Funktion in PYTHON wieder wie ein Code-Block aus und besteht aus drei Teilen: 1) Der *Funktionsname* gibt an, unter welcher Bezeichnung eine Funktion bekannt ist, und unterliegt den gleichen Beschränkungen wie Variablennamen. Wir kennen z. B. schon die Funktion len zum Bestimmen der Länge einer Liste, deren Funktionsname ist also „len". 2) Die *Funktionsparameter* sind die internen Bezeichner (Variablennamen) für jene Werte, welche die Funktion zum Verarbeiten erwartet. Bei len ist das die Liste, deren Länge bestimmt werden soll. Funktionen müssen nicht notwendigerweise Funktionsparameter erwarten, beispielsweise kann list() ohne Angabe von Parametern aufgerufen werden und liefert dann eine leere Liste zurück, ist also äquivalent zu []. 3) Der *Funktionskörper* besteht aus den Anweisungen, die beim Aufruf der Funktion ausgeführt werden. Funktionsname und -parameter bilden den *Funktionskopf*, der durch das Schlüsselwort **def** eingeleitet wird, sodass eine Funktion immer folgende Form hat:

```
def Funktionsname(Parameter, ..., Parameter):
    Anweisung
    ...
    Anweisung
```

Die bereits bekannte Berechnung der Fakultät einer Zahl sieht als Funktion formuliert so aus:

```
def fak(n):
    erg = 1
    for k in range(2, n + 1):
        erg *= k
    return erg
```

Damit könnte man beispielsweise 6! oder a! berechnen, indem man f = fak(6) oder g = fak(a) als Anweisung verwendet. Dies bezeichnet man als *Funktionsaufruf* und den für den Funktionsparameter n verwendeten Wert als *Funktionsargument*. In diesem Fall weisen wir den Variablen f bzw. g den *Rückgabewert* der Funktion als Wert zu. Das ist der Wert, der im Funktionskörper durch das Schlüsselwort **return** angegeben wird, in obigem Beispiel also der Wert der Variablen erg. Die Angabe eines Rückgabewerts ist optional, statt **return** erg könnte in obiger Funktion auch **print** (erg) stehen, sodass die Funktion das berechnete Ergebnis einfach ausgibt. Dann kann das Ergebnis jedoch nicht weiter verarbeitet werden. Der Rückgabewert kann einen beliebigen Typ besitzen: eine Zahl wie hier, eine Liste, ein Tupel, ein String usw. Die **return**-Anweisung kann an beliebiger Stelle und auch mehrfach im Funktionskörper auftauchen, beendet jedoch sofort die Ausführung des Funktionskörpers, und der Programmablauf wird mit der nächsten Anweisung nach dem Funktionsaufruf fortgesetzt. Dies ist vergleichbar zur Anweisung **break** in einer Schleife, die auch unmittelbar den Schleifenkörper beendet und den Programmablauf nach der Schleife fortsetzt. Das mehrfache Auftreten von **return** kann z. B. in Abhängigkeit von einer Bedingung sinnvoll sein, wie bei folgender Funktion, die den Betrag einer Zahl ermittelt:

```
def betrag(zahl):
    if zahl < 0:
        return -zahl
    return zahl
```

Die Funktionsparameter einer Funktion können auch mit Standardwerten vorbelegt werden, sodass die Angabe des entsprechenden Arguments optional ist. Folgende Summenberechnung kann mit zwei, drei oder vier Argumenten aufgerufen werden

```
def summe(a, b, c=0, d=0):
    return a + b + c + d
```

und liefert z. B. für den Aufruf summe(1, 2) den Wert 3, für summe(1, 2, 1) den Wert 4 und für summe(1, 2, 1, -4) den Wert 0. Funktionsargumente werden den entsprechenden Parametern immer entsprechend ihrer Reihenfolge zugeordnet. Aus diesem Grund müssen optionale (mit Standardwert vorbelegte) Parameter immer nach nichtoptionalen Parametern stehen, da sonst diese Zuordnung nicht in allen Fällen eindeutig ist. Es gibt jedoch die Möglichkeit, die Argumente in einer anderen Reihenfolge als bei der Funktionsdefinition anzugeben, als sogenannte *keyword arguments*. Dazu notiert man das Argument in der Form Parameter=Wert. Auf diese Weise ist wieder eindeutig, zu welchem Parameter der angegebene Wert gehört, und nun auch möglich, z. B. in obiger Funktion nur den Wert für den zweiten optionalen Parameter d zusätzlich zu den Parametern a und b anzugeben. Die Aufrufe summe(1,

2, 0, 3), summe(d=3, a=1, b=2), summe(a=1, d=3, b=2) usw. sind alle äquivalent. Die Angabe anhand der Position (*positional argument*) kann auch mit der Angabe als Keyword-Argument gemischt werden, wobei Keyword-Argumente immer nach Positional-Argumenten angegeben werden müssen (Beispiel: summe(1, 2, d=3)).

Funktionen in PYTHON sind *Funktionsobjekte*, die als Wert auch einer Variablen zugewiesen werden können. Die Anweisung f = fak führt dazu, dass die Funktion fak nun ebenfalls unter der Bezeichnung f bekannt ist und somit die Anweisungen fak(5) sowie f(5) identisch sind. Kurze, einfache Funktionen, deren Funktionskörper nur aus einer Zeile besteht, kann man auch als *anonyme Funktionen* (auch *lambda expressions* oder *lambda forms* genannt) anlegen. Die Definition einer anonymen Funktion wird durch das Schlüsselwort **lambda** eingeleitet, gefolgt von einer durch Kommata getrennten Liste von Parametern, die durch einen Doppelpunkt abgeschlossen wird. Dahinter steht ein beliebiger arithmetischer oder logischer Ausdruck, der den Rückgabewert definiert. Die Betragsfunktion lässt sich beispielsweise als solch eine anonyme Funktion darstellen:

```
betrag = lambda x: -x if x < 0 else x
```

In unserem Programm zur Berechnung von Durchschnittsgeschwindigkeiten findet sich eine redundante Anweisung, die sich als Funktion darstellen lässt, nämlich die Formel zur Berechnung der Durchschnittsgeschwindigkeit. Unter Verwendung einer Funktion sieht das Programm dann wie folgt aus:

Algorithmus: Programm mit Funktionsdefinition

```
# Programm zur Berechnung der Durchschnittsgeschwindigkeit
# unter Verwendung von Listen, Schleifen und Funktionen

def compute_v_avg(s0, s1, t0, t1):
    return (s1 - s0) / ((t1 - t0) / 60)

# Kilometerstand
s = [13157.6, 13160.0, 13177.4, 13267.4, 13267.4, 13468.7]

# Fahrzeit
t = [0, 4, 16, 64, 91, 223]

# Durchschnittsgeschwindigkeiten
v = [compute_v_avg(*st) for st in zip(s, s[1:], t, t[1:])]
v_durchschnitt = compute_v_avg(s[0], s[-1], t[0], t[-1])

print(*v)
print('Durchschnitt: {} km/h'.format(v_durchschnitt))
```

Die Funktion hätte auch hier natürlich wieder als anonyme Funktion umgesetzt werden können:

```
compute_v_avg = lambda s0, s1, t0, t1: (s1-s0) / ((t1-t0) / 60)
```

A.6 Modularisierung

Wir haben bereits kennengelernt, dass sich die Übersichtlichkeit und Wiederverwendbarkeit von Programmen durch das Verwenden von Funktionen steigern lässt. Als nächste Ebene kann man auch Funktionen und Datenstrukturen, die ähnlichen Zwecken dienen, als ein *Modul* oder *Paket* zusammenfassen. Ein Modul entspricht einer einzelnen Programmdatei, in der ähnlich geartete Funktionalität gesammelt ist. Ein Paket ist dann eine Sammlung solcher Module. Auf diese Weise lassen sich einmal implementierte Funktionalitäten immer wieder verwenden und gleichzeitig die Struktur und Übersicht im Programmcode erhöhen. Für viele Anwendungszwecke gibt es bereits Pakete und Module, die man einfach verwenden kann. Einige wichtige bringt eine typische PYTHON-Installation bereits mit, z. B. math (eine Sammlung von Mathematikroutinen, etwa zur Berechnung trigonometrischer Funktionen) oder random (erlaubt das Generieren von Pseudozufallszahlen), andere lassen sich nachinstallieren[7].

Um ein Modul im eigenen Programm einzubinden, dient das Schlüsselwort import. Anschließend steht die darin enthaltene Funktionalität (Funktionen, Datenstrukturen usw.) zur Verfügung. Das Einbinden von Modulen erfolgt üblicherweise zu Beginn der Programmdatei und kann z. B. wie folgt aussehen, um die Module math und random zu nutzen.

```
import math
import random
```

Kompakt kann man mehrere Module auch durch Kommata getrennt angeben:

```
import math, random
```

Die nun verfügbaren Funktionen, Datenstrukturen usw. liegen innerhalb eines eigenen *Namensraums*, der dem Namen des Moduls entspricht und z. B. bei einem Funktionsaufruf dem Funktionsnamen vorangestellt werden muss:

```
import math
sin_pi = math.sin(math.pi)
print(sin_pi)
```

Dies kann man vermeiden und alle enthaltenen Funktionen auch direkt in den aktuellen Namensraum übernehmen, indem man folgende Anweisung zum Einbinden verwendet:

```
from math import *
print(sin(pi))
```

Da damit aber alle im Modul enthaltenen Namen übernommen werden, birgt dies das Risiko von Namenskonflikten, d. h., im Modul ist möglicherweise eine Variable oder Funktion mit gleicher Bezeichnung enthalten, wie sie im eigenen Programm

---

[7] Der einfachste Weg zum Nachinstallieren von Paketen ist das Paketverwaltungsprogramm pip, das mit einem einzelnen Befehl das Installieren eines Pakets aus den Online-Quellen (https://pypi.python.org/pypi) erlaubt.

oder einem anderen, auf diese Weise eingebundenen Modul ebenfalls enthalten ist.
Man kann stattdessen den Namensraum eines Moduls beim Einbinden umbenennen:

```
import math as m
print(m.sin(m.pi))
```

oder gezielt nur einzelne Teile des Moduls einbinden:

```
from math import sin, pi
print(sin(pi))
```

Auch diese lassen sich beim Einbinden wieder umbenennen, um Namenskonflikte
zu vermeiden:

```
from math import sin as Sinus, pi as Kreiszahl
print(Sinus(Kreiszahl))
```

Nehmen wir einmal an, unser Programm zur Durchschnittsgeschwindigkeit aus
Abschnitt A.5 ist unter dem Dateinamen durchschnittsgeschwindigkeit.py abgespeichert. Dann können wir in einer anderen Programmdatei, die im gleichen Ord-
ner gespeichert ist, z. B. die Funktion compute_v_avg wieder verwenden:

```
from durchschnittsgeschwindigkeit import compute_v_avg
print(compute_v_avg(0, 1, 0, 1))
```

Wir stellen allerdings fest, dass nun beim Einbinden des Moduls auch der gesamte
darin enthaltene Programmcode ausgeführt wird, inkl. der Ausgabe der berechneten Durchschnittsgeschwindigkeiten, was nicht unbedingt gewünscht ist, wenn nur
eine einzelne Funktion wiederverwendet werden soll. Dies lässt sich umgehen, indem man die Ausführung der entsprechenden Anweisungen im Modul daran knüpft,
dass die Datei als Programmdatei aufgerufen wird. Dazu macht man sich zunutze,
dass PYTHON innerhalb des Programms bzw. Moduls die Variable __name__ zur Verfügung stellt, in der als Zeichenkette der Name abgelegt ist, unter dem das Modul
gerade bekannt ist. Beim Einbinden als Modul entspricht dies dem Modulnamen
(hier: 'durchschnittsgeschwindigkeit'), bei der Ausführung als Programm ist das
dagegen '__main__' (angelehnt an den Funktionsnamen der Einstiegsroutinen in C,
Java usw.). Deshalb verändern wir unser PYTHON-Programm so, dass es die Anweisungen zur Berechnung der Durchschnittsgeschwindigkeiten nur beim Aufruf als
Programm ausführt:

Algorithmus: Programm zur Verwendung als Modul

```
# Programm/Modul zur Berechnung der Durchschnitts-
# geschwindigkeit unter Verwendung von Listen, Schleifen
# und Funktionen


def compute_v_avg(s0, s1, t0, t1):
    return (s1 - s0) / ((t1 - t0) / 60)


# Anweisungen, die bei import ignoriert werden
```

```
if __name__ == '__main__':

    # Kilometerstand
    s = [13157.6, 13160.0, 13177.4,
        13267.4, 13267.4, 13468.7]

    # Fahrzeit
    t = [0, 4, 16, 64, 91, 223]

    # Durchschnittsgeschwindigkeiten
    v = [compute_v_avg(*st)
        for st in zip(s, s[1:], t, t[1:])]

    v_durchschnitt = compute_v_avg(s[0], s[-1], t[0], t[-1])

    print(*v)
    print('Durchschnitt: {} km/h'.format(v_durchschnitt))
```

A.7 Objektorientierung

Die Objektorientierung ist eines der wichtigsten Konzepte von PYTHON sowie moderner Softwareentwicklung generell, auch wenn die Idee dahinter recht alt ist und auch bereits in einigen frühen Programmiersprachen zur Verfügung stand. In unseren bisherigen Beispielen hatten wir die Datenstrukturen (z. B. Listen für die Strecken und Zeiten) getrennt von den darauf wirkenden Operationen (z. B. Berechnung der Durchschnittsgeschwindigkeiten) definiert. Bei jeder Operation ist man selbst dafür verantwortlich, die richtige Operation auf den richtigen Daten auszuführen und nicht z. B. die Listen für Strecken und Zeiten zu verwechseln. Bei solch einfachen Beispielen wie hier ist das noch kein Problem, geht man jedoch zu komplexeren Programmen mit vielen unterschiedlichen Komponenten, steigt das Risiko für Fehler. Die der Objektorientierung zugrunde liegende Idee ist, dass man Daten und darauf mögliche Operationen zu einem *Objekt* zusammenfasst. Auf diese Weise kann man Schnittstellen zur Verarbeitung oder Modifikation der Daten festlegen, was beispielsweise unbeabsichtigte Modifikation erschwert und damit die Konsistenz der Objekte sicherstellt. Gleichzeitig steigt durch das Kapseln in kleine Einheiten auch die Wiederverwendbarkeit von Programmen oder Programmteilen. In PYTHON erzeugt man solche Objekte über *Klassen*, die so etwas wie den Bauplan des Objektes darstellen, d. h. Struktur und Verwendung festlegen. Die Umsetzung eines solchen Bauplans in ein konkretes Objekt bezeichnet man als *instanziieren* und das konkrete Objekt dann als *Instanz* dieser Klasse. Ohne es zu wissen, haben wir das in den bisherigen Beispielen schon getan, denn alle Datentypen in PYTHON sind Klassen. Unsere Listen für Kilometerstand und Fahrzeit sind beispielsweise unterschiedliche Instanzen derselben Klasse list. Die Syntax zum Beschreiben einer Klasse folgt dem bekannten Schema eines Code-Blocks, der in diesem Fall durch

das Schlüsselwort **class**, gefolgt vom Klassennamen im Anweisungskopf eingeleitet wird. Der darunter stehende, eingerückte Anweisungskörper besteht aus den
Funktionen, welche die *Methoden* der Klasse festlegen, sodass eine Klassendefinition in etwa folgende Form hat:

```
class Klassenname:

    def methode(self, Parameter, ...):
        Anweisung
        ...
        Anweisung

    def andere_methode(self, ...):
        Anweisung
        ...
        Anweisung

    ...
```

Um das Erstellen, Instanziieren und Verwenden von Klassen und Objekten an einem
konkreten Beispiel näher zu beleuchten, erweitern wir unser bisheriges Programm
zum Berechnen von Durchschnittsgeschwindigkeiten etwas. Nehmen wir an, dass
wir ein stark vereinfachtes Fahrtenbuch erstellen wollen, in das wir nach und nach
eintragen wollen, welcher Fahrer in welchem Zeitraum wie weit gefahren ist. Als
erste abgeschlossene Einheit betrachten wir dazu eine einzelne Fahrt, zu der wir den
Namen des Fahrers, die Start- und Endzeit sowie den Kilometerstand vor und nach
der Fahrt speichern wollen. Der Prototyp der Klasse kann wie folgt aussehen:

```
class Fahrt:

    def __init__(self, name):
        self._name = name

    def start(self, zeit, kilometerstand):
        self._start_zeit = zeit
        self._start_kilometer = kilometerstand

    def ende(self, zeit, kilometerstand):
        self._ende_zeit = zeit
        self._ende_kilometer = kilometerstand
```

und kann z. B. so verwendet werden:

```
>>> fahrt1 = Fahrt('Alice')
>>> fahrt1.start(0, 13157.6)
>>> fahrt1.ende(4, 13160.0)
```

Wir können nun also unter Angabe des Klassennamens Fahrt sowie des Fahrerna-
mens als Argument (hier 'Alice') eine Instanz der Klasse erzeugen und sie einer Variablen zuweisen (hier fahrt1). Dabei wird intern die *magische Methode* __init__
der Klasse aufgerufen, die festlegt, welche Anweisungen beim Instanziieren der
Klasse ausgeführt werden sollen. Diese Methode nennt man auch *Konstruktor*, und
sie kann beliebig viele oder auch gar keine Argumente erwarten. Wenn zum Anle-

gen einer Instanz der Klasse keine Anweisungen nötig sind, kann der Konstruktor auch ganz weggelassen werden. Zusätzlich haben wir zwei Methoden start und ende definiert, die als Argumente die aktuelle Zeit (die wir hier zur Vereinfachung als Ganzzahl darstellen) sowie den Kilometerstand erwarten. Aufgerufen werden diese Methoden, indem sie durch einen Punkt getrennt an den Variablennamen der Instanz angehängt werden. Auf diese Weise ist klar, dass wir z. B. die Methode start der Instanz fahrt1 ausführen wollen. Es fällt auf, dass in den Methoden neben den erwähnten immer als Erstes self in der Liste der Parameter auftaucht, wir dieses bei der Verwendung aber nicht angegeben haben, sondern das erste angegebene Argument war jeweils der Name bzw. die Zeit. Der Parameter self bezieht sich auf die Instanz der Klasse, auf der die Methode ausgeführt wird, und wird automatisch ersetzt. Eine äquivalente, aber längere und unhandlichere Verwendung wäre daher die folgende:

```
>>> Fahrt.start(fahrt1, 0, 13157.6)
```

Als einzige Anweisung taucht in unseren Methoden bisher nur die Zuweisung der angegebenen Argumente zu Attributen des Objekts auf, z. B. die Zuweisung von name zu self._name. Damit wird der angegebene Wert einer neuen, innerhalb des Objektes gespeicherten Variable zugewiesen, einem sogenannten *Attribut*. Dem Namen dieses Attributs haben wir dabei einen Unterstrich vorangestellt. Dies ist gängige Praxis in PYTHON, um einem anderen Programmierer zu signalisieren, dass dieses Attribut nicht von außerhalb der Klasse verwendet werden soll. Um auf die im Attribut gespeicherten Werte zugreifen oder diese verändern zu können, stellt man stattdessen üblicherweise *setter-* (engl. *to set*, etwas festlegen / festsetzen) und *getter*-Methoden (engl. *to get*, etwas holen / erhalten) zur Verfügung, die man mittels *Dekoratoren* (@property bzw. @<name>.setter) wie folgt kennzeichnet:

```
class Fahrt:
    ...

    @property
    def start_zeit(self):
        return self._start_zeit

    @start_zeit.setter
    def start_zeit(self, zeit):
        self._start_zeit = zeit

    ... usw. ...
```

Daraufhin kann man start_zeit wie ein Attribut verwenden, z. B. für obiges Beispiel:

```
>>> fahrt1.start_zeit
0
>>> fahrt1.start_zeit = 1
>>> fahrt1.start_zeit
1
```

Der Grund dafür ist, dass man die öffentliche Schnittstelle (engl. *interface*), d. h.
die verfügbaren Attribute und Methoden der Klasse, von der internen Implementierung trennen möchte. Das hat den Vorteil, dass man etwa Datenstrukturen jederzeit
ändern kann (z. B. eine Liste statt einzelner Attribute), ohne dabei Auswirkungen
auf die Verwendung der Klasse zu haben, und gleichzeitig die gespeicherten Daten
nur auf kontrollierte Art- und Weise verändert werden. So wäre es sinnvoll, in der
setter-Methode für die Endzeit bzw. den Kilometerstand nach der Fahrt zu überprüfen, ob der angegebene Wert nicht kleiner als der entsprechende Startwert ist. Soll
ein bestimmter Wert gar nicht geändert werden (beispielsweise sollten die Einträge
des Fahrtenbuchs nach dem Anlegen nicht geändert, sondern nur gelesen werden
können), dann lässt man die *setter*-Methode einfach weg. Entsprechend unserem
bisherigen Beispielprogramm ergänzen wir die Klasse nun noch um Methoden zur
Berechnung der gefahrenen Strecke, Fahrtdauer und Durchschnittsgeschwindigkeit,
die keine Parameter erwarten, sondern die in der Instanz gespeicherten Werte verwenden:

```python
class Fahrt:
    ...

    def strecke(self):
        return self.ende_kilometer - self.start_kilometer

    def zeit(self):
        return self.ende_zeit - self.start_zeit

    def v_avg(self):
        return self.strecke() / self.zeit()
```

und die wir nun so verwenden können:

```python
>>> fahrt1.v_avg()
35.99999999999454
```

Neben dem Konstruktor gibt es noch weitere magische Methoden, die das Verhalten
der Klasse bei Verwendung mit einer in Python eingebauten Funktion festlegen.
Ein Beispiel dafür ist die Methode __str__, die aufgerufen wird, wenn man eine
Instanz der Klasse an die Funktion str() übergibt, um eine Darstellung des Objekts
als Zeichenkette zu erhalten. Hier wollen wir dies verwenden, um einen „schönen"
Eintrag für ein Fahrtenbuch zu erzeugen:

```python
class Fahrt:
    ...

    def __str__(self):
        text = ('{} ist in {} h {} km gefahren '
                '(Durchschnittsgeschwindigkeit: {} km/h)')
        return text.format(self._name, self.zeit(),
                           self.strecke(), self.v_avg())
```

Weitere magische Methoden existieren beispielsweise für die Umwandlung einer
Klasse in einen der elementaren Datentypen (int, float usw.) oder das Überladen

von Operatoren (damit meint man das Verhalten, wenn man eine Instanz des Objektes mit einem anderen Objekt mittels +, -, *, / usw.). Das Prinzip ist dabei immer dasselbe: Wenn eine der zugehörigen eingebauten Funktionen oder ein Operator mit einer Instanz der Klasse benutzt wird, sucht PYTHON nach der zugehörigen Methode in der Klasse und führt diese aus. Falls keine solche Methode existiert, schlägt der Funktionsaufruf oder Operator fehl. In Kapitel 2 machen wir ausgiebig Gebrauch von diesen magischen Methoden. Unser Beispiel wollen wir nun noch um einen Datentyp für das eigentliche Fahrtenbuch ergänzen, in den unsere Fahrt-Objekte einsortiert werden. Dieser soll lediglich alle Fahrtobjekte enthalten und einen Ausdruck der Liste aller Fahrten erzeugen können. Das gesamte Beispiel sieht nun wie folgt aus:

Algorithmus: Fahrtenbuch

```python
class Fahrt:
    """Klasse zur Repraesentation einer einzelnen Fahrt.

    Speichert Fahrername, Start- und Endzeit sowie
    Kilometerstand vor und nach der Fahrt.
    """

    def __init__(self, name, start_zeit=0, start_km=0,
                 ende_zeit=0, ende_km=0):
        """Erzeugt eine neue Instanz mit dem angegebenen
        Fahrernamen.

        Start- und Enddaten koennen direkt angegeben werden
        oder spaeter via start() und ende() gesetzt werden.
        """
        self._name = name
        self.start(start_zeit, start_km)
        self.ende(ende_zeit, ende_km)

    def start(self, zeit, kilometerstand):
        """Speichert Abfahrtszeit und Kilometerstand bei
        Anfang der Fahrt.
        """
        self._start_zeit = zeit
        self._start_kilometer = kilometerstand

    def ende(self, zeit, kilometerstand):
        """Speichert Ankunftszeit und Kilometerstand bei
        Ende der Fahrt.
        """
        self._ende_zeit = zeit
        self._ende_kilometer = kilometerstand

    @property
    def start_zeit(self):
```

```
        return self._start_zeit

    @property
    def ende_zeit(self):
        return self._ende_zeit

    @property
    def start_kilometer(self):
        return self._start_kilometer

    @property
    def ende_kilometer(self):
        return self._ende_kilometer

    def strecke(self):
        """Berechnet die zurueckgelegte Strecke."""
        return self.ende_kilometer - self.start_kilometer

    def zeit(self):
        """Berechnet die benoetigte Zeit."""
        return self.ende_zeit - self.start_zeit

    def v_avg(self):
        """Berechnet die Durchschnittsgeschwindigkeit."""
        return self.strecke() / self.zeit()

    def __str__(self):
        """Erzeugt eine Textausgabe zu dieser Fahrt."""
        text = ('{} ist in {} h {} km gefahren '
                '(Durchschnittsgeschwindigkeit: {} km/h)')
        return text.format(self._name, self.zeit(),
                           self.strecke(), self.v_avg())


class Fahrtenbuch:
    """Klasse zum Sammeln von Fahrten."""

    def __init__(self):
        """Legt ein leeres Fahrtenbuch an."""
        self._liste = []

    def neuer_eintrag(self, *daten):
        """Legt einen neuen Eintrag im Fahrtenbuch ab.

        Es kann entweder eine Instanz der Klasse Fahrt oder
        die zum Erzeugen einer Instanz benoetigten Daten
        angegeben werden.
        """
        if len(daten) == 1 and isinstance(daten[0], Fahrt):
            self._liste.append(daten[0])
        else:
            self._liste.append(Fahrt(*daten))
```

```
def __str__(self):
    """Erzeugt eine textuelle Ausgabe aller Eintraege
    des Fahrtenbuchs.
    """
    self._liste.sort(key=lambda f: f.start_zeit)
    return '\n'.join([str(f) for f in self._liste])
```

und kann mit unseren Daten so verwendet werden:

```
>>> fb = Fahrtenbuch()
>>> fahrt1 = Fahrt('Alice')
>>> fahrt1.start(0, 13157.6)
>>> fahrt1.ende(4 / 60, 13160.0)
>>> fb.neuer_eintrag(fahrt1)
>>> fahrt2 = Fahrt('Bob', 4 / 60, 13160.0)
>>> fahrt2.ende(16 / 60, 13177.4)
>>> fb.neuer_eintrag(fahrt2)
>>> fahrt3 = Fahrt('Clara', 16 / 60, 13177.4, 64 / 60, 13267.4)
>>> fb.neuer_eintrag(fahrt3)
>>> fb.neuer_eintrag('Bob', 91 / 60, 13267.4, 223 / 60, 13468.7)
>>> fb.neuer_eintrag('Clara', 64 / 60, 13267.4, 91 / 60, 13267.4)
>>> print(fb)
Alice ist in 0.06666666666666667 h 2.399999999999636 km gefahren
    (Durchschnittsgeschwindigkeit: 35.99999999999454 km/h)
Bob ist in 0.2 h 17.399999999999636 km gefahren (
    Durchschnittsgeschwindigkeit: 86.99999999999818 km/h)
Clara ist in 0.8 h 90.0 km gefahren (Durchschnittsgeschwindigkeit
    : 112.5 km/h)
Clara ist in 0.44999999999999996 h 0.0 km gefahren (
    Durchschnittsgeschwindigkeit: 0.0 km/h)
Bob ist in 2.2 h 201.3000000000011 km gefahren (
    Durchschnittsgeschwindigkeit: 91.50000000000048 km/h)
```

Der Konstruktor der Klasse Fahrtenbuch legt lediglich eine leere Liste an, und die Methode neuer_eintrag kümmert sich um das Einfügen von Fahrt-Objekten an das Ende dieser Liste, was hier durch die Methode append erfolgt. Die Methode neuer_eintrag erwartet eine beliebige Anzahl an Parametern, signalisiert durch das Sternchen vor *daten, und im Funktionskörper selbst sind die angegebenen Parameter dann als Tupel in der Variable daten verfügbar. Hier kann man nun sowohl eine existierende Instanz von Fahrt übergeben als auch nur die dafür benötigten Daten, mit denen dann eine Instanz von Fahrt erzeugt wird. Zu diesem Zweck haben wir den Konstruktor der Klasse Fahrt etwas erweitert, sodass man optional direkt diese Daten beim Instanziieren der Klasse angeben kann. Vor der Ausgabe als Zeichenkette sortieren wir die Liste nach der Startzeit und verwenden die String-Methode join, die eine Liste von Zeichenketten zusammenfügt, getrennt durch die angegebene Zeichenkette (hier '\n', was einen Zeilenumbruch erzeugt). Die dafür benötigte Liste von Zeichenketten erzeugen wir mittels einer *list comprehension* direkt beim Aufruf. Die vielfältigen Möglichkeiten, wie die Fahrt-Objekte angelegt werden können, und die Tatsache, dass die Reihenfolge, in der die Einträge angelegt werden, egal ist, wird in obigem Beispiel illustriert.

A.8 Literatur

Diese Einführung in die Python-Programmiersprache beschränkt sich auf einige grundlegende Aspekte der Sprache und ist auf die Anforderungen abgestimmt, die in den Beispielen und Aufgaben dieses Buches benötigt werden. An einigen Stellen verwenden wir weitere eingebaute Funktionen, die hier noch nicht erwähnt wurden. Diese werden jeweils kurz in einer Fußnote erläutert, es empfiehlt sich aber darüber hinaus auch ein Blick in die Python-Dokumentation, um sich umfassender über die entsprechende Funktion zu informieren. Die Auswahl dessen, was hier gezeigt wurde, ist natürlich sehr subjektiv, und zu fast jedem hier angerissenen Aspekt der Sprache gäbe es noch mehr zu sagen (beispielsweise Vererbung in der Objektorientierung), und einige andere Aspekte der Sprache (z. B. Ausnahmebehandlung, Arbeiten mit Dateien usw.) wurden ganz weggelassen. Wenn man sich weiter mit der Sprache beschäftigen oder tiefer in das Programmieren einsteigen möchte, dann ist das Studium eines dedizierten Python-Buchs zu empfehlen. Relativ kompakt und gut strukturiert ist *Einführung in Python 3* von Bernd Klein (Hanser Verlag, 2. Auflage 2014, 494 Seiten). Umfangreicher und sehr exakt in der Darstellung aller Aspekte der Sprache ist *Python 3 – Das umfassende Handbuch* von Johannes Ernesti und Peter Kaiser (Rheinwerk Computing, 4. Auflage 2015, 1032 Seiten). Dieses Werk ist darüber hinaus auch sehr gut als Nachschlagewerk geeignet.

Will man lediglich die Syntax einer Funktion (z. B. die Reihenfolge der Parameter) nachschlagen, bietet die eingebaute Hilfe eine gute Quelle. Dazu im interaktiven Modus (siehe Abschnitt A.1) die Funktion `help()` aufrufen oder optional den Namen eines Objekts als Parameter angeben (z. B. `help(print)`), um direkt die entsprechende Beschreibung zu erhalten.

Die Referenzbeschreibung der Sprache inkl. einer Auflistung aller verfügbaren Funktionen und (englischsprachiger) Einführungen findet sich in der Online-Dokumentation[8]. Diese bietet fast immer den besten Anlaufpunkt, um sich über die eingebauten Module und Sprachfunktionalitäten zu informieren. Darüber hinaus findet sich online auch eine fast unbegrenzte Zahl an Tutorials oder Antworten zu häufig gestellten Fragen, die über die einschlägigen Suchmaschinen zu finden sind. Dabei ist allerdings zu beachten, dass deren Qualität variiert und sich auch auf den älteren Sprachstandard beziehen kann.

---

[8] https://docs.python.org

Anhang B
Ausgewählte Lösungen

Im Folgenden werden für einige ausgewählte Aufgaben Musterlösungen dargestellt. Weitere Lösungen finden sich im Online-Material.

B.1 Logisches Schließen und Mengen

B.1.1 Aussagenlogik

Lösung zu Aufgabe 1.2 Mit der Notation

$$U :\Leftrightarrow \text{„Die politische Stimmung schlägt um“}$$
$$K :\Leftrightarrow \text{„Der Gemeindepräsident wird konsensfähiger“}$$
$$B :\Leftrightarrow \text{„Seldwyla tritt der Ennettaler Union bei“}$$
$$A :\Leftrightarrow \text{„Es gibt einen wirtschaftlichen Aufschwung“}$$
$$R :\Leftrightarrow \text{„Es droht eine Rezession“}$$

gelten die getroffenen Aussagen

$$\text{(i) } \neg U \Rightarrow \neg K \quad \text{(ii) } K \Rightarrow B \quad \text{(iii) } B \Rightarrow A \quad \text{(iv) } R \Rightarrow U .$$

Die Schlussfolgerung $R \vee A$ ist nicht zulässig, denn die Negation $\neg R \wedge \neg A$ führt nicht zu einem Widerspruch. Nach Kontraposition (1.20) sind (ii) und (iii) äquivalent zu $\neg B \Rightarrow \neg K$ bzw. $\neg A \Rightarrow \neg B$, und somit gilt

$$(\neg A \wedge \neg R) \overset{(iii)}{\Rightarrow} (\neg A \wedge \neg B \wedge \neg R) \overset{(ii)}{\Rightarrow} (\neg A \wedge \neg B \wedge \neg K \wedge \neg R) .$$

Unabhängig von U ist $A \Leftrightarrow B \Leftrightarrow K \Leftrightarrow R \Leftrightarrow Y$ (mit dem immer falschen *Widerspruch Y*) eine zulässige Belegung der Aussagen.

© Springer-Verlag GmbH Deutschland, ein Teil von Springer Nature 2019
P. Knabner et al., *Mit Mathe richtig anfangen*,
https://doi.org/10.1007/978-3-662-59230-4_9

B.1.2 Mengenlehre

Lösung zu Aufgabe 1.4 Zu zeigen ist die Reflexivität ($X \subset X$) und Transitivität (($X \subset Y$) $\wedge$ ($Y \subset Z$) $\Rightarrow$ ($X \subset Z$)) der Teilmengenbeziehung. Nach Definition 1.1 gilt

$$X \subset X \Leftrightarrow (x \in X \Rightarrow x \in X) \Leftrightarrow \text{wahr} .$$

Weiterhin gilt

$$(X \subset Y) \wedge (Y \subset Z) \Leftrightarrow \underbrace{(x \in X}_{=:A} \Rightarrow \underbrace{x \in Y)}_{=:B} \wedge (\underbrace{x \in Y}_{=B} \Rightarrow \underbrace{x \in Z)}_{=:C} .$$

Mit der Transitivität der Implikation (1.15) folgt

$$(A \Rightarrow B) \wedge (B \Rightarrow C) \quad \Rightarrow \quad (A \Rightarrow C) \quad \Leftrightarrow \quad (x \in X \Rightarrow x \in Z) \quad \Leftrightarrow \quad X \subset Z .$$

Lösung zu Aufgabe 1.6 Wir beweisen Satz 1.7 mithilfe der Definitionen 1.1, 1.4, 1.6 und der Gleichungen (1.9), (1.5) bzw. (1.10).

1) $(A \cap B)^c = A^c \cup B^c$, $(A \cup B)^c = A^c \cap B^c$:

$$x \in (A \cap B)^c \Leftrightarrow x \in (X \setminus (A \cap B)) \Leftrightarrow x \in X \wedge x \notin (A \cap B)$$
$$\Leftrightarrow x \in X \wedge \neg(x \in A \wedge x \in B) \Leftrightarrow x \in X \wedge (x \notin A \vee x \notin B)$$
$$\Leftrightarrow (x \in X \wedge x \notin A) \vee (x \in X \wedge x \notin B) \Leftrightarrow (x \in A^c) \vee (x \in B^c)$$
$$\Leftrightarrow x \in (A^c \cup B^c) ,$$

$$x \in (A \cup B)^c \Leftrightarrow x \in (X \setminus (A \cup B)) \Leftrightarrow x \in X \wedge x \notin (A \cup B)$$
$$\Leftrightarrow x \in X \wedge \neg(x \in A \vee x \in B) \Leftrightarrow x \in X \wedge (x \notin A \wedge x \notin B)$$
$$\Leftrightarrow (x \in X \wedge x \notin A) \wedge (x \in X \wedge x \notin B) \Leftrightarrow (x \in A^c) \wedge (x \in B^c)$$
$$\Leftrightarrow x \in (A^c \cap B^c) .$$

2) $A \subset B \Leftrightarrow B^c \subset A^c$:
$A \subset B$ ist nach Definition 1.1 äquivalent zu $x \in A \Rightarrow x \in B$, was mit Kontraposition (1.20) äquivalent ist zu $\neg(x \in B) \Rightarrow \neg(x \in A)$. Daraus folgt

$$x \in B^c \Leftrightarrow \neg(x \in B) \Rightarrow \neg(x \in A) \Leftrightarrow x \in A^c .$$

Analog ist $B^c \subset A^c$ äquivalent zu $\neg(x \in A^c) \Rightarrow \neg(x \in B^c)$, also

$$x \in A \Leftrightarrow \neg(x \in A^c) \Rightarrow \neg(x \in B^c) \Leftrightarrow x \in B .$$

3) $(A \cap B^c = \emptyset) \Rightarrow (A \subset B)$:
Beweis durch Widerspruch nach (1.21). Angenommen $A \subset B$ gilt nicht, also gibt es ein $x \in A$ mit $(x \in A) \wedge \neg(x \in B)$ und damit

$$(x \in A) \wedge \neg(x \in B) \Rightarrow (x \in A) \wedge (x \in B^c) \Rightarrow x \in (A \cap B^c) \Rightarrow x \in \emptyset .$$

Dies führt zu einem Widerspruch, also muss $A \subset B$ aus $A \cap B^c = \emptyset$ folgen.

B.1.3 Prädikatenlogik

Lösung zu Aufgabe 1.9 Mit der Notation

$$X := \text{Menge der Kalupen}$$
$$G(x) :\Leftrightarrow \text{„}x \text{ ist gebrochselt“}$$
$$F(x) :\Leftrightarrow \text{„}x \text{ ist foberant“}$$
$$D(x) :\Leftrightarrow \text{„}x \text{ ist dorig“}$$
$$Q := \{x \in X \,:\, x \text{ in Quasiland}\}$$

können die Aussagen wie folgt formuliert werden:

i) $\neg G(x) \Rightarrow D(x)$
ii) $F(x) \Rightarrow D(x)$
iii) $(\exists x \in Q : D(x)) \wedge (\exists x \in Q : \neg D(x))$

Mit Kontraposition folgt aus den ersten beiden Aussagen $\neg D(x) \Rightarrow G(x)$ bzw. $\neg D(x) \Rightarrow \neg F(x)$. Somit ist Schlussfolgerung c), „Alle undorigen Kalupen sind gebrochselt“, zulässig. Weiter gilt mit iii)

$$(\exists x \in Q : \neg D(x)) \Rightarrow (\exists x \in Q : G(x) \wedge \neg F(x)) \,.$$

Was sowohl Schlussfolgerung b), „Es gibt gebrochselte Kalupen“, als auch d), „Einige gebrochselte Kalupen sind unfoberant“, beweist. Die verbliebenen Aussagen sind keine gültigen Schlussfolgerungen, so könnten z. B. alle Kalupen gebrochselt sein, manche davon foberant, andere nicht. Außerdem ist die Existenz ungebrochselter Kalupen unklar.

B.1.4 Produkte von Mengen, Relationen und Abbildungen

Lösung zu Aufgabe 1.14 Nach Definition 1.12 gilt $(h \circ g) : X \to Z$ und $(g \circ f) : W \to Y$. Da $f : W \to X$ und $h : Y \to Z$, sind die Kompositionen

$$(h \circ g) \circ f : W \to Z$$
$$h \circ (g \circ f) : W \to Z$$

wohldefiniert. Nach Definition gilt für alle $w \in W$

$$((h \circ g) \circ f)(w) = (h \circ g)(f(w)) = h(g(f(w))) = h((g \circ f)(w)) = (h \circ (g \circ f))(w) \,,$$

also $(h \circ g) \circ f = h \circ (g \circ f)$.

Lösung zu Aufgabe 1.15 Ein Beweis zu Satz 1.15 findet sich im Abschnitt 3.1.
Es bleibt noch Satz 1.16 zu beweisen: Nach Definition 1.14 existieren Umkehrabbildungen $f^{-1} : Y \to X, g^{-1} : Z \to Y$, für die nach (1.59) gilt

$$f^{-1} \circ f = id_X, \quad f \circ f^{-1} = id_Y, \quad g^{-1} \circ g = id_Y \quad \text{und} \quad g \circ g^{-1} = id_Z \,.$$

Die Abbildung $f^{-1} \circ g^{-1} : Z \to X$ ist somit wohldefiniert, und es gilt mit Satz 1.13

$$(f^{-1} \circ g^{-1}) \circ (g \circ f) = f^{-1} \circ ((g^{-1} \circ g) \circ f) = f^{-1} \circ (id_Y \circ f) = f^{-1} \circ f = id_X \,,$$
$$(g \circ f) \circ (f^{-1} \circ g^{-1}) = g \circ ((f \circ f^{-1}) \circ g^{-1}) = g \circ (id_Y \circ g^{-1}) = g \circ g^{-1} = id_Z \,.$$

Nach Satz 1.15 ist $g \circ f$ bijektiv mit Umkehrabbildung

$$(g \circ f)^{-1} = f^{-1} \circ g^{-1} \,.$$

Lösung zu Aufgabe 1.18 a) *Injektivität*: Es seien $x_1, x_2 \in X$ mit $f(x_1), f(x_2) \in Y$ und $(g \circ f)(x_1) = (g \circ f)(x_2)$. Da g injektiv ist gilt $f(x_1) = f(x_2)$, und wegen der Injektivität von f haben wir weiter $x_1 = x_2$, d. h., $g \circ f$ ist injektiv.

Surjektivität: Es sei $z \in Z$. Da g surjektiv ist, gibt es ein $y \in Y$ mit $g(y) = z$. Da aber auch f surjektiv ist, gibt es weiter ein $x \in X$ mit $f(x) = y$. Insgesamt erhalten wir die Surjektivität von $g \circ f$: $(g \circ f)(x) = g(f(x)) = g(y) = z$.

b) „$\Rightarrow$": Sei f injektiv und $x_0 \in X$. Für $y \in f(X) \subset Y$ definieren wir $h(y) := x$, wobei $f(x) = y$. Wegen Injektivität von f ergibt sich x eindeutig aus y. Weiter setzen wir für alle $y \in Y \setminus f(X)$ die Funktion $h(y) := x_0$. Nun gilt für alle $x \in X$: $(h \circ f)(x) = g(y) = x$.

„$\Leftarrow$": Es gelte $h \circ f = \mathrm{id}_X$. Nun seien $x_1, x_2 \in X$ mit $f(x_1) = f(x_2)$ gegeben. Dann ist aber $x_1 = (h \circ f)(x_1) = (h \circ f)(x_2) = x_2$, also ist f injektiv.

c) „$\Rightarrow$": Sei f surjektiv und $y \in Y$. Wir wählen uns ein $x_y \in X$, sodass $f(x_y) = y$, und setzen $h(y) := x_y$. Nun gilt für alle $y \in Y$: $(f \circ h)(y) = f(x_y) = y$.

„$\Leftarrow$": Es gelte $f \circ h = \mathrm{id}_Y$. Es sei $y \in Y$ und damit $(f \circ h)(y) = y$. Wir definieren $x := h(y) \in X$ und haben $f(x) = y$. Also ist f surjektiv.

B.1.5 Äquivalenz- und Ordnungsrelationen

Lösung zu Aufgabe 1.19 Wir betrachten für $n \in \mathbb{N}$ die Relation $xRy :\Leftrightarrow n \mid (x - y)$.

Reflexivität: Sei $x \in X$. Es gilt $x - x = 0 = 0 \cdot n$, also $n \mid (x - x)$ und somit nach Definition xRx.

Transitivität: Seien $x, y, z \in X$ mit xRy und yRz. Dann gilt $n \mid (x - y)$ und $n \mid (y - z)$, also gibt es $c_1, c_2 \in \mathbb{Z}$, sodass $x - y = c_1 \cdot n$ und $y - z = c_2 \cdot n$. Daraus folgt

$$x - z = (x - y) + (y - z) = (c_1 + c_2) \cdot n ,$$

also $n \mid x - z$ und damit xRz.

Symmetrie: Seien $x, y \in X$ mit xRy. Dann existiert $c \in \mathbb{Z}$, sodass $x - y = c \cdot n$, also $y - x = (-c) \cdot n$ und somit auch yRx.

Lösung zu Aufgabe 1.23 1) Es seien $a, a' \in X$ kleinste obere Schranken der Menge M und damit nach Definition 1.22, 2)a) insbesondere obere Schranken. Dann gelten nach Definition 1.22, 2)b) die Ungleichungen

$$a \leq a' \quad \text{und} \quad a' \leq a .$$

Wegen der Antisymmetrie (s. Definition 1.18) der Ordnungsrelation $\leq$ ist folglich $a = a'$, d. h., das Supremum ist (bei Existenz) eindeutig.

Es seien nun $m, m' \in M$ Maxima der Menge M. Auch hier erhalten wir mit Definition 1.22, 4)b)

$$m' \leq m \quad \text{und} \quad m \leq m'$$

und damit wegen Antisymmetrie $m = m'$, d. h., das Maximum einer Menge M ist (bei Existenz) eindeutig.

2) Es sei $a \in M$ Maximum der Menge M. Angenommen es gebe ein $x \in M$ mit $a \leq x$. Dann gilt nach Definition 1.22, 4)b) zusätzlich $x \leq a$. Antisymmetrie liefert nun wieder $a = x$, d. h., 3)b) aus Definition 1.22 ist erfüllt und a damit ein maximales Element von M.

Als Gegenbeispiel dient die Menge $A := \{1, 2, 5, 10, 20, 30\}$ mit der Ordnungsrelation $\mid$ („teilt"), s. Beispiel aus Abb. 1.6. Hier sind die Elemente 20 und 30 maximale Elemente von A. Aber keines ist das Maximum, da sie nicht zueinander in Relation stehen.

3) Es sei $a := \sup(M) \in M$ Supremum der Menge M. Dann ist a insbesondere eine obere Schranke von M, d. h. $x \leq a$ für alle $x \in M$. Damit ist nach Definition 1.22, 4)b) das Supremum der Menge M auch Maximum, d. h. $a = \max(M)$.

4) Es sei $a \in M$ ein maximales Element der Menge M und $\leq$ eine totale Ordnungsrelation, d. h., für alle $x, y \in X$ gilt $x \leq y$ oder $y \leq x$ (vgl. (1.89)). Sei nun $b \in M$ ein beliebiges Element der Menge M. Aufgrund der totalen Ordnung gilt nun $b \leq a$ oder $a \leq b$. Im zweiten Fall folgt aber $a = b$ nach Definition 1.22, 3)b) und damit insbesondere $b \leq a$. Somit gilt stets $b \leq a$, d. h., a ist das Maximum der Menge M.

B.2 Der Anfang von allem: Die natürlichen Zahlen

B.2.1 Axiomatischer Aufbau der natürlichen Zahlen

Lösung zu Aufgabe 2.1 Seien $p, q \in \mathbb{N}$. Wir beweisen die Aussagen mithilfe des Induktionsprinzips Satz 2.3. Für $n = 0$ folgen die Gleichungen direkt aus (2.19) (*Induktionsanfang*). Wir nehmen nun die Gültigkeit der Gleichungen für ein $n \in \mathbb{N}_0$ an (*Induktionsvoraussetzung* (IV)).

a) Dann gilt nach (2.19)

$$p^m \cdot p^{(n+1)} = p^m \cdot (p \cdot p^n) = (p^m \cdot p) \cdot p^n = p^{m+1} \cdot p^n \stackrel{(IV)}{=} p^{(m+1)+n} = p^{m+(n+1)} \, .$$

Daraus folgt weiter

$$(p^m)^{n+1} = (p^m)^1 \cdot (p^m)^n \stackrel{(IV)}{=} p^m \cdot (p^{m \cdot n}) = p^{m+m \cdot n} = p^{m \cdot (n+1)} \, .$$

b) Es gilt außerdem mit (2.19) und Teilaufgabe a)

$$p^{n+1} \cdot q^{n+1} = (p \cdot q) \cdot (p^n \cdot q^n) \stackrel{(IV)}{=} (p \cdot q)^1 \cdot (p \cdot q)^n = (p \cdot q)^{n+1} \, .$$

Das Induktionsprinzip Satz 2.3 beweist nun die Aussagen a) und b) für alle $n \in \mathbb{N}_0$.

Lösung zu Aufgabe 2.2

<u>Schritt 8:</u> $\cdot$ ist wohldefiniert (d. h., durch (2.12) wird für beliebiges, festes $m \in \mathbb{N}_0$ eine Abbildung $\cdot_m : \mathbb{N}_0 \to \mathbb{N}_0, n \mapsto m \cdot n$ definiert) und eindeutig durch (2.12) festgelegt. (2.12) ist eine *rekursive* Definition. Für $n = 0$ und beliebiges $m \in \mathbb{N}_0$ wird $m \cdot n$ in $(2.12)_1$ als Definitionsanfang gesetzt, dann ergibt sich $m \cdot 1$ aus $(2.12)_2$ mittels $m \cdot 0$, dann $m \cdot 2$ mittels $m \cdot 1$ usw. Die Gültigkeit der vollständigen Induktion sorgt allgemein dafür, dass eine eindeutige Definition entsteht. Für die Eindeutigkeit betrachte man also zwei Abbildungen

$$\cdot : \mathbb{N}_0 \times \mathbb{N}_0 \to \mathbb{N}_0 \quad \text{und} \quad \widetilde{\cdot} : \mathbb{N}_0 \times \mathbb{N}_0 \to \mathbb{N}_0 \, ,$$

die beide (2.12) erfüllen. Gleichheit bedeutet

$$m \cdot n = m \,\widetilde{\cdot}\, n \quad \text{für alle } m, n \in \mathbb{N}_0 \quad \text{bzw.}$$
$$M := \{ n \in \mathbb{N}_0 \, : \, m \cdot n = m \,\widetilde{\cdot}\, n \quad \text{für alle } m \in \mathbb{N}_0 \} = \mathbb{N}_0 \, .$$

Dies zeigen wir über (P2) aus Definition 2.1: Es gilt $0 \in M$ wegen $(2.12)_1$ und für $n \in M$ folgt für ein beliebiges $m \in \mathbb{N}_0$:

$$m \cdot n^+ = (m \cdot n) + m = (m \,\widetilde{\cdot}\, n) + m = m \,\widetilde{\cdot}\, n^+ \, ,$$

also $n^+ \in M$. Hier wurde $(2.12)_2$ jeweils für $\cdot$ und für $\widetilde{\cdot}$ benutzt.

<u>Schritt 9:</u> Dies ist die Kommutativität im Spezialfall: $n \cdot 0 = 0 \cdot n$. Sei $M := \{ n \in \mathbb{N}_0 : 0 \cdot n = 0 \}$, dann ist nach $(2.12)_1$ $0 \in M$, und für $n \in M$ folgt nach $(2.12)_2$ und (2.4):

$$0 \cdot n^+ = (0 \cdot n) + 0 = 0 \cdot n = 0 \, .$$

Wegen $n \in M$ ist also $n^+ \in M$, sodass mit (P2) die Behauptung folgt.

<u>Schritt 10:</u> Mit $1 = 0^+$ und (2.12) haben wir

$$n \cdot 1 = n \cdot 0^+ = (n \cdot 0) + n = n \, .$$

Sei nun $M := \{ n \in \mathbb{N}_0 \, : \, 1 \cdot n = n \quad \text{für alle } m \in \mathbb{N}_0 \}$. Dann ist nach $(2.12)_1$ $0 \in M$, und für $n \in M$ folgt nach $(2.12)_2$ und $n^+ = n + 1$:

$$1 \cdot n^+ = (1 \cdot n) + 1 = n + 1 = n^+ ,$$

d. h. $n^+ \in M$. Mit (P2) folgt damit die Behauptung.

<u>Schritt 11:</u> Wir definieren $M := \{m \in \mathbb{N}_0 \: : \: n^+ \cdot m = (n \cdot m) + m$ für alle $n \in \mathbb{N}_0\}$. Zunächst gilt nach $(2.12)_1$ $0 \in M$:

$$n^+ \cdot 0 = 0 = (n \cdot 0) + 0 .$$

Außerdem ist für $m \in M$ wegen $(2.12)_2$ und mithilfe von Schritt 4

$$n^+ \cdot m^+ = (n^+ \cdot m) + n^+ = ((n \cdot m) + m) + n^+ = (n \cdot m) + (m + n^+)$$
$$= (n \cdot m) + (m^+ + n) = (n \cdot m + n) + m^+ = (n \cdot m^+) + m^+ ,$$

d. h. $m^+ \in M$ und mit (P2) wieder $M = \mathbb{N}_0$.

<u>Schritt 12:</u> Sei $M := \{n \in \mathbb{N}_0 \: : \: n \cdot m = m \cdot n$ für alle $m \in \mathbb{N}_0\}$. Nach Schritt 9 und $(2.12)_1$ ist $0 \in M$, und für $n \in M$ folgt mit Schritt 11 und $(2.12)_2$:

$$n^+ \cdot m = (n \cdot m) + m = (m \cdot n) + m = m \cdot n^+ ,$$

also $n^+ \in M$ und somit $M = \mathbb{N}_0$.

<u>Schritt 13:</u> Sei $M := \{n \in \mathbb{N}_0 \: : \: (l + m) \cdot n = l \cdot n + m \cdot n$ für alle $l, m \in \mathbb{N}_0\}$. Nach $(2.12)_1$ ist $0 \in M$, und für $n \in M$ folgt mit $(2.12)_2$:

$$(l + m) \cdot n^+ = ((l + m) \cdot n) + (l + m) = (l \cdot n + l) + (m \cdot n + m) = l \cdot n^+ + m \cdot n^+ ,$$

also $n^+ \in M$ und somit $M = \mathbb{N}_0$.

<u>Schritt 14:</u> Sei $M := \{n \in \mathbb{N}_0 \: : \: (l \cdot m) \cdot n = l \cdot (m \cdot n)$ für alle $l, m \in \mathbb{N}_0\}$. Nach $(2.12)_1$ ist $0 \in M$, und für $n \in M$ folgt mit $(2.12)_2$:

$$(l \cdot m) \cdot n^+ = (l \cdot m) \cdot n + l \cdot m = l \cdot (m \cdot n) + l \cdot m = l \cdot (m \cdot n + m) = l \cdot (m \cdot n^+) ,$$

also $n^+ \in M$ und somit $M = \mathbb{N}_0$. Hierbei wurde in der vorletzten Gleichheit das Distributivgesetz (Schritt 13) sowie die Kommutativität von $\cdot$ (Schritt 12) angewandt.

B.2.2 Rechnen mit natürlichen Zahlen

Lösung zu Aufgabe 2.8 a) Wir betrachten Alice' Rechnungen $4 \cdot 5 = 12$ und $4 \cdot 6 = 13$ in den p-adischen Darstellungen zu den Basen $p_5, p_6 \geq 2$, d. h.

$$(4p_5^0) \cdot (5p_5^0) = 1 \cdot p_5^1 + 2 \cdot p_5^0 \quad \Rightarrow \quad 4 \cdot 5 = p_5^1 + 2 ,$$
$$(4p_6^0) \cdot (6p_6^0) = 1 \cdot p_6^1 + 3 \cdot p_6^0 \quad \Rightarrow \quad 4 \cdot 6 = p_6^1 + 3 .$$

Demnach sind die Basen $p_5 = 18$ und $p_6 = 21$ zu wählen.

b) Alice multipliziert also 4 und 5 zur Basis 18, aber 4 und $5 + 1 = 6$ zur Basis $18 + 3 = 21$. Fährt Alice nun mit den Faktoren 7, 8, etc. fort, wird sie die Basen $18 + 2 \cdot 3 = 24$, $18 + 3 \cdot 3 = 27$ etc. wählen. Das zugrunde liegende Entwicklungsgesetz ist demnach:

$$4 \cdot n = 1 \cdot p_n + (n - 3) \quad \text{für } n \geq 5 \text{ mit Basis } p_n = 3n + 3 .$$

Alice wird damit also nie bis zwanzig kommen, da es keine Zahl $n \geq 5$ mit $4 \cdot n = 6n + 6 (= 2p_n)$ gibt. Tatsächlich erhält Alice die weiteren Ergebnisse: $4 \cdot 7 = 14$, $4 \cdot 8 = 15$, $4 \cdot 9 = 16$, $4 \cdot (10) = 17$, $4 \cdot (11) = 18$, $4 \cdot (12) = 19$, $4 \cdot (13) = 1(10)$ etc. D. h. zum Beispiel $(4p_{13}^0) \cdot (13p_{13}^0) = 1 \cdot p_{13}^1 + 10 \cdot p_{13}^0$.

Lösung zu Aufgabe 2.10 Es gilt $16 = 2^4$, mit Aufgabe 2.1 folgt daher $16^i = (2^4)^i = 2^{4 \cdot i}$ für $i \in \mathbb{N}_0$. Für eine Darstellung von $n \in \mathbb{N}_0$ zur Basis 16 gilt dann

$$n = \sum_{i=0}^{k} n_i \cdot 16^i = \sum_{i=0}^{k} n_i \cdot 2^{4\cdot i} .$$

Die Ziffern $n_i \in \{0, \dots, 15\}$ im Hexadezimalsystem ($p = 16$) lassen sich im Binärsystem ($p = 2$) durch vier Ziffern $\hat{n}_3^{(i)}, \dots, \hat{n}_0^{(i)} \in \{0, 1\}$ eindeutig darstellen. Definiert man nun für $i \in \{0, \dots, k\}$ und $l \in \{0, 3\}$

$$\tilde{n}_{4\cdot i + l} := \hat{n}_l^{(i)} ,$$

so gilt

$$n = \sum_{j=0}^{4\cdot k + 3} \tilde{n}_j \cdot 2^j .$$

Liegt eine Darstellung zur Basis 2 vor, so können die Ziffern in Vierergruppen gruppiert werden ($k \le 4 \cdot l + 3$):

$$n = \sum_{i=0}^{k} n_i 2^i = \sum_{i=0}^{4\cdot l + 3} n_i 2^i = \sum_{j=0}^{l} \sum_{m=0}^{3} n_{4\cdot j + m} 2^{4\cdot j + m} = \sum_{j=0}^{l} \underbrace{\sum_{m=0}^{3} n_{4\cdot j + m} 2^m}_{=:\tilde{n}_j} 16^j .$$

Es gilt $\tilde{n}_j \in \{0, \dots, 15\}$, d. h., $\tilde{n}_j$ ist bereits eine geeignete Ziffer im Hexadezimalsystem. Daraus folgt

$$n = \sum_{j=0}^{l} \tilde{n}_j 16^j .$$

Analog funktioniert dies für Zahldarstellungen zu $p_1 \ge 2$ und $p_2 = p_1^i$ mit $i \in \mathbb{N}$. Dabei lässt sich eine Ziffer $v \in \{0, \dots, p_2 - 1\}$ zu p_2 durch i Ziffern $v_i \in \{0, \dots, p_1 - 1\}$ zu p_1 eindeutig darstellen: $v = \sum_{l=0}^{i-1} v_l p_1^l$.

B.2.3 Mächtigkeit von Mengen

Lösung zu Aufgabe 2.14 a) Wir bezeichnen die m verschiedenen Elemente der Menge M mit $x_1, x_2, \dots, x_m \in M$. Um nun die Anzahl aller möglichen Abbildungen von M nach N zu bestimmen, machen wir uns klar, dass wir für jedes Argument x_i, $i = 1, 2, \dots, m$, n Möglichkeiten haben, diesem einen Wert aus N zuzuordnen. Zwei Argumenten (x_i, x_j), $i \ne j$, können insgesamt $n \cdot n$ Werte aus $N \times N$ zugeordnet werden. Dem Tupel $(x_1, x_2, \dots, x_m)$ können wir schließlich auf n^m verschiedene Varianten Werte aus $N^m = \underbrace{N \times \dots \times N}_{m-\text{mal}}$ zuordnen. Damit ist

$$\#\text{Abb}(M, N) = n^m .$$

b) Ist $m > n$, so kann nach Satz 2.19 keine injektive Abbildung von M nach N existieren, d. h., es ist $\#\{f \in \text{Abb}(M, N) : f \text{ ist injektiv}\} = 0$. Es sei nun $n \ge m$ und $f \in \text{Abb}(M, N)$ eine injektive Abbildung. Wir ordnen nun den Argumenten $x_1, x_2, \dots, x_m \in M$ der Reihenfolge nach mögliche Werte zu. Dem ersten Argument x_1 können wir n verschiedene Elemente aus N zuordnen. Da f injektiv ist, kann $f(x_2)$ nur noch in $N \setminus \{f(x_1)\}$ enthalten sein, d. h., x_2 stehen nur noch $n - 1$ mögliche Werte zur Verfügung. Dem Argument x_3 sogar nur noch $n - 2$ Werte, wegen $f(x_3) \in N \setminus \{f(x_1), f(x_2)\}$ etc. Schließlich bleiben dem letzten Argument x_m noch $n - m + 1$ verschiedene Werte übrig, nämlich $N \setminus \{f(x_1), f(x_2), \dots, f(x_{m-1})\}$. Damit ist

$$\#\{f \in \text{Abb}(M, N) : f \text{ ist injektiv}\} = n \cdot (n - 1) \cdot \dots \cdot (n - m + 1) = \frac{n!}{(n - m)!} .$$

Lösung zu Aufgabe 2.18 a) Wegen der Abzählbarkeit von X_1 und X_2 gibt es zwei surjektive Abbildungen $f_1 : \mathbb{N} \to X_1$ und $f_2 : \mathbb{N} \to X_2$. Wir bezeichnen nun $x_{i,j} := f_1(i) \times f_2(j)$ für $i, j \in \mathbb{N}$. Dann kann durch ein Diagonalargument eine surjektive Abbildung $f_3 : \mathbb{N} \to X_1 \times X_2$ definiert werden: $f_3(1) := x_{1,1}, f_3(2) := x_{1,2}, f_3(3) := x_{2,1}, f_3(4) := x_{3,1}, \ldots$ (vgl. graphisches Schema).

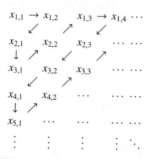

b) Wir können diese Aussage mithilfe des Induktionsprinzips Satz 2.3 beweisen.
Induktionsanfang: Die Aussage stimmt für $n = 1$, denn X_1 ist als abzählbar vorausgesetzt.
Induktionsschritt: Wir nehmen an, die Aussage gelte für $n \in \mathbb{N}$, d. h., $\prod_{i=1}^{n} X_i := X_1 \times X_2 \times \ldots \times X_n$ ist abzählbar. Unter dieser Annahme zeigen wir, dass die Aussage dann auch für $n + 1$ gilt. Dafür wenden wir wieder das Diagonalargument aus a) auf die abzählbaren Mengen $\prod_{i=1}^{n} X_i$ und X_{n+1} an, woraus die Abzählbarkeit von $X_1 \times X_2 \times \ldots \times X_{n+1}$ folgt.

B.3 Mathematik formulieren, begründen und aufschreiben

B.3.1 Vollständige Induktion: Mehr über natürliche Zahlen

Lösung zu Aufgabe 3.3 *Induktionsanfang:* $(n = 0)$: Nach Definition gilt

$$(a + b)^n = e = \binom{0}{0} a^0 * b^0 = \sum_{k=0}^{n} \binom{n}{k} a^k * b^{n-k} \, .$$

Induktionsschluss: Sei $n \in \mathbb{N}_0$ beliebig und es gelte die *Induktionsvoraussetzung* (IV), dass die Aussage für $n \in \mathbb{N}_0$ stimmt, also

$$(a + b)^n = \sum_{k=0}^{n} \binom{n}{k} a^k * b^{n-k} \, .$$

Zu zeigen ist der *Induktionsschritt*, d. h. dass unter obiger Annahme die Aussage auch für $n + 1$ richtig ist, also

$$(a + b)^{n+1} = \sum_{k=0}^{n+1} \binom{n+1}{k} a^k * b^{n+1-k} \, .$$

Es gilt

$$(a + b)^{n+1} = (a + b)^n * (a + b) \overset{\text{(IV)}}{=} \left(\sum_{k=0}^{n} \binom{n}{k} a^k * b^{n-k} \right) * (a + b)$$

$$= \sum_{k=0}^{n} \binom{n}{k} a^k * b^{n-k} * a + \sum_{k=0}^{n} \binom{n}{k} a^k * b^{n-k} * b$$

$$= \sum_{k=0}^{n} \binom{n}{k} a^{k+1} * b^{n+1-(k+1)} + \sum_{k=0}^{n} \binom{n}{k} a^k * b^{n+1-k} .$$

Mit einer Indexverschiebung in der ersten Summe und der rekursiven Definition der Binomialkoeffizienten (s. Aufgabe 3.2) erhalten wir weiter

$$(a + b)^{n+1} = \sum_{k=1}^{n+1} \binom{n}{k-1} a^k * b^{n+1-k} + \sum_{k=0}^{n} \binom{n}{k} a^k * b^{n+1-k}$$

$$= \underbrace{\binom{n}{n}}_{=1} a^{n+1} * b^0 + \sum_{k=1}^{n} \left(\binom{n}{k-1} + \binom{n}{k} \right) a^k * b^{n+1-k} + \underbrace{\binom{n}{0}}_{=1} a^0 * b^{n+1}$$

$$= \binom{n+1}{n+1} a^{n+1} * b^0 + \sum_{k=1}^{n} \binom{n+1}{k} a^k * b^{n+1-k} + \binom{n+1}{0} a^0 * b^{n+1}$$

$$= \sum_{k=0}^{n+1} \binom{n+1}{k} a^k * b^{n+1-k} .$$

Lösung zu Aufgabe 3.4 Widerspruchsbeweis: Angenommen es existiert $n \in \mathbb{N}$ und p prim, sodass $p \mid n$ und $p \mid (n + 1)$. Es gibt also $q_1, q_2 \in \mathbb{N}$ mit $p \cdot q_1 = n$ und $p \cdot q_2 = n + 1$. Damit gilt aber $p \cdot q_1 = n < n + 1 < n + p = p \cdot (q_1 + 1)$ und damit $q_1 < q_2 < q_1 + 1$. Dies ist aber ein Widerspruch zu $q_2 \in \mathbb{N}$.

B.4 Von den natürlichen zu den rationalen Zahlen

B.4.1 Der Ring der ganzen Zahlen

Lösung zu Aufgabe 4.4 Nach dem EUKLID'schen Algorithmus wird der größte gemeinsame Teiler ggT (a, b) durch die folgenden Gleichungen bestimmt:

$$r_{i-1} = k_i r_i + r_{i+1} \tag{B.1}$$

mit $r_0 := a, r_1 := b$ und $k_i, r_{i+1} \in \mathbb{N}_0, 0 \leq r_{i+1} < r_i$. Bricht der Algorithmus wegen $r_{N+1} = 0$ nach N Schritten ab, so ist $r_N = \text{ggT}(a, b)$.

a) Erfolgt der Abbruch bei $i = N$, d. h. $r_{N-1} = k_N r_N$ mit $r_N = \text{ggT}(a, b)$. Lösen wir die Gleichungen (B.1) beginnend bei $i = N - 1$ nach r_{i+1} auf, erhalten wir

$$r_N = r_{N-2} - k_{N-1} r_{N-1}$$

$$r_{N-1} = r_{N-3} - k_{N-2} r_{N-2}$$

$$\vdots = \vdots$$

$$r_3 = r_1 - k_2 r_2$$

$$r_2 = r_0 - k_1 r_1 = 1 \cdot a - k_1 \cdot b.$$

Fortwährendes Einsetzen liefert

$$\mathrm{ggT}(a,b) = r_N = 1 \cdot r_{N-2} - k_{N-1} \cdot r_{N-1}$$

$$= -k_{N-1} \cdot r_{N-3} + (1 + k_{N-1} k_{N-2}) \cdot r_{N-2}$$

$$= (1 + k_{N-1} k_{N-2}) \cdot r_{N-4} - (k_{N-1} + (1 + k_{N-1} k_{N-2}) k_{N-3}) \cdot r_{N-3}$$

$$= \vdots$$

$$= m \cdot r_0 + n \cdot r_1.$$

Die Zahl $\mathrm{ggT}(a,b) = r_N$ lässt sich demnach stets mithilfe geeigneter $m_i, n_i \in \mathbb{Z}$ für $i = 1, ..., N-1$ als

$$r_N = m_i \cdot r_{N-i-1} + n_i \cdot r_{N-i}$$

darstellen. Für $i = N - 1$ erhalten wir schließlich die gewünschte Form, d. h. $m = m_{N-1}$ und $n = n_{N-1}$. Rekursiv erhalten wir dabei

$$r_N = m_i \cdot r_{N-i-1} + n_i \cdot r_{N-i} = m_i \cdot r_{N-i-1} - n_i \cdot (r_{N-i-2} - k_{N-i-1} r_{N-i-1})$$

$$= \underbrace{n_i}_{=m_{i+1}} \cdot r_{N-i-2} + \underbrace{(m_i - k_{N-i-1} n_i)}_{=n_{i+1}} \cdot r_{N-i-1},$$

d. h. $m_{i+1} = n_i$ und $n_{i+1} = m_i - k_{N-i-1} n_i$. Mithilfe dieser Rekursionsformel können also die Zahlen m und n durch „Rückwärtsaufbauen" bestimmt werden.

b) Lösen wir die Gleichungen (B.1) beginnend bei $i = 1$ nach r_{i+1} auf, erhalten wir

$$r_2 = r_0 - k_1 r_1 = 1 \cdot a - k_1 \cdot b$$

$$r_3 = r_1 - k_2 r_2 = b - k_2(a - k_1 b) = -k_2 \cdot a + (1 + k_2 k_1) \cdot b$$

$$\vdots = \vdots$$

$$r_{N-1} = r_{N-3} - k_{N-2} r_{N-2}$$

$$r_N = r_{N-2} - k_{N-1} r_{N-1}.$$

Demnach lassen sich alle Zahlen $r_i, i = 2, 3, ..., N$ darstellen als

$$\tilde{m}_i \cdot a + \tilde{n}_i \cdot b = r_i \qquad \text{mit geeigneten } \tilde{m}_i, \tilde{n}_i \in \mathbb{Z}.$$

Genauer erhält man für $i = 2, ..., N$ die rekursive Formel

$$r_i = r_{i-2} - k_{i-1} r_{i-1} = \underbrace{(\tilde{m}_{i-2} - k_{i-1} \tilde{m}_{i-1})}_{=\tilde{m}_i} \cdot a + \underbrace{(\tilde{n}_{i-2} - k_{i-1} \tilde{n}_{i-1})}_{=\tilde{n}_i} \cdot b.$$

Die Zahlen m und n können schließlich durch „Vorwärtsaufbauen" mithilfe der Rekursionsformel $\tilde{m}_i = \tilde{m}_{i-2} - k_{i-1} \tilde{m}_{i-1}$ und $\tilde{n}_i = \tilde{n}_{i-2} - k_{i-1} \tilde{n}_{i-1}$ für $i = 2, ..., N$ und $\tilde{m}_0 = 1, \tilde{n}_0 = 0$ sowie $\tilde{m}_1 = 0, \tilde{n}_1 = 1$ bestimmt werden.

Lösung zu Aufgabe 4.6 Sei $\Phi : K \to K'$ ein Körper-Homomorphismus der Körper $(K, +, \cdot)$ und $(K', +', \cdot')$. Angenommen es gäbe $x_1, x_2 \in K$ mit $x_1 \neq x_2$ und $\Phi(x_1) = \Phi(x_2)$. Da Φ insbesondere ein Gruppen-Homomorphismus der Gruppen $(K, +, 0)$ und $(K', +', 0')$ ist, gilt $0' = \Phi(x_1) -' \Phi(x_2) = \Phi(x_1 - x_2)$. Wegen $x_1 - x_2 \neq 0$ gibt es ein $a \in K, a \neq 0$ mit $x_1 - x_2 = a$ und daher $\Phi(a) = 0'$. Außerdem gilt $\Phi(a) \cdot' \Phi(a^{-1}) = \Phi(a \cdot a^{-1}) = \Phi(1) = 1'$, d. h. $\Phi(a)^{-1} = \Phi(a^{-1})$ (vgl. Bemerkungen 4.30, 2)). Dies widerspricht aber $\Phi(a) = 0'$, d. h. $x_1 = x_2$, und Φ ist injektiv.

B.4.2 Der Körper der rationalen Zahlen

Lösung zu Aufgabe 4.8 Die Aussagen können mithilfe vollständiger Induktion gezeigt werden.

a) Wir beweisen die erste Aussage $p^{-m} = (p^m)^{-1}$: *Induktionsanfang* $m = 1$: Offensichtlich gilt $p^{-m} = p^{-1} = (p^m)^{-1}$.
Induktionsschritt $m \to m + 1$:

$$p^{-(m+1)} = (p^{-1})^{m+1} = (p^{-1})^m \cdot p^{-1} \overset{(IV)}{=} (p^m)^{-1} \cdot p^{-1} .$$

Bei (IV) geht die Induktionsvoraussetzung ein. Multiplizieren wir auf beiden Seiten der obigen Gleichung p^{m+1} hinzu, erhalten wir weiter

$$p^{-(m+1)} \cdot p^{m+1} = \left((p^m)^{-1} \cdot p^{-1}\right) \cdot (p \cdot p^m) = 1 ,$$

d. h. $p^{-(m+1)}$ ist das eindeutige multiplikativ Inverse zu p^{m+1}. Damit gilt $p^{-(m+1)} = (p^{m+1})^{-1}$.
Als Nächstes wird die Aussage $p^{m-n} = p^m/p^n$ bewiesen: Sei dafür $m \in \mathbb{N}$. *Induktionsanfang* $n = 1$:
Wegen $p^{m-1} \cdot p = p^m$ gilt $p^{m-1} = p^m \cdot p^{-1} = p^m/p$.
Induktionsschritt $n \to n + 1$: Für diesen Schritt unterscheiden wir zwei Fälle. 1. Fall: Mit der Annahme $n < m$ gilt

$$p^{m-(n+1)} = p^{(m-n)-1} = p^{m-n} \cdot p^{-1} \overset{(IV)}{=} p^m \cdot (p^n)^{-1} \cdot p^{-1} .$$

In der zweiten Gleichung geht der Induktionsanfang für $m - n \in \mathbb{N}$ und bei (IV) die Induktionsvoraussetzung ein. Wegen $\left((p^n)^{-1} \cdot p^{-1}\right) \cdot p^{n+1} = 1$ gilt $(p^n)^{-1} \cdot p^{-1} = (p^{n+1})^{-1}$ und damit schließlich

$$p^{m-(n+1)} = p^m \cdot (p^{n+1})^{-1} = p^m/p^{n+1} .$$

2. Fall: Sei nun $n \geq m$. Dann gilt mit $a := n + 1 - m \in \mathbb{N}$ und der ersten (bereits bewiesenen) Aussage $p^{-a} = (p^a)^{-1}$ die Gleichung

$$p^{m-(n+1)} = p^{-a} = (p^a)^{-1} = \left(p^{n+1}/p^m\right)^{-1} .$$

Dabei wurde in der letzten Gleichung für $m < n + 1$ der 1. Fall verwendet. Die Zahl $p^{m-(n+1)}$ ist also das multiplikativ Inverse von $p^{n+1} \cdot (p^m)^{-1}$, d. h., es gilt $p^{m-(n+1)} = p^m \cdot (p^{n+1})^{-1} = p^m/p^{n+1}$.
b) Im Falle $k, l \in \mathbb{N}_0$ können die induktiven Beweise der Lösungen zu Aufgabe 2.1 übernommen werden. Daher sei nun angenommen $k < 0$. Die Gleichungen werden für negative Potenzen auf den Fall positiver Potenzen zurückgeführt.
Zur Aussage $p^k p^l = p^{k+l}$: Für $l \in \mathbb{N}_0$ haben wir mit $a := -k \in \mathbb{N}$ die Gleichung

$$p^k p^l = p^{-a} p^l \overset{a)}{=} (p^a)^{-1} p^l = p^l/p^a \overset{a)}{=} p^{l-a} = p^{k+l} .$$

Für $l < 0$ setzen wir zudem $b := -l \in \mathbb{N}_0$ und erhalten

$$p^k p^l = p^{-a} p^{-b} = (p^{-1})^a (p^{-1})^b = (p^{-1})^{a+b} = p^{-(a+b)} = p^{k+l} .$$

Zur Aussage $p^k q^k = (pq)^k$: Wir erhalten mit $a := -k \in \mathbb{N}$ die Gleichung

$$p^k q^k = p^{-a} q^{-a} = (p^{-1})^a (q^{-1})^a = (p^{-1} q^{-1})^a \, .$$

Wegen $\left(p^{-1} q^{-1}\right) \cdot (pq) = 1$ gilt $p^{-1} q^{-1} = (pq)^{-1}$. Wir haben also

$$p^k q^k = \left((pq)^{-1}\right)^a = (pq)^{-a} = (pq)^k \, .$$

Zur Aussage $(p^k)^l = p^{kl}$: Für $l \in \mathbb{N}_0$ haben wir mit $a := -k \in \mathbb{N}$ die Gleichung

$$(p^k)^l = \left((p^{-1})^a\right)^l = (p^{-1})^{al} = p^{-al} = p^{kl} \, .$$

Für $l < 0$ setzen wir zudem $b := -l \in \mathbb{N}_0$ und erhalten

$$(p^k)^l = (p^k)^{-b} \stackrel{a)}{=} \left((p^k)^b\right)^{-1} = (p^{kb})^{-1} \stackrel{a)}{=} p^{kl} \, .$$

B.4.3 Grenzprozesse mit rationalen Zahlen

Lösung zu Aufgabe 4.12 a) Wir unterscheiden die folgenden Fälle:
1. *Fall:* $x \geq 0$: Dann gilt $|x| = x = \max(x, -x)$, da $-x \leq x$.
2. *Fall:* $x < 0$: Dann gilt $|x| = -x = \max(x, -x)$, da $x < -x$.
b) Seien $x, y \in K$. Aus $x + y \leq |x| + |y|$ und $-(x + y) = (-x) + (-y) \leq |x| + |y|$ folgt nach Aufgabenteil a) die Abschätzung $|x + y| = \max(x + y, -(x + y)) \leq |x| + |y|$.
c) Nochmals unterscheiden wir die folgenden Fälle:
1. *Fall:* $x \geq 0$: Dann gilt $|xy| \stackrel{a)}{=} \max(xy, -xy) \stackrel{x \geq 0}{=} x \cdot \max(y, -y) \stackrel{a)}{=} x \cdot |y| \stackrel{x \geq 0}{=} |x| \cdot |y|$.
2. *Fall:* $x < 0$: Dann gilt $|xy| \stackrel{a)}{=} \max(xy, -xy) \stackrel{x < 0}{=} -x \cdot \max(-y, y) \stackrel{a)}{=} -x \cdot |y| \stackrel{x < 0}{=} |x| \cdot |y|$.
d) Zunächst wenden wir auf y und $x - y$ die Dreiecksungleichung aus Aufgabenteil b) an und erhalten

$$|x| = |y + (x - y)| \leq |y| + |x - y| \quad \Rightarrow \quad |x| - |y| \leq |x - y| \, .$$

Wenden wir b) hingegen auf x und $y - x$ an, bekommen wir analog $-(|x| - |y|) = |y| - |x| \leq |x - y|$. Schließlich gilt mit Aufgabenteil a)

$$\big||x| - |y|\big| = \max(|x| - |y|, -(|x| - |y|)) \leq |x - y| \, .$$

Lösung zu Aufgabe 4.14 Wir zeigen zunächst $a_{n+1} \leq \delta^n a_1$ für alle $n \in \mathbb{N}$ mit vollständiger Induktion:
Induktionsanfang $n = 1$: Es gilt nach Voraussetzung $a_2 \leq \delta a_1$.
Induktionsschritt $n \to n + 1$: Angenommen die Behauptung gelte für $n \in \mathbb{N}$, dann folgt

$$a_{n+2} \leq \delta a_{n+1} \leq \delta \delta^n a_1 = \delta^{n+1} a_1 \, .$$

Wir betrachten nun die Folge $(s_n)_n \in \mathbb{Q}^{\mathbb{N}}$ der Partialsummen $s_n := \sum_{k=1}^n a_k$. Die Folgenglieder s_n lassen sich mit der geometrischen Reihe Satz 4.57, 3) nach oben abschätzen

$$s_n = \sum_{k=1}^n a_k \leq \sum_{k=1}^n \delta^{n-1} a_1 < a_1 \sum_{k=0}^\infty \delta^k = a_1 \frac{1}{1 - \delta} \, .$$

Die Folge $(s_n)_n$ ist also monoton wachsend und beschränkt, d. h., nach Lemma 4.51 ist $(s_n)_n$ eine CAUCHY-Folge.

B.5 Der vollständige Körper der reellen Zahlen

B.5.1 Die Konstruktion der reellen Zahlen

Lösung zu Aufgabe 5.1 Zunächst mache man sich klar, dass der Beweis zur Aufgabe 4.8 ebenso für reelle Basen $p, q \in \mathbb{R}$ mit $p, q > 0$ (und ganzzahligen Exponenten) gilt und damit auch die entsprechenden Aussagen aus Aufgabe 4.8. Falls wir im Folgenden diese Aussagen verwenden, wird die entsprechende Stelle mit $(\star)$ markiert.
Zur Aussage $a^{q_1+q_2}$: Es seien $q_1 = \frac{m_1}{n_1}, q_2 = \frac{m_2}{n_2} \in \mathbb{Q}$ gegeben. Dann gilt

$$a^{q_1} a^{q_2} = (a^{1/(n_1 n_2)})^{m_1 n_2} + (a^{1/(n_1 n_2)})^{m_2 n_1} \overset{(\star)}{=} (a^{1/(n_1 n_2)})^{m_1 n_2 + m_2 n_1} = a^{\frac{m_1 n_2 + m_2 n_1}{n_1 n_2}} = a^{q_1+q_2} .$$

Zur Aussage $a^{-q_1} = (a^{q_1})^{-1}$:

$$a^{-q_1} = (a^{1/n_1})^{-m_1} \overset{(\star)}{=} \left((a^{1/n_1})^{m_1} \right)^{-1} = (a^{m_1/n_1})^{-1} = (a^{q_1})^{-1} .$$

Zur Aussage $a^{q_1-q_2} = a^{q_1}/a^{q_2}$:

$$a^{q_1-q_2} = (a^{1/(n_1 n_2)})^{m_1 n_2 - m_2 n_1} \overset{(\star)}{=} (a^{1/(n_1 n_2)})^{m_1 n_2}/(a^{1/(n_1 n_2)})^{m_2 n_1} = a^{q_1}/a^{q_2} .$$

Zur Aussage $(a^{q_1})^{q_2} = a^{q_1 q_2}$:

$$(a^{q_1})^{q_2} = \left(\left((a^{1/(n_1 n_2)})^{m_1 n_2} \right)^{1/n_2} \right)^{m_2} = \left((a^{1/(n_1 n_2)})^{m_1} \right)^{m_2} \overset{(\star)}{=} (a^{1/(n_1 n_2)})^{m_1 m_2} = a^{q_1 q_2} .$$

Setzen wir dabei $b := a^{1/(n_1 n_2)}$, so gilt nach Satz 5.24 die Gleichung $(b^{m_1 n_2})^{1/n_2} \overset{(\star)}{=} ((b^{m_1})^{n_2})^{1/n_2} = b^{m_1}$ woraus die zweite Gleichung folgt.
Zur Aussage $a^q b^q = (ab)^q$: Es seien $a, b \in \mathbb{R}$ mit $a, b > 0$ und $q = \frac{m}{n} \in \mathbb{Q}$ gegeben. Dann gilt zunächst $a^q b^q = (a^{1/n})^m (b^{1/n})^m \overset{(\star)}{=} (a^{1/n} b^{1/n})^m$. Wegen $(a^{1/n} b^{1/n})^n \overset{(\star)}{=} ab$ stimmt nach Satz 5.24 $a^{1/n} b^{1/n}$ mit der eindeutigen n-ten Wurzel $(ab)^{1/n}$ überein. Wir erhalten also $a^q b^q = ((ab)^{1/n})^m = (ab)^q$.

Lösung zu Aufgabe 5.4 a) Es sei $(x_k)_k = (\frac{m_k}{n_k})_k \in \mathbb{Q}^{\mathbb{N}}$ eine Nullfolge (o. B. d. A. mit $|x_k| < 1$ für alle $k \in \mathbb{N}$). Zudem sei $(\frac{1}{\bar{n}_k})_k$ eine weitere Nullfolge mit $\bar{n}_k \in \mathbb{N}$ und $\frac{m_k}{n_k} \le \frac{1}{\bar{n}_k}$, d.h $n_k - m_k \bar{n}_k \ge 0$, für alle $k \in \mathbb{N}$. Falls $a \ge 1$ ist $a^{n_k - m_k \bar{n}_k} \ge 1$, und damit

$$a^{\frac{n_k - m_k \bar{n}_k}{n_k \bar{n}_k}} = \left(a^{n_k - m_k \bar{n}_k} \right)^{\frac{1}{n_k \bar{n}_k}} \ge 1 .$$

Dann folgt die Behauptung wegen $f(0) = a^0 = 1$ und $\lim_{n \to \infty} a^{1/n} = 1$

$$1 \le \lim_{k \to \infty} f(x_k) = \lim_{k \to \infty} a^{\frac{m_k}{n_k}} \le \lim_{k \to \infty} a^{\frac{1}{\bar{n}_k}} = 1 .$$

Analog erhalten wir im Falle $a < 1$ die Abschätzung

$$1 > \lim_{k \to \infty} f(x_k) = \lim_{k \to \infty} a^{\frac{m_k}{n_k}} \ge \lim_{k \to \infty} a^{\frac{1}{\bar{n}_k}} = 1 .$$

b) Es sei $x \in \mathbb{Q}$ und $(x_n)_n \in \mathbb{Q}^{\mathbb{N}}$ eine gegen x konvergierende Folge. Dann ist $(x_n - x)_n$ nach Definition 4.42, 3) eine Nullfolge. Wir verwenden den Hinweis und erhalten

$$f(x_n) - f(x) = a^{x_n} - a^x = a^x (a^{x_n - x} - 1) .$$

Mit Satz 4.45 und $\lim_{n\to\infty} a^{x_n - x} = 1$ nach Aufgabenteil a) haben wir schließlich

$$\lim_{n\to\infty} f(x_n) - f(x) = \lim_{n\to\infty} (f(x_n) - f(x)) = a^x \cdot (\lim_{n\to\infty} a^{x_n - x} - 1) = 0\,,$$

d. h., $\lim_{n\to\infty} f(x_n) = f(x)$ und die Stetigkeit von f auf $\mathbb{Q}$ ist nachgewiesen.

Lösung zu Aufgabe 5.5 a) Wir machen uns zunächst klar, dass für alle rationalen Folgen $(q_n)_n \in \mathbb{Q}^{\mathbb{N}}$, die gegen ein $x \in \mathbb{R}$ konvergieren, der Grenzwert $\lim_{n\to\infty} a^{q_n}$ in $\mathbb{R}$ existiert. Da $\mathbb{R}$ vollständig ist, genügt es zu zeigen, dass $(a^{q_n})_n$ eine CAUCHY-Folge ist. Da die konvergente Folge $(q_n)_n$ nach Bemerkungen 4.44, 4) insbesondere eine CAUCHY-Folge ist, ist diese beschränkt, d. h., für alle $n \in \mathbb{N}$ gilt $|q_n| \le M$ für ein $M > 0$ (s. Satz 4.47). Sei nun also $\varepsilon > 0$. Dann gilt nach Aufgabe 5.4, a) für $\delta \in \mathbb{Q}$, $\delta > 0$ ausreichend klein die Abschätzung $|a^{\pm\delta} - 1| < \varepsilon/\max(1, M)$. Weiter gibt es ein $N \in \mathbb{N}$, sodass $|q_n - q_m| < \delta$ für alle $m, n \ge N$. Daraus folgt

$$|a^{q_n} - a^{q_m}| = |a^{q_m}| \cdot |a^{q_n - q_m} - 1| \le \max(1, a^M) \cdot |a^{\pm\delta} - 1| < \varepsilon \quad \text{für alle } m, n \ge N\,.$$

Des Weiteren ist für die Wohldefiniertheit der Exponentialfunktion auf $\mathbb{R}$ wesentlich, dass für zwei verschiedene Folgen $(q_n)_n, (q'_n)_n \in \mathbb{Q}^{\mathbb{N}}$ mit $\lim_{n\to\infty} q_n = \lim_{n\to\infty} q'_n = x \in \mathbb{R}$ gilt

$$\lim_{n\to\infty} a^{q_n} = \lim_{n\to\infty} a^{q'_n} \quad \Leftrightarrow \quad \lim_{n\to\infty}(a^{q_n} - a^{q'_n}) = 0\,. \tag{B.2}$$

Hierfür argumentieren wir analog zu oben. Da die konvergente Folge $(q'_n)_n$ insbesondere eine CAUCHY-Folge und somit beschränkt ist, gibt es ein $M' > 0$ mit $|q'_n| \le M'$ für alle $n \in \mathbb{N}$. Tatsächlich ist nun (B.2) erfüllt, denn sei $\varepsilon > 0$, dann gilt $|a^{\pm\delta'} - 1| < \varepsilon/\max(1, M')$ für $\delta' \in \mathbb{Q}$, $\delta' > 0$ ausreichend klein. Wegen der Konvergenz der Folgen $(q_n)_n$ und $(q'_n)_n$ gegen x gibt es ein $N' \in \mathbb{N}$, sodass $|q_n - x| \le \frac{\delta'}{2}$ und $|q'_n - x| \le \frac{\delta'}{2}$ für alle $n, n' \ge N'$. Damit haben wir

$$|q_n - q'_n| \le |q_n - x| + |x - q'_n| \le \frac{\delta'}{2} + \frac{\delta'}{2} = \delta' \quad \text{für alle } n, n' \ge N'$$

und weiter analog zu oben für alle $n, n' \ge N'$

$$|a^{q_n} - a^{q'_n}| = |a^{q'_n}| \cdot |a^{q_n - q'_n} - 1| \le \max(1, a^{M'})|a^{\pm\delta'} - 1| < \varepsilon\,.$$

Schließlich sei nun $x \in \mathbb{Q}$, und die Folge $(q_n)_n \in \mathbb{Q}^{\mathbb{N}}$ konvergiere gegen x. Nach Aufgabe 5.4, b) gilt $f(x) = \lim_{n\to\infty} a^{q_n}$, wobei $f : \mathbb{Q} \to \mathbb{R}$, $x \mapsto a^x$, die in Aufgabe 5.4 (bzw. Aufgabe 5.1) definierte Exponentialfunktion zur Basis a auf $\mathbb{Q}$ bezeichne. Es gelten daher auch alle Gleichungen der Potenzrechengesetze aus Aufgabe 5.1 für rationale Argumente.

b) Es seien $x = \lim_{n\to\infty} q_n, y = \lim_{n\to\infty} p_n \in \mathbb{R}$ Grenzwerte der Folgen $(q_n)_n, (p_n)_n \in \mathbb{Q}^{\mathbb{N}}$. Dann gilt für $a, b > 0$ mithilfe der Potenzrechengesetze (s. Aufgabe 5.1) und Satz 4.45

$$a^{x+y} = \lim_{n\to\infty} a^{q_n + p_n} = \lim_{n\to\infty}(a^{q_n} a^{p_n}) = \left(\lim_{n\to\infty} a^{q_n}\right)\left(\lim_{n\to\infty} a^{p_n}\right) = a^x a^y\,,$$

$$a^{-x} = \lim_{n\to\infty} a^{-q_n} = \lim_{n\to\infty}(a^{q_n})^{-1} \overset{(\star)}{=} \left(\lim_{n\to\infty} a^{q_n}\right)^{-1} = (a^x)^{-1}\,,$$

$$a^{x-y} = \lim_{n\to\infty} a^{q_n - p_n} = \lim_{n\to\infty}(a^{q_n}/a^{p_n}) \overset{(\star\star)}{=} \left(\lim_{n\to\infty} a^{q_n}\right)/\left(\lim_{n\to\infty} a^{p_n}\right) = a^x/a^y\,,$$

$$a^x b^x = \left(\lim_{n\to\infty} a^{q_n}\right)\left(\lim_{n\to\infty} b^{q_n}\right) = \lim_{n\to\infty} a^{q_n} b^{q_n} = \lim_{n\to\infty}(ab)^{q_n} = (ab)^x\,.$$

Dabei gilt $(\star)$ wegen $\left|\frac{1}{a^{q_n}} - \frac{1}{a^x}\right| = \left|\frac{a^x - a^{q_n}}{a^{q_n} a^x}\right| \le \frac{2}{|a^x|^2}|a^x - a^{q_n}| < \varepsilon$ für $\varepsilon > 0$ und ausreichend große n (sodass insbesondere $a^{q_n} \ge \frac{a^x}{2}$). Analog für $(\star\star)$:

$$\left|\frac{a^{q_n}}{a^{p_n}} - \frac{a^x}{a^y}\right| = \left|\frac{a^{q_n} a^y - a^x a^{p_n}}{a^{p_n} a^y}\right| \le \frac{2}{|a^y|^2}|a^{q_n} a^y - a^x a^{p_n}| \le \frac{2}{|a^y|^2}(|a^{q_n}||a^y - a^{p_n}| + |a^{q_n} - a^x||a^{p_n}|)\,.$$

Schließlich zeigen wir noch $(a^x)^y = a^{xy}$: Auch hier möchten wir wie oben argumentieren

$$a^{xy} = \lim_{n\to\infty} a^{q_n y} = \lim_{k\to\infty} \lim_{n\to\infty} a^{q_n p_k} = \lim_{k\to\infty} \lim_{n\to\infty} (a^{q_n})^{p_k} \stackrel{(!)}{=} \lim_{k\to\infty} (a^x)^{p_k} = (a^x)^y \, ,$$

wobei in der ersten Gleichung vorgreifend die Stetigkeit von e_a verwendet wird, s. Aufgabenteil c). Außerdem wird in der vierten Gleichung (!) $\lim_{n\to\infty}(a^{q_n})^{p_k} = (a^x)^{p_k}$ benötigt, d. h., für $\varepsilon > 0$ gibt es ein $N \in \mathbb{N}$, sodass

$$\left|(a^{q_n})^{p_k} - (a^x)^{p_k}\right| = \left|(a^x)^{p_k}\right| \cdot \left|(a^{q_n-x})^{p_k} - 1\right| \le \varepsilon$$

für alle $n \ge N$. Dies folgt nun aber mit $p_k = \frac{m_k}{n_k} \in \mathbb{Q}$ aus der Stetigkeit der n_k-ten Wurzelfunktion in 1: Sei nämlich $(\alpha_n)_n \subset \mathbb{R}$ eine nichtnegative Folge mit $\alpha_n \to 1$. Dann gilt nach Lemma 2.15 für alle $\alpha_n \neq 1$

$$1 - \alpha_n = (1 - \alpha_n^{1/n_k}) \sum_{j=0}^{n_k-1} \alpha_n^{j/n_k} \quad \text{also} \quad |1 - \alpha_n^{1/n_k}| \le |1 - \alpha_n| \to 0 \quad \text{für } \alpha_n \to 1 \, .$$

Schließlich gilt (!) mit $\alpha_n := a^{q_n-x}$ wegen $\lim_{n\to\infty} \alpha_n^{1/n_k} = 1$ und

$$(\alpha_n^{1/n_k})^{m_k} = \underbrace{\alpha_n^{1/n_k} \cdot \ldots \cdot \alpha_n^{1/n_k}}_{m_k\text{-mal}} \longrightarrow 1 \cdot \ldots \cdot 1 = 1 \, .$$

c) Sei $x \in \mathbb{R}$ und $(x_n)_n \in \mathbb{R}^{\mathbb{N}}$ eine gegen x konvergierende Folge. Analog zu Aufgabe 5.4 b) erhalten wir mit

$$|a^{x_n} - a^x| = |a^x| \cdot |a^{x_n-x} - 1|$$

Stetigkeit der Exponentialfunktion auf $\mathbb{R}$, wenn Stetigkeit in 0 nachgewiesen wird. Es muss also $\lim_{n\to\infty} a^{y_n} = 1$ für alle reellen Nullfolgen $(y_n)_n \in \mathbb{R}^{\mathbb{N}}$ gezeigt werden. Sei also eine solche Nullfolge gegeben und $\varepsilon > 0$. Wegen der Dichtheit von $\mathbb{Q}$ in $\mathbb{R}$ (s. Theorem 5.12) gibt es für alle $n \in \mathbb{N}$ ein $q_n \in \mathbb{Q}$, sodass $|y_n - q_n| \le 1/n$. Dies definiert nun eine rationale Folge $(q_n)_n \in \mathbb{Q}^{\mathbb{N}}$, welche insbesondere eine Nullfolge ist:

$$|q_n| \le |q_n - y_n| + |y_n| \le \frac{1}{n} + |y_n| \, .$$

Nach Aufgabe 5.4 a) gibt es demnach ein $N_1 \in \mathbb{N}$ mit $|a^{q_n} - 1| \le \varepsilon/2$ für alle $n \ge N_1$. Mit analoger Argumentation zu Aufgabenteil a) gibt es ein $N_2 \in \mathbb{N}$, sodass

$$|a^{q_n}||a^{y_n-q_n} - 1| \le \frac{\varepsilon}{2} \quad \text{für alle } n \ge N_2 \, .$$

Daher erhalten wir schließlich für alle $n \ge N := \max(N_1, N_2)$ die Abschätzung

$$|a^{y_n} - 1| \le |a^{y_n} - a^{q_n}| + |a^{q_n} - 1| \le |a^{q_n}||a^{y_n-q_n} - 1| + |a^{q_n} - 1| \le \frac{\varepsilon}{2} + \frac{\varepsilon}{2} = \varepsilon \, .$$

B.5.2 Abstraktes durch Approximation konkret machen: Iterative Verfahren und ihre Güte

Lösung zu Aufgabe 5.13   a) Sei $0 < x_0 < \sqrt{a}$. Dann gilt wegen $\frac{\sqrt{a}+x_0}{2x_0} \ge 1$ die Abschätzung

$$x_1 - x_0 = \frac{a - x_0^2}{2x_0} = \frac{\sqrt{a} + x_0}{2x_0}(\sqrt{a} - x_0) \ge \sqrt{a} - x_0 \, ,$$

d. h. $x_1 \geq \sqrt{a}$.

b) Wir zeigen die Behauptung $x_n \geq \sqrt{a}$ für $n \in \mathbb{N}$ durch vollständige Induktion. Der Induktionsanfang wurde dabei bereits in Aufgabenteil a) gemacht. Vorausgesetzt es gelte bereits $x_n \geq \sqrt{a}$ für ein $n \in \mathbb{N}$. Dann liefert $\frac{x_n + \sqrt{a}}{2x_n} \leq 1$ die Ungleichung

$$x_n - x_{n+1} = \frac{x_n^2 - a}{2x_n} = \frac{x_n + \sqrt{a}}{2x_n}(x_n - \sqrt{a}) \leq x_n - \sqrt{a},$$

d. h. $x_{n+1} \geq \sqrt{a}$. Außerdem ist die Folge $(x_n)_n$ monoton fallend, da die rechte Seite obiger Ungleichung nichtnegativ ist.

Alternativ: Mithilfe von (K.2) sieht man direkt, dass die Anwendung eines Schrittes des HERON-Verfahrens $\bar{y} = \frac{1}{2}(y + \frac{a}{y})$ für eine Zahl $y > 0$ die Ungleichung $\sqrt{a} = G(y, a/y) \leq A(y, a/y) = \bar{y}$ liefert.

Lösung zu Aufgabe 5.15 Das modifizierte NEWTON-Verfahren lautet $x_{n+1} = h(x_n)$ mit Iterationsfunktion

$$h(x) := x - m\frac{f(x)}{f'(x)}.$$

Nach Satz 5.32 genügt es $h'(\bar{x}) = 0$ zu zeigen. Es gibt nach Satz G.6, 2) eine zweimal stetig differenzierbare Abbildung $g : [a, b] \to \mathbb{R}$, sodass $f(x) = (x - \bar{x})^m g(x)$. Die erste sowie die zweite Ableitung von f sind demnach gegeben durch

$$f'(x) = m(x - \bar{x})^{m-1}g(x) + (x - \bar{x})^m g'(x),$$
$$f''(x) = m(m - 1)(x - \bar{x})^{m-2}g(x) + 2m(x - \bar{x})^{m-1}g'(x) + (x - \bar{x})^m g''(x).$$

Damit erhalten wir

$$h'(\bar{x}) = 1 - m\left(1 - \lim_{x \to \bar{x}} \frac{f(x)f''(x)}{f'(x)^2}\right)$$

$$= 1 - m + m \lim_{x \to \bar{x}} \frac{(x - \bar{x})^m g(x)\left(m(m - 1)(x - \bar{x})^{m-2}g(x) + 2m(x - \bar{x})^{m-1}g'(x) + (x - \bar{x})^m g''(x)\right)}{(m(x - \bar{x})^{m-1}g(x) + (x - \bar{x})^m g'(x))^2}$$

$$= 1 - m + m \lim_{x \to \bar{x}} \frac{m(m - 1)g(x)^2 + 2m(x - \bar{x})g(x)g'(x) + (x - \bar{x})^2 g(x)g''(x)}{m^2 g(x)^2 + 2m(x - \bar{x})g(x)g'(x) + (x - \bar{x})^2 g''(x)^2}$$

$$= 1 - m + m\frac{m(m - 1)g(\bar{x})^2}{m^2 g(\bar{x})^2} = 0,$$

wobei im Bruch der vorletzten Zeile der Faktor $(x - \bar{x})^{2m-2}$ gekürzt wurde.

B.5.3 Die Feinstruktur der reellen Zahlen

Lösung zu Aufgabe 5.17 Angenommen es gibt einen Körper $K \subset \mathbb{R}$ und $a, b, r \in K$, $\sqrt{r} \notin K$, sodass $\sqrt[3]{2} = a + b\sqrt{r} \in K(\sqrt{r})$. Dann gilt

$$2 = \left(a + b\sqrt{r}\right)^3 \quad \Leftrightarrow \quad 0 = (\underbrace{a^3 + 3ab^2r - 2}_{=:\alpha \in K}) + (\underbrace{3a^2b + b^2r}_{=:\beta \in K})\sqrt{r}.$$

Wegen $\sqrt{r} \notin K$ haben wir $\beta = b(3a^2 + br) = 0$. Nun ist $r > 0$ und damit $b = 0$, d. h. $\sqrt[3]{2} = a \in K$. Angenommen $\sqrt[3]{2}$ sei konstruierbar. Nach Theorem 5.39 ist $\sqrt[3]{2}$ in einer iterierten quadratischen Erweiterung K_n (Notation vgl. Definition 5.38) enthalten. Nach der obigen Argumentation gilt dann aber $\sqrt[3]{2} \in K_{n-1}$. Schließlich lässt sich daraus sukzessive folgern $\sqrt[3]{2} \in K_{n-2}, ..., \sqrt[3]{2} \in K_0 = \mathbb{Q}$. Dies widerspricht aber der Irrationalität von $\sqrt[3]{2}$.

Lösung zu Aufgabe 5.18 Sei $\mathbb{Q} \subset K \subset L \subset E \subset \mathbb{R}$, wobei E endlich über L und L endlich über K erzeugt ist. Weiter sei $\{r_1, ..., r_n\}$, $n \in \mathbb{N}$, eine Basis von E über L und $\{s_1, ..., s_m\}$, $m \in \mathbb{N}$, eine Basis von L über K, d. h. $[E : L] = n$ und $[L : K] = m$. Im Folgenden zeigen wir, dass $\mathcal{B} := \{r_i s_j : i = 1, ..., n, j = 1, ..., m\}$ eine Basis von E über K ist, d. h. ein linear unabhängiges Erzeugendensystem. Die Anzahl der Basiselemente in $\mathcal{B}$ ist nm, d. h., es gilt dann auch $[E : K] = nm = [E : L][L : K]$.
Erzeugendensystem: Sei $x \in E$. Dann gibt es $q_i \in L$, $i = 1, ..., n$, sodass $x = \sum_{i=1}^{n} q_i r_i$. Da nun L endlich über K erzeugt ist gibt, es für alle $i = 1, ..., n$ Koeffizienten $k_{ij} \in K$, $j = 1, ..., m$, mit $q_i = \sum_{j=1}^{m} k_{ij} s_j$. Damit haben wir $x = \sum_{i=1}^{n} \sum_{j=1}^{m} k_{ij}(r_i s_j)$, d. h. $E = \text{span}_K \mathcal{B}$.
Lineare Unabhängigkeit: Nun seien $k_{ij} \in K$, $i = 1, ..., n$, $j = 1, ..., m$, gegeben, sodass gilt $\sum_{i=1}^{n} \sum_{j=1}^{m} k_{ij}(r_i s_j) = 0$. Etwas umgeschrieben haben wir $\sum_{i=1}^{n} \left(\sum_{j=1}^{m} k_{ij} s_j \right) r_i = 0$, d. h. $\sum_{j=1}^{m} k_{ij} s_j = 0$ für alle $i = 1, ..., n$, da $r_1, ..., r_n$ linear unabhängig über L sind. Schließlich folgt $k_{ij} = 0$ für alle $i = 1, ..., n$, $j = 1, ..., m$, da $s_1, ..., s_m$ linear unabhängig über K sind. Damit ist $\mathcal{B}$ linear unabhängig.

B.5.4 Drei Zahlen: ϕ, π und e

Lösung zu Aufgabe 5.23 Geometrisch lässt sich dieser Sachverhalt wie folgt erläutern: Gegeben sei das KEPLER'sche Dreieck (vgl. Aufgabe 5.22) mit den Seiten $1, \phi^{1/2}$ und ϕ. Dieses Dreieck ist wegen $1 + \phi = \phi^2$ rechtwinklig, und der zugehörige THALES-Kreis hat den Umfang $\pi\phi$. Der Umfang $4\phi^{1/2}$ des Quadrates mit Seitenlänge $\phi^{1/2}$ stimmt nun näherungsweise mit dem Kreisumfang überein $\pi\phi - 4\phi^{1/2} \approx -0.004875$. Daher gilt $\pi - \frac{4}{\phi^{1/2}} \approx -0.003013$, und der relative Fehler, π durch $\frac{4}{\phi^{1/2}}$ zu approximieren, liegt erstaunlicherweise bei nur etwa 0.000959.

Lösung zu Aufgabe 5.28 a) Mit partieller Integration und der Identität $\cos^2(x) + \sin^2(x) = 1$ haben wir

$$
\begin{aligned}
I(n) &= \int_0^\pi \sin^n(x)\, dx = \int_0^\pi \sin(x) \cdot \sin^{n-1}(x)\, dx \\
&= \left[-\cos(x) \cdot \sin^{n-1}(x) \right]_0^\pi + (n-1) \int_0^\pi \cos^2(x) \cdot \sin^{n-2}(x)\, dx \\
&= (n-1) \int_0^\pi (1 - \sin^2(x)) \cdot \sin^{n-2}(x)\, dx = (n-1)I(n-2) - (n-1)I(n).
\end{aligned}
$$

Die Behauptung folgt nun durch Auflösung nach $I(n)$.
b) Wir beweisen die Gleichung $I(2n) = \pi \prod_{k=1}^{n} \frac{2k-1}{2k}$ mit vollständiger Induktion nach $n \in \mathbb{N}_0$.
Induktionsanfang $n = 0$: Es gilt $I(0) = \pi = \pi \prod_{k=1}^{0} \frac{2k-1}{2k}$.
Induktionsschritt $n \to n + 1$: Nach Induktionsvoraussetzung (IV) gelte die Gleichung für $n \in \mathbb{N}_0$. Daraus erhalten wir mithilfe von Teilaufgabe a)

$$
I(2(n+1)) \overset{a)}{=} \frac{2(n+1)-1}{2(n+1)} I(2n) \overset{(IV)}{=} \pi \frac{2(n+1)-1}{2(n+1)} \prod_{k=1}^{n} \frac{2k-1}{2k} = \pi \prod_{k=1}^{n+1} \frac{2k-1}{2k}.
$$

c) Analog zu Aufgabenteil b) erhalten wir für ungerade Zahlen $2n + 1$, $n \in \mathbb{N}_0$, die Gleichung

$$
I(2n+1) = 2 \prod_{k=1}^{n} \frac{2k}{2k+1}.
$$

Damit ergibt sich für $n \geq 1$ die Gleichung

$$\frac{I(2n-1)}{I(2n+1)} = \left(\prod_{k=n}^{n} \frac{2k}{2k+1}\right)^{-1} = \frac{2n+1}{2n}.$$

Wegen $0 \le \sin(x) \le 1$ für alle $x \in [0, \pi]$ gilt auf diesem Intervall auch $0 \le \sin^{2n+1}(x) \le \sin^{2n}(x) \le \sin^{2n-1}(x)$ und damit $0 < I(2n+1) \le I(2n) \le I(2n-1)$ bzw.

$$1 \le \frac{I(2n)}{I(2n+1)} \le \frac{I(2n-1)}{I(2n+1)} \le \frac{2n+1}{2n}.$$

Wegen $\lim_{n \to \infty} \frac{2n+1}{2n} = 1$ konvergiert nach Lemma 5.15 auch die Folge $(I(2n)/I(2n+1))_n$ gegen 1, d. h., wir haben

$$1 = \lim_{n \to \infty} \frac{I(2n)}{I(2n+1)} = \frac{\pi}{2} \prod_{k=1}^{\infty} \frac{2k-1}{2k} \frac{2k+1}{2k}.$$

B.6 Komplexe Zahlen

B.6.1 Warum komplexe Zahlen und wie?

Lösung zu Aufgabe 6.1 Es seien $x, y \in \mathbb{H}$, d. h.

$$x = x_0 1_{\mathbb{H}} + x_1 i_{\mathbb{H}} + x_2 j_{\mathbb{H}} + x_3 k_{\mathbb{H}} \quad \text{und} \quad y = y_0 1_{\mathbb{H}} + y_1 i_{\mathbb{H}} + y_2 j_{\mathbb{H}} + y_3 k_{\mathbb{H}}$$

für $x_i, y_i \in \mathbb{R}$, $i = 0, ..., 3$. Die komponentenweise definierte Addition ist gegeben durch

$$x + y := (x_0 + y_0)1_{\mathbb{H}} + (x_1 + y_1)i_{\mathbb{H}} + (x_2 + y_2)j_{\mathbb{H}} + (x_3 + y_3)k_{\mathbb{H}}.$$

Mit geeigneten komplexen Zahlen $w := x_0 + i_{\mathbb{C}}x_1, z := x_2 + i_{\mathbb{C}}x_3, \alpha := y_0 + i_{\mathbb{C}}y_1$ und $\beta := y_2 + i_{\mathbb{C}}y_3$ lassen sich x und y als $\mathbb{C}^{(2,2)}$-Matrizen darstellen:

$$x \mapsto \begin{pmatrix} w & z \\ -\bar{z} & \bar{w} \end{pmatrix} \quad \text{und} \quad y \mapsto \begin{pmatrix} \alpha & \beta \\ -\bar{\beta} & \bar{\alpha} \end{pmatrix}.$$

Mithilfe der in (6.17) eingeführten Matrixmultiplikation (welche analog für komplexe Einträge definiert ist) erhalten wir

$$\begin{pmatrix} w & z \\ -\bar{z} & \bar{w} \end{pmatrix}\begin{pmatrix} \alpha & \beta \\ -\bar{\beta} & \bar{\alpha} \end{pmatrix} = \begin{pmatrix} w\alpha - z\bar{\beta} & w\beta + z\bar{\alpha} \\ -\bar{z}\alpha - \bar{w}\bar{\beta} & -\bar{z}\beta + \bar{w}\bar{\alpha} \end{pmatrix}$$

$$= \begin{pmatrix} (x_0 + i_{\mathbb{C}}x_1)(y_0 + i_{\mathbb{C}}y_1) & (x_0 + i_{\mathbb{C}}x_1)(y_2 + i_{\mathbb{C}}y_3) \\ -(x_2 - i_{\mathbb{C}}x_3)(y_0 + i_{\mathbb{C}}y_1) & -(x_2 - i_{\mathbb{C}}x_3)(y_2 + i_{\mathbb{C}}y_3) \end{pmatrix}$$

$$+ \begin{pmatrix} -(x_2 + i_{\mathbb{C}}x_3)(y_2 - i_{\mathbb{C}}y_3) & (x_2 + i_{\mathbb{C}}x_3)(y_0 - i_{\mathbb{C}}y_1) \\ -(x_0 - i_{\mathbb{C}}x_1)(y_2 - i_{\mathbb{C}}y_3) & (x_0 - i_{\mathbb{C}}x_1)(y_0 - i_{\mathbb{C}}y_1) \end{pmatrix}$$

und weiter durch Ausmultiplizieren

$$\begin{pmatrix} w & z \\ -\bar{z} & \bar{w} \end{pmatrix}\begin{pmatrix} \alpha & \beta \\ -\bar{\beta} & \bar{\alpha} \end{pmatrix} = \begin{pmatrix} x_0y_0 - x_1y_1 - x_2y_2 - x_3y_3 & x_0y_2 - x_1y_3 + x_2y_0 + x_3y_1 \\ -x_2y_0 - x_3y_1 - x_0y_2 + x_1y_3 & -x_2y_2 - x_3y_3 + x_0y_0 - x_1y_1 \end{pmatrix}$$

$$+ i_{\mathbb{C}}\begin{pmatrix} x_1y_0 + x_0y_1 - x_3y_2 + x_2y_3 & x_1y_2 + x_0y_3 + x_3y_0 - x_2y_1 \\ x_3y_0 - x_2y_1 + x_1y_2 + x_0y_3 & x_3y_2 - x_2y_3 - x_1y_0 - x_0y_1 \end{pmatrix}$$

$$= (x_0y_0 - x_1y_1 - x_2y_2 - x_3y_3)\begin{pmatrix} 1 & 0 \\ 0 & 1 \end{pmatrix} + (x_0y_1 + x_1y_0 + x_2y_3 - x_3y_2)\begin{pmatrix} i_{\mathbb{C}} & 0 \\ 0 & -i_{\mathbb{C}} \end{pmatrix}$$

$$+ (x_0y_2 - x_1y_3 + x_2y_0 + x_3y_1)\begin{pmatrix} 0 & 1 \\ -1 & 0 \end{pmatrix} + (x_0y_3 + x_1y_2 - x_2y_1 + x_3y_0)\begin{pmatrix} 0 & i_{\mathbb{C}} \\ i_{\mathbb{C}} & 0 \end{pmatrix} .$$

Damit ist die Multiplikation auf $\mathbb{H}$ gegeben durch

$$x \cdot y := (x_0y_0 - x_1y_1 - x_2y_2 - x_3y_3)\,1_{\mathbb{H}} + (x_0y_1 + x_1y_0 + x_2y_3 - x_3y_2)i_{\mathbb{H}}$$
$$+ (x_0y_2 - x_1y_3 + x_2y_0 + x_3y_1)\,j_{\mathbb{H}} + (x_0y_3 + x_1y_2 - x_2y_1 + x_3y_0)k_{\mathbb{H}} .$$

B.6.2 Mit komplexen Zahlen einfacher rechnen

Lösung zu Aufgabe 6.6 Die Komposition einer linearen Transformation $x \mapsto x + \alpha$ und eines allgemeinen kubischen Polynoms $f(x) = x^3 + ax^2 + bx + c$ führt zu

$$f(x + \alpha) = x^3 + (3\alpha + a)x^2 + (3\alpha^2 + 2a\alpha + b)x + \alpha^3 + a\alpha^2 + b\alpha + c .$$

Wir wählen $\alpha := -a/3$ (damit verschwindet der quadratische Term) und definieren $p := 3\alpha^2 + 2a\alpha + b$ sowie $q := \alpha^3 + a\alpha^2 + b\alpha + c$. Dann ist $f(x + \alpha) = \rho(x) = x^3 + px + q$. Nun ist x_0 genau dann eine Nullstelle von f, wenn $x_0 - \alpha$ eine Nullstelle von ρ ist.

Lösung zu Aufgabe 6.9 Aus (6.52), (6.53) erhalten wir direkt mit $\alpha = \beta$

$$\sin(2\alpha) = 2\sin(\alpha)\cos(\alpha) \quad \text{und} \quad \cos(2\alpha) = \cos^2(\alpha) - \sin^2(\alpha) .$$

Daraus ergibt sich für $x = 2\alpha$

$$\sin(x) = 2\sin(x/2)\cos(x/2) \quad \text{und} \quad \cos(x) = \cos^2(x/2) - \sin^2(x/2) .$$

Für $x \notin \{\pi + 2\pi k : k = 0, 1, 2, \ldots\}$ gilt sowohl $\cos(x) \neq -1$ als auch $\cos(x/2) \neq 0$, d. h., wir erhalten mit $\cos^2 + \sin^2 = 1$

$$\tan(x/2) = \frac{\sin(x/2)}{\cos(x/2)} = \frac{2\sin(x/2)\cos(x/2)}{2\cos^2(x/2)}$$
$$= \frac{2\sin(x/2)\cos(x/2)}{1 + \cos^2(x/2) - \sin^2(x/2)} = \frac{\sin(x)}{1 + \cos(x)} .$$

Gilt außerdem $x \notin \{\pi/2 + \pi k : k = 0, 1, 2, \ldots\}$ und damit $\cos(x) \neq 0$, dann können wir mit $\tan(x)$ erweitern und haben

$$\tan(x/2) = \frac{\tan(x)\sin(x)}{\tan(x) + \sin(x)} .$$

Lösung zu Aufgabe 6.11 Wir möchten eine Formel der Form (6.54) mit $N = 2$ zeigen. Dabei sind $a_1 = 1$, $b_1 = 7$, $a_2 = 3$, $b_2 = 79$ und $\frac{c_1}{c_0} = 5$, $\frac{c_2}{c_0} = 2$ mit $c_0, c_1, c_2 \in \mathbb{N}$. Wir betrachten nun einmal (6.58)

$$\alpha(1 + i)^{c_0} = \prod_{n=1}^{N}(b_n + ia_n)^{c_n} ,$$

mit $c_0 = 1$, d. h., die linke Seite vereinfacht sich zu $\alpha(1 + i)$. Demnach ist zu zeigen, dass für $c_1 = 5$ und $c_2 = 2$ das Produkt auf der rechten Seite gleichen Real- und Imaginärteil hat. Da dies tatsächlich der Fall ist

$$(7 + i)^5 (79 + 3i)^2 = 78\,125\,000\,(1 + i)\,,$$

folgt die Behauptung.

B.7 Maschinenzahlen

B.7.1 Darstellung von Maschinenzahlen

Lösung zu Aufgabe 7.2 Innerhalb eines Intervalls $[p^N, p^{N+1}]$ sind die Zahlen gleich verteilt, d. h., zwischen zwei Gleitkommazahlen mit einfacher Genauigkeit liegt auch immer die gleiche Anzahl von Gleitkommazahlen mit doppelter Genauigkeit – unabhängig vom eigentlichen Wert der Zahl (zu beachten ist aber, dass sich der Zahlabstand durchaus verändert). Betrachtet man beispielsweise die Zahl 1 sowie die darauf folgende Zahl in einfacher Genauigkeit, wobei wir lediglich die Mantisse betrachten müssen:

$$\underbrace{1.0\ldots00}_{t=24} \qquad \ldots \qquad 1.\underbrace{0\ldots01}_{24} \qquad \text{einfache Genauigkeit}$$

Diese Zahlen sind auch mit doppelter Genauigkeit exakt darstellbar, wobei die längere Mantisse zusätzliche Stellen dahinter ermöglicht:

$$\underbrace{1.\underbrace{0\ldots00}_{24}\underbrace{0\ldots0}_{29}}_{t=53} \qquad \ldots \qquad 1.\underbrace{0\ldots01}_{24}\underbrace{0\ldots0}_{29} \qquad \text{doppelte Genauigkeit}$$

Somit hat man bei doppelter Genauigkeit weitere 29 Stellen zur Verfügung, die 2^{29} verschiedene Zahlen darstellen können. Da der Fall, dass alle Stellen 0 sind, der Ausgangszahl entspricht, liegen also $2^{29} - 1 \approx 5.37 \cdot 10^8$ Gleitkommazahlen in doppelter Genauigkeit zwischen zwei aufeinanderfolgenden Gleitkommazahlen in einfacher Genauigkeit.

B.7.2 Rundungsfehler, Fehlerfortpflanzung und ihre Fußangeln

Lösung zu Aufgabe 7.3 a) Wegen $2^{24} < 10^8$ könnte man zunächst vermuten, dass achtstellige Dezimalzahlen genügen, um binäre Zahlen im einfach langen Format der IEEE 754-Norm eindeutig darzustellen. Betrachten wir aber hierfür das Intervall $I := [10^3, 2^{10}) = [1000, 1024)$. Dann hat eine Zahl $x \in \mathbb{F} \cap I$ 10 Bits vor und 14 Bits nach dem Komma, d. h., insgesamt gibt es

$$(2^{10} - 10^3) \cdot 2^{14} = 393\,216$$

verschiedene Zahlen aus $\mathbb{F}$ im Intervall I. Da achtstellige Dezimalzahlen im Intervall I bereits vier Ziffern für den ganzzahligen Teil benötigen, werden nur die übrigen vier Ziffern für die Nachkommastellen verwendet, d. h., es gibt im Intervall I insgesamt nur

$$(2^{10} - 10^3) \cdot 10^4 = 240\,000$$

verschiedene achtstellige Zahlen. Schließlich können $393\,216$ Zahlen aus $\mathbb{F}$ nicht eindeutig durch $240\,000$ achtstellige Zahlen dargestellt werden.

b) Wir betrachten nun das Intervall $[10^n, 10^{n+1}]$ mit $n \in \mathbb{Z}$, sodass $2^{-125} < 10^n < 2^{128}$. Nach (7.9) ist der Abstand neunstelliger Dezimalzahlen $d := 10^{n-8}$. Wir wählen nun ein minimales $m \in \mathbb{Z}$ mit $-124 \leq m \leq 129$, sodass $10^n < 2^m$ gilt. Dann ist der Zahlabstand von binären Zahlen aus $\mathbb{F}$ im Intervall $[10^n, 2^m] \subset [2^{m-1}, 2^m]$ nach (7.9) gegeben durch 2^{m-24} (und wächst in $(2^m, 10^{n+1}]$ weiter an). Nun gilt wegen $10^{-8} < 2^{-24}$ die Abschätzung

$$d = 10^n \cdot 10^{-8} < 2^m \cdot 10^{-8} < 2^{m-24} \,,$$

d. h., für eine beliebige neunstellige Dezimalzahl a im Intervall $[10^n, 10^{n+1}]$ gibt es in der Umgebung $[a - \frac{d}{2}, a + \frac{d}{2}]$ höchstens eine binäre Zahl aus $\mathbb{F}$.

B.7.3 Langzahlarithmetik

Lösung zu Aufgabe 7.8 Die Funktion $\tilde{g}(x) := -\frac{32}{17}x^2 + \frac{48}{17}x - 1$ nimmt im Intervall $[\frac{1}{2}, 1]$ an den Rändern ihr Minimum $\tilde{g}(\frac{1}{2}) = \tilde{g}(1) = -\frac{1}{17}$ und an der Extremalstelle $x_0 = \frac{3}{4}$ (d. h. $\tilde{g}'(x_0) = 0$) ihr Maximum $\tilde{g}(x_0) = \frac{1}{17}$ an. Daher gilt $\|\tilde{g}\| = \frac{1}{17}$.

Angenommen es gäbe eine Funktion g der Form $g(x) = ax^2 + bx - 1$ mit $\|g\| < \frac{1}{17}$. Dann gibt es $a, b \in \mathbb{R}$, sodass für alle $x \in [\frac{1}{2}, 1]$

$$\frac{16}{17} < ax^2 + bx < \frac{18}{17} \quad \Leftrightarrow \quad \frac{16}{17} \cdot \frac{1}{x} < ax + b < \frac{18}{17} \cdot \frac{1}{x} \tag{B.3}$$

gilt, wobei die Graphen der Schranken $h_1(x) := \frac{16}{17} \cdot \frac{1}{x}$, $h_2(x) := \frac{18}{17} \cdot \frac{1}{x}$ Hyperbeln und $f(x) := ax + b$ eine Gerade darstellen. Mit $\tilde{f}(x) := -\frac{32}{17}x + \frac{48}{17}$ gibt es wegen

$$\tilde{f}(\tfrac{1}{2}) = h_1(\tfrac{1}{2}) \,, \quad \tilde{f}(1) = h_1(1) \quad \text{und} \quad \tilde{f}(x_0) = h_2(x_0)$$

keine Gerade $f(x) = ax + b$, die (B.3) erfüllt: Eine Funktion $f(x) = ax + b$ ist bereits durch zwei Funktionswerte eindeutig bestimmt, z. B. durch $f(\frac{1}{2})$ und $f(1)$. Falls nun

$$f(\tfrac{1}{2}) \leq \tilde{f}(\tfrac{1}{2}) = h_1(\tfrac{1}{2}) \quad \text{oder} \quad f(1) \leq \tilde{f}(1) = h_1(1) \,,$$

liegt ein Widerspruch zu (B.3) vor. Andernfalls gilt wegen

$$f(\tfrac{1}{2}) > \tilde{f}(\tfrac{1}{2}) = h_1(\tfrac{1}{2}) \quad \text{und} \quad f(1) > \tilde{f}(1) = h_1(1)$$

auch $f(x_0) > \tilde{f}(x_0) = h_2(x_0)$, was wiederum (B.3) widerspricht.

Literaturverzeichnis

AMANN, H. und J. ESCHER (1998). *Analysis I.* 1. Aufl. Basel, Boston, Berlin: Birkhäuser.

BLATTER, C. (1991). *Analysis I.* 4. Aufl. Berlin, Heidelberg, New York: Springer.

DEUFLHARD, P. und A. HOHMANN (2008). *Numerische Mathematik 1: Eine algorithmisch orientierte Einführung.* 4. Aufl. Berlin, New York: de Gruyter.

ECK, C., H. GARCKE und P. KNABNER (2011). *Mathematische Modellierung.* 2. Aufl. Berlin: Springer.

HAIRER, E. und G. WANNER (2008). *Analysis by Its History.* New York: Springer Verlag.

KNABNER, P. und W. BARTH (2012). *Lineare Algebra: Grundlagen und Anwendungen.* Berlin: Springer.

LANDAU, E. (2004). *Grundlagen der Analysis.* Lemgo: Heldermann Verlag.

SCHICHL, H. und R. STEINBAUER (2009). *Einführung in das mathematische Arbeiten.* Berlin, Heidelberg: Springer.

SCHWARZ, H. R. (1993). *Numerische Mathematik.* 3. Aufl. Stuttgart: Teubner.

© Springer-Verlag GmbH Deutschland, ein Teil von Springer Nature 2019
P. Knabner et al., *Mit Mathe richtig anfangen*,
https://doi.org/10.1007/978-3-662-59230-4

Bildnachweis

Seite 24, Abbildung 1.2: Randall Munroe. Quelle: `https://xkcd.com/816/`. Lizenziert unter CC BY-NC 2.5.

Seite 95, Abbildung 2.3: © Zach Weinersmith, 2013. Quelle: `https://www.smbc-comics.com/comic/2013-02-01`.

Seite 134, Abbildung 3.1: © Sidney Harris, 1977. Quelle: `http://www.sciencecartoonsplus.com/`.

Seite 164, Abbildung 4.1: Calvin and Hobbes © 1991 Watterson. Reprinted with permission of Andrews McMeel Syndication. All rights reserved.

Seite 180, Abbildung 4.2: David Monniaux, 2005. Quelle: `https://commons.wikimedia.org/wiki/File:Arts_et_Metiers_Pascaline_dsc03869.jpg`. Lizenziert unter CC BY-SA 2.0.

Seite 183, Abbildung 4.3: Fotografie von Prioryman. Quelle: `https://commons.wikimedia.org/wiki/File:Curta_-_National_Museum_of_Computing.jpg`. Lizenziert unter CC BY-SA 4.0.

Seite 195, Abbildung 4.4: Augsburg, Staats- und Stadtbibliothek – Math 725, Titelblatt. Quelle: `http://mdz-nbn-resolving.de/urn:nbn:de:bvb:12-bsb11267669-3`. Verwendet unter den Bedingungen von NoC-NC.

Seite 319, Abbildung 5.9: © Scott Hilburn. Reprinted with permission by Universal Uclick via CartoonStock.com. All rights reserved.

Seite 276, Abbildung 5.3: Bayerische Staatsbibliothek München, Res/4 Math.p. 55 w, Titelblatt. Quelle: `http://daten.digitale-sammlungen.de/bsb00082065/image_7`. Lizenziert unter CC BY-NC-SA 4.0.

© Springer-Verlag GmbH Deutschland, ein Teil von Springer Nature 2019
P. Knabner et al., *Mit Mathe richtig anfangen*,
https://doi.org/10.1007/978-3-662-59230-4

Seite 334, Abbildung 5.10: Fotografie von Holger Weihe, 2005. Quelle: https://commons.wikimedia.org/wiki/File:Hp-35_1972.jpg. Lizenziert unter CC BY-SA 3.0.

Seite 335, Abbildung 5.11: © Hewlett-Packard Company, 1972. Quelle: http://www.cs.columbia.edu/~sedwards/hp35colr.pdf

Seite 345, Abbildung 6.2: Calvin and Hobbes © 1988 Watterson. Reprinted with permission of Andrews McMeel Syndication. All rights reserved.

Seite 416, Abbildung 7.5: © Bizarro Comics, 2012. Quelle: https://facebook.com/bizarrocomics/.

Sachverzeichnis

2er-Komplement, 182

A Kill-Ease, 15
Abbildung, 34
  Argument, 34
  bijektive, 37
  Bild, 34, 38
  Definitionsbereich, 34
  Einbettung, 35
  Einschränkung, 35
  Funktionswert, 34
  injektive, 37
  Komposition, 36
  lineare, 342
  Linksinverse, 44
  Rechtsinverse, 44
  surjektive, 37
  Umkehr-, 37
  Urbild, 38
  Wertebereich, 34
Abstand, 169
Achse
  imaginäre, 346
  reelle, 346
Addierwerk, 43
Addition, 60, 163
Äquivalenz, 4
Äquivalenzklasse, 45
  Faktorraum, 46
  Repräsentant, 46
Äquivalenzrelation
  Projektion, 47
Aktual-unendlich, 112
Algebra
  BOOLE'sche, 13, 39
  lineare, 289
Algorithmus, 30, 127

All-Quantor, 25
Analysis, 294, 416
Analytical Engine, 384
Apfelmännchen, 370
Approximation, 251
Approximationsfehler, 398
assoziativ, 6, 60
asymptotisch optimal, 102
Auslöschung, 395
Aussage, 3
Aussageform, 17
ausschließendes Oder, 41
Axiom, 3
a posteriori, 258

beliebig klein, 201
Berechenbarkeit, 30, 31
Betrag, 168
Beweis
  o. B. d. A., 129
  beliebig aber fest, 129
  direkter, 10
  durch Widerspruch, 11
  Eindeutigkeit, 128
  Existenz, 128
  Induktionsanfang, 138
  Induktionsschluss, 138
  Induktionsschritt, 138
  Induktionsvoraussetzung, 138
  Vollständige Induktion, 137, 138
Binärsystem, 88
Bindungsstärke, 135
Binomialkoeffizient, 151
binomische Formel, 152
Bisektionsverfahren, 261
Bit, 182, 376, 382
Byte, 376

© Springer-Verlag GmbH Deutschland, ein Teil von Springer Nature 2019
P. Knabner et al., *Mit Mathe richtig anfangen*,
https://doi.org/10.1007/978-3-662-59230-4

472

CANTOR'sches Diagonalargument, 188, 247
carry bit, 42
Chaos, 368
Charakterisierung, 129
Charakteristik, 383
Computer, 384
Computeralgebrasysteme, 409

DE MORGAN'sche Regeln, 21
DEDEKIND'sche Schnitte, 238
Defekt, 258
Definition, 5
Delisches Problem, 285, 290
denormalisiert, 376
Dezimalbruchdarstellung, 212
  endliche, 211
Dezimalsystem, 87, 376
dicht, 190, 233
Differenz, 70
disjunkt, 19
Disjunktion, 5
disjunktive Normalform, 41
diskretes dynamisches System, 366
Distributivgesetze, 8, 60, 163
Divide et impera, 412
Dividend, 169
Division
  Algorithmus, 86
  mit Rest, 85, 169
Divisor, 169
doppelte Verneinung, 5
Dreiecksungleichung, 169
dual, 40
Dualitätsprinzip, 40
Dualsystem, 376
Durchschnitt, 19, 29

echte Teilmenge, 18
EDVAC
  Electronic Discrete Variable Automatic
    Computer, 385
Effizienz, 69
Eindeutigkeit, 27
Einheit, 178
Einzugsgebiet, 366
elementar, 102
elementare Operation, 30
Elementaroperation, 69
Endzustand, 30
ENIAC
  -Frauen, 385
  Electronic Numerical Integrator and
    Computer, 385
Entscheidbarkeit, 30

EUKLID'scher Algorithmus, 172
Ex contradictione (siquitur) quodlibet, 9
Ex falso (sequitur) quodlibet, 9
Existenz, 27
Exponent, 376

Fakultät, 151
Fallunterscheidung, 8
falsch, 4
Fehler, 256
  -schätzer, 258
  -verstärkung, 397, 407
  absoluter, 256, 391
  relativer, 280, 391
Fixpunkt, 253, 366
  -iteration, 253
  abstoßender, 367
  anziehender, 367
Fluchtradius, 370
Folge, 199
  Null-, 199
Fouriest, 108
Fundamentalsatz der Zahlentheorie, 143
Funktionalanalysis, 416

gerichteter Graph, 33
gits, 410
Gittermultiplikation, 98
Gleitkommaarithmetik, 387
global, 366
Golgafrincham, 107
größte untere Schranke, 50
größter gemeinsamer Teiler, 171
Grad, 289
Groß-O-Notation, 103
Gruppe, 157
guard digit, 395

Halbgruppe, 77
Halbordnung, 49
Halteproblem, 31
HASSE-Diagramm, 49
Hauptidealring, 176
Hexadezimalsystem, 88, 376
hinreichend, 9
Homomorphiesatz, 48
Homomorphismus, 165
HORNER-Schema, 91

Idempotenzgesetze, 9
Identität, 34
Identitätsgesetze, 8
Imaginärteil, 346
Implikation, 9

Induktionsprinzip, 58, 59, 138, 142
Infimum, 50
Infix, 133
Intervall, 191, 243
Intervallschachtelung, 208
Intervallschachtelungsprinzip, 238
inverses Element, 78, 155, 157
Involution, 134
irrationale Zahlen, 243
Isomorphie, 165
Iterationsverfahren, 251

JULIA-Menge, 369

Körper, 179
    endlich erzeugter, 287
    Erweiterungs-, 283
    Schief-, 179
Kaleidoskop, 79
kartesische Ebene, 341
Kettenbruch, 263
Klasse, 16
kleinste obere Schranke, 50
kleinstes gemeinsames Vielfaches, 171
kommutativ, 6, 60, 163
kommutatives Diagramm, 48
Komplement, 21
Komplexität, 104
konjugiert-komplex, 346
Konjunktion, 5
konkav, 281
konsistent, 253
Kontinuumsmechanik, 415
Kontraktionszahl, 256
Kontraposition, 11
Konvergenz, 199
    -geschwindigkeit, 200, 255
    -ordnung, 256
    lineare, 255
    quadratische, 252
konvex, 281

Länge der Zahl, 88
Läufer, 278
Langzahlarithmetik, 104, 392, 409
Laufindex, 133
Laufzeit, 69
leere Teilmenge, 17
Limes, 199
    Inferior, 243
    Superior, 243
linear unabhängig, 287
Linearkombination, 287
    rationale, 286

Logarithmentafel, 273
logarithmische Spiralen, 304
Logische Schaltung, 13
lookup table, 102, 277, 377

Maß, 53
Mantisse, 376
Mantissenlänge, 376
Maschinenepsilon, 379
Maschinenzahlen, 181
Math42, 104
mathematische Modellierung, 415
Matrix, 342
maximales Element, 50
Maximum, 50
Menge, 16
    überabzählbare, 113
    abzählbare, 113
    abzählbar unendliche, 113
    Anzahl Elemente, 110
    charakteristische Funktion, 112
    endliche, 109
    Familie von, 29
    gleichmächtige, 112, 113
    kartesisches Produkt, 32
    leere, 19
    Ober-, 17
    Potenz-, 22
    Teil-, 17
Mengengleichheit, 18
Mengensystem, 29
messbar, 53
Metaebene, 15
metrischer Raum, 232
minimales Element, 50
Minimum, 50
Modus ponendo ponens, 15
monoalphabetische Substitution, 406
MOORE'sches Gesetz, 386
Multiplikation, 60, 163
    schriftliche, 102

Näherung, 251
Nach unten beschränkt, 204
Nachfolgerfunktion, 57
NAPIER'sche Rechenstäbchen, 100
Negation, 5
neutrales Element, 60, 77
normalisiert, 376
notwendig, 9
Nullteiler, 178
    -freiheit, 77
numeri absurdi, 134
numerisch, 255

Numerische Mathematik, 254, 415

Obere Schranke, 50, 204
Oktalsystem, 376
operator overloading, 135
Optimierung, 415
Orbit
    inverser, 367
    zu z_0, 367
Ordnung
    total, 49, 70
outshifting, 394
Overflow, 390

p-Komplement, 181
paradoxe Zerlegung, 116
Partialsummen, 199
Pascaline, 180
PEANO-Axiome, 57
Periodenzahl, 213
periodisch, 212
Polardarstellung, 348
Polnische Notation, 136
    umgekehrte, 136
Polygon, 372
    regelmäßiges, 372
Potenz, 88
Präfix, 136
Primfaktorzerlegung, 143
Primzahl, 143
Primzahlzwilling, 152
Probedivision, 145
Produkt, 148
Programm, 384
Punkt vor Strich, 135
Pythagoreer, 185
Pythagoreisches Komma, 193

quadratische Erweiterung, 282, 284
quadruple precision, 409
Quotient, 85, 158, 169

Rand, 369
Realteil, 346
Rechenkalkül, 197
Rechenwerk, 385
reflexiv, 9
Register, 385
Reihe, 199
rekursiv, 61, 69
rekursive Definition, 147
Relation
    Äquivalenz-, 44
    antisymmetrische, 44

binäre, 33
    Faktorraum, 46
    Ordnungs-, 44
    reflexive, 44
    symmetrische, 44
    transitive, 44
    Umkehr-, 36
relative Maschinengenauigkeit, 390, 392
Residuum, 258
Rest, 85, 169
Riesenziffern, 410
Ring, 163
    -erweiterung, 165
    endlich erzeugtes Ideal, 176
    Hauptideal, 176
    Ideal, 176
    mit Eins, 163
    Unter-, 203
Ringschluss, 126
Runden, 389
Rundungseinheit, 390

Sandzahl, 80
Satz, 120
    Behauptungen, 121
    Beispiel, 131
    Bemerkung, 131
    Beweis, 123
    Folgerung, 120
    Hauptsatz, 120
    Hilfssatz, 120
    Korollar, 120
    Lemma, 120
    Theorem, 120
    Voraussetzungen, 121
Schaltelemente, 41
Schleife, 67
Schlussregel, 15
Seiten, 372
selbstähnlich, 370
Sieb des ERATOSTHENES, 145
signifikante Stellen, 252, 393
Speicherplatz, 69
Speicherwerk, 385
Spezies-Maschine
    Eins-, 183
    Zwei-, 183
Stack, 335
Staffelwalze, 183
Stammbruch, 187
Stapel, 335
Startiterierte, 261
stationär, 365
Statistik, 415

Stellenwertsystem, 87
   Darstellung im Stellenwertsystem, 88
Stochastik, 415
Substitution
   monoalphabetische, 406
Supremum, 50
symmetrisch, 10

Tautologie, 8
Teiler, 143
teilerfremd, 171
Thermodynamik, 415
transitiv, 10
Trivialfall, 47
Tupel, 32
   2-Tupel, 32
   geordnetes Paar, 32
   Komponente, 32
   Tripel, 32
Turing-Maschine, 30
   universelle, 31

Überführungsfunktion, 30
Überlauf, 181
Ultrametrik, 301
Umwandlung in Basis p, 93
Underflow, 390
untere Schranke, 50
Untergruppe, 157
Unterring, 163

Vereinigung, 19, 29
Verfahren
   instabil, 389
   stabil, 396
Verknüpfung
   einstellige, 40
   zweistellige, 39
Verknüpfungstafel, 78
Vogonen, 106

Volladdierer, 42
vollständig, 232
   ordnungs-, 51
   schachtelungs-, 240
   topologisch, 232
Von-Neumann-Architektur, 385
Vorgänger, 58
Vorperiode, 367
Vorrang, 135
Vorzeichen, 352, 376

wahr, 4
Wahrheitstafel, 5
Widerspruch, 8
wobbling, 379
wohldefiniert, 47
wohlgeordnet, 137
Wohlordnungsprinzip, 137
Wort, 30, 376
   -länge, 376
Wurzel, 243

Zahlen
   absurde, 134
   berechenbare, 31
   Binär, 41
   Binary Coded Decimal, 377
   denormalisierte, 381
   Festkomma-, 181
   Gleitkomma-, 378
   konstruierbare, 283
   Maschinen-, 273, 376, 378
   p-adische, 297
   pseudovollkommene, 106
   rote, 276
   transzendente, 293
   vollkommene, 106
Zerlegung, 46
zusammenhängend, 369

Printed in the United States
By Bookmasters